液压系统使用与维修手册

回路和系统卷

第二版
The Second Edition

陆望龙　主编　　　陆　桦　江祖专　副主编

化学工业出版社

·北京·

《液压系统使用与维修手册》第二版分为两卷：《基础和元件卷》；《回路和系统卷》。

《基础和元件卷》包括液压维修基础知识，液压动力元件（各种液压泵）、液压执行元件（液压缸与液压马达）、液压控制元件（方向阀、压力阀、流量阀、叠加阀、插装阀、伺服阀、比例阀、数字阀以及其他阀类元件）、液压辅助元件（管路与管件、过滤器、冷却器、蓄能器与油箱）的工作原理、结构、使用、故障分析与排除方法、元件的拆装方法、使用与维修等。《回路和系统卷》包括液压系统工作液体的使用与维护中可能碰到的问题（包括液压油的品种、油品的选用、液压油的使用管理、油品油质的测量方法以及换油的方法），液压回路的故障分析与排除，液压系统维修基础知识（包括液压系统的安装调试、故障诊断方法以及液压系统常见故障的分析与排除方法），以及五十余种设备（包括油压机、机床、水泥、工程机械、汽车、塑料纺织、橡胶轮胎、煤矿、造纸、金属加工、钢铁等行业设备）的液压系统工作原理及故障排除方法等。

本书主编在液压一线工作数十年，积累了大量现场维修实践经验和资料，均收集整理编撰进这部手册，因此内容非常实用。本书可供从事液压技术及设备应用、维修的工程技术人员、技术工人学习、查阅和参考。

图书在版编目（CIP）数据

液压系统使用与维修手册. 回路和系统卷/陆望龙主编.
—2版. —北京：化学工业出版社，2017.5（2025.8重印）
ISBN 978-7-122-29188-2

Ⅰ.①液⋯　Ⅱ.①陆⋯　Ⅲ.①液压系统-维修-技术
手册　Ⅳ.①TH137-62

中国版本图书馆CIP数据核字（2017）第 040890 号

责任编辑：张兴辉　曾　越　　　　　　　　　装帧设计：王晓宇
责任校对：王素芹

出版发行：化学工业出版社（北京市东城区青年湖南街 13 号　邮政编码 100011）
印　　装：北京科印技术咨询服务有限公司数码印刷分部
787mm×1092mm　1/16　印张 27¾　字数 759 千字　2025 年 8 月北京第 2 版第 3 次印刷

购书咨询：010-64518888　　　　　　　　售后服务：010-64518899
网　　址：http://www.cip.com.cn
凡购买本书，如有缺损质量问题，本社销售中心负责调换。

定　　价：169.00 元　　　　　　　　　　　　　版权所有　违者必究

前言

FOREWORD

《液压系统使用与维修手册》第一版自 2008 年出版以来，至今已有 8 年，蒙读者厚爱，抱着不搞十年一贯制的想法和做法，第二版较之第一版，做了较大修改，删去了已经过时的内容，增加了一些与时俱进的新内容。

这次修改写出的第二版，分两卷。

《基础和元件卷》：第 1 章和第 2 章介绍液压维修基础知识；第 3 章~第 5 章介绍液压动力元件（各种液压泵）、液压执行元件（液压缸与液压马达）、液压控制元件（方向阀、压力阀、流量阀、叠加阀、插装阀、伺服阀、比例阀、数字阀以及其他阀类元件）的工作原理、结构、使用、故障分析与排除方法、元件的拆装方法；第 6 章介绍各种液压辅助元件（管路与管件、过滤器、冷却器、蓄能器与油箱）的使用与维修。

《回路和系统卷》：第 7 章介绍液压系统工作液体的使用与维护中可能碰到的问题，包括液压油的品种、油品的选用、液压油的使用管理、油品油质的测量方法以及换油的方法；第 8 章的内容为液压回路的故障分析与排除，回路是液压系统的组成单元，有些液压设备就是由 1~2 个基本回路所组成，从液压基本回路分析故障，应该曾经是作者率先在这方面作出的探讨；第 9 章介绍了液压系统维修基础知识，包括液压系统的安装调试、故障诊断方法以及液压系统常见故障的分析与排除方法；第 10 章~第 20 章分别介绍了油压机、机床、水泥、工程机械、汽车、塑料纺织、橡胶轮胎、煤矿、造纸、金属加工、钢铁等行业的五十余种设备的液压系统工作原理及故障排除方法。这些设备均是同类企业中正在使用着的设备，希望对同行在维修该类液压设备时能提供实实在在的帮助，转化为生产力。

深入、透彻地了解各种液压元件的工作原理和结构，而不是按照某些教科书简单初浅地、皮毛地了解是非常必要的。每一个元件都有它的细微之处，如果液压元件出了故障却解决不了，说明对该液压元件的工作原理和结构懂得不是很透彻。所以本手册在这方面投入的篇幅比较大，并对怎么拆、怎么装、怎么查找这些元件易出故障的具体部位做了具体介绍，因为只有这样才能进行和做好维修工作。本手册中有许多液压元件的结构图，选自国产和进口设备上使用量最大的品种。

本书主要读者对象为中高级液压维修技工、液压相关专业的技术人员。有钻研精神的初学者也可使用本手册。当然本手册对大专院校相关专业的师生肯定有所帮助和启迪。

本书由陆望龙主编，陆桦、江祖专副主编。参编人员有：王锡章、陈曦明、谭平华、陈旭明、陶云堂、倪棠棣、朱皖英、李刚、陈黎明、刘长青、但莉、马文科、汪贵兰、张汉珍、朱声正。 感谢湖北（金力）液压件厂张和平、葛玉麟、周幼海、孙为伦等专家对本书编写工作的指导，陆泓宇等参与了部分章节的资料整理工作，在此表示诚挚的谢意。

近十年来，主编应邀巡回全国二十多个省市（除西藏、青海、黑龙江、海南省与台湾），讲授过超百次以上的液压维修公开课，也到国内十几家知名的行业龙头企业做过液压维修内部培训，近距离面对面地交流，并现场解决维修中的实际问题。 主编在教学过程中，一方面通过与学员和企业的交流，使自己得到提高；另一方面更大程度上了解了生产第一线的工程技术人员与维修技术工人的诉求，对编好此手册的第二版，获益匪浅。 主编虽早已进入古稀之年，仍然老骥伏枥，笔耕不止，力图编好本手册，使之能更好地为液压维修服务，希望读者喜欢。 然而笔者心有余而力不足，加之精力和时间有限，本手册难免存在疏漏，希望读者原谅，并提出批评与指正。

编著者

目录
CONTENTS

第9章　液压系统维修基础

第10章　液压机（油压机）类液压系统及故障排除

第11章　机床类液压系统及故障排除

第12章　水泥液压设备液压系统及故障排除

第13章　工程机械的液压系统与故障排除

第14章 汽车液压系统及故障排除

第15章 塑料、纺织设备液压系统及故障排除

第16章 橡胶轮胎设备液压系统及故障排除

第17章 煤矿液压设备液压系统及故障排除

第18章　造纸设备液压系统及故障排除

第19章　金属加工设备液压系统及故障排除

第20章　钢铁设备液压系统及故障排除

附　　录

参 考 文 献

第7章

液压系统工作液体的使用与维护

7.1 简介

液体传动以液体为工作液体（工作介质），利用液体的压力能或动能来传递和转换能量。 液体传动分为利用密闭容积内的液体静压力传递和能量转换的液压传动及借助液体的运动能量来实现传递动力的液力传动两类。 两者所使用的工作介质分别称为液压油（液）和液力传动油（液），统称工作液体。

7.1.1 对工作液体的性能要求

在液压系统中，工作液体既作为工作介质传递液体动力，又兼润滑液压元件内相对运动部件的作用，并且还具有防止锈蚀、冲洗元件和管路内污染物以及带走热量进行冷却的作用。 为此液压油应具备下列基本性能，以满足相关要求。

① 黏度要求　首先工作液体应满足液压系统在工作温度下与启动温度下对液体黏度的要求。 黏度表示油液流动时分子间摩擦阻力的大小。 黏度大时会增加流体流动阻力，使工作过程中的能量损失增加而造成温升，液压泵的吸入性能差，可能出现气穴现象；黏度过小，则泄漏增多，容积效率降低，相对运动件之间的润滑油膜有可能被切破，导致润滑性能差而产生磨损加剧导致系统内泄漏增加，甚至因无油润滑产生烧结现象。 所以对黏度的要求也包含对润滑性与抗磨性的要求。

② 黏-温特性要求　黏-温特性是指油液黏度大小随温度变化的程度，通常用黏度指数表示。黏度指数越大，液压系统工作中油液黏度随温度升高下降越小，从而使内泄漏不过大，润滑性能也不会降低多少。 黏度指数一般不得低于 90。

合适的黏度和良好的黏-温特性能保证液压元件在工作压力和工作温度发生变化的条件下得到良好润滑、冷却和密封。

③ 抗磨性和润滑性要求　应有良好的抗磨性和润滑性。 目的在于降低机械摩擦与磨损。随着液压技术向高压、高速和高性能的方向发展，对减少液压元件各运动部件之间因摩擦出现的磨损情况，提出了更高要求，因而对工作液体的润滑性和抗磨性也提出了越来越高的要求。

④ 抗氧化安定性要求　应有良好的抗氧化安定性。 抗氧化安定性是指油温升高时，抵抗与含氧物起化学反应的能力。 一般油温每升高 10℃，其化学反应速度提高约一倍。 抗氧化安定性好的液压油长时间使用不易氧化变质。 优良的抗氧化安定性、水解安定性和热稳定性可以抵抗空气、水分和高温、高压等因素的影响或作用，使其不易老化变质，延长使用寿命

⑤ 抗乳化性和抗泡性要求　油与水混合经搅拌后变成白色乳化液。 抗乳化性是指能与混入油中的水分迅速分离，以免形成乳化液，引起液压系统的金属材质锈蚀和降低使用性能。

抗泡性是指油液中混入了空气，静置后气泡从油中分离出来的能力。 良好的抗泡性和空气释放值可以保证在运转中受到机械剧烈搅拌产生的泡沫能迅速消失，并能将混入油中的空气在较短时间内释放出来，以实现准确、灵敏、平稳地传递静压。 防止油中混入空气后因搅拌产生的气泡所导致的润滑条件恶化，降低系统刚度，产生振动和异常噪声的现象。

⑥ 抗剪切安定性要求　抗剪切安定性要好。 为改善油液的黏度，油液中往往加入聚甲基丙

烯酯、聚异丁烯等高分子聚合物，其分子链较长，油液流经液压元件的小孔、缝隙时因剪切作用会使分子链遭剪切而导致黏度和黏-温指数发生变化（下降）。

⑦ 具有良好的极压抗磨性　以保证液压泵、液压马达、控制阀和液压缸中的摩擦副在高压、高速苛刻条件下得到正常的润滑，减少磨损。

⑧ 倾点　油品在标准规定的条件下冷却时，能够继续流动的最低温度称为倾点。在寒冷地区选用液压油时通常要考虑液压油的倾点，润滑油的倾点应该比使用环境的最低温度低 5~10℃。

⑨ 闪点　在规定的条件下，加热润滑油，当油温达到某温度时，润滑油的蒸气和周围空气的混合气，一旦与火焰接触，即发生闪火现象。最低的闪火温度称为润滑油的闪点。选用润滑油时应根据使用温度考虑润滑油的闪点高低，一般闪点应比使用温度高 20~30℃，以保证使用安全和减少挥发损失。

⑩ 酸值　酸值是指中和 1g 液压油中的全部酸性物质所需氢氧化钾的毫克数。酸值是衡量液压油氧化程度的重要指标，是液压油使用性能的重要参数之一。使用过程中，酸值变大的油液容易造成机件的腐蚀，还会促进油液变质，增加机械磨损。当酸值超过规定时就需要更换新油。

⑪ 腐蚀　腐蚀是液压油或液压液在规定条件下，对规定金属试件的腐蚀作用。

此外，工作液体还应该有下述要求：在使用压力下不可压缩，这是为了传递能量并保证能量传递品质的需要，如传递压力能要快，并且能使液压系统具有刚性，能吸收压力波动引起的振动；为了散热，所用工作液的比热容与传热系数应大，热膨胀系数宜小；为了防锈，所用工作液应具有良好的抗腐蚀性能、防锈性能，以防止金属表面锈蚀；为了防止水分进入后导致油中水解、产生的水解物造成工作液的变质和腐蚀金属元件，要求工作液有良好的水解安定性和抗乳化能力；与橡胶密封件及涂料的相容性要好；具有很好的可过滤性，以便经过滤油器时能过滤油中杂质，保证油液清洁；不产生臭味及毒性，有利于环保，也能方便废油的再生处理；能满足其他特殊条件下的使用要求，如高温、高寒、海下作业等较恶劣条件下的使用要求。

上述要求均得到完全满足的液压油（液）是没有的，只能根据液压设备的具体情况做出选择。

7.1.2　液压油的分类

液压油的分类方法过去主要有以下几种。

按液压油用途分类：航空液压油、舰船液压油、数控机床液压油，特种液压油等。

按使用温度范围分类：普通、高温、低温液压油，宽温范围液压油。

按液压油的组成分类：无添加剂型、防锈抗氧型、抗磨型、高黏度指数液压油型等。

按使用特性分类：易燃、难燃、环保型等。

按使用压力分类：普通、高压液压油等。

按添加剂类型分类：无灰、有灰、锌型、无锌、低锌、高锌液压油等。

含锌抗磨液压油均含有主剂二烷基二硫代磷酸锌，按油中的含锌量细分为高锌和低锌两种。其标准以油中锌含量 0.03% 为界。含量大于 0.03% 者为高锌抗磨液压油，低者为低锌抗磨液压油。在全部都符合质量标准的情况下，高锌油抗磨性更好，其他性能一般；低锌油则其他性能较好，抗磨性一般。

1982 年国际标准化组织 ISO 发布了液压系统分类标准 ISO 6743.4—1982，1987 年我国等效采用 ISO 标准制定了润滑剂和有关产品（L 类）的分类——第 2 部分 H 组（液压系统）的分类标准 GB 7631.2—1987。1999 年 ISO 出台了新的液压油分类标准 ISO 6743.4—1999，与 1982 年版本相比增加了四种环保型液压液，删除了两种对环境有害的难燃液压油。开发生物降解型液压油，保护环境是顺应社会发展的需要。我国目前的 GB/T 7631.2—2003 等效于 ISO 6743.4—1999，对原标准 GB 7631.2—1987 进行修订，增加环境可接受的液压液 HETG、HEPG、HEES、HEPR 四种，取消对身体有害的难燃液压液 HFDS 和 HFDT 两种。

液压系统常用工作介质应按 GB/T 7631.2 规定的牌号选择。 表 7-1 为液压系统常用工作介质的牌号及主要应用（标准 JB/T 10607—2006）。

表 7-1 H 组（液压系统）常用工作介质的牌号及主要应用

工作介质		组成、特性和主要应用介绍
工作介质牌号	黏度等级	
L-HH	15	本产品为无（或含有少量）抗氧剂的精制矿物油 适用于对液压油无特殊要求（如：低温性能、防锈性、抗乳化性和空气释放能力等）的一般循环润滑系统、低压液压系统和有十字头压缩机曲轴箱等的循环润滑系统。 也可适用于轻负荷传动机械、滑动轴承和滚动轴承等油浴式非循环润滑系统 无本产品时可选用 L-HL 液压油
	22	
	32	
	46	
	68	
	100	
	150	
L-HL	15	本产品为精制矿物油，并改善其防锈和抗氧性的液压油 常用于低压液压系统，也可适用于要求换油期较长的轻负荷机械的油浴式非循环润滑系统 无本产品时可用 L-HM 液压油或用其他抗氧防锈型液压油
	22	
	32	
	46	
	68	
	100	
L-HM	15	本产品为在 L-HL 液压油基础上改善其抗磨性的液压油 适用于低、中、高压液压系统，也可用于中等负荷机械润滑部位和对液压油有低温性能要求的液压系统 无本产品时，可选用 L-HV 和 L-HS 液压油
	22	
	32	
	46	
	68	
	100	
	150	
L-HV	15	本产品为在 L-HM 液压油基础上改善其黏温性的液压油 适用于环境温度变化较大和工作条件恶劣的低、中、高压液压系统和中等负荷的机械润滑部位，对油有更高的低温性能要求 无本产品时，可选用 L-HS 液压油
	22	
	32	
	46	
	68	
	100	
L-HR	15	本产品为在 L-HL 液压油基础上改善其黏温性的液压油 适用于环境温度变化较大和工作条件恶劣的（野外工程和远洋船舶等）低压液压系统和其他轻负荷机械的润滑部位。 对于有银部件的液压元件，在北方可选用 L-HR 油，而在南方可选用对青铜或银部件无腐蚀的无灰型 HM 和 HL 液压油
	32	
	46	
L-HS	10	本产品为无特定难燃性的合成液，它可以比 L-HV 液压油的低温黏度更小 主要应用同 L-HV 油，可用于北方寒季，也可全国四季通用
	15	
	22	
	32	
	46	
L-HG	32	本产品为在 L-HM 液压油基础上改善其黏油性的液压油 适用于液压和导轨润滑系统合用的机床，也可适用于要求有良好黏附性的机械润滑部位
	68	
L-HFAE	7	本产品为水包油型（O/W）乳化液，也是一种乳化型高水基液，通常含水 80% 以上，低温性、黏温性和润滑性差，但难燃性好，价格便宜 适用于煤矿液压支架静压液压系统和不要求回收废液、不要求具有良好润滑性，但要求有良好难燃性的液压系统或机械设备 使用温度为 5~50℃
	10	
	15	
	22	
	32	
L-HFAS	7	本产品为水的化学溶液，是一种含有化学品添加剂的高水基液，通常呈透明状的真溶液。 低温性、黏温性和润滑性差，但难燃性好，价格便宜 适用于需要难燃液的低压液压系统和金属加工等机械 使用温度为 5~50℃
	10	
	15	
	22	
	32	

工作介质		组成、特性和主要应用介绍
工作介质牌号	黏度等级	
L-HFB	32	本产品为油包水型（W/O）乳化液，通常含油 60% 以上，其余为水和添加剂，低温性差，难燃性比 L-HFDR 液差
	46	
	68	适用于冶金、煤矿等行业的中压和高压，高温和易燃场合的液压系统
	100	使用温度为 5～50℃
L-HFC	22	本产品通常为含乙二醇或其他聚合物的水溶液，低温性、黏温性和对橡胶的适应性好。它的难燃性较好，但比 L-HFDR 液差
	32	
	46	适用于冶金和煤矿等行业低压和中压液压系统
	68	使用温度为－20～50℃
L-HFDR	15	本产品通常为无水的磷酸酯作基础液加入各种添加剂而制得，难燃性好，但黏温性和低温性较差，对丁腈橡胶和氯丁橡胶的适应性不好
	22	
	32	
	46	适用于冶金、火力发电、燃气轮机等高温高压下操作的液压系统
	68	使用温度－20～100℃
	100	

注：工作介质牌号说明，牌号 L-HM46，L 为润滑剂类、H 为液压油液组、M 为防锈抗氧和抗磨型、46 为黏度等级。

7.1.3 液压油的品种、性能和用途（表 7-2）

表 7-2 液压油（液）的品种、性能和用途

性能	矿物油							水包油	水的化学溶液	油包水	水乙二醇	磷酸酯
	HH 油	HL 油	HM 油	HR 油	HV 油	HG 油	HS 油	HFAE 液	HFAS 液	HFB 液	HFC 液	HFDR 液
密度/（g/cm³）	0.85～0.9							～1.0	～1.0	～0.95	～1.1	1.0～1.4
黏度	可选择	可选择	可选择	可选择	可选择	可选择	可选择	低	低	高	可选择	可选择
黏度指数	90～120							很高		130～150	140～200	<100
反应性	中性							碱性	碱性	碱性	碱性	中性
蒸气压	低	低	低	低	低	低	低	高	高	高	高	高
黏温性能	良	良	良	好	好	良	好	差	差	良	优	差～良
低温性能	良	良	良	优	优	良	优	差	差	差	优	良～优
燃点/℃	200～250							无	无	无	无	230～280
流动点/℃	－30～10							—	—	—	－40	－10
低温启动特性/℃	－10							—	—	10	－30	－15
使用温度高限/℃	80	100	100	80	80	100	100	50	50	65	60	130
含水量/%	无（溶解水）							90～95	>95	>40	35～55	≤0.1
润滑和极压抗磨性	良	良	优	良	优	优	优	差	差	良	良	优
热氧化安定性	差	好	好	好	好	好	好	—	—	—	—	优
抗乳化性	好	好	良	好	好	良	好	—	—	—	—	差
水解安定性	好	好	好	好	好	好	好	—	—	—	—	差
抗泡性	差	差	良	差	良	差	好	差	差	差	差	良
空气释放性	良	良	良	良	良	良	良	—	—	—	—	差
防锈性液相	差	好	好	好	好	好	好	好	好	好	好	好
气相	差	良	良	良	良	良	良	差	差	差	良	良
过滤性	好	好	良	良	良	良	良～好	—	—	差	良	好
抗燃性	差	差	差	差	差	差	差	优	好	好	好	好
储存稳定性	好	好	好	好	好	好	好	差	差	差	好	好
最高使用压力/MPa	7	7	35	7	35	35	35	7	7	14	14	35
消防上	危险物							非危险物	非危险物	非危险物	非危险物	危险物
难燃性	易燃							抗燃	抗燃	抗燃	难燃	抗燃
经济性（价格）/%	100							15	100	150	250	600

性能	矿物油							水包油	水的化学溶液	油包水	水乙二醇	磷酸酯
	HH油	HL油	HM油	HR油	HV油	HG油	HS油	HFAE液	HFAS液	HFB液	HFC液	HFDR液
寿命/%	100							<60	<60	<60	80~85	90~95
用途	无难燃要求的液压系统							低压有抗燃要求的系统	低压有抗燃要求的系统	中低压有抗燃要求的系统	中高压有抗燃要求的系统	高压有抗燃要求的系统

7.1.4 矿物油型液压油的品种与质量性能

目前液压系统中还是以矿物油型液压油为主。下面将国内矿物油型液压油的品种，以及它们的质量特性的说明如下。

（1）L-HH 液压油

L-HH 液压油是一种无剂的精制矿油，它比全损耗系统用油 L-AN（机械油）质量高，这种油品虽列入国际标准与国标分类中，但液压系统不宜使用，我国不设此类油品，也无产品标准。

（2）L-HL 液压油

L-HL 液压油是由精制深度较高的中性油作为基础油，加入抗氧、防锈和抗泡添加剂制成，适用于机床等设备的低压润滑系统。HL 液压油具有较好的抗氧化性、防锈性、抗乳化性和抗泡性等性能。使用表明，HL 液压油可以减少机床部件的磨损，降低温升，防止锈蚀，延长油品使用寿命，换油期比老的机械油长达一倍以上。我国在液压油系统中曾使用的加有抗氧剂的各种牌号机械油现已废除。目前我国 L-HL 油品种有 15、22、32、46、68、100 共六个黏度等级，只设一等品产品。

（3）L-HM 液压油

HM 液压油是在防锈、抗氧液压油基础上改善了抗磨性能发展而成的抗磨液压油。L-HM 抗磨液压油采用深度精制和脱蜡的中性油为基础油，加入抗氧剂、抗磨剂、防锈剂、金属钝化剂、抗泡沫剂等配制而成，可满足中、高压液压系统液压泵等部件的抗磨性要求，适用于使用性能要求高的进口大型液压设备。从抗磨剂的组成来看，L-HM 液压油分含锌型（以二烷基二硫代磷酸锌为主剂）和无灰型（以硫、磷酸酯类等化合物为主剂）两大类。不含金属盐的无灰型抗磨液压油克服了用于锌盐抗磨剂所引起的如水解安定性、抗乳化性差等问题，目前国内该类产品质量水平与改进的锌型抗磨液压油基本相当。GB/T 7631.2—2003 中设有 15、22、32、46、68、100、150 七个黏度等级。

（4）L-HG 液压油

HG 液压油亦称液压-导轨油，是在 L-HM 液压油基础上添加抗黏滑剂（油性剂或减摩剂）构成的一类液压油，适用于液压及导轨为一个油路系统的精密机床，可使机床在低速下将振动或间断滑动（黏-滑）减为最小。GB/T 7631.2—2003 中规定 HG 液压油设有 32、68 两个黏度等级，只有一等品。

（5）L-HV 液压油

L-HV 液压油是具有良好黏-温特性的抗磨液压油。该油以深度精制的矿物油为基础油并添加高性能的黏度指数改进剂和降凝剂，具有低的倾点、高的黏度指数（>130）和良好的低温黏度。同时还具备抗磨液压油的特性（如很好的抗磨性、水解安定性、空气释放性等），以及良好的低温特性（低温流动性、低温泵送性、冷启动性）和剪切安定性。该产品适用于寒区 -30℃以上、作业环境温度变化较大的室外带中、高压液压系统的机械设备。HV 的产品质量等级分别为优等品和一等品，优等品设有 10、15、22、32、46、68、100 共七个黏度等级，一等品设有 10、15、22、32、46、68、100、150 共八个黏度等级。

（6）L-HS 液压油

HS 液压油是具有更良好低温特性的抗磨液压油。该油以合成烃油、加氢油或半合成烃油为基础油，同样加有高性能黏度指数改进剂和降凝剂，具备更低的倾点、更高的黏度指数（＞130）和更优良的低温黏度。同时具有抗磨液压油应具备的一切性能和良好的低温特性及剪切安定性。该产品适用于严寒区 −40℃ 以上、环境温度变化较大的室外作业中、高压液压系统的机械设备。HS 液压油的质量等级分优等品和一等品，均设有 10、15、22、32、46 五个黏度等级。

（7）L-HR 液压油

GB 7631.2—1987 中设有此类油品，是改善黏-温性的 HL 液压油，用于环境变化大的中、低压系统；但在 GB/T 7631.2—2003 中未设此类油品，如果有使用 L-HR 液压油的场合，可选用 L-HV 液压油。

（8）高压抗磨液压油

高压抗磨液压油质量性能符合 GB 11118.1—2011 中 L-HM 优级品规格，高压抗磨液压油黏度等级增加了 100，取消了 GB 11118.1—1994 中的 15 和 22，普通抗磨液压油取消了 15 黏度等级，同时还增加了 L-HM（高压）双泵试验，取消了 VIO4C 叶片泵试验，使高压抗磨液压油具有更优良的抗磨性能。高压抗磨液压油适用于装配有叶片泵（工作压力 17.5MPa 以上）及柱塞泵（工作压力 32MPa 以上）的不同类型国产或进口高压及超高压液压设备。

（9）清净液压油

清净液压油完全符合我国 L-HM 抗磨液压油国家标准 GB 11118.1—2011。其质量达到德国 DIN 51524（11）和 ISO-L-HM 规格，该油品特别在清净性方面进行了严格规定。清净液压油可用作冶金、煤炭、电力、建筑行业引进及国产的中高压（8～16MPa）及高压（16～32MPa）液压设备对污染度有严格要求的精密液压元件的工作介质。

（10）环境可接受液压液

液压油可能通过溢出或泄漏（非燃烧）进入环境，一些国家立法禁止在环境敏感地区，如森林、水源、矿山等使用非生物降解润滑油，尤其在公共土木工程机械的液压设备中要求使用可生物降解液压油。

目前国外许多公司如 ARAL 公司、Mobil 公司、BP 公司相继推出了一系列环境可接受的液压油，占液压油总量 10%。一些资料表明，各类油的生物降解率不同，其中以植物油生物降解性最好，且资源丰富，价格较低；合成酯则各方面性能平衡较好，但成本太高；聚乙二醇易水溶渗入地下，造成地下水污染，且与添加剂混合后会产生水系毒性。因此，在欧洲，以植物油为基础油的生物降解润滑油在市场中占有较大比例。我国是润滑油生产和消费大国，研制环境可接受的液压油是今后的发展趋势。

环境可接受的液压油除了具有可生物降解性、低毒性以外，还应添加抗氧剂、清净分散剂、极压抗磨剂等各种功能的添加剂来满足液压系统苛刻的要求。而这些添加剂也应是可生物降解并且对所选择的基础油的生物降解性影响要小的。

目前国内可生物降解液压液正在研制中，其产品标准尚未制定。随着时代的发展，环保型液压油的品种将会不断涌现，并推广使用。列举几种如下。

① 以植物油为基质的液压液（HETG）　它与标准的矿物油相比具有更好的润滑特性与黏-温特性，黏度略高于矿物油，因此必须注意泵要有良好的吸油条件；不适用于低温，抗老化性能不好；对水的亲和性高，应绝对避免水侵入，在有水的情况下，当温度超过 50℃ 时，油液便开始

分解。作为植物基液压液的例子有葡萄籽油、菜籽油。

② 聚乙二醇基的合成液压液（HEPG）　与矿物油相比具有更好的润滑特性与黏温特性；按当今的科技状况，耐老化性/耐用度与矿物油相似；凝固点为－40℃；黏度明显高于矿物油，因此，当为白吸泵时，转速必须降低 20%；要使用氟橡胶作为密封材料，不能与矿物油进行混合，否则会形成固态的沉积物，堵塞滤油器、阻尼孔等。

③ 聚酯液压液（HE）　聚酯液压属多元醇酯类，是一种合成的难燃液压液。它具有良好的化学稳定性和天然的热稳定性，润滑性好。通过加入多种添加剂可增加其防腐蚀、抗氧化性和水解稳定性；其燃点、闪点都很高，适合于在高温下使用。

聚酯液压液与所有金属均相容，与密封材质和涂料的相容性见表 7-3 与表 7-4。聚酯液压液与含水的抗燃液压液不相容，而与其他聚酯和磷酸酯液压液可以混合。这种介质可以与矿物油混合，但为了保持其难燃性，矿物油含量不应超过 5%，为了使这种液压液具有较好的性能，其水含量不应超过 0.5%。

（11）其他专用液压油

为满足特殊液压机械和特殊场合使用的液压油，国内还生产了其他专用液压油，它们的质量标准等级大多数为军标或企业标准，质量等级基本上是 HL～HM，或近于 HV。由于习惯应用，故这些油仍有市场，今后实质上均可归入 HM、HV、HS 的框架之中，现仍简介之。

① 航空液压油　航空液压油按 50℃黏度分 10#（SH 0358）、12#（Q/XJ 2007-92）、15# 三种，是由环烷基低凝原油经常压蒸馏、分子筛脱蜡精制的基础油加入黏度指数改进剂、抗氧剂、染色剂（不得加降凝剂）等调制而成的液压油，具有极好的低温性能，凝点在－70～－60℃，用于航空设备液压系统中，如收放起落架、减速板、变换尾喷口直径、打开炸弹舱、操纵副翼及水平尾翼等。其中 10#、12# 加有黏度指数改进剂、抗氧剂及染色剂，质量标准低于 HS 油；15# 则加有黏度指数改进剂、复合抗氧剂、极压抗磨剂、防锈剂、消泡剂、染色剂等调和而成，其质量标准相当于 HS 油标准。航空液压油工作温度－54～190℃，是近音速用矿物油，超音速用合成油。

② 舰用液压油　舰用液压油（GJB 1085—91、QJ/DSH 33—1999）是采用大庆原油常压三线馏分油，经深度脱蜡、吸附精制所得基础油加入增黏、抗氧、防锈、抗磨、抗泡剂调制而成，适用于各种舰艇液压系统。按质量定为一等品，介于 HV 一等品与优等品之间，只有 32 这一个黏度等级。

③ 抗银液压油　抗银液压油（Q/SH 011-022—1998）是以深度精制矿物油为基础油，加入抗氧、抗磨、防锈、抗泡等添加剂调制而成，添加剂配方中不能有含硫化合物，实质上是一种非硫无灰 HM 油，用于含银部件的液压系统中。

④ 采煤机油　采煤机油（Q/SH 011-023—1998）是以精制的矿油为基础油，加入抗氧、防锈、抗磨和抗泡沫等多种添加剂调制而成的。其 50℃运动黏度为 47～53mm²/s，按 50℃黏度中心值只有 50 号一个牌号，适用于煤炭工业采煤机牵引部分液压系统，也可供要求此黏度范围的其他机械液压系统使用，属 HM 油。

⑤ 减振器油　减振器油是加在汽车、火车、拖拉机、坦克等减振器上用油，用于减轻其上下颠动，实质上属液压系统用油，故归入此类，其企业标准见 Q/XJ 2009—93，系用精制常压轻馏分或 75SN，加入增黏、降凝、抗氧、防锈、抗磨剂调配而成，实际质量相近于 HV 或 HS 油。

⑥ 炮用液压油　炮用液压油（50℃运动黏度大于 9.0mm²/s，凝点不大于－60℃）执行企标 Q/SH 018-44.03—94，系用深度脱蜡、精制的轻质馏分加入增黏、抗氧、防锈剂而得，具有优良的低温流动性和良好的抗氧、防锈等性能，相当于 HL 低凝油，用于各种军械大炮的液压系统，可四季通用。

⑦ 低凝液压油　低凝液压油，按 50℃黏度等级分为 20#、30#、30D#、40# 四个牌号，执行 Q/SH 018—44.04—94 标准，具有优良的低温性能，高的黏度指数（VI＞120）和良好的抗

磨、抗氧、防锈、消泡性能。质量级别低于 HV、HS，适用于寒区，30D# 适用于严寒区野外作业的工程机械以及进口装备和车辆液压系统。

⑧ 数控液压油

数控机床液压油属精密机床液压油的一种，但绝非 HL 油，黏度指数 VI≥170，需加大量黏度指数改进剂。从结构上看，更近于 HR 油，是在加氢低凝轻质油中加入黏度指数改进剂、复合抗磨剂、抗氧防锈剂、抗泡剂等调制而成，但质量级别低于 HV。

（12）多级液压油

多级液压油即 HV（高黏度指数）液压油，是具有良好的黏-温性能和低温性能的液压油，多级液压油一般通过加入黏度指数改进剂来提高黏度指数，另外，合成油也具有高黏度指数特点。所谓多级液压油是相对于单级油而言，单级液压油的分类由 ISO 3448 和 ASTM D2422—97 给出，只规定了油品在 40℃ 的黏度级别，多级液压油由 ASIM D6080—97 确定，该分类方法不仅给出了 40℃ 的黏度级别，还规定了低温性能、黏度指数、剪切性能。

（13）难燃液压液——HF 液（H——液体，F——防火）

难燃（抗燃）液压液（油）包括含水基液压液和合成基液压液两类，适用于环境温度较高的场合或者易引起火灾的场合下，用于如冶金、钢铁、石油、发电、煤矿、船舶和航空等领域中。

① 水包油（O/W）液压液——HFAE 液压液 水包油型液压液（乳化液）含水量 90% ~ 95%，油分子构成的小油滴的外表包有一层水分子膜，叫"水包油"。主要成分是水、矿物油、乳化剂和防锈剂。根据需要还添加助溶剂、防霉剂和消泡剂等。矿物油的主要作用是作为各种添加剂的载体，并与各种添加剂一起形成极微小的液滴，分散悬浮在水中。

由于这种液压液主要成分为水，因而其黏度低、润滑性能差、易蒸发、泄漏量大，且由于水的饱和蒸气压较高，容易产生气穴，但它的热容量大、比热高、难燃性好、价格便宜，且有优良的冷却性能。这种液压液可用在润滑性要求不太高，不要求回收废液的普遍低压液压系统中。

② 水的化学溶液——HFAS 液 含水量在 95% 以上，为一种含有多种化学添加剂的透明的高水基液压液。它的润滑性、黏-温特性及低温性差，但为真正的不燃液，热容高，导热性好，具有优秀的冷却效果，价格便宜。可用于抗燃的低压液压系统，如淬火机床、金属加工机械等。

③ 油包水（W/O）液压液——HFB 液 这种油包水型乳化液基础油占有大半部分（60%），其余小半部分为水和各种添加剂。与上述水包油不同，它是在水分子构成的小水滴的外表包裹一层油分子膜，水滴直径小于 1.5m，另外还加入乳化剂、抗磨剂、防锈剂等添加剂。

这种乳化液具有与矿物油相近的性能，又具有难燃性，价格不贵，对密封材料和金属材料的性能无特别要求。

④ 水-乙二醇液压液——HFC 液 水-乙二醇液压液的主要成分是乙二醇占 20% ~ 40%，水占 35% ~ 50%，增黏剂占 10% ~ 15%，还添加有少量的气液相防锈剂、抗磨剂、消泡剂等。

水-乙二醇具有良好的抗燃性能，润滑性能较好，但比矿物油差，消泡性差，与金属相容性良好；通过加入增黏剂可提高其黏-温性能，低温下黏度较小，故低温启动性好，可在 - 20℃ 直接启动液压泵而无须加热。

水-乙二醇使用温度范围为 - 30 ~ 60℃，当长时间在高于 60℃ 的温度下工作，水分就会蒸发，一方面黏度会升高，另一方面残留的液体有燃烧的可能。所以此时应视情况适当添加水（蒸馏水、软水、去离子水），水的硬度不能超过 5ppm。

由于水-乙二醇的润滑性能要比矿物油差，所以一方面要加进某些特殊的添加剂以提高润滑性能，另一方面所使用的泵要比使用矿物油的泵降级使用，降多少按泵的使用说明书。一般使用水-二元醇的泵必须正压（2bar 左右）吸油，吸油口的滤油器宜选用 60 目的，不能高于 100 目，过滤容量也要选大些。

水-乙二醇液压液能与大多数金属相容，但对镉、镁、铅、锌等有色金属材料有磨蚀作用。大多数液压系统的密封材料与水-乙二醇液压液相容，但它使许多普通的油漆和涂料软化或剥落，可换成环氧树脂或乙烯基涂料。水-乙二醇液压液适用于冶金煤矿等行业中的低、中压液压系统。

⑤ 磷酸酯液压液（HFDR）其燃点高，挥发性低，氧化安定性好，润滑性能几乎和矿物油相近；适用于高温工作环境下的高压液压系统。其使用温度范围广（-15~130℃），低温启动性能不如水-乙二醇；对大多数金属材料不腐蚀，但能溶解许多非金属材料，因而在密封材料和涂料的选择上要特别注意，可参阅表 7-2、表 7-3，例如使用磷酸酯的液压系统，其密封材料不能用丁腈橡胶，涂料不能使用普通耐油工业涂料。

磷酸酯中不含有油，对水特别敏感，当含水量达 0.5% 时就会产生水解作用而形成一种胶状物悬浮在介质中，易堵塞滤网，所以一定要避免水的进入。

这种介质的价格较贵，有毒性，对环境有污染，废液处理困难，使用上有一定的局限性。

工作液体的适应性（相容性）

表 7-3 给出了液压系统常用工作介质与各种材料的适应性，表 7-4 给出了各种液压工作介质与液压元件的适应性。

表 7-3 常用工作介质与各种材料的适应性（相容性）

	材料	HM 油 抗磨液压油	HFAS 液 水的化学溶液	HFB 液油 包水乳化液	HFC 液 水-乙二醇液	HFDR 液磷酸酯 无水合成液
金属	铁	适应	适应	适应	适应	适应
	铜、黄铜	无灰 HM 适应	适应	适应	适应	适应
	青铜	不适应（含硫剂油）	适应	适应	有限适应	适应
	镉和锌	适应	不适应	适应	不适应	适应
	铝	适应	不适应	适应	有限适应	适应
	铅	适应	适应	不适应	不适应	适应
	镁	适应	不适应	不适应	不适应	适应
	锡和镍	适应	适应	适应	适应	适应
涂料和油漆	普通耐油工业涂料	适应	不适应	不适应	不适应	不适应
	环氧型与酚醛型	适应	适应	适应	适应	适应
	搪瓷	适应	适应	适应	适应	适应
塑料和树脂	丙烯酸树脂	适应	适应	适应	适应	不适应
	苯乙烯树脂	适应	适应	适应	适应	不适应
	环氧树脂	适应	适应	适应	适应	适应
	硅树脂	适应	适应	适应	适应	适应
	酚醛树脂	适应	适应	适应	适应	适应
	聚氯乙烯塑料	适应	适应	适应	适应	不适应
	尼龙	适应	适应	适应	适应	适应
	聚丙烯塑料	适应	适应	适应	适应	适应
	聚四氟乙烯塑料	适应	适应	适应	适应	适应
橡胶	天然橡胶	不适应	适应	不适应	适应	不适应
	氯丁橡胶	适应	适应	适应	适应	不适应
	丁腈橡胶	适应	适应	适应	适应	不适应
	丁基橡胶	不适应	不适应	不适应	适应	适应
	乙丙橡胶	不适应	适应	不适应	适应	适应
	聚氨酯橡胶	适应	有限适应	不适应	不适应	有限适应
	硅橡胶	适应	适应	适应	适应	适应
	氟橡胶	适应	适应	适应	适应	适应
其他密封材料	皮革	适应	不适应	有限适应	不适应	有限适应
	含橡胶浸渍的塞子	适应	适应	不适应	不适应	有限适应

材料		HM 油 抗磨液压油	HFAS 液 水的化学溶液	HFB 液油 包水乳化液	HFC 液 水-乙二醇液	HFDR 液磷酸酯 无水合成液
过滤 材料	醋酸纤维	适应	适应	适应	适应	适应
	金属网	同上述金属	同上述金属	同上述金属	同上述金属	同上述金属
	白土	适应	不适应	不适应	不适应	适应

表 7-4　各种液压油、液压液与液压元件的相容性

液压元件		矿物油	水包油	油包水	水乙二醇	磷酸酯	脂肪酸酯	聚酯
液压泵		标准元件	• 低压时用标准元件 • 超过 7MPa 时用往复式柱塞泵	• 低压时用标准元件 • 超过 7MPa 时用往复式柱塞泵	• 标准元件（平衡型液压泵）	• 密封改用氟橡胶	标准元件	标准元件
液压阀		标准元件	• 低压时用标准元件 • 高压时用插装件	• 低压时用标准元件 • 高压时用插装件	• 一般用标准元件 • 水-乙二醇专用元件	• 密封改用氟橡胶	标准元件	标准元件
密封件	丁腈橡胶	○	○	○	○	×	○	○
	乙丙橡胶	×	○	○	○	○	×	×
	聚氨酯橡胶	○	×	×	×	×	○	○
	氟橡胶	○	△	△	△	○	○	○
	丁基橡胶	×	○	○	○	○	×	×
	聚四氟乙烯	○	○	○	○	○	○	○
滤油器		标准元件	标准元件（禁用铝材）	标准元件（禁用铝材）	标准元件（禁用铝材）（压力损失大）	磷酸酯专用密封改用氟橡胶（压力损失大）	标准元件	标准元件
零件材料	钢、铸铁	○	○	○	○（不锈钢）	○（不锈钢）	○	○
	铝合金	○	○	○	○	○	○	○
	铜（黄铜）	○	○	○	○（×）	○	○	○
	锌（镀锌除外）	○	×	×	×	○	×	○
	镁	○	×	×	×	○	×	○
	镉、铅	○	×	×	×	○	×	○
	未处理铝	○	×	×	×	×	○	○
适用涂料		一般耐油涂料均可	一般耐油涂料	一般耐油涂料	环氧树脂乙烯基	环氟树脂聚氨基甲酸酯	环氧树脂亮漆	一般耐油涂料

注：○—适用，△—有条件性地采用；×—不可使用。

7.2　液压油的合理选用

　　液压油（液）的正确选用是保证液压设备正常运转和高效率的前提，对确保液压元件和液压系统能适应各种环境条件和工作状况，延长元件和系统的使用寿命，提高液压设备的可靠性，少出故障，节省能源等方面都有着举足轻重的直接影响，不可等闲视之。

　　无论是液压元件还是整台液压设备，有国产的，有进口的（包括特殊的特种设备）；有老式的，有新式的；有采用常规液压件的，有采用比例阀、伺服阀、数字阀及使用抗燃液压液等液压元件的。另外，尽管我国目前液压油品种仍不足，但已是种类繁多，基本上能满足全部要求，无须一定要买进口油品。但怎样选择合适的液压油去替代？选择液压油的替代原则和根据是什

么? 进口设备所用国外品难以得到怎么办? 能否用国产油品替代和怎样替代……这一系列问题成了液压设备使用中的重要问题之一。

7.2.1 油品的选用原则

液压油的品种选择原则,主要考虑的因素有:液压系统的环境条件、工作条件、工作液体的质量性能特性、经济性以及维护保养等(表7-5)。

表7-5 液压油的品种选择原则

选 用 原 则	考 虑 因 素
液压系统的环境条件	室内、露天、水上、地下;热带、寒区、严寒区;固定式、移动式;高温热源、火源、明火等
液压系统的工作条件	使用压力范围(润滑性、极压抗磨性),使用温度范围(黏度、黏-温特性、热氧化安定性、低温流动性);液压泵类型(抗磨性、防腐蚀性)。水、空气进入状况(水解安定性、抗乳化性、抗泡性、空气释放性);转速(汽蚀、对轴承面浸润力)
工作液体的质量性能特性	物理化学指标,对金属和密封件的适应性,防锈、防腐蚀能力,抗氧化安定性,剪切安定性
技术经济性,维护保养	价格及使用寿命,维护保养的难易程度

液压油的品种选择是关键的,不能选错。因为不同的油品,其性能差异很大。品种选好后,选择同品种中哪一挡黏度也是非常重要的问题。

7.2.2 液压油(液)的选择方法

(1)按液压设备的环境条件与工作压力选择油品

例如在高温热源或明火附近一般应选用抗燃液压油(参阅表7-6);寒冷地区要求选用黏度指数高、低温流动性好、凝固点低的油品;露天等水分多的环境里要考虑选用抗乳化性好的油品。

表7-6 根据环境和使用工况选择液压油(液)

工况 环境	压力 7MPa 以下 温度 50℃ 以下	压力 7~14MPa 温度 50℃ 以下	压力 7~14MPa 温度 50~80℃	压力 14MPa 以上 温度 80~100℃
室内固定液压设备	HL	HL 或 HM	HM	HM
露天寒区或严寒区	HR	HV 或 HS	HV 或 HS	HV 或 HS
地下水上	HL	HL 或 HM	HM	HM
高温热源明火附近	HFAE	HFB	HFDR	HFDR

(2)按使用工况选择油品

① 根据使用压力范围选择油种与黏度 一般随压力的增加对油液的润滑性即抗磨性的要求增大,所以高压时应选用抗磨性、极压性好的 HM 油种。压力等级增大,黏度也应选大一些的档次,见表7-7和表7-8。

表7-7 按液压系统工作压力选择油品

压力	< 8MPa	8~16MPa	> 16MPa
液压油品种	HH、HL(叶片泵时用 HM)	HL、HM、HV	HM、HV

表7-8 按使用压力选取液压油的黏度

压力	0~2.5MPa	2.5~8MPa	8~16MPa	16~32MPa
黏度(cSt)V50	10~30	20~40	30~50	40~60

注:V50指50℃时的运动黏度。

② 根据使用油温的不同选择油品品种 根据使用油温的不同,应选择不同油压,对油品的黏温特性(黏度指数)和热安定性应有所考虑,可按表7-9和表7-10选择油液品种。当环境温度高(超过40℃)时,应适当提高油液的黏度档次。冬季应采用黏度较低的油液,夏季则应采用黏度较高的油液。

表 7-9 按液压油工作温度选择液压油

系统工作温度	− 10 ~ 90℃	− 25 ~ 90℃	> 90℃
选用油品	HH、HL、HM	HR、HV、HSC、优质的 HL、HM 在 − 10 ~ − 25℃可用	优质的 HM、HV、HS

表 7-10 使用温度与不同压力时对抗燃液压油的选择

工况 环境	压力 7MPa 以下 温度 < 50℃	压力 7 ~ 14MPa		压力 > 14MPa 温度 80 ~ 100℃
		温度 < 60℃	温度 50 ~ 80℃	
高温热源或明火附近	HFAE	HFB、HFC	HFDR	HFDR

③ 根据泵的类型和液压系统的特点选择油品 液压油的润滑性（抗磨性）对三大类泵减磨效果的顺序是叶片泵 > 柱塞泵 > 齿轮泵。 故凡以叶片泵为主液压泵的液压系统不管其压力大小选用 HM 油为好。 对有电液脉冲马达的开环系统要求用数控液压油，可用高级 L-HM 和 L-HV 代替。 一般液压系统用油黏度的选择大多以泵为主要依据，阀类元件基本上可适应。 选用时可参阅表 7-11。

表 7-11 按液压泵的类型选用液压油

要求 泵种类		黏度（40℃）/mm² · s⁻¹		适用液压油种类和黏度牌号
		5 ~ 40℃	40 ~ 80℃	
叶片泵	7MPa 以下	30 ~ 50	40 ~ 75	L-HM（抗磨液压油）N32、N46、N68
	7MPa 以上	50 ~ 70	55 ~ 90	L-HM（抗磨液压油）N46、N68、N100
螺杆泵		30 ~ 50	40 ~ 80	L-HL（抗氧防锈）N32、N46、N68
齿轮泵		30 ~ 70	95 ~ 165	L-HL、L-HM、N32、N46、N68、N100、N150
径向柱塞泵		30 ~ 50	65 ~ 240	L-HL、L-HM、N32、N46、N68、N100、N150
轴向柱塞泵		40	70 ~ 150	L-HL、L-HM、N32、N46、N68、N100、N150

在液压油品种确定以后，还必须确定其使用黏度。 黏度选的太大，液压损失大，系统效率低，液压泵吸油困难。 黏度选的太小，液压泵内渗漏量大，容积损失增加，同样会使系统效率降低。 因此，必须针对液压泵类型、系统的工作温度、环境选择一个适宜的黏度。

通常，液压泵允许的最大黏度是由长期停置后系统的启动温度和泵的类型所限定。 不同类型的液压泵要求不同的最大吸入黏度，齿轮泵的最大吸入黏度为 2000mm²/s，柱塞泵的最大吸入黏度为 1000mm²/s，叶片泵的最大吸入黏度为 500 ~ 700mm²/s。

液压泵所允许的最小黏度是泵的轴承润滑的最小许用黏度，其他配合面（如叶片、齿轮或柱塞）磨损的最小许用黏度由泵内密封间隙的最小许用黏度来决定。

液压泵的适宜黏度一般由液压泵生产厂依据设计和试验做出规定，在容积效率和机械效率之间求得最佳平衡。 如美国著名的液压泵制造厂 Vickers、DINISION OF SPERRYR AND CORP 等公司规定了油品在操作温度下的最低黏度是 13mm²/s 和最高黏度 54mm²/s，径向柱塞泵启动温度时的最高黏度为 220mm²/s，轴向柱塞泵和叶片泵启动温度时的最高黏度为 860mm²/s，而且许多液压泵制造者都以此为基准。 这个规定被广泛地用作选择液压油的参考。 值得注意的是这个规定是用来保护泵，而不是系统中其他部分的，所以必要时还要和系统中其他部分的功能、功率协调。

（3）从技术经济、维护保养等方面选择油品

为了降低成本，对油品价格要做技术经济方面的综合考虑，全盘衡量。 对于液压油的价格要区分相对价格和绝对价格，亦即表现价格和实际价格。 例如对同一油品 HM，分 HM_1 和 HM_2，从表现价格上看 $HM_1 < HM_2$，譬如 $HM_{1表} = 1/2HM_{2表}$，但 HM_2 的质量比 HM_1 好，HM_2 的实际使用寿命（同一设备上使用）比 HM_1 长 4 倍，那么 HM_2 的实际价格比 HM_1 高一倍，而且因 HM_2 质量好，对延长液压系统使用寿命和工作质量有益，反而购买优质油合算。

从管理维护保养的角度，为了便于管理，一个单位不可能购买五花八门的油都储存起来，所以选用液压油时往往要进行油品品种的精减，能替代的尽量代用；另外对油品的购买难易程度也决定着油品的选择。 从维护保养角度来看，例如高压高速时为提高油的使用寿命，减少换油次数可选用抗氧化性、抗剪切性和稳定性好的油种。

7.3 进口液压设备用油的国产化替代

7.3.1 替代原则

用国产液压油替代进口液压油，可避免订购时的繁杂手续和待油停机的被动状况，又可节约外汇，因而替代很必要。另外引进液压设备中，一般工作状况并无特殊要求，并非一定只有进口该种油才能满足使用要求，因而绝大多数情况下替代是可行的。对于少数特殊工况（高速、重载、高精度、高温、恶劣环境等），也可立足国内研制，而且国内这些年新研制的油品也不少，极少情况下不能找出替代油品。但为确保引进设备可靠工作，应遵守下述原则。

① 尽可能用有关手册和资料（如《国内外液压油对照表》）给出的同品种或性能相近的液压油进行替代。例加通过查阅资料（表 7-12）可用国产抗磨液压油 N32 代替美国美学石油公司的 DTE 24 及英国壳牌 TELLUS 32 油。

② 所选用的国产液压油的黏度要与引进液压机械所使用的油黏度一致。而一般引进的液压设备所规定的液压油的黏度等级或黏度范围，在现有国产液压油中都能找到黏度等级一致或相近的液压油。这是因为国内外油黏度等级日趋标准化。但应注意所选用的国产液压油黏度与原引进设备的所规定的黏度值相差不能超过 15%。一般情况下，所选代用的液压油，其黏度比原规定的黏度稍大为好，但对于精密塑料液压设备所选代用的液压油，其黏度比规定的黏度略低为宜。如引进的设备所用油的黏度在国内现有的液压油中找不到（这种情况少见），可向液压油专家咨询，并与液压油生产厂家联系，委托其专门调配或研制。

③ 其实，对引进的液压设备可根据国内的具体工作环境有针对性地酌情灵活选择国产液压油。如引进设备原考虑冬季在寒冷地带使用，故原说明书规定用低温液压油 HV，但如果是我国江南地区引进该种设备，鉴于我国江南冬季气温一般在 -5℃ 以上，故代用时不一定要 HV 油，而可适当考虑选用抗磨液压油 HM。

④ 用国产油代替进口油时，代替的原则是以高质油代替低质油（高一档），如用 HM 油代替 HL 油，用 HV 油代替 HM 油，这样较为保险。

7.3.2 国产油代替进口油的程序及注意事项

① 首先必须阅读进口液压机械的使用说明书，从中详细了解其液压系统的组成、结构及有关参数等。如该液压设备使用的液压泵的类型，其工作压力（额定或最大压力）、转数、排量；系统有无油冷却器及其需要控制的温度范围；滤油器的过滤精度，系统中所用液压元件内有无镀银或青铜部件；系统有无高精度的装置，如比例阀伺服阀之类等；油箱容量大小以及工作环境温度变化范围等。与此同时，弄清说明书所规定或推荐的用油及用油注意事项，搞清国外油品的主要性能、用途及理化指标，在此基础上查找国内近似油品。对于了解不足的部分则应通过化验分析哪些技术指标按引进设备的用途、工作条件及工作环境而定。

从液压系统的组成、结构和工况，以及从说明书规定或推荐的用油两方面去进行选择为好。而通常情况下两者选择的结果往往是相同的。如不一致，则按就高不就低的原则进行代用。

② 查阅有关手册和油品生产厂家（如长城炼油厂）产品目录，或在网上查阅。目前国内油品生产厂家多按国际标准生产，一般都可找出代用的国产油种。并随时注意最新资料的出版。表 7-12 给出了部分国产和进口油品对照表，供读者参考。

③ 如按上述两个做法选用国产油替代进口油的工作还难以实现，则可向有关润滑技术、润滑油的研究与咨询机构的专家求助，进行咨询。

④ 对投入试用的油品，注意观察代用初期的使用情况：如设备运转的声音、温度、速度和压力等情况，并注意代用油品的外观变化，注意通过化验分析了解其主要理化指标的变化情况，发现问题及时解决。若无异常情况，则代用下去。

表 7-12 国产与进口抗磨液压油油品对照表

ISO黏度等级	长城	南海牌	海牌	七星	飞天	BP	Caltex	Castrol	Esso	Fuchs	Japan Energy	Mobil	Shell	Total
ISO VG 15 或更低				HM 抗磨液压油 15		Energol HLP10、15 Bartran10、15		Castrol Hyspin AWS 10、15	Nuto H 5、10、15		JOMO Hydlux LT15	DTE 21 (ISO VG 10) DTE 11M		
ISO VG 22				HM 抗磨液压油 22 高压抗磨液压油 22	HM 抗磨液压油 22	Energol HLP 22 Bartran 22	Rando HD 22	Castrol Hyspin AWS 22	Nuto H 22	Renolin B 5	JOMO Hydlux ES 22	DTE 22	Tellus Oil 22 Tellus Oil S 22	Azolla ZS 22
ISO VG 32		MHM32 (32Z)	HM 液压油 32 HM 无灰液压油 32	HM 抗磨液压油 32 高压抗磨液压油 32	HM 抗磨液压油 32	Energol HLP 32 HLP-D 32 Bartran 32	Rando HD 32	Castrol Hyspin AWS 32	Nuto H 32	Renolin B 10	JOMO Hydlux 32、ES 32	DTE 24、XL32、13M SHC 524	Tellus Oil 32、37 Tellus Oil S 32、S 37	Azolla 32、ZS 32
ISO VG 46	HM 抗磨液压油 46 高压抗磨液压油 46	MHM46 (46Z)	HM 液压油 46 HM 无灰液压油 46	HM 抗磨液压油 46 高压抗磨液压油 46	HM 抗磨液压油 46	Energol HLP 46 HLP-D 46 Bartran 46	Rando HD 46	Castrol Hyspin AWS 46	Nuto H 46	Renolin B 15	JOMO Hydlux 46、ES 46	DTE 25、XL46、15M SHC 525	Tellus Oil 46 Tellus Oil S 46	Azolla 46、ZS 46
ISO VG 68	HM 抗磨液压油 68 高压抗磨液压油 68	MHM68 (68Z)	HM 液压油 68 HM 无灰液压油 68	HM 抗磨液压油 68 高压抗磨液压油 68	HM 抗磨液压油 68	Energol HLP 68 HLP-D 68 Bartran 68	Rando HD 68	Castrol Hyspin AWS 68	Nuto H 68	Renolin B 20	JOMO Hydlux 68、ES 68	DTE 26、XL68、16M	Tellus Oil 68 Tellus Oil S 68	Azolla 68、ZS 68
ISO VG 100	HM 抗磨液压油 100 高压抗磨液压油 100	MHM100 (100Z)		HM 抗磨液压油 100	HM 抗磨液压油 100	Energol HLP 100 HLP-D 100 Bartran 100	Rando HD 100	Castrol Hyspin AWS 100	Nuto H 100	Renolin B 30	JOMO Hydlux 100、ES 100	DTE 18M	Tellus Oil 100 Tellus Oil S 100	Azolla 100、ZS 100
ISO VG 150				HM 抗磨液压油 150	HM 抗磨液压油 150	Energol HLP 150 Bartran 150	Rando HD 150	Castrol Hyspin AWS 150	Nuto H 150	Renolin B 40		DTE 19M		Azolla ZS 150
ISO VG 220 或更高						Energol HLP 220、320 Barttan 220、320	Rando HD 220			Renolin B 50				Azolla ZS 220

7.4 液压油与故障

液压设备的故障除了与液压元件、机械、电气等方面有关外，与液压油的关系极大。常有"70%~80%的故障是来自液压油"之说。图 7-1 为液压油的故障因果图。

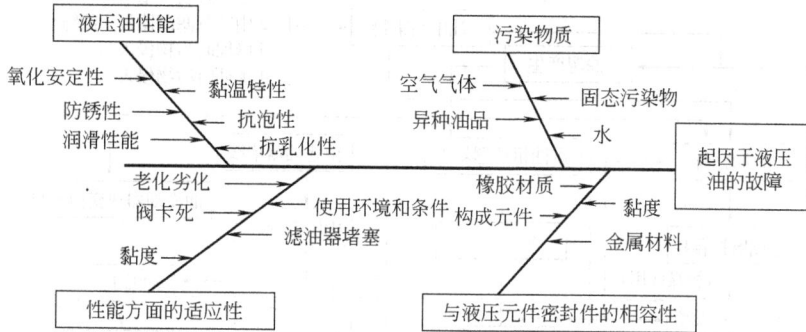

图 7-1 液压油的故障因果图

7.4.1 液压油污染产生的故障

（1）液压油被污染的原因（表 7-13）

液压油被污染的原因有外部原因和内部原因两类。污染物包括型砂、芯砂、切屑磨粒、焊渣、锈片、灰尘、棉纱、绒毛、碎布、小昆虫、油漆剥落碎片、化学变化的生成物（如氧化物、树脂胶状物等）、水力作用的生成物（如气穴磨损物）、水分以及细菌等。

表 7-13 液压介质的污染种类及原因

污染原因 \ 污染物种类	金属粉粒	研磨粉	铸造砂	焊渣	锈屑	灰尘	涂料片	密封材料	橡胶粉粒	纤维	油变质物	水分	其他液体	空气	微生物
清洗不当，制造、组装时带进污染物	—	—	—	—	—	—	—	—	—	—	—	—	—	—	—
保管运输中进入污染物	—					—				—		—		—	—
从装置露出部分或修理时进入污染物	—				—	—	—			—		—	—	—	—
装置内产生污染物	—	—			—			—	—		—	—		—	—

（2）油中污染物带来的故障（表 7-14）

表 7-14 油中污染物带来的故障

污染物种类	影响（故障）	发生原因
氧化生成物油泥、淤渣	腐蚀金属、卡死滑动副、阻塞滤油器和节流口	因液压油老化、温度高、水分等存在所致
水	生锈、润滑性能降低	空气中水分凝结，油冷却器破裂漏水
空气、其他气体	气穴、气蚀性腐蚀	密封失效、蓄能器充填气体漏出，充气太足，皮囊破裂溢出氮气等
异种液体	降低液压元件性能	清洗不良、误混入其他液体、装置不良等
金属微粒、鳞片水垢、研磨粉、涂料剥落片	阻塞滤油器及液压元件，产生动作失常，卡死阀芯，磨损加剧	清洗不干净，油漆不好，涂膜老化，磨损微粒
密封橡胶微粒	动作失常、堵塞、卡死	密封材料磨损、破裂
土沙、尘埃	滑动部位的磨报、堵塞、卡死	由大气带入，环境恶劣
棉纱、纤维	动作失常、堵塞卡死	清洗不干净

污染物对液压系统的影响是一种复杂的扩散传播关系，是一种重复多次影响的关系。即第一次影响的结果产生的故障又进一步产生后续的其他故障，而反过来又会更加影响前面故障的发生频度。图 7-2 为污染物引起故障的扩散传播关系图。

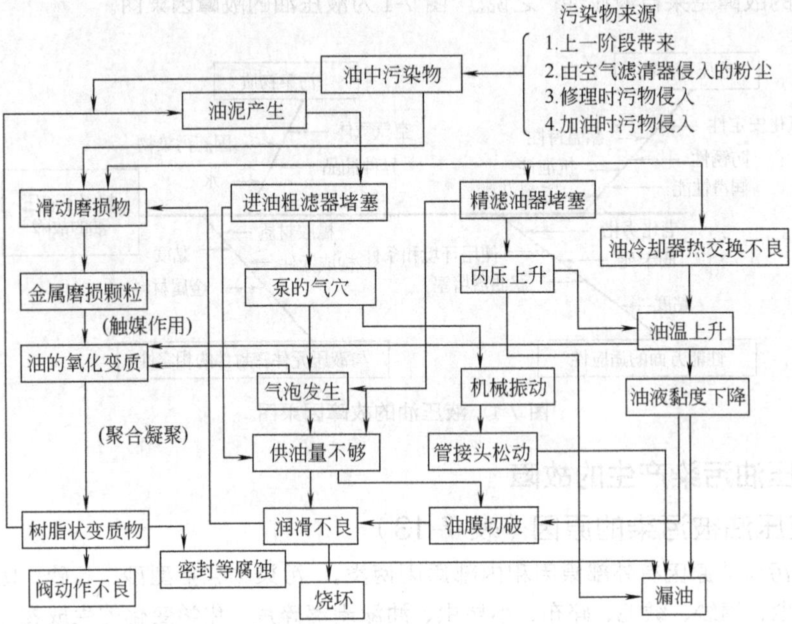

图 7-2　污染物引起的故障

7.4.2　液压油性能不好带来的故障

所谓"性能不好"，有的是油种本身先天性的某一性能不好，有的是在液压油使用一段时间后，性能下降。

（1）液压油的颜色

液压油的颜色本不属于性能的范畴，但是在使用过程中，可根据油液颜色的变化判断液压油的劣化和污染程度，并由此分析带来的某些故障，所以谈到液压油的性能，先谈谈液压油的颜色。

油液颜色是受油液的炼制程度（指矿物油）和加进的添加剂颜色等因素影响的。例如透明的黄绿色基础油，加入抗磨损添加剂后变为茶色；而劣化后却使基础油由黄绿色变为褐色或暗黑色；水分可使液压油变成乳白色。

表 7-15 为液压油的颜色识别参考表。根据表内颜色及颜色变化情况，对分析故障和故障产生的原因有益。液压油的颜色常采用 U 形管比色法或者将标准色颜色的玻璃放在纯水中与石油产品的颜色进行对比。

表 7-15　液压油颜色识别参考表

鉴别方法 油品	看	嗅	摇	摸
汽油	浅黄色、浅红色、橙黄色	强烈汽油味	气泡随时产生随时消失	发湿，有凉感
溶剂油	白色	汽油味，稍带芳香	气泡消失快	挥发快、手凉、手发白
灯用煤油	白色、浅黄色、透明	煤油味	气泡消失快	稍光滑、挥发慢

鉴别方法 油品	看	嗅	摇	摸
轻柴油	茶黄色，表面发蓝	柴油味	气泡少，消失快	光滑，手浸后有油感
重柴油	棕褐色	稍带柴油味，发臭	气泡带黄色，消失较慢	
汽油机油、柴油机油	深棕色到发蓝黑	有酸性气味	气泡少而大，消失慢，油挂瓶较多，有黄色	浸水捻后稍有乳化，黏稠
液压油	浅黄色到黄色，发蓝光	有酸味	气泡产生后，很快消失稍挂瓶	
导轨油	黄色到棕色	有硫黄味		手捻拉丝很长
汽轮机油	淡黄色、荧光发蓝		气泡大、多、无色，消失快	浸水捻不乳化
变压器油	浅黄色、荧光	稍有柴油味	气泡多，白色	
压缩机油	蓝绿色、透红		气泡少，消失慢，油挂瓶，浅棕色	
22号透平油	浅黄、发蓝光、有透明度	无气味	气泡产生后，消失快，油稍挂瓶	
8号液力传动油	红色、有透明度	有气味	气泡产生后，消失稍快	
30号清净液压油	淡黄色、有透明度	有酸性气味	气泡产生后，消失稍快	
磷酸酯油	无色、有透明度	有硫黄味	气泡产生后，消失稍快	
油包水乳化液	淡乳白色、无透明度	无气味	气泡立刻消失，不挂瓶	
水-乙二醇液压油	浅黄	无气味		光滑、觉热
矿物油制动液	淡红			
合成制动液	苹果绿	醚味		
水包油乳化液		无味		
蓖麻油制动液	淡黄透明	强烈酒精味		光滑、觉凉

（2）液压油性能不好带来的故障（表7-16）

表7-16 液压油的性能与故障

性能		容易发生的故障	产生故障的原因	排除方法
黏度	过低时	1. 泵产生噪声、流量不足、烧结及异常磨损 2. 内泄漏增大而使执行元件动作失常 3. 压力控制阀压力出现不稳定现象（压力表波动大） 4. 因润滑不良产生各滑动面的异常磨损	1. 油温上升，黏度下降 2. 油液黏度使用不当 3. 长时间使用高黏度指数的油	1. 改进冷却系统，修理 2. 更换成黏度合适的液压油
	过高时	1. 因泵吸油不良而烧结 2. 泵吸入阻力增大产生气穴 3. 滤油器阻力增大而产生故障 4. 配管阻力增大，压力损失增大，输出功率降低 5. 控制阀的动作迟滞和动作不正常	1. 油温过低，环境温度过低 2. 液压油黏度使用不当 3. 低温时，油温无升温装置 4. 一般元件却使用高黏度油	1. 安装低温加热装置和温控装置 2. 修理油温控制系统 3. 更换成合适黏度的油液

性能	容易发生的故障	产生故障的原因	排除方法
防锈性	1. 由于生锈进入滑动部位，产生控制阀、液压缸的不正常动作 2. 锈脱落而烧结，拉伤 3. 因锈粒子的流动产生动作不良，流量阀流量不稳定	1. 防锈性差的油内混进了水分 2. 锈蚀的扩展加剧 3. 开始时就已生锈	1. 使用防锈性好的油 2. 防止水分混入 3. 清洗，除锈
抗乳化性	1. 因油中水分而锈蚀 2. 液压油发生不正常老化劣化 3. 因水分产生泵、阀的气穴和气蚀	1. 液压油本身的防锈性差 2. 液压油老化、劣化、水分的分离性差	1. 使用抗乳化性好的液压油 2. 更换油
老化劣化	1. 产生油泥，使液压元件动作不良 2. 氧化加剧，腐蚀金属材料 3. 润滑性能降低，元件加快磨损 4. 防锈性、抗乳化性降低，产生故障	1. 高温下长久使用，油液氧化、劣化 2. 水分、金属粉、空气等污染物进入油内、促进劣化 3. 油局部高温和加热	1. 避免在 60℃ 以上的高温下长期使用 2. 除去污物 3. 防止加热器局部加热
腐蚀	1. 腐蚀铜、铝、铁等金属 2. 伴随着气蚀、腐蚀金属 3. 泵、阀、滤油器、冷却器的局部腐蚀	1. 添加剂的影响 2. 液压油老化、劣化、腐蚀性物质混入 3. 水分混入而气穴气蚀	1. 调查液压油的性质防止老化、劣化污染物混入 2. 防止水分混入
消泡破泡性不好	1. 油的压缩性增大，导致动作不正常 2. 增加泵、液压缸的噪声，振动，加剧磨损 3. 气泡导致气穴 4. 油与空气接触面积增大，加剧油液氧化 5. 气泡进入润滑部位，切破油膜导致烧伤，爬行	1. 添加剂的消耗 2. 液压油本身破泡性差	1. 更换油，加添加剂 2. 检查油箱的结构，合理设计
低温流动性不好	液压油的流动闪点在 10～15℃ 时，流动性变差，不能使用	1. 液压油本身 2. 随添加剂的不同而异	选择合适油液
润滑性不良	1. 泵异常磨损，寿命缩短 2. 元件寿命降低，执行元件性能降低 3. 泵阀等滑动面异常磨损，烧坏 4. 流量阀调节不良 5. 伺服阀动作不良，性能降低 6. 促进滤油器堵塞 7. 促进工作油老化、劣化	1. 液压油老化、劣化，异物混入 2. 黏度降低 3. 由水基液压油的性质所决定	1. 更换成黏度适当、润滑性好的液压油 2. 选择液压油时，要研究其润滑性能怎样

7.4.3 液压油与液压元件、密封等不相容带来的故障

如果工作介质与液压元件的相容性不好，会产生某些故障，例如水-二元醇：

① 使用水-二元醇液压液的系统，当液压元件和液压辅件中有 Zi、Ca、Mg、Al（未阳极化处理）、Gd 等材质时，会生成脂肪酸与皂碱，即产生不溶性油泥；

② 使用水-二元醇的液压系统，如果滤油器采用铝件（如线隙式滤油器），铝可能被腐蚀而丧失滤油器的作用；

③ 水-二元醇不能使用尿烷（氨基甲酸乙酯）橡胶而应使用丁腈橡胶作密封材料，不可使用皮革、软木塞、纤维等吸湿性密封材料，否则会造成密封失效；

④ 水-二元醇几乎与所有的耐油涂料不相容，所以油箱内表面不可涂上涂料，否则涂料会被溶解而产生油泥等污染物，造成许多故障。一般使用水-二元醇液压液的油箱要用不锈钢制造，油箱外表可涂乙烯基与环氧涂料；

⑤ 使用水-二元醇的液压系统，泵要降级使用，例如叶片泵、柱塞泵都要大大降低压力使用；

⑥ 使用水-二元醇的液压系统，伺服阀最容易出毛病，要特别注意。

对于其他液压液也有相类似的问题，所以要注意液压工作介质与液压元件、液压辅件等的相容性问题，以及由此可能带来的故障。

关于工作介质与液压元件等的相容性，可参阅前述的表 7-4，另外可见补充说明的表 7-17。

表 7-17 各种液压油与液压元件的相容性

项目		石油基	水-二元醇	磷酸酯	脂肪酸酯
液压泵	叶片泵	全压力区域	< 14MPa	全压力区域	全压力区域
	柱塞泵		< 21MPa		
金属材料		无特别限制	不能用于 Zn、Cd、Mg，黄铜 Pb 用于 Al 时要注意	无特别限制	无特别限制
滤油器		无限制	不锈钢	用不锈钢为好	无特别限制
橡胶材质		不能用丁基、丁纳橡胶，丁腈为好	不可用尿烷橡胶 可用丁基橡胶	氟化橡胶，丁基橡胶、硅橡胶较适合	丁基不可
涂料	油箱内表面	一般无限制	不可有涂料层	不涂涂料为好	苯酚涂料不良
	油箱外表面		乙烯基环氧基涂料	环氧基可	
伺服阀		无限制	（要注意）	一般不限制	一般不限制

7.4.4 液压油选用不当带来的故障

关于液压油的选用要考虑的因素较多，已在 7.2 节中有过说明。 液压油选用不当会带来种种故障，此处仅举几例。

① 黏度选用不当。 例如某液压系统要求在 10～70℃条件下使用，但如果选用黏度指数为 100 的 VG46 液压油，这种油在 20℃ 的运动黏度为 134.6cSt，而在 60℃ 时的运动黏度为 20.57cSt。 因此滤油器的阻力变化为 6.5 倍，容易产生气穴等故障。

② 在温度变化大的条件下使用的小型液压设备，如果黏度变化范围为 3 倍，则泄漏量也会 3 倍变化，这对小流量的液压系统影响较大。

③ 如系统采用气液直接接触式的蓄能器，则不能使用水-二元醇，因为该液压液容易起泡。

④ 与矿物油相比，合成型难燃油有高的密度，含水型抗燃油不仅密度大而且蒸气压力高，这对于油的流动会产生较大阻力，所以泵会引起气穴和振动。 如使用抗燃液压油，除了泵安装位置要低，泵进口只能装粗滤器外，泵的结构要适合抗燃油，不然会出故障。 换言之，不适合抗燃液压油的液压元件不能使用该液压油。

7.5 工作液体的使用与管理

合理选用液压油是保证液压设备正常工作的先决条件，而加强对液压油的使用管理则是保持设备可靠运转的关键。

7.5.1 液压油的使用管理

（1）建立油品档案、设备档案

为了加强责任制度，做到有据可查，应建立设备档案。 设备档案中要有液压油部分，应记载可使用的油品品种牌号、数量、加油日期和数量、补油日期和数量等。 指定专人负责检查考核，大的工厂可归口润滑站等管理部门。 这对于控制油液消耗，了解系统密封泄漏情况，避免误用异种油品，决定换油周期很有参考价值。

根据设备档案建立一套油料管理制度，包括油料进货、领用、保管、油料回收以及净化办法等方面的监管，是科学管理之必需。

（2）新液压油与液压液的进厂与保存

① 新油进厂应先取样进行理化分析，填写理化报告存档。

② 新油进厂后，如暂不使用，要妥善保存。保存场地最好在室内，在室外时要特别注意防尘防雨和防止高温影响等防护措施。一般要远离热源，避免日光暴晒，温度最好能控制在 20～30℃为宜。保存容器一般应为密封的桶或罐，最好横放，以防止尘埃，水分沉积在桶罐孔口，每隔 3 个月左右回转搅动一次。总之，应存放在室内通风阴凉干燥处，切勿放在露天日晒雨淋，使油液变质。

（3）液压油的使用（注油、换油与补油）

① 注油　新设备使用前须往油箱注油。注油前要确认油液种类和牌号，切勿弄错。从取油到注油的全过程都应保持桶口、罐口、漏斗等器皿的清洁；注油时应进行过滤；存放过久的油最好先进行理化检验。加油时应采用专门的加油小推车，通过带加油滤油器的加油口加入，即从空气滤油器的加油口加入。

② 换油　变质的液压油不能满足液压系统的要求，需要更换。目前什么时间换油有三种方法。

a. 固定周期换油。一些液压设备规定一定时间间隔（半年、一年或运转 1000～2000h 后）作为换油周期，到了时间便进行换油。问题是到了换油周期油可能并没有变质，此时换掉了，浪费；反之未到换油周期，油早就变质了，此时如果不换油，故障频频。所以固定周期换油不科学，不经济。

b. 根据经验换油。液压油在高温、高压下使用，随着时间的增长逐渐老化变质。出现下述状况：油的状态变化，这是指油的颜色、气味和外观变化等油品老化现象。表现出发臭、颜色慢慢变深变黑、混油或有沉淀等；闪点降低，但注意混有不同种类油品也有此现象；酸值显著变化；机械杂质增加；抗乳化性和抗泡性变差；稳定性变坏。

凭操作者和现场技术人员的经验，通过"看、嗅、摸、摇"等简易方法（表 7-18），决定是否换油，或者规定当油液变黑变脏变浊到某一程度便换油。这种方法应用较广，但也不太科学，不太经济。

·看。看颜色，透明但混入杂物有小黑点、呈现乳白色过滤、混入异种油黏度有变化、变黑、变浊、变脏。

·嗅。与新油比较气味不同，闻时有恶臭或焦臭感，更换。

·摇。摇后产生气泡难以消失。

·摸。可感知与新油比较的黏性变化情况处理。

表 7-18　现场鉴定液压油的变质项目

试验项目	检查项目	鉴定内容
外观	颜色、雾状、透明度、杂质	气泡、水分、其他油脂、尘埃、油变质老化
气味	与新油比较，气味（恶臭、焦臭）	油变质，混入异种油否
酸性度	pH 试纸或硝酸侵蚀试验用指示剂	油变质程度
硝酸浸蚀试验	滴一滴油于滤纸上，放置 30min～2h，观察油浸润的情况	油浸润的中心部分，若出现透明的浓圆点即是灰尘或磨损颗粒，油已变质要注意
裂化试验	在热钢板上滴油是否有爆裂声音	水分的有无与多少（声音大，响声长则水分多）

c. 物理化学性能指标分析换油法。这种方法是通过定期取油样进行化验，测定必要项目，以便连续监视油液变质情况，根据液压油的物理化学性能指标变化的实际情况确定何时换油，这种方法较科学，但需一套理化检验仪器。这种方法也叫油质换油法。

液压油的更换指标，各国各公司不尽相同，但控制项目大同小异。我国制订出的 HL 和 HM

型液压油的换油指标见表 7-19。

表 7-19　HL 和 HM 型液压油的换油指标

检查项目	L-HL 油	L-HM 油
外观	目测，不透明或浑油	
色度（GB/T 6540）	比新油的变化大于 3 号	比新油的变化大于 3 号
40℃运动黏度（GB/T 265）变化率	超过 ±10%	
酸值 KOH（GB/T 264）增加值	> 0.3mg/g	> 0.4mg/g
水分（GB/T 260）含量	> 0.1%	> 0.1%
铜板腐蚀（100℃，3h）	≥2 级	≥2a 级
机械杂质（GB/T 511）重量	> 0.1%	
正戊烷不溶物（GB/T 8926）	> 0.1%	

（4）工作液体的污染管理

液压油不干净，清洁度不好，会带来很多故障，因此油液的污染管理是液压设备管理中最重要的内容之一。 管理好液压油不污染或少污染，可减少许多源自液压油的故障与少换油，综合经济效益是可观的。 然而一点也不被污染的液压油和液压系统是不存在的，只能通过很科学的管理和相关的控制污染的措施，使液压系统油液的污染度保持在系统内关键元件抗污染度以内，使液压系统不出故障或少出故障。 为此，制订了污染管理的标准，即液压系统对清洁度的等级要求。

不同的液压系统要维持在一定等级的清洁程度（污染度）的范围内，方可保证该液压系统正常运行和少出故障。 这一切都包含在 ISO 等标准中。

① ISO 4406 标准　从抽出的油液中测定 1 毫升（1mL）中所含污染物总颗粒数，按数量多少范围分级，用 0~28 代码表示。 表 7-20 为 ISO 4406 标准各代码中允许所含污染物颗粒数量。

表 7-20　ISO（DIS）4406 固体污染物颗粒数量等级标准代号

等级代号	每 100mL 介质中的污染物颗粒数		等级代号	每 100mL 介质中的污染物颗粒数	
	多　于	少　于		多　于	少　于
24	8×10^6	16×10^6	11	1×10^3	2×10^3
23	4×10^6	8×10^6	10	500	1×10^3
22	2×10^6	4×10^6	9	250	500
21	1×10^6	2×10^6	8	130	250
20	500×10^3	1×10^6	7	64	130
19	250×10^3	500×10^3	6	32	64
18	130×10^3	250×10^3	5	16	32
17	64×10^3	130×10^3	4	8	16
16	32×10^3	64×10^3	3	4	8
15	16×10^3	32×10^3	2	2	4
14	8×10^3	16×10^3	1	1	2
13	4×10^3	8×10^3	0	0.5	1
12	2×10^3	4×10^3	0.9	0.25	0.5

② 两代码清洁度（旧标准 ISO 4406—1987）　旧标准 ISO 4406—1987 中以两个数字代表油液清洁度等级（表 7-21）。 颗粒物尺寸分布定义为两个不同的范围的数字，例如"17/14"，第一个数字表示尺寸大于 5μm 的颗粒物数，第二个数字表示尺寸大于 15μm 的颗粒物数。

表 7-21　ISO 4406—1987 中大于 5μm 和 15μm 的清洁度等级

固体颗粒污染度等级代号	8/5	9/6	10/7	11/8	12/9	13/10	14/11	15/12
最高颗粒计数 >5μm	250	500	1000	2000	4000	8000	16000	32000
>15μm	32	64	130	250	500	1000	2000	4000
固体颗粒污染度等级代号	16/13	17/14	18/15	19/16	20/17	21/18	22/19	
最高颗粒计数 >5μm	64000	130000	250000	500000	1000000	2000000	4000000	
>15μm	8000	16000	32000	64000	130000	250000	500000	

注：所有颗粒计数均为 100mL 油样中的计数。

③ 三代码清洁度（ISO 4406—1999）　ISO 4406—1999 中，以三个数字代表油液清洁度等级。如清洁度等级 18/16/13，含义如下：从 100mL 油液里取样 1mL，18 表示 1mL 中颗粒大于 2μm 的数量，16 表示 1mL 中颗粒大于 5μm 的数量，13 表示 1mL 中颗粒大于 15μm 的数量（图 7-3）。

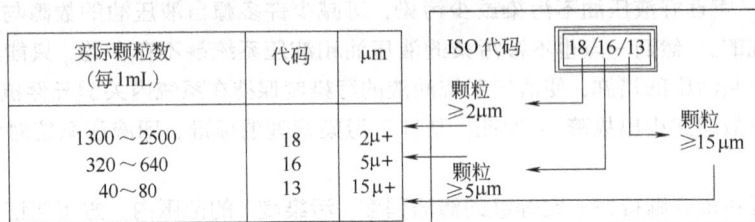

图 7-3　三代码清洁度中代码的含义

④ 典型液压元件与各类液压系统对油液清洁度要求　液压元件用油要求的清洁度新老标准对比如表 7-22 所列，各类液压系统用油要求的清洁度标准如表 7-23 所列。

表 7-22　液压元件用油要求的清洁度新老标准对比

元件名称	新标准	老标准	元件名称	新标准	老标准
伺服阀	16/14/11	14/11	齿轮泵和马达	19/17/14	17/14
叶片泵、柱塞泵和马达	18/16/13	16/13	流量控制阀和液压缸	20/18/15	18/15
方向/压力控制阀	18/16/13	16/13	新油	20/18/15	

表 7-23　各类液压系统清洁度等级

液压系统类型	清洁度等级（ISO 4406）								
	13/10	14/11	15/12	16/13	17/14	18/15	19/16	20/17	21/18
液压伺服系统	○	○	○	○	○				
高压系统（>21MPa）		○	○	○	○	○			
中压系统（14~21MPa）			○	○	○	○	○	○	
一般中低压液压系统				○	○	○	○	○	○
数控机床液压系统	○	○	○	○	○				
冶金轧钢设备液压系统			○	○	○	○	○		
行走机械液压系统			○	○	○	○	○		
重型设备液压系统			○	○	○	○	○		
一般机械液压系统			○	○	○	○	○		

⑤ 液压系统规定的新机器的油液清洁度等级　表 7-24 中白底区域为推荐的新设备的液压系统油液清洁度等级，清洁度等级每提高一级，油液的使用寿命延长一倍。大约 70%~90% 的故障可归于油液的污染，所以要十分重视对油液污染的控制。当然影响液压系统使用寿命的不止

油液污染一个方面，还有油液品牌、工作温度和负载状况。

表 7-24　新设备的液压系统油液推荐清洁度等级

当前机器油液清洁度等级（ISO）	目标	目标	目标	目标
28/26/23	25/23/21	25/22/19	23/21/18	22/20/17
27/25/22	25/23/19	23/21/18	22/20/17	21/19/16
26/24/21	23/21/18	22/20/17	21/19/16	21/19/15
25/23/20	22/20/17	21/19/16	20/18/15	19/17/14
25/22/19	21/19/16	20/18/15	19/17/14	18/16/13
23/21/18	20/18/15	19/17/14	18/16/13	17/15/12
22/20/17	19/17/14	18/16/13	17/15/12	16/14/11
21/19/16	18/16/13	17/15/12	16/14/11	15/13/10
20/18/15	17/15/12	16/14/11	15/13/10	14/12/9
19/17/14	16/14/11	15/13/10	14/12/9	14/12/8
18/16/13	15/13/10	14/12/9	13/11/8	—
17/15/12	14/12/9	13/11/8	—	—
16/14/11	13/11/8	—	—	—
15/13/10	13/11/8	—	—	—
14/12/9	13/11/8	—	—	—
使用寿命延长倍数	2倍	3倍	4倍	5倍

（5）工作液体污染管理的内容和方法（表 7-25）

表 7-25　液压油的管理

油品	适用温度范围	防止外泄	检查周期	防止异物的混入	性状的管理	注意事项
矿物油（石油基）		外泄漏损失能源，污染环境，降低元件和系统性能，出现故障	定期检查	防止异种油混入 防止水分、尘埃混入 防止切屑等混入	黏度、酸值、不溶解成分、防锈性、抗乳化性、润滑性能、消泡性等定期检查	
水包油乳化液/W	约60℃	外泄引起触电，污染环境	每周检查	防止盐类混入 防止污染的水混入 防止细菌滋生	黏度、酸值定期检查	易生锈，润滑性差，注意防冻
油包水乳化液（W/O）	−4~60℃	外泄引起触电，污染环境	每周检查	防止矿物油和其他油混入 防止污染的水混入	黏度、pH值、含水量、乳化稳定性定期检查	长期储存和在油箱内长期静止会产生油水分离
水-二元醇	−20~65℃	价格较贵，应防止外漏	每月检查	防止矿物油和自来水混入，异物混入会产生沉淀	黏度、pH值定期测定，黏度变化保持在10%以内	不适用有含镁、锌、镉元件及涂料，适用环氧漆

7.5.2　油污染（油质）的测量方法

（1）油液清洁度的测量方法

测量污染度的方法可用目测法、淤积指数法、称量法和颗粒计数法等。

① 目测法　是用肉眼直接观察油液污染程度的方法。由于眼的能见度下限是 $40\mu m$，所以用肉眼看上去脏的油已是很脏了。这项检验通常首先进行，而且对于要求不高的系统这种检验方法还是有意义的。

② 淤积指数法　是根据油液中的污垢堵塞滤油器的倾向来判断油液污染程度的方法。让一定体积的抽样油在恒定压力下通过具有规定的微孔尺寸的多孔滤油器流出，随着滤网的堵塞流量

下降，油样后一半的流出时间比前一半长，根据这两段时间的差值算出淤积指数，其值越大，污染程度越高。 这种方法的优点是容易测定，对由细小颗粒（0.25～5μm）引起的污染的测定颇为有效，其缺点是污染程度的表达不直接，颗粒尺寸的分布不清楚（图7-4）。

③ 称量法 是用阻留在滤油器（微孔尺寸为 0.8μm 的过滤膜片）上的污垢重量来表示油液污染程度的方法。 让一定容积的油样经预先称重，再用干燥滤纸过滤，污垢被阻留在滤纸上。用溶液洗掉滤纸上的油液，干燥后称重，测出重量差即得污垢的重量（这种方法目前也用于检查液压元件的清洁度），过滤方法见图7-5。

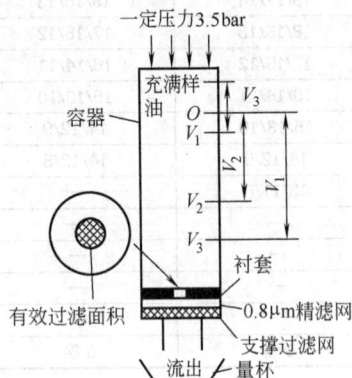

图 7-4 淤积指数法装置简图

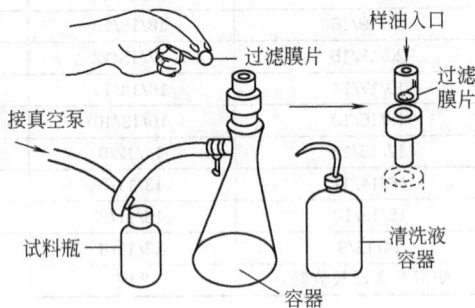

图 7-5 称量法前的样油过滤

④ 颗粒计数法 是逐个测出油液中颗粒的尺寸和个数，用一定体积油液中所含各尺寸颗粒的数目，即"颗粒尺寸分布"来测量油液污染程度的方法。 常用的颗粒计数法参阅表 7-26。

表 7-26 各种污染度测量方法的比较

种类 项目	手动显微镜法	自动显微镜法	光学粒子计数法	重量法	淤积指数法
测量粒径	5μm 以上	0.5μm 以上	2μm 以上		5μm 以下
重复精度	±33%	±2%	±5%	3.6% 以内	±20%
优点	可用肉眼观察污染粒子，测量方法已经标准化	可用肉眼观察污染粒子，重复精度高，测量时间短（5～30min），可对污染粒子进行多种测量	重复精度高，测量时间短，可测试大量试料	容易测量，重复精度高，可用于一般液压装置的污染管理	测量容易，可用于对微细粒子的监视
缺点	费时，与个人熟练程度有关，一般每天只能测 6～10 个试样	价贵	价贵，不能用肉眼观察粒子；添加剂和气泡当作污染粒子被测量	不能观察粒子污染物种类不同时，测量数据变化大	不能观察污染粒子

a．手动显微镜法。 用微孔尺寸为 0.45μm 的过滤薄膜，滤出 100mL 抽样油中的污染颗粒，然后在显微镜下按图 7-6 的方法，在指定的尺寸范围，分别数出颗粒的尺寸与数量。 这种方法可区别颗粒的种类，从而判断污染原因。 缺点是测定时间长，误差较大。

b．自动显微镜法。 是用电视摄像机将显微镜观察到的放大画像变换为信号输送到电子计算机内，测定者只要操作控制器便能自动将粒子计算显示出来。 这种方法的重复误差小，测定时间短（＜5min），但装置价格昂贵。

c．光散射法和光遮蔽法。 这是将油样中的固体粒子，在光束照射下因散射而产生光的强弱变化或由于粒子的遮蔽而减少光通量，转变为电脉冲信号，然后将它转换成为一定尺寸范围的粒子个数进行自动计数，这种方法测定容易，重复精度也高，但粒子的形状、色相等不能由肉眼观

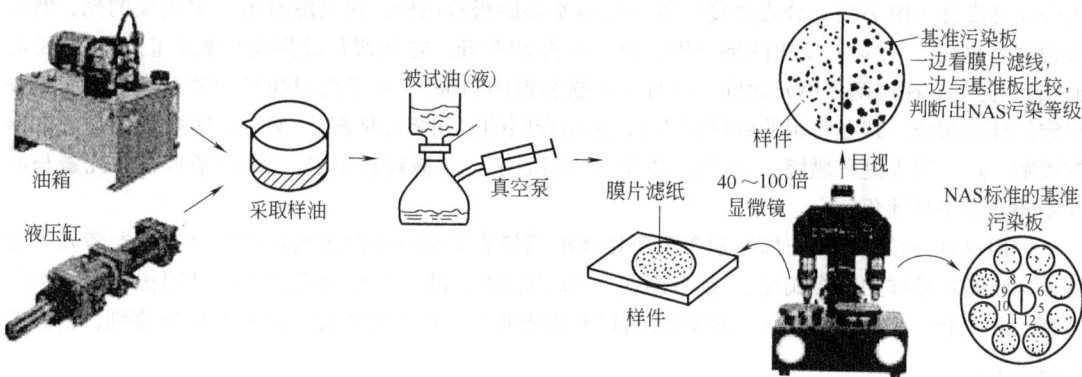

图 7-6　手动显微镜法

察，气泡及添加剂等也作为污染粒子一起被计数。

国内应用较多的是美国太平洋科学仪器公司生产的 HIAC 计数仪（如 HIAC4100 型自动粒子计数器）和 PC-320 型颗粒自动计数仪。 它们的测定原理如图 7-7 所示，它是利用光遮蔽原理工作的，在传感器内，光源发出的一束光线通过传感区射向另一侧的光电管，被测样油与光线垂直流过传感区。 当液体中没有固体颗粒时，光电管输出为一恒定值，当一个颗粒通过传感区时，部分光束就被遮蔽，光电管输出发生变化，从而产生一个脉冲信号。 此脉冲信号与仪器预先调整好的通道阈值电平相比较，则可测出颗粒的大小，计数器累计脉冲次数，可由记录仪记录颗粒数目。

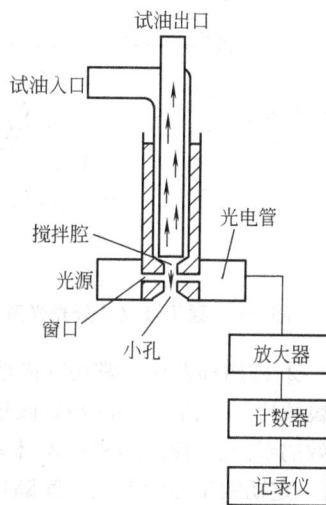

图 7-7　粒子计数装置示意图

（2）液压油中磨损金属元素颗粒的测定方法

如同医院的验血，通过化验分析油液，可得出液压油中颗粒的元素种类，这对判明是何种液压元件的何种零件的磨损有益。 液压油中磨损金属元素主要是铁。

① 油光谱分析法

a. 发射光谱测定方法（图 7-8）。 这种方法的基本原理是：各种元素的原子可由电弧激发而发出辐射能，当这能经过棱镜或衍射光栅分光时，它以光谱的形式出现，而光谱的图像则决定于被激发原子的结构。 由于各种元素的电子组态不同，故每种元素的光谱具有足以区别的特性，并带有发生在预知波长处的谱线。 因此，每种元素均可按谱线的所在位置鉴定，并按谱线的密集度或亮度确定它在试样中的含量（浓度）。 应用光倍增管将辐射能转换成电能，经处理后便可由显示装置显示。 这种方法能在 1min 内测定 20 种元素，并指出其含量。

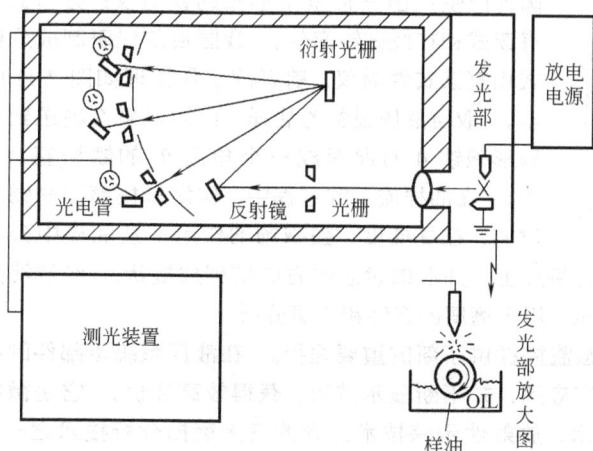

图 7-8　发光分光装置

b. 原子吸收光谱测定法。 又叫原子吸收法，它所使用的仪器是原子吸收式分光光度计（图 7-9），分光光度计的一端有空心阴极放电管，它只发射出一定波长的光，例如可为铜吸收光。 在这种仪器的另一端，有一个探测单元，它被调整成只能计测并记录其波长与铜相当的光。 在这两个单元之间，装有一个燃烧器的喷嘴。 为了查明油样中的含铜量（油样按规定的计划采集，装在特制的取样瓶内），先用专门的溶剂将油稀释。 然后，使溶液流过燃烧器的喷嘴，并以明火进行燃烧。 这时，油液中的铜原子全部被释放出来。 铜原子吸收的光量与油样中的含铜量成比例。

应用这种方法，可测出探测器单元所接受的采样光束与空心阴极放电管辐射出的参考光束之差，从而确定油样中的含铜量。 或者用图 7-10 的装置，试料油经喷雾器由喷灯喷出，火焰中的金属呈原子状，吸收光源发射来的该金属固有的吸收光，经后续光栅、波长选择器鉴别，由读数装置读取。

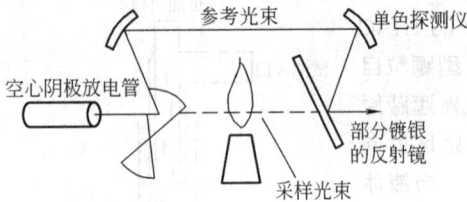

图 7-9　原子吸收式分光光度计的原理　　　　图 7-10　原子吸收光谱测定装置

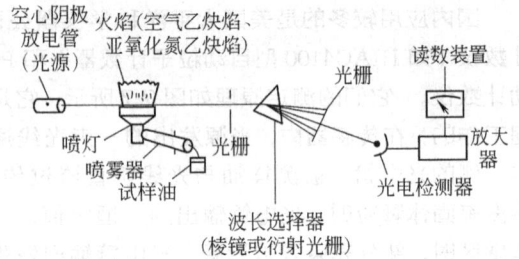

② 磁屑检测法　常用的磁性碎屑探测器之一是磁塞，它用来探测零件因疲劳破碎而产生的金属鳞片。 当油液中的金属微粒大部分是铁时，它是监测油液污染度和确定机器工况的简便而有效的手段。 磁塞通常由本体和磁性探头组成，放置在液压系统的适当部位来捕捉油中的铁屑。 定期取出磁性探头（间隔期一般为 25 个工作小时），并取下吸附在它上面的微粒进行分析，就可判别液压元件的磨损性质和程度。

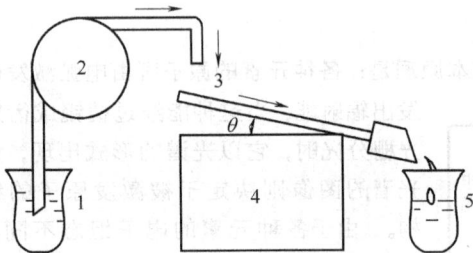

图 7-11　分析式铁谱仪工作原理
1—样油；2—微量泵；3—铁谱基片；4—磁铁；5—废油

③ 铁谱分析法　铁谱技术是国外 20 世纪 70 年代开始发展起来的一种新的机械磨损分析方法。 实现这种技术的基本工具是铁谱仪。 目前，国外已生产出三种基本形式的铁谱仪：分析式、直读式和在线式铁谱仪。 我国目前已研制成分析式和直读式铁谱仪，前者的工作原理如图 7-11 所示。 取自液压设备的油样，由微量泵 2 箱送到与异形磁铁 4 的顶面成一个角度 θ 的铁谱基片 3 上。 在油样流下的过程中，作为机械磨损产物的磨屑，在高梯度、强磁场的作用下从油样中分离出来，按由大到小的次序沉积在特制的铁谱基片上，并沿磁感应线方向排列成链状。 经清洗残油和固定处理后制成铁谱片，如图 7-12 所示，用于磨屑的定性和定量分析。

铁谱技术为磨损机制的研究和机器状态监控提供了新的重要途径。 在液压系统零部件的状态检测和故障诊断领域中，已迅速获得推广应用，并不断显示成果，获得较高评价。 它是微粒摩擦学的重要研究手段，是与光谱分析技术、放射性示踪技术并列的三大磨损分析技术之一。在实用中它又可与光谱分析相互补充，光谱分析能测定油中各种微量金属元素及其浓度，而铁谱分析则可考察油中各种金属磨粒的形态、尺寸、数量和粒子分布状况，借助于铁相加热法或扫描

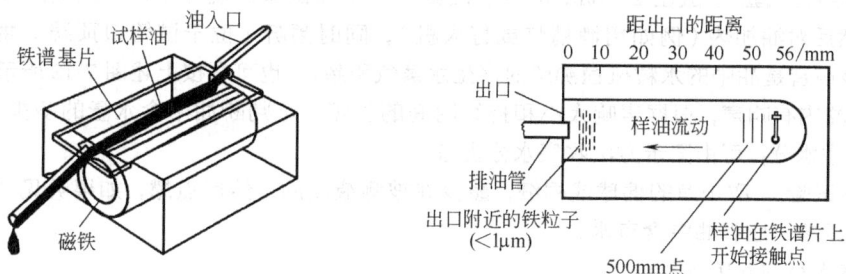

图 7-12　分析式铁谱仪装置及铁谱片

电子显微镜的 X 射线能谱分析系统，还可判定磨粒的成分，从而获得有关磨损过程的类型及磨粒材料方面的信息，以便据此采取相关措施，防止进一步的磨损。

（3）油中水分含量的测定方法

液压油中混入水分会导致零件生锈，产生腐蚀，导致液压性能降低，测量油中水分的方法有以下两种。

① 卡尔·费希尔（Karl Fischer technigue）法　此法用于油中微量水分（质量分数）的测定，如 ASTMD 1744、J1SK 2275 中规定的方法。此法将一定数量的试样油溶于卡尔·费希尔试剂的电解液中，水与试剂中的碘发生反应，水消耗的碘由电解过程来补充。当油中的水耗尽时，停止电解。通过测量补充消耗的碘所需的电量可确定样油中的水分含量。

② 蒸馏法　此法用于油中含有较多水分（体积分数）的测量，我国有 GB/T 260 中规定的方法，国外有 ASTMD 95 与 J1SK 2275 中规定的方法。

也可按图 7-13 所示方法进行检查：在塞子上插量程 200℃ 的温度计入油，将一定量的样油和溶剂（如汽油）加进烧瓶中，再把烧瓶加热到 120℃ 以内，进行蒸馏，使样油中的水变成蒸汽，在冷凝器中凝结为水，收集在带刻度的容器中，如此容器中水分不再增加则停止加热，从刻度可读取水的体积。

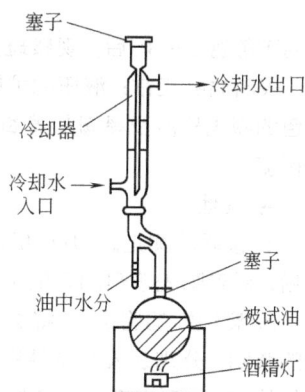

图 7-13　蒸馏法水分测定装置

（4）油中空气含量的测定方法

① 观测法　此法通过肉眼观察油中空气含量：当油透明并可观测出很微小的气泡时，油中含空气量约为 1%（体积比，下同）；当油透明并可观测出小气泡时，空气含量为 2% 左右；当油稍混浊不太透明时，为 2% ~ 3% 的空气含量；当油呈混浊状并可观察大颗粒气泡时，空气含量为 4% ~ 8%；当油呈乳白色带大颗粒气泡时，空气含量> 8%。

② 声速法　声波在无空气的液压油中声速大约为 1350m/s，在纯空气中声速为 350m/s，通过测定声音在样油中的传播速度可确定样油中的空气含量。

③ 真空释气法　油液在真空状态下将释放其溶解空气和微小的悬浮气泡，收集这些空气可测出油液中的空气含量。

（5）油污染的其他判别法

① 油中含水分的简单判断

a. 液压油呈乳白色混浊状，表明液压油进了水。

b. 爆裂试验。把薄铁片加热到 110℃ 以上，滴一滴液压油，如果发出"嗤"的一声爆裂声，证明液压油中含有水分，此方法能检验出油中 0.2% 以上的含水量。

c. 试管声音试验。 放出 2~3mL 的液压油到一个干燥试管或烧杯中，并放置几分钟使油气泡消失。 然后对油加热（例如用酒精灯或打火机），同时倾听（位于试管口顶端）油的小"嘭嘭"声。 该声音是油中的水粒碰撞沸腾时产生水蒸气所致。 也可在按上述图 7-13 所示方法进行检查时，若油内有响声，根据声响大小和持续时间的长短，可判断油中含水量的多少。 为了定量地测定油中水分，可由图示方法收集水分含量。

d. 棉球试验。 取干净的棉球或棉纸，蘸少许被测液压油，然后点燃，如果听见"噼啪"炸裂声和闪光现象，证明油中含有水。

② 黏度大小的简单判断

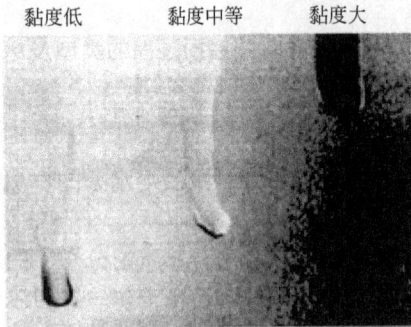

图 7-14 玻璃倾斜观测法测黏度

a. "手捻"法。 用手来判断黏度的大小，由于黏度随温度的变化和个人的感觉，往往存在较大的人为误差。 但用这种方法比较同一油品使用前后黏度的变化是可行的。

b. 玻璃倾斜观测法。 如图 7-14 所示，在一块带刻度的洁净玻璃板上，滴上 3 滴与试油黏度相同牌号的新油和 1 滴被试油，然后倾斜玻璃板，观察油滴流动的速度，如其速度相近，则其黏度也就相近。 如黏度不相近但其他质量指标均合乎要求，则可采用黏度掺配法来增大油黏度。

③ 油液颗粒污染的油滴斑点试验 在已运转 2h 的设备油箱中，用试棒取一滴被测液压油滴在滤纸上，在室温下静置 2~3h 后，观察斑点的变化情况，液压油迅速扩散，中间无沉积物核影，并且界限分明，表明油品正常；液压油扩散慢，中间有一核影沉积物，表明油已变坏（图 7-15）。 根据核影颜色的深浅程度及黑圈与黄圈直径之比的大小来确定油的污染程度。

④ 其他

a. 杂质的测定。 取小量样油，用 2 倍洁净汽油稀释，摇匀后，对着阳光观察油里的杂质或其他沉淀。

b. 腐蚀性的鉴定。 将 2 小块用细砂纸打光和用汽油洗净的紫铜，分别装入有试油的试管中，再把有塞试管在水液中加热 3h。 取出铜片，若铜片保持原来光亮，无黄褐色斑点则认为合格。

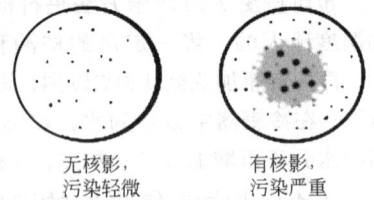

无核影，
污染轻微

有核影，
污染严重

图 7-15 油滴核影试验

c. 肉眼观察法。 油的颜色发黑、浑油，没有了新油原有的金黄色或深褐色的透明清亮状，表示油液已经污染。 可取油静置一段时间，油色不变属正常。

d. 油流观察法。 没有污染的液压油流动时油流应是细长、均匀、连绵不断。 如出现油流忽快忽慢和间断现象，则说明油变质。

第 **8** 章
液压回路的故障分析与排除

任何一台设备的液压系统均需满足相应的工作要求，它的构成和复杂程度按工作要求所需的工作循环和应满足的性能而定。 而任何液压系统均是以若干基本回路所组成，每种基本回路又由若干通用及专用液压元件有效组合来完成某种基本功能。 将能完成各种基本功能的基本回路组合连接起来，便能构成一个完整的液压系统，担负起整台液压设备的各种工作任务。

液压设备的工作任务都由执行元件——液压缸与液压马达来承担，工作时执行元件要满足前进与后退、正转与反转的方向控制、输出功率的大小调节、速度快慢的调节和速度变换等一些基本功能。 为实现这些基本功能，要采用换向回路、调速回路、压力控制回路等一些基本回路得以实现。 对简单液压设备往往一个或两个液压基本回路便可构成该设备的液压系统。

因此，熟悉液压系统的基本回路，了解它们的工作原理、组成和特点，分析其可能产生的故障，满足工作要求、动作要求、产品加工需要和质量以及维持设备的正常运转等，进而通过对现有系统的分析与修改，创新出新的液压系统都是很重要的。

液压基本回路主要有压力控制回路、速度控制回路、方向控制回路和顺序动作控制回路等。每一类别的基本回路按其所能完成的功能又可细分为各种功能的基本回路：如压力控制回路又可细分为调压回路、减压回路、保压回路、卸荷回路等。

依赖石油提炼出的液压油，是液压系统的血液。 然而石油是不可再生能源，用一个少一个。 近些年来，更由于节能减排的要求，节能对任何设备都不应例外，液压节能回路越来越引起人们的重视。 除此之外，还有污染管理回路、安全回路等，本章中将分别予以介绍。

8.1 液压源（泵源）回路及其故障排除

液压系统的工作过程实际上是能量的转化和传递过程，能量的转化和传递过程中难免有各种损失，而且可以说能耗大部分是在能量的转换过程中损失掉的。 图 8-1 为液压系统的组成与能量流向图，每经一次传递都存在着能量损失，从而使液压系统的效率降到很低。 造成液压系统的能量损失的原因可分为两大类：一类是液压元件本身的损失，另一类是系统设计、回路的选择、安排设计产生的能量损失。 减少第一类损失，可通过提高元件质量、选择节能元件（例如功率匹配泵、插装阀、多功能阀、数字阀等）来实现；而减少第二类损失，要靠合理的液压回路和液压系统的设计和使用来实现。

图 8-1　液压系统组成与能量流向图

因此，设计选择好泵源供油系统，使之非常接近负载对压力与流量的要求，提供刚好能满足液压系统所要求的流量、压力及功率，不造成"供过于求"，节约能量，提高经济效益，这是泵源回路的奋斗目标，也是现代液压设备的发展方向之一。

现在正在服役的液压设备的泵源回路，有的节能，有的不怎么节能。 我们将各种设备的泵源回路归纳如下。

8.1.1 定量泵供油回路

(1)"定量泵+ 溢流阀+ 节流阀"供油回路

如图 8-2 所示，如果假设泵的输出压力与流量为 p_P、Q_P，负载需要的压力与流量为 p_L、Q_L，这种回路损失的能量为：$\Delta N = p_P \times Q_P - p_L \times Q_L$（溢流阀损失），因而效率不高，损失的能量变成热能，导致发热温升的故障。设按快进要求，Q_P 为 100L／min，工进（节流）时 $Q_L = 50$ L／min，$\Delta Q = Q_P - Q_L$，溢流阀按工进要求设定压力（$p_P = p_L$）为 200bar，则损失的能量 $\Delta N = \Delta Q \times p_L/600 = 150 \times 200/600 = 50$kW，此损失的压力能变成热能加热油液，从溢流阀的回油口流到油箱，油箱的油液能不发热温升吗？所以这种"定量泵+ 溢流阀+ 节流阀"供油回路只适用于小流量（低于 50L／min）的液压系统。

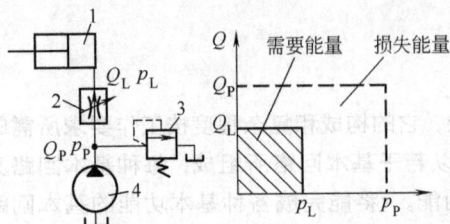

图 8-2 "定量泵+ 溢流阀+ 节流阀"
供油回路

1—液压缸；2—节流阀；3—溢流阀；4—泵

"定量泵+ 溢流阀+ 节流阀"泵源回路的主要故障是温升发热，要排除此故障，只能采用下述的其他节能泵源回路：例如采用"高、低压双泵或多泵供油回路"、"定量泵+ 比例压力流量阀（PQ 阀）供油回路"和"定量泵+ 变频电机控制回路"。

(2)高、低压双泵供油回路

如图 8-3 所示，这种回路由低压大流量泵 1，高压小流量泵 2 以及卸荷阀 5 构成。在快进或

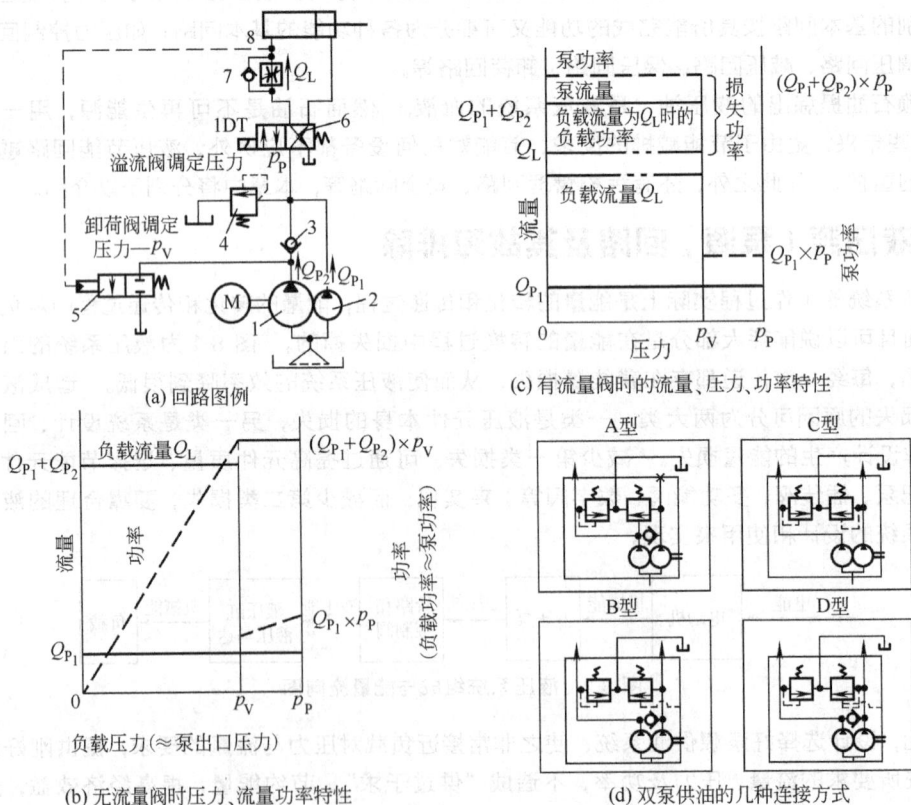

(a) 回路图例

(b) 无流量阀时压力、流量功率特性

(c) 有流量阀时的流量、压力、功率特性

(d) 双泵供油的几种连接方式

图 8-3 高、低压双泵供油泵源回路

1—低压大流量泵；2—高压小流量泵；3—单向阀；4—溢流阀；5—卸荷阀；6—电磁阀；7—单向节流阀；8—液压缸

快退时，由两泵同时供油；在工进（慢速）时，低压大流量泵卸荷，高压小流量泵在高压（工作进给压力）下供油。 在液压回路中未设置流量阀时，其压力-流量-功率特性如图（b）所示；回路中设置有流量阀进行速度控制时，其压力-流量-功率特性如图（c）所示。 这种回路还是处于定量泵加溢流阀的工作状态，泵的功率与负载输出之间存在大的差值，即存在能量损失。 但因工进时大泵已低压卸荷，故其功率损失比单一定量泵加节流阀的液压回路要小。

此图中采用的二位二通液动换向阀作为卸荷用，也可用卸荷阀、液控顺序阀做卸荷用。 就卸荷的速度响应性而言，卸荷阀较好。 这种回路可能产生的故障和排除方法如下。

【故障1】 电机严重发热，并有可能烧坏

此处主要是单向阀3在卸荷时关闭不严而引起的，另外，如果卸荷阀5调定的压力太高，超过了泵2供油时的工作压力，也可能产生发热现象。

【故障2】 系统压力上不去

① 溢流阀4卡死在开启位置。

② 卸荷阀5卡死在开启位置时，泵1不能输出压力油，因为此时泵1卸荷，在阀3可开启的情况下，双泵同时供油的压力上不去。

③ 液压缸内泄漏大。

【故障3】 不能双泵同时向系统供油

① 单向阀3卡死在关阀位置。

② 负载压力 p_L 太高，促使阀3关闭。

【故障4】 液压缸返回行程时，系统发热，并时有噪声振动现象

为了更能说明问题，以图8-4所示的双泵供油回路为例进行说明。 图中虽然阀6的通径是按高、低压泵的总流量 $Q_1 + Q_2$ 来选择的，阀的通径较大，过流能力没有问题。 但回程（向上运动）时，由于作用面积 A_2 较小，工作压力较高，需要的流量也较小，所以此时低压大流量泵多选择为卸荷，仅高压小流量泵工作，这时 A_1 腔的回油流量 $Q_回 = Q_1 A_1/A_2 = KQ_1$，$K > 1$。 如果 $Q_回 \leqslant Q_1 + Q_2$，则可通过换向阀6顺利回油，无须再采取措施。 但如果 $Q_回 > Q_1 + Q_2$，则回油背压高，阀6的通流能力不够，会造成系统发热、噪声和振动。 此时可在图中a处装设一小流量卸荷阀[其额定流量按 $Q_回 - (Q_1 + Q_2)$ 选取]。 当然，如果回程腔（上腔）作用面积较大，回程时也可高、低压泵一起工作以提高回程速度，但卸荷阀的规格必须按流量为 $(Q_1 + Q_2)$ $(A_1/A_2 - 1)$ 来选择，否则更容易出现回程时因背压高而发热，并产生振动和噪声等现象。

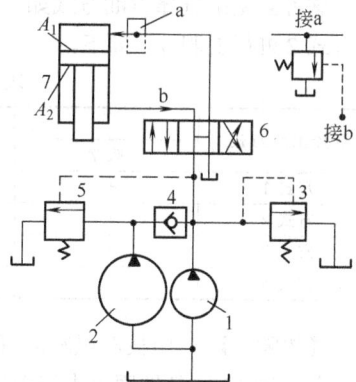

图8-4 双泵供油回路
1—高压小流量泵；2—低压大流量泵；
3—溢流阀；4—单向阀；5—卸荷阀；
6—换向阀；7—液压缸

所以切记，此类系统在选择阀6和管子通径时不能简单地以 $Q_1 + Q_2$ 来作为其通流能力，应考虑放大系数 K 的作用，$Q_回$ 可能远大于 Q_1 和 Q_2 之和。

【故障5】 慢进（工进）时，低压大流量泵2不卸荷

图8-4中的溢流阀3的调节压力比卸荷阀5的调节压力要调高些，至少要高0.5MPa以上，卸荷阀方能卸荷，否则将出现卸荷阀5可能打不开而不能卸荷的现象。 并且如果阀3的调节压力比阀5的调节压力低时，阀4不能关闭，会出现压力油倒灌现象，产生上述故障1中的电机发热甚至烧电机的故障。

（3）采用插装阀的双泵供油回路

在功率较大的液压系统中，往往使用多台定量泵作为泵源动力控制回路，因为市场上没有特

大流量的泵供选用。

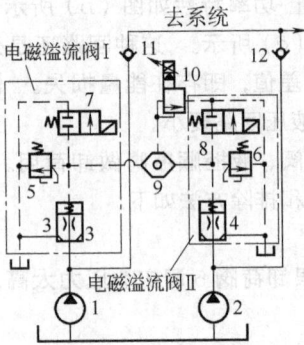

图 8-5 采用插装阀的
双泵供油控制回路

1,2—泵；3,4—插装主阀；
5,6—先导调压阀；7,8—先导电磁阀；
9—梭阀；10—比例调压阀；
11,12—单向阀

图 8-5 为采用插装阀的双泵供油控制回路图。 阀 3 与阀 4 都是带阻尼孔的插装件， 他们和两只先导电磁阀 8 与 7、先导调压阀 5 与 6、 比例调压阀 10 以及梭阀 9 构成对泵的控制回路。

当电磁阀 7 与 8 的电磁铁均未通电时， 泵 1 和泵 2 同时向系统供油。 由于梭阀 9 的作用， 两个先导调压阀 5 与 6 以及比例调压阀 10 均与阀 3、 阀 4 的控制腔相通， 阀 5 用来限制泵 1 的最高工作压力， 阀 6 用来限制泵 2 的最高工作压力， 均起安全阀的作用。 比例先导调压阀 10 的压力（ 由电流设定） 一般设定得比阀 5 和阀 6 均低， 所以两泵同时向系统供油快进时， 其工作压力由阀 10 统一设定； 当阀 7 的电磁铁通电时， 阀 3 的控制油通过阀 7 右位通油池， 因而阀 3 打开， 泵 1 卸荷， 仅泵 2 向系统供油。 此时因为梭阀 9 的钢球压向左端， 封闭了阀 10 与阀 3 的控制腔的通道， 防止泵 2 也卸荷， 并由阀 10 对泵 2 的供油压力进行调节和限制； 同样当阀 8 的电磁铁通电时， 泵 2 卸荷， 仅泵 1 向系统供油， 梭阀 9 和阀 10 起着同样的作用， 泵 1 的压力同样由阀 10 进行调节和限制， 阀 5 起安全保护作用。 如定量泵 1 与 2 流量不同， 系统可获得三种不同的流量。

这种回路的选择供油方式如表 8-1 所示。 这种回路可能发生的故障和排除方法（ 以选择供油方式 2 进行说明 ） 如下。

表 8-1 采用插装阀的双泵供油方式

选择供油方式	电磁铁		梭阀位置	输往系统的总流量
	阀 7	阀 8		
方式 1	+	+	中	无高压油输出
方式 2	+	−	左	Q_2
方式 3	−	+	右	Q_1
方式 4	−	−	中	$Q_1 + Q_2$

【故障 1】 电机严重发热甚至烧坏

单向阀 11 因各种原因未能很好关闭 （ 图 8-5， 下同 ）， 造成泵 2 来的高压油经阀 11 反灌到泵 2 出油口， 导致泵 1 负载大增， 加大了电机功率的负载。 如果电机超负载， 便产生严重发热， 时间一长， 就有可能烧电机。 此时应修复或更换单向阀 11。

【故障 2】 系统压力不能上升到最高工作压力

① 电磁阀 8 内泄漏大。

② 由于阀 8 的内泄漏大， 或者因阀 4 外圆磨损内泄漏大； 或者因阀 4 的锥面与阀座密合不良等原因造成插装阀 4 不能很好关闭而溢流， 而且溢流量较大。

③ 安全阀 6 卡死在打开位置。

④ 梭阀 9 的钢球未关闭左端的通道。

⑤ 比例调压阀 10 故障。

对于上述液压元件产生的现象可参阅有关章节对其故障现象予以排除。 对于选择其他供油方式可照此分析并予以排除。

【故障 3】 泵 2 升压的时间较长

① 比例调压阀 10 压力上升的速度慢。

② 梭阀9的钢球在阀内移动不灵活。

③ 阀4的阀芯上的阻尼孔部分堵塞，可根据情况予以排除。

其他供油方式可照此处理。

（4）"定量泵+比例压力流量阀（PQ阀）"的供油回路

如图8-6所示，图中的P-Q阀已在5.21节中有所介绍。这种比例压力流量与定量泵组合而成的泵源回路目前在国内外有关设备（如压铸机、注塑机）上应用得最多。泵的输出压力 p_p 仅比负载压力 p_L 高 $\Delta p = 0.6MPa$，$p_p = p_L + \Delta p$。流量也能根据负载需要由比例流量阀按输入电流大小提供，比较节能。这种回路的故障主要来自比例阀，可参阅5.22节的内容进行故障排除。

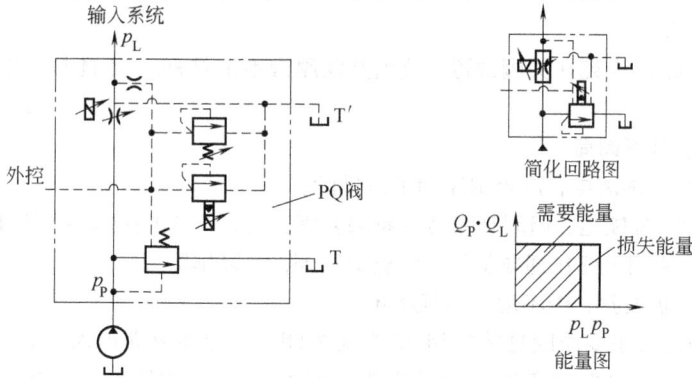

图8-6 "定量泵+比例压力流量阀（PQ阀）"供油回路

（5）多泵选择供油回路

多泵选择供油回路就是采用两个或两个以上液压泵组向液压系统联合供油的泵源回路。根据各动作所需流量的不同，选择不同的泵或不同组合的泵提供相应的流量的油，这种供油方式在铜铝材挤压机、压铸机、注塑机等设备上使用得较普遍。注塑机采用多泵供油，可满足慢合模、快合模注射座前进后退，快速注射、慢速注射等各种动作的需要，一台（或两台泵）泵工作，其余泵卸荷，较之用一台最大的泵来供油的方式，可节省能量。特别是大型、巨型液压设备，多采用这种供油方式的泵源回路，使各泵的输出流量搭配使用。

下面以三泵供油回路为例进行说明：图8-7为三泵联合供油系统，输往系统的最大流量 $Q_{max} = Q_1 + Q_2 + Q_3$，输往系统的最小流量 $Q_{min} = （Q_1、Q_2、Q_3 中的最小者）$，其他输往系统的流量还有 $Q = Q_1 + Q_2$，$Q = Q_1 + Q_3$，$Q = Q_2 + Q_3$ 等选择方式（见表8-2）。

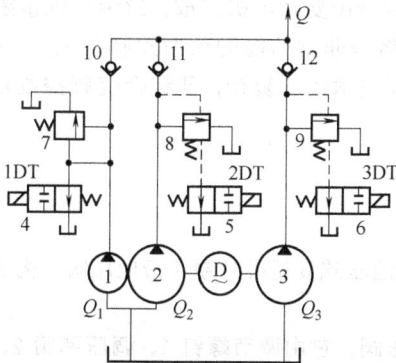

图8-7 三泵选择供油回路

1～3—泵；4～6—换向阀；7～9—溢流阀；

10～12—单向阀

表8-2 选择供油方式

选择供油方式	电磁铁工作状况			输往系统的总流量Q
	1DT	2DT	3DT	
方式1	−	−	−	全部泵卸荷，无流量输出
方式2	+	−	−	Q_1（Q_{min}）
方式3	−	+	−	Q_2
方式4	−	−	+	Q_3
方式5	+	+	−	$Q_1 + Q_2$
方式6	+	−	+	$Q_1 + Q_3$
方式7	−	+	+	$Q_2 + Q_3$
方式8	+	+	+	$Q_1 + Q_2 + Q_3$（Q_{max}）

以表 8-2 中的供油方式 5 为例，说明这种回路产生的故障与排除方法。

【故障 1】 不能按所选择的方式供油

这种故障是指按这种选择供油方式提供给系统的流量不为 $Q_1 + Q_2$。

① 电磁铁 1DT 或 2DT 未能通电，反而 3DT 通电，此时应检查各电磁铁的通电状况，使 1DT、2DT 能通电，3DT 能断电。

② 阀 4 或阀 5、或者两者的阀芯在修理时装错一头，此时电磁铁通电，泵 1 或泵 2，或泵 1 与泵 2 变成了卸荷，系统无规定流量或无流量输出。此时应将装错一头的阀芯调头装正确，确认各电磁阀为"H"形。

③ 溢流阀 7 或 8 卡死在开启位置，或因其他原因（参阅 5.10 节）压力上不来。此时应排除溢流阀 7 或 8 的故障。

④ 单向阀 10 或 11 卡死在关阀位置，或因其他原因不能打开。不能打开的那只单向阀对应的泵无流量输出。

【故障 2】 泵 3 不卸荷

① 电磁铁 3DT 不能断电，应查明原因予以排除。

② 电磁铁 3DT，虽断电，但因其弹簧折断漏装等原因，阀 6 的阀芯不能断电复位。

③ 阀 6 因其他原因卡死在通电位置，可查明原因，予以排除。

【故障 3】 电机发热，带不动，甚至烧坏

产生这一故障的最主要原因是单向阀 12 未能关闭，压力油反灌进入泵 3 出口，使泵的工作负载显著增大，超出了电机功率所能承受的能力所致。反灌的压力油不多，电机只表现为发热；反灌的压力油多而且压力高、时间长，则有可能烧坏电机。

排除方法可参阅本手册 5.2 节中的方法进行。

（6）"定量泵 + 变频电机"的控制回路

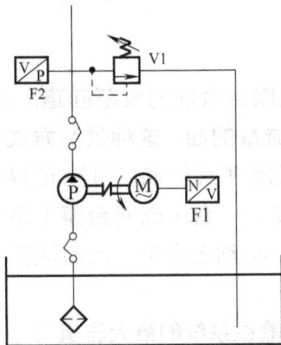

图 8-8 "定量泵 + 变频电机"控制回路图

如图 8-8 所示，这种回路由定量泵 P、变频电机 M、传感器 F1 和 F2、安全阀 V1 组成。通过变频器控制变频电机的转速和转矩，再通过定量泵对系统实施调压和调速。当变频电机所控制的频率发生变化时，输出转速随之变化，泵输出流量也随之改变。通过传感器 F1 检测变频电机的转速，与设定转速进行比较，偏差作为反馈调节信号，直至使泵输出流量与设定值一致或在允许范围之内。当输入电流发生变化时，输出转矩随之变化，泵输出压力也变化，通过传感器 F2 检测的系统压力，使泵输出压力与设定值一致。

由于系统的调压和调速全由变频电机完成，避免液压系统工作的溢流损失，且压力、流量均采用闭环控制，所以该回路是非常节能的动力控制系统。这种回路的故障是变频器工作过程易受外界干扰。由于其控制技术比较复杂，要结合变频控制技术、传感器技术、电机技术等，排除故障。

8.1.2 变量泵泵源回路

（1）恒压泵源回路

这是液压设备用得最多的一种泵源回路。图 8-9 为恒压式变量叶片泵（带恒压阀）构成的恒压泵源回路。图（a）为直控式，图（b）为先导式。

直控式恒压阀为一负遮盖的三通（P、B、T 口）减压阀，它由调节螺钉 1、调压弹簧 2、带中心孔的阀芯 3 和阀体 4 所组成，调节螺钉 1 可调定恒压压力的大小。

当泵的出口压力 p_s 未达到调节螺钉 1 所调定的压力值时，阀芯 3 在弹簧 2 的作用下处于图示端位置，泵出口来的控制压力油由 P 口进入恒压阀，通过阀芯 3 上的中心孔、节流口 a，与 B

相通，作用在变量大柱塞左端面上，这样变量大、小柱塞上都作用着与出口压力基本相同的压力油，而 $A_1 : A_2 = 2 : 1$，面积大的油压力大，因而定子 5 被推向右边，定子和转子处于最大偏心距 e_{max} 的位置，泵输出最大流量；而当泵出口压力（系统压力）达到恒压阀的调定压力值时，如液压系统需要的流量等于泵的最大流量，则阀芯 3 维持原位不动；当系统所需流量小于泵提供的流量时，系统压力便会因流量供过于求而升高，这样阀芯 3 下移，使 B 和 T 部分沟通，大柱塞左腔的压力便降下来，而变量小柱塞右端仍暂为高压油，于是大、小柱塞受力不平衡，定子 5 左移，而使偏心距减小，泵输出流量也随之减少，直至泵提供的流量与系统所需的流量相匹配，泵出口压力又恢复到弹簧 2 调定的压力值，阀芯 3 又回到中间位置，这样便恒定了泵的出口压力，称为"恒压泵"。由于控制口为负遮盖，要消耗部分控制流量回油箱，但控制性能较好。

图 8-9（b）为先导式恒压阀控制的恒压变量叶片泵，与图（a）的直控式相比，工作原理相同，其区别与传统压力阀中的直动式和先导式三通减压阀的区别类似。与泵出口压力相比较的不再是弹簧力，而是固定液阻和可调压力阀的阀口构成 B 型半桥的输出压力，弹簧只起复位作用。另外，先导式可以进行遥控和选择多种输入方式：如手动、机动及比例控制等。

另外也有用恒压式变量柱塞泵（带恒压阀）构成的恒压泵源回路，它与恒压式变量叶片泵（带恒压阀）构成的恒压泵源回路相同，可参阅本手册 3.4 节中相关内容，此处从略。

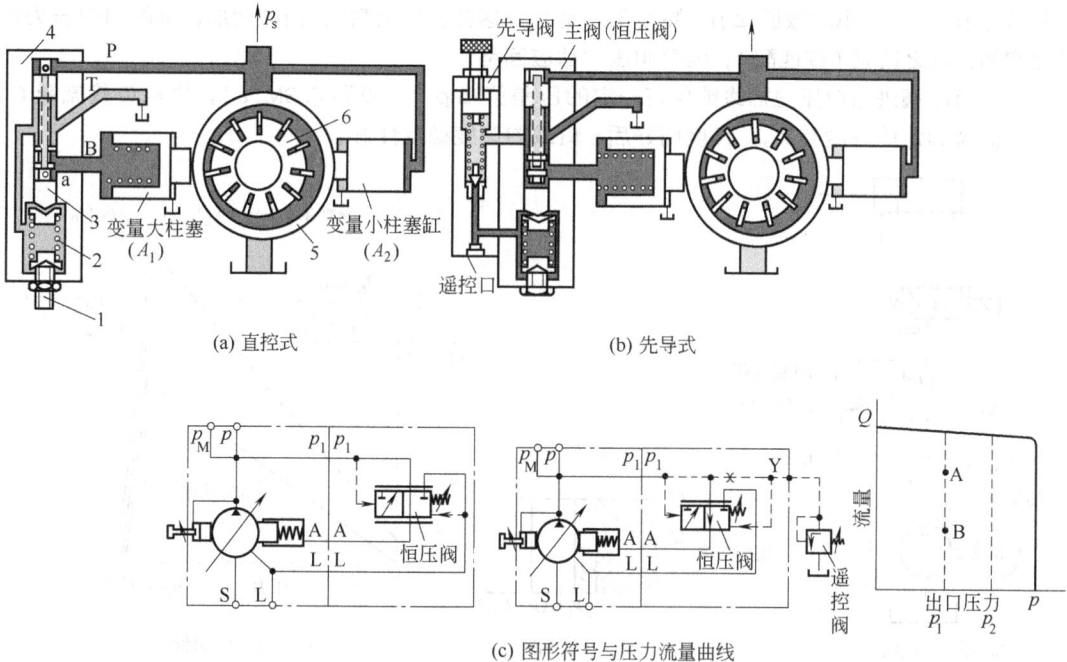

(a) 直控式　　　　(b) 先导式

(c) 图形符号与压力流量曲线

图 8-9　恒压泵源回路
1—压力调节螺钉；2—调压弹簧；3—阀芯；4—阀体；5—定子；6—转子

（2）压力流量控制泵源回路

如图 8-10 所示，由变量泵 P、电动机 M 组成。变量泵由比例压力阀 V1、安全阀 V2、压力补偿阀 V3（PC 阀）、流量补偿阀 V4（LS 阀）、比例节流阀 V5 及泵体组成。D1、D2 是分别控制变量泵输出压力和流量的电磁铁。当电动机启动瞬间，泵的斜盘摆角处于最大，此时 D1、D2如无电信号输入，变量泵中的比例节流阀 V5 处关闭状态，泵体输出流量流向 V4 的控制腔，推动 V4 阀芯移动，使泵体输出流量流向变量泵斜盘的控制缸的缸腔，当泵出口压力克服斜盘复位弹簧力时，斜盘角度变小，直至为零，泵排入系统中的流量为零。D1、D2 如有电信号输入，

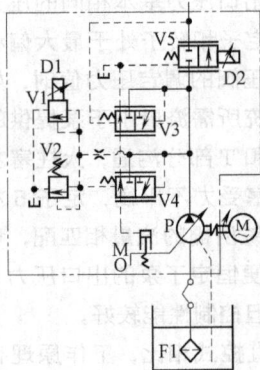

图 8-10 变量泵控制回路图

V1、V5 工作，同时控制阀 V3、V4 也起作用，使斜盘角度变大，输到系统的流量随之变大，同时泵的出口压力克服比例阀 V1 的设定值。只要改变 D1、D2 输入值，就可实现对系统的调压和调速。

该控制回路有效地对系统进行调压和调速，且变量泵的出口压力和输出流量随着系统压力和流量变化而变化，但由于变量泵中的比例溢流阀起稳定调压作用，仍需少量油溢流。空载时，电动机仍带动液压泵转动，产生一定的功率损失而发热。

8.1.3 压力适应（匹配）回路

这种回路主要由定量泵 1、先导式溢流阀 2、节流阀 3 所构成，如图 8-11 所示。溢流阀 2 的遥控口与节流阀 3 的出口连接，具有负载反馈控制功能。泵的输出压力 p_P 等于负载压力 p_L 与溢流节流阀中的节流阀的压降 Δp 之和，即 $p_P = p_L + \Delta p$。负载流量由节流阀 3 调节，泵压 p_P 总与负载压力 p_L 相匹配（相差 Δp）。

在这种回路中，溢流阀 2 的遥控口与节流阀的出口接通，起流量调整的压力补偿作用，阀 2 与阀 3 构成溢流节流阀，因而可使节流阀前后的压差 Δp 始终保持一定，即泵的压力 p_P 仅高于负载压力 p_L 一个较小的数值 Δp（补偿压力差）。这样，当负载压力 p_L 增加，泵的出口压力便随之增加，与之适应（或匹配），因而叫压力适应回路。

由于节流阀进出口压差始终能保证一定的压差值 Δp（一般为 0.3MPa），故其负载流量 Q_L 只与节流阀调定的开度有关。开度调好后，负载的速度稳定性好。

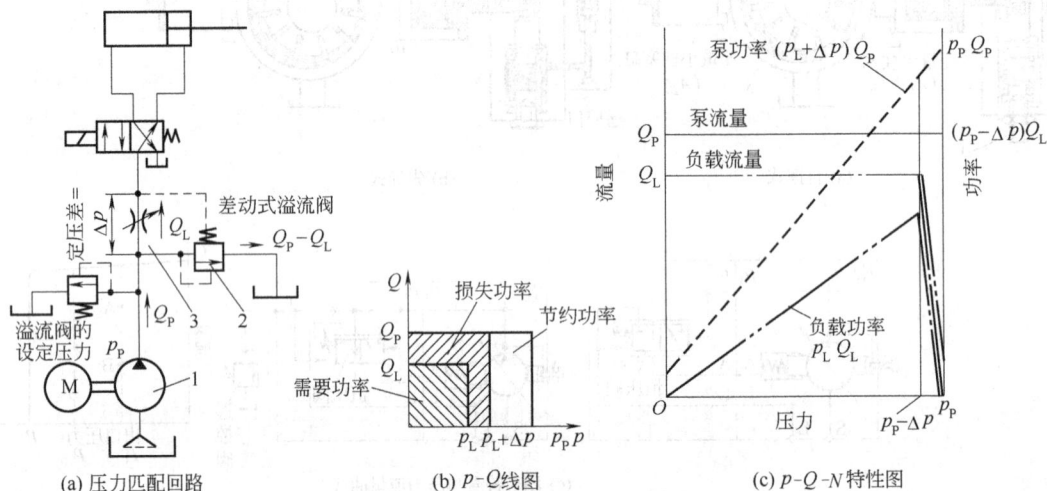

(a) 压力匹配回路   (b) p-Q 线图   (c) p-Q-N 特性图

图 8-11 压力适应回路

由于为定量泵，泵的流量不随负载流量的变化而改变，为定值 Q_P，所以溢流阀存在功率损失 $\Delta Q \times p_P = (Q_P - Q_L) \times p_P$。对于负载流量 Q_L 与泵流量接近时，系统的效率较高，但至少比"定量泵＋节流阀"的控制回路效率要高［图 8-8（b）中的空白方块部分］。回路中的溢流阀 2 和节流阀 3 用标准的溢流阀型调速阀替代也可。

这种泵源回路的主要故障仍然是系统发热。虽然它比单泵定压定量供油回路稍节能些，却仍然存在溢流损失和节流损失。这些损失均要转化为热量，导致油液温升。

解决办法可采用图 8-12 所示的回路，将图 8-11 中的节流阀 3 换成比例流量阀，将溢流阀 2 换成比例溢流阀，构成由比例节流阀、主溢流阀及比例先导调压阀组成的压力匹配回路。图 8-12 中双点划线包括的 3 个阀可用国内生产的 BLY 型阀（比例流量压力阀）代替。有 $p_P = p_L + \Delta p$

$= p_L + p_{SP}$，p_{SP} 即为主溢流阀的弹簧力。 这种由 BLY 阀构成的压力匹配回路已有应用在液压机械上的实例，可使液压系统效率提高 30% 左右，大大减少系统的发热。 另外它特别适合于负载变化很大的液压设备，是定量泵泵源系统节能的重要手段之一。

这种回路的主要故障是当溢流阀存在故障时（例如阀芯卡死），泵压 p_P 便不能与负载压力相匹配，出现负载压力大、输出流量小，负载压力小、输出流量变大的现象，如果这样回路便与"定量泵＋节流阀"回路没有区别，也就会产生与定压节流回路一样的故障，出现系统发热温升等故障。

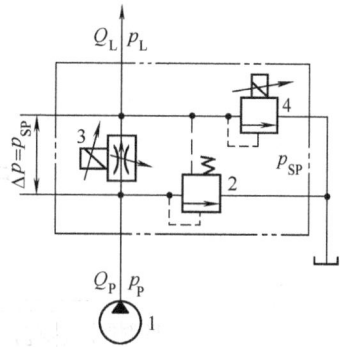

图 8-12 由 BLY 型比例阀
构成的压力匹配回路

8.1.4 流量匹配供油回路

这种回路也叫压力补偿变量泵回路，由压力补偿阀（PC 阀）6 控制的变量泵和流量阀 8 构成。 这种回路实际上是一种压力补偿泵，比较节能。 图 8-13 为这种泵回路的工作原理图。

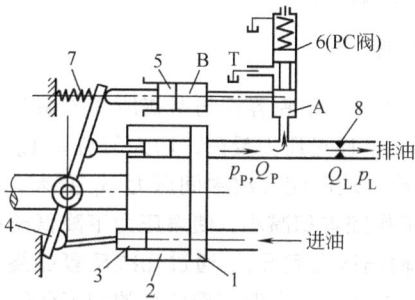

图 8-13 流量匹配回路原理图
1—配油盘；2—缸体；3—柱塞；4—斜盘；
5—控制活塞；6—PC 阀；7—弹簧；8—流量阀

当泵的出口压力 p_P 进入 PC 阀 6 的 A 腔，不能克服阀 6 上端的弹簧力（PC 阀预先调定好的设定压力 p_s）时，A 腔与 B 腔不通，而 B 腔与 T 腔连通，控制活塞 5 在弹簧 7 的作用下，使斜盘 4 处于最大偏角位置，泵输出的流量 Q_p 较大。 一旦当负载压力 p_L 升高，泵的出口压力 p_P 也随之升高，当压力升高到能克服 PC 阀的预调压力 p_s 时，阀 6 的阀芯上抬，A 腔与 B 腔连通，并且关闭 B 到 T 的通路。 由于 B 腔压力油的压力升高，控制活塞克服弹簧 7 的弹力而使斜盘 4 偏角减小，泵的输出流量 Q_p 降下来，这样泵的输出流量在负载压力大到 PC 阀预调压力 P_s 时，随负载的变化而自动变化，压力越高，输出流量越小。 当执行元件不再运动（运动到头）时，负载增大，泵处于高压状态，泵仅仅输出补充回路内泄漏所需的流量，因而叫流量匹配。 这种回路具有较高的效率，然而，在低速工作时泵的输出压力大于负载压力，所以不可避免地存在功率损失。

图 8-14 为流量匹配控制回路。 通过上述说明已经不难理解这种回路的工作原理。 图（b）为压力—流量特性图，图（c）为压力-流量-功率特性图，图（b）中的①为节约的功率，②为损失的功率［$Q_L \times (p_P - p_L)$］，③为有用功率。

另外还有一种流量适应控制的回路，也是在压力恒定的基础上实现流量伺服变量的泵源回路。 其典型回路如图 8-15 所示，它为一可调稳压控制泵回路，由先导级、主控级和功率级三部分组成。 先导级前置相应的液压阀（如遥控阀、比例阀等），可进行压力远程控制及无级比例控制。 所有这些控制都是对压力的指令控制。 在任何压力指令变化条件下，流量稳态输出始终是与负载相适应的，因此称为流量适应控制。

先分级滑阀弹簧 K_v 是提供压力定位的可调部件，各种前置阀都是通过该弹簧给出压力指令。 当系统压力低于先导级指令的给定值时，先导级阀口 R_2 封闭，无流量通过。 这时主控阀两端压力相同，在弹簧 K_v 的作用下，主控阀与变量缸的位移使泵处于最大工作状态；当系统压力升高至指令值时，先导阀口打开一微小窗孔，有流量稳定流过，这时固定节流 R_1 与可变节流 R_2 控制输出一次中间压力 p_v 来协调主控阀工作；同样，主控级通过双边滑阀 R_3 与 R_4 两可变节

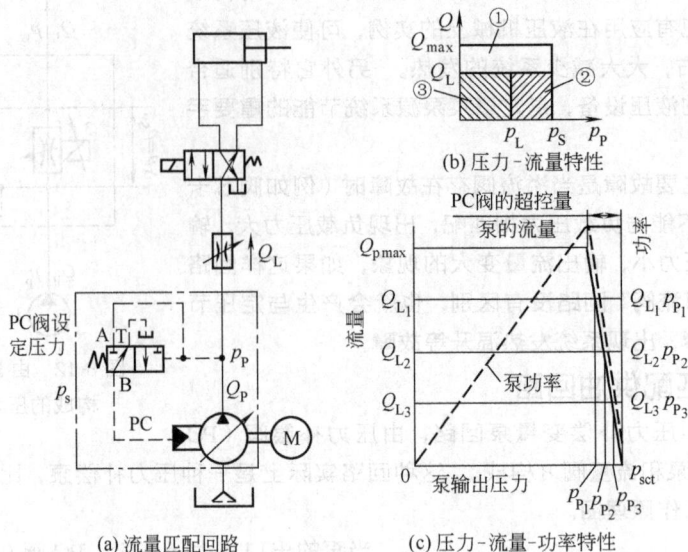

(a) 流量匹配回路

(b) 压力-流量特性

(c) 压力-流量-功率特性

图 8-14 流量匹配控制回路图

流口控制作用，输出二次中间压力 p_p 来协调变量缸工作，使泵工作腔容积与系统所需流量相适应；当泵工作腔容积增大而使泵系统压力上升超过指令值时，通过压力反馈，增大节流口 R_2 开口量，与固定节流 R_1 一起控制输出，一次中间压力 p_v 变小，从而使二次中间压力 p_P 变大，协调变量缸减小泵工作腔容积，从而降低泵输出压力；当泵工作腔容积减小，使泵压力下降低于指令压力值时，又通过以上相同的压力反馈调节过程，使泵输出压力回升。通过几次反复最终完成动态压力的调节，使泵输出压力稳定于相应的指令值（K_YY/A_Y），同时实现流量的伺服变量。

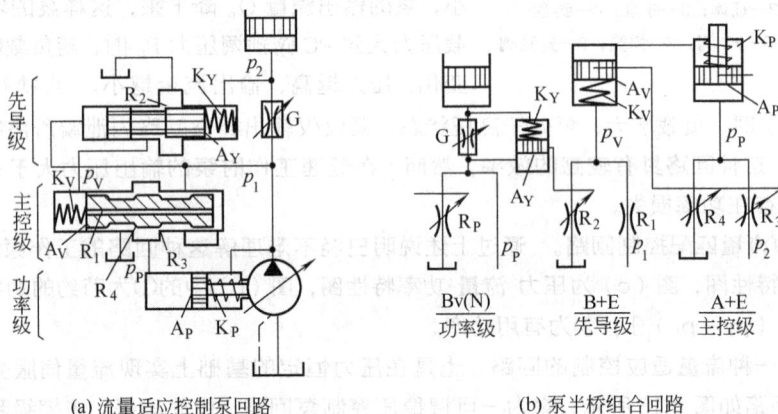

(a) 流量适应控制泵回路

(b) 泵半桥组合回路

图 8-15 流量适应泵控制回路

根据半桥回路理论，节流作用可认为是液流阻（即液阻）。无论是固定节流器还是滑阀、锥阀等控制边的节流，都认为是液流阻力，全部液阻回路都通过几个简单的结构要素来实现。在常值供压条件下，输入和输出液阻同排油腔支路的组合表示为半桥回路。半桥 A 有两个反向的可变液阻控制工作液压缸；半桥 B 输入液阻为常值，输出液阻为可变值；半桥 C 输出液阻为常值，输入液阻为可变值；半桥 D 输入和输出液阻均为常值；半桥 E 是不对称控制的 D 半桥代换回路，半桥 E 对全部工作流量产生一个恒力，相当于一比例于速度的阻尼，详见图 8-16。

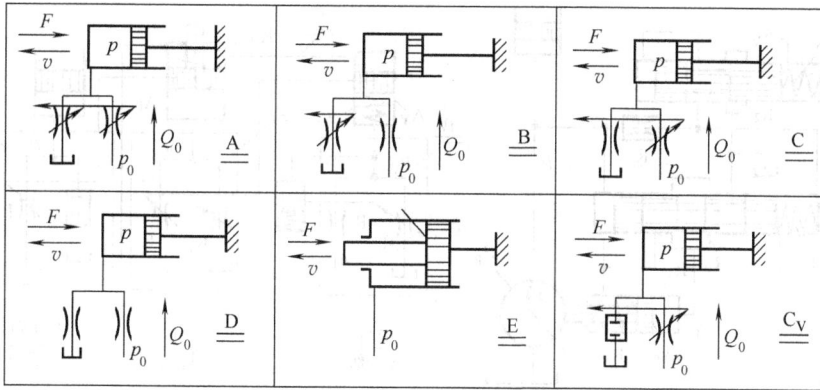

图 8-16 半桥回路类型

由此，图 8-15（a）所示的流量适应控制泵回路可以解析为如图 8-15（b）所示的半桥组合回路。先导级的单边控制为可变液阻 R_2，固定节流为常值液阻 R_1，先导级可概括为半桥 B 与半桥 E 的组合即（B+ E）。同样，主控级滑阀双边控制得到两可控液阻 R_3、R_4，主控级概括为半桥 A 与半桥 E 的组合即（A+ E）。这里的半桥 E 是不对称控制的代换回路，由弹簧-力平衡控制液压力。这样整个控制主回路由两个全桥组合回路组成：（B+ E）→（A+ E）。如果设泵的本身内阻为 R_P，由于本泵稳态输出压力与外负载无关，压力 p 为稳定值，则泵输出流量 Q 只随内阻 R_P 而变化，因此 R_P 实际上是变量机构的特征参数，功率级显然是以 R_P 为液阻的半桥 C_V。整个流量适应控制泵的桥路为：→（B+ E）→（A+ E）→C_V（N）→

C_V（N）中的 N 表示功率级。

图 8-17 也为由液压半桥组合的负载传感控制泵的控制回路图，为一种可调稳流量控制泵。回路由先导级、主控级、功率级三部分组成。先导级前置相应液压阀，可进行流量无级远控及程序控制，所有这些先导控制都是对流量的指令控制。在任何流量变化条件下，压力稳态输出始终跟随负载变化，因此称为负载传感控制泵。

先导级滑阀弹簧 K_Y 提供一压差定位，检测器 G 上、下游压力 p_1、p_2 分别引入先导滑阀两侧，组成稳态力平衡。p_1 为泵输出压力，p_2 为负载压力。当负载压力 p_2 变化引起先导滑阀失调时，由固定节流 R_1 与可变节流 R_2 控制输出一次中间压力 p_V 来协调主控阀工作。同样，主控级通过双边滑阀 R_3 与 R_4 两节流口控制输出二次中间压力 p_V 来协调变量液压缸工作，以控制泵工作腔容积。通过与流量适应控制泵相似的压力反馈调节过程，使泵输出压力 p_1 调整至与先导阀力平衡；$K_Y Y_0 = A_Y （p_1 - p_2）$。此时压力 p_1 略高于 p_2 一压差定值：$K_Y Y_0 / A_Y$，这就是负载传感控制的动态平衡过程。如果检测器 G 直接为流量控制阀（无补偿型），由于压差为恒值，则流量稳定输出。如果流量调节变化，相当于 p_1 跟踪 p_2 失调，动态调节过程与上相同，使泵输出压力 p_1 调整适应外负载 p_2 变化，重建力平衡关系。由于 p_1 与 p_2 相差较小，所以把它称为负载传感控制。

图 8-17（a）所示负载传感控制泵回路，可以解析为图 8-17（b）所示的半桥组合回路，主通道视为二通流量调节器，由于稳流量输出，则为 B_V 半桥回路。先导级单边控制为可变液阻 R_2，固定节流为常位液阻 R_1，排油支路实际上输出一次中间压力 p_V 协调主控阀工作，先导级概括为（B+E）。同样，主控级双边控制滑阀得到两可变液阻 R_3、R_4，排油腔支路控制着变量液压缸 A_P 输出二次中间压力 p_P，协调功率级。主控级可概括为（A+ E），整个控制回路由桥路 →（B+ E）→（A+ E）→B_V（N）→组成。

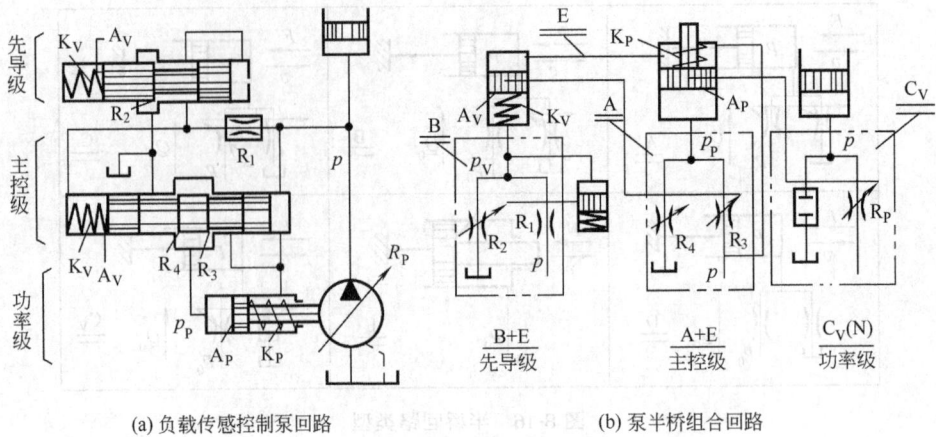

(a) 负载传感控制泵回路   (b) 泵半桥组合回路

图 8-17 半桥组合回路

8.1.5 功率匹配供油回路

功率匹配供油回路又叫功率适应系统和负载感知系统。 在这种系统中，用负载压力信号控制泵的变量机构，使泵的输出功率适应负载的需要。

功率匹配供油回路中，泵的输出与负载所需要的压力和流量几乎相等，即负载所需功率与泵的输出功率基本上相匹配，所以目前这种回路效率最高，在现代液压设备上有广泛的使用。

（1）功率匹配的液压回路

① 常见的功率匹配回路   上述负载传感回路，也可以认为是功率匹配回路的范畴。 图 8-18 （a）为一种功率匹配回路 I。 它由变量泵（变量叶片泵或变量柱塞泵）、PC 阀和 LS 阀、比例流量阀等构成。 当泵的输出流量 Q_P 大于比例流量阀 4 调定的流量 Q_L 时，泵的输出压力 p_P 增大，LS 阀两端作用的油液压力 p_P 和 p_L 之差产生的力超过弹簧调定的压力 $p_{弹}$ 时，阀 3 阀芯右移，A 孔和 C 孔接通，这样一来，控制油路 K 的压力上升，使得泵的输出流量场随即减少；反之，泵的输出流量小于比例流量阀的调定值时，流量传感阀 3 的 B、C 孔接通，控制油路 K 的压力因与油箱连通而下降，泵的流量随之增大。 这样反复自动调节，使泵的输出流量和比例阀调定的流量值相同。

压力控制过程也是类似的，是压力补偿阀（PC 阀）2 起作用。 当泵的输出压力 p_P 大于比例压力阀 5 设定的压力时，阀 2 的 D、K 孔接通，导致泵的输出流量减小，输出压力 p_P 便降下来。反之亦然。

这样，在采用压力补偿阀和负载传感阀组合起来控制泵的回路中能够做到泵输出的流量、压力和负载流量、压力相匹配，即功率匹配，根据负载的需要去供给压力和流量，是消耗能量最小的节能回路。

图 8-18（b）所示为另一种功率匹配回路 II，包含 3 个主要元件，即带有检测执行元件 A 的压力（负载压力 p_1）反馈孔 1 的比例换向阀 B，将泵的输出压力 p_P 与负载压力 P_L 进行比较的功率适应阀 C，由功率适应阀 C 发出的信号 p_K 来控制的变量泵 D。

② 工程机械上用的功率匹配的液压回路   图 8-19 所示为另一种工程机械上常见的功率匹配的液压回路，这种回路由下述部分组成。

a. 有反馈孔 2 的比例方向节流阀（KL 阀）3，反馈孔 2 用来检测执行元件——液压缸 1 的压力值。 阀 3 起方向、流向控制作用。

b. 功率匹配阀 4。 由流量传感阀（阀芯 9）和压力补偿阀（阀芯 13）组合而成。

c. 变量泵 5。 由控制缸 7 和柱塞泵主体 6 组成。 能按功率匹配阀 4 的信号自动改变其输出流量和输出压力，实际上为一种压力补偿型变量柱塞泵。

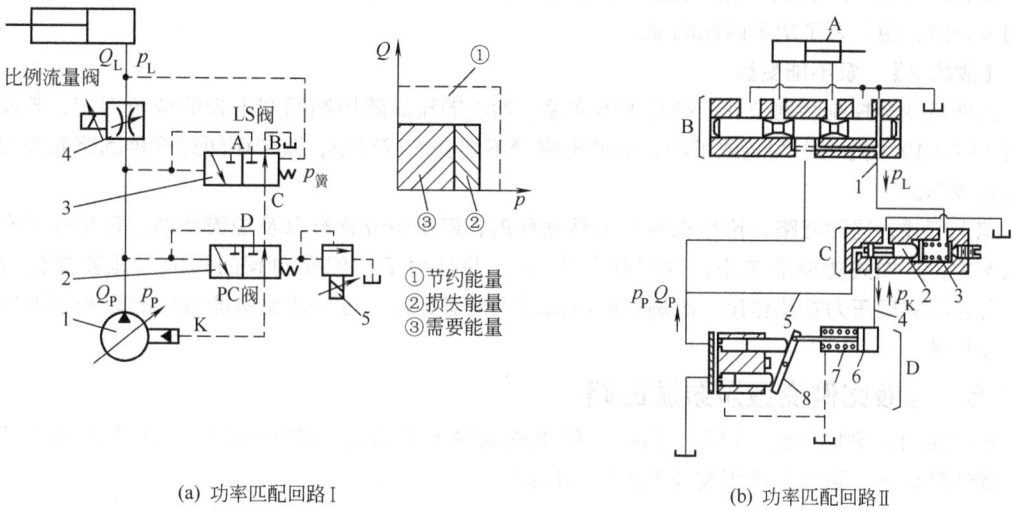

(a) 功率匹配回路 I

①节约能量
②损失能量
③需要能量

(b) 功率匹配回路 II

图 8-18 功率匹配回路

d. 执行元件——液压缸 1。 其工作原理为：泵的输出压力油经通路 11 进入功率匹配阀 4 的阀芯 9 的左端，而液压缸 1 的压力油通过反馈孔 2 引至阀芯 9 的右端，两者的压力差值由弹簧 10 来调节。

当泵的输出流量大于比例换向阀 3 所调节的流量时，泵的输出压力与液压缸压力的差值将大于设定的压力差，阀芯 9 被推向右端，使通路 11 与控制管路 8 连通。 控制压力升高，压缩弹簧 12，控制缸 7 的活塞左移，使泵的斜盘倾角减小，从而使泵的输出流量也随之减小；反之，若泵的输出流量小于比例换向阀的设定流量时，则使斜盘倾角增大，泵的输出流量增加。

通过上述反复重复动作，泵的输出流量始终保持在比例换向阀所设定的负载流量

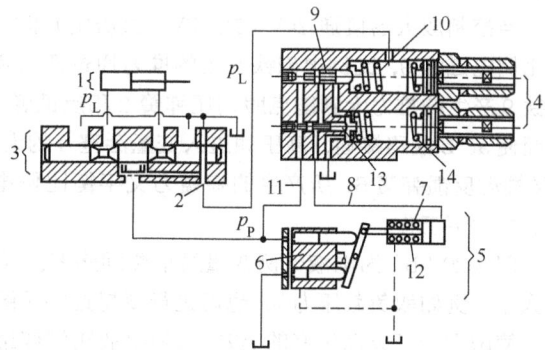

图 8-19 功率匹配液压回路动作原理图
1—液压缸；2—反馈孔；3—比例方向阀；4—功率匹配阀；
5—变量柱塞泵；6—柱塞泵主体；7—控制缸；8—控制管路；
9—LS 阀阀芯；10—弹簧；11—管路；12—反馈弹簧；
13—PC 阀阀芯；14—弹簧

值上。 泵的输出压力 p_P 与执行元件的负载压力 p_L 的差值始终保持为弹簧 10 所设定的值，由于弹簧 10 可做成弱弹簧，因而 $\Delta p= p_P - p_L$ 较小，等于 0.6~2MPa。

当液压缸 1 不工作时，阀 3 处于中位（图示位置），负载反馈孔 2 与回油管路相通，阀芯 9 左端承受的液压力与右端弹簧 10 的弹簧力相互作用，使泵的输出压力保持在弹簧 10 所设定的压力值（0.6~2MPa）。 泵的输出流量为补充泄漏所需的最小流量。

当执行元件到达行程终端时，功率匹配阀 4 的阀芯 13 所构成的截止阀动作，一方面使泵保持由该阀弹簧 14 所调定的最高压力，同时又使泵只输出补充泄漏所需的微小流量，即既保压又使保压功耗最省。

（2）故障分析与排除

【故障 1】 失去流量匹配功能

当 PC 阀阀芯卡死时，失去流量匹配功能，当 LS 阀阀芯卡死时，对负载的反馈不敏感；当两者均卡死时，便失去了功率匹配功能。

【故障2】 泵不能变量

另外若变量控制活塞卡死，则泵不能变量，输出的流量随控制活塞卡死的位置而定，若反馈弹簧（图 8-19 中的 12）漏装或折断，泵输出流量不能变大或变小，读者可通过这种回路原理去分析各种故障。

综上所述，这种回路无论是在执行元件动作时，还是中位状态以及溢流状态，几乎在所有动作状态中，其损失功率非常小，效率都非常高。并且由于比例换向阀的阀前后压差能保持一定，所以可实现压力补偿作用，比例换向阀阀芯上的圆锥面，可实现比例流量控制以及很好的换向过渡机能。

8.1.6 电液比例变量泵泵源回路

这种泵可无级地按程序控制，当往比例电磁铁输入不同大小的电流时，可改变泵输出的流量，做到泵输出流量与系统所需要的流量相匹配。

（1）电液比例变量泵泵源回路

如图 8-20（a）所示，它主要由比例电磁铁、控制阀、调压弹簧、反馈弹簧拨杆等零部件所组成。

当控制放大器接通 24V（或 12V）直流电源时，产生一个频率为 50~200Hz 的颤振电流输入给比例电磁铁 9，比例电磁铁产生的推力通过调节套筒 8 及导杆 7 作用于控制阀 3 的阀芯。当电磁铁 9 产生的推力大到能克服调压弹簧 2 和反馈弹簧 6 的预压力总和时，阀 3 的阀芯产生位移，从而使 a，b 油路接通，高压油进入变量活塞 4 的大端，推动拨杆 5，实现变量。与此同时，拨杆 5 又推动反馈弹簧 6，所产生的弹簧力又平衡比例电磁铁产生的推力，实现行程反馈，使泵在设定的摆角下工作。

图 8-20（b）为电液比例变量泵泵源回路图。如果不采用比例电磁铁，而采用改变外控压力 X 大小（例如取负载压力），也可进行变量控制［图 8-20（c）］。

德国力士乐公司生产的 A7V 系列电液比例变量泵就是采用这种变量机构进行比例变量的。

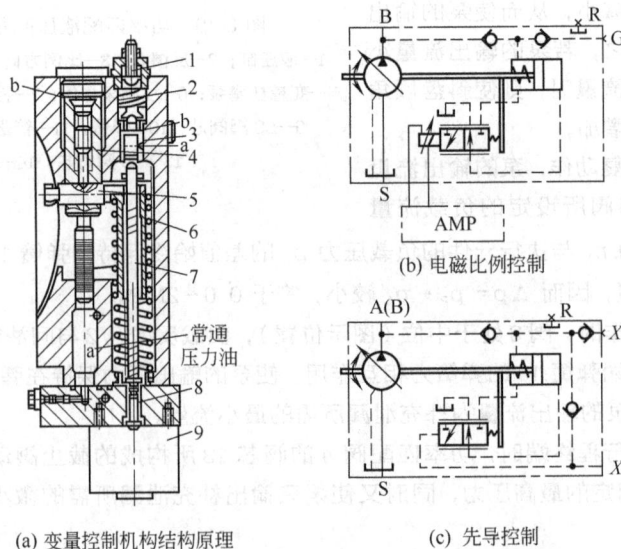

(a) 变量控制机构结构原理

(b) 电磁比例控制

(c) 先导控制

图 8-20 电液比例变量泵泵源回路控制原理图

1—调节螺钉；2—调压弹簧；3—控制阀；4—变量活塞；5—拨杆；6—反馈弹簧；7—导杆；8—调节套筒；9—比例电磁铁

（2）故障分析及排除

【故障1】 大小排量之间切换不良

泵能满足小排量区段工作，却到不了大排量工作段；或者到了大排位工作段，就再也回不到小排量的工作段；或者泵的特性曲线不成线性；或者泵不能停留在曲线的某一点，特性曲线呈锯齿状。 产生原因和排除方法如下。

① 调压弹簧2与反馈弹簧的刚度不匹配，应使之匹配。 一般，调压弹簧和反馈弹簧的刚度比应为10：1左右。

② 弹簧精度差。 作为比例泵的调压弹簧和反馈弹簧须用高精度弹簧。

【故障2】 在整个变量过程中出现排量阶跃突变

这一故障现象是指变量时不能稳定在某一变量点工作，使调节曲线产生振荡。 故障产生原因和排除方法如下。

① 控制阀的配合间隙不好，间隙过大，加上精度不好，阀在工作中易产生泄漏，从而导致变量活塞跳跃而产生排量跳跃；配合间隙过小或因污物，使控制阀阀芯存在卡阻现象，卡住时，无法去操控变量活塞移动；控制阀阀芯不卡住时，操控变量活塞来一个跳动，导致泵排量跳动。

② 污物进入控制阀，卡住控制阀芯，产生类似现象。

③ 变量活塞精度不好，配合间隙过大或过小使变量活塞移动不灵活，卡住时，使变量活塞不动，不卡住时，变量活塞来一个跳动，导致泵排量跳动。

8.1.7 蓄能器供油回路

现代液压设备朝高压、高速的方向发展，有些液压设备，如压铸机等在短时间需要很大的液压功率。 为了避免使用特大功率的电机和泵，采用蓄能器回路，用蓄能器集聚的能量补充高速高压的压射过程（短时间）的能量，这样便可不用最大的电机和泵实现压铸机只有某工序才会用到的超过泵功率工况的能量补充，使泵功率损失减小。 它也是一种高效率液压回路，是液压设备采用的节能泵源回路之一。 此处仅举图8-21所示的例子。

在循环动作的间隙中，系统不需要供给能量时，电磁阀3断电，泵以溢流阀2调节的压力向蓄能器供油。 当蓄能完毕，压力升高，压力继电器5发信号，电磁阀3通电，液压泵1卸荷，单向阀4关闭，防止蓄能器6及系统的高压油反灌。

这种回路的故障如下。

【故障1】 泵不卸荷（参阅图8-21）

① 压力继电器5故障，不能高压发信使电磁阀3通电。

② 电磁阀3故障，电磁铁未能通电。

③ 溢流阀2卡死在关闭位置。

【故障2】 蓄能器不能充液升压（参阅图8-21）

① 压力继电器5故障，不能低压发信使电磁阀3断电。

② 电磁阀3未能断电，或者阀芯卡死在通电的位置，阀的复位弹簧折断也会产生这一故障。

③ 溢流阀2卡死在打开位置。

在查明上述故障原因的基础上，采取对策措施。

8.2 方向控制回路的故障排除

8.2.1 方向控制回路例

在液压设备的液压系统中，利用各种方向控制阀去控制油流的接通、切断或改变方向，或者利用双向液压泵改变

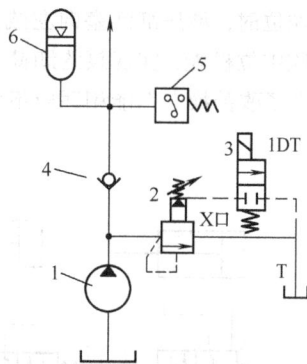

图8-21 蓄能器供油回路
1—液压泵；2—溢流阀；3—电磁阀；
4—单向阀；5—压力继电器；6—蓄能器

进、出油方向，达到控制执行元件的运动状态（运动或停止）和运动方向的改变（前进或后退，上升或下降）的液压回路，称为方向控制回路。

（1）方向控制回路

① 靠重量回程的方向控制回路　依靠压力油而使液压缸上升，靠液压缸活塞本身的重量回程。如图 8-22（a）所示的回路中，当三位三通阀 3 处于中位，泵 1 卸荷；阀 3 处于左位，缸 4 上升；阀 3 右位，靠重力使缸 4 下降。

② 靠弹簧返程的回路　如图 8-22（b）所示，当 1DT 通电，压力油进入缸 4 左腔，使其活塞前进（右行）；换向时，1DT 断电，缸 4 左腔通油池，靠液压缸本身的弹簧力使液压缸活塞后退（左行）。

③ 用正、反转泵构成的换向回路　如图 8-22（c）所示，这种回路采用闭式回路。当双向泵 3 正转，压力油进入缸 6 左腔，推动活塞前进，缸右腔通过液控单向阀 5 回油；反之，当泵 3 反转，缸 6 后退。其工作压力分别由溢流阀 1 和 2 调节。

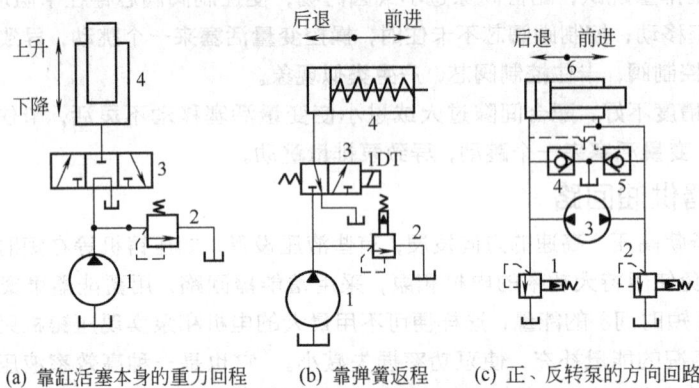

(a) 靠缸活塞本身的重力回程　　(b) 靠弹簧返程　　(c) 正、反转泵的方向回路

图 8-22　几种方向控制回路

④ 用换向阀控制的方向回路　换向回路中采用的换向阀有二位三通、二位四（五）通、三位四（五）通等，均可使液压缸（或液压马达）换向。操作方式有手动、机动、液动、电磁及电液动等。

换向回路一般采用换向阀，其控制方式和中位机能依据主机需要及系统组成的合理性等因素来选择：例如图 8-23 中右图为采用三位四通中位机能为 M 型的电液换向阀回路，换向阀在右位或在左位时，液压缸活塞向左或向右运动，电液阀处于中位时，液压缸活塞停止运动，液压泵可依靠阀中位机能，实现泵的卸荷，背压阀 A 的作用是建立电液阀换向所需的最低控制压力。另外，为了改善换向性能和适应不同的用途，三位阀中还有其他多种不同的中位机能。

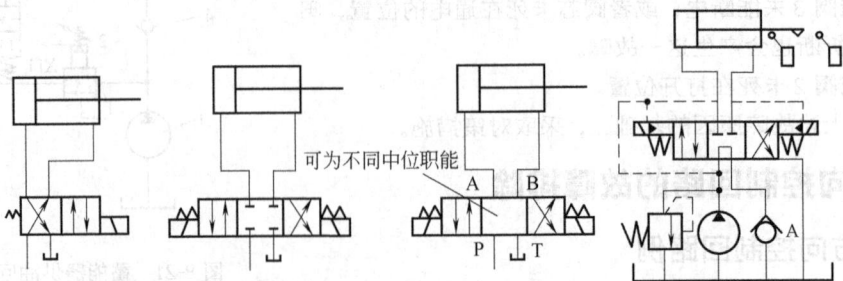

图 8-23　用换向阀控制的方向回路

（2）故障分析与排除

① 靠重力回程的换向回路［图 8-22（a）］

【故障 1】　液压缸 4 不能上升

缸 4 的缸盖孔与柱塞外圆安装不同心，二者之间密封摩擦阻力大；换向阀 3 不能换向，处于左位连通（阀芯应在右位）；溢流阀压力上不去时，液压缸 4 不能上升。

【故障 2】　液压缸 4 不能下降

柱塞与缸盖密封摩擦阻力大；阀 3 不能换向，处于右位连通（阀芯应在左位）；运动部件（柱塞）重量太轻时，液压缸 4 不能下降。

可根据情况予以排除。

② 靠弹簧返程的换向回路［图 8-22（b）］

【故障 1】　缸 4 不能前进

阀 3 的电磁铁 1DT 未能通电；溢流阀 2 故障压力上不去；液压缸 4 弹簧太硬、以及活塞杆和活塞因密封过紧、或因其他原因产生的摩擦力太大、液压缸别劲等情况时，缸 4 不能前进。　可逐一查明原因，予以排除。

【故障 2】　缸 4 不能返回

阀 3 复位弹簧折断或漏装；液压缸 4 的弹簧太软，弹力不够等情况时，缸 4 不能返回。　可查明原因予以排除。

值得特别提出的是，图 8-22（b）中的液压缸 4，其结构如表 4-9 中图 a 所例，在缸盖上务必加工一放气小孔（通常为 ϕ3mm）和确保其畅通，才能保证这种液压缸的顺利前进和后退。

③ 依靠正、反转泵的换向回路［图 8-22（c）］

这种回路产生的不能换向的故障和排除方法有：　因溢流阀 1、2 故障，系统压力上不去；液压缸活塞与活塞杆摩擦阻力大，别劲；两液控单向阀 4 与 5 因阀芯卡死或因控制压力不够，不能打开，而不能回油；液控单向阀阀芯卡死在常开位置，则系统压力上不去，使缸不能换向。

可根据上述情况逐一排除。

④ 用换向阀换向的方向控制回路（图 8-23）

【故障 1】　液压缸不换向或换向不良

产生液压缸不换向或换向不良这一故障，有泵方面的原因，有阀方面的原因，有回路方面的原因，也有液压缸本身的原因。　有关液压缸不换向或换向的详细原因和排除方法可参阅第 4 章。

【故障 2】　三位换向阀的中位机能（含两位阀的过渡位置机能）选用不当有可能出现故障

换向阀的中位机能不仅在阀芯处于中位时对液压系统的工作状态有影响，而且在换向阀由一个工作位置转换到另一个工作位置时，对液压系统的工作性能也有影响。　换言之，选择不同中位机能的阀，会先天性地存在某些不可抗拒的故障，反之如果选择得好，可排除和防止某些故障的发生（见表 8-3）。

a. 系统保压和不能保压可能存在问题（系统干涉问题）。　当与液压泵相连的接口 P 被中位机能断开的（如国产的 O 型、德国力士乐的 E 型），系统可保压，这时液压泵能用多液压缸液压系统而不会产生干涉；当接口 P 与通油箱的接口 O 或 T 接通而又不太畅通时（如国产的 X 型，德国力士乐的 V 型），系统能维持某一较低的压力，供控制油使用；当 P 与 O 畅通（如国产的 H 型、M 型，力士乐的 H 型、G 型、S 型等）时，系统便不能保压，含有这些中位机能的阀，将不能用于多缸系统的防干涉回路。

b. 系统卸荷可能存在问题。　当换向阀选择中位机能为接口 P 与接口 O（或 T）畅通的阀（例如国产的 H 型、M 型、K 型，德国力士乐的 G 型、H 型、F 型）时，液压泵系统可卸荷，防止油液发热。　但此时便不能用于多液压缸系统，否则其他液压缸便会产生不能动作或不能换向的故障。

表 8-3　三位换向阀的中位机能及性能特点

形式	三位换向阀的中位机能			性能特点								
	滑阀状态	机能符号		系统保压（多缸系统不干涉）	系统卸荷	换向平稳性	换向精度	启动平稳性	液压缸在任意位置可停性	液压缸浮动	可构成差动	换向冲出量
		四通	五通									
O	O A P B O	A B / P O	A B / $O_1 P O_2$	○			○	○	○			
H		A B / P O	A B / $O_1 P O_2$			○	○			○		大
Y		A B / P O	A B / $O_1 P O_2$	○			○	△		○		
J		A B / P O	A B / $O_1 P O_2$	○				○				
C		A B / P O	A B / $O_1 P O_2$					○	○			
P		A B / P O	A B / $O_1 P O_2$					○			○	存在
K		A B / P O	A B / $O_1 P O_2$		○	○	△	○				
X		A B / P O	A B / $O_1 P O_2$	△	△							较大
M		A B / P O	A B / $O_1 P O_2$			○	○					
U		A B / P O	A B / $O_1 P O_2$	○				○	○		○	
N		A B / P O	A B / $O_1 P O_2$					○				

注：○—好；△—较好；空白—差。

c. 换向平稳性和换向精度可能存在问题。 当选用中位机能使接口 A 和 B 各自封闭的阀，液压缸换向时易产生液压冲击，换向平稳性差，但换向精度较高；反之，当 A 与 B 都与 O 接通时，在液压缸换向过程中，不易迅速制动，换向精度低，但换向平稳性好，液压冲击也小。

另外，在使用电磁换向阀的换向回路中，是借助电磁铁的吸力推动阀心使之在阀体内作相对运动来改变阀的工作位置，以实现执行元件换向的。 它切换迅速，换向时间短，因此在换向切换时，必然会产生液压冲击和换向冲击。 此时可改用手动换向阀或带阻尼的电液换向阀加以改善：前者因可用手操纵杠杆推动阀芯相对阀体移动速度，不像电磁阀那么迅速，可逐渐打开或关闭阀口，具有节流阻尼、缓冲作用，这在工程机械上普遍使用的多路阀上得到验证。 后者电液阀即保留电磁阀的某些优点，又可通过对阻尼的调节，减缓主换向阀（液动阀）的切换速度。二者均可减少冲击的发生程度。

d. 启动平稳性可能存在问题。 换向阀在中位时，液压缸某腔（或 A 或 B 腔）如果接通油箱停机时间较长时，该腔油液流回油箱出现空腔，则启动时该腔内因无油液起缓冲作用而不能保证平稳启动，相反的情况就易于保证平稳的启动。

e. 液压缸在任意位置的停止（可准确停下来）和"浮动"可能存在问题。 许多液压机械，如抽压机，有时碰到紧急情况，需要液压缸停下来，并且是准确停下来，停在任意位置上。 当通口 A、B、P 与接口 O 都封闭的中位机能（O 型）时，可在任意位置停下来。 而像 A、B、P 与 O 连通或半连通的（如 H、X 型）就不行，至少只能维持浮动状态。

【故障 3】 液压缸返回行程时噪声振动大，还可能烧坏电磁铁（图 8-24）

a. 电磁阀 1 的通径选小了，就会在缸 2 做返回动作（2DT 通电）时，出现大的噪声和振动，在高压系统这种故障现象是很严重的。 分析其原因，在图中，当 2DT 通电，活塞杆退回时，由于 A_1 与 A_2 两侧的作用面积不等，液压缸从无杆腔流回的油比进入有杆腔的流量要大许多。 例如当 $A_1 = 2A_2$ 时，如流入有杆侧的流量为 Q_1，则从无杆腔流出的流量为 $Q_2 = 2Q_1$（$Q_1 = Q_P$），这样如果电磁阀 1 只按泵流量 Q_P 选取，则阀 1 的通流能力远远不够，特别是往往 $A_1 > 2A_2$ 的情况比比皆是。 加之如果采用交流电磁阀，换向时间很短暂，液压缸在返回动作时，无杆腔的能量急剧释放，而阀 1 又容量有限，必然造成大的振动和"咚咚"的抖动噪声，不但压力损失大增，阀芯上所受的液动力也大增，可能远大于电磁铁的有效吸力而导致交流电磁铁的烧坏。

b. 连接阀 1 和液压缸 2 无杆腔之间的管路选小了。 与上述同样的理由，阀 1 和液压缸 2 无杆腔之间的管路如果只按泵流量 Q_P 来选取，则液压缸活塞返回行程时，该段管内流速将远远大于允许的最大流速，而管内的沿程损失与流速的平方成正比，压力损失必然大增，压力的急降及管内液流流态变坏（紊流）必然出现这段管路的剧烈振动，噪声增加。 如果这种情况出现，管子会"跳起舞"来。 当加大管路和选择满足通流能力的阀 1，此故障马上排除。 应按选取阀 1 的规格（例中为 $2Q_P$），此时该段管径应按 $d = V \leqslant 3 \sim 4\text{m/s}$ 来选择（d 为管内径）。

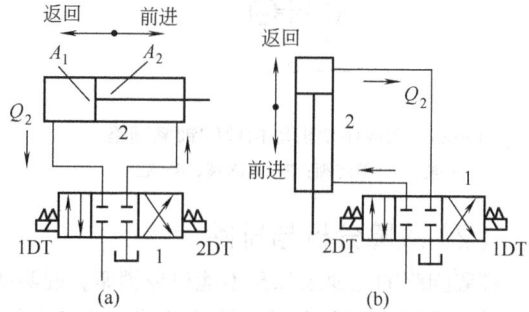

图 8-24 电磁阀换向回路的故障分析

【故障 4】 换向阀处于中间位置时，虽采用 O 型中位机能之类的阀，但中位时油仍然产生微动

目前国内外关于液压缸的内泄漏量标准是以 0.5mm/5min 的沉降量（移动量）来衡量的，大于此值，称为微动故障。 产生微动的主要原因是：因液压缸本身内、外泄漏量大；与液压缸进、出油口紧相连的阀的内泄漏量大。 例如滑阀式换向阀因阀芯和阀体孔之间有间隙，内泄漏量是不可避免的。 即使是诸如 O 型中位机能换向阀在中位各油口关闭的情况下，内泄漏也是存在的。 内泄漏量大时，一般会出现朝活塞杆前进的方向微动。

解决办法是：a. 消除液压缸本身的内泄漏；b. 减少与缸相邻阀的内泄漏，必要时采用锁紧回路。

8.2.2 锁紧回路

为了使执行元件能克服惯性负载在任意位置上停住，以及在停止工作时，防止在外力的作用下发生移动，消除有可能产生的安全事故，防止执行元件的漂移或沉降，可采用锁紧回路，它也属于方向控制回路的范畴。

（1）锁紧回路

① 采用单向阀和中位闭锁的换向阀锁紧回路 如图 8-25 所示，当三位四通电磁阀 3 处于左位

（电磁铁 a 通电）或右位时，一旦停电使泵停止供油，单向阀 2 可将缸 4 在前进或后退途中锁紧。

另外在液压回路中使用中位闭锁职能的阀，即使用中位机能为 O 型、M 型的三位四通换向阀，在中位时将液压缸或液压马达的进出油口都封闭，可使液压缸停止移动和使液压马达停止转动。这种锁紧回路由于受到圆柱滑阀内泄漏的影响，锁紧效果较差，但对有些机械已经可以满足要求了。

② 用液控单向阀的锁紧回路　这种锁紧方法是在紧靠液压缸的进出油路上各安装一个液控单向阀（也有只在一个油路上安装），如图 8-26 所示。由于座阀式液控单向阀基本上无内泄漏，因而锁紧精度高。图中当换向阀 3 处于中位时，两液控单向阀的控制油均通油池，所以液控单向阀反向油液不通，因而封住了液压缸两腔的油流；当阀 3 两端的电磁铁分别通电时，可实现液压缸的前进与后退。当阀 3 断电时，这种回路可在任一位置上准停，并且不再有微动现象。

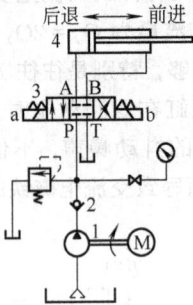

图 8-25　用阀中位机能构成的锁紧回路
1—泵；2—单向阀；3—电磁阀；4—缸

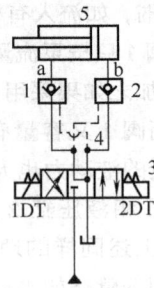

图 8-26　双液控单向阀锁紧回路
1—泵；2—溢流阀；3—电磁阀；4—双液控单向阀；5—缸

（2）故障分析与排除

锁紧回路的主要故障是不能可靠锁紧，说明如下。

① 采用中位机能可锁住液压缸的三位换向阀的锁紧回路　前已说明，这种回路的故障是不能可靠锁紧的。在利用 O 型、M 型中位机能锁紧的回路中，液压缸仍然会因内泄漏而产生微动。另外，由于液压缸也可能产生内泄，加上阀的泄漏，如果总泄漏量很大时，往往出现推不动负载的现象。

解决办法是尽力减少换向阀与缸的内泄漏，但由于滑阀式换向阀泄漏不可避免，特别是在油温升高时，所以可采用在缸的油口加装一小型皮囊式蓄能器 J 补充泄漏的办法（图 8-27），或者采用锁紧效果更好的回路——用液控单向阀锁紧的回路。

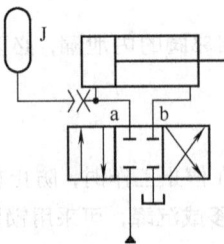

图 8-27　换向阀中位机能锁紧回路的故障处理

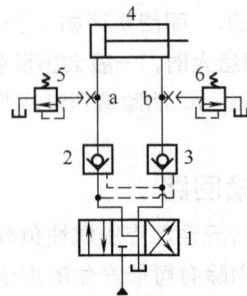

图 8-28　双液控单向阀锁紧回路的故障处理
1—电磁阀；2，3—双液控单向阀；4—缸；5，6—安全阀

② 采用双液控单向阀（液压锁）的锁紧回路　当异常突发性外力作用时，由于缸内油液被封闭及油液的不可压缩性，管路及缸内会产生异常高压，导致管路及液压缸损伤。解决办法是在图 8-26 中的 a、b 处各增加一安全阀 5 与 6（见图 8-28）。

8.3　压力控制回路的故障排除

压力控制回路是利用各种压力控制阀控制系统压力的回路。液压系统中的压力必须与系统负载相匹配，才能既满足工作要求又减少功率损失，这就需要通过调压（定压）、减压、增压、保压、卸荷以及多级压力控制等回路来实现，以满足液压系统中各执行元件在力或转矩上对压力的不同要求。

8.3.1　调压回路

调压回路的作用是用来调节或限定整个液压系统或系统局部的油液压力，或者使执行元件在一个工作循环中的各个不同工况具有不同的工作压力，以满足不同工况下因负载大小不同对工作压力大小不同的需求。调压回路又称限压回路。

（1）调压回路

① 压力设定回路　如图 8-29 所示，根据系统最大负载由溢流阀 2 设定（调节）压力大小，当负载压力小于溢流阀的设定压力时，溢流阀是关闭的；当负载压力大于阀 2 的调定压力时，液压泵 1 输出的油液此时从打开的溢流阀溢往油箱一部分油液，维持液压系统的压力不超出溢流阀所设定的压力，从而限定了液压系统的最大工作压力，起到溢流保护作用。图中的溢流阀 2 如果使用比例溢流阀，可构成比例调压回路；如果阀 2 为先导式溢流阀，并在其遥控口接直动式远程调压阀，便构成远程调压回路。

② 多级调压回路　当液压执行元件在工作循环中的各个阶段需要几种不同工作压力时，可采用图 8-30 所示的多级调压回路。图中，三位四通电磁阀 3 与先导式溢流阀的控制油口相接，当电磁阀铁 1DT 与 2DT 不通电时，系统压力由主溢流阀 2 调节（如 20MPa）；当 1DT 通电时，系统压力由直动势（式）溢流阀 4 调节（如 15MPa）；当 2DT 通电时，系统压力由直动式溢流阀 5 调节（如 10MPa）。

③ 限压回路　在立式机床上，可采用图 8-31 所示的限压回路。当液压缸 5 下行（1DT 通电）时，先导式溢流阀 2 限制着缸 5 下压时的最大工作压力（高压）；液压缸 5 上行时，只需克服活塞杆等的重力上抬溢流阀 4 限制着上升时回路的压力（低压），此时系统压力大小由阀 4 限定，阀 2 调的压力比阀 4 的高。

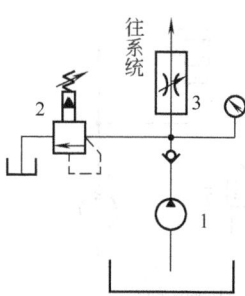

图 8-29　压力设定回路

1—液压泵；2—主溢流阀；
3—节流阀

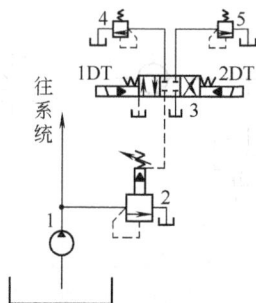

图 8-30　多级调压回路

1—泵；2—主溢流阀；3—换向阀；
4,5—直动式溢流阀

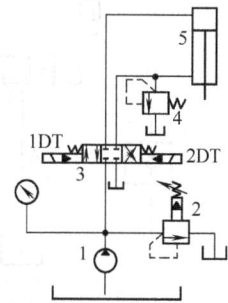

图 8-31　限压回路

1—泵；2,4—主溢流阀；3—换向阀；
5—液压缸

④ 比例溢流阀调压回路　图 8-32 为采用主溢流阀（先导式溢流）和比例先导调压阀组成的调压回路。当给阀 1 的比例电磁铁输入连续（也可不连续）的电信号，就可使溢流阀进行连续（或不连续）地调整输往系统的压力。先导式调压阀 1 与阀 2 的控制油口相接。

（2）故障分析与排除

【故障1】　二级（多级）调压回路中的压力冲击

在图 8-33（a）所示的二级调压回路中，1DT 不通电时，系统压力由溢流阀 2 调节为 P_1；当 1DT 通电时，系统压力由先导调压阀 4 调节为 P_2。当 P_1 与 P_2 相差较大，压力由 P_1 切换到压力 P_2 时，由于阀 4 与阀 3 间的油路内在切换前没有压力，阀 3 切换（1DT 通电）时，溢流阀 2 遥控口处的瞬时压力由 P_1 下降到几乎为零后再回升到 P_2，系统便产生较大的冲击。

解决办法是将阀 3 与阀 4 交换一个位置［图 8-33（b）］，这样从阀 2 的遥控口到阀 4 的油路里总是充满了压力油，便不会产生过大的压力冲击。

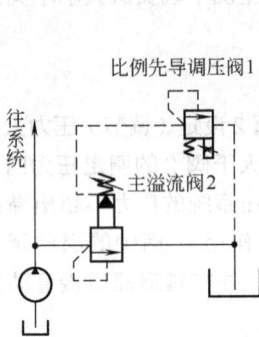

图 8-32　比例溢流阀调压回路

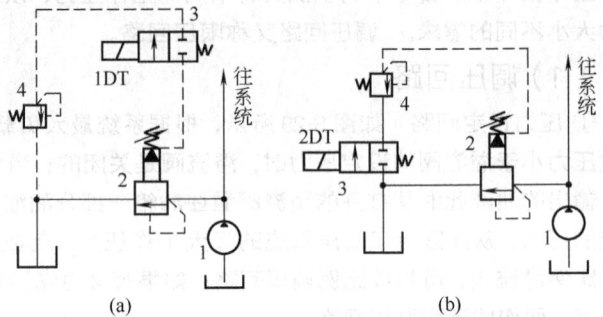

图 8-33　二级调压回路的压力冲击
1—泵；2—溢流阀；3—电磁阀；4—先导调压阀

【故障2】　在多级调压回路中，调压时升压时间长

在图 8-34（a）所示的二级调压回路中，当遥控管路较长，而系统从卸荷（阀 3 处于中位）状态转为升压状态（阀 3 的一个电磁铁通电）时，由于遥控管接油池，压力油要先填满遥控管路排完空气后，才能升压，所以升压时间长。

解决办法是尽量缩短遥控管路的长度，并采用内径为 $\phi 3 \sim 5mm$ 的遥控管，而且最好在遥控管路回油 A 处增设一背压阀（单向阀）5。

【故障3】　在遥控多级调压回路中，出现遥控配管振动和先导调压阀 4 的振动

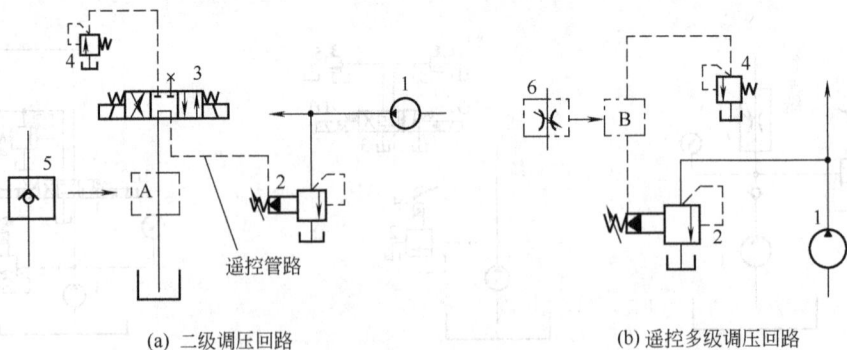

(a) 二级调压回路　　　　　　　　　　(b) 遥控多级调压回路

图 8-34　多级调压回路例
1—泵；2—溢流阀；3—电磁阀；4—调压阀；5—单向阀；6—节流阀

原因基本同上，另外随着多级压力的频繁变换，控制管很可能会在高压←→低压的频繁变换中产生冲击振动。

解决办法是在图 8-34（b）的 B 处装设一小流量节流阀 6，并进行适当调节，故障便可排除。

【故障 4】　溢流阀调节时，最低压力调节值下不来，伴有升降压动作缓慢现象

产生这一故障的原因是由于从主溢流阀到遥控先导溢流阀之间的配管过长（例如超过 10m），内部压力损失过大所致。　所以遥控管最长不能超过 5m。

【故障 5】　其他故障

由于几种调压回路中，主要是采用了溢流阀，因而调压回路中其他各种故障大多可参阅本手册 5.9 节中的有关内容予以排除。

8.3.2　卸荷回路

当液压系统中的执行元件短时间停止工作时（例如系统一个工作循环结束，等待下一个工作循环开始之间），此时间内一般都让液压系统中的液压泵卸荷做空载运转，即让泵输出的油液全部在无压或压力极低的状况下流回油箱，而不是关掉电机等下一个工作循环开始再启动电机。此时用到卸荷回路，可节省功率消耗，减少液压系统发热，避免频繁启动电机。　特别是功率较大的液压系统都设置有卸荷回路。

（1）采用换向阀的卸荷回路及其故障排除

图 8-35 为采用二位二通电磁阀的卸荷回路，其中图（b）~（d）虽为二位四通，但堵住一孔并连通一孔，实际上也为二位二通。　图（d）为电磁铁通电时卸荷，断电时升压；图（a）~（c）为电磁铁通电时升压，断电时卸压。

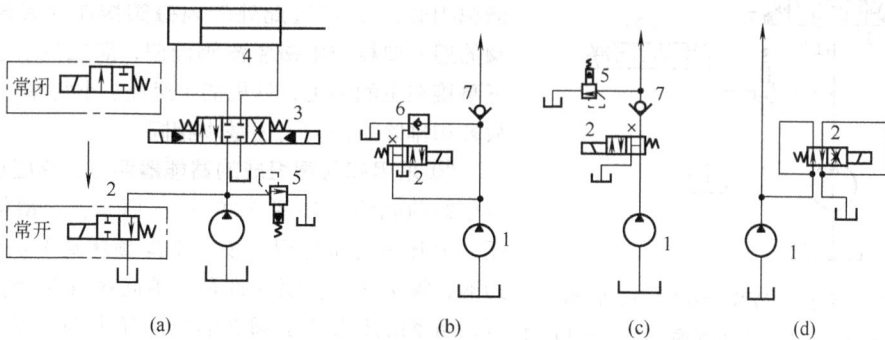

图 8-35　采用换向阀的卸荷回路

1—泵；2—换向阀；3—三位四通电液换向阀；4—液压缸；5—溢流阀；6—液控单向阀；7—单向阀

图 8-36 为利用三位换向阀的中位机能（如国产阀的 M 型、K 型、（M）型等）使泵和油箱连通进行卸荷的方式，当液压缸 4 暂时不工作时，泵 1 来油经阀 3 中位短路接回油箱，泵卸荷。

【故障 1】　不卸荷

对于图 8-35（a）~（c），可能是因为电磁阀的电磁铁、阀芯卡死在通电位置，或者因复位弹簧错装、漏装或弹簧折断等原因，造成阀芯不能复位；对于图 8-35（d），则可能是因为电路故障，电磁铁未能通电的缘故。　可分别查明原因，予以排除。

对于图 8-36 换向阀的中位卸荷回路的情况，则是因为与上述相同的原因，换向阀芯不复中位。

【故障 2】　卸荷不彻底

对于图 8-35（b）中则可能是液控单向阀的主阀芯卡死在小开度位置，或者其控制活塞前端磨损变短，不能完全顶开单向阀芯；如图 8-35 中的电磁阀 3 若为手动换向阀，则可能是手动换向

阀的几个工作位置定位（钢球定位）不准，换不到中位，卸油不能畅通，导致背压增大所致。

可针对上述情况酌情处理。

【故障3】 需要卸荷时有压，需要有压时却卸荷

产生原因是如图 8-35 中的换向阀 2 在拆修时，阀芯装倒了一头，常闭的装成常开，常开的变成常闭。

一般将阀芯再掉头装配即可排除此类故障。另外要弄清原回路中的换向阀 2 到底是使用常开的，还是常闭的，不可搞错，并注意与电路的配合正确。

【故障4】 卸荷回路中，经常出现执行元件不换向的故障

例如在图 8-36 中采用 M 型、H 型、K 型等中位机能的卸荷回路中，由于阀 3 采用电液阀，当在中位卸荷后，因系统压力卸荷而降低，如果阀 3 为采用内供方式的电液阀，此时则会因系统卸荷而使电液阀的内供控制油压力不够使电液阀的主阀芯无法换向，造成执行元件不能换向的故障。此时可在图中的 A 处增设一背压阀，背压压力高于控制油所需的最低控制压力，便可保证电液阀可靠换向，但这与彻底卸荷却有矛盾，此时最好改用外供控制油的方式。

【故障5】 在采用卸荷回路的液压系统中，液压缸的换向冲击大

图 8-36 所示的回路为高压大流量的系统，采用这种卸荷方式易产生换向冲击。解决办法是将阀 3 改为带双单向节流阻尼器的电液换向阀，通过对主阀控制油路的阻尼调节来减慢换向速度，从而可减少换向冲击。

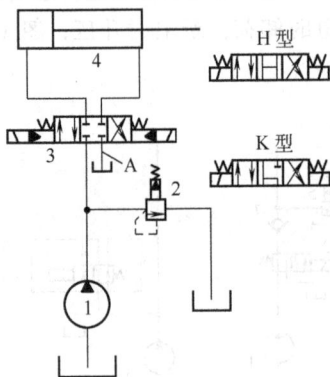

图 8-36 采用三位换向阀的卸荷回路

1—泵；2—溢流阀；3—三位四通换向阀；4—液压缸

（2）采用压力阀的卸荷回路的故障排除

① 使用电磁溢流阀的卸荷回路 如图 8-37 所示，这种情况与上述采用二位二通换向阀的卸荷回路情况相似。只不过此处的电磁阀接在先导阀式溢流阀的遥控口构成电磁溢流阀而已，即二位二通电磁阀不是接在主油路上，其规格（通径）小得多。产生的故障和排除方法与上述基本相同。

② 采用卸荷阀组成的蓄能器保压、液压泵卸荷的保压卸荷回路 如图 8-38（a）所示，当蓄能器 5 的压力上升达到卸荷阀（液控单向顺序阀）2 的调定压力时，阀 2 开启，泵 1 卸荷，单向阀 4 关闭，系统保压；当系统压力低于阀 2 的调定压力时，阀 2 关闭，泵 1 重新对系统提供压力油，蓄能器继续充液。溢流阀 3 起安全阀的作用。

这种回路的主要故障有：出现不能彻底卸荷的现象，因而存在功率损失而导致系统发热温升的现象。其原因是当压力升高时，卸荷阀 2 如同常开的溢流阀，但如果阀芯开启不能完全到位，自然就不能彻底卸荷。

解决办法是采用图 8-38（b）的回路，用小型直动式液控顺序阀 6 做先导阀，用来控制主溢流阀 2 的开启，这种组合使阀 2 开启可靠，很少有卡阀现象，从而使系统能充分卸荷。

③ 用蓄能器、压力继电器和电磁溢流阀组成的卸荷回路 图 8-39（a）所示的回路为采用压力继电器 3 来控制泵 1 卸荷的卸荷回路。当蓄能器充液达到一定压力后，压力继电器发信使电磁阀 6 通电，使溢流阀 2 的控制油道卸压，从而溢流阀开启通油箱使泵 1 卸荷。这种回路容易在工作过程中出现系统压力在压力继电器 3 调定的压力值附近来回波动的现象，产生液压泵 1 频繁地"卸荷←→工作"的故障现象，造成液压泵和阀的工作不稳定。这样会大大缩短液压泵的使用寿命。

解决办法是采用图 8-39（b）所示的双压力继电器，进行差压控制。压力继电器 3 与 3′分

别调为高低压两个调定值，液压泵的卸荷由高压调定值控制，而液压泵重新工作却由低压调定值控制，这样当液压泵 1 卸荷后，蓄能器继续放油直至压力逐渐降低到低于低压调定值时，液压泵才重新启动工作，其间有一段间隔，因此防止了液压泵频繁切换的现象。

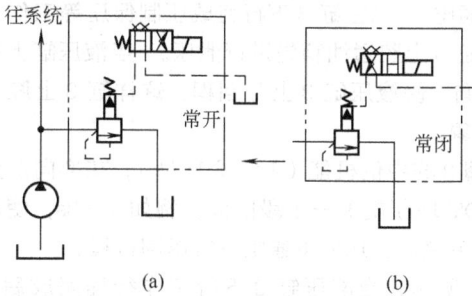

图 8-37　采用电磁溢流阀的卸荷回路

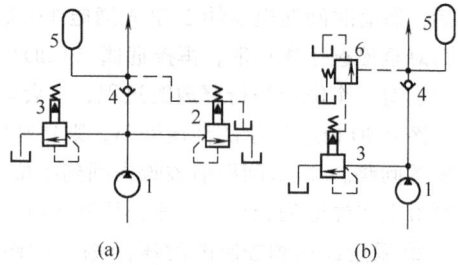

图 8-38　保压卸荷回路

1—泵；2—卸荷阀；3—溢流阀；4—单向阀；
5—蓄能器；6—直动式液控顺序阀

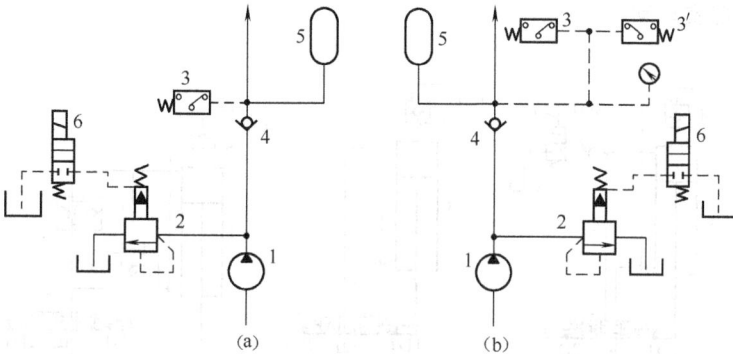

图 8-39　用蓄能器、压力继电器和电磁溢流阀组成的卸荷回路

1—泵；2—溢流阀；3—压力继电器；4—单向阀；5—蓄能器；6—电磁阀

④ 卸荷回路的其他故障

【故障 1】　从卸荷状态转为调压状态所经历的时间较长，压力回升滞后

影响压力回升滞后的因素很多，主要取决于卸荷回路中的压力阀（主要是溢流阀）的压力回升滞后情况，即压力阀阀芯从卸荷（全开）位置移到调压（一般为关闭）位置的时间，这中间包括阀芯行程 S、主阀芯关闭速度的快慢、主阀芯阻尼孔尺寸、流量的大小和阀的其他参数和因素，可参阅第 5 章溢流阀、卸荷阀、顺序阀的有关内容对故障进行分析与排除。

【故障 2】　卸荷工作过程中，产生不稳定现象

产生原因主要出在遥控管路（例如长度、大小等）以及阀芯间隙磨损情况，可查明原因进行排除。

8.3.3　泄压回路

泄压回路与上述卸荷回路相似，卸荷回路用于泵的卸荷，泄压回路则针对执行元件。

在大型（高压大容量）液压机保压过程中，由于保压时间较长，机架、液压缸及管道因弹性变形及油液的压缩而积蓄了相当大的能量。在保压动作完成后，执行元件需要换向。在换向前如果不将储存的能量有一个充分释放的过程而立即换向的话，能量的突然释放必然产生剧烈的液压冲击和振动，称之为"炮鸣"，为消除炮鸣，需要采用泄压回路——在换向前先将弹性能卸掉

后再换向。

（1）泄压回路

① 采用方向阀的泄压回路　如图 8-40（a）所示，在液压缸上腔的支路上并联一只两位两通电液换向阀或小型电磁阀 1，当缸 3 下行时，1DT 不通电。当主缸 3 下行完成压制保压等工作行程后，借助时间继电器使 1DT 先通电 1~3s，使液压缸 3 上腔通油箱先进行泄压。当液压缸上腔压力降至接近于零压时，再接通阀 2（3DT 通电）换向，使液压缸 3 上升回程，这样缸 3 上腔在回程前有一个能量先行释放的过程，不会再有炮鸣现象。

图 8-40（b）所示的泄压回路，则是利用主换向阀 2 的中位机能（J 型或 H 型），在换向前先泄压的回路。缸 3 回程前该阀先回到中位（1DT、2DT 均断电）一小段时间，例如 1~3s，使液压缸 3 上腔先通油箱进行泄压，待液压缸上腔压力降下来后，1DT 再通电进行返回行程。

② 采用卸荷阀控制的泄压回路　如图 8-40（c）所示，当液压缸 3 下行工作行程完成后，1DT 通电，换向阀 2 切换到回程位置（左位），这时缸 3 上腔的油液通过单向节流阀 5 和换向阀 2 的左位与油箱接通进行卸压。卸压速度由节流阀调节。当液压缸 3 上腔压力油高于卸荷阀 1 的调定压力时，阀 1 依然打开，缸 3 下腔还是通油池，尽管阀 2 已换向在缸上行位置，缸 3 仍不能上行。当液压缸 3 上腔卸压到位，压力下降，使卸荷阀 1 的控制油压降低，阀 1 于是关闭，缸 3 下腔的压力上升而实现回程。

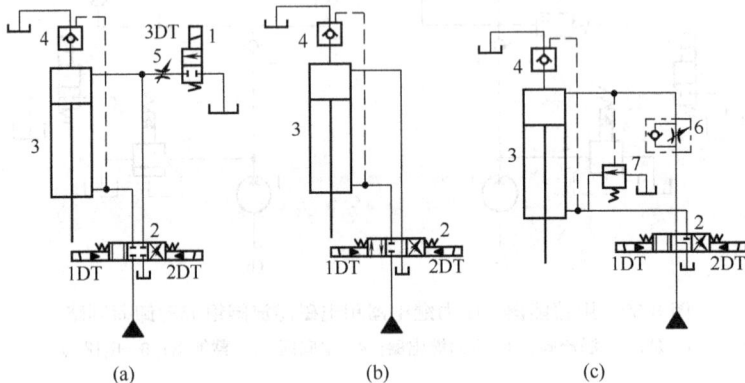

图 8-40　泄压回路
1—电磁换向阀；2—电液换向阀；3—液压缸；4—充液阀；
5—节流阀；6—单向节流阀；7—支撑阀

（2）故障分析与排除

泄压回路的主要故障是不泄压，或者不能完全泄压，因而可能仍然存在换向冲击、振动和噪声。

对于图 8-40（a）的情形，则是二位二通电磁阀 1 未能通电或者拆修时将其阀芯装倒一头；另外阀 2 在中间位置停留时间太短和节流阀 5 开度调节太小。均可能造成卸压不彻底或不卸压，因而仍有换向冲击、振动和噪声。

对于图 8-40（b）的情况，则是主阀芯未能回到中位，或者延时继电器调节的时间太短或延时失效。

对于图 8-40（c）的情况，则是卸荷阀 1 卡死在关闭位置而如同虚设，一换向就使缸 3 上行，缸 3 上腔根本无卸压过程。如果阀 6 的节流阀开度调节过小这一情况更甚。

可根据上述情况，在查明故障原因的基础上采取对策。

8.3.4 减压回路

有时液压系统中的部分油路需要在低于主油路的压力下使用，这时可使用减压回路。

（1）减压回路

① 单级减压回路　如图 8-41（a）所示，通过减压阀 3 减压可得到比主系统压力低的支路系统压力（二次压力），而主系统的压力 P_1 由溢流阀 2 调节，支路系统的压力 P_2 由减压阀 3 调节，$P_2 \leqslant P_1$。

② 双级（多级）减压回路　如图 8-41（b）所示，在减压阀 3 的遥控口接上二位二通电磁阀 5 和先导调压阀 4。当 1DT 不通电，支路压力由主减压阀 3 调定；当 1DT 通电，支路压力由阀 4 调定，这样支路压力便有两级压力输出。参阅溢流阀的多级压力控制，减压回路也有三级以上的多级控制。

③ 比例减压回路　如图 8-41（c）所示，3 为先导式比例减压阀，支路系统的压力由阀 3 调节，主系统的压力由溢流阀 2 调节。支路压力由输入至比例减压阀 3 比例电磁铁的电流 i 而定，电流越小减压后的压力越低。

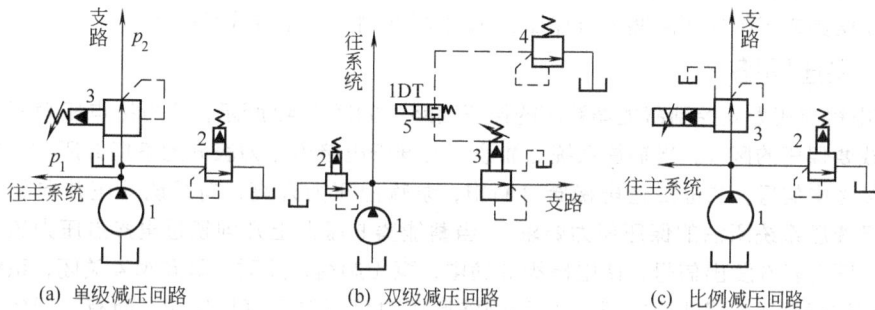

图 8-41　减压回路

1—泵；2—溢流阀；3—减压阀；4—先导调压阀；5—电磁阀

（2）故障分析与排除

减压阀有减压和稳定出口压力的功能。但在减压回路中往往出现了与此相反的现象，下面以图 8-42 所示的减压回路为例分析其故障原因和排除方法。

【故障 1】　经减压阀减压后的出口压力不降反升

当液压缸 8 停歇时间较长，有少量一次压力油（减压阀 4 进口）经减压阀阀芯间隙漏往阀芯上腔的弹簧腔。阀芯磨损越严重，内泄漏越大，漏往阀芯上腔的油液就越多，导致阀芯上腔压力增高，主阀芯下移，开大了减压口，于是二次压力便逐渐增大（参阅减压阀的结构图）。

解决办法是重配阀芯，减少阀芯的内泄漏，或者更换新阀。另外为防止减压阀 4 后的压力不断增高可能出现的安全事故，可在图中"A"处，增加一溢流阀 A，确保减压阀后的回路压力不超过其调节值。

【故障 2】　减压回路中调速时调节失灵，发生所调速度改变的情况

如图 8-42 所示，如果将节流阀 3 装在图示位置，便可能发生这种故障。其原因是当减压阀的内泄漏较大时，便会导致节流阀 3 的出油口处压力下降，这样就改变了节流阀 3 进、出口前后压差，通过节流阀的流量发生改变，此改变的流量势必影响后续减压回路内液压缸 8 的速度。

解决办法是将节流阀 3 移至图中的"B"处，这样可避免减压阀内泄漏大对节流阀 3 所调定的流量的影响。另外，当然要设法减小减压阀 3 的内泄漏。

【故障 3】　多级减压回路中在压力转换时产生冲击现象

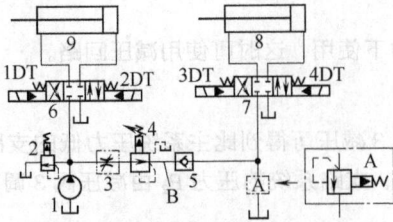

图 8-42 减压回路的故障分析与排除

1—泵；2—溢流阀；3—节流阀；4—减压阀；

5—单向阀；6,7—换向阀；8,9—液压缸

如图 8-41（b）所示的双级减压回路，进行压力转换的二位二通电磁阀 5 装在主减压阀 3 的遥控口后先导调压阀之前，这种连接在 1DT 通断电转换过程中，会产生先导油管中时而有油，时而无油而进空气的现象。应将阀 5 接在调压阀 4 后。此外，宜在遥控管路中接入（串联）一阻尼器来防止振动的发生。

8.3.5　保压回路

在压铸机、注塑机和油压机等液压设备上，当液压缸行至工作行程末端后，要求在工作压力下停留并保压一段时间（视需要而定，从几秒到数十分钟），然后再换向返回；在起重运输设备等一些工程机械上，为安全起吊，也常需要保持回路一段时间的压力不被卸掉，此时用到保压回路。

保压阶段时间短，可采用换向阀的中位机能（封闭连接液压缸的油口，例如 O 型、M 型等）保压；但如保压时间长或有严格的保压要求时，必须采用具有更严格的封油措施防止内漏以及补油保压两类方式的保压回路进行保压。以不断补油的保压方式最可靠。

（1）保压回路

① 用电接点压力表控制蓄能器补压的保压回路　如图 8-43 所示，将电接点压力表 6 的上下限指针调成要保压的区间，当输往系统的油液压力低于电接点压力表 6 的下指针所调定的值时，压力表 6 发生电信号，二位二通电磁阀 3 断电，泵输出压力升高，向系统补压并向蓄能器 5 充液，以满足液压系统所需的保压压力要求。当蓄能器 5 压力上升到超过电接点压力表 6 的上限压力值时，压力表 6 发出信号，使电磁阀 3 通电，泵 1 卸荷，此时，单向阀 4 关闭，系统由蓄能器补充泄漏进行保压，属补油保压。此种回路保压时泵不总是高压输出，而有一段卸压时间，因而较节能。

图 8-44 为另一种蓄能器补液保压回路。蓄能器 5 与要保压的液压缸右腔相通，当阀 3 的 1DT 通电，来自泵源的压力油经阀 3 左位→液控单向阀 4 进入液压缸右腔，蓄能器也供油，液压缸活塞快速前进（向左）。当活塞运动到行程终点时，负载增加，系统压力上升，若超过压力继电器 6 的调定压力（蓄能器的充气压力）值时，阀 3 通电，泵源卸荷，液压缸因液控单向阀 4 很好的封闭作用而保压。如有泄漏，蓄能器可补压。当泄漏导致液压缸右腔压力下降太多超过蓄

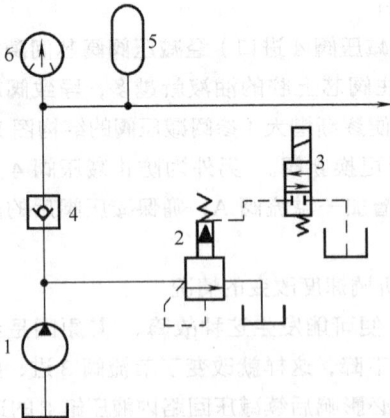

图 8-43　电接点压力表保压回路

1—泵；2—溢流阀；3—电磁阀；4—单向阀；

5—蓄能器；6—电接点压力表

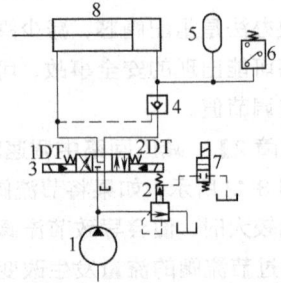

图 8-44　蓄能器补液保压回路

1—泵；2—溢流阀；3—电磁阀；4—单向阀；

5—蓄能器；6—压力继电器；7—电磁阀；8—液压缸

能器能补压的范围时，压力继电器6动作发信，又使阀3断电，液压泵重新向系统供油。 这种保压回路采用液控单向阀4封油保压和蓄能器补油保压，保压时间长，效果更佳。

② 采用小泵补油的保压回路（图8-45） 泵L为大流量泵，泵H为辅助泵，其流量较小。 当三位四通电磁阀5左位工作，而两位四通电磁阀3通电时，泵L和泵H同时向液压缸供油，使活塞快速移动。 随着液压缸载荷的增加，系统工作压力也将增加。 当达到压力继电器7设定压力时发信，使电磁阀3通电，因而液压泵L卸荷。 此时，液压泵H继续向系统供油，保持系统压力。 因泵2的流量较小，保压过程中所需功率较小，不会导致系统严重发热。

（2）故障分析与排除

【故障1】 不保压，在保压期间内压力严重下降

这一故障现象是指：在需要保压的时间内，液压缸的保压压力维持不住而逐渐下降。 产生不保压的主要原因是液压缸和控制阀的泄漏。 解决不保压故障的最主要措施和办法也是尽量减少泄漏。 而由于泄漏或多或少必然存在，压力必然会慢慢下降。 当要求保压时间长和压力保持稳定的保压场合，必须采用补油（补充泄漏）的方法。

具体产生"不保压"故障的原因和排除方法如下。

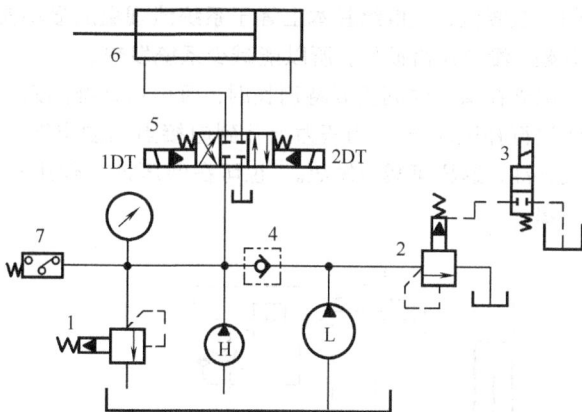

图 8-45　小泵补油的保压回路

1,2—溢流阀；3—电磁阀；4—单向阀；
5—电液换向阀；6—液压缸；7—压力继电器

① 液压缸的内外泄漏，造成不保压。 液压缸两腔之间的内泄漏取决于活塞密封装置的可靠性，一般按可靠性从大到小分：软质密封圈＞硬质的铸铁活塞环密封＞间隙密封。

提高液压缸缸孔、活塞及活塞杆的制造精度和配合精度，有利于减少内外泄漏造成的保压不好的故障。

② 各控制阀的泄漏，特别是与液压缸紧靠的换向阀的泄漏量大小，是造成是否保压的重要因素。 液压阀的泄漏取决于阀的结构形式和制造精度。 因此，采用锥阀（如液控单向、逻辑阀）保压效果远好于采用正遮盖的滑阀式的保压效果。 另外必须提高阀的加工精度和装配精度，即使是锥面密封的阀也要注意其圆柱配合部分的精度和锥面密合的可靠性。

③ 采用不断补油的方法，在保压过程中不断地补足系统的泄漏，虽然比较消极，但对保压时间需要较长时不失为一行之有效的方法。 此法可使液压缸的压力始终不变。

关于补油的方法，如前所述可采用：小泵补油；用蓄能器补油等方法。 此外在泵源回路中有些方法可用于保压，例如压力补偿变量泵等均可采用。

【故障2】 保压过程中出现冲击、振动和噪声

如图8-46所示的采用液控单向阀的保压回路，在小型液压机和注塑机上优势明显，但用于大型液压机和注塑机在液压缸上行或回程时，产生振动、冲击和噪声。

产生这一故障的原因是：在保压过程中，油的压缩、管道的膨胀、机器的弹性变形储存的能量及在保压终了返回过程中，上腔压力储存的能量在换向短暂的过程中很难释放完，而液压缸下腔的压力已升高，这样，液控单向阀的卸荷阀和主阀芯同时被顶开，引起液压缸上腔突然放油，由于流量大，卸压又过快，导致液压系统的冲击振动和噪声。

解决办法是必须控制液控单向阀的泄压速度，即延长泄压时间。 此时可在图6-46中的液控单向阀的液控油路上增加一单向节流阀，通过对节流阀的调节，控制液控流量的大小，以降低控制活塞的运动速度，也就延长了液控单向阀主阀的开启时间，先顶开主阀芯上的小卸荷阀，再顶

开主阀，泄压时间便得以延长，可消除振动、冲击和噪声。

【故障3】 保压时间越长，系统发热越厉害，甚至经常需要换泵

例如图 8-47 所示的回路，为了克服负载，并需要保压时，系统需使用大的工作压力，并且 1DT 连续通电，液压泵要不停机连续向液压缸左腔（无杆腔）供给压力油实现保压。此时，泵的流量除了补充液压缸泄漏外，绝大部分液压泵来油要通过溢流阀 2 返回油箱，即溢流损失掉。这部分损失掉的油液必然产生发热，时间越长，发热越厉害。

解决办法，可以将定量泵 1 改为变量泵（例如恒压变量的压力补偿变量泵），保压时泵自动回到负载零位，仅供给基本上等于系统泄漏量的最小流量而使系统保压，并能随泄漏量的变化自动调整，没有溢流损失，所以能减少系统发热。

另外在保压时间需要特别长时，可用自动补油系统，即采用电接点压力表来控制压力变动范围和进行补压动作。当压力上升到电接点高触点时，系统卸荷；反之当压力下降到低能点时，泵又补油，这样可减少发热。也可在保压期间仅用一台很小的泵在保压期间向主缸供油，可减少发热。

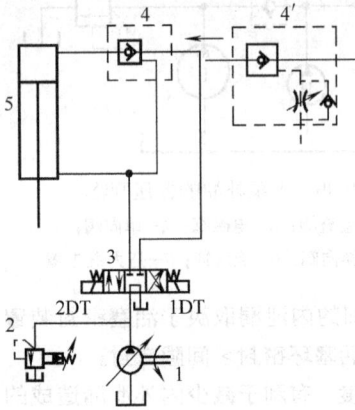

图 8-46　液控单向阀保压回路
1—变量泵；2—溢流阀；3—电磁阀；
4—液控单向阀；5—缸

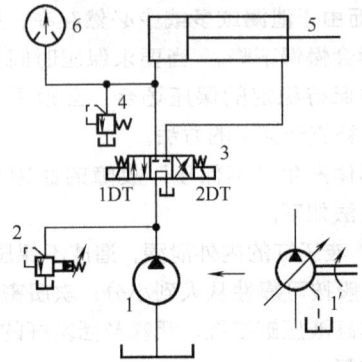

图 8-47　电接点压力表保压回路故障分析
1—泵；2—溢流阀；3—电磁阀；
4—安全阀；5—缸；6—电接点压力表

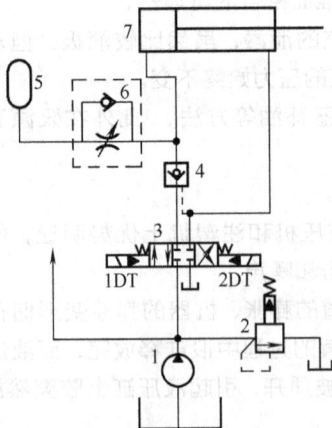

图 8-48　用蓄能器保压的回路故障分析
1—泵；2—溢流阀；3—换向阀；4—液控单向阀；
5—蓄能器；6—单向节流阀；7—增压缸

【故障4】 用蓄能器保压的回路出现换向冲击

如图 8-48 所示，如果在蓄能器 5 之前未装单向节流阀 6，则会出现这一故障。在 1DT 断电、2DT 通电，缸 7 由右向左的换向过程中，缸 7 左腔和蓄能器 5 由保压时的高压，突然换成通油池的低压，势必造成压力冲击（如果未装阀 6）。

解决办法是增加单向节流阀 6，使蓄能器在节流阀的调节开度下能量不至于突然释放，并且能保住压力不完全释放。蓄能器 5 多采用小型皮囊式蓄能器。

8.3.6　增压回路

在一些压力机械中，部分工况需要很高的压力，如果选择满足这种压力要求的高压泵一是不经济，二是市场上根本就没有这种高压泵可供选择。此时可采用增压回路，以提高液压系统某一支路的压力，比

液压泵供给的压力要高许多，即采用增压回路可用较低压力的泵得到比泵压高的支路压力，供部分工况使用。

（1）增压回路

① 单作用增压器构成的增压回路　增压缸又叫增压器，其作用是将液体压力加以放大，相当于电路中的升压变压器。由单作用增压器构成的增压应用回路如图 8-49（a）所示，它可使工作缸获得远高于泵的工作压力。当 1DT 通电时，三位四通电磁阀 1 左位工作，压力油经液控单向阀 2 进入主缸的左腔，右腔回油，使主活塞向右快速前进。当它接近行程终端时，负载增加，系统压力随之提高，并当超过液控单向顺序阀 3 的调定压力时，顺序阀打开，压力油进入增压活塞右腔，推动增压活塞向左移动，将主缸右腔内的油压增压，同时使主活塞低速前进到行程终点，此时，阀 2 是关闭的。相反，2DT 通电，1DT 断电时，增压活塞右腔卸压并后退，同时压力油顶开液控单向阀 2，使主缸左腔卸压，压力油进入主缸右腔，左腔回油，主活塞往左退回。

图 8-49（b）为压铸机中使用的增压回路，压射工况需要很高的压力，如果选择满足这种压力要求的高压泵是不经济的。此时可采用增压回路，提高液压系统某一支路的压力，比液压泵供给的压力要高许多，即采用增压回路可用较低压力的泵得到比泵压高的支路压力，供部分工况使用。

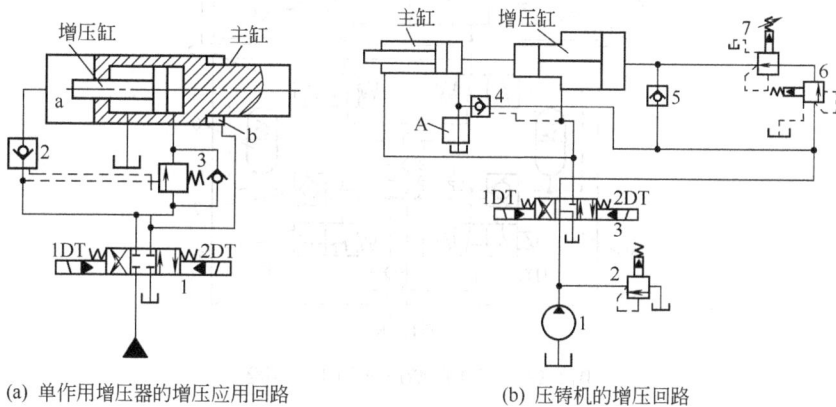

(a) 单作用增压器的增压应用回路　　(b) 压铸机的增压回路

图 8-49　单作用增压器及其增压应用回路

1—泵；2—溢流阀；3—电液换向阀；4—液控单向阀；5—单向阀；6—顺序阀；7—减压阀

② 双作用增压器及其构成的增压回路　上述单作用增压器输出的增压后的压力油是断续的，为了获得连续的高压油的输出，可采用双作用增压器（增压缸）。双作用增压器 Z 及其构成的增压回路如图 8-50 所示，该回路由两大部分组成：双作用增压器 Z 和组合式换向阀 Y 组成。增压回路的工作原理如下。

先 1DT 通电，压力油 P 经先导换向阀 8 的左阀的左位→液控单向阀 7 的左阀→主换向阀（液控）5 的左阀的控制油腔，阀 5 的左阀的左位工作，然后使 1DT 断电，此时由于阀 5 的左阀控制油被左液控单向阀 7 封闭，加上小型蓄能器的补液作用，使阀 5 左阀的控制压力油维持一定压力，保证了左侧主换向阀 5 一直处于左位工作状态，初始启动工作结束。

进入增压状态：压力油 P 经左侧主换向阀 5 的左位进入双向增压缸 1 的 A 腔和 B 腔，C 腔的油经右侧主换向阀的左位回油箱，D 腔的油被增压后高压排出，经 H 油道进入系统。

当缸 1 活塞移至最右端时，推动顶杆 II，进而压下行程开关 XK2，使右侧先导阀 8 的 2DT 通电，压力油使左侧的液控单向阀 7 打开，左侧阀 5 的控制油连通油箱 T，左侧主换向阀复位（右位），同时使右侧主换向阀 5 换向（右位工作），这时压力油 P 进入双向增压缸的 D 腔和 C 腔，B 腔连通油箱，A 腔输出增压后的高压液体至 H。

随着缸1活塞的左移，顶杆Ⅱ在弹簧的作用下复位，松开行程开关XK2，而右侧主换向阀5的液控压力油此时被右侧阀7封闭，加上小蓄能器的作用，使右侧主换向阀5一直处于右位状态，活塞继续左移。当活塞移至最左端，重复右端相反的动作。如此反复循环，缸Ⅰ自动往复运动，使高压液体连续从H输出。

当P口停止供液，系统停止工作。这时，其中一侧的主换向阀仍处于换向状态，使得再度开始工作时，不必再进行初始启动工作。

如果系统长时间停止使用，则应使K口通入控制油，使左右侧液控单向阀同时打开，使得左、右两主换向阀5的控制油均通油池，所以左、右主换向阀5复原位，以防止系统长期保存压力，影响使用寿命。

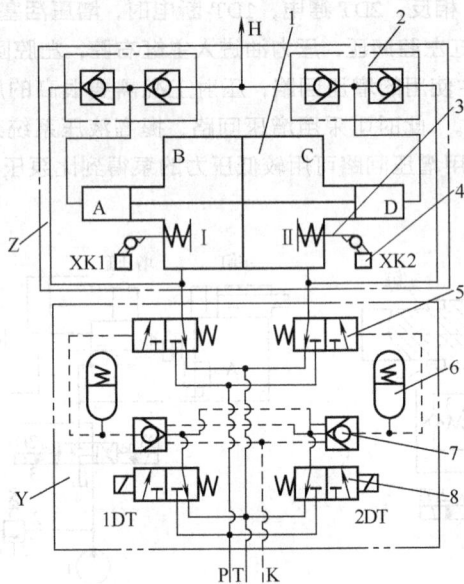

图8-50 双作用增压器的工作回路

（2）故障分析与排除

图8-49所示的增压回路的故障主要是不增压，其原因与排除方法如下。

① 增压缸故障。增压缸的活塞严重卡死，不能移动；增压缸的活塞密封严重破坏，或增压缸缸孔严重拉伤，内泄漏大；通过拆修与更换密封予以排除。

② 液控单向阀4故障。由于阀芯卡死等原因，导致增压时，因阀4不能关闭造成密闭油腔而增不起压来，此时可拆修液控单向阀4。

③ 主缸活塞密封破损，或因缸孔拉伤造成主缸左、右两腔部分串腔，因内泄漏使缸9右腔压力不能上升到最大。此时修理主缸，更换密封。

④ 溢流阀2故障，而无压力油进入系统。可参阅本手册5.9节中的相关内容对溢流阀的故障进行排除。

8.3.7 平衡回路

在立式注塑机和各种液压机以及各种起吊液压设备中，为了防止活塞和运动部件（如起吊重物和模具等）因自重和因载荷的突然减少发生运动部件突然下落，而发生设备安全和人身安全等事故，可采用平衡回路。设置一个适当的阻尼（液压支承），代替悬挂重锤的平衡方法。

（1）平衡回路

① 采用单向顺序阀（平衡支撑阀）的平衡回路　如图8-51所示，单向顺序阀4的调整压力

稍大于工作部件的自重 G 在液压缸下腔中形成的压力，这样在工作部件静止或不工作停机时，单向顺序阀 4 关闭，缸 5 不会自行下滑；工作时缸下行时，阀 4 开启，液压缸下腔产生的背压力能平衡自重 G，不会产生下行时的失速现象。但由于有背压的存在，必须提高液压缸上腔进油压力，要损失一部分功率。

② 采用液控单向阀的平衡回路　如图 8-52 所示，由于液控单向阀是锥面密封的，泄漏量几乎为零，所以闭锁性好，可有效防止活塞等运动部件在停止时因自重产生的缓慢下落，起到可靠的平衡支撑作用；另外也可防止因负载的突然卸掉产生的活塞杆突进。

（2）故障分析与排除

① 采用单向顺序阀（或液控单向顺序阀）的平衡回路

【故障 1】　停位位置不准确（见图 8-51）

按理说，当换向阀处于中位时，液压缸 5 活塞可停留在任意位置上，而实际情况是当限位开关或按钮发出停位信号后，缸 5 活塞要下滑一段距离后才能停住，即出现停位位置点不准确的故障。产生这一故障的原因如下。

a. 停位电信号在控制电路中传递的时间 $\Delta t_{电}$ 太长，电磁阀 3 的换向时间 $\Delta t_{换}$ 长，使发信后阀 3 要经过 $\Delta t_{总} = \Delta t_{电} + \Delta t_{换}$ 时间（0.2~0.3s）和缸位移 $s = \Delta t_{总} V_{缸}$ 的距离（50~70mm）后，液压缸才能停位（$V_{缸}$ 为液压缸的运动速度）。

b. 从油路分析，出现下滑说明液压缸下腔的油液在停位信号发出后还在继续回油。当缸 5 瞬时停止和阀 4 瞬时关闭时，油液会产生一冲击压力，负载的惯性也会产生一个冲击压力，二者之和使液压缸下腔产生的总的冲击压力，远大于阀 4 的调定压力，而将阀 4 打开，此时虽然阀 3 处于中位关闭，但油液可从阀 4 的外部泄油道流回油箱，直到压力降为阀 4 的压力调定值为止。所以液压缸下腔的油要减少一些，这必然导致停位点不准确。

解决办法如下。

a. 检查控制电路的各元器件的动作灵敏度，尽力缩短 $\Delta t_{总}$；另外将阀换成换向较快的交流电磁阀，可使 $\Delta t_{换}$ 由 0.2s 降为 0.07s。

b. 在图 8-51 中阀 4 的外泄油道 y 处增加一二位二通交流电磁阀 6。正常工作时，3DT 通电，停位时 3DT 断电，使外部泄油道被堵死，确保缸 5 下腔回油无处可泄，从而使液压缸活塞不能继续下滑，满足了停位精度。

【故障 2】　缸停止或停机后缓慢下滑

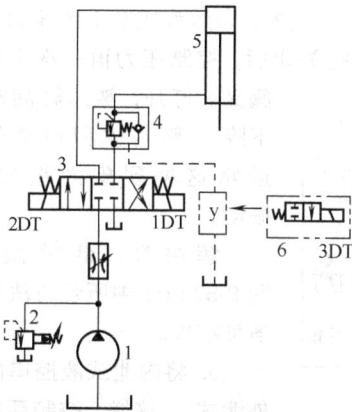

图 8-51　单向顺序阀的平衡回路
1—泵；2—溢流阀；3—换向阀；4—单向顺序阀；5—液压缸；6—电磁阀

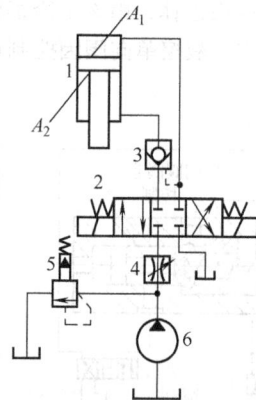

图 8-52　液控单向阀的平衡回路
1—单杆缸；2—换向阀；3—液控单向阀；4—调速阀；5—溢流阀；6—泵

主要原因是液压缸活塞杆密封的外泄漏、单向顺序阀 4 及换向阀 3 的内泄漏较大所致。解决这些泄漏便可排除故障。另外可将阀 4 改为液控单向阀，对防止缓慢下滑有益。

② 采用液控单向阀的平衡回路

【故障 1】 液压缸在低负载下下行时，平稳性差

因为阀 3 只有在液压缸 1 上腔的压力达到液控单向阀 3 的控制压力时才能开启。而当负载小时，缸 1 上腔的压力可能达不到阀 3 的控制压力值，阀 3 便关闭，缸 1 回油受阻便不能下行。但此时液压泵还在不断供油，使缸 1 上腔的压力又升高，阀 3 又可打开，缸 1 向下运动，负载又变小又使缸 1 上腔压力降下来，阀 3 又关闭，缸 1 又停止运动。如此不断交替出现，缸 1 无法得到在低负载下的平稳运动，而是向下间歇式前进，类似爬行。

为了提高运动平稳性，可在图 8-52 中的阀 3 和阀 2 之间的管路上加接单向顺序阀，可提高运动的平稳性。

【故障 2】 液压缸下腔产生增压事故

在图 8-52 所示的回路中，如果设计时不注意，将液压缸 1 上下腔的作用面积之比 $A_1 : A_2$ 大于液控单向阀 3 的控制活塞作用面积 A_3 与单向阀上部作用面积 A_4 之比（DFY 型液控单向阀）$A_3 : A_4 = (3.3 \sim 2.5) : 1$，IY 型液控单向阀 $A_3 : A_4 = (6.25 \sim 4.69) : 1$。例如如果 $A_1 : A_2 \geqslant 4 : 1$（使用 DFY 型阀），或者 $A_1 : A_2 \geqslant 7 : 1$（对 IY 型），则液控单向阀将永远打不开，此时液压缸 1 将如同一个增压器一样，缸 1 下腔将严重增压，下腔压力相应为上腔压力的 4 倍（对 DFY 阀）或者 7 倍（对 IY 阀），造成液压缸下腔增压事故。

解决办法是液压缸 1 在设计时，应合理选择上下腔的工作面积，保证 $A_1 : A_2 < A_3 : A_4$

【故障 3】 液压缸下行过程中发生高频或低频振动

如图 8-53（a）所示采用液控单向阀构成的平衡回路中，在活塞组件（W）下降时，可能出现两种振动：一是高频小振幅振动并伴有很大的尖叫声；二是低频大振幅振动。前者是液控单向阀本身的共振现象，后者则是包含液控单向阀在内的整个液压系统的共振现象。

a. 高频振动。如在图 8-53（b）所示位置时，液控单向阀的控制压力上升，控制活塞顶开（向左）单向阀，液压缸下腔开始有油液流往油池。由于背压和冲击压力的影响，单向阀回油腔压力瞬时上升；又由于液控单向阀为内泄式，此上升的压力（作用在控制活塞左端）比作用在控制活塞右端的控制压力大时，推回（向右）控制活塞，使单向阀关闭。单向阀一关闭，回油腔的油液停止流动，压力下降，控制活塞又推开单向阀，这种频繁的重复导致高频振动并伴随尖叫声。

b. 低频振动。当活塞在重物 W 的作用下下降时，由于液控单向阀全开，下腔又无背压，很可能接近自由落体，重物下降很快，使泵来不及填充液压缸上腔，导致液压缸上腔压力降低，甚至产生真空，液控单向阀因控制压力下降而关闭。单向阀关闭后，控制压力再一次上升，单向阀又被打开，液压缸活塞又开始下降。管内体积也参与影响。通常这种现象为缓慢的低频振动。

解决高、低频振动可按图 8-53（c）中所示方法采取下述各种措施。

a. 将内泄式液控单向阀改为外泄式。这样，控制活塞承受背压和换向冲击压力的面积（左端）大大减少，而控制压力油作用在控制活塞右端的面积没有变

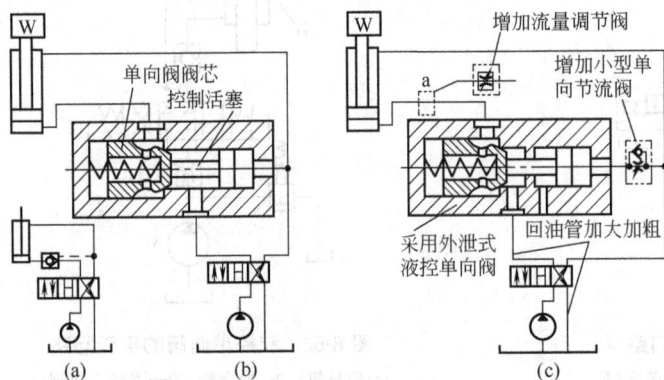

图 8-53 液控单向阀平衡回路故障分析

化,这样就大大减少了控制活塞向右的力,确保液控单向阀开启的可靠性,避免了高频振动。

b. 加粗并减短回油配管,减少管路的沿程损失和局部损失,减少背压对控制活塞的作用力,对避免高频振动效果也很显著。 并且尽可能在回油管上不使用流量调节阀,万一要使用,开度不可调得过小。

c. 在液压缸和液控单向阀之间增设一流量调节阀。 通过调节,防止液压缸因下降过快而使液压缸上腔压力下降到低于液控单向阀的必要控制压力;另一方面也可防止液控单向阀的回油背压冲击压力的增大,对提高控制活塞动作的稳定性有好处。 对消除上述两种振动均有利。

d. 在液控单向阀的控制油管上增设一单向节流阀,可防止由于单向阀的急速开闭产生的冲击压力。

8.4 速度控制回路及其故障分析与排除

速度与流量是成正比的,通过控制流入执行元件或流出执行元件的流量,调整执行元件的运动速度的回路,叫速度控制回路或速度调节回路。

速度控制回路有节流调速回路、容积调速回路、容积节流调速回路、快速回路、减速回路、比例调速回路等类型。

8.4.1 节流调速回路

(1)节流调速回路

根据节流阀(或调速阀)在回路中的设置位置,节流调速有进口节流调速、出口节流调速和旁路节流调速三种方式。 如图 8-54 所示为液压缸双向节流调速回路,如果去掉图(a)、(b)中的单向节流阀 1 或 2,则可变双向节流调速为单向节流调速;图 8-55 为液压马达单向节流调速。三种节流调速方式的比较见表 8-4。

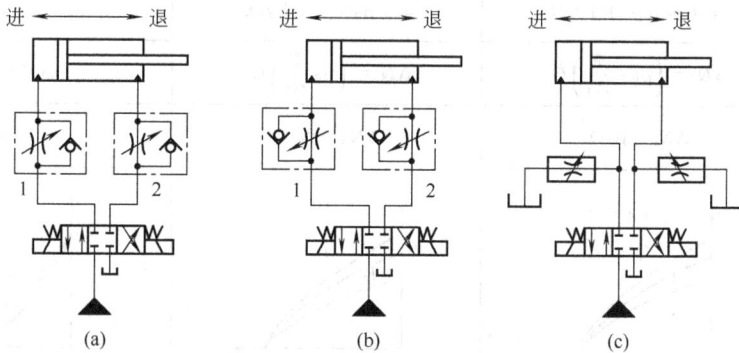

图 8-54　液压缸双向节流调速回路

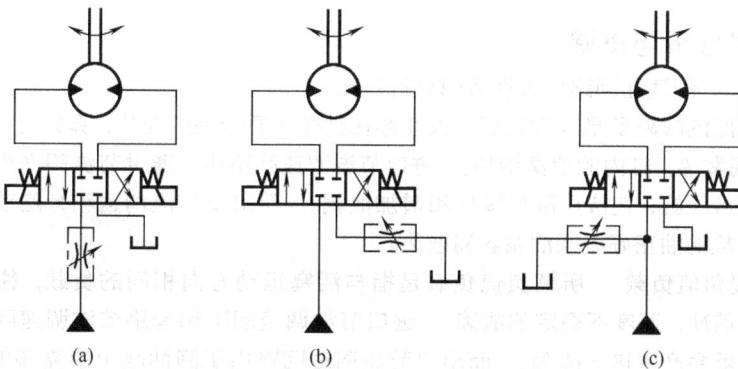

图 8-55　液压马达节流调速回路

表 8-4　三种节流调速方式的比较

项目		进口节流	出口节流	旁路节流
回路简图				
泵的主要参数	流量	$Q_P=$ 常数	$Q_P=$ 常数	$Q_P=$ 常数
	压力	$p_P=$ 常数	$p_P=$ 常数	$p_P=\dfrac{F}{A_1}$
	功率	$N=Q_Pp_P=$ 常数	$N=p_PQ_P=$ 常数	$N=f(F)$
回路内主要参数	p_1	$p_1=F/A_1$	$p_1=p_P=$ 常数	$p_1=p_P=F/A_1$
	p_2	$p_2=0$	$p_2=(p_PA_1-F)/A_2$	$p_2=0$
	p_3	—	$p_3=0$	—
	Q_1	$Q_1=Q_P-Q_2=CA_节\left(p_P-\dfrac{F}{A_1}\right)^\varphi$	$Q_1=Q_P-Q_2$	$Q_1=Q_P-Q_3$
	Q_3	—	$Q_3=CA_节\,p_2^\varphi/A_2$	$Q_3=CA_节\,p_1^\varphi$
	V	$V=\dfrac{Q_1}{A_1}=CA_节\left(p_P-\dfrac{F}{A_1}\right)^\varphi/A_1$	$V=\dfrac{Q_3}{A_2}=CA_节\,p_2^\varphi/A_2$	$V=\dfrac{Q_1}{A_1}=(Q_P-CA_节\,p_1^\varphi)/A_1$
	速度刚性 K_V	$K_V=A_1^{\varphi+1}/\varphi CA_节$ $(p_PA_1-F)^{\varphi-1}$ $=(p_PA_1-F)/\varphi V$	$K_V=A_2^{\varphi+1}/\varphi CA_节$ $(p_PA_1-F)^{\varphi-1}$ $=(p_PA_1-F)/\varphi V$	$K_V=A_1F/\varphi(Q_P-VA_1)$
回路功率损失	节流损失	$\Delta N_1=\left(p_P-\dfrac{F}{A_1}\right)Q_1$	$\Delta N_1=\left(p_P\dfrac{F}{A_2}\right)Q_1$	$\Delta N_1=p_PQ_3$
	溢流损失	$\Delta N_2=p_PQ_2$	$\Delta N_2=p_PQ_2$	无
速度负载特性曲线				

（2）故障分析与排除

【故障1】　三种调速回路先天性故障分析对比

节流调速回路的故障多是因为它们先天性存在某些不适带来的为多，具体有下述故障。

① 液压缸易发热，缸内的泄漏增加。　进口节流调速回路中，通过节流阀产生节流损失而发热的油直接进入液压缸，使液压缸易发热和增加泄漏。　而出口节流调速和旁路节流调速回路中通过节流阀发了热的油正好流回油箱容易散热。

② 不能承受负值负载。　所谓负值负载是指与活塞运动方向相同的负载，往往在负值负载下，会产生失控前冲，速度不稳定的故障。　进口节流调速回路和旁路节流调速回路若不在回油路上加背压阀，就会产生这一故障。　而出口节流调速回路由于回油路上节流阀的"阻尼"作用（阻尼力与速度成正比），能承受负值负载，不会因此而造成失控前冲，运动较平稳。　前者加上

背压阀后，也能大大改善承受负值负载的能力和使运动平稳，但须相应调高溢流阀的调节压力，因而功率损失增大。

③ 停车后工作部件再启动时冲击大。 出口节流调速回路中，停车时液压缸回油腔内常因泄漏而形成空隙，再启动时的瞬间泵的全部流量 Q_p 输入液压缸工作腔（无杆腔），推动活塞快速前进，产生启动冲击，直至消除回油腔内的空隙建立起背压力后，才转入正常。 这种启动冲击有可能损坏刀具工件，造成事故。 旁路节流也有此类故障。 而采用进口节流调速回路，只要在开车时关小节流阀，进入液压缸的油液流量总是受到其限制，就避免了启动冲击。 另外，停车时，不使液压缸回油腔接通油池也可减少启动冲击。

④ 压力继电器不能可靠发信或者不能发信。 在出油口节流调速回路中，若将压力继电器安装在液压缸进油路中，从表 8-4 可知，$P_1 = P_p$ 基本不变，当然不能发信。 而进口或旁路节流调速回路中安装在液压缸进油路中，可以可靠发信。 出口节流调速回路中只能将压力继电器装在液压缸回油口处，并采用失压发信才行，此时控制电路较复杂。

⑤ 密封容易损坏 这一故障常发生在出口节流方式中。 因为由表 8-4 可知，当 $A_1/A_2 = 2$ 和 $F = 0$ 时，$P_2 = 2P$，这就加大了密封摩擦力，降低了密封寿命，甚至损坏密封，加大泄漏，而采用进口节流或旁路节流要好些。

⑥ 难以实现更低的工进速度，调速范围窄。 在同样的速度要求下，出口节流调速回路中节流阀的通流面积要调得比进口节流的小，因此低速时前者的节流阀比较容易堵塞，也就是说进口节流调速回路可获得更低的最低速度。

⑦ 速度高，负载大时刚性差。 从表 8-4 中三种节流方式的速度负载特性曲线和速度刚性 K_v 表达式可知，进口节流和出口节流方式在速度高负载大时刚性差，而旁路节流方式在速度高负载大时刚性要好些。

⑧ 系统功率损失大，容易发热。 进口节流和出口节流方式不但存在节流损失，还存在溢流损失，所以功率损失大，发热相对较大。 而旁路节流方式只存在节流损失，无溢流损失，且液压泵的工作压力与负载存在一定程度的匹配关系，所以功率损失相对较小，发热也应该小些，但进口节流方式和旁路节流方式还需考虑背压的影响。

【故障2】 爬行

进口节流和旁路节流方式在某种低速区域内易产生爬行，相对来说出口节流防爬行性能要好些。

"进口节流+ 固定背压"方式在背压较小 （0.5~0.8MPa）时，还有可能爬行，抗负值负载的能力也差。 只有再提高背压值，但效率低，可采用自调背压的方式（设置自调背压阀）解决。

其他原因引起的爬行在三种调速回路中均可能出现，其排除方法可参阅本书第 8 章中相关内容。

【故障3】 泵的启动冲击

三种节流调速方式如果在负载下启动以及溢流阀动作不灵时，均产生泵启动冲击。 只有在卸载上启动和选用动作灵敏超调压力小的溢流阀才可得以避免。

【故障4】 快进转工进的冲击——前冲

快进转工进时，液压缸等运动部件从高速突然转换到低速，由于惯性力的作用，运动部件要前冲一段距离才按所调的工进速度低速运动，这种现象叫前冲。

产生快进转工进的冲击原因有以下几点。

① 流速变化太快，流速突变引起泵的输出压力突然升高，产生冲击。 对出口节流系统，泵的压力突升使液压缸进液压腔的压力突升，更加大了出油腔压力的突升，冲击较大。

② 速度突变引起压力突变造成冲击。 对出口节流系统，缸后腔压力突然升高，对进口节流系统，前腔压力突降，甚至变为负压。

③ 出口节流时，调速阀中的定压差减压阀来不及起到稳定节流阀前后压差的作用，瞬时节流阀前后的压差大，导致通过调速阀的瞬时流量大，造成前冲。

排除由快进转工进的前冲现象方法有以下几种。

① 采用正确的速度转换方法：电磁阀的转换方式，冲击较大，转换精度较低，可靠性较差，但控制灵活性大；电液动换向阀，使用带阻尼的电液阀，通过调节阻尼大小，使速度转换的速度减慢，可在一定程度上减少前冲；用行程阀转换，冲击较小，经验证明，如将行程挡铁斜面做成两个角度，用 30°斜面压下行程阀的滑阀开口量的 2/3，用 10°斜面压下剩余的 1/3 开口，效果更好。或在行程阀芯的过渡口处开 1～2mm 长的小三角槽，也可缓和快进转工进的冲击，行程阀的转换精度高，可靠性好，但控制灵活性小，管路较复杂，工进行程中越程动作实现困难；采用"电磁阀+蓄能器"外加装电磁阀；用"电磁阀+电容器"回路，利用蓄能器可吸收冲击压力，但在工进时需切断蓄能器油路，要另使电磁铁缓慢断电，此法简单可行，如图 8-56。

② 在双泵供油回路快进时，用电磁阀使大流量泵提前卸载，减速后再转工进。

③ 在出口节流时，提高调速阀中定压差减压阀的灵敏性，或者拆修该阀并采取去毛刺清洗等措施，使定压差减压阀灵活运动自如。

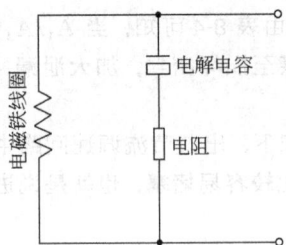

图 8-56 "电磁阀+电容器"回路

【故障 5】 工进转快退的冲击

产生原因有： 由于此时产生压力突减，产生不太大的冲击现象；由于采用 H 型换向阀（如导轨磨床）或采用多个阀控制时，动作时间不一致，使前后腔能量释放不均衡造成短时差动状态。

排除方法有： 调节带阻尼的电液动换向阀的阻尼，加快其换向速度；不采用 H 型换向阀，而改用其他型；尽量用一个阀控制动作的转换。

【故障 6】 快退转停止的冲击——后座冲击

这一故障的产生原因与行程终点的控制方式以及换向阀的主阀芯的机能有关。 选用不当造成速度突减使液压缸后腔压力突升，流量的突减使液压泵压力突升，另外还有空气的进入，均会造成后座冲击。 排除方法如下。

① 采用带阻尼可调慢换向速度的电液换向阀或采用"电磁阀+电容器"进行控制，电容器的电容 a 常选择 2000～4000μF，并要求耐压性能良好。

② 采用动作灵敏的溢流阀，停止时能马上溢流。

③ 采用合适的换向阀中位机能：如 Y 型、J 型为好，M 型也可。

④ 采取防止空气进入系统的措施。

8.4.2 容积调速回路及其故障分析与排除

（1）容积调速回路

由泵与马达（也可以是液压缸）组成的、且通过调节泵的排量或马达的排量来改变马达输出转速（或液压缸的往复运动速度）的回路，称之为容积调速回路。

容积调速回路可以是开式的，也可以是闭式的。 根据泵与马达的变量情况可以组成下列几种方式。

① 变量泵+定量马达的液压回路 用变量泵调速，变量机构可通过零点实现换向。 因此，可采用闭式回路和开式回路，例如图 8-57。 这种回路中，液压马达的输出功率与输出转速呈线性变化，而输出转矩不变，所以称为"恒扭矩调速"。

② 定量泵+变量马达的液压回路 用变量马达调速，由于液压马达在排量很小时不能正常

运转，液压马达产生的转矩甚至不能克服液压马达自身的摩擦转矩，变量机构不能通过零点（即排量不能小至零）。为此，常常只能采用开式回路，例如图8-58。

③ 变量泵＋变量马达调速回路　用变量泵换向和调速，以变量马达作为辅助调速，多数是采用闭式回路。例如图8-59，当压力油从左边管路进入变量马达8时，右边管路为低压油，溢流阀7防止过载。

这种调速回路实际上是上述两种调速方式的组合。调速方法是先将液压马达的排量调在最大位置，然后使泵的排量由零调至最大，这一阶段的调速方法同"变量泵-定量马达"的容积调速回路，即"恒扭矩调速"；当泵的变量达到最大后，再调节液压马达的排量由大至最小，这一阶段的调速方法同"定量泵-变量马达"的容积调速回路，即"恒功率调速"。

④ 变量泵＋液压缸调速回路　改变变量泵的流量，可调节液压缸的运动速度。变量泵的输出流量与液压缸的载荷流量相匹配。根据液压缸运动速度的要求，调节变量泵的变量机构改变的输出流量与液压缸要求的流量相协调，如图8-60所示。

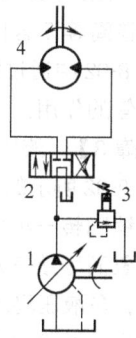

图 8-57　变量泵＋定量马达的液压回路（恒扭矩调速）

1—变量泵；2—换向阀；
3—溢流阀；4—定量马达

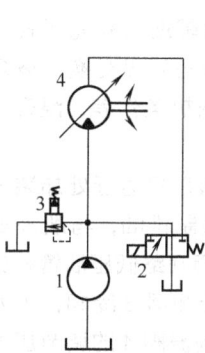

图 8-58　定量泵＋变量马达的液压回路（恒功率调速）

1—定量泵；2—换向阀；
3—溢流阀；4—变量马达

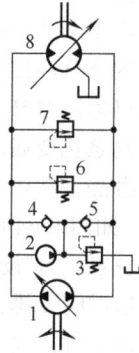

图 8-59　变量泵＋变量马达调速回路

1—变量泵；2—定量泵；
3,6,7—溢流阀；4,5—单向阀；
8—变量马达

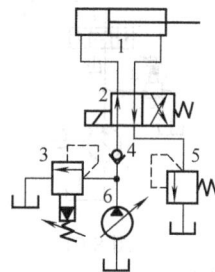

图 8-60　变量泵＋液压缸调速回路（流量匹配调速）

1—液压缸；2—换向阀；3,5—溢流阀；
4—单向阀；6—变量泵

（2）故障分析与排除

【故障1】　液压马达产生超速运动

如图8-61（a）所示，以悬挂物代替液压马达的负载。当负载变化、外界干扰及换向冲击等因素影响时，液压马达常产生超速转动的现象（未装平衡阀时）。为防止液压马达这种超速转动，可在如图中所示回路的基础上增设一平衡阀（液控顺序阀）1。当出现外界扰动的影响，导致液压马达超速转动时，平衡阀1的控制压力下降，平衡阀关小液压马达的回油，起出口节流制动减速作用，可避免液压马达的超速转动。

【故障2】　液压马达不能迅速停住

为使旋转着的液压马达停止转动，可停止液压泵向液压马达供油或切断供油通道。但即便如此，由于液压马达回转件的惯性使液压马达不能迅速停住。

解决办法是在液压马达的回油路中安装一溢流阀，例如图8-62中的阀5，图8-63中的阀6，使液压马达回油受到溢流阀所调节的压力（背压）产生制动力而被迅速制动。当制动背压超出所调压力，溢流阀打开，又可起到保护作用。笔者曾见到一些用液压马达带动的回转机械如绞车、纺织卷筒等无这种制动回路而影响正常工作的情形，可按此方法排除故障。

在图 8-62 中通过安装单向阀 3 与 4，加上溢流阀 5，可实现液压马达的双向制动，起到使液压马达准停的作用。

【故障3】 液压马达产生气穴

在图 8-62 所示的回路中，液压马达 6 在制动过程中，虽然液压泵 7 已停转，但液压马达 6 因惯性会继续回转一小段时间，在此时间内，液压马达起着泵的作用。由于是闭回路，必然会产生吸空现象而导致气穴。

因此，在液压马达换向制动等过程中，为防止气穴，设置了单向阀 1 与 2。当液压马达起泵作用而管内油被吸空时，大气压可将油箱内油液通过单向阀 1 或 2 压入管内，起双向补油作用，从而避免气穴产生。

【故障4】 液压马达转速下降，输出扭矩变小

这一故障是液压马达回路常见故障之一。设备经过长时间使用后，泵与液压马达内部零件磨损或密封失效，导致输出流量不够，这是液压马达内泄漏增大所致。可参阅本手册上册第 3 章和第 4 章有关泵和液压马达的故障分析和排除方法进行处理。

【故障5】 采用闭式容积调速回路的油液极易老化变质，需要经常换油

这是由于闭式回路中，一般只是用辅助泵补充闭式回路中外泄漏掉的部分油液，大部分油液很难与外界交换又被泵吸入送到液压马达再循环，加上闭式回路散热条件差，温升高，油液自然容易老化变质。

解决办法是在图 8-62 的回路中的液压马达近处加装一液动换向阀 5，如图 8-64 所示，通过阀 5 强制排油，与敞开式油箱进行油液交换。辅助泵 2 仍然担负向闭回路低压油管补充油液的作用，通过阀 4 排出的热油，经油冷却器 6 冷却，可大大改善油的冷却条件。注意强制排油时，溢流阀 4 的调节压力应比阀 3 的要低些。平时工作时，阀 4 的调节压力应比阀 3 的高些。

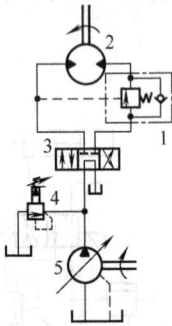

图 8-61

1—平衡阀；2—定量马达；3—换向阀；
4—溢流阀；5—变量泵

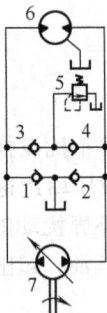

图 8-62

1~4—单向阀；5—溢流阀；
6—定量马达；7—变量泵

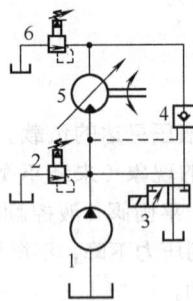

图 8-63

1—定量泵；2,6—溢流阀；
3—换向阀；4—液控单向阀；
5—变量马达

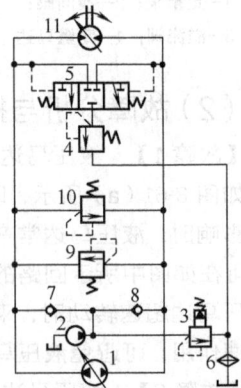

图 8-64

1—变量泵；2—定量泵；3—溢流阀；
4,9,10—溢流阀；5—换向阀；
6—油冷却器；7,8—单向阀；
11—变量马达

8.4.3 联合调速液压回路

所谓联合调速回路是节流调速与容积调速的组合调速方式。这种调速回路是采用变量泵供油,节流阀或调速阀改变流入或流出液压缸的流量,以实现泵的供油量与液压缸所需的流量基本匹配的调速回路。常用的容积节流调速回路有:限压式变量叶片泵和调速阀联合调速、差压式变量柱塞泵与节流阀联合调速、差压式变量叶片泵与节流阀联合调速等多种,它们的特点是没有溢流损失,效率较高,速度稳定性比单纯的容积调速回路要好。所以联合调速回路又称节能调速回路。

(1)"限压式变量泵+调速阀"联合调速回路及其故障排除(图 8-65)

限压式变量泵 1 起容积调速的作用,调速阀 2 起节流调速的作用,调速阀可以装在进油路上,也可装在回油路上。调节调速阀 2 便可改变进入液压缸的流量,而限压式变量泵的输出流量 Q_P 和液压缸所需的负载流量 Q_1 相适应,假如泵的输出流量 Q_P 大于 Q_1 时,多余的油液就会使泵的供油压力 p_P 上升。根据限压式变量泵的工作原理可知,此时的输出流量会自动减下来;反之,当 Q_P 小于 Q_1 时,泵的供油压力 p_P 下降,使泵的流量自动增加,直到 Q_P 和 Q_1 相等为止。因此这种回路无溢流损失,系统发热小,速度刚性也较好。这种调速方式的主要故障与排除方法如下。

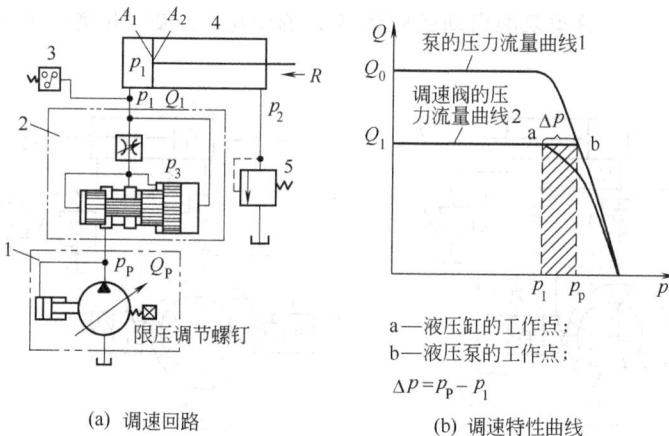

(a) 调速回路   (b) 调速特性曲线

图 8-65 "限压式变量泵+调速阀"联合调速
1—限压式变量泵;2—调速阀;3—压力继电器;4—液压缸;5—背压阀

【故障1】 液压缸活塞运动速度不稳定

产生原因主要是限压式变量泵的限压螺钉调节得不合理。如果限压螺钉调得合理,在不计管路损失的情况下,使调速阀 2 保持最小稳定压差,一般为 $\Delta p = 0.5 \mathrm{MPa}$,此时不仅能使活塞的运动速度不随负载变化,而且经过调速阀的功率损失(图中阴影部分面积)最小,这种情况说明变量泵的限压值调得最合理。曲线调好后,液压缸的工作压力一般不超过 p_1。若由于负载增大,缸的工作压力大于 p_1 时,则调速阀中的减压阀不能正常工作(即减压阀芯被推至左边,减压阀阀口全部打开,不起反馈减压作用),这时调速阀形同一般节流阀,调速阀的输出流量随液压缸工作压力 p_1 的增高而下降,使活塞运动速度不稳定。

所以出现这种情况要重新调节好泵的限压调节螺钉,使调速阀保持 0.5 MPa 左右的稳定压差。

【故障2】 油液发热,功率损失大

产生原因是泵的限压螺钉调节不当,使 Δp 调得过大,即 $\Delta p = p_P - p_1$ 过大,多余的压力将损失在调速阀的减压阀中,会增加系统发热。特别是当液压缸的负载变化大,且大部分时间在小负载下工作的场合，因为这时泵的供油压力 p_P 高，而液压缸的工作压力 p_1 低，损失在减压阀的压降和液压泵的泄漏上的能量很大，油液油温也就升高。

同上述情况相似，供油压力 p_P 一般比液压缸左腔最大工作压力 p_1 大 0.5～0.6MPa 或 1MPa 左右为好，即便是采用死挡铁停留，由压力继电器发信，变量泵的压力也不能调得过高。对于液压缸负载变化大且部分时间在小负载下工作的场合，宜采用差压式泵和节流阀组成的调速回路。

（2）"差压式变量泵＋节流阀"联合调速回路及其故障排除

差压式变量泵 3 实现容积调速，节流阀 4 实现节流调速，共同组成"容积＋节流"联合调速回路（图 8-66）。泵 3 输出的压力油，经阀 4 进入液压缸，推动活塞前进。如果泵的流量 Q_P 大于节流阀调定流量 Q_1 时，就迫使泵的供油压力 p_P 升高，变量泵中的控制缸 1 与 2 所产生的共同作用力压缩弹簧，推动定子向右移动，减少偏心距 e，使泵的输出流量减少。反之，Q_P 小于 Q_1 时，则 p_P 降低，使泵的输油量自动增加，直至 Q_P 与 Q_1 相等为止。因此，保证了泵的输油量始终与节流阀的调节流量相适应，所以这种泵又称稳流量。

同理，当节流阀开度调大时，p_P 就会降低，偏心距 e 增大，泵的输油量也增大；节流阀根据负载流量需要调小时，则泵的输油量也减小。

差压式变量泵（叶片或柱塞式）也可与安排在回油回路的节流阀 4 一起构成"容积-节流"调速回路［图 8-66（b）］。这类泵能自动适应负载 F 的变化，改变泵的输出流量，维持执行元件的速度稳定和节能。

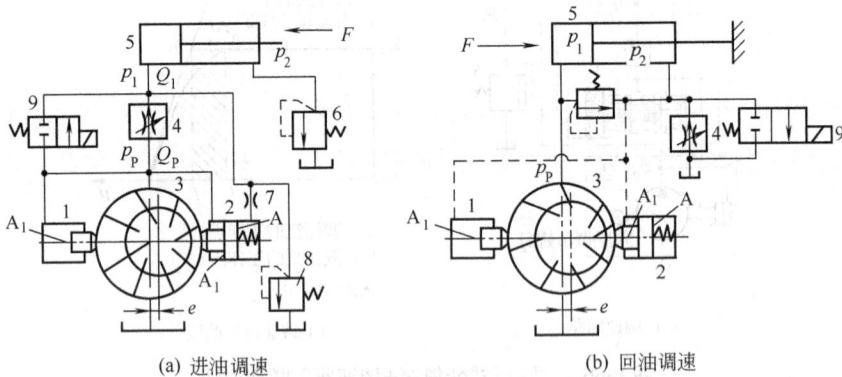

(a) 进油调速　　　　　　　　　　　　　(b) 回油调速

图 8-66　"差压式变量泵＋节流阀式"联合调速回路

1—变量泵小控制缸；2—变量泵大控制缸；3—变量泵主体部分；
4—节流阀；5—液压缸；6—背压阀；7—阻尼孔；8—安全阀；9—电磁阀

这种回路的主要故障有以下两种。

① 泵的流量不能与节流阀调节的流量相适应。原因主要出在泵本身，例如泵的控制缸 1、2 因卡死或动作不灵活使流量反馈控制作用失效，可拆修泵。

② 不能适应负载的变化而保证执行元件（液压缸）的速度稳定。原因也同上，泵的控制缸自动调节偏心距的功能失效，或者液压缸有严重内泄漏，可排除之。

（3）"比例方向阀＋定量或变量泵"联合调速回路

如图 8-67 所示，比例方向阀控制变量泵的控制活塞位置，实现对变量泵斜盘倾角大小的调节，改变泵的输出流量，达到改变输往主系统流量的目的，进行调速。比例阀根据输入电流的大小和极性，改变进入变量缸的流量大小和方向，从而改变变量泵输出流量的大小，装于变量控制活塞一端的位移传感器，可达到位置闭环控制变量泵输出流量的目的。

8.4.4 快速运动回路

一些液压设备的液压缸在一次往复过程中，大多包括三个动作：快速（空行程）前进→慢速工进（低速工作行程）→快速返回（快退）。

提高生产率的措施之一就是要加快上述两个快速行程的速度。按速度计算公式 $V = Q / A$，要提高速度 V，一是增大泵的流量 Q；一是缩小液压缸活塞的工作面积 A。前者要选大泵，会增加成本和不节能，后者则会使缸的承载能力下降，二者均不可取。解决这个矛盾的方法是采用快速运动回路。

图 8-67　"电液比例方向阀+ 定-变量泵组"容积调速系统

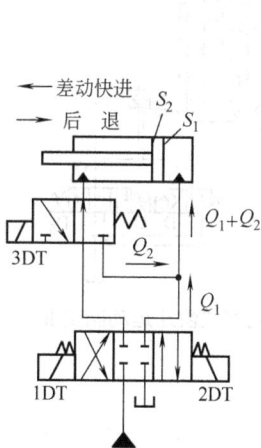

（1）快速运动回路

① 差动快速运动回路　利用单杆液压缸两端受压面积的不同，在活塞杆前进（外伸）时让有杆腔的回油也流入无杆腔，从而实现增速。因为此时虽然液压缸两腔压力 p 基本相等，但扣除有杆侧的反力仍可推动液压缸前进，因为有 $pS_1 > pS_2$（S_1 与 S_2 分别为缸两侧的承压面积）。

图 8-68 所示为用方向阀实现的差动快速运动回路，当 3DT 与 1DT 通电时，液压缸差动快速前进。除了泵供给的流量 Q_1 外，从活塞杆侧来的回油 Q_2，即 $Q_1 + Q_2$ 进入液压缸右腔，获得比仅靠泵流量供油时有更快的前进速度。当 2DT 通电，1DT 与 3DT 断电，液压缸后退。

图 8-69 为利用压力控制实现差动快速回路，图（a）中当 1DT 通电，液压缸 A 腔进油，缸 5 空载右行（差动快进）时，工作压力较低，与之相连的液控单向阀 3 的控制油也就压力不够处于关闭，而缸 B 腔压力升高打开顺序阀 1，这样 B 腔回油便可经阀 1 流入 A 腔形成差动快进动作。

图 8-69（b）与（a）不同之处在于使用平衡阀代替液控单向阀，在平衡阀 3 的控制油路中设置小型单向节流阀 2 是为了减缓平衡阀的动作速度，以防止当液压缸 B 腔与油箱连通时产生的冲击。图 8-69（b）中的平衡阀 3 也可用卸荷阀式溢流阀代替。

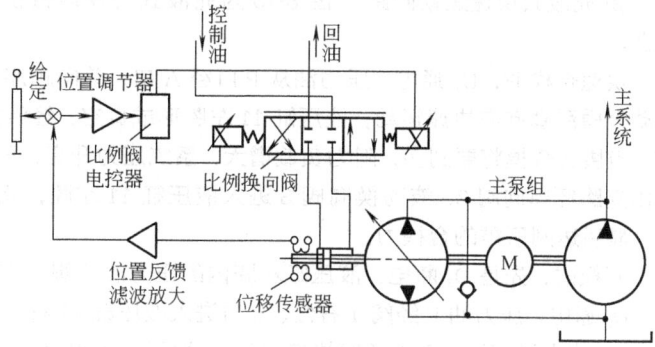

图 8-68　方向阀控制差动快速回路

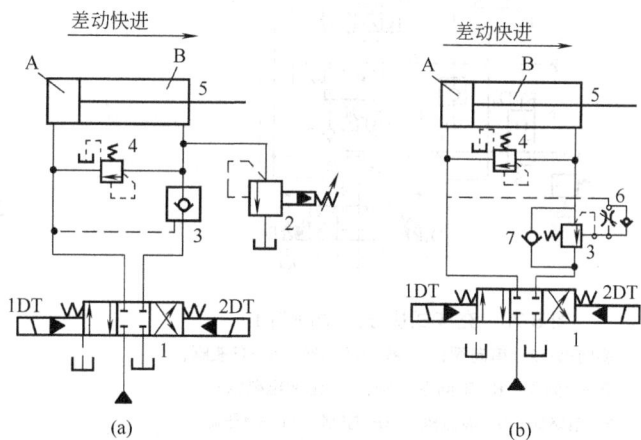

图 8-69　压力控制差动快速回路

1—顺序阀；2—溢流阀；3—液控单向阀；
4—溢流阀；5—液压缸；6—单向节流阀；7— 单向阀

② 充液式快速运动回路　图 8-70 为充液式合模装置快速回路，用于压铸机，注塑机等设备上。

快速合模时，D_1 通电，压力油从 P 口经 A 口、单向顺序阀 6 进入快速液压缸的柱塞 10 内，推动合模活塞向右快速运动，液压缸 11 左腔形成真空，经液控单向阀（充液阀）4 从油箱吸油充液；当快速合模将要到头，阻力负载增大，系统压力升高，压力继电器 7 动作，使 D_3 通电，压力油由支路经单向阀 2、液动换向阀 3 进入液压缸 11 左腔，此时充液阀 4 自动关闭，转入慢速闭合，最后达到所需的合模力。

开模时，先是 D_3 断电，液压缸左腔内的压力油经阀 3 右位、节流阀先进行卸压，然后 D_1 断电，D_2 通电，压力油 P 经阀 1 右位、B 口进入液压缸 11 右腔，还有一股控制油顶开充液阀 4，使缸 11 左腔大量回油，工作活塞快速退位。为了防止回程时产生冲击和振动，快速液压缸柱塞内的油液在回油时具有一定背压，背压大小由单向顺序阀 6 进行调节。

二位二通电磁阀 8 和溢流阀 9 是用来防止闭模时模具内有金属等异物可能损坏模具的。D_4 是由行程开关控制的，即模具尚未接触时，如模具内有异物，系统压力会急剧升高，安全阀 9 溢流，使闭模停止并报警。若无异物，模具刚接触便触及行程开关，使电磁铁 D_4 通电，切断通往阀 9 的通路。在这种情况下，溢流阀 9 宜使用灵敏度高的直动型溢流阀。

另一例如图 8-71 所示，当电磁铁 D_1 与 D_5 通电时，压力油经阀 V_1 左位→柱塞（固定的）2 的中心孔→合模缸的 A 腔，活塞 1 快速下降 C 腔形成真空，此时 D_5 通电，控制油打开充液阀 V5，C 腔经充液阀 V_5 从油箱吸油。

当活塞 1 碰上行程开关 XK，D_5 断电，D_3、D_4 通电，压力油经阀 V_3 左位，阀 V_4 进入 C 腔，此时充液阀关阀，活塞 1 慢速下降，直至合模结束。

开模时，D_2、D_3、D_5 通电，压力油经阀 V_1 右位、阀 V_6 进入合模缸下腔（B 腔），推动活塞 1 上行，A 腔回油经柱塞 2 中心孔、阀 V_1 右位流回油箱，C 腔回油经阀 4、阀 3 右位以及经阀 V_5 流回油箱，阀 6 起平衡支撑作用。

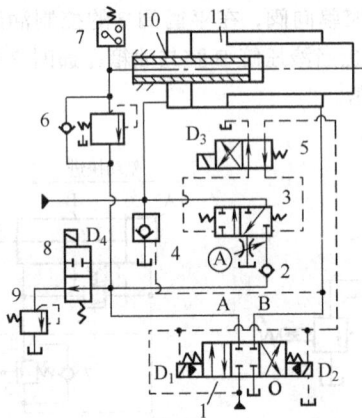

图 8-70　充液式快速运动回路 Ⅰ

1—换向阀；2—单向阀；3—液动换向阀；4—充液阀；

5—换向阀；6—单向顺序阀；7—比例电磁铁；

8—电磁阀；9—溢流阀；10—柱塞；11—液压缸

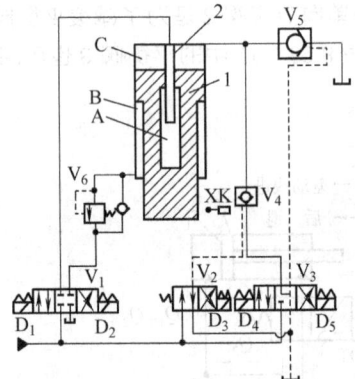

图 8-71　充液式快速运动回路 Ⅱ

（2）故障分析与排除

① 差动快速运动回路

图 8-72 中，当 1DT、3DT 通电，缸 6 实现向右差动快进；慢进（工进）时，3DT 断电；缸 6

快退时，仅 2DT 通电。差动连接的快速回路故障分析如下。

【故障 1】 差动连接时作用在活塞上的有效推力较小，容易出现液压缸不能差动快进的现象

由图 8-72 可知，考虑差动时的压力损失，有效推力为：

$$F = p_0 (A_1 - A_2) - (\Delta p_1 A_1 + \Delta p_2 A_2) - \Delta F$$

式中　A_1——活塞侧液压缸面积；

　　　A_2——活塞杆侧液压缸有效面积；

　　　p_0——汇流点的压力；

　　　Δp_1——由汇流点到无杆侧进口之间的压力损失；

　　　Δp_2——由有杆侧进口到汇流点的压力损失；

　　　ΔF——液压缸本身的阻力损失（如密封摩擦力等）；

　　　F——有效推力。

为了增大有效推力 F，可从上式右边各因素去考虑。譬如说适当增大活塞杆截面积 A_3（$A_3 = A_1 - A_2$），降低液压缸本身的阻力，以及减小差动流动过程中的压力损失（例如阀 5 的容量要足够，管径要足够大，不可太长等）。

【故障 2】 不能调速

差动速度需要调节的回路中，如采用出口节流控制方式，往往在液压缸有杆侧产生远大于泵压的高压 [图 8-73（a）]；在进口节流控制方式中，往往出现节流阀出口压力大于泵压而断流，不能调速的故障 [图 8-73（b）]。这时可采用图 8-73（c）的回路使差动速度控制正常。

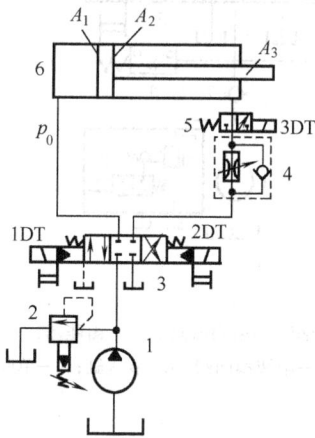

图 8-72　差动快速运动回路

1—泵；2—溢流阀；3—换向阀；

4—单向节流阀；5—阀；6—液压缸

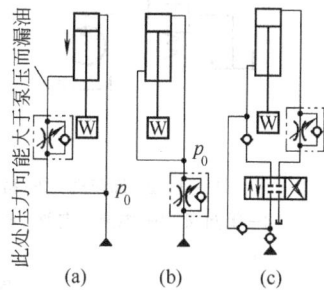

图 8-73　差动回路中的速度控制

【故障 3】 差动回路中，快、慢速换接不平稳，存在冲击现象

产生原因和排除方法同节流调速回路。

【故障 4】 差动快进时反而不如不差动时的速度快

如果是用 P 型阀，或图 8-70 中的二位三通阀 5 组成的差动回路，则因为阀选择的规格通径过小，通油阻力太大；也可能是差动通油管的管径过小，压力损失太大。解决办法是在差动回路的设计时对阀的规格、管径大小及差动流量汇流点及汇合后的通油能力，必须考虑周到。否则，会出现差动不快的现象。

② 充液式快速运动回路

主要故障是充液阀不能吸油，液压缸无快速。应检查充液阀能否充液的问题。可参阅本手册 5.3 节的有关内容。另外要考虑充液阀的控制压力是否够，充液油箱的油面是否太低，操作控制油路的换向阀是否可靠换向等原因，一一查明，逐个排除。

③ 用蓄能器的快速回路

图 8-74 是用蓄能器的快速回路。当系统短期需要大流量时，采用蓄能器和液压泵同时向系统供油，这样可用较小流量的液压泵来获得快速运动。

这种回路的故障主要有：因蓄能器不能补油而不能提供快速运动。主要产生原因和排除方法如下。

a. 由图 8-74（a）可知，当换向阀 5 处于中间位置时，不停泵向蓄能器供油储能。如果充油时间太短暂，则蓄能器充油不充分，转入快进时能提供的压力流量也就不充分，所以一定要确保足够时间（阀 5 中位时）给蓄能器充分充液。

b. 图 8-24（b）中当卸荷阀 2 或电磁溢流阀又有故障时造成电磁换向阀中位时液压泵总是卸荷不能给蓄能器充液，虽然进行充液的时间足够，以致转入快进时也无蓄存油液可释放。此时可修理或更换卸荷阀或电磁溢流阀，使换向阀 5 处于中位时，泵能以充足的压力使蓄能器充液。压力足够后，由压力继电器 4 发出信号后才转入快进。

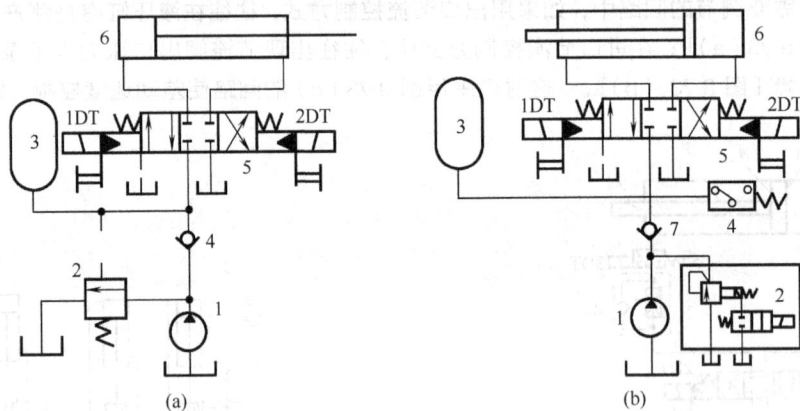

1—泵；2—卸荷阀；3—蓄能器；
4—单向阀；5—电液换向阀；6—液压缸

1—泵；3—卸荷阀（电磁溢流阀）；3—蓄能器；
4—压力继电器；5—电液换向阀；6—液压缸；7—单向阀

图 8-74　用蓄能器的快速回路

④ 利用辅助缸的快速回路

图 8-75 所示为采用辅助缸的快速回路。这种方式在液压机（如板料折弯机）上普遍使用。图 8-75 为利用滑块自重快速下降的回路。当 2DT 通电，换向阀 3 右位工作时，液压泵 1 供给压力油使辅助缸 6 产生下降动作，滑块被带动下行。由于滑块的自重产生下降动作太快，主缸 10 上腔因泵 1 供油不足而形成一定的真空度，油箱油液在大气压的作用下打开充液阀 8 向主缸 10 上腔补油。辅助缸 6 下腔在加压至一定压力后，单向顺序阀 5 开启，辅助缸 6 下腔回油经阀 5 之顺序阀→单向节流阀 4 之节流阀→换向阀 3 右位→油箱。当滑块下行接触工件后负载增大，辅助缸 6 上腔油路压力增高，顺序阀 7 开启，液压泵 1 来的压力油进入主缸 10，阀 8 关闭，进行工作行程。

回程时 1DT 通电，换向阀 3 左位工作，因油液只需进入两缸径不大的辅助液压缸下腔，因而可快速上行，主缸的排油可经阀 8（因控制油而打开）与阀 3 左位两条通道排回油箱。

为了防止停机时的滑块自由下落，使用了单向顺序阀5起平衡支撑作用，2DT断电，便可阻止自重下落。 单向节流阀4为调节下降速度用。

【故障1】 无快速下降动作，下降和速度很慢

产生原因和排除方法有（参阅图8-75）：辅助缸上腔通往油箱之间并暴露在大气中的管路破裂或管接头密封不好漏气，使辅助缸上腔无法产生一定的真空度吸油；充液阀8的阀芯卡死在关闭位置，仅靠泵1供油使主缸下行，可拆修阀8；阀4的阀芯卡死在小开度位置，或者节流阀4开度调节过小，可拆修阀4，并调大节流阀4的开度。

【故障2】 缸不下降

a. 电磁铁2DT未通电，或者将辅助缸下腔的回油通路堵塞，则主缸（滑块）不能下降。 可针对情况予以排除。

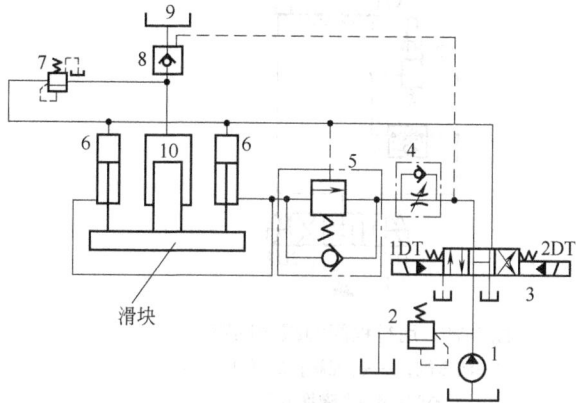

图8-75 使用辅助缸的快速回路
1—液压泵；2—溢流阀；3—换向阀；4—单向节流阀；
5—单向顺序阀；6—辅助缸；7—顺序阀（溢流阀）；
8—液控单向阀（充液阀）；9—油箱；10—主缸

b. 节流阀4阀芯卡死在关闭位置。

c. 单向顺序阀5的阀芯卡死在关闭位置。

【故障3】 主缸加压时压力上不去，压制工件时乏力

a. 阀8未关严，使主缸上腔与油箱9部分相通，此时可排除充液阀8故障。

b. 因溢流阀2故障使系统压力上不去，可参阅本书5.9节中的内容排除溢流阀的故障。

c. 泵1因内部磨损内泄漏增大，使系统压力无法上升到最高，可修泵或换泵。

【故障4】 主缸上行时剧烈抖动，产生炮鸣

产生原因有阀8未打开，或阀8与阀3的通径选择过小，排除方法可参阅本手册后述的内容进行故障排除。 最好在回路上采取措施，先卸掉或部分卸掉主缸上腔压力，然后再使1DT通电使主缸上行。

8.4.5 减速回路

当执行元件到达目的点位时，为使其尽快停止，又不因惯性（过快减速、突然停止）产生冲击、异常高压或负压、振动和噪声甚至损坏等故障，常采用减速回路。

（1）使用行程阀的减速回路图（8-76）

当2DT通电，缸1左行，在活塞杆左端的撞块未压下行程阀2之前，缸1快速左行；当行程阀2的阀芯被压下后，缸1左腔油液只能经单向节流阀3流出，实现减速；当1DT通电，缸1快速退回。

此回路不减速的故障多半是单向节流阀3的节流阀心卡死在全开位置以及活塞杆上的撞块磨损松脱所致，可查明原因予以排除。

如图8-77所示，当液压缸1左行活塞杆上的撞块压上行程节流阀上的滚轮时，撞块前端的斜面逐渐关小阀2节流阀心的开度而减速。

这种行程节流阀的减速回路一般不会出现不减速的故障，除非撞块松脱。 如果减速过快，可修改活塞杆上左边的撞块斜面长度和角度尺寸。

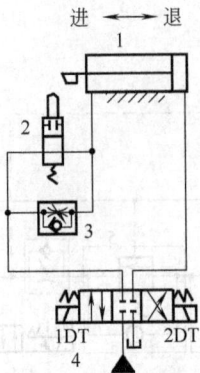

图 8-76　用行程阀的减速回路

1—液压缸；2—行程阀；3—单向

节流阀；4—电磁换向阀

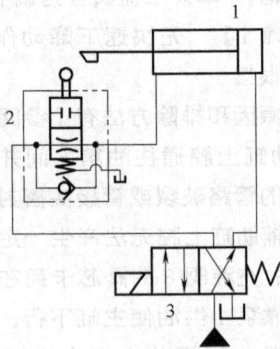

图 8-77　用行程节流阀的减速回路

1—液压缸；2—行程节流阀；3—电磁换向阀

（2）用电磁阀和流量阀的减速回路

如图 8-78 所示，当 1DT 通电时，液压缸 1 快速右行，当撞块压下行程开关 XK 时，发信给 3DT 通电，阀 3 右位工作，切断快速回油通道 a，缸 1 右腔回油只能经调速阀 2 节流调速而回油箱，缸 1 右行减速。

这种回路出现的主要故障为"不能减速"。故障原因主要有：行程开关未被压下或因其他故障不能发出电信号使 3DT 通电，单向调速阀 2 的节流阀心卡死在全开位置。可查明原因后予以排除。

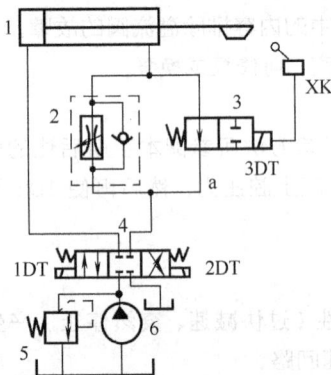

图 8-78　用电磁阀和流量阀的减速回路

1—液压缸；2—单向调速阀；3—二位二通电磁换向阀；

4—三位四通电磁换向阀；5—溢流阀；6—泵

8.4.6　制动回路

制动回路主要是用于液压马达的制动用液压回路。

（1）溢流阀制动回路

如图 8-79 所示，当电磁铁 1DT 通电，阀 5 左位工作时，液压马达 2 工作；1DT 断电时，阀 5 右位工作，此时液压马达 2 的回油只能经制动阀（高压溢流阀）1 回油，制动阀 1 所调压力的反力矩给液压马达 2 进行制动。

本回路产生不能制动的故障原因是：制动阀 1 调节压力过低或者阀芯卡死在打开位置、电磁换向阀 5 未断电、或者阀芯卡死在通电位置（例如复位弹簧折断或漏装，污物卡死）等，可予以排除。

（2）用制动器（刹车缸）的制动回路

如图 8-80 所示的常闭式制动器，当阀 3 左或右位马达 2 工作向制动缸 1 通入压力油时，制动缸 1 打开，液压马达可转动；反之当阀 3 处于中位时，弹簧复位的单作用刹车缸在弹簧力的作用下使液压马达制动。

在液压泵的出口和制动缸之间接有单向节流阀。当换向阀在左位和右位时，压力油需经节流阀进入制动缸，故制动器缓慢打开，使液压马达平稳启动。当需要刹车时，换向阀置于中位，制动缸里的油经单向阀排回油箱，故可实现快速制动。

这种回路产生不制动的故障原因有：虽然阀 3 两端电磁铁均断电，但阀 3 因各种原因不能回复中位；单向节流阀 4 的节流阀关闭而单向阀又卡死在关闭位置、刹车缸弹簧折断、缸 1 活塞卡住、刹车片严重磨损等，可查明原因，逐个排除。

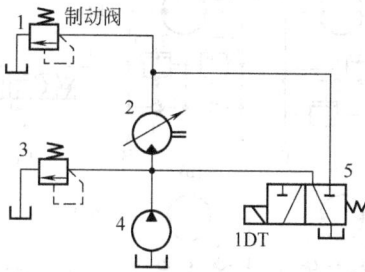

图 8-79　溢流阀制动回路
1,3—溢流阀；2—变量马达；4—定量泵；5—换向阀

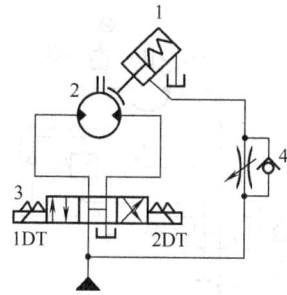

图 8-80　用制动器的制动回路
1—刹车缸；2—液压马达；3—换向阀；4—单向节流阀

（3）用平衡阀（单向顺序阀）的制动回路

如图 8-81 所示为起吊重物用的液压马达回路。当换向阀左位工作时，起吊重物控制压力油 P_K 使平衡阀 3 打开，液压马达 1 正常运转起吊重物，但由于外部负载及超限超速等原因，负载重物突然下降，此时马达 1 产生泵作用（抽吸作用），压力油 P_K 下降，平衡阀 3 的阀芯关小通道或全关，液压马达回油侧产生节流阻力而制动。

这种回路的制动效果取决于平衡阀 3 的性能，如果调高阀 3 的开启压力，制动效果增加，反之阀 3 的工作压力调得过低，或者其阀芯卡死在开阀位置则制动效果低或者不制动。另外，阀 3 中的单向阀关不严则制动效果差。

（4）缓冲补油制动回路

图 8-82 所示为几种典型的由缓冲、补油与制动组件组成的制动回路，可以开式也可闭式。图 8-82（a）为采用双溢流阀构成的该种回路。当换向阀（开式）回中位或双向液压马达停止输油（闭式）回中位时，液压马达在惯性的作用下，使一侧压力升高产生制动力，此时靠每一侧的溢流阀 1 或 2 限压，减缓液压冲击。马达制动过程中另一侧呈负压状态，由溢流阀限压时溢出的油液进行补油，实现马达制动。

图 8-82（b）由制动阀 1、2 及单向阀 3、4 组成制动阀组。当马达一侧过载，形成制动反力矩，另一侧吸空出现负压时，过载阀开启形成短路，马达自行循环，过载一边的单向阀关闭，吸空的一侧单向阀打开，由过载阀溢出的油进行补油，此时由于马达本身和换向阀（或液压泵）都存在内泄漏，而吸油腔没有与系统低压管或油箱连通，得不到外来油路的补充，所以补油不是很充分。因而这种回路只适用液压马达两侧流量相同的系统。

图 8-82（c）是由四个单向阀 3~6 和一个过载缓冲阀（溢流阀）7 组成的制动组件。当马达停止供油但仍然惯性转动时，原来的压油腔成了吸空腔，形成负压，通过补油单向阀 3、4 从油箱吸油补油（大气压压入），起到防气穴的作用；原马达的回油腔封闭，因马达惯性转动产生的高压油经单向阀 5 或 6，再由过载缓冲阀 7 溢流，限压压力调节的大小取决于制动力矩的大小。回路中的过载溢流阀 7 既限制了换向阀回中位时引起的液压冲击，又可使马达平稳制动。由于该回路只有一个过载阀，所以适用于马达两边过载能力相同的系统。

图 8-82（d）的回路中，液压马达两边不同的过载能力可由两个过载溢流阀 1、2 分别调节，单向阀 3、4 起补油阀防气穴的作用。

以上四种缓冲补油制动回路中，在系统出现过载和冲击时，反应迅速、效果良好。其制动效果不理想的故障主要取决于回路中的过载溢流阀，所以选用响应比先导式溢流阀快的直动式溢流阀为好。但直动式启闭特性差，因此使用时需将制动组件中过载溢流阀的压力比限制泵输出压力的主溢流阀的调节压力高 0.5~1MPa。

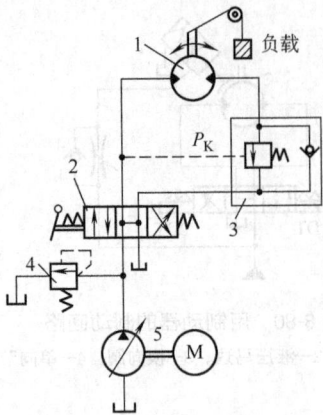

图 8-81 用平衡阀的制动回路
1—液压马达；2—换向阀；3—平衡阀；
4—溢流阀；5—变量泵

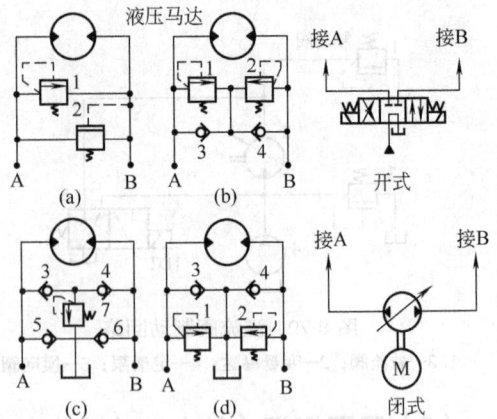

图 8-82 缓冲补油制动回路
1,2—制动阀（溢流阀）；3~6—单向阀；
7—过载缓冲阀（溢流阀）

（5）单控限速制动阀控制回路

图 8-83 是用单控限速制动阀 2 与 3 来控制行走液压马达的限速、制动和闭锁回路。单控限速制动阀是内泄式单向顺序阀，它分别串联在液压马达的两边，由换向阀的 A、B 油口交叉外控。单向阀 5、6 和溢流阀 4 组成过载缓冲保护回路，单向阀 7、8 用来补油。换向阀为 PO 连接，以防止油液发热。在马达 A 腔进油的工况下，当进油压力 p_A 不足以打开限速制动阀 3 时，回路仍处于闭锁状态以防止突然启动。当进油压力 p_A 升高到超过限速制动阀的开锁压力时，限速制动阀开启形成通路，马达启动，机器行走。当机器自重下坡或惯性前冲时，马达超速旋转引起进油不足，进油压力 p_A 下降，限速制动阀 3 关小，马达排油受阻而产生制动力矩。如果 B 腔进油，则马达反转，机器行走改变方向。

这种回路出现不能制动的故障主要原因是限速制动阀 2 与 3 的故障：当限速制动阀（单向顺序阀）3（或 2）的顺序阀阀芯卡死在大开启位置时，液压马达 9 不能正转（A 腔进压力油）或反转（B 腔进压力油）制动；当限速制动阀 3（或 2）的单向阀 3a（或 2a）的阀芯卡死在开启位置时，液压马达 9 不能正转（或反转）制动。此时可查明原因，予以排除（参阅 5.10 节中的内容）。

（6）双控限速制动阀的控制回路

矿用车辆由于受井下空间条件的限制，应该机动灵活，能原地转弯和原地掉头。当车辆向一侧转弯时，另一侧马达不动，会严重超载，可采用图 8-84 的回路保护马达。双控限速制动阀 6、7 有两条控制油路，其中 a、a′为外控油路，分别接于马达的进、出油口，以控制车辆的行走速度。制动时车辆惯性在马达一腔中产生高压，经内控油路 b、b′把制动阀打开，起到保护马达的作用。

这种回路出现不能制动的故障同上，可参阅 5.11 节中的相关内容排除限速制动阀（单向顺序阀）7 或 6 的故障。

（7）并联液动阀的控制回路

图 8-85 是用液动阀控制低速液压马达的限速制动和闭锁回路。它包括补油阀 6、7，过载缓冲阀 4、5 及与单向阀并联的液动阀 2、3。液动阀 2、3 起限速制动作用。

其工作原理为：当操作手动换向阀 1，使 A 口流出压力油时，a 也为压力油，此控制压力油 a

使液动阀 3 的阀芯右移，左位工作。 此时 A 来的压力油经单向阀 I_1，进入液压马达 8 的左腔，液压马达右腔回油经液动阀 3 左位，再经阀 1 左位流回油箱，实现液压马达 8 的正转。

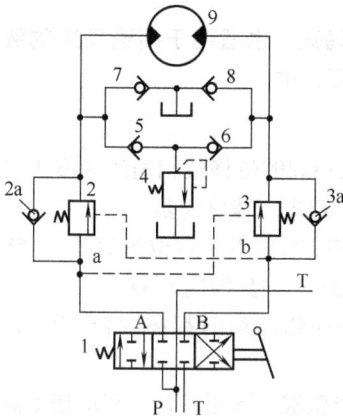

图 8-83　单控限速制动阀控制回路

1—手动换向阀；2，3—单控限速制动阀；

4—溢流阀；5~8—单向阀；

9— 液压马达

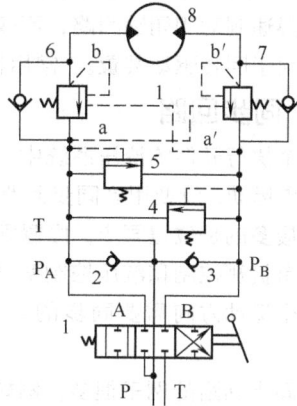

图 8-84　双控限速制动阀控制回路

1—手动换向阀；2，3—单向阀；4，5—溢流阀；

6，7—限速制动阀；8—液压马达

如果某种原因使液压马达转速过快，那么 A 口压力下降，控制油 a 的压力也下降，液动换向阀 3 在右端弹簧力的作用下使其阀芯左移，阀 3 中位或右位工作，关小或完全关闭液压马达 8 的回油通路，起减速制动作用。 反转制动（B 口进压力油）时制动原理完全相同。

这种回路出现不能制动的原因主要是液动阀 3 或 2 卡死在全开位置上，可参阅 5.5 节内容排除液动阀 3 或 2 的故障。

（8）串联液动阀的控制回路

在图 8-85 所示的并联液动阀控制回路中，由于两个液动阀制造和调整上的差异，使液压马达两相负载和制动特性不完全相同。 在要求正、反向特性相同时，可将液动阀串联在总回油口组成图 8-86 所示的控制油路。 这种回路简单，调试方便，限速制动性能好。 三位二通液动阀 6 接于马达的总回油口，其控制油路接泵的出口。 马达工作时，泵的出口压力把液动阀打开。 马达超速时，马达进口压力下降，液动阀关小，形成回油节流，限制车速。 换向阀 1 处于中立位置时，泵卸载，液动阀关闭，缓冲阀 4、5 保护马达。 马达的闭锁性能取决于换向阀的泄漏。

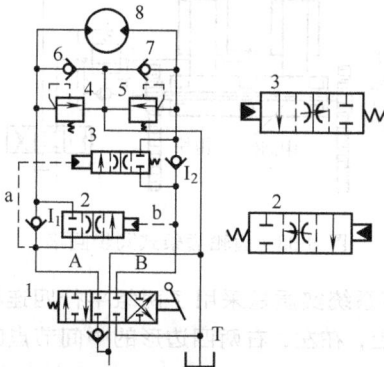

图 8-85　并联液动阀控制回路

1—手动换向阀；2，3—液动阀；4，5—溢流阀；

6，7—补油阀；8—液压马达

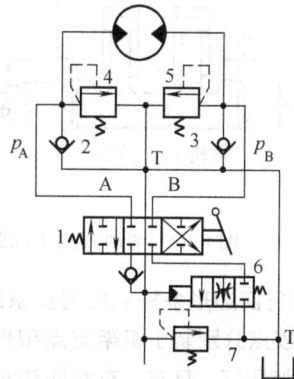

图 8-86　串联液动阀控制回路

1—手动换向阀；2，3—单向阀；

4，5—溢流阀；6—液动阀；7—溢流阀

这种回路出现不能制动的原因还是在于制动阀——三位二通液动阀 6 的故障。当阀芯卡死在右位时，阀 6 只能左位功能工作，不能制动；当阀芯卡死在中位时，制动能力有限；当阀芯卡死在左位时，阀 6 只能右位功能工作，过制动。

以上限速制动和闭锁回路，不仅适用于低速大扭矩马达，也适用于高速马达的液压驱动。此外也可用于回转驱动装置。常用在工程机械等的液压回路中。

8.4.7 同步回路

在多个执行元件的液压系统中，往往要求执行元件以相同的位移或相同的速度（或固定的速度比）同步运动，就要用到同步回路。前者叫位置同步，后者叫速度同步。

用得最多的是位置同步，位置同步必然速度同步，速度同步不一定位置同步。常用的同步控制系统有机械控制和液压控制两类，它们又分为开环和闭环同步控制两种。

只一个运动方向需要同步的叫单向同步，而工作行程和返程时都需要保证同步的叫双向同步。

采用同步回路的例子很多，例如龙门刨铣床用两个液压缸（液压马达）驱动横梁的升降，板料折弯机用两个液压缸驱动滑块的升降，行走车辆的行走同步马达保证能直线行走等。

（1）机械式同步回路及故障排除

液压缸机械连接方式同步回路，采用刚性梁、齿条、齿轮等将两液压缸刚性连接起来。该回路简单，工作可靠，但只适用于两缸载荷相差不大的场合，连接件应具有良好的导向结构和刚性，否则会出现卡死现象。

① 机械式回路

a. 滑块式同步回路（图 8-87）。用刚性滑块梁将两液压缸活塞杆刚性连接，使梁具有很好的刚性和导向长度 h，在光滑具有较小间隙 δ 的导轨滑动实现液压缸的位移同步。例如大型金属打包机。

b. 齿轮齿条式同步回路（图 8-88）。用刚性滑块梁、齿条齿轮将两个液压缸活塞杆刚性连接，可实现液压缸的位移同步。一般用于恒定负载或负载变化较小的场合。

c. 扭轴式同步系统（图 8-89）。该系统实质是采用了两组曲柄滑块机构。当液压缸驱使滑块下行时，与高刚度扭轴焊接相连的曲拐随之绕销轴摆动。当滑块一端的运动超前于另一端时，通过扭轴的转动迫使另一端的曲拐、连杆随之运动，从而使滑块两端能同步运动。该机构简单，且能达到一定的同步精度，适用于中、小型液压折弯机。例如国产 WA67Y 型折板机上就采用了这种扭轴式同步系统。

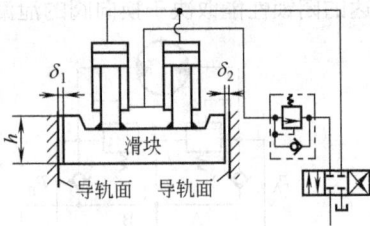

图 8-87　滑块式同步回路　　　　　图 8-88　齿轮齿条式同步回路

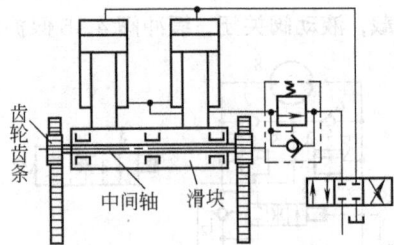

d. 平行四边形多杆机构同步系统（图 8-90）。该系统实质是采用了两组平行四连杆机构，上、下两铰点分别装于机架支点和相应的滑块加压点上，在左、右两四边形的中间节点的横向连杆间装一液压缸，且左、右两四边形的 A、B 节点以杆 C 相连，则四连杆既可保证滑块平行下移，又可同时作为压力的传递机构，大大简化了机器结构。

② 机械强制式同步法的故障分析与排除

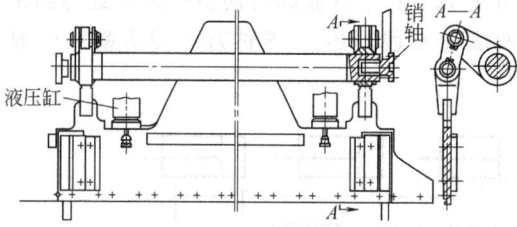

图 8-89　扭轴式同步系统

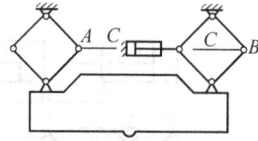

图 8-90　平行四边形多杆机构同步系统

这是采用机械联动强制多缸同步的方法，它简单可靠，同步精度高。下述原因影响同步精度（不同步）：滑块上的偏心负载较大，且负载不均衡；各液压缸或液压马达不可能绝对一样，例如液压缸缸径误差和加工精度存在差异；导轨间隙过大或过小；机身与滑块的刚性差，产生结构变形；齿轮与齿条传动的制造精度差，或者在长久使用后磨损变形，间隙增大；中间轴的扭转刚性差等。

解决机械强制式同步装置不同步故障的措施有：尽力减少偏心负载和不均衡负载，注意装配精度，调整好各种间隙，各液压缸尽量靠近，且保证平行放置；增强机身与滑块的刚性；当导轨跨距大和偏心负载大又不能减少时，可适当加长导轨长度 h；必要时增设辅助导轨，例如在滑块的中部设刚性导柱，在上横梁的中央辅助导轨内滑动，可大大加长导向距离，增加了导向精度，导轨作用力和比压降低；液压缸与滑块的连接采用球头连接，可减少偏心负载对同步精度的影响；合理选择滑动导轨的配合间隙。

（2）节流调速同步回路及故障排除

利用节流调速的方法使流入两个液压缸的流量相等，那么尺寸相同的两液压缸必然可以同步运动。

① 节流调速同步回路

a. 采用节流阀的节流调速同步回路。用两个或四个同型号的节流阀或调速阀分别调节两等径的液压缸的运动速度，可得到单向或双向同步运动。图 8-91（a）、（b）分别为单、双向同步回路。单向同步仅一个行程方向可用节流调速的方法实现同步，双向同步则可在往返两个方向采用调速方法实现同步。改变单向节流阀或单向调速阀的安装方向，可实现同步回路进油节流调速与回油节流调速方式之间的转换。

b. 使用比例调速阀的桥式同步回路。如图 8-91（c）所示，图中采用了 4 个单向阀和调速阀组成桥式流量调节单元，液压缸的活塞杆伸出和缩回两个方向都能起到同步速度调节，并保证正反向时调速阀的流入和流出油口不变（调速阀的进出油口是不能装反的）。

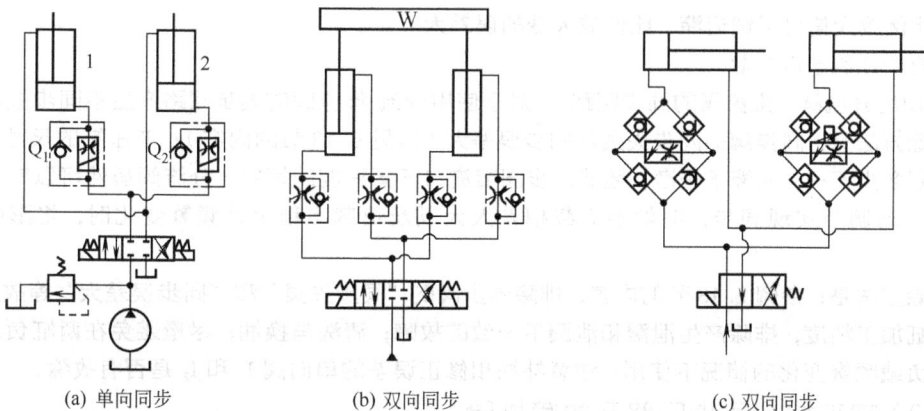

(a) 单向同步　　　　　　　(b) 双向同步　　　　　　　(c) 双向同步

图 8-91　节流调速同步回路

c. 使用分流阀、集流阀控制的同步回路（图 8-92）。 利用分流阀可使多个液压缸得到相同的流量，从而使这几个液压缸获得相同的运动速度而实现同步。 这种方法同步精度一般在 2% ~ 5% 。

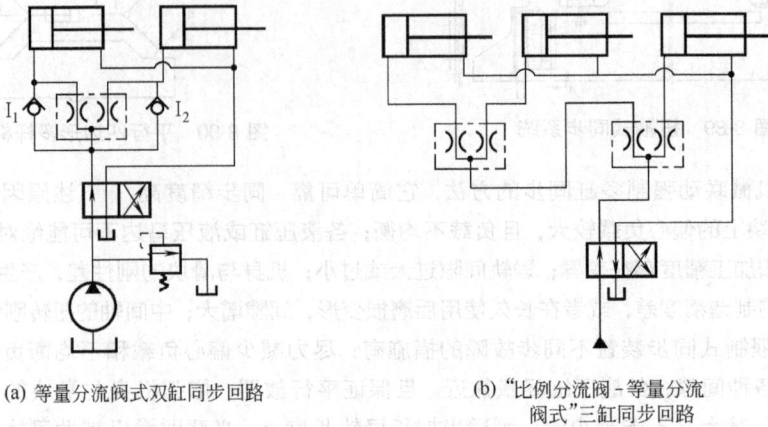

(a) 等量分流阀式双缸同步回路　　　(b)"比例分流阀 – 等量分流阀式"三缸同步回路

图 8-92　使用分流阀、集流阀的同步回路

② 节流调速同步回路的故障与排除

a. 使用节流阀的同步回路。 这种同步方法同步精度一般为 5% ~ 7% ，再大则视为不同步故障。

产生原因有：调速阀受油温变化影响，造成进入液压缸的流量差异；两调速阀因制造精度和灵敏度差异以及其他性能差异导致输出流量不一致；受两液压缸负载变化差异的影响最大，负载的不同变化导致液压缸工作压力（即调速阀出口压力）的变化，进而影响到液压缸泄漏量的不同和流量阀进出口压差的变化，使缸的流量发生变化而导致不同步；工作油液的清洁度影响，导致两调速阀节流小孔的局部阻塞情况各异和调速阀中减压阀的动作迟滞程度不一，影响输入缸的流量不一，产生不同步。

排除方法是：控制油温，并采用带温度补偿的调速阀；从多个调速阀中精选性能尽可能一致的调速阀，调速阀尽量安装得靠近液压缸；避免在负载差异和变化频繁的情况下采用这种同步方法；加强油污管理，增设滤油器，必要时予以换油；采取消除不同步积累误差的措施，可参照图 8-103 中所述方法，开大或关小节流阀 L_1 或 L_2 ，进行放油以调节多缸同步。

b. 使用比例调速阀的同步回路。 对于使用电液比例阀的同步回路，位置同步精度可达 0.5mm ，当同步精度不理想时，其原因有：油溢的影响；液压缸和单向阀组的内泄漏；负载变化频繁，比例放大信号反馈迟滞；比例放大器的误差大。

可查明原因予以排除。

c. 使用分流阀、集流阀的同步回路。 对于使用分流-集流阀的同步回路产生不同步故障的原因和排除方法有：同步阀的同步失灵及同步误差大（详见 5.18 节的内容）；液压缸的尺寸误差、存在泄漏多少不一；油液不干净，造成同步阀节流口不同程度的堵塞；分流阀虽然可以对不同负载进行自动调节实现同步，但如果负载相差太大以及负载不稳定且频繁变化时，将影响同步精度。

排除方法是：参阅 5.18 节的内容，排除同步阀的"同步失灵"和"同步误差大"等故障；提高液压缸加工精度，排除产生泄漏和泄漏不一致的故障；清洗与换油；尽量避免在两缸负载相差过大及负载频繁变化的情况下使用；注意补油和修正误差的单向阀 I_1 和 I_2 是否有故障。

（3）容积控制同步回路及故障排除

这是利用流进或流出各执行元件的液压油的容积相等，并使各执行元件产生相同的位移量

（位移同步）的控制回路。

① 多泵同步回路　图 8-93 为两台泵构成的容积控制同步回路。 两台彼此独立且排量相同的泵用同一根输入轴带动，因而两台泵输出流量相同，此等流量输入同缸径的两液压缸，从而可实现两液压缸的同步动作。

溢流阀 Y_1 与 Y_2 用于限制系统最高压力；两个单向阀 I_1、I_2 和背压阀 Y_3 用于放油以提高同步精度和起安全保护作用；节流阀 L_1 与 L_2 用于放油调节两缸同步；双阀芯液动换向阀的两阀芯刚性连接，用两端的控制油路 K_1 与 K_2 控制两阀换向，双弹簧使两阀芯对正。

此回路中同步精度不理想的故障原因有两泵本身的特性差异、两缸容积的差异（一般液压缸的截面积差只能做到 0.2% ~ 0.3%）和负载不均等的影响。 所以这种系统在负载差异较大时先天性的同步精度差。 对要求较高的同步精度时要采用其他方式。

图 8-94（a）为车辆行走装置（例如矿用装岩机）采用双泵双回路供油的同步回路。 它为一行走马达双泵双回路全功率调节自动变量系统，其变量机构是由双泵工作压力之和来控制双泵同步变量，使两分泵的输出流量基本相同，从而使车轮两侧的行走马达的转速（行驶速度）也基本相同。

系统的功率在变量范围内保持恒定，可以充分利用发动机的功率。 该系统用一台双联斜轴式柱塞变量泵分别向两台排量相同的轴向柱塞马达供给高压油。

图 8-94（b）是矿用凿岩机双泵双回路定量液压同步系统。 液压系统中用一台通轴三联齿轮泵，其中两个齿轮泵的流量分别向两台低速马达供给压力油。 第三个齿轮泵流量为 65L/min，以 11.8MPa 的压力向装载系统供油。 马达最高转速经一级减速驱动链轮牵引履带行走。 由于是定量系统，驱动效率低，升温高，需要强制冷却。

② 采用同步缸的同步回路　图 8-95（a）所示为采用同步缸驱动两个负载缸的同步回路，图 8-95（b）为采用同步缸驱动四个负载缸的同步回路。 它们的同步精度是靠同步缸各相等油腔（$A_1 = A_2 = A_3 = A_4$，$B_1 = B_2 = B_3 = B_4$）输出相同油液流量来保证同步一致的。

同步缸缸径及两个（四个）活塞的尺寸完全相同，并共用一个活塞杆。 当同步缸工作时，出入同步缸的流量相等，可同时向两个液压缸供油，实现位移同步。 图中同步缸容积大于液压缸容积，两个单向阀 I_1、I_2 和背压阀 Y，是为了提高同步精度的放油装置，其同步精度可达 2% ~ 5%。 同步精度主要取决于缸的加工精度及密封性能。

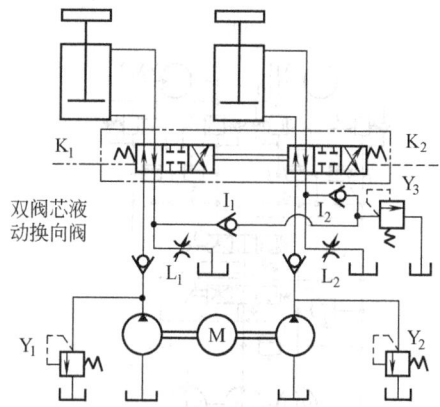

图 8-93　两泵同步回路

图 8-95（b）中，同步缸在行程末端机动单向阀打开，可对各工作缸的行程进行修正，同时用作背压阀的溢流阀 Y_1 还可用于防止意外使某个执行元件锁定时在该执行元件回路中产生高压。 截止阀用于初期液压缸位置的手动调整。 这种回路由于需要比执行元件更大的同步缸，故其在结构上和价格方面不具优势。 这类同步回路的同步精度可达 1% 左右，超出此同步精度的故障原因和排除方法有：同步缸中各腔因泄漏等原因输出流量不一致、负载压力差异引起的油液压缩量的差异、回路中油液的内泄漏与外泄漏大等原因均将使同步精度降低。 采用充分放气、合理配管和充分考虑密封措施、提高同步缸的加工精度等措施后，有达到同步精度为 0.2% ~ 0.3% 的例子。

此外，应尽量控制同步缸的制造误差、工作液压缸的制造误差和系统泄漏。 对于工作缸行程太长及高压下负载又不均匀时产生一个缸先行到底的不同步现象，可在同步缸的两个活塞上各装有一对左右成套的单向阀 3 与阀 4（图 8-96），供行程端点处消除两工作缸的位置误差之用。其作用情况是：当换向阀左位接入回路时，同步缸的活塞右移，它的同步缸两个油腔 1 和 2 的油分别推动缸 5 和缸 6 的活塞下行；当同步缸的活塞到达右端点的位置时，阀 3 和阀 4 右端的两个单向阀被顶开，压力油推开其左端两个单向阀中的一个，向尚未达到行程下端点的那个液压缸"补油"，使其活塞亦到达行程的下端点。反之，当换向阀右位接入回路时，工作缸 5 和缸 6 的活塞上行，它们上腔中的油推动同步活塞左移，使之在到达端点时，将阀 3 和 4 左端的两个单向阀顶开，让尚未到达行程上端点的那个液压缸的上腔通过同步活塞上右边两个单向阀中的一个接油箱，进行"放油"，这样就可使两工作缸的活塞都到达其行程的上端点，避免了误差积累造成的不同步以及动作失调现象。

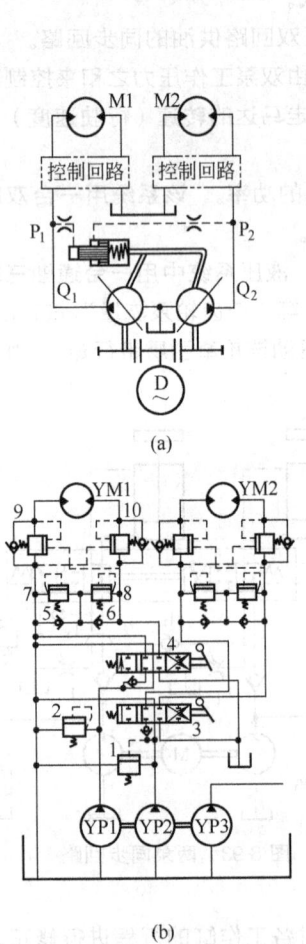

图 8-94　多泵同步回路

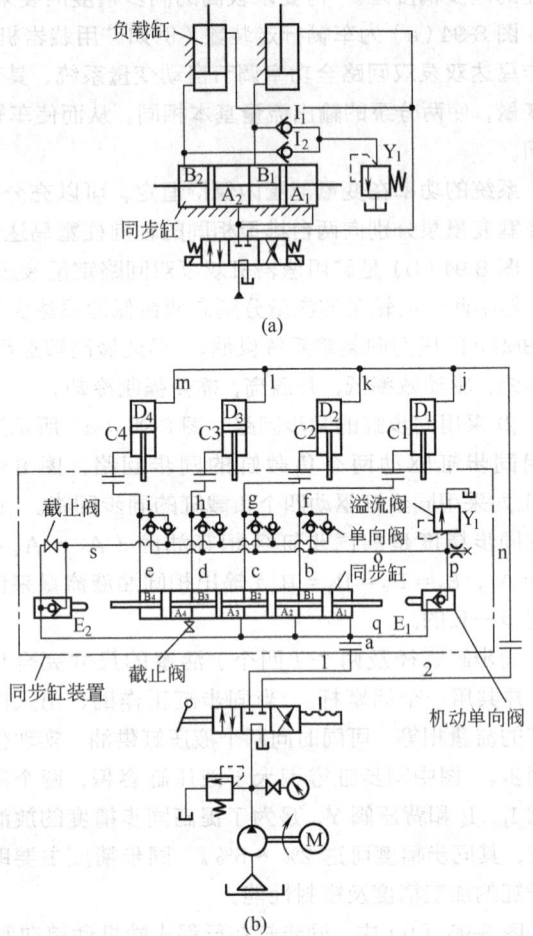

图 8-95　同步缸同步回路

③ 采用等排量液压马达的同步回路　两个转轴相连、排量相同的液压马达（图 8-97）1 和 2 分别与有效工作面积相同的两个液压缸 3 和 4 接通，它们控制着这两个液压缸的进、出流量，使之实现双向同步运动。组合阀（四个单向阀与一个溢流阀）5 为交叉补油油路，为消除两缸在行程端点位置误差用。单向节流阀 6 与阀 7 为两液压缸双向调速用。

产生这种回路不同步的原因：液压马达 1 和 2 的排量差异；两液压马达容积效率的差异；两液压缸 3 与 4 负载的差异，即负载不均，引起两液压马达排量的变化，是不同步的关键。两液压马达进口压力是一样的，由于通过共同轴转动相互传递扭矩，所以其压力按平均负载确定。当液压缸的负载相等时，出口压力也相同，两液压马达的前后压差相同，故其内泄漏很相近，两液压马达同步旋转时输出的流量就很接近。但是当两液压缸负载不相等时，出口油压便不同，两液压马达的前后压差就不相同了。不仅压差大小不同，压差的方向也不同，负载重的液压缸一侧的液压马达的出口压力可能高于进口压力，其作用实际上已变成一台升压用的第二级液压泵。此时两液压马达的压差方向相反，所以它们的内泄漏差别就较大，液压缸负载差异越大，液压缸运动的同步性也就越差。

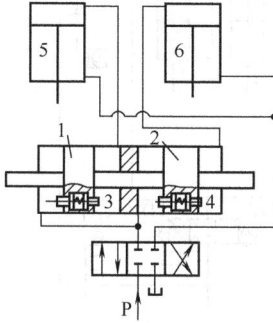

图 8-96　同步缸回路故障分析图
1,2—同步缸；3,4—单向阀；
5,6—液压缸

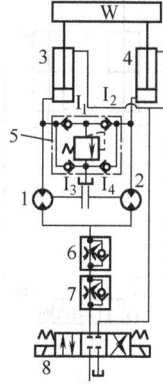

图 8-97　采用等排量液压马达的同步回路
1,2—液压马达；3,4—液压缸；
5—组合阀；6,7—单向节流阀

　　排除这种不同步故障的方法：尽量设法使两液压马达的排量一致，选用柱塞式液压马达利于修正柱塞长度尺寸，达到其排量一致，完全一致很难办到；挑选容积效率差异不大的液压马达，并排除两液压缸泄漏故障；避免这种同步系统用于两缸负载相差很大的回路。对于负载相差较小采用这种同步方式的回路，要有在液压缸行程端点消除位置误差的油路。图 8-97 中的组合阀 5 便起这种作用。当缸 3 与缸 4 向上运动时，若缸 3 的活塞先行达到行程端点并停止运动，液压马达 1 排出的油经单向阀 I_2 和溢流阀流回油箱，而液压马达 2 排出的油仍继续输入缸 4 下腔，推动活塞继续运动直到行程端点为止。反之，当两缸活塞向下运动时，若缸 3 的活塞先到行程端点，则缸 4 的活塞在压力油的作用下继续向下运动，其下腔排出的油使液压马达 2 转动，并带动液压马达 1 同步旋转。此时，液压马达 1 经单向阀 I_3 从油箱中吸油，直到缸 4 活塞到达其行程端点时为止。

　　如上所述，这种同步方法同步精度为 2% ~ 5%，且用于两液压缸负载比较均匀的场合。

　　④ 串联液压缸的同步回路　图 8-98（a）中液压缸 1 排出的油液被送入液压缸 2 的进油腔（上腔），若两缸的活塞有效面积相等，便应能实现同步运动。

　　下述原因造成不同步：两液压缸的制造误差差异；两液压缸密封松紧程度不一；空气混入，封闭在液压缸两腔中的油液呈弹性压缩及受热膨胀，引起油液体积不同的变化；两液压缸的负载不相等且变化不同；液压缸的内部泄漏不一，特别是当液压缸活塞往复多次后，泄漏在两缸连通腔内造成的容积变化的累积误差，会导致两液压缸动作的严重失调，即严重影响到两液压缸不同步。

　　排除办法：尽力减少两液压缸的制造误差，提高液压缸的装配精度，各紧固件、密封件的松紧程度，力求一致；松开管接头，一边向缸内充油，一边排气，待油液清亮后再拧紧管接头，并加强管路和液压缸的密封，防止空气进入液压缸和系统内；采用带补偿装置的串联液压缸同步回路，如图 8-98（b），在活塞下行的过程，如果缸 1 的活塞先运动到底，触动行程开关 1XK 发信，使电磁铁 3DT 通电，此时压力油便经过二位三通电磁阀 3、液控单向阀 5 向液压缸 2 的 B 腔补油，使缸 2 的活塞继续运动到底，如果缸 2 的活塞先运动到底，则触动 2XK，使 4DT 通电，此时压力油经阀 4 进入液控单向阀 5 的控制油口，阀 5 反向导通，使缸 1 通过阀 5 和阀 3 回油，使缸 1 的活塞继续运动到底，消除了因泄漏积累导致不同步及同步失调的现象。

也可以采用图 8-98（c）的方法对失调现象进行补偿（如 WB67Y-100 型弯板机），即两缸出现不同步（即滑块底面与工作台面不平行）时，可将滑块放到下死点，或使上下模具接触，由按钮使电磁铁 5DT 通电，压力油经二位二通阀及两单向阀向液压缸充液，以恢复滑块与工作台平行。

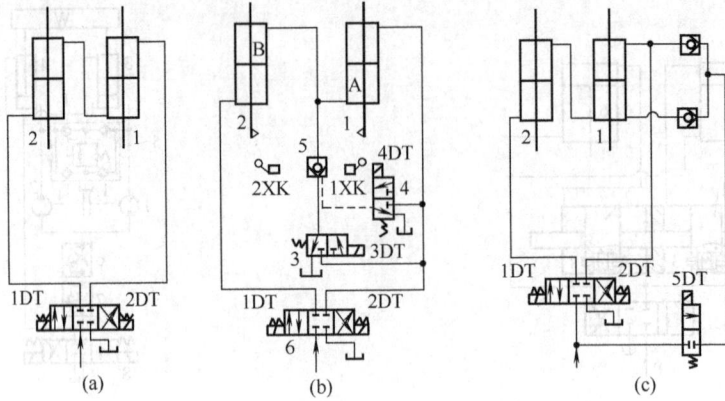

图 8-98　串联液压缸的同步回路

注：对单活塞杆缸，缸 1 有杆腔面积应与缸 2 无杆腔面积相等。

（4）液压伺服同步回路及故障排除

① 分类　这类同步回路（系统）可以达到较理想的同步精度。其分类如下：分流式电液伺服阀同步系统；旁路式电液伺服阀同步系统；并列式电液伺服阀同步系统；跟踪式电液伺服阀同步系统；伺服泵同步系统。

前 4 种都是采用伺服阀进行节流控制的，第 5 种是容积式的，但从回路结构来看也是并列式的。

② 同步误差的检测　两液压缸的同步误差可以用以下几种方法来检测。

a. 用感应同步器、光栅等直线位移传感器分别测量两个活塞的位移，然后进行比较，得出两液压缸的同步误差。

b. 用电位器、自整角机等角位移传感器通过齿轮齿条机构测量活塞的位移，然后进行比较，得出两液压缸的同步误差。

c. 用差动变压器等直线位移传感器通过钢丝绳滑轮机构直接测出两液压缸的同步误差（图 8-99）。当左液压缸在下行中超前时，差动变压器的测量头被钢丝绳拉着向下移动；如果右液压缸超前，测量头则向上移动。差动变压器的二次线圈将输出一个大小与同步误差成正比、极性取决于活动横梁倾斜方向的电压信号。

差动变压器的灵敏度很高，只要铁芯有 $2\mu m$ 的位移，二次线圈中就产生感应电势，输出电压信号。由于电液伺服同步系统能达到很高的同步精度，因此只需选用行程较小（例如 $\pm 13mm$）的差动变压器。为了在同步系统出故障时保护同步误差检测装置，应设置限位开关，在差动变压器的位移超过允许值时即切断电源使液压缸停止运动。在图 8-99 中，两液压缸活塞的位移分别为 Z_1 和 Z_2，两液压缸的跨距为 L，两滑轮的中心距为 L，故差动变压器的位移为 $(Z_1-Z_2)l/L$。

这种误差检测装置中的钢丝绳也可以换成钢带，或者把钢丝绳滑轮换成链条链轮。不过钢丝绳自重小，能承受的拉力大，而且可以任意转弯，布置起来灵活方便。

用差动变压器和钢丝绳滑轮机构检测同步误差的方法，具有结构简单、布置方便、灵敏度高、造价低等优点，在液压折板机的电液伺服同步系统中应用广泛。

③ 故障分析

a. 分流式电液伺服阀同步系统。 如图 8-100 所示，没有电流信号输入时，电液伺服阀的阀芯处于中间位置，伺服阀两个出口的流量相等，分别供入两个液压缸。 当两液压缸运动不同步时，便有反映同步误差的电流信号输入伺服阀，使阀芯偏离中心位置，从而增加供入滞后液压缸的流量，减小供入超前液压缸的流量，直到消除同步误差。

空行程下行时，液压缸上腔由泵供油并由充液阀补油。 当活动横梁下行到进入工作行程时，撞块将阀 a 和阀 b 关闭。 液压缸下腔的油液经节流阀排出，因此活动横梁速度减慢，液压缸上腔压力升高，充液阀关闭。 来自泵的压力油液经伺服阀分流后进入两液压缸上腔，伺服阀根据反馈信号随时纠正两液压缸的同步误差。 返回行程中伺服阀不起作用，这是这种系统的一个缺点。 为了克服这个缺点，可以把伺服阀放在电液换向阀的上游，使下行行程和返回行程中来自泵的油液都先经伺服阀分流，再进入液压缸的上腔或下腔，但是必须用两个联动的电液换向阀分别控制两个液压缸，并注意上行与下行中误差信号的极性刚好相反，须在油路系统或电路系统中采取适当的措施。

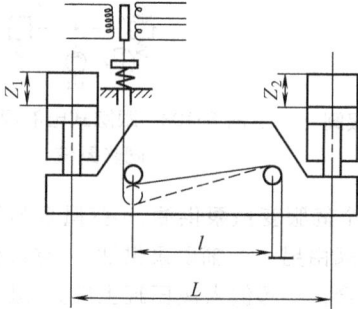

图 8-99　同步误差检测原理图

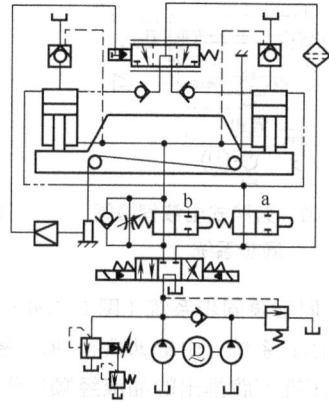

图 8-100　分流式电液伺服阀同步系统

b. 旁路式电液伺服阀同步系统（图 8-101）。 如图 8-101 所示，来自泵的油液经分流阀分成流量大致相等的两路，分别经过电液换向阀进入左、右液压缸。 伺服阀接在连接左、右液压缸两进油路的旁路上。 两缸同步运动时，伺服阀处于零位。 出现同步误差时，差动变压器发出的信号经放大后输入伺服阀，将超前缸的一部分进油放回油箱以减小其进油流量，以便滞后缸逐渐赶上来，直至消除同步误差。 两缸上、下腔与两换向阀交叉连接是因为上行与下行中信号极性相反，这样安排油路可以保证无论是上行还是下行，始终是把超前缸的进油放掉一部分以纠正同步误差。 为了保证两个电液换向阀能够同时换向，两个阀芯应该联动；否则两换向阀换向动作不一致，往往造成很大的同步误差，甚至使整个系统无法正常工作。

由于伺服阀位于进油旁路上，只需通过两缸进油流量的差值，因此可以小一些。

在工件偏置（如图 8-101 所示）的情况下，当活动横梁到达工作行程终点时，左液压缸受到工件的阻碍不能继续向下运动，而右液压缸仍能继续下行而超前。 此系统中的伺服阀只能从进油路放油，不能向右缸下腔充油，因此无法消除这种因工件偏置造成的在工作行程终点一缸超前的同步误差。

c. 并列式电液伺服阀同步系统。 以板料折弯机为例，对这类同步系统进行说明，其他机型可参照。

如图 8-102 所示，来自泵的油液分成两路，每一路中各有一个电液伺服阀，借以控制液压缸的进油流量。 根据操作要求向两个电液伺服阀输入控制信号，使两液压缸按要求的速度运动。当两缸运动不同步时，同步误差反馈信号引起纠正动作，减小超前缸的进油流量，加大滞后缸的进油流量，直到消除同步误差。 这种系统可以控制缸的速度和位置，可以纠正工件偏置在工作行程终点造成的同步误差。 不过，这种系统需要两个全流量伺服阀，致使造价较高，系统效率较低。

d. 跟踪式电液伺服阀同步系统。 如图 8-103 所示，来自液压泵的油液分成两路，一路用电液伺服阀控制，另一路用普通的电液换向阀控制。 电液伺服阀控制的液压缸是从动缸，它追随电液换向阀控制的主动缸的运动，从而使两缸运动同步。 当两缸运动不同步时，检测出的同步误差信号经放大后输入电液伺服阀，改变从动缸的进油流量，直至消除同步误差。 这种同步系统只用一个电液伺服阀，所以造价比并列式同步系统要低一些。 但是这种系统只能纠正偏置于主动缸一端的工件引起的工作行程终点同步误差。

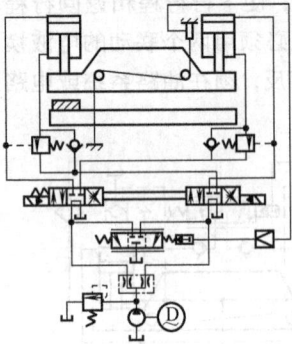

图 8-101　旁路式电液伺服阀
同步系统

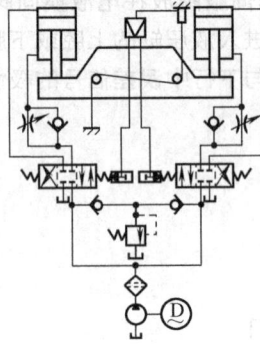

图 8-102　并列式电液伺服阀
同步系统

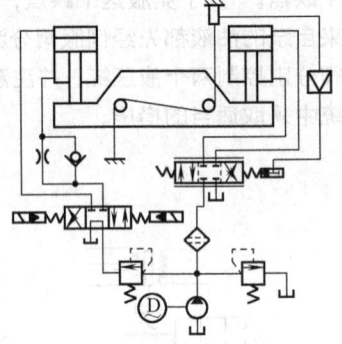

图 8-103　跟踪式电液伺服阀
同步系统

e. 伺服泵同步系统（图 8-104）。 每个液压缸各由一个伺服变量泵供油。 变量泵与液压缸组成半闭式系统，由辅助泵补油。 控制泵排量的电液伺服阀由另一个辅助泵供油。 空行程下行时，液压缸下腔排出的油液经顺序阀 A 与来自泵的油液汇合，一起供入液压缸上腔。 进入工作行程时，电磁换向阀 B 打开，液压缸下腔油液经电磁换向阀 B 和平衡阀 C 流回油箱。 此时开启压力比平衡阀 C 稍高些的顺序阀 A 关闭。 保压时，来自泵的油液经电磁溢流阀 D 溢流。 返回行程中，液压缸上腔排出的多余流量经处于卸载状态的电磁溢流阀 D 流回油箱。 电磁换向阀 E 在上述工作循环中始终关闭，仅在变量泵空转时打开，以便把泵的进、出油口短接。 当两液压缸运动不同步时，输入伺服阀的电信号随之发生相应的变化，改变泵的排量，直至消除同步误差。

从回路结构来看，这种伺服泵同步系统也是并列式的，也可以控制缸的速度和位置，并可以纠正工件偏置在工作行程终点造成的同步误差。 由于是容积式的泵控制系统，所以系统效率较高。 但是由于快速性和同步精度都不如伺服阀同步系统，而且伺服泵结构较复杂，造价高，所以该种系统一般只适用于大型液压折板机。

f. 机械液压伺服同步系统。 除了上述电液伺服同步系统外，国外一些液压折板机上还采用机械液压伺服同步系统，其中用得较多的也是旁路式同步系统。 例如，图 8-105 就是一种比较简单的机械液压伺服同步系统。 当电动机启动而折板机尚未工作时，高、低压泵的两个溢流阀都处于卸载状态。 接于液压缸下腔的平衡阀使活动横梁可以在任意位置停留。 当折板机工作时，溢流阀处于溢流状态。 来自泵的压力油液经分流集流阀分成流量大体相等的两路，分别进入两液压缸上腔，活动横梁空行程下行。 进入工作行程时，低压泵溢流阀卸载，高压泵供应高压油液。 保压后高压泵溢流阀卸载，两液压缸上腔经单向节流阀逐渐释压，然后换向阀换向，开始返回行程。 这样就可减少行程换向时的卸载冲击。 检测同步误差的钢丝绳滑轮机构通过杠杆带动伺服阀阀芯，将超前缸的一部分进油放回油箱以减少其进油流量，直至消除同步误差。

综上所述，对于同步精度要求不高的诸如小型液压折板机，可以采用机械同步；对于中型液压折板机或同步精度要求较高的小型液压折板机，可以采用电液伺服阀同步系统；对于大型液压折板机，以采用伺服泵同步系统为宜。

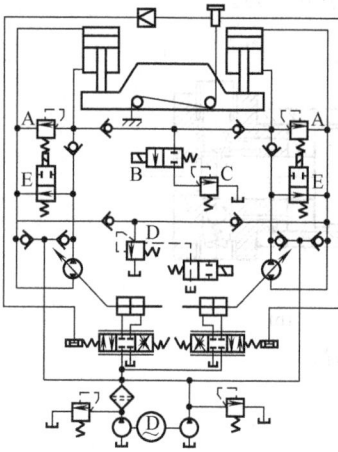

图 8-104　伺服泵同步系统

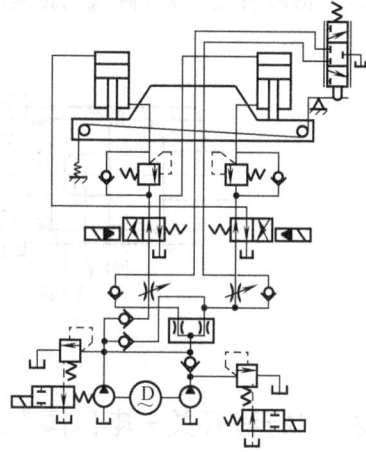

图 8-105　机械液压伺服同步系统

8.5　位置控制回路及其故障排除

位置控制回路包括：①采用液压的方式使执行元件定位于所需要的预定位置的液压回路（定位控制）；②将执行元件在不同时刻定位于不同的特定位置上的液压回路（跟踪控制）；③将执行元件移到所需要的位置后把它固定在该位置上的回路（位置保持控制）。

位置控制方式分开环与闭环两类。开环控制方式有机械挡块式、"行程开关＋电磁阀（电液阀）"式、向执行元件定量供油式、电液脉冲马达式、采用数字缸式、利用液压平衡定位式。

闭环控制方式有采用电液伺服阀或比例阀式、采用电液伺服泵（或电液比例泵）式、仿形定位式。

8.5.1　机械挡块式位置控制回路

这种方法用机械挡块、插销分度或制动器实现机械定位。这种带有强制性的定位方法定位精度较高，结构简单（图 8-106）。这种定位控制的位置控制回路主要故障与排除方法如下。

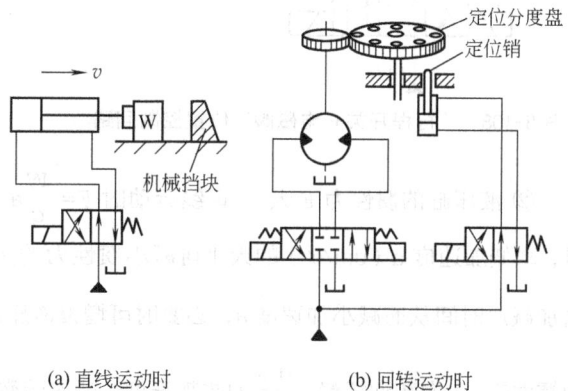

(a) 直线运动时　　　　　(b) 回转运动时

图 8-106　机械挡块式位置控制回路

【故障 1】　定位精度降低

对于图 8-106（a），可检查机械挡块的刚性，如挡块是否变形磨损、压紧螺钉是否松动等非液压回路因素；对于图 8-106（b），则要检查插销液压缸顶端的定位销以及定位分度盘的分度孔是否磨损、分度盘分度后是否可靠夹紧等，对于设在液压缸内的挡块应拆开检查。

【故障 2】　定位过程中撞块受到的冲击力大

冲击力 F 一般可表示为：$Ft = \dfrac{W}{g}v$，必须考虑的主要因素为液压缸的运动速度 v，运动体的重力 W 以及从速度 v 至停止的时间 t。 g 为重力加速度。 为此解决冲击力大的办法如下。

对于图 8-106（a），可采用带缓冲机构的液压缸（图 8-107），以减小 V 与增大 t；对于图 8-106（b），在插销缸插销之前要先使分度盘减速，即要增设减速回路。 目前进口设备此类装置控制回路常采用在转动体上装脉冲发生器，计数到一定脉冲数发出减速信号，使液压马达的进或回油要经节流阀节流，从而降低回转液压马达的速度，以减小冲击力。

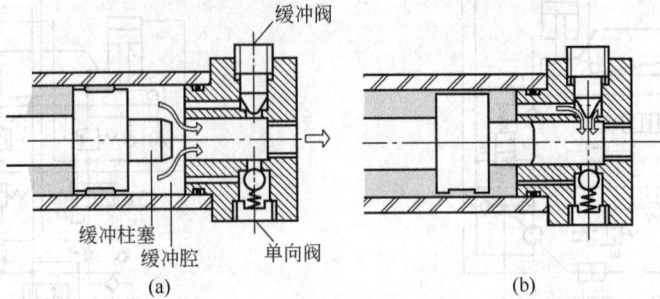

图 8-107　带缓冲机构的液压缸

8.5.2 "行程开关+ 电磁阀" 的位置控制回路

如图 8-108 所示，在希望停止的位置安装行程开关 LS_1 和 LS_2，当撞块压下行程开关，发信使电磁阀回到中间位置，使液压缸停止运动。 通过改变撞块安装位置可选择停止位置，使用方便、简单，价格低。

这种回路的故障主要是定位精度不好。

① 行程开关未装牢或污物黏在行程开关触头上造成接触不良，此时可拧紧安装螺钉，最好换成无触点的磁导开关与光电开关等。 或者采用图 8-109 所示的方法，增设机动式行程节流阀。

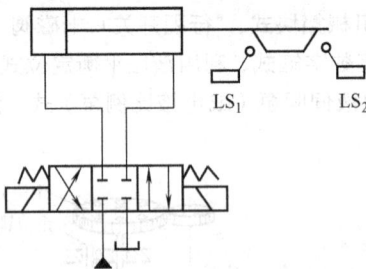

图 8-108　"行程开关+ 电磁阀" 位置控制回路

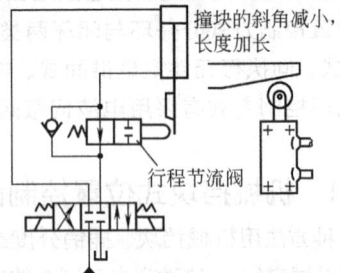

图 8-109　行程节流阀的位置控制回路

② 液压缸的惯性力 F 大。 直线运动时 $F= \dfrac{W}{q}a$（a 为停止时的加速度）。 减轻运动件的质量，降低加速度 a（cm/s²）的大小可减小惯性力的影响。 减小撞块斜角与加长斜面的长度，可增加减速时间从而减小加速度 a，必要时可增设液压减速回路；回转运动时 $T= I \dfrac{d\omega}{dt}= \dfrac{NGD^2}{373t}$（T 为惯性矩、I 为转动惯量、$\dfrac{d\omega}{dt}$为角加速度、N 为转数、$GD^2$ 为转动体的飞轮效果、t 为减、加速时间），降低转数特别是在停位前附近要使其速度降下来要采用减速回路。

③ 电磁铁的换向响应时间的影响。 一般行程开关的重复精度为 0.005 ~ 0.1mm，对定位精度一般者可忽略。 电磁阀在接收到行程开关电信号的指令到阀动作之间的时间叫响应时间，响应时间对 10 通径的阀，交流为 0.012 ~ 0.018s，直流为 0.025 ~ 0.10s。 电液阀响应时间还受主阀芯控制油压力大小的影响（表 8-5），这种影响却不可忽略，特别是当液压缸运动速度较快时，

对定位精度的影响较大（参阅图 8-110）。

表 8-5　A/C（交流）电磁铁切换响应时间（电液阀）　　　　　　单位：s

切换方法	控制油压力 /MPa	6 通径		10 通径	
		弹簧对中	弹簧偏置	弹簧对中	弹簧偏置
通电切换	10	0.062	0.182	0.116	0.260
	140	0.018	0.042	0.027	0.073
弹簧复位	10	0.042	0.064	0.140	0.094
	140		0.026		0.035

④ 电磁阀的内泄漏大影响定位精度。 当定位在某个位置，如果电磁阀的内泄漏大，则会影响所定位置的停位精度，即液压缸可能产生自走。 例如 10 通径的电磁阀，在压差 14MPa 时产生 60～100mL/min 的内漏，因此要使用图 8-111 所示的液控单向阀的锁紧回路。

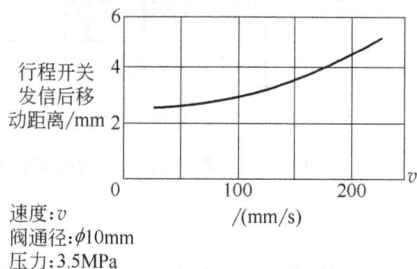

图 8-110　时间差与移动距离

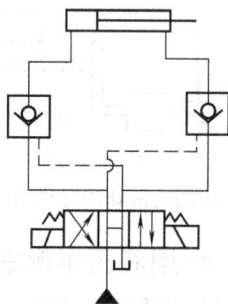

图 8-111　用液控单向阀的锁紧回路

8.5.3　向执行元件定量供油的位置控制回路

如图 8-112 所示为采用计量液压缸 B 每向主液压缸 A 送油一次（1×s），前进一步而定位一次的位置控制回路。 当 1DT、2DT 通电，缸 B 活塞左移到位，右腔充油；当 3DT 通电，缸 B 右移距离 l，将体积为 1×s 的油液输往缸 A，使缸 A 前进（4DT 通电）或后退（5DT 通电）一定值距离而实现定位。 国内浙江产的某平面磨床就是采用这种方式进行纵向进刀。

这种回路定位精度本应很高，但实际中可能不高的原因为：计量缸 B 的内泄漏、阀 3 与阀 4 的内泄漏、阀 2 未关死、缸 A 的内泄漏，可分别查明原因，加以排除。

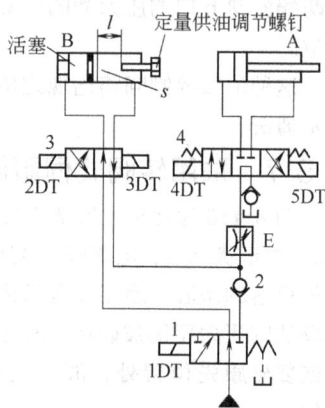

图 8-112　定量供油的位置控制回路

8.5.4　采用电液脉冲马达的位置控制回路

这是数控（NC）机床通用的一种位置控制方式。 由数控装置发出电脉冲信号给电液脉冲马达（步进电机+定量液压马达），电液脉冲马达回转与脉冲数成比例的转角，并将电脉冲信号进行液压放大，驱动大转矩的负载通过滚珠丝杆螺母机构，将旋转运动变成直线运动，带动工作台的移动（图 8-113），并实现工作台的定位，定位精度可达 15～20μm。

这种位置控制方式定位精度不理想的故障原因和排除方法为：非液压方面的原因包括齿轮变速机构与滚珠丝杠螺母机构的精度和磨损情况，需查明原因予以处理；液压方面的原因主要是液压源的压力流量稳定性及电液脉冲马达本身，可参阅本书中其他有关的内容。

8.5.5　采用数字式执行元件的位置控制回路

机械-液压系统中具有数模（D/A）转换功能的高速度、高精度的数字式执行元件是随信息技术与数字技术发展而产生的一种位置控制方法。 通过对数个串联的数字式执行元件的运动组合进行控制，并借助于液压平衡控制执行元件位置的方法，构成这种位置控制方法。从原理上讲，无论直线运动还是旋转运动均可。

图 8-114 为对进入工作的执行元件——数字液压缸的组合进行控制的方法应用。执行元件串联排列者叫数字式液压缸。此例中用逻辑电路控制 3 个电磁阀的换向，通过向数字缸内供入压力油的油口不同组合，可以得到 8 种位置，工作精度为 $5\mu m$ 以上的数字缸已经有售。

这种位置控制回路出现位置控制不准的故障的主要原因是：数字缸内泄漏量大和各活塞的活塞杆端面磨损；控制电磁阀组中的各电磁阀因磨损产生的泄漏量大。可查明原因，予以排除。

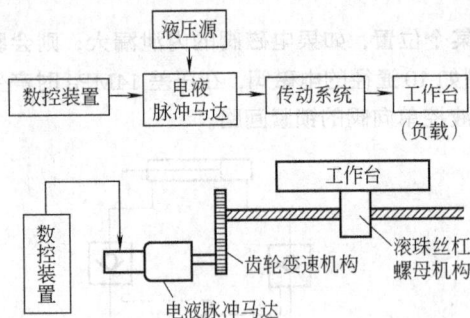

图 8-113 采用电液脉冲马达的位置控制回路原理

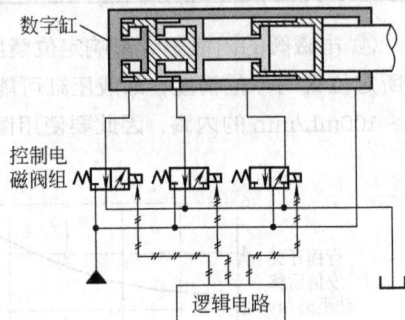

图 8-114 数字缸式位置控制回路

8.5.6 利用液压平衡的位置控制回路

图 8-115 为利用液压平衡实现定位的方法。当换向阀切换到中位（B位）时，从泵来的压力油经节流阀 L_1 与 L_2 分别流入液压缸两端，再经 b 口、换向阀中位返回油箱。此时将从液压缸左右两端流向 b 口的压力油的压降达到相等的点产生力的平衡，液压缸活塞便停止运动，从而实现定位。

这种位置控制回路出现定位不准的故障主要取决于节流阀 L_1 与 L_2 的分流精度以及节流阀的堵塞情况。

8.5.7 采用转阀式伺服阀的位置控制回路

图 8-116 为旋转位置数字控制的实例，旋转式控制阀的阀芯与液压马达之间构成机械性反馈。图示状态下，电磁阀 B 切换，阀芯台肩堵住阀套油口，来自泵的油液以相等的压力作用于液压马达的两腔，因而液压马达处于平衡状态而停止。当电磁阀 B 断电、电磁阀 A 通电时，液压马达的压力平衡被破坏，液压马达开始回转。与此同时阀芯也回转，直到阀套油口与阀芯台肩恢复到原先位置处，液压马达两油口的压力再次平衡而停止。从而实现液压马达的旋转定位。

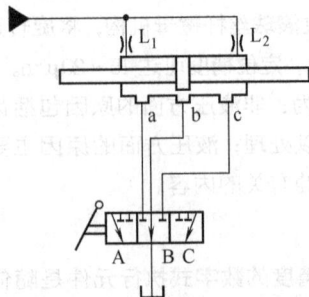

图 8-115 利用液压平衡的位置控制回路

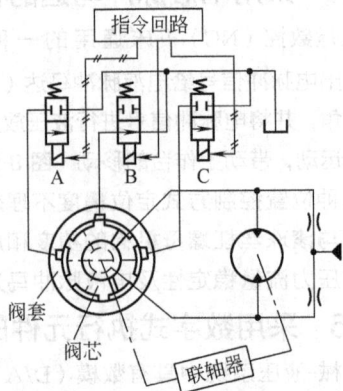

图 8-116 旋转位置数字式定位回路

8.5.8　采用电液伺服阀的位置控制回路

如图 8-117 所示，当通入输入电信号 x_i 时，由伺服放大器 1 将信号放大后进入伺服阀 2，伺服阀按此信号而动作，并驱动液压缸 3 安装在活塞杆上的位移传感器（一般常使用电位器、同步感应器、感应式传感器等）感应出目前位置（x_n），对 x_n 与输入信号 x_i 进行比较，用其偏差对输入伺服阀的指令值加以修正，从而进行正确的位置控制。 即若 $x_i > x_n$ 时液压缸变慢，相反 $x_i < x_n$ 时变快进程，从而进行位置修正。 当达到目标位置时，误差电压（调节偏差）等于零，伺服阀 3 关闭。 从而构成了一个位置调节闭环。 它适用于负载质量较大、定位精度要求较高、需在接近目标位置之前进行减速、在整个运动过程能平稳地达到较高速度和加速度的定位控制系统，其控制方块图如图 8-117（b）所示。

关于采用伺服阀的位置控制回路的故障与排除可参阅下述的"电液伺服泵的位置控制回路"部分。

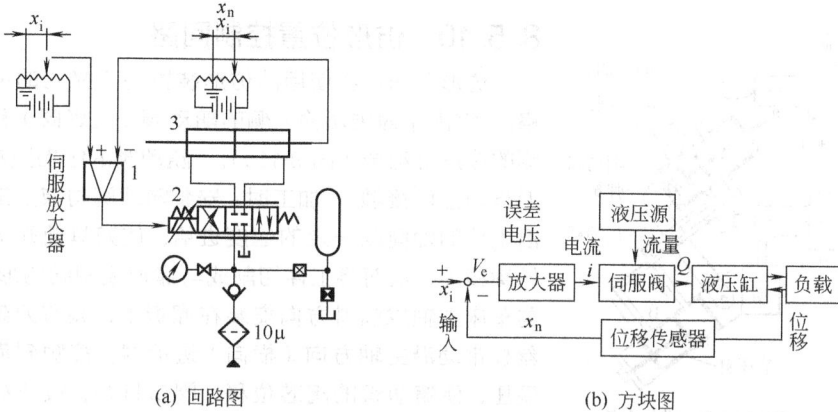

(a) 回路图　　　　　(b) 方块图

图 8-117　位置控制回路及方块图

1—伺服放大器；2—伺服阀；3—伺服液压缸

8.5.9　电液伺服泵的位置控制回路

一般电液伺服泵由伺服阀、斜盘倾斜用的控制液压缸、连杆机构、变量泵及泵斜盘倾角大、小的传感器构成，其闭环控制方块图如图 8-118（a）所示。 当输入一定指令信号经放大器后，伺服阀接收相应大小的电流值而动作，改变变量泵斜盘倾角，从而控制泵的排量，即通过对斜盘位置的控制来对泵进行排量控制。 图 8-118（b）为其液压回路图。

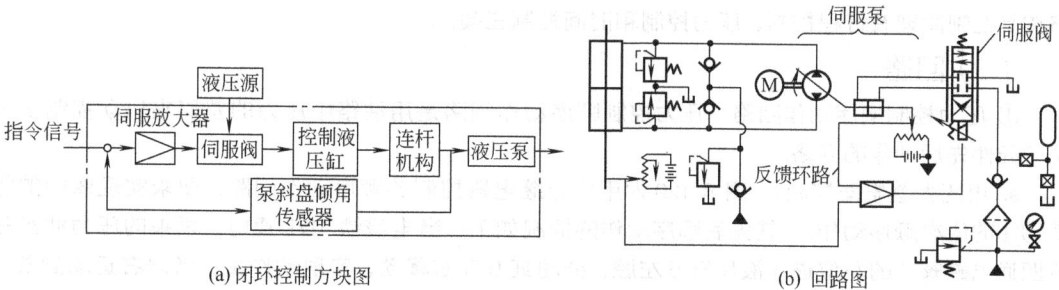

(a)闭环控制方块图　　　　　(b) 回路图

图 8-118　电液伺服泵位置控制回路

这种位置控制精度不理想的故障与排除方法主要如下。

① 反馈用的传感器选用不当，精度太差或者使用一段时间后性能降低。 位移测量传感器有变阻式（如电位计、滑动变阻器）、电感式（如感应同步器、差动变压器）、电容式和光学式（光

栅式、激光式）等，各有不同的测量精度、测量范围和线性度以及价格，要根据需要合理选定，方能达到满意的位置精度控制。

② 污物进入伺服阀。　为了充分发挥伺服阀的性能，保证动作的可靠性，液压油源必须使用 5~10μm 的精滤器对进入伺服阀的压力油进行过滤，否则污物进入，难以保证伺服阀的正常动作，从而影响系统的定位精度。

③ 伺服阀的响应速度慢和不稳定。　一般伺服阀的压力损失偏大、油温变化导致油的黏度变化、系统压力的变化等，均可能导致伺服阀的响应速度慢，特别是出现中位动作不敏感和动作失常状态。　所以在伺服阀的选型上要加以注意；油温变化范围不应超过 10~15℃（安装油温调节装置）；为尽可能减少压力的变化，提高响应速度，可装设蓄能器，对于配管如果可能宜选用不锈钢管并注意清洗，以减少污物、锈蚀物的产生。

④ 对电液伺服泵，特别是对大排量泵伺服阀中位不敏感带宽要适当选择伺服阀的型号和规格。

8.5.10　仿形位置控制回路

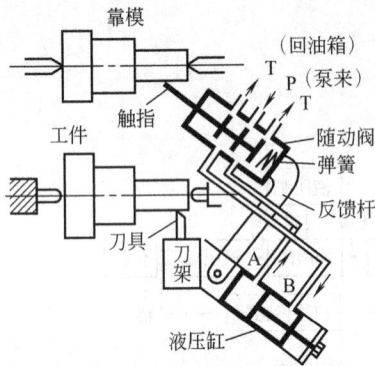

图 8-119　仿形位置控制回路

仿形车床广泛使用的仿形装置是广义上的位置控制回路。　它由作为仿形输入侧的随动阀（先导阀）和作为输出侧的液压缸组成（图 8-119）。　随动阀的触指贴在靠模上，刀具与工件接触。　加工时，安装随动阀与液压缸的安装台沿工件的轴向以一定的速度进给，使刀具前端仿照靠模的轮廓移动，从而将工件切削成与靠模板相同的形状。　刀架与车床主轴成倾斜方向安装在溜板上，装有刀架的溜板由丝杠带动沿主轴方向（横向）进给时，接触到靠模的触指受压，使随动阀的阀芯位移，阀口打开，液压油进入液压缸，使刀架纵向移动。　由于刀架与随动阀体是靠反馈杆直接相连的，所以随着刀架的移动，滑阀阀口关小，直到阀芯到达零位，液压缸停止运动，阀芯位移与刀架位移相等。　有关仿形车床的工作原理可参阅本书相关内容。

8.6　其他液压回路

8.6.1　顺序动作回路

在由多个执行元件（如液压缸）组成的液压系统中，各执行元件之间往往要求按一定的先后顺序工作，例如先夹紧后进刀，先开模后顶出工件等。　此时要用到顺序动作回路。　顺序动作回路按其控制原理有行程控制、压力控制和时间控制三类。

（1）回路

① 压力控制顺序动作回路　压力控制顺序动作回路是用油路中压力的差值来自动控制多个执行元件先后动作的回路。

a. 用压力继电器控制。　图 8-120 为用压力继电器控制的顺序动作回路，要求实现图中的①②③④的依次顺序动作。　其先后顺序动作的情况如下：当电磁铁 1DT 通电，泵来的压力油经三位四通电磁阀 1 的左位进入液压缸 5 左腔，推动缸 5 向右移动，实现动作①；当向右运动到头，油液压升高，压力继电器 3 动作发信，3DT 通电，压力油经阀 2 左位进入液压缸 6 左腔，推动缸 6 活塞右移，实现动作②；当缸 6 运动到头，其左腔压力油受阻压力升高，压力继电器 7 发信，使 3DT 断电，4DT 通电，泵来压力油经阀 2 右位进入缸 6 右腔，使缸 6 后退，实现动作③；当缸 6 左行到位，其右腔压力升高，压力继电器 4 发信，使 2DT 通电，压力油进入缸 5 右腔，实现动作④。

b. 用顺序阀控制。 图 8-121 为由顺序阀组成的顺序动作回路，当电磁阀 3 的电磁铁通电时，泵 1 来的压力油进入缸 6 左腔，右腔经单向顺序阀 4 的单向阀→阀 3 左位→油箱，缸 6 左行，实现动作①；当缸 6 活塞右行到头，缸 6 左腔压力升高，达到阀 5 的调定压力时，阀 5 开启，压力油进入缸 7 左腔，推动其活塞右行，实现动作②；当缸 7 右行到终点压下行程开关发信，阀 3 断电，缸 7 左行，实现动作③；当缸 7 左行到位，缸 7 右腔压力升高，达到单向顺序阀 4 的调定压力时，阀 4 打开。 压力油进入缸 6 右腔，实现动作④。

这种回路也可以只装一只单向顺序阀（图 8-122）进行顺序动作控制，缸 3 先右行 （1DT 通电），然后阀 1 打开，缸 4 才右行；返程时则要以回程负载阻力大小而定，负载阻力大者后返回。

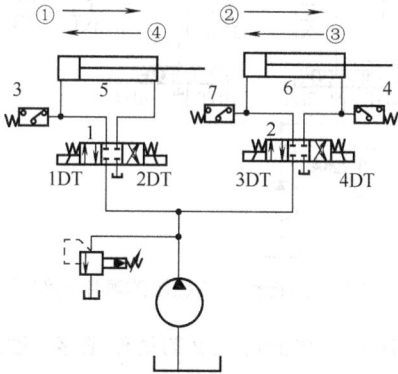

图 8-120 用压力继电器控制的顺序动作回路

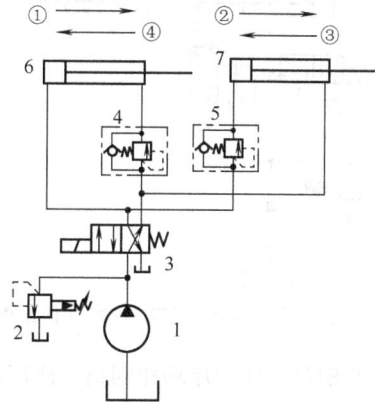

图 8-121 用顺序阀控制的顺序动作回路 I

c. 根据负载大小进行控制。 如图 8-123 所示，设进退时，缸 1 的负载均大于缸 2，则动作顺序为：1DT 通电，压力油经阀 9 上位→阀 3 下位→缸 2 左腔，实现动作①；当缸 2 右行到头，缸 2 左腔压力升高，缸 1 右行，实现动作②；2DT 通电，压力油经阀 9 上位→阀 3 上位→缸 2 右腔，实现动作 ③；缸 3 左行到头，右腔压力升高，缸 1 左行，实现动作④。 电磁铁 1DT 断电，泵 7、泵 8 卸荷。

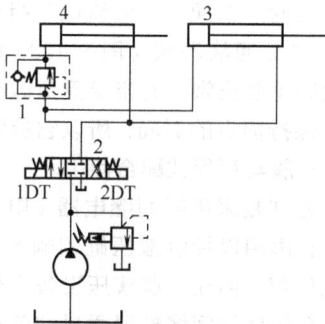

图 8-122 用顺序阀控制的顺序动作回路 Ⅱ

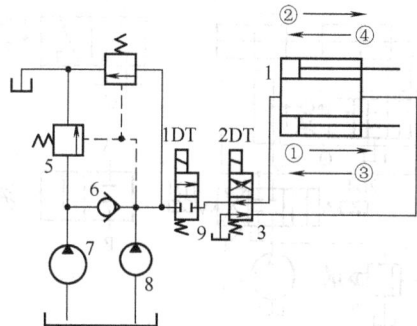

图 8-123 根据负载大小进行控制的顺序动作回路

② 行程控制的顺序动作回路

a. 用行程阀（机动阀）控制。 如图 8-124 所示，当电磁换向阀 1 处于图示位置时，液压缸 2 的活塞向右运动（动作①），并在挡块压下行程阀 4 后使液压缸 3 的活塞向右运动（动作②）。当阀 1 的电磁铁断电时，缸 2 的活塞向左退回（动作③），并在挡块松开行程阀 4 后使缸 3 的活塞也向左退回（动作④）。

b. 用行程开关控制。 如图 8-125 所示，当按下启动按钮，电磁铁 1DT 通电，电磁阀 4 左位接入回路，压力油进入液压缸 1 的左腔，使其活塞向右移动，实现动作①；当活塞移动一定行程后，挡块压下行程开关 2XK， 1DT 断电、3DT 通电，缸 1 停止运动，电磁阀 3 左位工作，缸 2 活塞右行，实现动作②；当运动一定行程后，挡块压下行程开关 4XK， 3DT 断电、2DT 通电，压力油经阀 4 右位进入缸 1 右腔，推动其活塞左行，实现动作③；当运动一定行程后压下行程开关 1XK， 2DT 断电、4DT 通电，压力油经阀 3 右位进入缸 2 右腔，使其活塞左行，实现动作④；当继续前进，压下行程开关 3XK，电磁铁均断电，电磁阀 3、4 均处于中位，液压缸 1、2 停止运动，完成了一个动作循环。

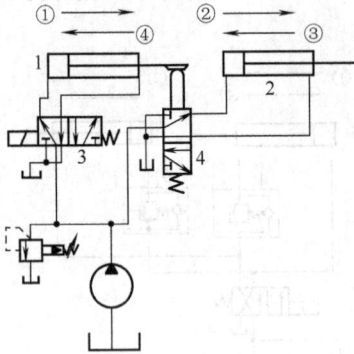

图 8-124　用行程阀控制的顺序动作回路

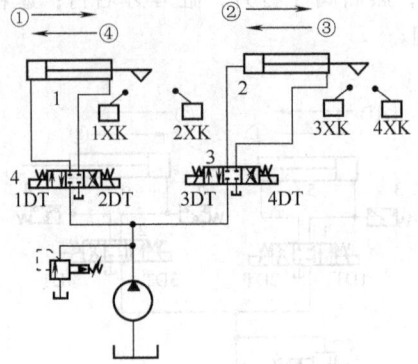

图 8-125　用行程开关控制的顺序动作回路

　　③ 时间控制顺序动作回路　　应用延时阀 Q 来实现液压缸 1 与液压缸 2 的动作顺序，称为时间控制顺序动作回路。

　　如图 8-126（a）所示，当 1DT 通电，泵来油经阀 4 右位，一路进入缸 1 右腔，推动缸 1 活塞左行，另一路进入延时阀 Q，推动延时阀的阀芯右行。 开始时，延时阀未能接通 P→A 的油路，因而无油液进入缸 2 左腔；当延时阀阀芯右腔的油液经安装在其右端的节流阀全部流走后，才打开 P→A 的油路，缸 2 才能向右移动，即要延时一段时间（时间长短由节流阀调节）后，缸 2 才开始工作。 2DT 通电，1DT 断电，缸 1 与缸 2 分别返回。

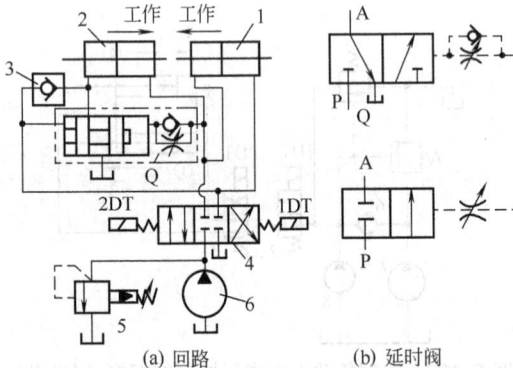

(a) 回路　　　　(b) 延时阀

图 8-126　时间控制顺序动作回路

　　延时阀 Q 实际上为一受控的二位三通液动阀，由"二位三通（二通）＋节流阀"组成，也有为受控的二位二通液动阀 [图 8-126（b）]。由于通过延时阀（节流阀）的流量受负载和油温的影响常不能保持恒定的时间，所以它控制的时间不够准确，一般与行程式配合使用。

　　另外一种方式是采用时间继电器（电）来控制电磁换向阀；再用以控制液压缸的顺序动作，其动作也不太可靠，但在一些液压设备上也使用得较为普遍，在保证时间继电器质量的前提下还是可行的。 相对来讲，时间继电器的调节使用还算方便。

（2）故障分析与排除

　　上述压力控制的顺序动作回路主要故障是：不能按①→②→③→④的先后顺序完成动作，出现前一动作尚未结束，后一动作便开始了；或者前一动作已经结束，后一动作都不动；或者动作乱套的现象。 主要故障原因和排除方法如下。

　　① 用压力继电器控制的顺序回路

a. 各压力继电器的调节压力不当，或者使用过程中因某些原因所调动作压力发生变化。 解决办法是应正确调节压力继电器的压力。 例如图 8-120 中的压力继电器 3，为防止在未完成动作①之前就误发信号，压力继电器 3 的调节压力应比缸 5 的前进负载压力大 0.3~0.5MPa，系统溢流阀的调节压力要大于压力继电器 3 的工作压力。 另外压力继电器 4 也应照此正确确定其工作压力。

b. 压力继电器本身有故障。 虽然调节正确，但压力继电器本身存在故障也可能出现动作乱套，可参阅 5.6 节排除压力继电器的故障。

② 用顺序阀控制的顺序动作回路

这类回路产生不顺序动作故障时，在很大程度上取决于顺序阀的性能及其压力调整值。

a. 当顺序阀压力调节不当时，正确的调整方法是后动的阀 5 的调节压力应比缸 6 的工作压力高 0.8~1MPa，阀 4 的调节压力应比缸 7 后退的动作③的工作压力高 0.8~1MPa，以免系统中的工作压力波动使顺序阀出现误动作。

b. 顺序阀 4、5 本身的故障可参阅本手册 5.10 节中相关内容予以处理。

值得注意的是，往往在系统最高压力即溢流阀调定的最大压力已经确定的情况下，有时已无法再调高或安排各顺序阀的调定压力，此时宜改用行程控制方式来实现顺序动作。

③ 根据负载大小实现顺序动作回路

这类回路产生顺序动作乱套的主要原因和排除方法（参阅图 8-133）如下：缸 1 与缸 2 负载大小发生改变，与预想的差异较大。 此时，可适当修改回路。 为确保这种回路能按一定顺序动作进行，必要时可增加一套负载调节装置（或附加负载装置）。 另外注意，采用这种方式的前提是缸 1 与缸 2 负载变化不大，而两液压缸的负载又相差很大的场合。

④ 利用行程阀实现液压缸顺序动作回路

a. 撞块松动或磨损，使压下的行程阀位置不对，而不能改变油路。

b. 行程阀压下后不复位，不能改变油路的通断。

c. 有关换向阀故障（如图 8-124 中的阀 3 与阀 4）。

d. 液压缸内泄漏大。

可根据上述情况，查明原因，并参阅 5.7 节与第 4 章的有关内容进行故障排除。

⑤ 用行程开关（电）控制电磁换向阀的顺序动作回路

a. 行程开关方面：如因行程开关安装不牢靠、多次碰撞松动、电弧烧坏触头产生接触不良以及行程开关本身的质量方面等原因造成行程开关不能可靠地准确发信，以致产生不顺序动作，可查明原因予以排除。

b. 电路故障：如接线错误，电磁铁接线不牢靠或断线，以及其他电器元件的故障等，造成顺序动作紊乱或不顺序动作。

c. 活塞杆上撞块因磨损或松动不能可靠压下行程开关，或撞块安装紧固位置不对，使行程开关不能准确发信，造成顺序动作失常，可针对查出的原因逐一排除。

d. 换向阀故障：例如阀芯因弹簧折断等原因，可针对查出的原因进行排除。

⑥ 时间控制式顺序动作回路

a. 不能保持恒定的顺序动作时间。 产生原因有：延时阀严重内泄漏；延时阀因毛刺、污物卡死或堵塞，不能复位等；时间继电器失灵；时间继电器控制的换向阀因电路或其他故障，换向阀未换向或换向未到位。 排除方法有：重配延时阀节流阀阀芯；消除延时阀卡阀现象；修理或更换延时继电器；检查时间继电器所控制的换向阀的换向可靠性。

b. 顺序动作失控。 在图 8-126（a）的回路中，当单向阀 3 的阀芯卡死在打开位置，而缸 1 的工作负载又比缸 2 的大时可能产生缸 2 先动作，缸 1 后动作的情况。 当延时阀 Q 中的单向阀（钢球）不密合，甚至卡死在打开位置时，可能出现缸 1 与缸 2 同时动作而不延时实现先后动作的情况。 Q 阀中的节流阀调节开度过大，也会出现这种情况。 当 Q 阀中的节流阀调节过小或拧死关闭，则出现缸 2 不动作，只有缸 1 动作的情况。 可根据上述情况，查明原因后逐一排除。

8.6.2　防冲击回路（缓冲回路）

在液压系统中，流动的液体常常因快速换向、阀口突然打开或关闭、突然释压或升压等而产生很大的压力峰值，这种现象叫液压冲击，冲击会导致很多故障。 加之如果执行元件驱动的工作机构速度较高或质量又较大，若突然停止或换向时，更会产生很大的冲击和振动。 为防止和减少振动和冲击，除了对液压元件本身采取一些措施外，在液压系统中采取一些液压回路以减缓冲击和振动，这种回路叫防冲击回路或称之为缓冲回路。

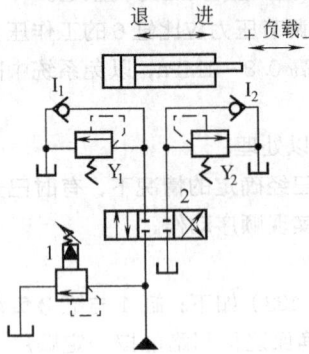

图 8-127　限压防冲回路

防冲击回路可分为限压、降低系统液压刚度、调节驱动流量、调节阻力、调节驱动转矩以及泄压六种方式。 此外，过载保护回路与制动回路均有防冲击效果。

（1）限压防冲回路及其故障排除

如图 8-127 所示，当液压缸前进时，如果负载突然变动，会产生冲击。 当负载突然变大（＋）时，限压溢流阀 Y_1 可限制无杆腔压力突然升高带来的冲击，当负载突然变负时，单向阀 I_1 可从油箱补油以防止压力下降带来的冲击。 溢流阀 Y_2 和单向阀 I_2 主要用于防止换向阀 2 切换到中位时来自外界的冲击。 这种回路也是过载保护回路，只能防止不太大的冲击。

出现不能很好防冲的故障主要来自溢流阀 Y_1、Y_2 和单向阀 I_1、I_2，宜选用响应速度快的溢流阀。

（2）用蓄能器的防冲回路及其故障排除

如图 8-128 所示，回路中接入蓄能器 J，利用蓄能器具有吸收冲击压力的功能，吸收因上述原因产生的冲击压力，可降低系统的刚度。 特别是采用上述限压防冲回路，因溢流阀响应速度慢，防冲效果不理想，此回路中的冲击压力可由蓄能器快速吸收，可降低系统刚度。 为了提高蓄能器吸收冲击压力和缓和流量急剧变化，蓄能器应尽量装在紧靠冲击源的附近（如图中的 A 处）并选择好蓄能器的容量，这也是排除这类回路防冲击效果不理想故障的有效方法。

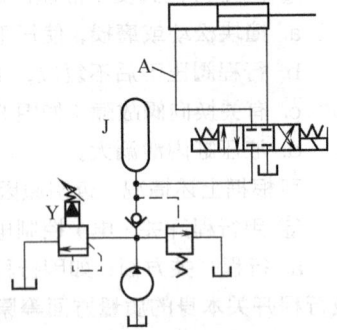

图 8-128　蓄能器系统

（3）用流量阀调节驱动流量的防冲回路及其故障排除

例如让变量泵的流量慢慢增加、换向阀通过节流使通往负载的流量慢慢增加、采用"缓冲阀＋蓄能器"等方法均可构成各种防冲击回路。

图 8-129 所示为使用带缓冲调节阀 j_1、j_2 的电液阀的换向回路。 通过对阀 j_1 与 j_2 的节流开度调节，可改变主阀芯的换向移动速度，从而使通过主阀进入液压缸的驱动流量平缓过渡，不会产生因急停或前进中的速度急变带来的冲击。 采用在主阀芯上铣节流槽或加工成锥面（过渡面）的方法，可减轻换向冲击。

但这种用标准电液阀的换向回路，当缸速超过 5m/min 时，避免不了冲击，须采用下述方式的防冲击回路。

如图 8-130 所示，图（a）为防冲击液压回路图，图（b）为防冲击制动阀的结构图，当其电磁铁 a（3DT 或 4DT）通电时，控制压力油 P_K 经二位四通电磁阀左位进入 A 室，阀芯右移，从进口 IN 到出口 OUT 的主压力油的流量慢慢增大，防冲击阀的换向速度由节流阀 1 调节其移动速

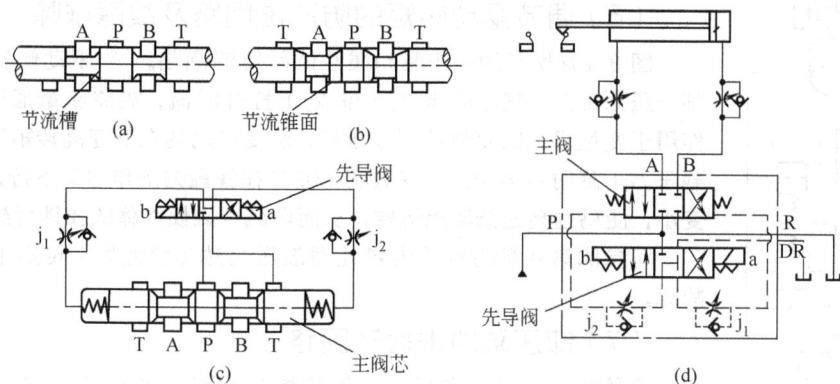

图 8-129　使用可调节换向阀调节液压缸驱动流量的防冲回路

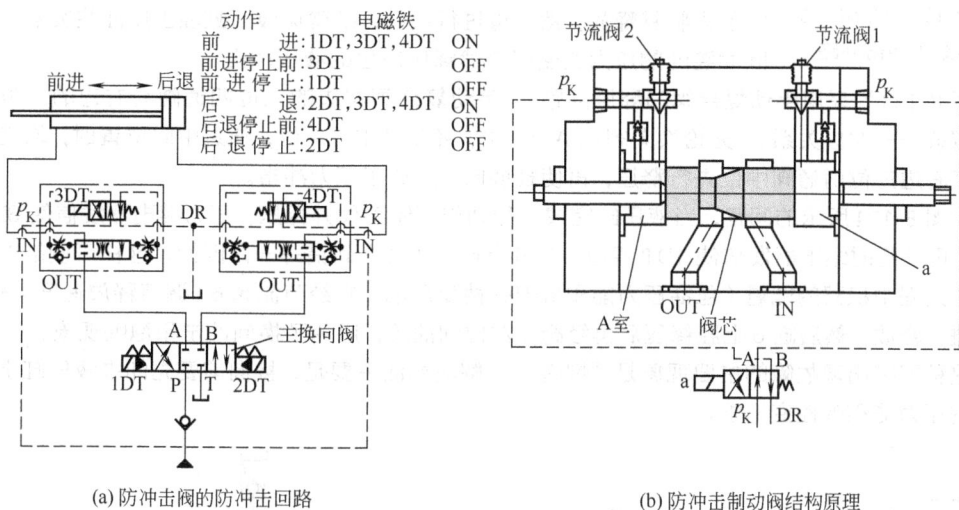

(a) 防冲击阀的防冲击回路　　　　　(b) 防冲击制动阀结构原理

图 8-130　采用防冲击阀的防冲击回路

度；反之，当电磁铁 a 断电（OFF），通过防冲阀的主压力油流量慢慢减少，最后关闭主油路。这样在图（a）的回路图中，在开始前进、前进停止前与后退停止前的短暂阶段进入或流出液压缸的油流，均可慢慢增加实现低速→增速→快速前进；或者油流慢慢减少实现由高速→减速→停止运动，这样便可防止冲击。

另外，在图 8-131 所示的回路中，即便是换向阀 1 急剧换向，无论换向可能造成正冲击或负冲击，由于定节流孔 j 的作用，阀 2 因两端控制压力不一致而动作至上位或下位的固定节流位，回路经阀 2 的固定节流通道而短路，故不会造成负载流量的急剧变化而产生压力冲击。

（4）调节泵驱动流量防冲击

用手动伺服变量、比例变量泵、伺服变量泵等慢慢调节执行元件在急剧换向（慢←→快，走←→停）时泵的排量增减，也是防冲击的方法，此内容可参阅本书其他部分。

（5）调节阻力的防冲击回路

液压缸在行程末端之前，通过掩块（凸轮）使油路的通流量积逐渐减小（可变节流），背压增大，使驱动液压的有效压力减小，即减速回路中的一些方法同样可用来防冲击（参阅本手册 8.3 节）。

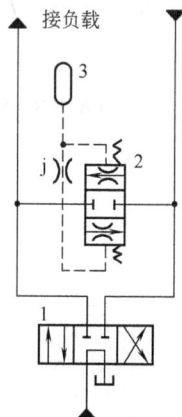

图 8-131　可靠的防冲击回路

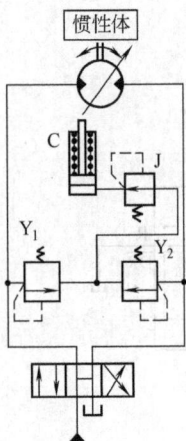

图 8-132 调节驱动
转矩防冲击回路

（6）调节驱动转矩的防冲击回路及故障排除

图 8-132 所示为用于驱动惯性体回转的回路。当驱动侧压力升高到某一压力位时，其溢流阀 Y_1（或 Y_2）打开溢流，溢流流量通过减压阀 J 作用于变量马达的变量控制液压缸，使变量马达在低速高转矩下回转；负载压力下降时不再溢流，变量液压缸 C 在弹簧力的作用下下行，马达排量变小，使马达高速低转矩运转，从而可减少因惯性体的惯性导致的冲击。

可参阅第 4 章的有关内容处理液压马达（惯性体）转矩不能调节的故障。

（7）卸压防冲击振动回路

这种防冲击回路实际上是指防炮鸣回路，可参阅 10.4 节关于"炮鸣"的相关说明。其作用在于使高压大容量液压缸中储存的能量在换向之前先将其释放，然后再进行换向，以避免液压缸腔由压油腔突然转换成回油腔时的压力突变而突然释压产生的液压冲击。

图 8-133 为采用手动复合阀的释压回路。手动复合阀左边的三位四通阀与右边的三位两通阀位置成一一对应关系。无论换向阀从 A→B 位，还是从 B→A 位，通过中间位置时，均使液压缸腔经右边三位两通阀中位先行释压，再使缸换向，避免了压力冲击。

如图 8-134 所示的回路，当液压缸完成下行动作压制工件并保压，压力继电器发信使 3DT 先通电，再经延时继电器发信使 1DT 通电、缸 5 上行，两者之间错开一段时间，这样可使缸 5 上腔在上压过程中积蓄的能量（包括压力能和机架弹性变形能）先经节流阀 6（调节释放速度）和阀 3 上位进行释放，然后缸 5 上腔释压后再经阀 1 左位回油箱，避免了换向冲击和炮鸣现象。

这种回路出现故障的主要现象是"炮鸣"。解决办法主要是：换向前要先卸去液压缸上腔所积蓄的压力能和弹性变形能。

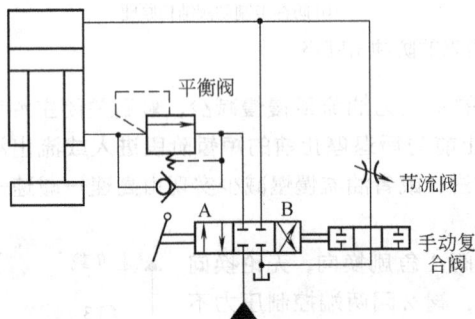

图 8-133 采用手动复合阀的释压回路

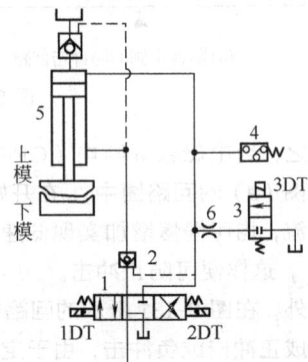

图 8-134 卸压防冲击振动回路
1—换向阀；2—液控单向阀；3—电磁阀；
4—比例电磁铁；5—液压缸；6—节流阀

第 **9** 章

液压系统维修基础

9.1 液压系统概述

9.1.1 液压系统的分类

以液体作为工作介质，实现机械能和液体能的相互转换，并以此传递动力的系统称为液压系统。

从工作液体的能量来看，可归纳成两点：液体传递的能量有两种——静压能和动能；受压工作液体流动时，既有静压能，又具有动能。所以在工业设备上采用的液压系统便可分为两大类型：①凡是利用液体静压能为主来实现传动功能的系统叫液压传动系统（即静液传动、容积式传动）；②凡是利用液体动能为主来实现传动功能的系统称为液力传动系统（即动液传动、涡轮式传动）。

本书限于篇幅，只介绍利用液体静压能为主来实现传动功能的系统，即液压传动系统。也包括介绍液压控制系统。

9.1.2 液压传动系统的分类

（1）按液压介质的循环方式分类

按液压介质的循环方式分类为开式液压系统和闭式液压系统。

① 开式液压系统　开式液压系统（图 9-1）是指液压泵从油箱吸油，输出的油经各种控制阀驱动液压执行元件动作后，各路回油又返回油箱，换言之泵的进油和液压马达（或液压缸）的回油均在油箱中实现，传动油路中液流可以不连续。

开式液压系统结构简单，油箱是系统中介质的吞吐和存储场所。油液在油箱中能散热冷却和沉淀杂质，开式系统中的液压缸或液压马达在制动或换向过程中，外负载的惯性运动所产生的能量是不能回收的，只能消耗在制动过程的发热上。因油液常与空气接触，空气和污物容易侵入系统。

图 9-1　开式液压系统

② 闭式液压系统　闭式系统中液压泵的进油管直接与执行元件的回油管相连，泵的出油管与执行元件的进油管相连，工作液体在液压系统封闭的管路中进行闭式循环，闭式系统液流连续。闭式系统结构紧凑，基本上不与空气接触，抗污染能力较好，且空气不进入系统，会使传动较稳定，但闭式系统不利于液体散热和过滤，为补偿系统中的外漏油，通常需要一个小补液泵和油箱。另外由于单杆双作用，油杆有杆腔和无杆腔，流量也不等，不能用于闭式回路，所以闭式系统一般用液压马达作执行元件。

图 9-2 所示为一典型的闭式液压系统（静液传动装置）。主泵 2 由内燃机驱动，其进油大部分是马达 10 的回油，由于泵、液压马达均有一定的容积损失，所以马达 10 的回油不足以提供主泵 2 的吸油量，需要通过补液泵 3 向主泵 2 提供一定量的补油，而补液泵 3 是从油箱直接吸油；

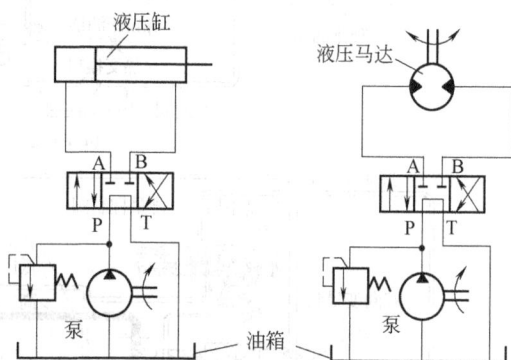

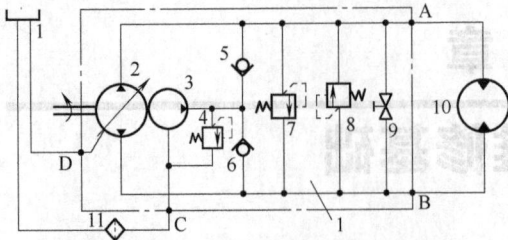

图 9-2 闭式液压系统（静液压装置）回路
1—油箱；2—主泵；3—补液泵；4—补液泵溢流阀；
5,6—补油单向阀；7,8—系统安全阀；9—旁通阀；
10—液压马达；11—过滤器

泵 2 输出的高压油驱动液压马达 10 旋转输出扭矩与转速，驱动车辆行走；补液泵溢流阀 4 控制补油路的压力，补油单向阀 5、6 根据主油路的流向选择性打开，为泵的吸油提供通道，安全阀 7、8 在系统压力超出时或产生冲击时打开，以限制系统最高压力，吸收冲击；旁通阀 9 在系统正常工作时为常闭状态，当内燃机不启动而需人力推动车辆时，打开此阀使系统内的油液能够循环流动以减小阻力。

图 9-3（a）为美国桑斯特公司由"变量泵+ 定量马达"组成的闭式静液压传动系统，图 9-3（b）则是由"变量泵+ 变量马达"组成的闭式静液

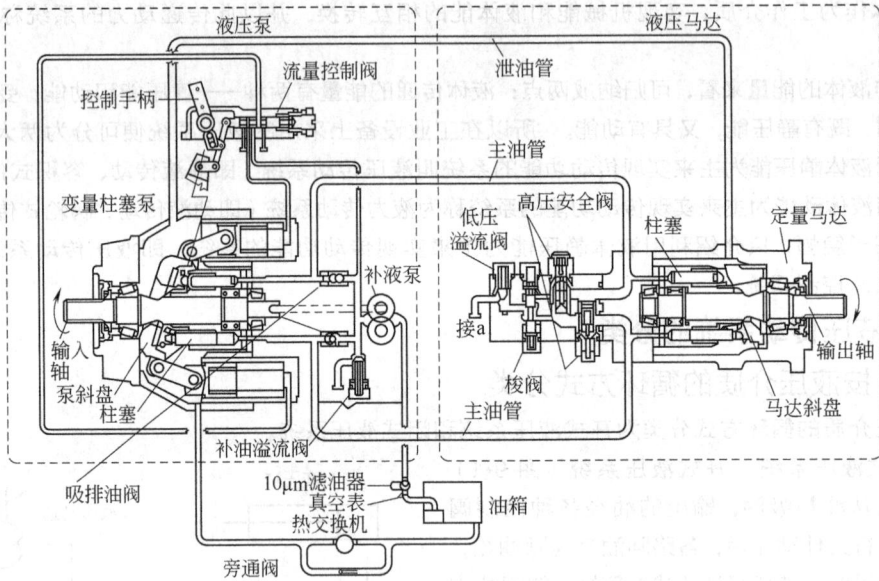

(a) PV变量泵+MV定量马达

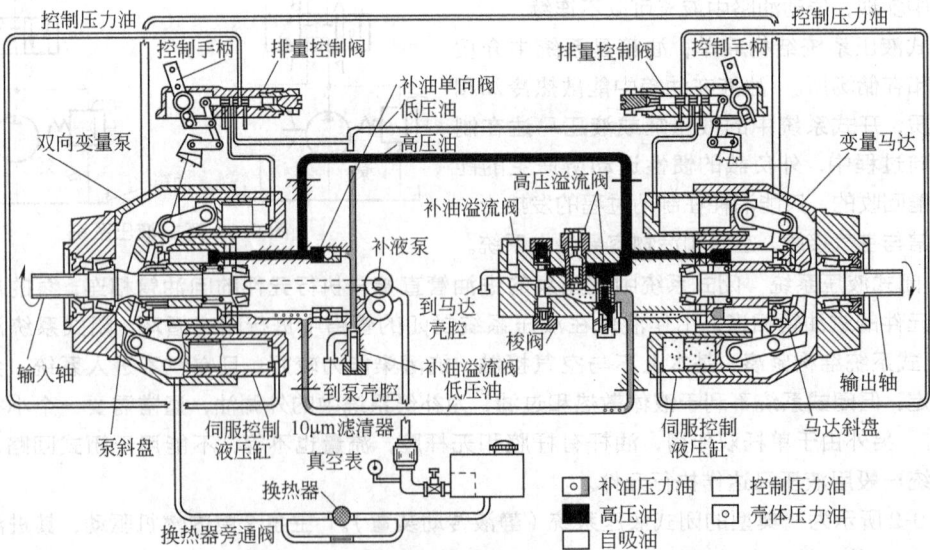

(b) 变量泵+变量马达

图 9-3 闭式液压系统结构

压传动系统。 这种液压系统有着广泛的应用，其主要特点是：泵的轴端集成一个补液泵（齿轮泵或摆线转子泵）；在通轴轴向柱塞马达上集成有一个阀组，基本包括两个高压溢流阀一个低压溢流阀和一个梭阀。 高压溢流阀在系统正反向运转时均能起高压保护作用；低压溢流阀用于调定系统的背压；梭阀给闭式系统的低压侧留个出路，以便部分换油，对闭式系统内油液进行冷却。

（2）按一个液压泵所驱动的执行机构的数量和形式分类

① 独立式液压系统　当一个液压泵只向一个执行机构供油，就称为独立式系统。

② 组合式液压系统　一个液压泵向几个液压执行器供油，称为组合式系统。 组合式系统又可分为以下四种。

a. 并联系统。 如图 9-4 所示，液压泵排出的油同时向两个或两个以上的执行器供油，而其回油则分别回油箱。 这种系统的特点是各执行器的速度随负载变化而改变。 负载大，则速度减小。 因此并联系统只适合于外负载变化较小或对执行机构运动速度要求不严的场合。

b. 串联系统。 如图 9-5 所示，一个液压泵向 2 个或 2 个以上的执行机构供油。 它的特点是第一联的换向阀进油来自油源，尔后各联的进油腔都和前一联的换向阀的回油腔相通，即液压泵依次向多路阀的各联供油。 而最后一个执行机构的回油则流回油箱。 采用这种油路的多路阀可使各联换向阀所控制的执行元件同时工作，但要求液压泵提供的油压要大于所有正在工作的执行元件两腔压差之和，也就是液压泵的出口压力是各执行元件的工作压力的总和以及各联阀压力损失的总和。 因此，执行元件数量越多，要求泵的供油压力越高，所以串联式常用在高压系统中。

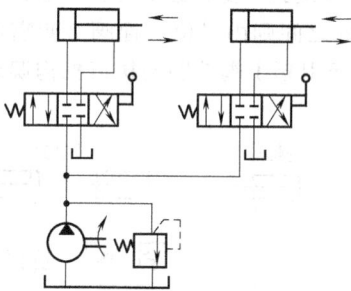

图 9-4　并联系统　　　　　　　　　　　图 9-5　串联系统

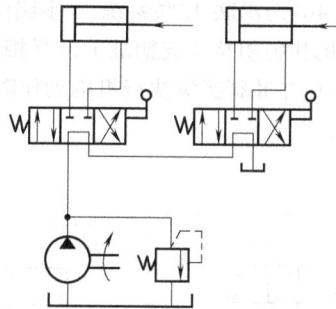

串联系统中，后一液压执行机构的输入流量等于前一执行机构的输出流量，故串联系统中执行机构的运动速度基本上不随外负载变化。 泵的流量在并联系统中被分别供应到几个执行机构，故在相同情况下，并联系统要求的流量比串联系统要多。 但并联系统要求的液压泵的油压则比串联系统小。

目前中小型液压起重机、高空作业车及小型挖掘机等大多采用串联系统，使各机构可以同时动作而且互不干扰，提高了作业速度，简化了系统。 但串联系统的液压泵压力负担较重，故重载时不宜采用。 在大多数机床、注塑机等液压系统中常采用并联系统，这可使液压泵的压力负担较小，对有些要求同时动作的执行机构则可在各分支系统上设置节流装置以防止互相干扰。

c. 独联系统。 在工程机械液压系统中，为了简化管路，使结构紧凑，常用多路换向阀来达到系统油路的不同连接方式。

图 9-6（c）所示的独联系统，每一换向阀的进油腔与其前一换向阀的中立位置进油路相连，而各阀的回油管则同时与总回油管相连。 这样各阀控制的液压执行机构就互不相通，一个液压泵在同一时间只能向一个执行机构供油，故称为独联系统，系统中液压泵的压力和流量按各执行机构单独工作时最大压力及最大流量来决定。

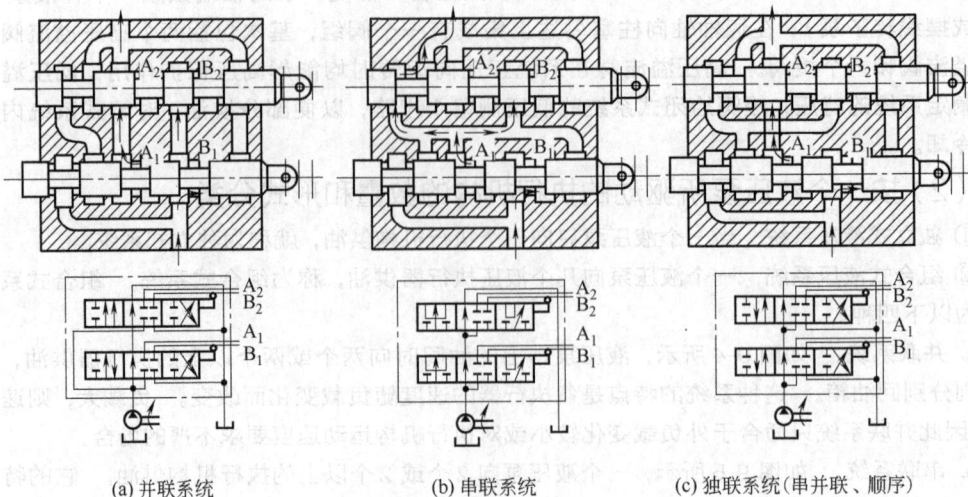

(a) 并联系统　　　　　　(b) 串联系统　　　　　　(c) 独联系统（串并联、顺序）

图 9-6　并联系统、串联系统与独联系统的比较

d. 复联系统。复联系统是以上三种系统的组合，如并联-独联、串联-独联、串联-并联等系统。图 9-7 为并联-独联系统。多路阀 I 控制一部分并联的液压执行机构。多路阀 II 则控制另一部分并联的液压执行机构。但两个多路阀所控制的执行机构之间是相互独立的。所以在 II 操纵的执行机构动作时，即使误操作多路阀 I，也不会使多路阀 I 控制的执行机构误动作。

图 9-8 为串联-独联系统。多路阀 I 控制的执行机构（伸缩缸、变幅缸）互相串联，多路阀 II 控制的执行机构（支腿缸）也互相串联，这两个串联系统之间则由二位三通阀 2 使它们相独联。这样在 II 阀操纵执行机构动作时，不致因误操作 I 阀而引起 I 阀控制的执行机构误动作导致事故。

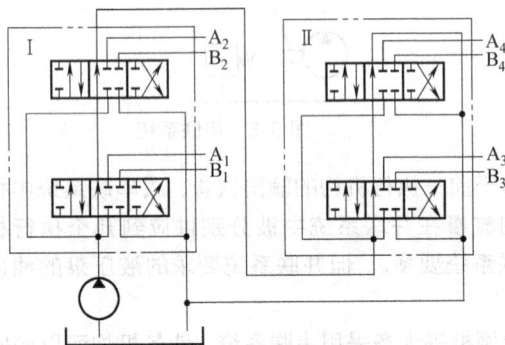

图 9-7　并联-独联系统

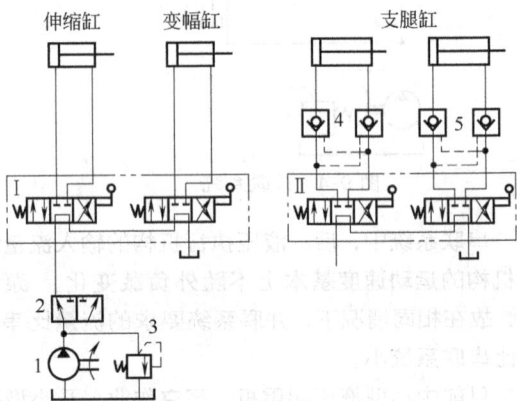

图 9-8　串联-独联系统

（3）按液压系统按所使用的液压泵形式分类

液压系统按所使用的液压泵形式可分为定量泵供油系统和变量泵供油系统。还有些系统既采用定量泵，也采用变量泵。变量的方式可分为手动变量、压力补偿变量、恒压变量、电控变量、伺服变量、液压变量等。

较之定量泵供油系统，变量泵供油系统可以只提供系统实际需要的压力流量的压力油，没有定量泵供油系统的溢流损失，可以充分利用动力元件的功率，系统效率高一些，发热少。但由于结构原因，成本高些。

（4）按系统所用泵的数量分类

按所用泵的数量液压系统可分为单泵系统和多泵系统。

① 单泵系统　单泵系统结构简单，常用于功率较小，工作不太频繁的一些开式液压系统中。因为一般液压缸有快进和工进两种速度，多采用节流调速的方法来进行速度转换。快进时需要的流量多，因此须按快进时选择泵流量；工进时需要的流量少，泵便有多余的流量只能从溢流回油箱产生溢流损失，这种溢流损失会导致油箱油液温度发热温升，但如果只用在功率较小的液压系统，温升或冲击不会太大，可以承受。

② 多泵系统　多泵系统结构较复杂，但有其特点，常用于设备有多个执行元件需要单独供油（图 9-9），或者单个执行元件需要快速运动等情况。

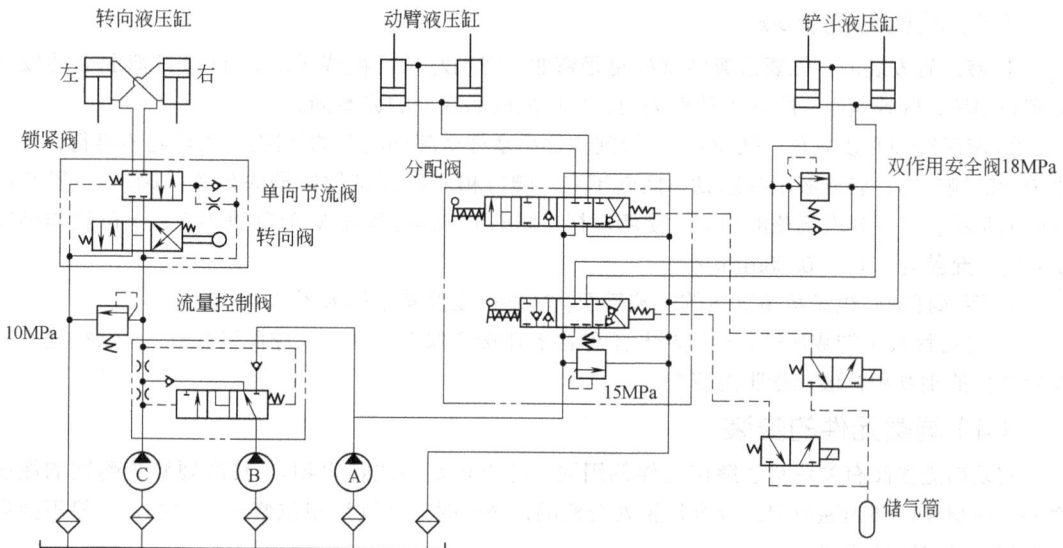

图 9-9　ZL50 装载机的液压系统图

9.2　液压系统的安装调试

9.2.1　液压系统的安装

安装液压设备除了应按普通机械设备那样进行安装并注意有关事项（例如固定设备的地基、水平校正等，行走设备的相关事项）外，由于液压设备有其特殊性，还应注意下列有关事项。

（1）一般注意事项

① 安装前，要准备好适用的通用工具和专用工具，严禁诸如用起子、扳手等代替榔头，任意敲打等不符合操作规程的不文明的装配现象。

② 安装装配前，对装入主机的液压元件和辅件须经严格清洗，去除有害于工作液体的一切污物（包括表面的防锈剂等），液压件和管道各油口所有的堵头、塑料塞子、管堵等随着工程的进展不要先行卸掉，防止污物从油口进入元件内部。

③ 必须保证油箱的内外表面、主机的各配合表面及其他可见组成元件是清洁的。

④ 与工作液接触的元件外露部分（如活塞杆）应予以保护，以防污物进入。

⑤ 油箱盖、管口和空气滤清器须充分密封，以保证未被过滤的空气不进入液压系统。

⑥ 在油箱上或近油箱处，应提供说明油品类型及系统容量的铭牌。

⑦ 将设备指定的工作液体过滤到要求的清洁度，然后方可注入系统。

⑧ 液压装置与工作机构连接在一起，才能完成预定的动作，因此要注意两者之间的连接装

配质量（如同心度、相对位置、受力状况、固定方式及密封情况等）。

（2）液压泵和液压马达的安装

① 泵轴与电机驱动轴连接的联轴器安装不良是噪声振动的根源，因而要安装同心，同轴度应在 0.1mm 以内，两者轴线倾角不大于 1°。一般应采用挠性连接，避免用三角皮带或齿轮直接带动泵轴转动（单边受力），并避免过分用力敲击泵轴和液压马达轴，以免损伤转子。

② 泵的旋向要正确。泵与液压马达的进出油口不得接反，以免造成故障与事故。

③ 泵与马达支架或底板应有足够的强度和刚度，防止产生振动。

④ 泵的吸油高度应不超过使用说明书中的规定（一般为 500mm），安装时尽量靠近油箱油面。

⑤ 泵吸油管不得漏气，以免空气进入系统，产生振动和噪声。

（3）液压缸的安装

① 液压缸安装时，先要检查活塞杆是否弯曲，特别对长行程液压缸。活塞杆弯曲会造成缸盖密封损坏，导致泄露、爬行和动作失灵，并且加剧活塞杆的偏磨损。

② 液压缸轴心线应与导轨平行。特别注意活塞杆全部伸出时的情况。若两者不平行，会产生较大的侧向力，造成液压缸别劲，换向不良，爬行和液压缸密封破损失效等故障。一般可以导轨为基准，用百分表调整液压缸，使活塞杆（伸出）的侧母线与 V 形导轨平行，上母线与平导轨平行，允差为 0.04～0.08mm/m。

③ 活塞杆轴心线对两端支座的安装基面，其平行度误差不得大于 0.05mm。

④ 对行程较长的液压缸，活塞杆与工作台的连接应保持浮动（以球面副相连），以补偿安装误差产生的别劲和补偿热膨胀的影响。

（4）阀类元件的安装

安装前应参阅有关资料了解该元件的用途、特点和安装注意事项。其次要检查购置的液压件外观质量和内部锈蚀情况，检查是否为合格品，必要时返回制造单位修复或更换，一般不要自行拆卸，其安装步骤如下。

① 安装前，先用干净煤油或柴油（忌用汽油）清洗元件表面的防锈剂及其他污物，此时注意不可将塞 在各油口的塑料塞子拔掉，以免脏东西进入阀内。

② 对自行设计制造的专用阀应按有关标准进行如性能试验、耐压试验等。

③ 板式阀类元件安装时，要检查各油口的密封圈是否漏装或脱落，是否突出安装平面而有一定的压缩余量，各种规格同一平面上的密封圈突出量是否一致，安装 O 形圈各油口的沟槽是否拉伤，安装面上是否碰伤等，做出处置后再进行装配。O 形圈涂上少许黄油可防止脱落。在上述考虑的基础上确定调试内容、步骤及调试方法。

9.2.2 液压系统的调试

（1）调试前的检查

① 试机前对裸露在外表的液压元件及管路等再进行一次擦洗，擦洗时用海绵，禁用棉纱。

② 导轨、各加油口及其他滑动副按要求加足润滑油。

③ 检查液压泵旋向、液压缸、液压马达及液压泵的进出油管是否接错。

④ 检查各液压元件、管路等连接是否正确可靠，安装错了的予以更正。

⑤ 检查各手柄位置，确认"停止""后退"及"卸荷"等位置，各行程挡块紧固在合适位置。另外溢流阀的调压手柄基本上全松，流量阀的手柄接近全关（慢速挡），比例阀的控制压力流量的电流设定值应为小电流值等。

⑥ 旋松溢流阀手柄，适当拧紧安全阀手柄，使溢流阀调至最低工作压力。流量阀调至最小。

⑦ 检查电机电源是否与标牌规定一致，电磁阀上的电磁铁电流形式（交流或直流）和电压

对吗？ 电气元件有无特殊的启动规定……，全弄请楚后合上电源。

（2）调试

① 点动。 先点动泵，观察液压泵转向是否正确，电源接反不但无油液输出，有时还可能出事故，因此切记运转开始时只能"点动"。 待泵声音正常并连续输出油液以及无其他不正常现象时，方可投入连续运转和空载调试。

② 空载调试。 先进行 10～20min 低速运转，有时需要卸掉液压缸或液压马达与负载的连接。 特别是在寒冷季节，这种不带载荷低速运转（暖机运转）尤为重要，某些进口设备对此往往有严格要求，有的装有加热器使油箱油液升温。 对在低速低压能够运行的动作先进行试运行。

③ 逐渐均匀升压加速，具体操作方法是反复拧紧又立即旋松溢流阀、流量阀等的压力或流量调节手柄数次，并以压力表观察压力的升降变化情况和执行元件的速度变化情况，液压泵的发热、振动和噪声等状况。 发现问题针对性地分析解决。

④ 按照动作循环表结合电气机械先调试各单个动作，再转入循环动作调试，检查各动作是否协调。 调试过程中普遍会出一些问题，诸如爬行、冲击与不换向等故障，特别是对复杂的国产和进口设备，如果出现大的问题，可大家共同会诊，必要时可求助于液压设备生产厂家。

⑤ 最后进入满负载调试，即按液压设备技术性能进行最大工作压力和最大（小）工作速度试验，检查功率、发热、噪声振动、高速冲击、低速爬行等方面的情况。 检查各部分的漏油情况，往往空载不漏的部位压力增高时却漏油。 发现问题，及时排除，并做出书面记载。

如一切正常，可加工试件。 试车完毕，停车后机床一般要复原，并做好详细调试记录存档。 有些进口设备调试记录可作为索赔的依据。

⑥ 经上述方法调试好的液压设备各手柄，一般不要再动。 对即将包装出厂的设备应将各手轮全部松开，对长期不用的设备，应将压力阀的手轮松开，防止弹簧产生永久变形而影响到机械设备启用时出现各类故障，影响性能。

9.3 液压系统的故障诊断

9.3.1 故障诊断概述

液压设备在工业自动化（单机、自动生产线、自动化车间及无人工厂）中越来越起着主导地位。 但自动化程度愈高，设备的结构也就愈复杂，发生故障的可能性以及因故障造成的危害和损失也就愈加严重。

由于生产与管理水平以及客观条件的限制，液压元件和液压系统在使用过程中免不了要发生故障，绝对可靠不出故障的设备是没有的。 过高的可靠性要求并不合理，因为会增加设计和加工难度，增加成本，很不经济，除非是故障涉及人身及环境的安全。 但是一般都要求发生故障的可能性尽量减少，发生故障后应能尽快排除，迅速修复。

液压设备有些故障出现后，尚能运转；但有些故障发生后，液压设备只能停机修理。 为了保证液压元件和液压系统在出现故障后能尽快恢复正常运转，而不是一筹莫展，造成重大经济损失，正确而果断地判断发生故障的原因，迅速排除故障成了使用液压设备的关键。

随着工业设备的现代化，世界上各工业发达国家都更加重视对设备的维修，更加重视对设备的技术改造，更加重视对液压设备故障的研究和管理。 近年来还形成了一门新兴学科——设备维修工程学，图 9-10 是这门学科体系的一个初步轮廓。 它的一个重要分支便是故障理论学和故障诊断技术。

故障理论揭示了设备（机械）系统进入生产过程后的运动规律（宏观的和微观的），是综合性的理论，它应用了可靠性理论、维修性理论、摩擦磨损和润滑学、工程诊断学、金属物理、断

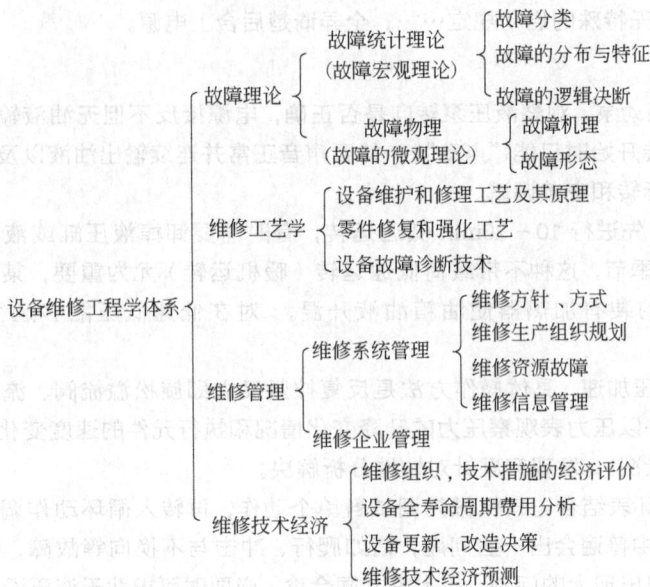

图 9-10 设备维修工程学科体系

设备维修工程学体系
- 故障理论
  - 故障统计理论（故障宏观理论）
    - 故障分类
    - 故障的分布与特征
    - 故障的逻辑决策
  - 故障物理（故障的微观理论）
    - 故障机理
    - 故障形态
- 维修工艺学
  - 设备维护和修理工艺及其原理
  - 零件修复和强化工艺
  - 设备故障诊断技术
- 维修管理
  - 维修系统管理
    - 维修方针、方式
    - 维修生产组织规划
    - 维修资源故障
    - 维修信息管理
  - 维修企业管理
- 维修技术经济
  - 维修组织，技术措施的经济评价
  - 设备全寿命周期费用分析
  - 设备更新、改造决策
  - 维修技术经济预测

裂物理等学科的理论，以及先进测试技术和手段。它是在维修实践中发展起来的，是维修战略（维修方式、策略、管理、改造和更新等）的决策依据。故障理论包括故障统计理论和故障物理两大方面的内容。

为了预防故障和减少故障的发生，不但要从微观方面掌握发生故障的机理，还须从宏观方面掌握发生故障的规律。要对各种液压设备发生故障的频率、主要故障、平均故障间隔期、造成故障的主要（宏观）原因、故障的损失、故障的处理等进行广泛地、多方面地分析和记载。

总之，液压设备维修工作的核心是液压故障的查找判断和对故障的分析处理。本手册中将介绍几种实用的故障诊断（查找）方法。

9.3.2 对液压故障的基本认识

和一般机械故障相比，液压故障具有隐闭性（肉眼难以看到液压元件内部）和交错性（一个故障由多种原因产生，一个原因产生多个故障）等特点.

液压故障涉及的学科领域和技术门类很广，因而排除液压故障，一般需要较广博的学识和丰富的实践知识。在处理液压故障之前，必须先对"故障"有一个基本认识。

液压系统和液压元件在运转状态下，出现丧失其规定性能的状态，称之为故障。

所有故障可分为随机故障和规律性故障。随机故障不可预测，其间隔期无法估计，有发展过程的随机故障可用状态监测方法测定，无发展过程的随机故障则无法观察确定，人们只能根据记录及故障数据分析，通过改进设计减少故障的发生。

规律性故障可以预测，故其间隔期可以估计。有发展过程的规律性故障可用状态监测方法测定，无发展过程的规律性故障可有计划地进行部件更换或检修。

一般对故障可从工程复杂性、经济性、安全性、故障发生的快慢、故障起因等不同角度进行分类。

（1）按故障的时间延续性分类

① 间断性故障 指在很短的时间内发生，故障使设备局部丧失某些功能，而在发生后又立刻恢复到正常状态的故障。例如污物堵塞节流口产生的故障，待污物被冲走后故障消失。

② 永久性故障 指使设备丧失某些功能，直到出故障的零部件修复或更换，功能才恢复的故障。

（2）按故障造成的功能丧失程度分类

① 完全性故障　完全丧失功能。

② 部分性故障　某些局部功能丧失。

（3）按故障发生的快慢分类

① 突发性故障　不能早期预测的故障。

② 渐发性故障　通过测试可早期预测的故障，即故障有一个形成发展的过程。

（4）按故障造成的程度分类

① 破坏性故障　既是突发性的又是完全性的故障。如液压缸缸体炸裂，泵轴折断等故障。

② 渐衰性故障　既是部分性又是渐发性故障。如泵容积效率下降的故障，阀芯逐渐磨损内泄漏增大的故障等。

（5）按故障的原因分类

① 磨损性故障　设计时便可预料到的属正常磨损造成的故障，如柱塞泵柱塞外径磨损等。

② 错用性故障　由于使用时，负载、压力、流量超过额定值所导致的故障，如超负载使用产生烧电机的故障。

③ 固有的薄弱性故障　使用中、负载、压力、流量等虽未超过设计时的规定值，但此值本身规定不适用实际情况，设计不合理而导致出现的故障。

（6）按故障的危险性分类

① 危险性故障　例如安全溢流保护系统在需要动作时失效，造成工件或机床损坏，甚至人身伤亡的液压故障。

② 安全性故障　例如启动液压设备时不能开车动作的故障。

（7）按故障影响程度分类

有灾难性的、严重的、不严重的、轻微的等之分。

（8）按故障出现的频繁程度分类

有非常容易发生、容易发生、偶尔发生、极少发生之分。

（9）按排除故障的紧急程度分类

有需立即排除、尽快排除、可慢些排除及不受限制（以不影响生产为原则）等故障之分。

9.3.3　故障诊断的步骤

液压故障诊断的主要内容是根据故障症状（现象）的特征，借助各种有效手段，找出故障发生的真正原因，弄清故障机制，有效排除故障，并通过总结，不断积累丰富经验，为预防故障的发生以及今后排除类似故障提供依据。

故障诊断总的原则是先"断"后"诊"。故障出现时，一般以一定的表现形式（现象）显露出来，所以诊断故障应先从故障现象着手，然后分析故障机理和故障原因，最后采取对策，排除故障。其步骤如图 9-11 所示。

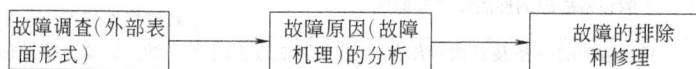

图 9-11　故障诊断步骤

（1）故障调查

故障现象的调查内容力求客观、真实、准确与实用，可用故障报告单的形式记录，报告单的内容有：设备种类、编号、生产厂家、使用经历、故障类别、发生日期及发生时的状况；环境条

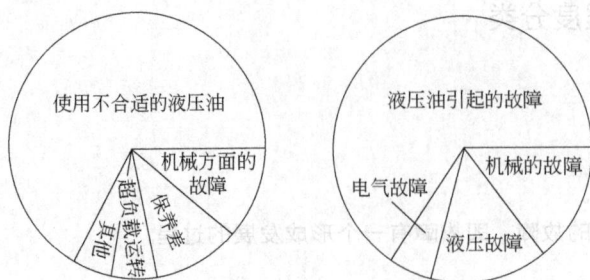

图 9-12 液压系统故障原因饼图

件，温度、日光、辐射能、粉尘、水气、化学性气体及外负载等。

（2）故障原因分析

故障原因一般难找，但一般情况下导致故障的原因，有下述几个方面（参阅图 9-12）。

① 人为因素　操作使用及维护管理人员的素质、技术水平、管理水平及工作态度，是否违章操作，保养状况等。

② 液压设备及液压元件本身的质量状况　原设计的合理程度、原生产厂家加工安装调试质量，用户的调试使用保养状况等。

③ 故障机理的分析　例如使用时间长，磨损、润滑密封机理、材质性能及失效形式液压油老化劣化、污染变质等方面。

（3）故障管理工作

开展故障管理是一项细致、复杂和必须持之以恒才能收到实效的工作。开展故障管理的主要做法如下。

① 做好宣传教育工作，调动全员参加故障管理工作。建立故障管理体系，实行区域维护责任制和区域故障限额指标，把责、权、利统一起来，考核评比，奖惩分明。

② 从基础工作抓起，紧密结合生产要求和设备现状，确定设备故障管理重点，采取减少设备故障的措施（表 9-1）。要把对生产影响大、容易发生故障、故障停机时间较长或损失较大、修理较难的设备（如珍、大、稀设备，当家设备及重要的进口设备）列为故障管理的重点。

表 9-1　减少设备故障的措施

故障阶段	初期故障期	偶尔故障期	磨损故障期
故障原因	设计、制造、装配、材料等存在的缺陷	不合理的使用与维修	设备寿命期限
减少故障措施	加强试运转中的观察、检查和调整，进行初期状态管理，培训操作工人，合理改进	合理使用与维护，巡回检查，定期检查和状态监测，润滑、调整、日常维护保养	进行状态监测维修，定期维修，合理改装

③ 做好设备的故障记录。故障记录是实施故障管理、进行故障分析和处理的依据。必须建立检查记录、维修日记，健全原始记录。有条件的应开始点检，认真填写"设备故障维修单"（自行设计或参阅有关资料），报送设备管理部门。故障记录的项目及作用归纳如表 9-2 所示。

表 9-2　故障记录的项目及作用

故障记录项目	能取得的信息	进行管理的内容
故障现象	功能的丧失程度，温升，振动，噪声，泄漏情况	故障机理探讨，设计改进装配制造质量，液压油管理，日常管理
故障原因	了解设备故障的性质和主要原因	改进管理工作，贯彻责任制，制定并贯彻操作规程，进行技术业务培训
故障的内容及情况	易出故障的设备及其故障部位，设备存在的缺陷和使用，修理中存在的问题	纳入检查，维修标准，改装设备，计划内检修内容，准备技术资料
修理工时	故障修理工作量，各种工时消耗，现有工时利用情况，维修工实际劳动工时	工时定额，人员配备，员工的奖励
修理停工	修理停工程度，停歇台时占开动台时比率，停工对生产的影响	改进修理方式和方法，分析停工过程原因，技术培训
修理费用	故障的直接经济损失	设备维持费用

④ 从各种来源收集到的设备故障信息，可以分使用单位和设备类别进行统计、分析、计算各类设备的故障频率、平均故障间隔期。分析单台设备的故障动态和重复故障原因，找出故障发生规律，并采取对策。将故障信息整理分析资料反馈到计划预修部门，安排预防修理和改善修理计划，并作为修改定检周期、方法和标准的依据。

⑤ 采用监测仪器和诊断技术，确切掌握重点设备的实际特性，尽早发现故障征兆和劣化信息，实现以状态监测为基础的维修。

⑥ 建立故障查找逻辑程序。为此，要把常见故障现象、分析步骤、产生原因、排除方法汇编起来，制成故障查找逻辑分析程序图、因果图等。这样，不但可以提高工作效率，而且技术较低和缺乏经验的工人也可利用它迅速找出故障的部位和原因。

⑦ 针对故障现象、故障原因、类型、不同设备的特点，分别采取不同的对策，建立适合本单位的故障管理和设备维修管理体制。一般故障对策可归纳为图 9-13 所示。

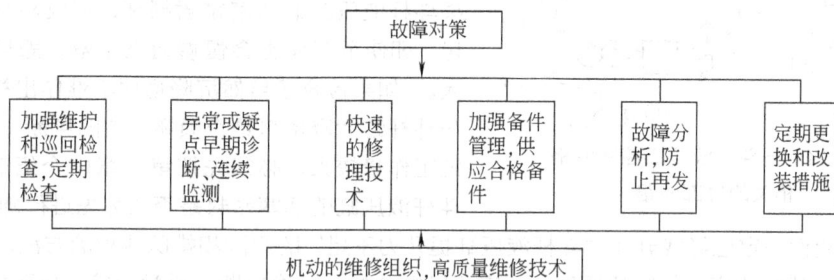

图 9-13　故障对策

9.4　查找故障的几种方法

如前所述，从故障现象分析入手，查明故障原因是排除故障的前提，是最重要也是较艰难的一个环节。特别是初级液压技术人员，无多少实践经验，出了故障后，往往一筹莫展，感到无处下手。此处从实用的观点出发，介绍一些查找液压故障的典型方法。

9.4.1　利用液压系统图查找故障

熟悉液压系统图，是从事液压设计、使用、调试和维修等方面的工程技术人员和技术工人的基本功，是排除液压故障的基础，也是查找液压故障原因的一种最基本、最常用的方法。

液压系统图是表示液压设备工作原理的图，有的简单，有的复杂。它表示该系统各执行元件能担当的工作、能实现的动作循环、控制方式和各组成元件彼此的衔接，一般均配有电磁铁动作循环表和工作循环图，还列举了行程开关等发信元件。

再复杂的液压系统图均由基本回路和基本液压元件所构成。本手册第 2 章已对液压系统图以及看图的方法做了一些说明。在维修的实践工作中要不断提高熟悉液压系统图的能力，才能较好地应用液压系统图查找液压故障。

此处列举某履带式液压挖掘机产生"斗杆提升无力或者根本不能提升"的故障的排除方法和步骤。

液压系统图往往比较复杂，常用方法的第一步是要学会从整个液压系统图中分离出与该故障相关的局部回路，使问题变得简单，分析起来更有针对性，更能找准故障准确部位。我们抽出与斗杆液压缸控制油路相关的局部油路如图 9-14 所示。

第二步为"原因列举"。斗杆液压缸"提升无力"故障可能的原因和部位，可能情况有：①斗杆液压缸活塞密封圈损坏；②安全溢流阀调整压力过低或者阀芯卡死在打开溢流的位置；③吸入阀内泄漏量太大；④主溢流阀调节压力调得太低，或者压力调不上去；⑤泵输出流量减少，泵内部损伤；⑥吸油管因破损或密封不良进气，使泵吸不上油；⑦油箱油量不够。

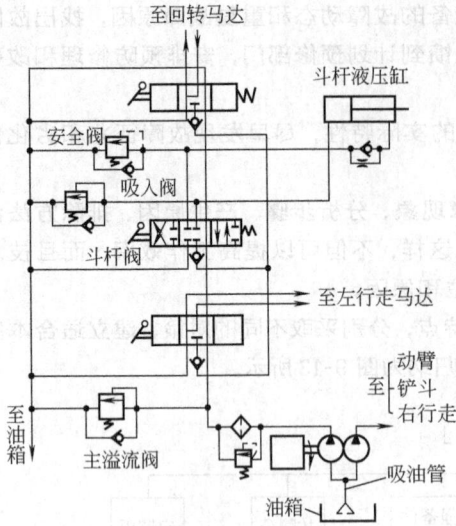

图9-14　与斗杆液压缸控制油路
相关的局部油路

第三步为"逐步排查"。如油箱油量不够，肉眼容易观察出，根据情况可剔除上述原因⑦。如果泵内部损伤或是吸油管进气，对整个由泵供油的其他部位（如回转马达）也应不能动作，如果反之，则可剔除上述原因⑤和⑥。将斗杆手动换向阀置于斗杆液压缸上升位置，调节主溢流阀，如果压力上不去，回转液压马达也难以转动和不能行走，如果是，故障原因在④，如果否，排除原因④。安全阀和吸入阀不好，仅影响斗杆液压缸，如果其他部位确实不受影响，则可考虑拆修安全阀和吸入阀。如果斗杆液压缸的活塞密封损坏，不仅斗杆举升力不足，即使举起来也会慢慢自然下落，即自然沉降量大。如果检查了自然沉降量便不难作出举升无力是与斗杆缸活塞密封是否损坏有关的判断。拆修斗杆缸工作量较大，必须先按第4章内介绍的方法，对斗杆液压缸的活塞密封是否损坏先进行确认。

至此，我们一定已经找到了"斗杆液压缸提升力不足"的原因和排除故障的方法。

在利用上述方法查找故障原因时，一定要仔细分析、正确判断、科学决策，尽可能少拆卸，避免反复拆卸，防止拆卸重装后可能对液压元件精度造成的不良影响。因而分析过程中，在拆卸故障元件前逐步缩小被怀疑对象是很重要的，这对降低工人劳动强度，减少因拆卸油液撒落在工作场地的现象是有益的，且经济、环保。

利用液压系统图查找液压故障是常用的方法之一，通常还采用"抓两头"——即抓泵源和执行元件，"连中间"——即连接中间的控制元件，如各种控制阀的方法，这种"抓两头，连中间"的方法可以理顺思路，对正确分析出故障原因非常有益。

另外在利用液压系统图直找故障部位和故障原因时，必须注意故障的隐蔽性、相互关联、相互交错的特点。一个故障源可能产生多个故障，一个故障现象也可能是多种原因产生。所以要全面分析液压系统图，按主次轻重排除故障，不忽略次要因素。20世纪70年代有一句名言："液压故障难分析易排除"，笔者的看法是："液压故障难分析也难排除"，但对一个肯钻研、肯干、肯学习的液压技术人员，二者都不难。

9.4.2　元件替换法查找液压故障

对怀疑有故障的元件，特别是比较容易出现故障也比较容易更换的液压阀类元件，采用此方法。可用新件替换下嫌疑件，也可用同种类同型号的两台设备上的液压元件进行交替更换。若故障消失，说明该件就是故障件；若故障依然存在，可再对下一个嫌疑件进行替换，直至找到故障部位。

9.4.3　利用动作循环表查找液压故障

液压设备的使用说明书中，除了液压系统图外，一般还备有动作循环表，如无动作循环表，可以自行编制，以此用于查找液压故床。此处以M8612A型花键轴磨床（图9-15）为例说明这种查找故障的方法。

（1）编制动作循环表

① 将液压系统图中所有液压元件和管路编号，如图（图9-15）中的1F、2F等。

② 根据液压系统图分析设备的动作步骤和顺序，弄清它的工作原理。

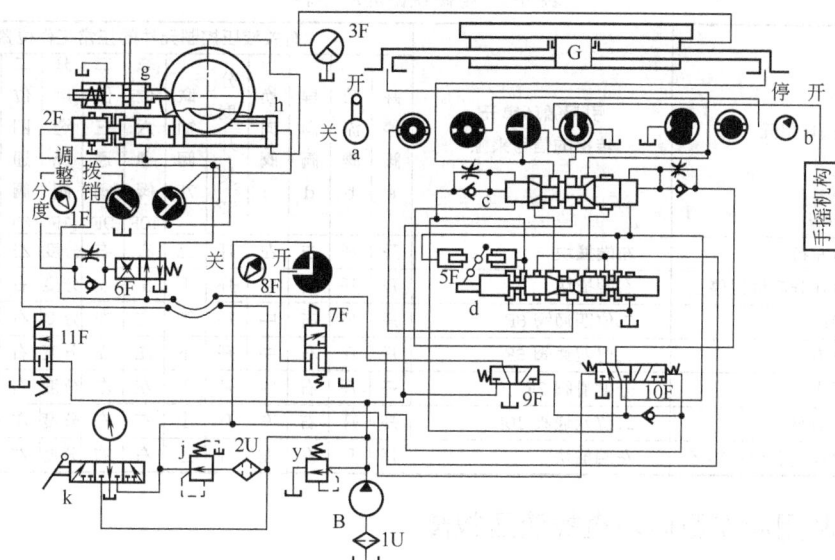

图 9-15　花键轴磨床液压系统图

M8612A 型花键轴磨床液压系统具有使工作台和头架自动往复运动及头架自动周期分度等功能。其中，头架自动周期分度运动的工作原理如下。

当分度选择阀 1F 在"分度"位置，分度开关 8F 在"开"位置（图示位置）时，当工作台向左运动到调定的分度位置时，固定在工作台右端的撞块压下联锁阀 7F，并通过换向杠杆带动先导阀 d 右移。此时，来自减压阀 j 的低压油，一路经分度开关 8F→联锁阀 7F→二位六通阀 10F 右端，使该阀左移；另一路经先导阀 d 后分别流到换向阀 C 左端以及经二位六通换向阀 10F 流到换向阀 C 右端，使换向阀 C 两端处于压力平衡，保持在阀体环槽的中间位置，以达到工作台液压缸 G 两端互通压力油，从而保证液压系统在头架分度时工作台绝对停止。

此时，二位三通换向阀 9F 因二位六通阀 10F 的油液使它处于左端位置，则高压油经 9F 分两路一路经分度选择阀 1F→二位四通阀 6F 左端，推动该阀右移；另一路经二位四通阀 6F 后又分为两路：一路油液经分度选择阀 1F→分度滑阀 2F→插销液压缸 g 右端，使插销拔出；另一路油液经齿条活塞 h 右端使其左移，则齿条活塞 h 通过齿轮带动头架主轴开始进行分度。当齿条活塞 h 左移到分度运动将近结束位置时，分度滑阀 2F 也随之左移，从而切断压力油，并使插销活塞 g 右腔油液接通回油箱，则插销就在弹簧力作用下压向分度盘边缘。由于齿条活塞 g 继续左移，则头架继续进行分度，直至插销插入分度盘槽内分度运动告终。

另来自齿条活塞 h 右端的高压油经过插销活塞 g 至二位六通阀 10F 左端，推动该阀右移。则换向阀 C 就失去原来的平衡而向右移动，工作台开始换向起动，联锁阀 7F 上升，二位三通阀 9F 右移。直至工作台在右端换向后，液压系统又恢复至分度运动开始时的原始位置。当工作台又向左移动到所需的分度位置时，撞块又压下联锁阀 7F……。重复上述动作，如此周而复始，以实现头架自动周期分度运动。

③ 编制循环动作表。根据上述分析可知头架自动周期分度是按下列顺序进行的：工作台左行→工作台在分度位里停止→插销拨出→头架分度→插销插入→工作台右行→工作台换向后重复循环。我们按上述动作步骤以表格形式编制循环动作表 9-3，表中体现出液压系统中的各液压元件在每一动作步骤中的工作位里状况：每一横行用以表示有关液压控制元件分别在各个动作循环单元中所处的正常工作位置，每一竖列表示液压系统从一个动作转换到另一个动作时工作位置的变动状况，这样编制利于用来查找液压故障。

表 9-3　电磁铁循环动作表

循环序号	循环单元	引起循环单元转换的信号来源	有关液压控制元件的正常工作位置												
			开停阀 a	节流阀 b	导向阀 d	换向阀 c	分度开关 8F	联锁阀 7F	二位六通阀 10F	二位三通阀 9F	分度选择阀 1F	二位四通阀 6F	分度滑阀 2F	插销活塞 g	齿条活塞 h
1	工作台左行	左端撞块	开	开	左	左	开	上	右	右	分度	左	右	右	右
2	工作台在分度位置停止	右端撞块	开	开	右	中	开	下	左	左	分度	左	右	右	右
3	插销拨出	二位四通阀 6F	开	开	右	中	开	下	左	右	分度	左	右	左	右
4	头架分度	二位四通阀 6F	开	开	右	中	开	下	左	右	分度	左	右	左	左
5	插销插入	分度滑阀 2F	开	开	右	中	开	下	左	右	分度	左	右	左	右
6	工作台右行	二位六通阀 10F	开	开	左	左	开	上	右	右	分度	左	右	右	右
7	工作台换向后重复循环	左端撞块	开	开	左	左	开	上	右	右	分度	左	右	右	右

（2）利用动作循环表查找液压故障

如上所述动作循环表（表 9-3）由三部分组成：左边部分表示动作循环过程的内容，中间部分表示循环过程中一个动作转到另一个动作的信号来源，右边部分表示在各循环动作中各液压元件所应处的正常位置。 通过此表，就不难根据故障出现在哪一动作阶段，从表中查出故障原因所在。

例如产生不分度故障，其故障现象表现为：工作台停在分度位置，而头架不作分度动作，从表中看出，头架分度动作（序号 4）的实现必须在序号 3 "插销拨出"结束后才能进行，如果通过对机床观察证实插销还未拨出，则按序号 3 动作栏逐一检查有关液压控制元件是否在正常位置，逐一确认，如当中某一控制元件位置不正确，便是故障原因所在。

从"循环序号 2"与"循环序号 3"对比发现，只有两栏不同，即"引起循环单元转换的信号来源"与"插销活塞 g"处的位置不同，显然插销未拨出，g 还停在"右"位，而不是"左"位，此时便要分析二位四通阀 6F 是否处于右位，拆开阀 6F 看它是否因毛刺和污物卡死在左边位置。

如果通过对机床观察证实插销已经拨出，但头架不分度，则应按第 4 循环单元栏查实有关液压控制元件是否都处于正常工作位置。 对照第 3 动作循环单元栏可知，齿轮活塞 h 应换到左位，但如果该活塞 h 卡死在右端，或者右边的压力油压力不够，便不能产生分度动作。

又如该机床出现了头架结束而工作台不启动右行的情况，根据同样的方法可以按照插销插入动作单元栏或工作台右行动作循环单元栏而查得形成故障的原因。

实践证明，这种方法可以获得事半功倍的效果，为维修工人提供了很大方便，特别是液压系统较复杂、液压元件较多的系统，利用这种表可迅速找出故障原因。

9.4.4　利用因果图查找液压故障

因果图又叫鱼刺图，编制方法类似于全面质量管理中所采用的方法，找出影响某一故障的主要因素和次要因素，编制因果图，编制中可借鉴他人的经验，查阅有关资料，总结自己的工作实践，进行编制。

例如图 9-16 所示的是液压缸外漏故障的因果图，利用这种图可以帮助我们查找液压缸外漏的原因。

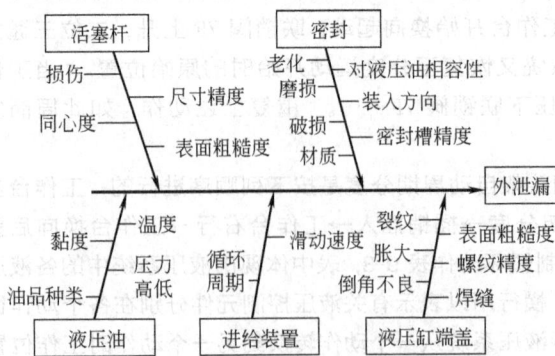

图 9-16　液压缸外泄漏因果图

9.4.5 通过滤油器查找液压故障

往往在拆洗滤油器时，通过对滤芯表面黏附的污物种类的分析，可发现某些液压故障。例如，如在滤芯表面发现铜屑粒，则可分析液压系统的某些用铜制造的零部件和液压元件有了严重的磨损和拉伤，进而可知道诸如柱塞泵的缸体、滑履这类用铜（QA-19-4）制造的零件发生了磨损；如在滤油器表面发现黏附有密封橡胶碎片和微粒，则一定有某处密封破损而失效。所以滤油器是查找故障的窗口。

9.4.6 故障的实验法诊断——隔离、比较与综合法

由于故障现象各不相同，液压设备结构各异，所以实验方法往往千差万别。在总结维修和使用经验的基础上，提出以下几种实验方法。

（1）隔离法

隔离法是将故障可能原因中的某一个或几个隔离开的实验方法。这时可能出现两种情况：一是隔离后故障随之消失，说明隔离的原因便是引起故障的真实原因；二是故障依然存在，说明隔离的原因不是该故障的真实原因。

（2）比较法

比较法是指对可能引起故障的某一原因的液压元件或零部件进行调整或更动的实验方法。情况不外有二：一是对原故障现象无任何影响，说明该原因不是故障的真实原因；二是故障现象随之变化，则说明它就是故障的真正原因。为更能说明问题，一般按有利于故障消失的方向调整变动零件。

（3）综合法

综合法是同时应用隔离法和比较法的实验方法，适用于故障原因较复杂的系统。

（4）实验法诊断实例

如 M7120A 型平面磨床出现"工作台撞动撞块再拨动先导换向阀后偶然出现不换向冲出撞缸"的故障（参阅图 9-17）运用实验法时，先对产生故障的可能原因进行分析。

换向阀无动作或动作迟缓引起原因可能为：①先导阀通向换向阀的油路不畅通；②换向阀间隙太小或划伤，或者因污物卡住，动作有时不灵活；③换向调节节流阀失去作用；④换向阀两端进油，单向阀钢球在液流卷吸作用下堵在进油口小孔上，使进油受阻。

实验顺序的确定：上述原因按可能性大小的排列顺序为④、②、③、①，按实验方法的难易程度排列为③、④、②、①。因此，实验顺序确定为：③、④、②、①。

[实验Ⅰ] 用隔离法判别可能原因③

将原换向调节节流阀芯取下，用一短螺钉拧入原螺孔，以封住该螺孔口。这样，相当于在原结构中取消了节流阀，亦即隔离原因③。此时，机床运转中故障现象毫无改变。据此，可排除原因③。

[实验Ⅱ] 用比较法判别可能原因④

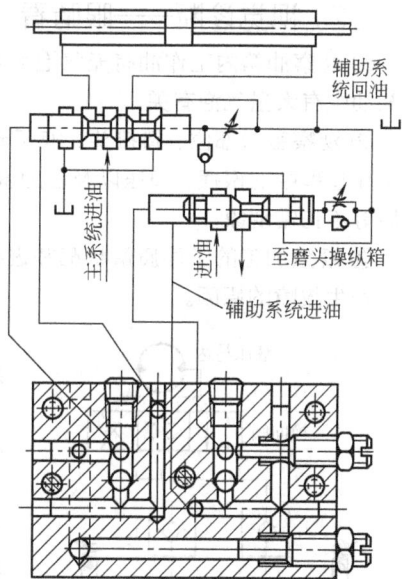

图 9-17　M7120A 型平面磨床
液压系统原理图

在单向阀中加装一适中长度的细弹簧，以改变辅助油通过单向阀将钢球托起时的力平衡关系。使钢球升起高度至换向阀端头进油小孔的距离足够大，摆脱液流的卷吸作用影响。这时，

开动机床，长时间试车不再出现故障，而且调节换向节流阀有明显的控制作用，证明故障确由原因④引起。

在采用实验法诊断液压故障时，必须考虑下述几点原则：①实验时，不能进行有损液压设备的试验，如损伤零部件，破坏精度等；②实验前首先要从液压设备的工作原理、传动系统、结构特征等方面综合分析产生故障的可能原因，再进行逐项隔离或逐项比较或综合的实验方法；③因为实验是验证性的，必须有明确的实验目的，对实验中可能出现的各种情况预先要有充分估计，明确何种情况说明什么问题，出现紧急情况怎么办等；④为了诊断故障的真正原因，一般需要对故障的可能原因逐一进行验证判断，这样可能费工费时，因此实验次序要先行计划安排，原则是容易试验的在前，可能性大的原因排在前，即"先易后难，先重要后次要"。

9.4.7 实用感官诊断法

感观诊断是直接通过人的感觉器官去检查、识别和判断设备在运行中出现故障的部位、现象和性质，然后由大脑做出判断和处置的一种方法。它与我国传统中医疾病诊断时的"望闻问切、辨证施治"如出一辙，也是通过维修人员的眼、耳、鼻和手的直接感觉，加上对设备运行情况的调查询问和综合分析，达到对设备状况和故障情况做出准确判断的目的。

感官诊断的实用效果如何，完全取决于检查者个人的技术素质和实际经验。应用这一诊断技术不仅要不断积累个人的实际经验，还要注意学习他人这方面的经验，才可能有所成效。感官诊断的方法如下。

（1）询问

问清操作人员故障是突发的、渐发的，还是修理后产生的。通常可向操作者了解下述情况：①液压设备有哪些异常现象，故障部位以及何时产生的；②故障前后加工的产品质量有何变化；③维护保养及修理情况如何；④使用中是否违章操作，油液的更换情况等。

（2）视觉诊断——眼睛看

① 观察油箱内工作油有无气泡和变色（白油、变黑等）现象，液压设备的噪声、振动和爬行常与油中有大量气泡有关。

② 观察密封部位、管接头、液压元件各安装接合面等处的漏油情况，结合观察压力表指针在工作过程中的振摆、掉压以及压力调不上去等情况，可查明密封破损、管路松动以及高低压腔串腔等不正常现象。

③ 观察加工的工件质量状况并进行分析，观察设备有无抖动、爬行和运行不均匀等现象并查出产生故障的原因。

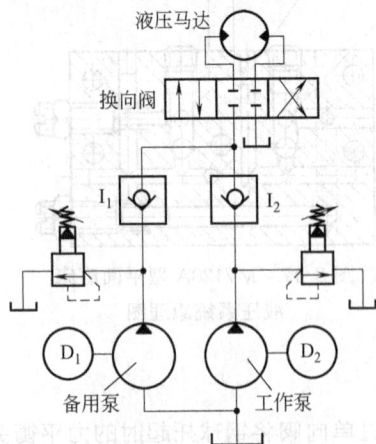

图 9-18 视觉诊断实例

④ 观察故障部位及损伤情况，往往能对故障原因作出判断。

笔者在海上某艘轮船上处理过图 9-18（油路图做了简化）所示的故障。

故障现象：原使用的工作泵坏了，于是更换备用泵参与工作，当换向阀换向时，液压马达既不能正转，也不能反转，即不动作。

故障查找：现场观察处理时发现，当启动备用泵电机 D_1 工作时，此时电机 D_2 并未通电，但观察（眼睛看）它也跟着旋转。故障马上查出：问题在单向阀 I_2。

故障分析：因为单向阀 I_2 阀芯与阀座因磨损不密合，反向已不能截止，备用泵来油通过单向阀 I_2，反灌入原工作泵，此时此泵成了低负载液压马达，带动电机旋转便行了，备用泵出口自然无多大压力，回油通油箱。因此备用泵因出口压力低而无法驱动液压马达回转。

故障排除：更换新的单向阀 I_2 便可。笔者当时处理时，只是将单向阀 I_1 与单向阀 I_2 交换了一下位置，设备马上投入了使用。

（3）听觉诊断——用耳朵听

正常的设备运转声响有一定的音律和节奏并保持持续的稳定。因此，从实践中积累熟悉和掌握这些正常的音律和节奏，就能准确判断液压设备是否运转正常，同时根据音律和节奏变化的情况以及不正常声音产生的部位可分析确定故障发生的部位和损伤情况。

① 高音刺耳的啸叫声通常是吸进空气，如果有汽蚀，可能是滤油器被污物堵塞，液压泵吸油管松动，密封破损或漏装，或者油箱油面太低及液压油劣化变质、有污物、消泡性能降低等原因。

② "嘶嘶"声或"哗哗"声为排油口或泄漏处存在较严重的漏油漏气现象。

③ "嗒嗒"声表示交流电磁阀的电磁铁吸合不良，可能是电磁铁内可动铁芯与固定铁芯之间有油漆片等污物阻隔，或者是推杆过长。

④ 粗沉的噪声往往是液压泵或液压缸过载而产生的。

⑤ 液压泵"喳喳"或"咯咯"声，往往是泵轴承损坏以及泵轴严重磨损，吸进空气所产生。

⑥ 尖而短的摩擦声往往是两个接触面干摩擦发生，也有可能是该部位拉伤。

⑦ 冲击声音低而沉闷，常是液压缸内有螺钉松动或有异物碰击等。

（4）嗅觉诊断——鼻子闻

检查者依靠嗅觉辨别有无异常气味可判断电气元器件绝缘破损、短路等故障，还可判断油箱内有否蚁蝇等腐烂物。

（5）触觉诊断——用手摸

利用灵敏的手指触觉，检查是否发生振动、冲击及油温升等故障。

① 用手触摸泵壳或液压油，根据凉热程度判断是否液压系统有异常温升并判明温升原因和升温部位。熟练的手感测温人员可准确到 $3\sim5℃$（参阅表 9-4）

表 9-4 温度与手感情况

0℃左右	手指感觉冰凉，触摸时间较长，会产生麻木和刺骨感	50℃左右	手感较烫，摸的时间较长掌心有汗感
10℃左右	手感较凉，一般可忍受	60℃左右	手感很烫，一般可忍受 10s 左右
20℃左右	手感稍凉，接触时间延长，手感渐温	70℃左右	手指可忍受 3s 左右
30℃左右	手感微温有舒适感	80℃以上	手指只能作瞬时接触，且痛感加剧，时间稍长，可能烫伤
40℃左右	手感如触摸高烧病人		

② 手感振动异常，可判断"电机-泵"系统等回转部件安装平衡不好，紧固螺钉松动、系统内有气体等故障。

笔者前些年在珠海一大型游乐场处理弹射式过山车，出现"蓄能器充液时压力上升非常慢"的故障。笔者在查找和处理这一故障时，就是通过用手摸快速查找出故障位置并排除故障的：蓄能器充液时，蓄能器前的一回油管道应是通过前阀（插装阀）关闭无液流回油的，泵来油全部给蓄能器充液，回油管道无回油，所以正常情况下手摸这条回油管道，不会感到发热厉害；但出现充液时压力上升非常慢的故障时，一定是蓄能器充液时，泵来的高压油没有能全部给蓄能器充液，而通过前阀从另一条管道流走了，这条管道就是回油管道，于是因压力油经这条回油管道泄压，压力能变成热能释放掉就会使这条回油管道发热厉害。笔者正是通过用手摸这条回油管道和管前的插装阀，发现它们均发热温升相当厉害，便知道前阀（插装阀）虽然关闭但因阀内密封破损关闭不住仍然在回油，当拆开该阀更换密封圈后故障立即排除。

平时从原理上讲不应该发热温升的某局部位置，当用手摸感觉到出现了异乎寻常的发热温升，一定是产生压力失常故障的位置所在。

（6）第六感官——灵感与意念

长期从事液压技术的人员，具有丰富的专业技术知识和实践经验，并且勤于思考，勇于实践，善于总结，在处理故障方面往往可达到炉火纯青、运用自如的地步，经常是"手到病除"。这并非是"意念""灵感"或特异功能，而是"熟能生巧"。肯钻研、事业心强的维修人员通过努力都可以做到这一点。

应该指出，故障的感观诊断具有简便快速等独特优点，但它与现代诊断技术相比，受检测者的技术素质和实际经验制约，否则可能误诊或者难以确切诊断。因此，在实施故障感观诊断的同时，要与其他诊断方法结合起来。

9.4.8 仪器仪表诊断法

西医看病法常使用诸如听诊器、血压计、超声波诊断仪等。这种类似的方法也用于液压系统的故障诊断，当然这种方法同样要借助一些检测仪器。这些仪器在本手册第 1 章中做了介绍，可以参阅。通过这些检测仪器对液压系统的温度、压力与流量等参数的测量，可以较准确地判断出故障原因所在，但这些检测仪器往往价格不便宜。

9.4.9 区域分析与综合分析查找液压故障

区域分析是根据故障现象和特性，确定该故障的有关区域，检测此区域内的元件情况，查明故障原因采取相应区域性的对策。

综合分析是对系统故障做出全面分析。因为产生某一故障往往是多种原因和因素所致，需要经过综合分析，找出主要矛盾和次要矛盾所在。

例如：活塞杆处漏油或者泵轴油封漏油的故障，因为漏油部位已经确定在活塞杆或泵轴的局部区域，可用区域分析法，找出漏油原因，可能是活塞杆拉伤或泵轴拉伤磨损，也可能是该部位的密封失效，可采取局部对策排除故障。

又如，执行元件（液压缸或液压马达）不动作的故障，便不能只局限于执行元件区域，因为产生不动作的原因除了执行元件本身外，还有可能是液压泵、其他阀以及整个回路有故障而引起，此时便要经过调查研究，采用综合分析的方法，找出故障原因，逐个加以排除。图 9-19 和图 9-20 可以用来做综合分析参考。大多数故障既要进行区域分析，又要进行综合分析。

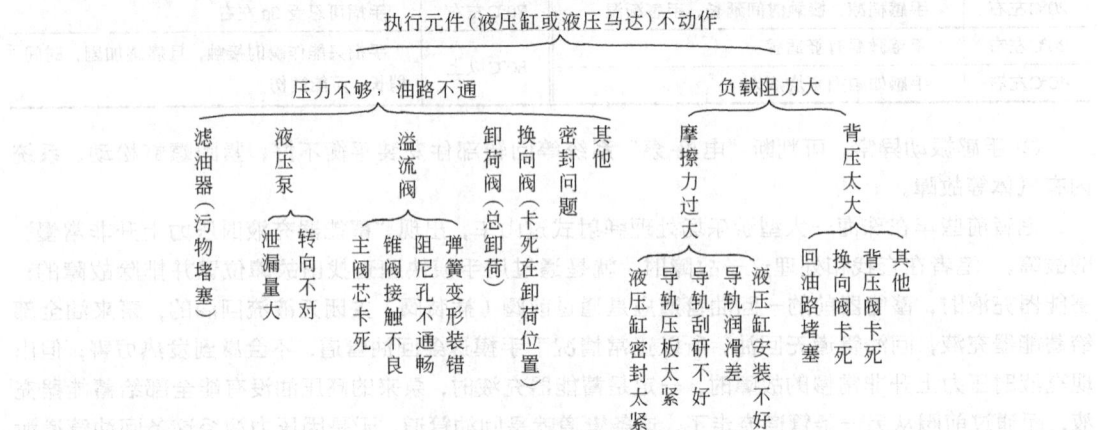

图 9-19 执行元件不动作的综合分析图

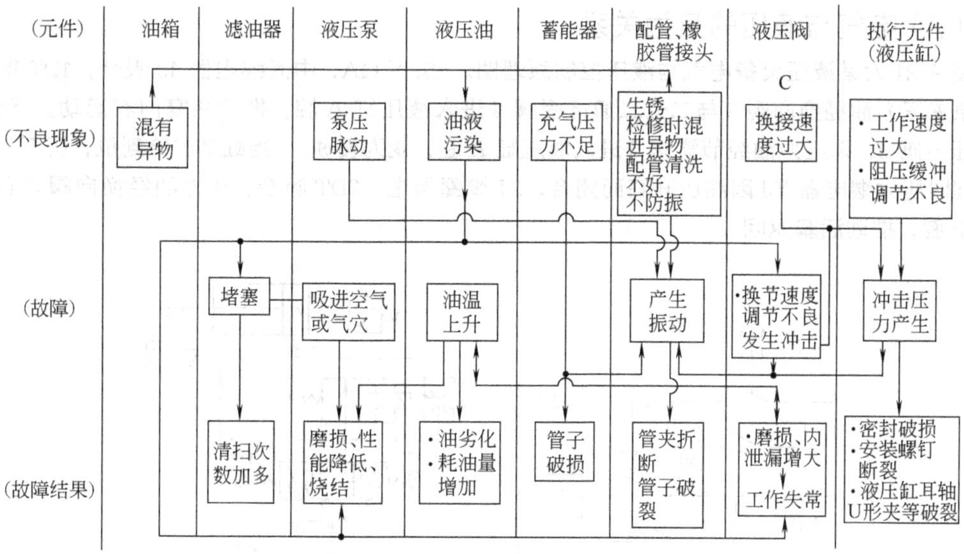

(元件)
油箱
滤油器
液压泵
液压油
蓄能器
配管、橡胶管接头
液压阀
执行元件(液压缸)
(不良现象)
混有异物
泵压脉动
油液污染
充气压力不足
生锈
检修时混进异物
配管清洗不好
不防振
C
换接速度过大
·工作速度过大
·阻压缓冲调节不良
(故障)
堵塞
吸进空气或气穴
油温上升
产生振动
·换节速度调节不良发生冲击
冲击压力产生
(故障结果)
清扫次数加多
磨损、性能降低、烧结
·油劣化
·耗油量增加
管子破损
管夹折断
管子破裂
·磨损、内泄漏增大
工作失常
·密封破损
·安装螺钉断裂
·液压缸耳轴U形夹等破裂

图 9-20 液压故障的因果关系图

9.4.10 从电气和液压元件的相互对应关系查找液压故障

液压传动设备（机械），其控制系统一般由两部分构成，即电气部分和液压部分。负责电气或液压的人员往往不能迅速做出判断和分析。主要原因在于他们只熟悉本专业的技术，而对相关知识知之甚少。“机电一体化”还是近些年的事。企业中既懂电，又懂机械液压的“全才”目前还极少。为了迅速准确排除液压设备故障，弄清电气和液压元件的工作原理、功能和作用，弄清它们相互之间的类比关系是有很大益处的。

（1）电气和液压的共性（类比）关系

如表 9-5 所示，对应元件之间，功能几乎相同，称之为共性关系，维修人员若掌握电气和液压功能相同的对应元件，就可凭借电气和液压知识完整地掌握整个控制系统的工作原理，一旦出故障，可以全方位地考虑问题所在。

表 9-5 电气与液压的共性关系

功能	电气元件		液压元件	
	名称	作用	名称	作用
动源	发电机	提供电能	液压泵	提供油液压力能
输送	导线	输送电流	管路	输送液流
增压	升压变压器	将电压升高	增压器	将油压升高
减压	减压变压器	将电压降低（次级电压）	减压阀	将油压降低（二次油压）
稳压	稳压管	稳定电压	减压阀	稳定输出油压
调压	可控硅	调节输出电压	溢流阀	调节输出油压
显压	电压表	显示电流	压力表	显示压力
信号转换	热继电器	将热信号转换成电信号	压力继电器	将油压信号转换成电信号
测量	电流（安培）表	显示电流	流量计	计量通过流量
能量转换	电动机	将电能转换成机械能	液压马达、液压缸	将液压能转换成机械能
单向流动	二极管	控制电流单向流动	单向阀	控制油液单向流动
通、断	接触器	控制主电路接通、断开	电磁阀等	控制主油路接通断开
蓄能	电容器、蓄电池	蓄积、释放电能去交流部分	蓄能器	蓄积、释放压力能消除脉动和冲击压力
通、断	行程开关	压下时，接通或断开电路	行程阀	压下时，接通或断开油路
压降	电阻	降压	液阻（阻尼器）	产生压力损失、降压

（2）电气与液压的互为关系

图 9-21 为某液压设备电气与液压控制原理图。按下 QA，中间继电器 1J 吸合，1DT 得电吸合，原来压力油经换向阀 3 与二位二通行程阀 4 进入液压缸 A 腔，推动活塞向右运动。活塞杆撞块压下阀 4，则压力油经节流阀 5 进入液压缸 A 腔，变为慢速。当缸 7 进给到位，压下行程开关，同时压力继电器 YJ 因油压升高而闭合，2J 线圈得电，2DT 吸合，压力油经换向阀 3 右位进入缸 B 腔，推动活塞返回。

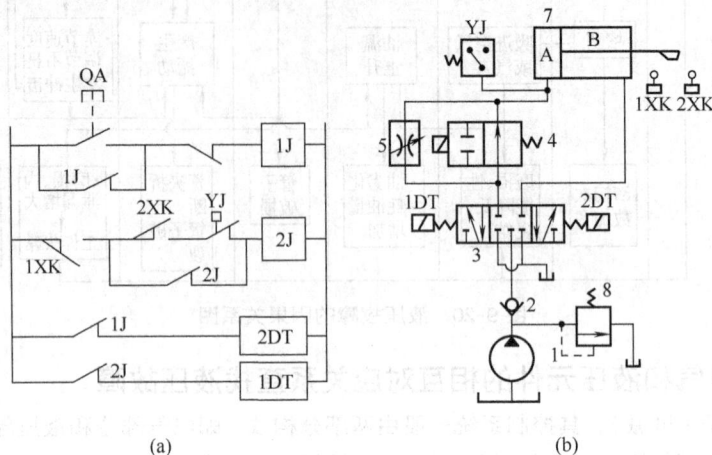

图 9-21　电气与液压控制原理图

从图（a）中电磁阀控制回路看，继电器的常开触点起信号作用，控制电磁阀吸合、释放。此处电气元件为信号元件，液压元件（电磁阀）为执行元件。在图（b）中，压力继电器为压力检测元件发出压力信号，控制图（a）中的 2J 的吸合、释放。此处液压元件为信号元件，电气元件为执行元件，一环扣一环。弄清电气元件和液压元件相互之间的互为关系，即互为信号与执行的关系，当一个互为关系中无论哪个出了故障，便导致尔后的互为关系失效，从而通过电气与液压的互为关系查找液压设备故障原因。

互为关系不但发生在电气和液压元件之间，同一类元件（例如液压）自身也存在。如压力继电器是油压先升到某一调定值再接通或断开电。电磁阀则是先电的接通或断开再是油路的接通或断开，都兼有信号与执行的互为关系。弄清这些互为关系，利于查找液压故障。

（3）电气和液压的互补关系

图 9-21 中行程开关 2XK 和压力继电器 YJ 都可发快退信号。2XK 的设置是为了防止进给过程中油路发生意外变化，压力继电器过早动作使液压缸进给不到位就退回，YJ 的设置是确保液压缸进给精确定位（碰上死挡铁压力才升高）的，而单用行程开关达不到这一要求。这种电气和液压串联发出信号就在于互相弥补，避免一些故障的发生。

9.4.11　利用设备自诊断功能查找液压故障

许多设备上，例如汽车、数控机床和工程机械等设备上，由于采用了电子计算机控制，通过电子计算机的辅助功能、接口电路及传感技术以及数显技术，可对设备的某些故障进行自诊断，并显示在荧光屏上，操作者可根据显示的故障内容进行故障排除。另外也可参阅有关开发"专家故障诊断系统"资料。

9.4.12　人工智能与液压系统故障诊断

人工智能技术的两个分支——专家系统和神经网络系统，在液压故障诊断中的研究和应用逐渐引起人们的重视，它为液压系统的故障诊断向智能化的方向发展提供了新的技术手段与理论方法。

（1）关于液压故障诊断专家系统

专家系统是处理、研究知识的系统，它是以液压领域专家的知识为基础，解释并重新组织这些知识使之具有领域专家水平，能解决复杂问题的智能计算机程序。 将此程序应用于液压故障诊断领域，将使诊断工作更加科学化、合理化，提高解决问题的效率和准确率，解决液压诊断专家供不应求的矛盾。

与一般专家系统一样，液压故障诊断专家系统也由知识库、推理机、用户接口等构成。 知识库存放各种故障现象、引起故障的原因及原因和现象之间的关系，这些都来自有经验的维修人员和液压领域专家的大量资料。 推理机是液压故障诊断专家系统的核心，它实际上是计算机的控制模块，根据输入的液压故障的症状，利用知识库中存储的液压故障方面的知识，进行正向、反向和正反向混合推理，从而解决诊断问题；用户接口是专家系统与用户之间实现交互的一种设施，常用方法有窗口、菜单、图形，使专家系统能实现人机对话。

已有资料介绍的液压诊断专家系统数量不多，因为建造液压故障诊断专家系统遭遇许多困难。 它不像下象棋对局系统那样有丰富的"残局"对局经验资料，总结液压故障排除方面的经验需要艰辛的劳动和意志，经验需要亲历与总结，经验需要借鉴和获取。 经验不足、获取故障诊断知识来源有限，不能建立丰富的知识库是建造专家系统的"瓶颈"。 使人欣慰的是我们已经可以见到一些专家系统，如美国矿业局在 20 世纪 80 年代开发的井下采煤机液压系统故障诊断用的专家系统，国内的 YB 型叶片泵故障诊断专家系统，以 QLY-16T 型轮胎式液压起重机为例的液压系统故障诊断专家系统。 但它们真正能用于实践解决实际问题还是一个问号。

（2）人工神经网络系统与液压故障诊断

上述专家系统不具备学习能力和联想记忆能力，不能在运行过程中自我完善、发展和创新知识，不能通过联想、记忆、识别和用类比等方式进行推理。 因而继专家系统之后出现了人工神经网络，为液压系统的故障诊断提供了新的途径。

人工神经网络是在现代生物神经系统研究的基础上建立的一种网状结构，在一定程度和层次上去模仿人脑神经系统处理信息，用大量简单的基本单元——神经元相互连接，组成具有高度并行处理能力的自适应非线性动态系统。

9.5 液压系统常见故障的分析与排除

液压技术的应用领域遍及国民经济各部门，液压设备种类繁多。 但它们都离不开由液压泵提供能源、由液压阀进行控制、由液压马达和液压缸作为执行元件等这样一个大的范畴。 虽有不同的个性，但其共性是明显的。

本章将对各类液压机械设备常见的带共性的液压故障及排除方法作些说明。

9.5.1 液压系统的泄漏

（1）泄漏的分类

泄漏分内泄漏和外泄漏两种。 根据泄漏的程度有油膜刮漏、渗漏、滴漏和喷漏等多种表现形式。 油膜刮漏发生在相对运动部位之间，例如回转体的滑动副、往复运动（如液压缸的活塞杆、手动换向阀的阀芯外伸部位等）。 渗漏发生在端盖阀板接合等处，滴漏多发生在管接头等处，喷漏多发生在管子破裂、漏装密封等处。

（2）漏油的危害

外漏浪费资源，并造成工作环境污染。 内漏造成温升、效率下降、工作压力上不去、系统无力、运动速度减慢等多种故障。

（3）漏油的原因

密封件质量不好、装配不正确而破损、使用日久老化变质、与工作介质不相容等原因造成密封失效；相对运动副磨损使配合间隙增大内泄漏增大，或者配合面拉伤而产生内外泄漏；油温太高；系统使用压力过高；密封部位尺寸设计不正确、加工精度不良、装配不好产生内外泄漏。

（4）消除和减少泄漏的方法

可在查明产生内外泄漏的原因的基础上对症采取应对措施，详见第 6 章的有关内容。

9.5.2　液压系统的压力失常

压力是液压系统的两个最基本的参数之一，在很大程度上决定了液压系统工作性能的优劣。这一故障表现为：当对液压系统进行压力调节时，出现调节失灵，系统压力建立不起来，压力不足，甚至根本无压力，或者压力调不下来，或者上升后又掉下来以及所调压力不稳定、压力波动大等现象。

（1）压力失常的影响

执行元件（如液压缸、液压马达）不动作，或虽动作但一带载便停止运动或无力，克服不了负荷而做功；液压系统不能实现正确的工作循环，特别是在压力控制的顺序动作回路中；使靠压力控制的一些阀不能工作，例如液动换向阀、液控单向阀、插装阀、压力继电器等，从而也导致液压系统不能正常工作；执行元件的速度因负载流量不够，而使运动速度下降；因压力调节失控而产生包括安全事故在内的故障。

（2）压力失常的原因

① 液压泵原因造成无流量输出或输出流量不够。

a. 液压泵转向不对，根本无压力油输出，系统压力一点儿也不上去。

b. 因电机转速过低，功率不足，或者液压泵使用日久，内部磨损，内泄漏大，容积效率低，导致液压泵输出流量不够，系统压力不够。

c. 液压泵进、出油口装反，而泵又是不可反转泵，不但不能上油，而且还冲坏泵轴油封。

d. 其他原因，如泵吸油管太小，吸油管密封不好漏气，油液黏度太高，滤油器被杂质污物堵塞，造成泵吸油阻力大而产生吸空现象，使泵的输出流量不够，系统压力上不去。

② 溢流阀等压力调节阀故障。例如溢流阀阀芯卡死在大开口位置，液压泵输出的压力油通过溢流阀流回油箱，即压力油与回油路短接，也可能是压力控制阀的阻尼孔堵塞，或者调压弹簧折断等原因而造成系统无压力。反之，当溢流阀阀芯卡死在关闭阀口的位置，则系统压力下不来。详见 5.9~5.11 节的有关内容。

③ 在工作过程中发现压力上不去或压力下不来，则很可能是换向阀失灵，导致系统卸荷或封闭；或者是由于阀芯与阀体孔之间严重内泄漏所致。

④ 卸荷阀卡死在卸荷位置，系统总卸荷，压力上不去。

⑤ 系统内、外泄漏。

⑥ 阀安装板（集成块）内部有压力油通道与回油通道串通的位置。

⑦ 换向阀的阀芯未换向运动到位，造成压力油腔与回油腔串腔。

⑧ 液压缸活塞与活塞杆连接的锁紧螺母松脱，活塞从活塞杆上跑出，使液压缸两腔互通。

（3）压力失常的排除方法

更换电机接线，纠正液压泵旋转方向，更换功率匹配的电机；纠正液压泵进、出口方向，特别是对不可反转泵尤需注意；参阅 5.10~5.12 节压力阀的有关压力上不去或压力下不来的内容，进行故障排除；适当加粗泵吸油管尺寸，吸油管路接头处加强密封，清洗滤油器等；参阅第 5 章有关方向阀的内容，排除方向阀故障，装有卸荷阀的，排除卸荷阀故障；查明产生内泄漏和外泄漏的具体位置，排除内、外泄漏故障；检查液压缸。

9.5.3 执行元件速度慢，欠速

（1）欠速的不良影响

液压设备执行元件（液压缸及液压马达）的欠速包括两种情况：一是快速运动（快进）时速度不够快，不能达到设计值和新设备的规定值；二是在负载下其工作速度（工进）随负载的增大显著降低，特别是大型液压设备及负载大的设备，这一现象尤为显著，速度一般与流量大小有关。

欠速首先是影响生产效率，增长了液压设备的循环工作时间；欠速现象在大负载下常常出现停止运动的情况，这便要影响到设备能否正常工作；而对于需要快速运动的设备，如平面磨床，速度不够会影响磨削表面的粗糙度。

（2）产生欠速故障的原因

① 快速运动速度不够的原因

a. 液压泵的输出流量不够和输出压力提不高。

b. 溢流阀因弹簧永久变形或错装成弱弹簧、主阀芯阻尼孔被局部堵塞、主阀芯卡死在小开口的位置，造成液压泵输出的压力油部分溢回油箱，通入系统给执行元件的有效流量大为减少，使快速运动的速度不够。

c. 系统的内、外泄漏严重。快进时一般工作压力较低，但比回油油路压力要高许多。当液压缸的活塞密封破损时，液压缸两腔因串腔而内泄漏大（存在压差），使液压缸的快速运动速度不够，其他部位的内、外泄漏也会产生这种现象。

d. 快进时阻力大。例如导轨润滑断油、导轨的镶条压板调得过紧、液压缸的安装精度和装配精度差等原因，造成快进时摩擦阻力增大。

② 工作进给时，在负载下工进速度明显降低，即使开大速度控制阀（节流阀等）也依然如此。

a. 系统在负载下，工作压力增高，泄漏增大，调好的速度因内、外泄漏的增大而减少。

b. 系统油温增高，油液黏度减少，泄漏增加，有效流量减少。

c. 液压系统设计不合理，当负载变化时，进入液压设备执行元件的流量也发生变化，引起速度的变化。

d. 油中混有杂质，堵塞流量调节阀节流口，造成工进速度降低，时堵时通，造成速度不稳。

e. 液压系统内进有空气。

f. 同上述①的 a、b、c。

（3）欠速的排除方法

参阅第 3 章的有关内容，排除液压泵输出流量不够和输出压力不高的故障；参阅第 5 章的有关内容，排除溢流阀等压力阀产生的使压力上不去的故障；查找出产生内泄漏与外泄漏的位置，消除内、外泄漏，更换磨损严重的零件消除内泄漏；控制油温；清洗诸如流量阀等零件，油液污染严重时，及时换油；查明液压系统进气原因，排除液压系统内的空气。

9.5.4 振动和噪声大

（1）振动和噪声的危害

振动和噪声是液压设备常见故障之一，两者往往是一对孪生兄弟，一般同时出现。振动和噪声有下述危害：影响加工件表面质量，使机器工作性能变坏；影响液压设备工作效率，因为为避免振动不得不降低切削速度及走刀量；振动加剧磨损，造成管路接头松脱，产生漏油，甚至振坏设备，造成设备及人身事故；噪声是环境污染的重要因素之一，噪声使大脑疲劳，影响听力，加快心脏跳动，对人身心健康造成危害；噪声淹没危险信号和指挥信号，造成工伤事故。

（2）振动和噪声产生的原因

整台液压设备是众多的弹性体组成，每一个弹性体在受到冲击力、转动不平衡力、变化的摩擦力、变化的惯性力以及弹性力等的作用下，便会产生共振和振动，伴之以噪声。

振动包括受迫振动和自激振动两种形式。对液压系统而言，受迫振动来源于电机、液压泵和液压马达等的高速运动件的转动不平衡力，液压缸、压力阀、换向阀及流量阀等的换向冲击力及流量压力的脉动。受迫振动中，维持振动的交变力与振动（包括共振）可无并存关系，即当设法使振动停止时，运动的交变力仍然存在。

自激振动也称颤振，产生于设备运动过程中。它并不是由强迫振动能源所引起的，而是由液压传动装置内部的油压、流量、作用力及质量等参数相互作用产生的。不论这个振动多么剧烈，只要运动（如加工切削运动）停止，便立即消失。例如伺服滑阀常产生的自激振动，其振源为滑阀的轴向液动力与管路的相互作用。

另外，液压系统中众多的弹性体的振动，可能产生单个元件的振动，也可能产生两件或两件以上元件的共振。产生共振的原因是它们的振动频率相同或相近，产生共振时，振幅增大。

产生振动和噪声的具体原因如下。

① 液压系统中的振动与噪声常以液压泵、液压马达、液压缸、压力阀为甚，方向阀次之，流量阀更次之。有时表现在泵、阀及管路之间的共振上，有关液压元件（泵、阀等）产生的振动和噪声故障，可参阅本书相关内容。

② 其他原因产生的振动和噪声。

电机振动，轴承磨损引起振动；泵与电机联轴器安装不同心（要求刚性联结时同轴度≤0.05mm；挠性联结时同轴度≤0.15mm）；液压设备外界振源的影响，包括负载（例如切削力的周期性变化）产生的振动；油箱强度刚度不好，例如油箱顶盖板也常是安装"电机-液压泵"装置的底板，其厚度太薄，刚性不好，运转时产生振动。

③ 液压设备上安设的元件之间的共振。

两个或两个以上的阀（如溢流阀与溢流阀、溢流阀与顺序阀等）的弹簧产生共振；阀弹簧与配管管路的共振，如溢流阀弹簧与先导遥控管（过长）路的共振，压力表内的波尔登管与其他油管的共振等；阀的弹簧与空气的共振，如溢流阀弹簧与该阀遥控口（主阀弹簧腔）内滞留空气的共振，单向阀与阀内空气的共振等。

④ 液压缸内存在的空气产生活塞的振动。

⑤ 液压的流动噪声，回油管的振动。

⑥ 油箱的共鸣音。

⑦ 双泵供油回路，在两泵出油口汇流区产生的振动和噪声。

⑧ 阀换向引起压力急剧变化和产生的液压冲击等产生管路的冲击噪声和振动。

⑨ 在使用蓄能器保压压力继电器发信的卸荷回路中，系统中的压力继电器、溢流阀、单向阀等会因压力频繁变化而引起振动和噪声。

⑩ 液控单向阀的出口有背压时，往往产生锤击声。

（3）减少振动和降低噪声的措施

① 各种液压元件产生的振动和噪声排除方法可参阅本手册第3章至第6章的有关内容。

② 对于电机的振动可采取平衡电机转子、电机底座下安防振橡皮垫、更换电机轴承等方法解决。

③ 确保"电机-液压泵"装置的安装同心度。

④ 与外界振源隔离（如开挖防振地沟）或消除外界振源，增强与外负载的连接件的刚性。

⑤ 油箱装置采用防振措施（参阅6.5节中的内容）。

⑥ 采用各种防共振措施。

改变两个共振阀中的一个阀的弹簧刚度或者使其调节压力适当改变；对于管路振动如果用手按压，音色变化时说明是管路振路，可采用管夹和适当改变管路长度与粗细等方法排除，或者在管路中加入一段阻尼；彻底排除回路中的空气。

⑦ 改变回油管的尺寸（适当加粗和减短，详见 6.1 节的内容）。

⑧ 两泵出油口汇流处，多半为紊流，可使汇流处稍微拉开一段距离，汇流时不要两泵出油流向成对向汇流，而成一小于 90° 的夹角汇流。

⑨ 用 9.5.10 节所述方法减少液压冲击。

⑩ 油箱共鸣声的排除可采用加厚油箱顶板，补焊加强筋；"电机-液压泵"装置底座下填补一层硬橡胶板，或者"电机-液压泵"装置与油箱相分离。

⑪ 选用带阻尼的电液换向阀，并调节换向阀的换向速度。

⑫ 在蓄能器压力继电器回路中，采用压力继电器与继电器互锁联动电路。

⑬ 对于液控单向阀出现的振动可采取增高液控压力、减少出油口背压以及采用外泄式液控单向阀等措施。

⑭ 使用消振器。

a. 高频压力振动可调消振器，如图 9-22 所示，在圆柱壳体 1 内切有螺旋槽，车有外螺纹的管子 2 拧入其中。当转动管子 2，则 2 沿壳体移动。脉动的液体通过管子及壳体左端的侧孔两路进入消振器。此两路液体又在壳体 1 右端，即在管子的出口和螺旋槽处的出口以一定的振动相位差汇集结合起来，因而相互抑制振动。而压出去的液体已无脉动，通过消振器的盖 3 进入液压系统。壳体中通过管子的拧进或拧出改变螺旋槽长度与管子外螺纹部分的长度比值来调节需要消振的振动频率。所需的长度差以下式确定：

$$L_1 - L_2 = \left(n + 1/2\right)\lambda$$

式中　L_1——到管子切口处内螺旋沟槽的长度（按中径计算）；

　　　L_2——管子沟槽的长度；

　　　$n = 0$、1、2、3、…；

　　　λ ——压力振动波的波长。

变更 L_1 和 L_2 的关系，可以在很宽的频宽范围内应用本消振器，并可精确调整到一个主要的脉动频率处。

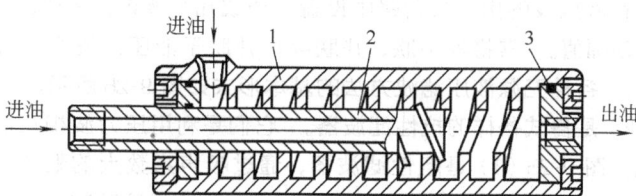

图 9-22　液压系统的高频压力振动可调消振器
1—壳体；2—管子；3—盖

b. 液压系统中低频压力振动消振器。如图 9-23 所示，在此消振器的壳体 1 中装有通过工作液体的通管 2；在壳体内表面与管子外表面之间是密封的，里面充满压缩氮气。通管的管壁上铣有穿透槽，并用管状弹性膜片 3 与充气腔隔绝。为使膜片不致通过沟槽压向槽内，在管子和膜片间装有金属织物 4。尺寸比较大的铣槽可保证膜片具有极高的灵敏度，因而可以有效地消除不同振幅的各种压力振动。在气体腔中加入压缩氮气的压力 $P_{气} = 0.8P_{液}$（$P_{液}$ 为液压系统的工作压力）。

实验表明，此可调消振器安装在有剧烈振动（压油冲程的频率 $f = 225\text{Hz}$）的径向柱塞泵压力油路上，可以降低压力脉冲振幅 70% ~ 90% 。 将腔体充氮的消振器安装在磨床液压系统中，可使工作台换向时造成的压力低频突变的振幅降低 80% ~ 90% 。

c. 微穿孔管压消声器。 如图 9-24 所示，这种消声器由壳体 1、微穿孔管 2 及端盖 3 组成。 微穿孔管与管后的容腔组成微穿孔管吸声结构。 孔的加工可按图（a）或（b）的排列形式制作。 消声的原理是声波在管道中传播时，吸声结构将声能转化为热能。 容腔的大小可控制峰值频率的高低，因此，它具有阻性和共性消声器的双重特点，国内已经采用。

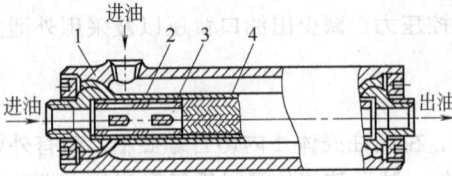

图 9-23　液压系统低频压力振动消振器壳体
1—壳体；2—通管；3—膜片；4—金属织物

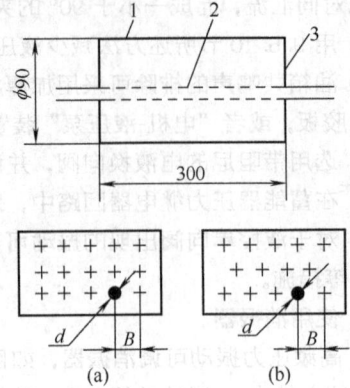

图 9-24　微穿孔管液压消声器
1—壳体；2—微穿孔管；3—端盖

d. YL 液压滤波器。 本滤波器由西安交大与广东机械学院联合研制而成，分 K 型和 H 型两种系列，可大幅度降低液压系统的压力波动及流量脉动，滤波效果显著，脉动衰减率达 70% 以上，对改善负载系统的工作条件并明显地降低液压系统的噪声和振动，是一种理想的附件。

e. 无源液压滤波和有源滤波。 液压系统中由于动源、执行机构、控制元件和负载的影响，常产生流量脉动和压力脉动，而且两者互相影响：脉动的流量遇到系统阻抗时会产生压力脉动，而脉动的压力在一定条件下也会引起流量脉动，多数情况下两者并存。 在管道传输过程中产生压力波，压力波的叠加有可能引起系统元件的振动和噪声，降低执行机构的工作平稳性。 为抑制脉动的传播，减少有害影响，国内外已出现了众多的液压滤波装置。 大体上可分为无源液压滤波、有源液压滤波和组合液压滤波三类。

无源液压滤波是在液压泵的出口或管路中设置一个或几个液容、液感、液阻单元或它们的各种组合，用来衰减脉动幅值。 常将其串联、并联或串并联于液压系统中，与外界无液压或机械能的交换，属内控型。 各种无源液压滤波方法的基本形式如图 9-25 所示。

图 9-25（a）~（k）是各式各样的抗性滤波器。 它们是利用压力波相互抵消或利用共振来吸收能量的原理工作的；图 9-25（l）是阻性滤波器，通过吸声系数大的阻性材料，如石棉、橡胶等，产生较大的摩擦，把脉动能量转化为热能来衰减压力和流量脉动的。

有源液压滤波法是从外界附加一个和系统脉动幅值相同、相位相反的二次脉动，以衰减（对消）系统原来存在的一次脉动。 由于系统和外界存在液压或机械能量的交换，属外控型。 反向脉动是通过转换器来实现的，常用的转换器为电液伺服阀和电液比例阀，阀的开口量与电信号近似成比例关系，从而流量也与电信号近似成比例关系。 电信号为脉动信号时，流量也近似为脉动信号；而且应和一次脉动的幅值近似相等，相位差近似为 π，借以对消系统的一次脉动、反向脉动。 另一种转换器为活塞和薄膜式，靠活塞或薄膜的往复运动来形成反向流量及压力脉动。

在实际应用中可将有源滤波和无源滤波联合使用，有源滤波衰减低频脉动，无源滤波衰减较高频率脉动，既可保持液压系统原有的动特性，又可在较宽频带内提高消脉效果。 如设计得当，总压力脉动可衰减 20dB 左右。

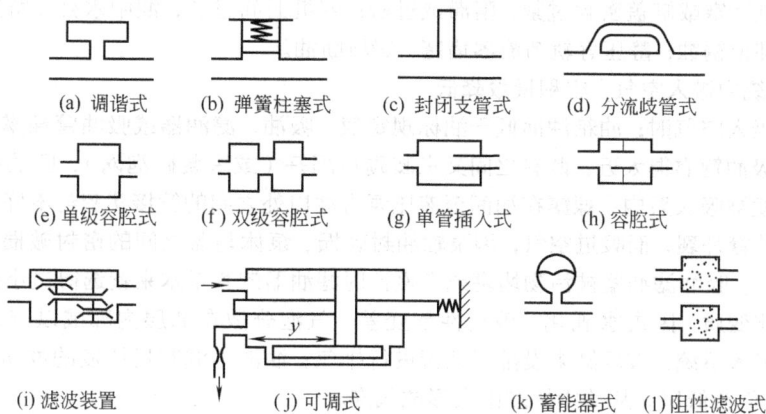

(a) 调谐式　　(b) 弹簧柱塞式　　(c) 封闭支管式　　(d) 分流歧管式

(e) 单级容腔式　　(f) 双级容腔式　　(g) 单管插入式　　(h) 容腔式

(i) 滤波装置　　(j) 可调式　　(k) 蓄能器式　　(l) 阻性滤波式

图 9-25　无源液压滤波方法的基本形式

9.5.5　爬行

液压设备的执行元件常需要以很低的速度（例如每分钟几毫米甚至不到 1mm）移动（液压缸）或转动（液压马达）。此时，往往会出现明显的速度不均，断续的时动时停、一快一慢、一跳一停的现象，这种现象称为爬行，即低速平稳性的问题。

爬行有很大危害，例如对机床类液压设备而言会破坏工作的表面质量（粗糙度）和加工精度，降低机床和刀具的使用寿命，甚至会产生废品和发生事故，必须排除。

（1）爬行故障的原因

当摩擦面处于边界摩擦状态时，存在着动、静摩擦系数的变化（动、静摩擦系数的差异）和动摩擦系数随着速度的增加而降低的现象；传动系统的刚度不足（如油中混有空气）；运动速度太低，而运动件的质量较大。

不出现爬行现象的最低速度，称为运动平稳性的临界速度。

（2）消除爬行现象的途径

① 减少动、静摩擦系数之差。如采用静压导轨和卸荷导轨、导轨采用减摩材料、用滚动摩擦代替滑动摩擦以及采用导轨油润滑导轨等。

② 提高传动机构（液压的、机械的）的刚度 K。如提高活塞杆及液压缸座的刚度、防止空气进入液压系统以减少油的可压缩性带来的刚度变化等。

③ 采取降低其临界速度及减少移动件的质量等措施。

（3）产生爬行的具体原因

同样是爬行，其故障现象是有区别的：有有规律的爬行，有无规律的爬行；有的爬行无规律且振幅大；有的爬行在极低的速度下产生。产生这些不同现象的爬行，其原因各有不同的侧重面，有些是机械方面的原因为主、有些是液压方面的原因为主、有些是油中进入空气的原因为主、有些是润滑不良的原因为主。液压设备的维修和操作人员必须不断总结归纳，迅速查明产生爬行的原因，予以排除。现将爬行原因具体归纳如下。

① 静、动摩擦系数的差异大

导轨精度差，导轨面（V 形、平导轨）严重扭曲；导轨面上有锈斑；导轨压板镶条调得过紧，导轨副材料动、静摩擦系数差异大；导轨刮研不好，点数不够，点子不均匀；导轨上开设的油槽不好，深度太浅，运行时已磨掉，所开油槽不均匀，油槽长度太短；新液压设备，导轨未经跑合；液压缸轴心线与导轨不平行；液压缸缸体孔内局部段锈蚀（局部段爬行）和拉伤；液压缸缸体孔、活塞杆及活塞精度差；液压缸装配及安装精度差，活塞、活塞杆、缸体孔及缸盖孔的同轴度差；液压缸活塞或缸盖密封过紧、阻滞或过松；停机时间过长，油中水分（特别是磨床冷却液）导致有些部位锈蚀；静态导轨节流器堵塞，导轨断油。

② 液压系统中进入空气，容积模数降低

当液压泵吸入空气时：油箱油面低于油标规定值，吸油、滤油器或吸油管裸露在油面上；油箱内回油管与吸油管靠得太近，两者之间又未装隔板隔开（或未装破泡网），回油搅拌产生的泡沫来不及上浮便被吸入泵内；裸露在油面至液压泵进油口处之间的管接头密封不好或管接头因振动松动，或者油管开裂，而吸进空气；因泵轴油封破损、泵体与盖之间的密封破损而进空气；吸油管太细、太长，吸油滤油器被污物堵塞或者设计时滤油器的容量本来就选得过小造成吸油阻力增加；油液劣化变质，因进水乳化，破泡性能变差，气泡分散在油层内部或以网状气泡浮在油面，泵工作时吸入系统；液压缸未设排气装置进行排气；油液中混有易挥发的物质（如汽油、乙醇、苯等），它们在低压区从油中挥发出来形成气泡。

当空气从回油管反灌时：回油管工作时或长久裸露在油面以上；在未装背压阀的回油路上，而缸内有时又为负压时；液压缸缸盖密封不好，有时进气，有时漏油。

③ 液压元件和液压系统方面的原因

压力阀压力不稳定，阻尼孔时堵时通，压力振摆大，或者调节的工作压力过低；节流阀流量不稳定，且在超过阀的最小稳定流量下使用；泵的输出流量脉动大，供油不均匀；液压缸活塞杆与工作台非球副连接，特别是长液压缸因别劲产生爬行，液压缸两端密封调得太紧，摩擦力大；液压缸内、外泄漏大，造成缸内压力脉动变化；润滑油稳定器失灵，导致导轨润滑油不稳定，时而断流，摩擦而未能形成 0.005～0.008mm 厚的油膜（经验是用手指刮全长导轨面，如黏附在手上的油欲滴不滴，则油膜厚度适当）；润滑压力过低且工作台又太重；管路发生共振；液压系统采用进口节流方式且又无背压或背压调节机构，或者虽有背压调节机构，但背压调节过低，这样在某种低速区内最易产生爬行。

④ 液压油原因

油牌号选择不对，黏度太稀或太稠；油温影响，黏度有较大变化。

⑤ 其他原因

液压缸活塞杆、液压缸支座刚性差，密封方面的原因；电机动平衡不好、电机转速不均匀及电流不稳定等；机械系统的刚性差。

（4）消除爬行的具体方法

根据上述产生爬行的原因，可逐一采取排除方法，主要措施如下。

① 在制造和修配零件时，严格控制几何形状偏差、尺寸公差和配合间隙。

② 修刮导轨，去锈去毛刺，使两接触导轨面接触面积≥75%，调好镶条，油槽润滑油畅通。

③ 以平导轨面为基准，修刮液压缸安装面，保证在全长上平行度小于 0.1mm；以 V 形导轨为基准调整液压缸活塞杆侧母线，两者平行度在 0.1mm 之内，活塞杆与工作台采用球副连接。

④ 液压缸活塞与活塞杆同轴度要求≤0.04/1000，所有密封安装在密封沟槽内，不得出现四周上的压缩余量不等现象，必要时可以外圆为基准修磨密封沟槽底径，密封装配时，不得过紧和过松。

⑤ 防止空气从泵吸入系统，从回油管反灌进入系统，根据上述产生进气的原因逐一采取措施。

⑥ 排除液压元件和液压系统的有关故障，例如系统可改用回油节流系统或能自调背压的进油节流系统等措施。

⑦ 采用适合导轨润滑用油，必要时采用导轨油，因为导轨油中含有极性添加剂，增加了油性，使油分子能紧紧吸附在导轨面上，运动停止后油膜不会被挤破而保证流体润滑状态，使动、静摩擦系统之差极小。

⑧ 增强各机械传动件的刚度，参阅 6.6 相关的内容，排除因密封方面的原因产生的爬行

现象。

⑨ 在油中加入二甲基硅油抗泡剂破泡。

⑩ 注意油液和液压系统的清洁度。

⑪ 用 5% ~ 10% 的油酸加 90% ~ 95% 的导轨油搅和涂抹导轨。

9.5.6 液压系统温升发热厉害

（1）温升发热的不良影响

液压系统的温升发热和污染一样，也是一种综合故障的表现形式，主要通过测量油温和少量液压元件来衡量。

液压设备是用油液作为工作介质来传递和转换能量的，运转过程中的机械能损失、压力损失和容积损失必然转化成热量放出。从开始运转时接近室温的温度，通过油箱、管道及机体表面，还可通过设置的油冷却器散热，运转到一定时间后，温度不再升高而稳定在一定温度范围达到热平衡，两者之差便是温升。温升过高会产生下述故障和不良影响。

① 油温升高会使油的黏度降低，泄漏增大，泵的容积效率和整个系统的效率会显著降低。由于油的黏度降低，滑阀等移动部位的油膜变薄和被切破，摩擦阻力增大，导致磨损加剧，系统发热，带来更高的温升。

② 油温过高使机械产生热变形，既使得液压元件中热膨胀系数不同的运动部件之间的间隙变小而卡死，引起动作失灵，又影响液压设备的精度，导致零件加工质量变差。

③ 油温过高也会使橡胶密封件变形，提早老化失效，降低使用寿命，丧失密封性能，造成泄漏．泄漏又会进一步发热产生温升。

④ 油温过高会加速油液氧化变质，并析出沥青物质，降低液压油的使用寿命。析出物堵塞阻尼小孔和缝隙式阀口，导致压力阀调压失灵、流量阀流量不稳定和方向阀卡死不换向、金属管路伸长变弯，甚至破裂等诸多故障。

⑤ 油温升高，油的空气分离压降低，油中溶解的空气逸出，产生气穴，致使液压系统工作性能降低。

图 9-26 为液压油的温度管理图。

（2）液压系统温升过大、发热厉害的原因

油温过高有设计方面的原因，也有加工制造和使用方面的原因，具体如下。

① 液压系统的各种能量损失必然带来发热温升

液压装置一般损失情况和液压系统的能量损失情况见图 9-27 和图 9-28 所示，根据能量守恒定律，这些能量损失必然转化为另一种形式——热量，从而造成温升发热。

② 液压系统设计不合理，造成先天性不足

油箱容量设计太小，冷却散热面积不够，而又未设计安装有油冷却装置，或者虽有冷却装置但冷却装置的容量过小；选用的阀类元件规格过小，造成阀的流速过高而压力损失增大导致发热，例如差动回路中如果仅按泵流量选择换向阀的规格，便会出现这种情况；按快进速度选择液压泵容量的定量泵供油系统，在工进时会有大部

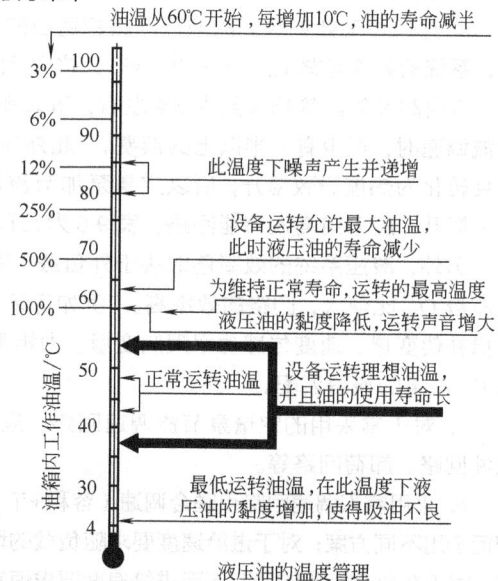

图 9-26 液压油的温度管理

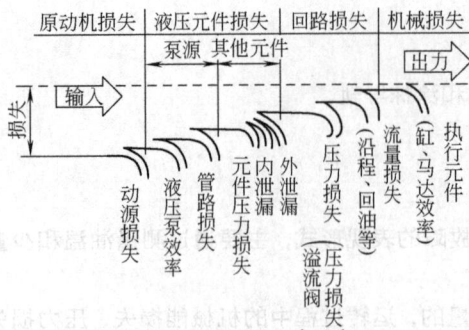

图 9-27　液压装置一般损失情况

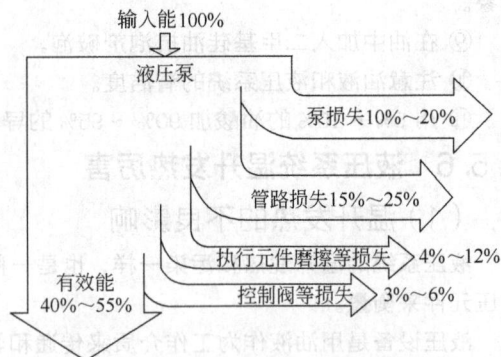

图 9-28　液压系统的能量损失情况

分多余的流量在高压（工进压力）下从溢流阀溢回而发热；系统中未设计卸荷回路，停止工作时液压泵不卸荷，泵全部流量在高压下溢流，产生溢流损失发热，导致温升，有卸荷回路时但未能卸荷；液压系统背压过高，例如在采用电液换向阀的回路中，为了保证其换向可靠性，阀不工作时（中位）也要保证系统一定的背压，以确保有一定的控制压力使电液阀可靠换向，如果系统为大流量，则这些流量会以控制压力从溢流阀溢流，造成温升（如 B690 刨床）；系统管路太细、太长，弯曲过多，局部压力损失和沿程压力损失大，系统效率低；闭式液压系统散热条件差等。

③ 加工制造和使用方面造成的发热温升

元件加工精度及装配质量不良，相对运动件间的机械摩擦损失大；相配件的配合间隙太大，或使用磨损后导致间隙过大，内、外泄漏量大，造成容积损失大，例如泵的容积效率降低，温升快；液压系统工作压力高速不当，比实际需要高很多，有时是因密封调整过紧或密封件损坏，泄漏增大，不得不调高压力才能工作；周围环境温度高、液压设备工作时产生的热量等原因使油温升高，以及机床工作时间过长；油液黏度选择不当，黏度大则黏性阻力大，黏度太小则泄漏增大，两种情况均造成发热温升。

（3）防止油温过度升高的措施

① 合理设计液压回路。

a. 选用传动效率较高的液压回路和适当的调整方式。 目前普遍使用着的定量泵节流调速系统，系统的效率是较低的（＜0.385），这是因为定量泵与液压缸的效率分别为 85% 与 95% 左右，方向阀及管路等损失约为 5% 左右，所以即使不进行流量控制，也有 25% 的功率损失。 加上节流调速时，至少有一半以上的浪费。 此外还有泄漏及其他的压力损失和容积损失，这些损失均会转化为热能导致温升，所以定量泵加节流调速系统只能用于小流量系统。 为了提高效率、减少温升，应采用高效节能回路，表 9-6 为几种控制回路的功率损失。

另外，液压系统的效率还取决于外负载（图 9-29）。 同一种回路，当负载流量 Q_L 与泵的最大流量 Q_m 比值大，回路的效率高。 例如可采用手动伺服变量、压力控制变量、压力补偿变量、流量补偿变量、速度传感功率限制变量、力矩限制器功率限制变量等多种形式，力求达到负载流量 Q_L 与泵的流量匹配。

b. 对于常采用的定量泵节流调速回路，应力求减少溢流损失的流量，例如可采用双泵双压供油回路、卸荷回路等。

c. 采用容积调速回路和联合调速（容积+节流）回路。 在采用联合调速方式中，应区别不同情况而选用不同方案：对于进给速度要求随负载的增加而减少的工况，宜采用限压式变量泵节流调速回路；对于在负载变化的情况下而进给速度要求恒定的工况，宜采用稳流式变量泵节流调速回路；对于在负载变化的情况下，供油压力要求恒定的工况，宜采用恒压变量泵节流调速回路。

d. 选用高效率的节能液压元件，提高装配精度，选用符合要求规格的液压元件。

e. 设计方案中尽量简化系统和元件数量。

f. 设计方案中尽量缩短管路长度，适当加大管径，减少管路口径突变和弯头的数量。 限制管路和通道的流速，减少沿程和局部损失，推荐采用集成块的方式和叠加阀的方式。

② 提高液压元件和液压系统的加工精度和装配质量，严格控制相配件的配合间隙和改善润滑条件。

采用摩擦系数小的密封材质和改进密封结构，确保导轨的平直度、平行度和良好的接触，尽可能降低液压缸的启动力。 尽可能减少不平衡力，以降低由于机械摩擦损失所产生的热量。

表 9-6　几种控制回路的功率损失

回路形式	回　路	压力-流量特征	回路效率
定量泵+溢流阀			$\eta = \dfrac{p_L Q_L}{pQ}$
压力匹配			$\eta = \dfrac{p_L Q_L}{(p_L + \Delta p) Q}$
流量匹配			$\eta = \dfrac{p_L Q_L}{p_S Q_L}$
功率匹配			$\eta = \dfrac{p_L Q_L}{p_S Q_L}$ $p_S = p_L + \Delta p$

③ 适当调整液压回路的某些性能参数。 例如在保证液压系统正常工作的条件下，泵的输出流量尽量小一点，输出压力尽可能调得低一点，可调背压阀的开启压力尽量调低点，以减少能量能失。

④ 根据不同加工要求和不同负载要求，经常调节溢流阀的压力，使之恰到好处。

⑤ 合理选择液压油，特别是油液黏度，在条件允许的情况下，尽量采用低一点的黏度以减少黏性摩擦损失。

⑥ 注意改善运动零件的润滑条件，以减少摩擦损失，有利于降低工作负载，减少发热。

⑦ 必要时增设冷却装置。

（4）液压系统的温控装置

油液温升过高不行，但油温过低也不妙。 正确的是液压系统应保持合适的油温，即需要一套温控装置，由温度测量、加热升温和冷却降温三大部分组成。

① 温度测量装置　测量油温的方法很多，主要有接触测量法和非接触测量法。 接触测量法常用的有玻璃管制温度计，这种方法一般限于低压测量。

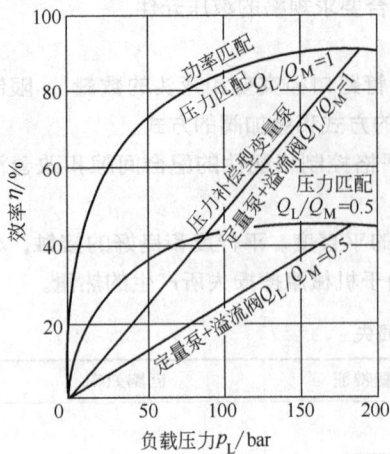

图 9-29　回路效率与负载压力
的关系曲线

图 9-30 为一种高压（压力管路）测温装置。 如图所示，敏感元件 1 被包在保护套 2 内（图上未画出），敏感元件由热电偶或热电阻构成。 热电阻通常采用铂系或铜系制成，并依附在绝缘支架上。 热电偶一般用镍铬-考铜、镍铬-镍硅等材料制成。

保护套 2 的作用是使敏感元件有较好的承压能力和抗振性能，常用不锈钢（如 1Cr18Ni9Ti）制成，一般能满足额定压力为 31.5MPa 的工况要求。 保护套和敏感元件之间充填绝缘材料，以保护其绝缘性能。

连接管 3 是高压油液的通道，其两端可以按不同的连接方式和不同管接头标准系列进行设计。 连接管内的实际通流截面积与公称管道通流面积大小相仿，以减少液流压力损失和避免液流加速引起的冲击和振动。 热电阻或热电偶的引出线通过插头 4 和显示仪表 5 连接，还可配用打印机做打印记录，测试原理方框图如图 9-31 所示。

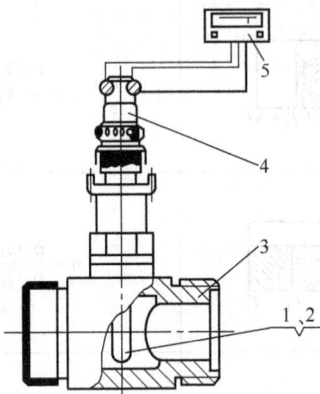

图 9-30　温度传感装置结构简图
1—敏感元件；2—保护套；3—连接管；
4—引出导线插头；5—显示仪表

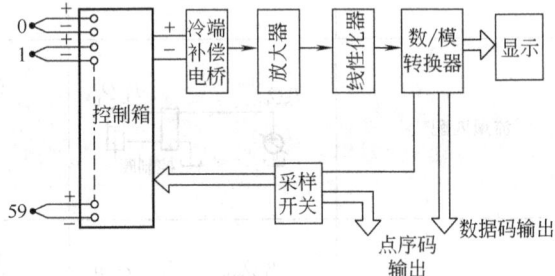

图 9-31　温度测试原理方块图

② 加热升温装置　在寒冷季节和高寒地区，为避免油温过低带来系统故障，必须对油液先行加热升温，一般采用蒸汽加热和电加热器加热。 电加热器方便，但由于加热器直接接触油液，容易烧焦和使油分子炭化，使油中出现杂质。 图 9-32 为 SRY2 型油用管状加热器，一般如图所示安装在油箱底部。

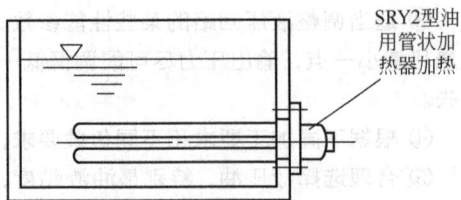

图 9-32　电加热器及其安装

③ 冷却降温装置　如前所述，油液温升会带来许多故障和弊病，特别是炎热季节，这一问题尤为突出。 这是油温控制中矛盾的主要方面，目前主要采用加大油箱的散热面积和安装油冷却器的方法。

9.5.7　系统进气产生的故障和产生的气穴

（1）液压系统中进入空气和产生气穴的危害

液压封闭系统内部的气体有两种来源：一是从外界被吸入到系统内的，叫混入空气；一是由于气穴现象产生液压油溶解空气的分离。

① 混入空气的危害　油的可压缩性增大（1000倍），导致执行元件动作误差，产生爬行，破坏了工作平稳性，产生振动，影响液压设备的正常工作；大大增加了液压泵和管路的噪声和振动，加剧磨损，气泡在高压区成了"弹簧"，系统压力波动很大，系统刚性下降，气泡被压力油击碎，产生强烈振动和噪声，使元件动作响应性大为降低，动作迟滞；压力油中气泡被压缩时放出大量热量，局部燃烧氧化液压油，造成液压油的劣化变质；气泡进入润滑部位，切破油膜，导致滑动面的烧伤与磨损及摩擦力增大（空气混入，油液黏度增大）的现象；气泡集存油箱，增大体积，油液从油箱浸出，污染地面；气泡导致气穴。

② 气穴的危害　所谓气穴，是指流动的压力油液在局部位置压力下降（流速高，压力低），达到饱和蒸气压或空气分离压时，产生蒸气和溶解空气的分离而形成大量气泡的现象，当再次从局部低压区流向高压区时，气泡破裂消失，在破裂消失过程中形成局部高压和高温，出现振动和发出不规则的噪声，金属表面被氧化剥蚀，这种现象叫气穴，气穴产生的腐蚀金属现象则叫气蚀。气穴多发生在液压泵进口处及控制阀的节流口附近。

气穴除了产生混入空气那些危害外，还会在金属表面产生点状腐蚀性磨损。因为在低压区产生的气泡进入高压区会突然溃灭，产生数十兆帕的压力，推压金属粒子，反复作用使金属急剧磨损，因为气泡（空穴），泵的有效吸入流量减少。

另外，因气穴工作油的劣化大大加剧，气泡在高压区受绝热压缩，产生极高的温度，加剧了油液与空气的化学反应速度，甚至燃烧，发光发烟，碳元素游离，导致油液发黑。

（2）空气混入的途径和气穴产生的原因

① 气混入的途径　油箱中油面过低或吸油管未埋入油面以下造成吸油不畅而吸入空气（图9-33）；液压泵吸油管处的滤油器被污物堵塞，或滤油器的容量不够、网孔太密、吸油不畅形成局部真空，吸入空气；油箱中吸油管与回油管相距太近，回油飞溅搅拌油液产生气泡，气泡来不及消泡就被吸入泵内；回油管在油面以上，当停机时，空气从回油管逆流而入（缸内有负压时）；系统各油管接头、阀与阀安装板的连接处密封不严，或因振动、松动等原因，空气乘隙而入；因密封破损、老化变质或因密封质量差、密封槽加工不同心等原因，在有负压的位置（例如液压缸两端活塞杆处、泵轴油封处、阀调节手柄及阀工艺堵头等处），由于密封失效，空气便乘虚而入。

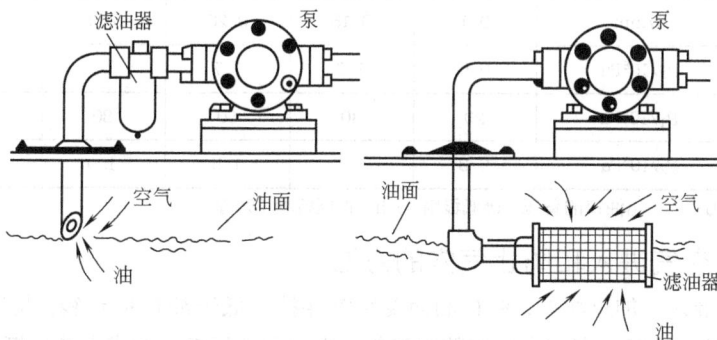

图 9-33　油箱油液不够，吸进空气

② 气穴产生的原因　上述空气混入油液的各种原因，也是可能产生气穴的原因。

a. 液压泵产生气穴的原因：液压泵吸油口堵塞或容量选得太小；驱动液压泵的电机转速过高；液压泵安装位置（进油口高度）距油面过高；油管通径过小，弯曲太多，油管长度过长，吸油滤油器或吸油管浸入油内过浅；冬天开始启动时，油液黏度过大等。

上述原因导致液压泵进口压力过低，当低于某温度下的空气分离压时，油中的溶解空气便以空气泡的形式析出；当低于液体的饱和蒸气压时，就会形成气穴现象。

各类液压油的溶解空气量见表9-7所示，表9-8例举了几种液压油在不同温度下的饱和蒸气压力。

一般液压油（矿物油）的饱和蒸气压力可取为 $2.254N/cm^2$（$=0.22\times10^5Pa$），空气分离压力为 0.1×10^5Pa。

表 9-7　液压油的溶解空气量

种类	空气含量（体积比）/%	种类	空气含量（体积比）/%
石油基液压油	7~11	磷酸酯	5~6
油包水（W/O）乳化液	5~7	水	2
水-乙二醇	2~2.5		

表 9-8　各种工作液的饱和蒸气压力（仅供参考，日本资料）

种类	温度/℃	蒸气压/Pa	备注	种类	温度/℃	蒸气压/Pa	备注
水	0	6133	H_2O	140# 透平油	20	0.387	石油系
	20	2338			50	10.66	
	37.8	6533			93	101.32	
	50.0	12399		航空油 MIL-H-5606	20	0.333	石油系
	93.0	28397			50	6.666	
	100.0	101323			100	333.3	
90# 透平油	20	18	石油系	磷酸酯	93	0.013332	合成油
	50	13			150	199.98	
	93	266.6					

b. 节流缝隙（小孔）产生气穴。　根据伯努利方程可知，高速区即为低压区。而节流缝隙流速很高，在此区段内压力必然降低，当低于液体的空气分离压或饱和蒸气压时，便会产生气穴。与此类似的有管路通径的突然扩大或缩小、液流的分流与汇流、液流方向突然改变等，会使局部压力损失过大造成压降而成为局部低压区，也可能产生气穴。

c. 气体在液体中的溶解量与压力成正比，当压力降低，便处于过饱和状态，空气就会逸出。

d. 圆锥提动阀（如插装阀、压力阀的先导阀及单向阀等）的出口背压过低，应按表9-9选取。

表 9-9　圆锥提动阀的背压（P_2）推荐允许值

$P_1=7MPa$ $t=45℃$ 透平油	h/mm	0.1	0.15	0.20	0.25	0.3	0.4
	$P_2/10^5Pa$	0.5	1.3	1.7	2.0	2.4	2.8
h=0.2 $t=45℃$ 透平油	$P_1/10^5Pa$	20	40	60	80	100	
	$P_2/10^5Pa$	0.3	1.1	1.5	1.9	2.3	

注：P_1—进油压力；P_2—出油口的背压（最低极限）；h—锥阀行程（升程）。

（3）防止空气进入和防止气穴的方法

① 防止空气混入　加足油液，油箱油面要经常保持不低于油标指示线，特别是对装有大型液压缸的液压系统，除第一次加入足够的油液外，当启动液压缸，油进入液压缸后，油面会显著降低，甚至使滤油器露出油面，此时需再往油箱加油，油箱内总的加油量应如图9-34所示。定期清除附着在滤油器滤网或滤芯上的污物。如滤油器的容量不够或网纹太细，应更换合适的滤油器。进、回油管要尽可能隔开一段距离，按照6.5节油箱中的有关内容，防止空气进入产生噪声。回油管应插入油箱最低油面以下（约10cm），回油管要有一定的背压，一般为0.3~0.5MPa。注意各种液压元件的外漏情况，往往漏油处也是进气处。拧紧各管接头，特别是硬性接口套，要注意密封面的情况。采取措施，提高油液本身的抗泡性能和消泡性能，必要时添

加消泡剂等添加剂，以利于油中气泡的悬浮与破泡。 在没有排气装置的液压缸上增设排气装置或松开设备最高部位的管接头排气。

② 液压泵气穴的防止方法 按液压泵使用说明书选择泵驱动电机的转数；对于有自吸能力的泵，应严格按液压泵使用说明书推荐的吸油高度安装，使泵的吸油口至液面的相对高度尽可能低，保证泵进油管内的真空度不超过泵本身所规定的最高自吸真空度，一般齿轮泵为0.056MPa，叶片泵为 0.033MPa，柱塞泵为0.0167MPa，螺杆泵为 0.057MPa；吸油管内流速控制在 1.5m/s 以内，适当缩短进油管路，减少管路弯曲数，管内壁尽可能光滑，以减少吸油管的压力损失；吸油管头（无滤油器时）或滤油器要埋在油面以下，随时注意清洗滤网或滤芯；吸油管裸露在油面以上的部分（含管接头）要密封可靠，防止空气进入。

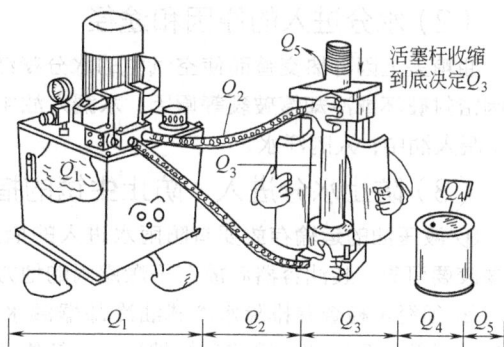

图 9-34　液压系统油量示意图

$Q = Q_1 + Q_2 + Q_3 + Q_4$—需准备的油量；
Q_1—油箱油量；Q_2—管路油量；Q_3—液压缸油量；
Q_4—多准备油量（管内截面积×管长×根数）（缸内径×行程）；Q_5—泄漏油量

③ 防止节流气穴的措施 尽力减少上、下游压力之差（节流口）；上、下游压力差不能减少时，可采用多级节流的方法，使每级压差大大减少；尽力减少通过流量和压力；节流口形状为薄壁小孔节流，也宜采用喷嘴节流形状；为防止圆锥提动阀的气穴，需有一定的背压值，其最低限值随进口压力和升程不同而异。

④ 其他防气穴措施

a. 对液压系统其他部位有可能产生压力损失而导致气穴的部位，应避免该部位因压力损失而造成压力下降后的压力低于油液的空气分离压力。 例如可采取减少管路突然增大或突然缩小的面积比以及避免不正确的分流与汇流等措施。

b. 工作油液的黏度不能太大，特别是在寒冷季节和环境温度低时，需更换黏度稍低的油液和选用流动点低的油液及空气分离压稍低的油液。

c. 减缓变量泵及流量调节阀的流量调节速度，不要太快、太急，要缓慢进行。

d. 必要时采用加压油箱或者液压泵装于油箱油面以下，倒灌吸油。

9.5.8 水分进入系统产生的故障和内部锈蚀

（1）水分等进入液压系统的危害

① 水分进入油中，会使液压油乳化，成为白浊状态。 如果液压油本身的抗乳化性较差，即使静置一段时间，水分也不与油相分离，即油总处于白浊状态。 这种白浊的乳化油进入液压系统内部，不仅使液压元件内部生锈，同时降低摩擦运动副的润滑性能，零件磨损加剧，降低系统效率。

② 进入水分使液压系统内的铁系金属生锈，剥落的铁锈在液压系统管道和液压元件内流动，蔓延扩散下去，导致整个系统内部生锈，产生更多的剥落铁锈和氧化生成物，甚至出现很多油泥。 这些水分污染物和氧化生成物，既成为进一步氧化的催化剂，更导致液压元件的堵死、卡死现象，引起液压系统动作失常、配管阻塞、冷却器效率降低、滤油器堵塞等一系列故障。

③ 铁锈是铁、水与空气（氧）同时存在的条件下形成的。 除了锈蚀金属外，还使油液酸值增高，产生过氧化物、醛酸醋、有机酸等氧化生成物，使液压油的抗乳化性及抗泡性能降低，使油液氧化而劣化变质。

（2）水分进入的原因和途径

油箱盖上因冷热交替而使空气中的水分凝结，变成水珠落入油中；液压回路中的水冷式冷却器因密封破坏或冷却管破裂等原因，水漏入油中；一油桶中的水分、雨水、水冷却液喷溅（如磨床）漏入油中；人的汗水。

（3）防止水分进入、防止生锈的措施

① 液压油的运输存放要有防雨水进入的措施，装有液压油的油桶不可露天放置，油桶盖密封橡胶要可靠，装油容器应放在干燥避雨的地方。

② 须经常检查并排除水冷式油冷却器漏水、渗水故障，出现这一故障时油液白浊，这时要检查密封破损及冷却水管的破损情况，拆卸修理或更换。

③ 室内液压设备要防止屋漏及雨水从窗户飘入，室外液压设备（如行走机械）换油须在晴天进行，并尽力避免雨天工作，油箱要严加密封，防止雨水渗漏进入油内。

④ 选用油水分离性能好的油，国外出现了能过滤油中水分的滤油器，能装设则更好。

⑤ 一般条件下的轻载设备，混入的水分不得大于 0.2%；间歇时间长的设备和精密设备，混入的水分应小于 0.05%。

9.5.9 炮鸣

（1）"炮鸣"及其原因

在大功率的液压机、矫直机、折弯机等的液压系统中，由于工作压力都很高，当主液压缸上腔通入压力油进行压制、拉伸或折弯时，高压油具有很大的能量。除了推动液压缸活塞下行完成工作外，还会使液压缸机架、工作液压缸本身、液压元件、管道和接头等产生不同程度的弹性变形，积蓄大量能量。当压制完毕或保压之后，液压缸上行时，缸上腔通回油，那么上腔积蓄着的油液压缩能和机架等上述各部分积蓄的弹性变形能突然释放出来，而机架系统也迅速回弹，就会瞬时产生强烈的振动（抖动）和巨大的声响。在此降压过程中，油液内过饱和溶解的气体的析出和破裂更加剧了这一作用，对设备的正常运行极为不利，造成压力表指针强烈抖动和系统发出很大的枪炮声状的噪声，称之为"炮鸣"。

注意：炮鸣发生在液压缸回程工作压力低的空行程中，而不是出现在工作压力高的工作行程中。

"炮鸣"是在高压大流量系统设计中，对能量释放认识不足，未做处理或处理不当而产生的，即在设计上未采取有效而合理的卸压措施所致。

（2）炮鸣的危害

在立式液压缸上升（返回）空行程产生强烈的振动和巨大的声响；振动导致连接螺纹松动，致使设备严重漏油；振动导致液压元件和管件破裂，压力表振坏；系统有可能无法继续工作，甚至造成人身安全和设备事故。

（3）防止产生炮鸣的方法

消除炮鸣现象的关键在于先使液压缸上腔有控制地卸压，即能量慢慢释放，卸压后再换向（缸下腔再升压做返回行程）。具体方法如下。

① 采用小型电磁阀卸压［图9-35（a）］ 当1DT通电液压缸下行时，小型电磁阀1的电磁铁3DT不通电；当主缸下行完成挤压以后，在三位四通电液换向阀2开始换向之前，借助于时间继电器使阀1的电磁铁3DT先接通2~3s，使液压缸上腔压力降至接近于预定值或零，弹性能得以释放，再接通阀2的电磁铁2DT进行换向（上行）。由于此时在液压缸上腔几乎没有压力的情况下进行换向，使液压缸上行，从而消除了"炮鸣"。

② 采用卸荷阀控制卸压［图9-35（b）］ 液压缸下行压制工件时，2DT通电。当换向阀2

处于中位时，液压机为压制后的保压过程，主缸上腔的高压油使卸荷阀4呈开启状态。保压结束后由时间继电器发信，1DT通电，阀1切换到右工作位，压力油经阀3回到油箱。阀3的阀前压力使充液阀3中的泄压阀阀芯开启，泄压油流经阻尼孔回到充液油箱，待主缸上腔压力逐渐降至阀4调定的活塞回程压力之后，阀4关闭。同时，其阀前压力将阀3的阀芯打开；压力油进入主缸下腔。上腔的大量回油经阀3回充液油箱，活塞得以回程。

③ 采用专用节流阀卸压［图9-35（c）］ 主缸下腔为挤压腔（工作腔）。当2DT通电，压力油经三位四通电液换向阀2、液控单向阀3进入主缸下腔进行挤压，挤压力上升到要求的吨位后，电接点压力表6发信，2DT断电，进行保压。泄压时，由操作人员慢慢拧开专用节流阀5，将高压油逐渐放回油箱；当观察压力表7所示压力值降至5～3MPa时，再使1DT通电，大量的低压油经阀3、阀2流回油箱。

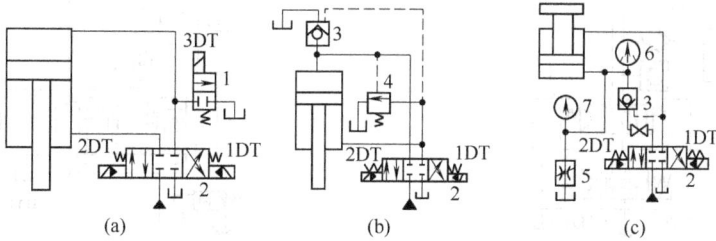

图9-35 防止"炮鸣"的方法
1—二位二通电磁阀；2—三位四通电液换向阀；3—充液阀（或液控单向阀）；
4—卸荷阀；5—专用节流阀；6—电接点压力表；7—压力表

④ 闭式回路中用卸压换向阀卸压（图9-36） 当活塞加压下降时，a为压力侧，b为吸油侧，故下滑阀开启，而上滑阀关闭，卸压阀不起作用；当工作完毕泵换向，b转为压力侧，液压力克服了滑阀的弹簧力将它移到左端，各通路接通。于是缸上腔通过a、1、4和节流阀7卸压，同时泵的吸油也帮助卸压，卸压速度由节流阀7来调节。这时，泵的供油通过b、2、3、5和6排回油箱而卸荷，仅保持低压以平衡上滑阀的弹簧力。当上腔压力低于下滑阀弹簧力时，下滑阀逐渐关闭，关闭速度可通过节流阀8来调节，以保证充分卸压。下滑阀的关闭切断了液压泵的卸荷通路，缸下腔压力上升，活塞回程上升。

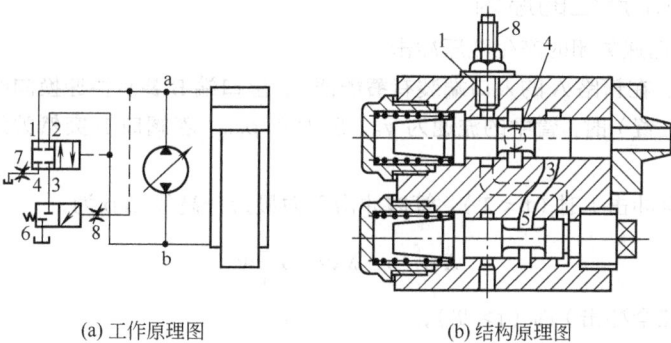

(a) 工作原理图　　　　　(b) 结构原理图

图9-36 闭式系统用卸压阀卸压

⑤ 采用电液换向阀K型阀芯机能卸压（图9-37） 给出信号，1DT通电，压力油经三位四通电液动换向阀1进入主缸上腔进行挤压，当压力上升到预定压力时，电接点压力表2发信，通过时间继电器延时保压。保压结束后，1DT断电，阀1在其所带阻尼器的控制下延时切换到中位，高压油也就随着K型阀芯的移动，经由小到大的开口量逐步释放，阀芯移到完全中位时，高压油的能量已大部分释放。这样"炮鸣"就大大减少了。为保证可靠换向，在图中a处应加背

压阀。

⑥ 采用单向节流阀控制卸压（图 9-38） 工作循环的挤压信号发出后，1DT、2DT 通电，压力油经插入式锥阀 1、2 分别进入主缸和快速缸进行挤压。 挤压完毕，行程开关发信，使 3DT 通电，低压控制压力油经二位三通电磁换向阀 3、单向节流阀 4，推开充液阀 5 的小卸压阀芯，高压油经该阀芯所属的阻尼孔卸压；与此同时，行程开关还使时间继电器延时 1~2s，主缸的油压已降至 5~1MPa 的低压，大卸压阀芯已开启，延时结束，4DT 得电，压力油经阀 1、单向顺序阀 6，进入快速缸下腔，将挤压横梁推回上方位置，主缸的大量油液在低压状态下卸回充液箱从而避免产生"炮鸣"。

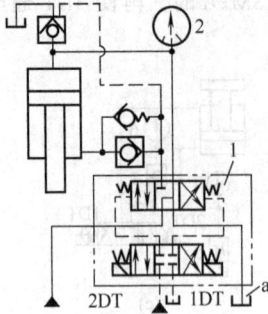

图 9-37 K 型阀芯机能卸压回路　　　　图 9-38 单向节流阀控制卸压回路

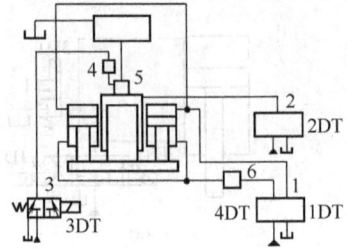

9.5.10 液压冲击

在液压系统中，管路内流动的液体常常会因很快地换向和阀口的突然关闭，在管路内形成一个很高的压力峰值，这种现象叫液压冲击。

（1）液压冲击的危害

冲击压力可能高于正常工作压力的 3~4 倍，使系统中的元件、管道、仪表等遭到破坏。 冲击产生的冲击压力使压力继电器误发信号，干扰液压系统的正常工作，影响液压系统的工作稳定性和可靠性。 引起振动和噪声、连接件松动，造成漏油、压力阀调节压力改变、流量阀调节流量改变；影响系统正常工作。

（2）液压冲击产生的原因

① 管路内阀口迅速关闭时产生液压冲击

如图 9-39 所示，在管路 A 的入口端装有蓄能器 1，出口端 B 装有快速换向阀 2。 当换向阀处于打开状态（图示位置）时，管中的流速为 v_0，压力为 p_0。 若阀口 B 突然关闭时，管路内就会产生液压冲击。

直接冲击（完全冲击）时（$t < T$），管内冲击压力最大升高值 Δp 为：

$$\Delta p = \rho c \Delta v = \rho \frac{L}{t} v_0$$

间接冲击（非完全冲击）时（$t > T$），

$$\Delta p = \rho c \frac{T}{t} \Delta v = \rho c \frac{T}{t}(v_0 - v_1)$$

式中　t——换向时间，即关闭或开启液流通道的时间；

T——当管长为 L 时，冲击波往返所需的时间，$T = 2L/c$；

ρ——液体密度；

Δv——阀口关闭前后，液流流速之差；

c——管内冲击波在管中的传播速度；

v_0, v_1——分别为未完全关闭时、关闭后的流速。

$$c = \sqrt{\frac{E_0}{e}} \Big/ \sqrt{1 + \frac{E_0 d}{E \delta}}$$

式中　　E_0——液体的弹性模数；

　　　　E——管路的弹性模数；

　　　　d——管道内径；

　　　　δ——管道壁厚。

　　② 运动部件在高速运动中突然被制动停止，产生压力冲击（惯性冲击）Δp

$$\Delta p = \frac{\sum m \Delta v}{A \Delta t}$$

式中　　$\sum m$——运动部件的总质量；

　　　　A——运动部件的有效端面积（如液压缸活塞面积）；

　　　　Δt——制动时间；

　　　　Δv——速度改变值。

　　例如液压缸活塞在行程中途突然停止或反向、主换向阀换向过快、活塞在缸端停止或反向，均会产生压力冲击。

（3）防止液压冲击的一般办法

　　① 对于阀口突然关闭产生的压力冲击（图 9-30），可采取下述方法排除或减轻

　　a. 减慢换向阀的关闭速度，即增大换向时间 t。 例如采用直流电磁阀比交流的液压冲击要小；采用带阻尼的电液换向阀可通过调节阻尼以及控制通过先导阀的压力和流量来减缓主换向阀阀芯的换向（关闭）速度，液动换向阀也与此类似。

　　b. 增大管径，减少流速 v_0，从而可减少 Δv，以减少冲击压力 Δp，缩短管长，避免不必要的弯曲，或采用软管也行之有效。

　　c. 在滑阀完全关闭前减慢液体的流速。 例如改进换向阀控制边的结构，即在阀芯的棱边上开长方形或 V 形直槽，或做成锥形（半锥角 2° ~ 5°）节流锥面，较之直角形控制边，液压冲击大为减少；在外圆磨床上，对先导换向阀采取预制动，然后主换向阀快跳至中间位置，工作台液压缸左、右腔瞬时进压力油（主阀为 P 型），这样可使工作台无冲击地平稳停止；

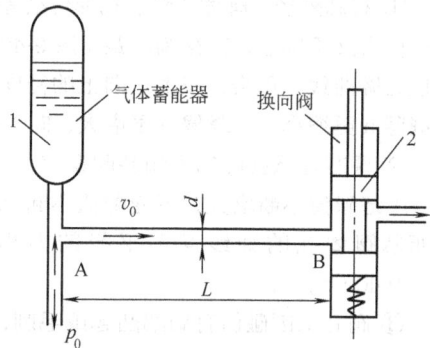

图 9-39　管路中的液压冲击

平面磨床工作台换向阀可采用 H 型，这样，当换向阀快跳后处于中间位置时，液压缸左、右两腔互通且通油池，可减少制动时的冲击压力。

　　② 运动部件突然被制动、减速或停止时，产生的液压冲击的防止方法（例如液压缸）

　　a. 可在液压缸的入口及出口处设置反应快、灵敏度高的小型安全阀（直动型），其调整压力在中、低压系统中，为最高工作压力的 105% ~ 115% ，如液压龙门刨床、导轨磨床等所采用的系统；在高压系统中，为最高工作压力的 125% ，如液压机所采用的系统。 这样可防止冲击压力不会超过上述调节值。

　　b. 在液压缸的行程终点采用减速阀，由于缓慢关闭油路而缓和了液压冲击。

　　c. 在快进转工进时（如组合机床）设置行程节流阀，并设置含两个角度的行程撞块，通过角度的合理设计，防止快进转换为工进时的速度变换过快造成的压力冲击；或者采用双速转换使速度转换不至于过快。

　　d. 在液压缸端部设置缓冲装置（如单向节流阀）控制液压缸端部的排油速度，使液压缸运

动到缸端停止时，平稳无冲击。

e. 在液压缸回油控制油路中设置平衡阀（立式液压机）和背压阀（卧式液压机），以控制快速下降或水平运动的前冲冲击，并适当调高背压压力。

f. 采用橡胶软管吸收液压冲击能量。

g. 在易产生液压冲击的管路位置，设置蓄能器吸收冲击压力。

h. 采用带阻尼的液动换向阀，并调大阻尼，即关小两端的单向节流阀，一般磨床操纵箱内的主换向阀（液动）均设置有这种结构。

i. 适当降低导轨的润滑压力，例如某磨床规定的润滑压力为 0.05～0.2MPa，润滑压力调到 0.2MPa 时，往往出现换向冲击；降低到 0.15MPa 时，冲击立刻消失。

j. 液压缸缸体孔配合间隙（间隙密封时）过大，或者密封破损而工作压力又调得很大时，易产生冲击。可重配活塞或更换活塞密封，并适当降低工作压力，可排除因此带来的冲击现象。

9.5.11　液压卡紧和其他卡阀现象

（1）液压卡紧和其他卡阀现象的危害

因毛刺和污物楔入液压元件滑动配合间隙，造成的卡阀现象，通常叫作机械卡紧。液体流过阀芯阀体（阀套）间的缝隙时，作用在阀芯上的径向力使阀芯卡住，叫作液压卡紧。液压元件产生液压卡紧时，会导致下列危害：轻度的液压卡紧，使液压元件内的相对移动件（如阀芯、叶片、柱塞、活塞等）运动时的摩擦阻力增加，造成动作迟缓，甚至动作错乱的现象；严重的液压卡紧，使液压元件内的相对移动件完全卡住，不能运动，造成不能动作（如换向阀不能换向，柱塞泵柱塞不能运动而实现吸油和压油等）的现象，手柄的操作力增大。

（2）产生液压卡紧和其他卡阀现象的原因

① 阀芯外径、阀体（套）孔形位公差大，有锥度，且大端朝着高压区；或阀芯阀孔失圆，装配时两者又不同心，存在偏心距［图 9-40（a）］。这样压力油 P，通过上缝隙 a 与下缝隙 b 产生的压力降曲线不重合，产生一向上的径向不平衡力（合力），使阀芯更加大偏心上移。上移后，上缝隙 a 更缩小，下缝隙 b 更增大，向上的径向不平衡力更增大，最后将阀芯顶死在阀体孔上。

② 阀芯与阀孔因加工和装配误差，阀芯在阀孔内倾斜成一定角度，压力油 P_1 经上、下缝隙后，上缝隙值不断增大，下缝隙值不断减少，其压力降曲线也不同，压力差值产生偏心力和一个使阀芯阀体孔的轴线互不平行的力矩，使阀芯在孔内更倾斜，最后阀芯卡死在阀孔内［图 9-40（b）］。

③ 阀芯上因碰伤有局部凸起或毛刺，产生一个使凸起部分压向阀套的力矩［图 9-40（c）］，将阀芯卡在阀孔内。

④ 为减少径向不平衡力，往往在阀芯上加工若干条环形均压槽。若加工时环形槽与阀芯外

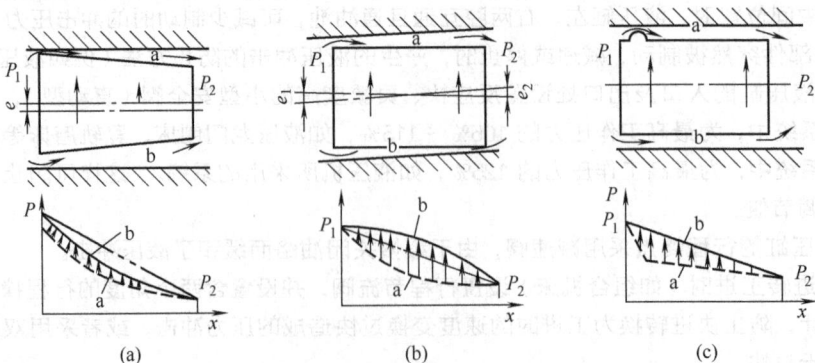

图 9-40　各种情况下的径向不平衡力

圈不同心，经热处理后再磨加工后，使环形均压槽深浅不一，产生径向不平衡力而卡死阀芯。

⑤ 污染颗粒进入阀芯与阀孔配合间隙，使阀芯在阀孔内偏心放置，形成图9-40（b）所示状况，产生径向不平衡力导致液压卡紧。

⑥ 阀芯与阀体孔配合间隙大，阀芯与阀孔台肩尖边与沉角槽的锐边毛刺清倒的程度不一样，引起阀芯与阀孔轴线不同心，产生液压卡紧。

⑦ 其他原因产生的卡阀现象：阀芯与阀体孔配合间隙过小；污垢颗粒楔入间隙；装配扭斜别劲，阀体孔阀芯变形弯曲；温度变化引起阀孔变形；各种安装紧固螺钉压得太紧，导致阀体变形；困油产生的卡阀现象。

（3）消除液压卡紧和其他卡阀现象的措施

① 减少液压卡紧的方法和措施　提高阀芯与阀体孔的加工精度，提高其形状和位置精度，目前液压件生产厂家对阀芯和阀体孔的形状精度，如圆度和圆柱度能控制在0.003mm以内，达到此精度一般不会出现液压卡紧现象；在阀芯表面开几条位置恰当的均压槽，且均压槽与阀芯外圆保证同心；采用锥形台肩，台肩小端朝着高压区，利于阀芯在阀孔内径向对中；有条件者使阀芯或阀体孔做轴向或圆周方向的高频小振幅振动；仔细清除阀芯凸肩及阀孔沉割槽尖边上的毛刺，防止磕碰而弄伤阀芯外圆和阀体内孔；提高油液的清洁度。

② 消除其他原因卡阀现象的方法和措施　保证阀芯与阀体孔之间合理的装配间隙，例如对φ16的阀芯和阀体孔，其装配间隙为0.008～0.012mm；提高阀体的铸件质量，减少阀芯热处理时的弯曲变形；控制油温，尽量避免过高温升；紧固螺钉均匀对角拧紧，防止装配时产生阀体孔的变形。

第 **10** 章

液压机（油压机）类液压系统及故障排除

10.1 HD-026型5000kN双动拉延液压机

这种拉延液压机用于金属薄板的压制和拉延成形等工艺，具有压边力大，拉延深度大等特点，且压边力和拉伸力可调，主要用于汽车制造业，供大型覆盖类零件拉延成形用。

10.1.1 液压系统的组成与工作原理

（1）液压系统的组成

泵源由两台国产63YCY 14-1B轴向柱塞泵提供压力油源（图10-1）。

调压卸荷控制集成回路块A：由一个插装式方向阀、插装式压力阀以及先导控制用的三位四通电磁阀、调压阀等组成，用来控制泵的卸荷、建压和调压。

拉延缸控制回路块B：用来控制拉延缸的动作。

动梁支承控制回路块C：用来控制动梁运动，使其不会因重力而快速下降和自由下落。

压边缸控制回路块D：用来控制压边梁的动作。

（2）工作原理（图10-1及表10-1）

表10-1 电磁铁动作顺序表

动作要求	发信元件		电磁铁									电动机	
	手动	半自动	1DT	2DT	3DT	4DT	5DT	6DT	7DT	8DT	9DT	1M	2M
电动机启动	5AN 7AN											+	+
动梁快速下行	11AN 12AN	11AN 12AN	+				+			+	+	+	+
动梁慢速下行	2XK	2XK	+					+		+		+	+
加压	3XK	3XK	+				+			+		+	+
保压	DJ或4XK	DJ或4XK											
卸压	13AN 14AN	3SJ		+					+		+	+	+
回程	YJ	YJ	+						+		+	+	+
顶出缸顶出	15AN 16AN	1XK	+			+						+	+
顶出缸退回	17AN 18AN	5XK	+		+							+	+
停止	9AN 10AN	9AN 10AN										+	+
紧急停止	2AN 3AN	2AN 3AN											

① 拉延梁、压边梁快速下降 电机1M、2M启动后，泵15输出的油液经插装阀29排回油箱，泵15处于卸荷状态。电磁铁5DT通电，插装阀22开启（因阀右腔的控制油经电磁阀10下

位流入油箱）。 主缸 7 下腔油液经阀 22 流回油箱。 拉延梁及压边梁由于重力作用快速下降，在主缸上腔形成负压。 同时因电磁铁 1DT、8DT 和 9DT 通电，插装阀 29 关闭（因阀 29 右腔控制油封闭升压），阀 24 开启，柱塞泵 15 输出的油液经阀 30（起单向阀作用）、阀 24 及液控单向阀 5 进入主缸上腔。 另外由于电磁阀 9 通电左位工作，压力油经此阀进入充液阀 1 的控制腔，充液阀开启，同时因主缸上腔此时为负压，所以充液箱中的油液经阀 1 大量补入到主缸上腔中。

② 主缸慢速下降及加压 当拉延梁碰到行程开关 2XK 时。 使 5DT、9DT 断电，1DT、6DT、8DT 通电，插装阀 22 控制腔需经远程调压阀 11 与油箱连接，主缸下腔产生背压，不再靠重力作用下降。 背压大小可利用远程调压阀 11 调节。 同时充液阀关闭（9DT 断电与主缸上腔升压），停止充液，靠液压泵供油给主缸上腔，使拉延梁及压边梁一起慢速下降。

当压边梁接触工件后停止运动，拉延梁仍继续慢速下降，这时 4 个压边缸的容积开始减小，多余油经溢流阀 Y_1、单向阀 I_1 及立缸活塞杆中的通孔与主缸下腔相连通，这时由于行程开关 3XK 动作使电磁铁 6DT 断电，1DT、5DT、8DT 通电，插装阀 22、24 开启，主缸下腔经插装阀 22 与油箱连通，所以压边缸上腔中的油液便也可排回油箱。

压边力的大小可由远程调压阀 6 进行调节。 而拉延力则可通过远程调压阀 12 改变插装阀 21 控制腔的控制压力而进行调节。

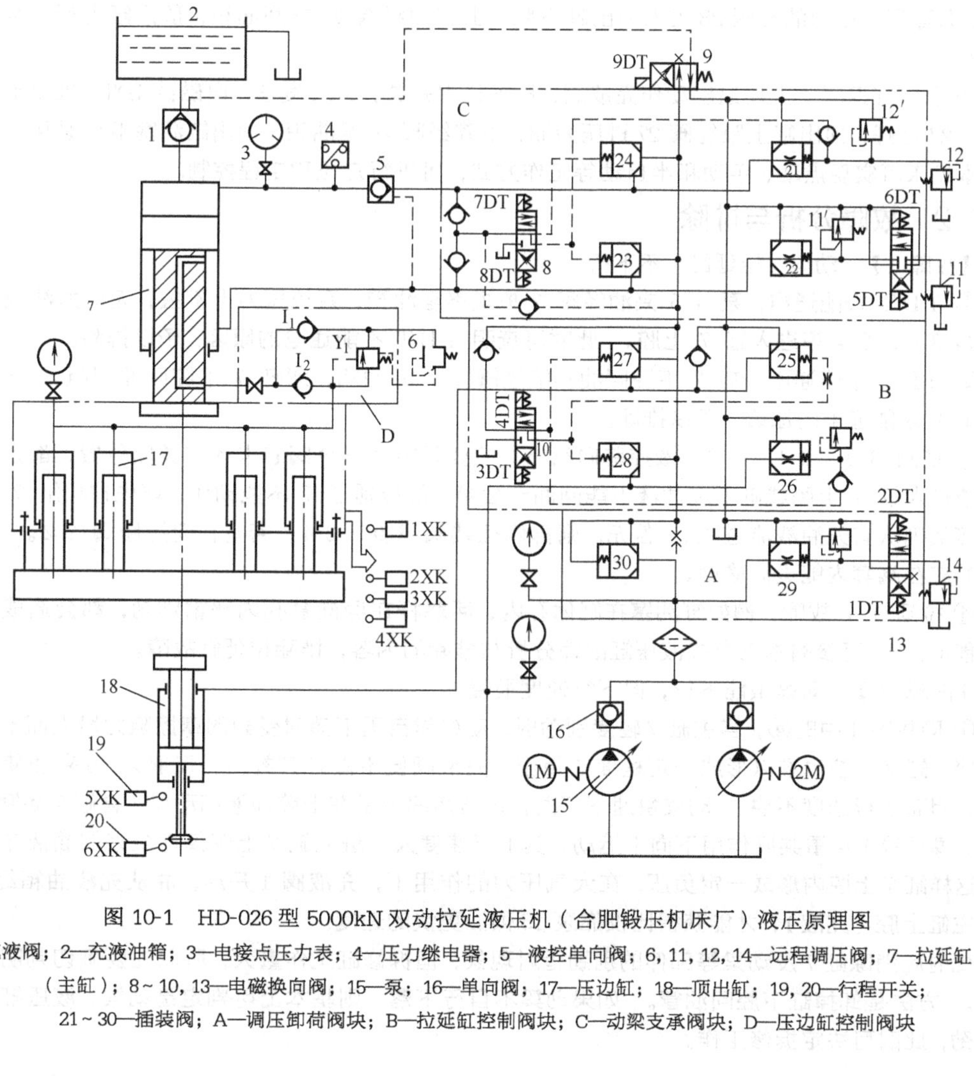

图 10-1　HD-026 型 5000kN 双动拉延液压机（合肥锻压机床厂）液压原理图

1—充液阀；2—充液油箱；3—电接点压力表；4—压力继电器；5—液控单向阀；6，11，12，14—远程调压阀；7—拉延缸（主缸）；8~10，13—电磁换向阀；15—泵；16—单向阀；17—压边缸；18—顶出缸；19，20—行程开关；21~30—插装阀；A—调压卸荷阀块；B—拉延缸控制阀块；C—动梁支承阀块；D—压边缸控制阀块

③ 保压　当主缸上腔压力达到一定值时，电接点压力表 3（DJ）发信使全部电磁铁断电，泵 15 卸荷。 同时时间继电器动作，开始保压延时（可在 0～20min 调节）。 若主缸上腔压力在保压时间内下降到规定最低值，电接点压力表 3 发信，系统恢复上述加压状态，又对主缸上腔进行补压。

④ 卸压　当保压一定时间后，3SJ 发信，电磁铁 2DT、7DT 通电，泵卸压，压力大小由远程调压阀 14 调节，同时阀 23 开启，压力油经阀 23 的阀口进入液控单向阀 5 的控制腔。 阀 5 打开，主缸上腔经阀 21 卸压。 卸压压力由阀 12 调节，阀 12 调压压力稍高，上缸上腔经此阀先将压力卸下来一部分，便不会出现下面回程时产生的振动（炮鸣）。

⑤ 回程　当主缸上腔油压降至 20×10^6 Pa（由阀 12 调节）时，压力继电器 4（YJ）发信，使 1DT、7DT、9DT 通电，插装阀 21、23 开启（同上），同时压力油经阀 9 左位进入充液阀 1 的控制腔，充液阀打开，主缸上腔油液彻底卸压，同时压力油经阀 23 进入主缸下腔，使拉延梁（主缸 7）先回程。 当回程一段距离后，通过两边拉杆带动压边梁一起回程，在这一过程中，压边缸的容积变大，可通过阀块 D 及主缸活塞杆中的通道，由泵补油，实现到一定距离压下行程开关 1XK 发信，电磁铁全部断电，阀 21 与阀 23 关闭，阀 29 开启，泵卸荷，拉延梁及压边梁处于停止位置。

⑥ 顶出缸顶出　上述 1XK 被压下后，电磁铁 1DT、4DT 通电，阀 25、阀 28 开启。 2DT 也通电，泵建压，压力油经阀 28 进入顶出缸下腔，上腔油经阀 25 排回油箱，顶出缸上行，实现顶出动作。

⑦ 顶出缸退回　上述退出动作完成后，压下行程开关，5XK 发信，电磁铁 1DT、3DT 通电，阀 26、27 打开，顶出缸上腔经阀 27 进压力油、下腔经阀 26 通油箱，顶出缸活塞下行退回。

本机床可实现点动、手动和半自动等工作方式，可进行定压和定程控制。

10.1.2　故障分析与排除

【故障 1】　动梁（拉延缸）不下行

① 1DT 未能通电，泵 15 来油经阀 29 短路至油箱，系统压力上不去，无压力油液通过插装阀 30、24 等进入缸 7 上腔。 此时可查明 1DT 不能通电的原因，予以排除。

② 5DT 未能通电，缸 7 下腔回油不能经阀 22 通油箱，即缸 7 下腔回油闷阻。 此时查明 5DT 未能通电的原因，予以排除。

③ 锥阀 30、24、22，液控单向阀 5，只要其中有一个阀芯卡死在关闭位置，都会造成无油液进入缸 7 上腔或缸下腔油液不能回油到油箱，使拉延缸 7 不能动作；可先拧松缸 7 进油口管接头确认有无油液流进入。 若无，则拆修插装阀 30、24；若有，则拆修阀 22。 且插装阀芯应在阀套内能灵活移动。

④ 拉延缸 7 故障，例如缸活塞在缸体孔内、活塞杆在导向套孔内严重别劲，都会造成拉延缸不能动作。 可参阅本书有关液压缸故障分析与排除的内容，排除拉延缸故障。

【故障 2】　动梁虽能下行，但下行速度很慢

① 同故障 1 中的④，当主缸 7 轻度别劲时，动梁靠自重下落时受到的摩擦阻力增大而不能快速下降，缸 7 上腔也难以形成一定程度的负压，充液阀便不能打开补液，仅靠泵 15 来油使主缸下行，因而下行速度不快。 动梁快速下行时，正常情况下是在上腔油液和动梁（含缸 7 活塞、活塞杆、模具等）自重共同作用下向下运动，其下行速度大于进入缸 7 上腔仅靠泵来的油液流动速度，这样缸 7 上腔内形成一定负压，在大气压力的作用下，充液阀 1 开启，油从充液油箱经阀 1 补入主缸上腔（充液），才能获得比仅靠泵 15 供油更快的速度。

此时应消除缸 7 及动梁等部件的别劲歪斜现象，但拆修缸工作量大，所以先要确切判明方可进行。 方法是卸掉缸下腔回油管。 如果动梁不自行下落，则基本上可判定是动梁、液压缸等部件别劲，此时可决定拆修工作。

② 液控单向阀 5，插装阀 30、24、22，其中只要有一个阀芯卡死在微小开度位置，均会使进入缸 7 或流出缸 7 的油液"节流"而不畅通，主缸能下行但因阀口"节流"而不能快速下行，可逐一检查并排除之。

③ 充液阀 1 因拆修时弹簧错装成硬弹簧；或者阀 1 的阀芯卡死在关闭位置，不能补液。 此时可拆修充液阀 1，并更换合适刚度的弹簧。

④ 缸 7 密封破损，造成缸上下腔内部窜腔，进入上腔的油要泄漏一部分，而使得不能快速下降。 可先确认后再拆修。

⑤ 5DT 未能通电，缸 7 下腔回油背压（由阀 11 决定）大。 可排除 5DT 不能通电的故障。

【故障 3】 动梁无慢速加压行程

① 行程开关 2XK 因未被压下，或者虽被压下但其触点接触不良等原因，不能可靠发信，使 6DT 未能通电，5DT 未能断电，缸 7 下腔回油无背压，阀 22 还处于全开状态，因而缸 7 仍然快速下行。 此时应调整并紧固好行程撞块，检查 2XK 触头的接触情况，使 6DT 能通电，5DT 能断电。

② 阀 11 的调节压力过低或过高，过低时主缸仍然快速下降，过高时则可能不能慢速下降（处于停止状态）。 此时可重新合理调节阀 11 的工作压力。

③ 3XK 未能发信使 9DT 断电，主缸 7 上腔因充液阀 1 尚处于开启状态，缸上腔压力上不去而不能加压。

④ 3XK 未能发信使 5DT 通电，缸 7 下腔背压高（由阀 11′调节），不能转为低背压（由阀 11 调节）。

【故障 4】 不保压或保压效果差

① 电接点压力表 3 的高触点未能发信，各电磁铁不能断电进入保压工况。 当模具接触工件后，阻力增大，缸 7 上腔压力升高，方能使压力表 3 的高触点发信。 但因系统其他故障造成压力升不上去时，压力表 3 便不能发信；另外因电接点压力表 3 内的触点接触不良或控制电路存在故障而不能发信的现象也比较多见。

所以排除此故障的方法应从两方面入手：一是查明缸 7 上腔压力上不去的原因并加以排除；二是修理或更换电接点压力表 3。

② 液控单向阀 5 未能可靠关闭，或者紧靠阀 5 的各阀（如阀 24、阀 23 与阀 21 等）的内泄漏大，造成保压压力因泄漏而下降。 此时可拆修有关阀。

③ 缸 7 活塞密封破损，缸上下腔窜腔，内泄漏大，从而使得缸上腔压力（保压压力）下降。此时可采取更换缸 7 的活塞密封等措施予以排除。

④ 电接点压力表 3 的低触点未能发信，使因泄漏压力下降后，不能重新进行补压动作、补压后重新进入保压状态。可拆修或更换电接点压力表。

【故障 5】 泵和主缸上腔不能卸压

① 保压结束后，延时继电器 3SJ 因本身和控制电路故障未能发信，2DT 未能通电，泵 15 不能卸压。 可查明原因，使 2DT 能正常通电。

② 阀 14 调节压力过高或阀芯卡死在关闭位置，造成泵不卸压。 因为泵 15 卸压压力的大小是由远程调压阀 14 控制的，此时可适当调节或拆修阀 14。

③ 延时继电器 3SJ 未发信，9DT 未能通电，阀 5、阀 1 未能打开，缸 7 上腔不能卸压。 可检查排除之。

④ 3SJ 未能发信，7DT 不能通电，阀 21 便不能打开使缸 7 上腔卸荷，应予以排除。

【故障 6】 卸压与缸回程时冲击振动大，并伴有噪声

卸压回程时冲击大，主要是插装阀 29 开启速度太快，缸 7 上腔压力突然从高压降为低压所致。 可参阅本手册"插装阀"和"卸荷回路"的有关内容进行排除。

【故障 7】 动梁不能回程上升

① 压力继电器 4（YJ）未发信，1DT 不能通电，泵来油液经阀 13 中位短路至油箱，系统压力上不去。 此时可查明压力继电器不发信的原因和 1DT 不能通电的原因并予以排除。

② 7DT 未能通电，阀 23 未能开启，压力油不能进入缸 7 下腔，可予以排除。

③ 9DT 未能通电，液控单向阀 5 与充液阀 1 未能打开，缸 7 上腔回油受阻，或者阀 5 与阀 1 的阀芯卡死在关闭位置，缸 7 上腔回油受堵。 可分别查明情况，予以处理。

④ 插装阀 21 或 23 因卡死未能开启，或者插装阀 22 或 24 未能关闭，可拆开清洗，消除卡阀现象。

【故障 8】 顶出缸无顶出动作

① 电磁铁 1DT 未能通电，系统压力上不去。

② 4DT 未能通电，使阀 28 不能开启，无压力油进入顶出缸下腔，或者阀 28 的阀芯卡死在关闭位置。

③ 4DT 未能通电，使阀 25 不能开启，顶出缸上腔油液无法流回油箱，或者阀 25 的阀芯卡死在关闭位置。

④ 阀 26 或阀 27 未能关闭。

可针对上述情况，逐一查明和排除。

【故障 9】 顶出缸顶时速度很慢

① 顶出缸安装歪斜别劲，或者其活塞密封破损。

② 插装阀 26 或阀 29 内泄漏量大。

【故障 10】 顶出缸不能返回

① 电磁铁 3DT 未能通电，插装阀 27 或 26 不能开启，造成顶出缸上腔进油或下腔回油不通，顶出缸无顶回动作。

② 插装阀 25 或阀 28 未能关闭，造成压力上不去。

③ 同故障 9 中①。

10.2　X81-160 型金属打包液压机

X81-160 型金属打包液压机主要用于将厚度在 4mm 以下的塑性黑色和有色金属板材、线材的边角余料等金属废料，经该机挤压成一定形状尺寸的束块，加以包装，以便于再度进行熔炼。

10.2.1　液压系统的组成与工作原理

（1）液压系统的组成及功用

如图 10-2 所示，该液压系统主要由高压压力补偿变量柱塞泵 1～3 提供压力油源，泵 4 为专用于提供控制油的辅助泵；侧缸 22、主缸 23 和侧门缸 24 等执行元件进行打包工作；其他各种阀进行各种动作和各种功能控制。

设置在各液压泵出口的单向阀 5～7 用于防止油液倒流反灌，以保护泵不会超载工作而烧坏电机。 这在多泵供油系统是一种典型设计，这种设计使得 3 台泵可以共同向系统供油，也可由各台泵单独或以不同的组合方式向系统供油，而不会出现干涉现象，并可防止在机器不工作时，因停机系统内油液通过泵漏回油箱而出现真空，造成空气反灌进入系统，而出现后述故障。

电液动换向阀 15、16 用于控制液压缸的动作和运动方向。 通过阀 16 还可将泵 1、泵 2 与泵 3 汇联在一起，联合向系统供油，使液压缸做快速运动，也可使各泵单独供油，使缸慢速动作，从而控制液压缸的速度。 当阀 15、阀 16 均处于中间位置时，三只泵全部卸荷。 为防止主缸"炮鸣"现象的发生，液压缸在换向前须先卸掉缸腔内的高压，也靠换向阀 15 在中位时，使主缸上腔连通油箱得以实现。

液动换向阀 8 的作用是控制溢流阀 9 和 10 的开闭。当溢流阀的遥控口通过阀 8 右位与油箱连通时，则溢流阀（如图中的阀 10）开启，此时溢流阀是作放油阀使用的。

单向顺序阀 18 的作用是保证主缸先回程上升后，侧缸和辅助侧门缸再回程的顺序动作控制。

液控单向阀 17 的作用是：当主缸打包挤压速度过快时，侧缸锁闭，防止侧门缸压块后退。而液控单向阀 20 的作用是当主缸回程时，与换向阀 15 一起保证主缸上腔大量的回油能畅通无阻地流回油箱，得以快速回程，避免了因快速回程时回油流量大而需增大换向阀 17 通径的要求。

压力继电器 19 与 21 的作用是：与限位开关（1XK、2XK……）及时间继电器相组合，能对主缸、侧缸和侧门缸的换向动作及动作顺序进行电气控制。例如当压力继电器 19 发出了侧缸已压紧的电信号，主缸便可开始加压动作；当压力继电器 21 发出主缸已达到最大工作压力的电信号，主缸开始保压动作。

（2）液压系统的工作原理

这种金属打包液压机的工作循环为：加料→侧缸压块前进（将废料推入压缩室内，同时切除多余废料）→主缸压块向前挤压（将废料挤压成具有一定密度的束块）→辅助缸后退（打开机身侧门）→主缸 23 压块继续前进（将束块推出压缩室）→主侧缸 22 回程→侧门缸 24 前进（再次关闭侧门），完成全部工作后停止。

液压半自动工作原理如下。

① 侧缸快速前进　启动电机，液压泵工作，高压油经电液换向阀 15、16 中位卸荷。当按下"侧缸前进"按钮，电磁铁 1DT 和 3DT 通电，阀 15 和阀 16 同时换向至左工作位置（阀芯移到右位），此时泵 1 和泵 2 的出油分别经单向阀 5 和 6 汇合后，经阀 16 左位与泵 3 经单向阀 7 来的出油汇合，三泵汇合后的出油一起经阀 15 左位再经液控单向阀 17 进入侧缸 22 的右腔，推动侧缸 22 的压块快速前进；缸 22 左腔的回油经阀 18 的单向阀→阀 9→油箱，因为此时泵 4 提供的压力油进入电液阀 15 的主阀左腔后也使二位三通液动阀左端进入控制压力油，因而阀 8 左位工作，所以溢流阀（实为卸荷阀）9 的遥控口经阀 8 左位通油箱，所以阀 9 开启放油，起放油阀的作用。

② 侧缸慢速前进　当侧缸 22 快要到达终点时，其压块触动行程开关 1XK，使 3DT 断电，1DT 继续通电，阀 16 回中位，于是泵 1 和泵 2 出油经阀 16 中位回油箱而卸荷。仅泵 3 继续经上述相同路线进入缸 22 右腔，由于只有单台泵的压力油进入缸 22 的右腔，故侧缸压块减速前进。

③ 主缸下行　当侧缸 22 行至终点，缸内压力上升到压力继电器 19 的调定压力（例如 25MPa）时，压力继电器 19 发信，使 1DT 断电，2DT 和 3DT 通电，阀 15 换向其右位工作，阀 16 换向其左位工作，泵 1 与泵 2 的出油，经阀 16 左位与泵 3 的出油汇合后，再经阀 15 右位进入主缸 23 的上腔，主缸快速下行。主缸下腔回油经阀 16 左位流回油箱。

④ 主缸加压保压，束块成形　主缸下行受到废料束块逐渐被压实后阻力的增加，主缸上腔的压力也随之升高，当压力升高到压力继电器 21 的调定压力（如 25MPa）值时发信，接通保压时间继电器。这时在全压下保压 3~5s（由时间继电器调节），束块成形。保压时，泵的压力由溢流阀 11 调节，超出此调节压力，阀 11 打开溢流。

⑤ 主缸卸荷　当保压结束，时间继电器发信，电磁铁全部断电，阀 15 和阀 16 重又回到中位，三泵又同时卸荷，主缸上腔也由于阀 15 回到中位，也在换向前进行卸压，这样可防止出现"炮鸣"现象。卸压时间的长短由时间继电器 J2 进行调节。

⑥ 侧门打开　当卸压时间继电器 J2 发信，电磁铁 1DT 和 4DT 通电，阀 15 与阀 8 左位工作，阀 16 右位工作，于是泵 1 和泵 2 出油经阀 16 右位，再经阀 9 流回油箱而卸荷。而泵 3 的出油经阀 15 的右位进入侧门缸 24 的右腔，使机身侧门打开，缸 24 左腔的回油经阀 18 的单向阀再经背压阀 9 流回油箱。因为此时阀 8 左位工作，阀 9 的遥控口通油箱，所以阀 9 是开启的。

⑦ 主缸再次下行推出金属束块 当缸24左行到头侧门全开时，触动行程开关3XK，使1DT和4DT断电，2DT和3DT重新接通，与上述动作③相同，三泵同时向主缸上腔供油，主缸快速下行，其压块将成形的束块推出压缩室。

⑧ 主缸快速回程 当推出成形束块到位，触动行程开关2XK，使2DT和3DT断电，4DT通电。阀15中位工作，阀16右位工作。于是泵3卸荷，泵3和泵4的溢出油经阀16右位进入主缸下腔，同时泵4来的控制油经阀16右位进入液控单向阀20的控制腔，阀20打开。主缸上腔的回油可经大开口的阀20畅通无阻地流回油箱，主缸23快速回程。

⑨ 侧缸与辅助缸复位 当主缸回程到位，缸下腔的压力升高，当压力升高到单向顺序阀18预调好的开启压力时，阀18打开，于是泵1与2来的压力油经阀16右位—阀18进入侧缸22和缸24的左腔，并打开阀18，侧缸压块和侧门又一起回到原始位置。14与25为测压压力表。

上述动作完成后实现一个工作循环，如此重复进行下一个工作循环。

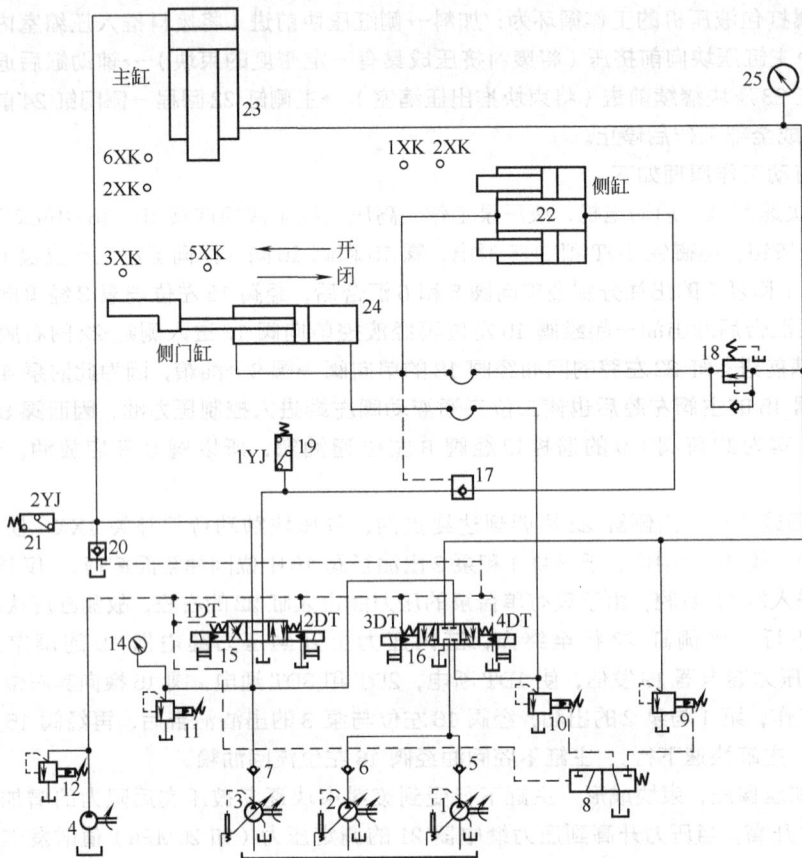

图 10-2 X81-160 型金属打包机液压系统图

1~3—压力补偿变量柱塞泵；4—辅助泵；5~7—单向阀；8—液动换向阀；9~12—溢流阀；14,25—压力表；15,16—电液动换向阀；17—液控单向阀；18—单向顺序阀；19,21—压力继电器；20—液控单向阀；22—侧缸；23—主缸；24—侧门缸

10.2.2 故障分析与排除

【故障1】 侧缸22不能作前进动作

① 因电路故障电磁铁1DT和3DT未能通电，阀15和阀16未能处于左边工作位置，而是处

于中位或右位，这样便无压力油经阀 17 进入侧缸 22 的右腔，侧缸则不能作前进动作，可检查电路予以故障排除。

② 电磁铁 1DT 和 3DT 虽能通电，但控制电液换向阀 15 和阀 16 的先导控制油的压力不够，而使主阀芯（液动阀阀芯）不能被推动换向，使阀 15 和阀 16 处于左工作位，同样无压力油经阀 17 进入侧缸 22 的右腔，侧缸不能作前进动作，可参阅本书"液压泵的使用与维修"与"溢流阀的使用与维修"中的相关内容，排除辅助泵、调压溢流阀的故障，使控制压力油的压力能上去。

③ 液控单向阀 17 的阀芯卡死在关闭位置，同样无压力油进入侧缸 22 的右腔，使侧缸不能动作，可拆修液控单向阀 17。

【故障 2】 侧缸虽能前进，但前进动作速度很慢

① 因电路故障电磁铁 1DT 或 3DT 有一个未能通电，例如 3DT 未能通电，则泵 1 与泵 2 的压力油便不能参与侧缸的快进工作，输入缸 22 的流量大为减少，因而侧缸前进速度变慢，必须予以排除。

② 液控单向阀 17 的阀芯卡死在小开度位置，如同一节流阀，则侧缸前进速度变慢，可清洗阀 17。

【故障 3】 主缸 23 不动作，不下行，或者下行速度很慢

① 因电路故障电磁铁 2DT 未能通电，主缸便无下行动作，可检查排除之。

② 液控单向阀 20 的阀芯卡死在打开位置，主缸上腔的油液便通油箱，因而主缸上腔工作压力上不去，主缸便不能动作，应设法排除。

③ 当电磁铁 2DT 能通电，但电磁铁 3DT 不能通电时，主缸下行速度便慢（原因同故障 2 中的①）。

【故障 4】 主缸下压无力，不保压

① 主溢流阀 11 有故障，系统压力上不去。可参阅 5.9 节中的相关内容，排除阀 11 的故障。

② 主缸活塞密封破损，内泄漏量大。确认后可拆修主缸。

10.3 YT32-100A 四柱液压机

本机适用于塑性材料的压制工艺，如冲压、弯曲、酥边、薄板拉伸等；也可以用于校正、压装、砂轮成形、冷挤金属零件成形；还可用于塑料制品及粉末制品的压制成形工艺等。

本机的工作压力、压制速度、空载快速下行和减速的行程范围均可根据工艺需要调整，并能完成顶出工艺、不带顶出工艺和拉伸工艺三种工艺方式的半自动循环。每种工艺方式又有定压或定程两种工艺动作供选择。定压成形之工艺动作在压制后具有保压、延时等性能。

10.3.1 结构、液压系统的组成与工作原理

（1）结构原理

本机由主机及控制机构两大部分组成，通

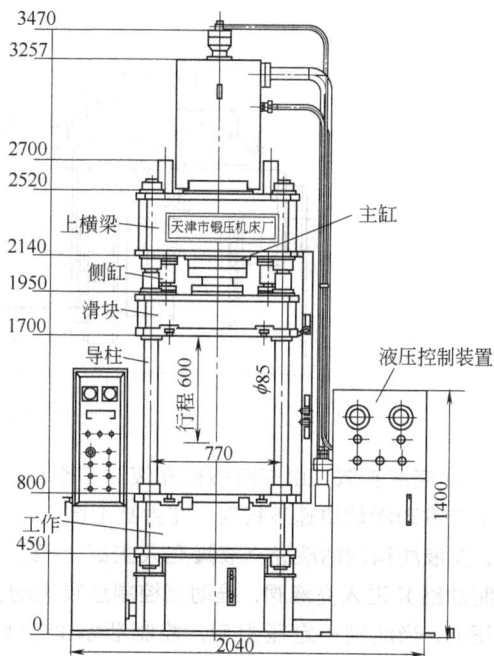

图 10-3 机身整体结构

过管路及电气装置联成一体。主机部分由机身、主缸、侧缸、顶出缸等组成，控制机构由动力机构、上下限程装置、管路、电气控制箱等部分组成。

现将各部分结构和作用分述如下。

① 机身（图 10-3） 机身由上横梁、滑块、工作台、立柱、锁紧螺母及调节螺母等组成。机器的精度由上横梁下面的调节螺母来调节。上横梁及工作台两端均由螺母紧固。主缸和侧缸活塞分别由连接法兰与螺栓及滑块连接，滑块装有导向套，以四立柱为导向作上下运动。滑块下面及工作台上面均有 T 形槽供装模具用。

② 主缸（图 10-4） 主缸为活塞式液压缸，由缸体、活塞、活塞杆、导向套等组成。活塞与活塞杆分别用 YA 型和 O 形密封圈密封。缸体用缸口台肩与大螺母紧固于上横梁中心孔内，活塞杆下端通过法兰、双头螺栓与滑块连接。

③ 侧缸（图 10-5） 侧缸为柱塞式液压缸，由缸体、柱塞、导向套、法兰盘等组成。缸口靠 O 形密封与 YA 型密封圈密封。缸体靠法兰与螺栓紧固在上横梁上。柱塞靠法兰与双头螺栓固定在滑块上。

④ 顶出缸（图 10-6） 顶出缸为活塞式结构，装于工作台中心孔内，用锁紧螺母固定。

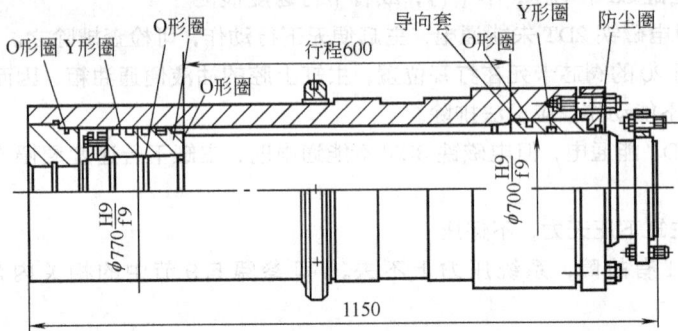

图 10-4 主缸结构

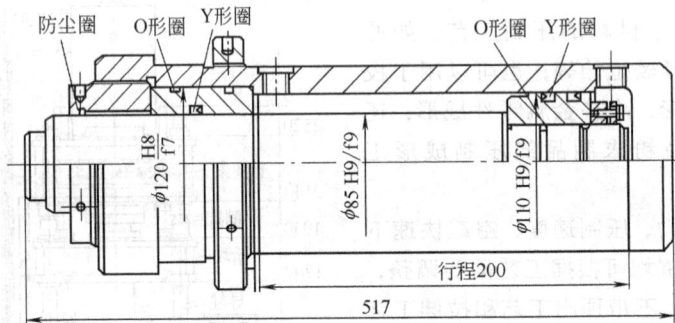

图 10-5 侧缸结构

⑤ 充液装置 由充液阀和充液油箱组成。充液阀结构见图 10-7。当侧缸柱塞在油液压力作用下推动滑块快速下行时，在主缸上腔内形成负压（一定真空度），充液阀在大气压作用下打开，充液油箱内油液经充液阀充入主缸上腔。在回程时，主缸下腔进压力油，同时，压力油经控制油路 K 进入充液阀，推动其控制活塞运动，顶开充液阀内的卸载阀，使主缸上腔先泄掉一部分压力，当泄到一定压力后，控制活塞推动其主阀芯开启，主缸上腔油液经充液阀流回充液油箱。

⑥ 动力机构 动力机构由油箱、泵组、阀组等组成。泵组位于油箱后部，打开侧盖，可对

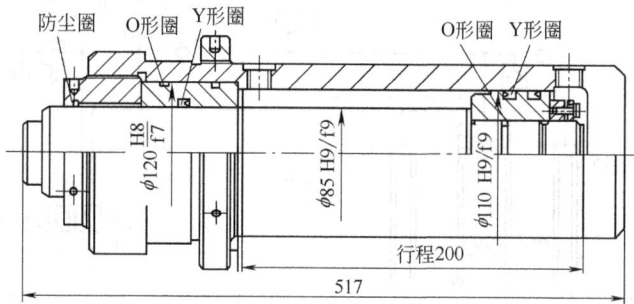

图 10-6　顶出缸结构

柱塞泵进行流量调节（调节变量头）。

（2）液压系统的组成和作用

液压系统如图 10-8 所示，它由液压泵、阀、液压缸、油箱及管路等组成。在电气系统的控制下，驱动滑块和顶出缸完成各种动作。

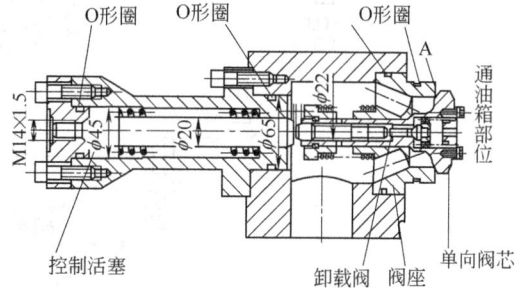

图 10-7　充液阀（代号 63139TD）结构

① 液压泵　由电机 1 带动液压泵 2 向液压系统提供压力油源，供给执行机构——侧缸、主缸与顶出缸所必需的速度（流量）和力（压力），额定工作压力为 31.5MPa，最大流量为 40L/min，由变量头进行流量大小调节。

② 压力控制阀

a. 安全溢流阀 4。一般调节到 27.5MPa，为确保系统安全用。

b. 溢流阀 7。一般根据压制工艺要求的力的大小对其进行调节，压力调节范围一般为 5～25MPa，给主缸上腔提供压力油进行压制，压制工艺需的力大，则其压力调大值，反之则调小值。

c. 溢流阀 14。它的压力根据顶出动作要求的力进行调节（在拉伸工艺时，根据所需的压边力调整，调节范围为 7～25MPa），以提供所需的不同压制工艺的顶出力的大小。

d. 顺序阀 10a。为装于插装阀 10 中的先导压力阀，其作用为通过对其调节，可在主缸 16 下腔产生一定背压，使滑块不会在停机后产生下溜，起平衡支撑作用，其压力调节大小只要能使缸下腔产生的背压平衡支撑住滑块及模具不下落便行。

e. 压力继电器 6。用于压制加压达到压力调定值后发信，使电磁铁 YA2 断电，发出保压延时信号并使液压泵处于卸荷状态用。

③ 方向控制阀　阀 5 为电液换向阀，阀 8、阀 9、阀 13 为电磁换向阀。其中 M 型三位四通换向阀 5 用于控制主缸 16 上升与下降用；阀 8 用于侧缸 15，带动滑块快速下降用；阀 9 用于滑块上行停止位置控制用；阀 13 用于控制顶出缸 17 顶出或顶出退回用；单向阀 3b 用于保压用。

（3）液压系统的工作原理

液压系统的工作原理图如图 10-8 所示，下面以半自动带顶出的定压成形工艺为例说明其动作原理（参阅表 10-2、表 10-3 和图 10-9）。

首先接通电源，按压启动按钮，电机开始启动，液压泵来油经阀 5 中位的 P_1T_1 通道流回油箱，系统空循环。

① 滑块快速下行　将按钮打在半自动循环位置，电磁铁 YA2、YA6 通电，泵空载循环结束，液压泵 2 向系统提供压力油，最大工作压力由阀 4 设定。

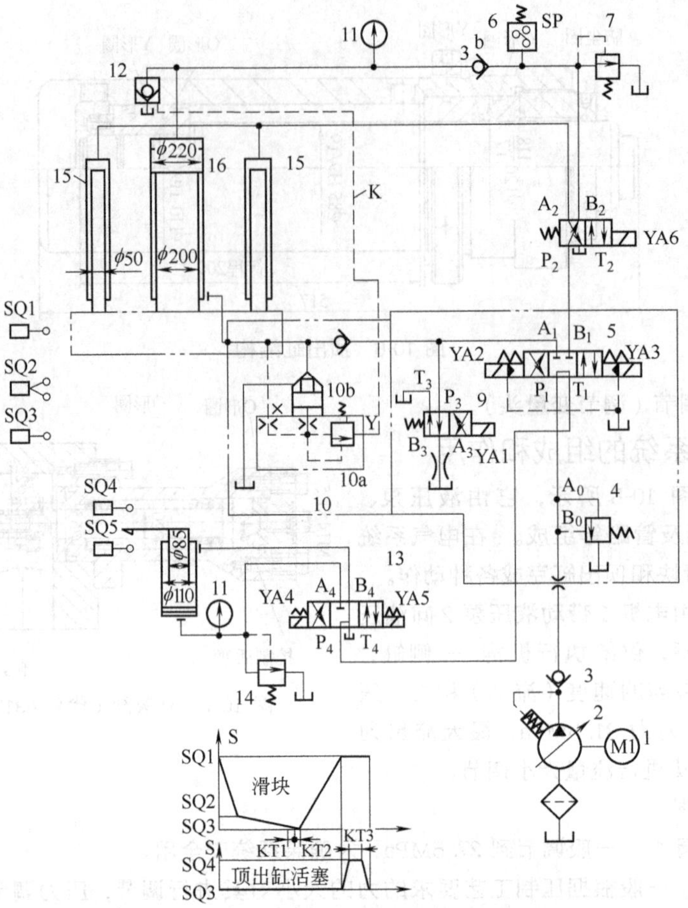

图 10-8 YT32-100A 型液压机液压系统图

泵来油经阀 5 左位的 P_1B_1 通道，阀 8 的 P_2A_2 通道进入两个侧缸 15，作用在缸的柱塞上。由于两侧缸内径较小，带动滑块能快速下行。此时主缸下腔油液经阀 10 的插装阀 10b 流回油箱，与此同时主缸上腔形成负压，充液阀在压力差作用下打开，充液油箱内的油液（一个大气压）经充液阀 12 被大气压压入主缸上腔进行补油。

表 10-2 液压元件明细表

序号	名　　称	型　　号	规格	数量
1	电机	Y160M-4（Ⅵ）	11kW	1
2	轴向柱塞液压泵	25YCY14-1B	40L/min	1
3	单向阀	2D	40L/min	2
4	溢流阀	DBE610P10/315	100L/min	1
5	电液换向阀	4WEHIOG20/H6AW220-50E25	160L/min	1
6	压力继电器	—	32MPa	1
7	溢流阀	DBDHIOG10/315	100L/min	1
8	电磁换向阀	4WE1OY20/AW220RNZ5	75L/min	1
9	电磁换向阀	4WE5C6.0/W220RNZ5	14L/min	1
10	插装阀块	30CI		1
11	压力表	Y-100ZT	0～40MPa	2
12	充液阀	63/39TD	370L/min，31.5MPa	1
13	电液换向阀	4WE10PZO/OAW220-50NZ5	75L/min	1
14	溢流阀	DBDH6K10/315	40L/min	1

表 10-3　动作循环表

序号	动作名称	发现元件	电磁铁						电机 M1	备注
			YA1	YA2	YA3	YA4	YA5	YA6		
1. 带顶出工艺的半自动循环										
①	滑块快速下行	SB5、SB6		+			+		+	
②	滑块慢速下行并加压	SQ2		+					+	
③	保压	SP							+	定程成形用 SQ3
④	泄压四柱	KT1			+				+	
⑤	滑块四程	KT2	+		+				+	
⑥	滑块回程停止 顶出缸活塞顶出	SQ1					+		+	
⑦	顶出缸活塞顶出延时	SQ4							+	
⑧	顶出缸活塞退回	KT3				+			+	
⑨	顶出缸后塞退回停止	SQ5							+	
2. 不带顶出工艺的半自动循环										
①	滑块快速下行	SB5、SB6		+			+		+	
②	滑块慢速下行并加压	SQ2		+					+	
③	保压	SP							+	定程成形用 SQ3
④	泄压回程	KT1			+				+	
⑤	滑块回程	KT2	+		+				+	
⑥	滑块回程停止	SQ1							+	
3. 拉伸工艺半自动循环										
①	滑块快速下行	SB5、SB6		+			+		+	
②	滑块慢速下行并加压	SQ2		+					+	
③	保压	SP							+	定程成形用 SQ3
④	泄压回程	KT1			+				+	
⑤	滑块回程	KT2	+		+				+	
⑥	滑块回程停止 顶出缸活塞顶出	SQ1					+		+	
⑦	顶出缸活塞顶出	SQ4							+	
4. 调整										
①	滑块慢速下行	SB7		+					+	
②	滑块回程	SB8	+		+				+	
③	顶出缸活塞顶起	SB9					+		+	
④	顶出缸活塞退回	SB10				+			+	
5. 电机启动与停止										
①	电机启动	SB2							+	
②	电机停止	SB1								
6. 特殊动作										
①	任意动作停止									
②	紧急回移	SB3	+		+				+	

　　② 滑块慢速下行并加压　当滑块下行到一定位置压下行程开关 SQ2 时发出电信号，YA6 断电，泵来油经阀 8 左位的 P_2B_2 通道进入主缸上腔，充液阀在压力油（此时大于 1 个大气压）和充液阀内弹簧的双重作用下自行关闭，此时仅由液压泵为主缸上腔提供一定流量的压力油，加上主缸上腔面积较大，因此滑块慢速下行并加压，接触工件后压力上升。

　　③ 保压　当滑块下行压制工件时，系统升压，压制到终点，压力上升到由压力继电器 6 调定的工作压力（5~25MPa）时，阀 6 发信，使电磁铁 YA2 断电，阀 5 复中位，泵来油经阀 5 中位 P_1T_1 通道、阀 13 中位 P_4T_4 通道流回油箱，系统空循环。　此时主缸上腔高压油被阀 3、阀 12 及

主缸内密封圈封闭而"保压"。 同时，时间继电器 KT1 开始计时，保压时间根据需要，由 KT1 在 1~1199s 之间任意设定调节。

④ 泄压回程　当保压超过 KT1 调定的时间时，发出电信号，使电磁铁 YA2 和 KT2 动作，阀 5 右位工作，阀 9 左位工作。 液压泵来油经阀 5 的 P_1A_1 通道与主缸下腔相通，一部分压力油作为控制油经通道 K 推动充液阀 12 的控制活塞，顶开充液阀内的卸载阀，使主缸上腔泄压，多余部分油通过阀 9 的 P_3A_3 通道及固定节流口 L 流回油箱。

⑤ 滑块回程　当泄压到时间继电器 KT2 调定的泄压时间后，电磁铁 YA1 通电，阀 9 右位工作，液压泵来油经阀 5 右位 P_1A_1 通道后，一路经通道 K 推动充液阀 12 的主阀芯，使主缸上腔回油能畅通无阻地流回充液油箱，另一路进入主缸下腔，推动主缸活塞上行，从而带动滑块向上运动实现回程。

⑥ 滑块回程停止，顶出缸活塞顶出　当滑块回程到压上行程开关 SQ1 时，SQ1 发信，使电磁铁 YA3、YA1 断电，电磁铁 YA5 通电，阀 5 处于中位，阀 13 处于右位，9 处于左位。 液压泵来油经阀 5 中位的 P_1T_1 通道进入阀 13 右位的 P_4A_4 通道进入顶出缸 17 的下腔，顶出缸上腔的回油经阀 13 右位的 B_4T_4 通道流回油箱，顶出缸活塞顶出，顶出力的大小由溢流阀 14 进行调节。

与此同时，由于阀 5 处于中位，阀 9 处于左位，不再有压力油流入主缸下腔。 而主缸下腔油被单向阀 18 与插装阀组 10 封阀，滑块回程停止运动，且靠阀 10a 调定的压力支撑其重量，不往下掉。

⑦ 顶出缸活塞顶出延时　当顶出缸活塞杆上固连的撞块压上行程开关 SQ4 时发出电信号，电磁铁 YA5 断电，时间继电器 KT3 计时开始，阀 13 处于中位，顶出缸停止运动，KT3 时间可在 1~1199s 之间调节，操作者可利用这段时间取出工件。

⑧ 顶出缸活塞退回（顶出退回）　当顶出延时到 KT3 调定的时间时，电磁铁 YA4 通电。 液压泵来油经阀 13 左位的 P_4B_4 通道进入顶出缸上腔，顶出缸的下腔回油经阀 13 的 A_4T_4 通道流回油箱，顶出缸活塞退回。

⑨ 顶出缸活塞退回停止　当顶出缸活塞退回到压上行程开关 SQ5 调定的位置时，SQ5 发信

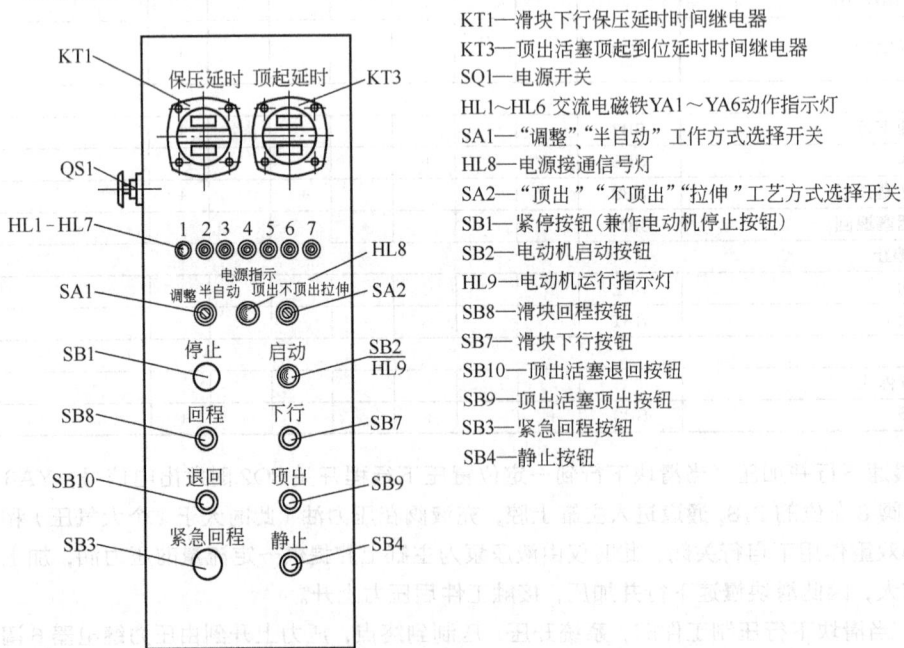

KT1—滑块下行保压延时时间继电器
KT3—顶出活塞顶起到位延时时间继电器
SQ1—电源开关
HL1~HL6 交流电磁铁YA1～YA6动作指示灯
SA1—"调整""半自动"工作方式选择开关
HL8—电源接通信号灯
SA2—"顶出""不顶出""拉伸"工艺方式选择开关
SB1—紧停按钮（兼作电动机停止按钮）
SB2—电动机启动按钮
HL9—电动机运行指示灯
SB8—滑块回程按钮
SB7—滑块下行按钮
SB10—顶出活塞退回按钮
SB9—顶出活塞顶出按钮
SB3—紧急回程按钮
SB4—静止按钮

图 10-9　YT32-100A 型液压机液压系统操作面板按钮

使 YA4 断电，阀 13 又回到中位，顶出缸下腔油液封闭，顶出缸退回停止，泵来油经阀 5 中位的 P_1T_1 通道，再经阀 13 中位的 P_4T_4 通道流回油箱，系统空循环。

至此整个半自动循环动作结束。

上述循环为带顶出工艺的半自动循环，如不需要带顶出，滑块回程到 SQ1 就循环结束，其他动作原理相同。

另外，在进行薄板反拉伸成形时，可参照图 10-10，在滑块上固定凹模，在工作台上固定凸模，并且布置好压边顶板、压边杆和压边圈。 在工作循环开始时先用"调整"方式并按压按钮 SB9（图 10-9），使顶出缸活塞上行至所需位置停止。 然后开始半自动工作循环。 滑块下行到与工件接触后，压下压边圈，迫使压边杆与压边顶板同时下行。 由于顶出缸下腔处封闭位置，顶出缸油液只能通过溢流阀 14 稳压溢流。 根据需要可将其压力在 5～25MPa 之间进行调节。

10.3.2　故障分析与排除

【故障1】　泵输出流量不够或者根本不上油，使主缸（滑块）和顶出缸的运动速度慢或者不动作

此时可参阅第 3 章的图 3-115 及图旁文字说明内容，对 25YCY14-1B 型国产压力补偿变量轴向柱塞泵进行故障分析与排除。 此外还有以下情况。

① 当两侧缸 15（见图 10-8，下同 ）因安装误差，彼此别劲不能同步运动时，或者因侧缸 15（柱塞缸）严重外漏时，滑块下行速度不够，因为此时两侧缸的别劲增大了负载阻力，泵工作压力增高，因为泵为压力补偿泵，流量会减小，滑块速度便会降下来。

② 顶出缸部分控制顶出压力的溢流阀 14 调节压力过低，或者电磁阀 13 严重内漏（含换向不到位），也会导致顶出缸不动作或者顶出速度很慢的故障。

③ 电液阀 5 的主阀芯卡死，可排除电液阀故障。

④ 阀 10 的主阀芯卡死在关闭位置，主缸不能下降。 此时可拆开清洗。

可查明原因，予以排除。

【故障2】　滑块慢速下行时爬行

① 因系统内积存有空气、泵吸油口密封不好或者滤油器堵塞以及油箱内油液不够，未将吸油滤油器埋住等原因，使进入系统内的工作油中含有空气，是导致滑块（主缸）爬行常见原因。 可针对情况进行排气和防止空气进入系统。

一般也可拧松主缸高处的进油管，让主缸上、下往复运动数次排气，然后再拧紧管接头。

② 四立柱及导轨（导套）精度调整不好，立柱缺润滑油等也是滑块慢速下行时产生爬行的原因之一，此时可采取重新校正精度，立柱上加油润滑等措施来解决。 详细防止爬行的措施可参阅第 9 章相关内容。

【故障3】　停车后滑块自由下落，滑块下溜现象严重

① 主缸活塞密封破损，缸两腔之间内泄漏严重，应消除内漏。

② 平衡支撑阀 10 的支承压力调节过低，或者阀 10 的阀芯因污物卡死在阀口全开的位置，此时可适当调高阀 10 的压力（拧紧阀 10 先导阀的调压手柄），并清洗阀 10 的主阀芯（插装锥阀），注意主阀芯锥面要能密合。

【故障4】　慢速工进（高压行程）时速度不够，压力上不去或上压速度慢

① 变量柱塞泵 2 流量调得过小，此时可参阅图 3-115 及图旁文字说明，使泵流量压力特性曲

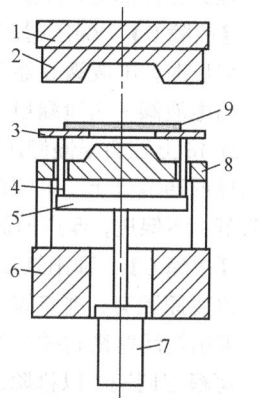

图 10-10　拉伸工艺示意图
1—活动横梁（滑块）；2—凹模；3—压边圈；4—压边杆；5—压边顶板；6—工作台；7—顶出缸；8—凸模；9—工件

线按 $A_2B_2C_2D_2$ 的曲线工作（刻度盘上显示 4~5 格为宜）。

② 泵配流盘与缸体结合面磨损拉伤，间隙大，一方面压力上不去，另一方面输出流量也不够。此时可拆开泵，研磨配流盘端面，并配研缸体端面。

③ 主缸因活塞密封破损或缸孔拉伤，内泄漏量大，导致高压行程速度不够、压力上不去以及上压速度慢的现象，此时可参阅 4.2 节的内容进行故障排除。

④ 电液阀 5 的主阀芯卡死在压力油口 P_1 与回油口 T_1 互为连通的位置上，加压行程时压力上不去，下行速度也很慢，此时可拆开阀 5 清洗。

⑤ 充液阀 12 的主阀密封锥面 A（参阅图 10-7）因污物或拉毛不密合，造成主缸上腔压力油部分经 A 面泄漏往油箱，导致主缸上腔油液压力上不去、上压速度慢，并且因泄漏油而减少了高压行程的工作油量，速度变慢，此时可拆修充液阀 12，磨锥面并配研，使 A 面能密合。

【故障5】 保压时压力降低，不保压，保压时间短

保压时，电液阀 5 处于中位，充液阀 12 处于关闭，主缸 16 静止不动。

当电液阀 5 内泄漏量大时，或者其主阀芯未换向到位，卡死在 P_1 与 T_1 有略微连通的位置时，缸 16 上腔会慢慢卸压而不能保压；充液阀 12 的 A 面关闭不严，存在内泄漏时；主缸因活塞密封破损造成缸上、下腔窜腔，内泄漏量大时；各管路接头处存在外泄漏时，均会出现保压时压力降低、不保压，保压时间短的现象，可逐个排除。

【故障6】 顶出缸顶出无力，或者不能顶出（含顶退）

产生原因有：溢流阀 14 调节压力过低或者主阀芯卡死在开启位置；电磁阀 13 的电磁铁未通电；顶出缸活塞密封破损等，或安装别劲。

可根据情况予以排除。

10.4 万吨板材成形液压机

这种液压机由沈阳液压机厂生产，主要用于钛板、不锈钢板等薄板类大型零件的压制成形，例如用于板式换热器的板片的压制成形。

10.4.1 液压系统的工作原理

液压系统的工作原理如图 10-11 所示。本机工作时，分为单动与半自动两种工作方式，其动作程序表分别见表 10-4 与表 10-5，微机动作程序表别见表 10-6。下面列举单动工作方式的工作原理，半自动工作方式的工作原理可参照。

① 启动（工作准备） 按下启动按钮，电机 M1、M2 和 M3 启动，柱塞泵 2 和 19 以及齿轮泵 14 出油，进行空循环，输出油液流回油箱；齿轮泵 38 的出油经溢流阀 39 流回油箱，且此时可调节阀 39，使控制油的压力设定在 1.2~1.8MPa（从压力表观察），并且先松开卸压阀 32，放掉系统内的空气。

② 空载快速下行 按下"下行"按钮，1DTa、7DT、8DT 通电，柱塞泵 2、齿轮泵 14 出油，流经电液换向阀 9 和液控单向阀 34 使活塞快速下行。

③ 加压 当压力上升到电接点压力表 35 上限值时，则发出信号，使 1DTa、7DT 断电，1DTb、2DT 通电，齿轮泵 14 出油，流经电磁溢流阀 9 空循环。柱塞泵 2 出油，流经电液换向阀 9、10 进入双动增压器，通过面积差，增压器压出的高压油进入主液压缸，进行加压。

④ 保压 当压力上升到电接点压力表 31 上限值（最大为 100MPa）时，三台电动机仍在运转，处于"工作准备状态"，工作液压缸内的高压油被封闭，使液压机处于保压状态。

⑤ 卸压 当保压延时到规定值时，时间继电器发出电信号，3DT 通电，齿轮泵 38 输出的控制油流经电磁换向阀 41，打开液控单向阀 42，则主液压缸卸压。

⑥ 回程 延时后，4DT 先通电，5DT、6DT 后通电，则控制油液经电磁阀 44 打开液控单向阀 36 和 34，柱塞泵 19 出油，流经电磁换向阀 23、单向阀 25、分流阀 29 注入两个回程缸，则主

液压缸活塞回程，当达到调定位置时，回程停止，至此完成一次工作循环。

该液压机根据工作性质要求可实现单动、半自动和微机控制三种工作循环。但无论是何种工作循环，液压缸的压力值（单位为 Pa）均用数字电压表中的 V 值表示，压机主活塞的行程位移量用感应同步表检测，数显表显示，其控制系统方块图如图 10-12 所示。

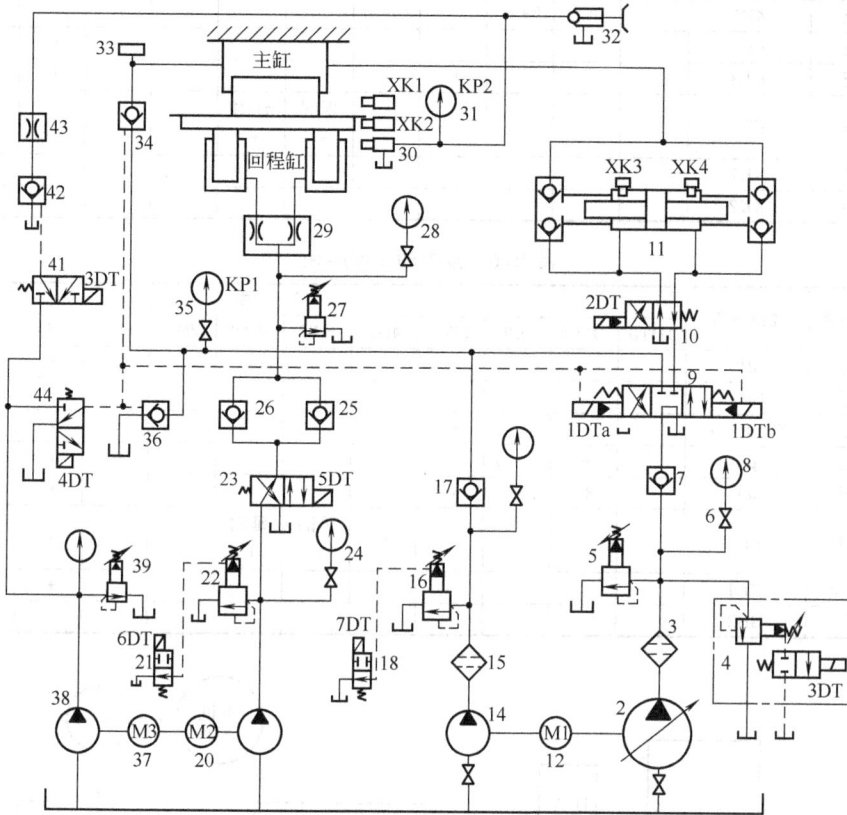

图 10-11　液压系统工作原理图

1, 13—截止阀；2, 19—轴向柱塞泵；3, 15—滤油器；4—比例溢流阀；5, 16, 22, 27, 39—溢流阀；6—压力表开关；7, 17, 25, 26—单向阀；8, 24, 28, 31, 40—压力表；9, 10—电液换向阀；11—双动增压器（带双单向阀）；12, 20, 37—电动机；14, 38—齿轮泵；18, 21, 23, 41, 44—电磁阀；29—分流阀；30—限程阀；32—手动卸压阀；33—压力传感器；34, 36, 42—液控单向阀；35—电接点压力表；43—节流阀

表 10-4　单动动作程序表

序号	动作名称	发信元件	执行元件											
			1DTa	1DTb	2DT	3DT	4DT	5DT	6DT	7DT	8DT	M1	M2	M3
1	启动	SB5											+	+
2	下行	SB7	+							+	+	+	+	+
3	加压	SB8		+	+						+	+	+	+
4	保压	SB9									(+)	+	+	+
5	卸压	SB10						+			(+)	+	+	+
6	回程	SB11				+	延时 +	延时 +			(+)	+	+	+
7	回程停	SB3 或 XK1										+	+	+
8	总停	SB2												

表 10-5 半自动动作程序表

序号	动作名称	发信元件	执行元件											
			1DTa	1DTb	2DT	3DT	4DT	5DT	6DT	7DT	8DT	M1	M2	M3
1	启动	SB5										+	+	+
2	下行	SB7	+							+	+	+	+	+
3	加压	KP1		+	(+)						+	+	+	+
4	保压	KP2									+	+	+	+
5	卸压	KT8				+						+	+	+
6	回程	KP2					+	延时 +	延时 +			+	+	+
7	回程停	XK1										+	+	+
8	总停	XK2												

表 10-6 微机动作程序表

序号	动作名称	发信元件	执行元件											
			1DTa	1DTb	2DT	3DT	4DT	5DT	6DT	7DT	8DT	M1	M2	M3
1	启动	SB5										+	+	+
2	下行	SB7	+							+	+	+	+	+
3	加压	KP1+μc		+	(+)	+					+	+	+	+
4	保压	μc		+	(+)	+					+	+	+	+
5	卸压	μc		+	(+)	+					+	+	+	+
6	回程	KP2					+	延时 +	延时 +			+	+	+
7	回程停	XK1										+	+	+
8	总停	SB2												

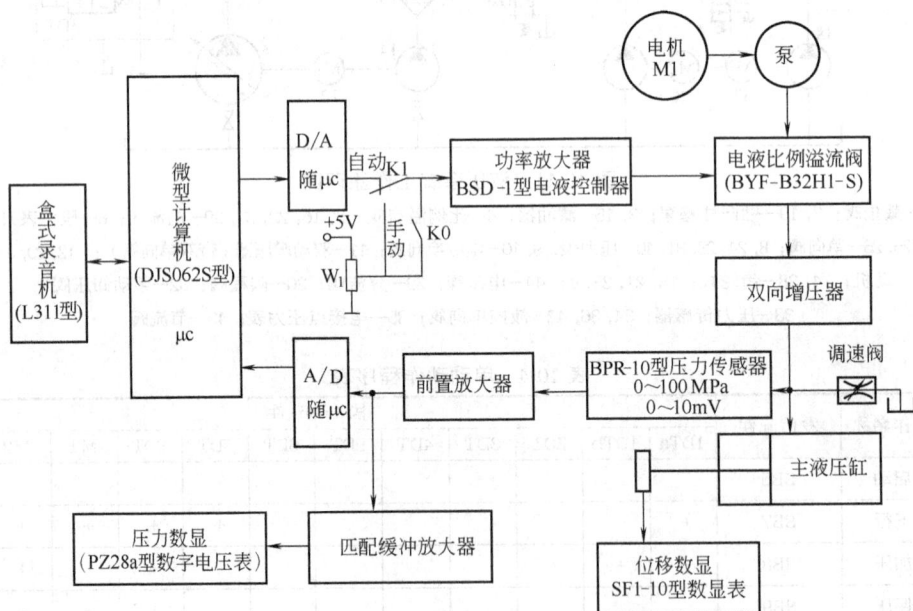

图 10-12 控制系统方块图

10.4.2 故障分析与排除

以单动动作的故障分析与排除为例进行说明，半自动与微机控制的故障分析与排除可参考进行。

【故障 1】 主缸不动作，或者动作很慢

① 电磁铁 1DTa 未能通电，泵 2 来的油液不能通过电液阀 9 的左位及后续油路进入主缸（柱塞缸），且在电磁铁 7DT 未能通电时阀 16 便卸荷的情况下，泵 14 也不能向主缸供油，主缸便不能动作。 必须检查后予以排除。

② 主缸在需要下行时，液控单向阀 36 应关闭，但此时如果因电路差错，4DT 通电或者 4DT 虽断电，但电磁阀 44 的阀芯卡死在通电位置不能复位时，两种情况的液控单向阀 36 的控制油不通油箱而有油压将阀 36 打开，主缸与油箱相通无压力而可能不能下行。 可参阅 5.4 节的内容排除电磁阀 44 的故障。

③ 电磁铁 8DT 和 7DT 中有一个未能通电，进入主缸的流量只有泵 2 和泵 14 当中的一台泵供油，主缸下落便不快，因为此时有一台泵是卸荷的。 查明原因予以排除。

【故障2】 不能加压，加压无力，不保压

① 电磁铁 1DTb 未能通电，无压力油经阀 9 右位进入阀 10 以及后续的增压器 11 给主缸加压增压，可检查电路。

② 液控单向阀 34 的阀芯未关闭，卡死在打开位置，主缸内油液便可经阀 34 和阀 9 右位连通油箱，主缸也就加不上压，压力上不去，加压无力。 可拆修液控单向阀 34。

③ 主缸因密封破损，内泄漏量大，此时从图 10-13 的泄油口可发现大量有压油液漏出。 外泄漏太大也会产生加压无力，但此时可通过肉眼观察，发现泄油口有颇多漏油和其他处的外漏较大，可拆卸缸并更换密封。

④ 电磁铁 8DT 或 7DT 未通电，泵 2 或泵 14 处于低压卸荷状态，这样输入增压器 11 的压力油因无压力，想增压也增不起来，换言之不能给主缸油液加压，可检查电磁铁的通电情况，予以处理。

【故障3】 不能回程

回程动作靠回程缸的上升顶举执行，产生不能回程的故障原因和排除方法如下。

① 因电接点压力表 31（KP2）、延时继电器未能发信， 电磁铁 6DT、5DT、4DT 中只要有一只未能通电时，便无顶升回程动作。 当 6DT 未通电时，阀 22 使泵 18 卸荷，这样进入顶升缸的油液无多大压力而无力完成顶升动作；当 5DT 未能通电时，阀 23 不能处于右工作位，泵 19 来的压力油便在电磁阀 23 处受阻，无压力油进入顶升缸完成顶升动作；当电磁铁 4DT 未能通电时，电磁阀 44 未能处于下工作位，提供控制压力的泵 38 来的压力油便在电磁阀 44 处受阻，这样便无控制油打开液控单向阀 34 和 36，主缸油液不通油箱造成困油，因而主缸无法回程，顶升缸便无能为力顶升主缸上升，越是顶升，主缸油腔压力越大，阻力越大。

可查明上述原因予以处理。

② 液控单向阀 34 和 36 中只要有一只阀的主阀芯卡死在关闭位置，主缸上腔便无法回油到油箱，造成困油，因而无回程动作。

【故障4】 回程时发出强烈振动与噪声

回程前先要经 3~5s 的时间卸掉主缸内压力，然后由时间继电器发信，使有关电磁铁通电再进行回程动作，否则会出现强烈振动与噪声，即所谓的"炮鸣"现象。

① 电磁铁 3DT 未能通电，不能有位工作，无压力控制油打开液控单向阀 42，让主缸压力油先经阀 43、阀 42 流回油箱卸压便马上回程，主缸高压油突然回流油箱，势必产生强烈振动与噪声。

② 液控单向阀 42 主阀芯因泵 38 来的控制压力油的压力不够，打不开阀 42；或者因污物阀 42 的阀芯卡死在关闭位置。 两种情况都无法使主缸先卸压再回程。 此时可参阅 5.9 节的内容，检查控制油的压力调节阀（溢流阀）39 压力上不去的原因，予以故障排除。

【故障5】 内、外泄漏量大

内外泄漏量大多是密封破损所致，可参阅图 10-13 与图 10-14 更换密封处的密封便可。

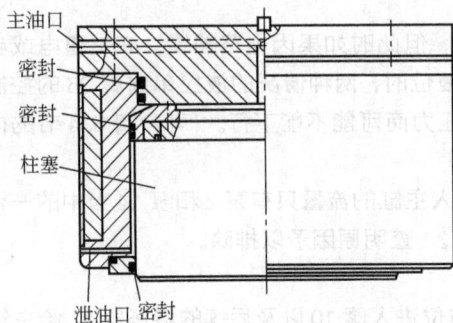

图 10-13 主液压缸

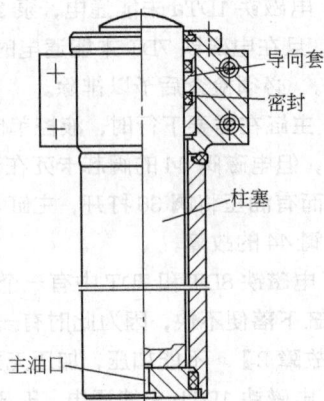

图 10-14 回程缸

10.5 Q12Y-20×3200型液压剪板机

剪板机广泛用于五金厂和钢铁厂等企业。 目前已多采用全液压的方式,中小型液压剪板机多采用常规开关式阀组成液压系统,中大型剪板机多采用插装阀组成液压系统。 剪板机用于钢板的剪断。

10.5.1 液压系统的工作原理

Q12Y-20×3200型剪板机属于全液压剪板机,其液压系统图如图10-15所示。

① 系统卸荷 变量柱塞泵 2 启动后,当三位四通电磁阀 4 处于中位(图示位置)时,溢流阀 5 的遥控口接通油池,溢流阀 5 低压开启,系统卸荷(空载)。

② 剪切准备 当 2DT 通电,阀 4 左位工作,主溢流阀 5 的遥控口通过阀 4 左位与远程调压阀(溢流阀)3 连通,使系统建立起由阀 3 调节的压力(例如 1MPa),此种工作压力可使托料缸下落、压料缸轻压。 此时可手动调节工件——钢板的位置,对齐剪切线,准备剪切。

③ 剪切 使 1DT 通电,溢流阀 5 的低压(如 1MPa)遥控口被阀 4 切断,不再由阀 3 调压,而是由主溢流阀 5 本身调压,系统建立起高压。 在此过程中,系统高压油一方面通过阀 18 使压料缸增力,另一方面通过减压阀 16、单向阀 15 向蓄能器 19 充液。

当系统压力上升至顺序阀 11 的调节压力(例如 6MPa 左右)时,顺序阀 11 打开,由泵 2 来的压力油经阀 11 进入剪切缸上腔。 剪切缸活塞带动刀具下行。 剪切缸下腔回油经液控单向阀 18 进入蓄能器 19,并经溢流阀 20 流回油箱。

剪切完毕,行程开关使 1DT 断电,阀 4 复中位,泵卸荷,托料缸回油。

④ 剪切缸上行 当 3DT 通电,蓄能器的压力油经阀 17 右位分别进入三个液控单向阀 9、12 与 18 的控制油口,打开此三个液控单向阀。 阀 9 的打开使压料缸上腔通油池而使压料脚抬起,也使顺序阀 11 的控制油泄压而使 11 导通,从而使得剪切缸上腔的油液经阀 12 或经阀 11、阀 8 和阀 9 通油箱,剪切缸上行返回。

剪切缸上行至顶端,行程开关使 3DT 断电。 此时完成了一个工作循环。

10.5.2 故障分析与排除

【故障 1】 压料缸不能下压工件、虽能下压但压不紧工件以及压料缸不能上升复位

压料缸为单作用缸,上行时靠弹簧复位。 下压时需上腔通入有一定压力(如 1~1.5MPa)的油液,才可克服缸下腔的复位弹簧力下压工件钢板。

当远程调压阀 3 故障,压力不能调高到上述压力值时,压料缸上腔的液压力不够克服弹簧力,压料缸不能下压工件;当主溢流阀 5 故障,压力调不上去,例如调不到 24MPa 的压力,则不

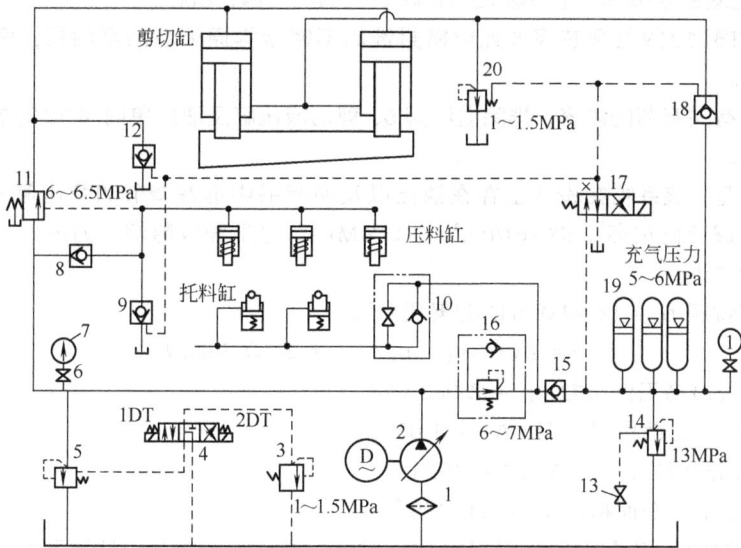

图 10-15　Q12Y-20×3200 型剪板机液压系统图

1—过滤器；2—变量泵；3,5—溢流阀；4,17—电磁阀；6—压力表开关；7—压力表；8,15—单向阀；9,12,18—液控单
向阀；10—截止单向阀；11—顺序阀；13—截止阀；14—安全阀；16—单向减压阀；19—蓄能器；20—背压阀（溢流阀）

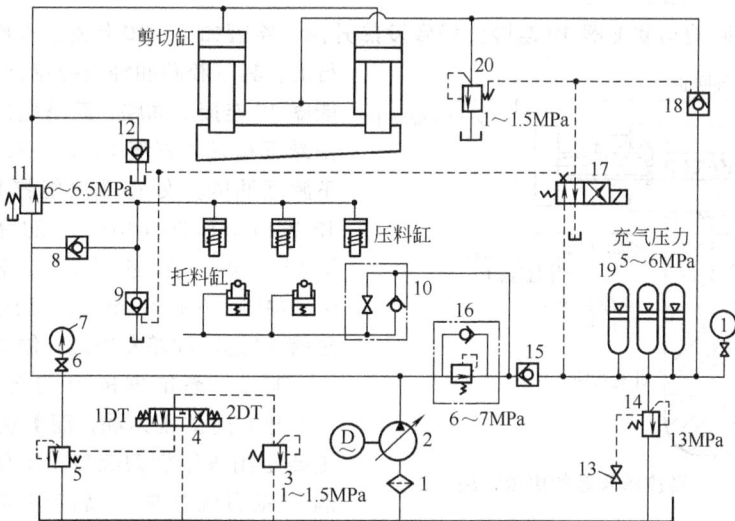

图 10-16　Q12Y-20×3200 型剪板机液压系统改进图

1—过滤器；2—变量泵；3,5—溢流阀；4,17—电磁阀；6—压力表开关；7—压力表；8,15—单向阀；9,12,18—液控单
向阀；10—截止单向阀；11—顺序阀；13—截止阀；14—安全阀；16—单向减压阀；19—蓄能器；20—背压阀（溢流阀）

能压紧工件；当液控单向阀 9 的阀芯卡死在关闭位置，上行时，压料缸上腔的油液无法经阀 9 返
回油箱，压料缸不能上升复位。

可参阅 5.9 节与 5.2 节的内容排除溢流阀及单向阀的故障。

【故障 2】　剪切无力

剪切无力表现为不能剪断机床说明书所允许厚度的钢板。故障原因如下。

① 溢流阀 5 存在故障，压力调不上去。阀 5 的压力至少应可调到 20MPa 以上，才有剪切一
定厚度钢板的能力。

② 剪切缸活塞密封破损，上下腔之间存在较大的内泄漏，窜腔。

③ 液控单向阀 12 的主阀芯因卡死或密封锥面不密合等原因泄油至油箱，导致主缸（剪切缸）压力上不去。

可参阅本书有关章节的内容，排除溢流阀 5、剪切液压缸及液控单向阀 12 的故障，从而排除剪切无力的故障。

值得注意的是：该系统在设计上存在缺点以及说明书中推荐调节的背压值——背压溢流阀（安全阀）14 的调节值过高（130kgf/cm² = 12.74MPa）更是导致剪切无力的一个重要原因，必须对原设计进行改进。

剪切缸下腔背压 p_b = 12.74MPa 时的剪切力为

$$F = 2(p_s A_上 - p_b A_下) = 1189.132kN$$

式中　　p_s——系统最高工作压力，$p_s = 2.352 \times 10^2 Pa$；

$A_上$——剪切缸上腔作用面积，$A_上 = 0.0314m^2$；

p_b——剪切缸背压，$p_b = 1.274 \times 10^7 Pa$；

$A_下$——剪切缸下腔面积，$A_下 = 0.0113m^2$。

若剪切缸下腔背压仅是减压阀所调压力时，即 $p'_b = 6.37 \times 10^6 Pa$，计算得出的剪切力 $F' = 2(p_s A_上 - p'_b A_下) = 1333.094kN$。$F' - F = 144kN$。

亦即，若背压值降为减压阀 16 所调压力，剪切力可提高 144kN。所以将原设计稍加改进（图 10-16）便可提高剪切力。

【故障 3】　系统发热温升

剪切缸下腔回油与蓄能器 19 连接会导致发热升温，原因如下：按上述工作原理，剪切缸下行时，其下腔回油经液控单向阀 18 进入与蓄能器 19 连接的油路，而蓄能器已经在剪切前由减压阀来油充液（6.37~6.86MPa），所以下腔回油因无处存放只能打开溢流阀 14 以 12.74MPa（130kgf/cm²）的高压溢回油池，造成发热。即使剪切缸下腔背压降至 6.37MPa（65kgf/cm²），其压力也过高，通过阀 14 返回油箱发热温升依然厉害。

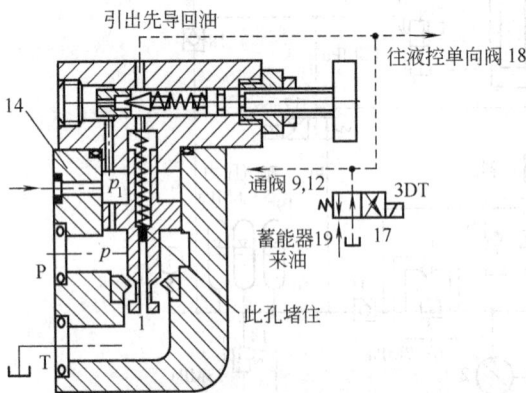

图 10-17　溢流阀阀芯的更改方法

其实，蓄能器的目的是给剪切缸返回（上升）提供压力油，而剪切缸下腔的背压主要是用来平衡刀架自重不使其产生自由下落。前者压力需高，后者只需较低压力。兼顾二者，为保证剪切缸可靠返回，只有取高背压，从而产生先天性的发热故障，要消除由此产生的温升发热，原液压系统需进行改进——将二者分开。改进的液压系统原理图见图 10-16，改进方案如下。

① 将溢流阀 14 从原背压油路上去掉，而将其并联于剪切缸下腔回油与液控单向阀 18 之间的油路上。并将溢流阀 14 的压力调至 1~1.5MPa（10~15kgf/cm²），此背压值足可以托住刀架自重。

② 将溢流阀阀芯中心回油孔堵死，而将其先导回油引出，再与换向阀 17 的出口连接（图 10-17）。

改进后的工作原理：从泵启动至剪切开始，与原液压系统完全相同，只是当剪切缸下行时，其下腔油液经溢流阀 20（经改装），按 1~1.5MPa 的背压力溢流回油池，阀 14 的先导弹簧腔回油经换向阀 17 回油池。返程时，1DT 断电，泵卸荷，同时 3DT 带电，换向阀 17 右位工作，蓄能器的压力油经换向阀 17 分别：关闭溢流阀 14 的先导阀回油，即使溢流阀 14 主阀芯关闭；打开液控单向阀 18，使压力油进入剪切缸下腔；打开液控单向阀 12，使剪切缸上腔油液回油池，剪切缸返回；打开液控单向阀 9，使压料缸返回。至此，完成一个工作循环。

经改进后，优点明显：由于背压力降低，剪切力可提高 250kN 以上；返程时背压的降低减少了能耗、发热和故障的发生，延长了元件的使用寿命；全部保留了原设备的操作方式，避免了因不习惯新操作而发生错误造成事故；利用原设备所使用的元件，改进工作量小，简便易行。

10.6 Q12Y-16×3200 型液压剪板机

10.6.1 液压系统的工作原理

液压剪板机有许多机型，其液压原理均大同小异，现以 Q12Y-16×3200 型液压剪板机为例说明。Q12Y-16×3200 型剪板机的液压系统图见图 10-18 所示：

① 空运转 启动液压泵 1，1DT、2DT、3DT 均不通电，此时由插装阀 4、调压阀 3 与电磁阀 2 组成的插装式电磁溢流阀的插装阀 4 打开，泵出口 P→T 通油箱，泵卸荷，作无负荷空运转。

② 剪切 当 1DT 通电时，电磁阀 2 右位工作，此时插装式电磁溢流阀 Y 的插装阀 4 关闭，泵按调压阀 3 调定的压力输出压力油，打开插装式单向阀 6 进入压料脚液压缸 16 压料，另一条油路经插装式单向阀 7→插装式顺序阀（由插装阀 8 和调压阀 9 组成）→剪切液压缸 17，进行剪切。

顺序阀的预调压力为 7MPa，而插装式单向阀 6 的开启压力为 0.4MPa，因此顺序阀开启时间滞后。由于有顺序阀存在，当 1DT 通电后，上刀架 19 下行前压料脚必先下行压住钢板，当压力升高到 7MPa 以上时，顺序阀才开启，上刀架方下行开始剪板。

③ 返程 剪切完毕，1DT 断电，2DT、3DT 通电，液压缸 17 及压料脚 16 卸荷，它们分别在压缩氮气和弹簧的作用下返程，当到达上死点时，在行程开关 23 的作用下，停在预定位置。

10.6.2 故障及其排除方法

【故障 1】 液压泵启动后，1DT 通电，上刀架 19 及压料脚 16 均无动作

此时应首先考虑压力控制阀 4 可能卸荷，检查阀的锥面有无异物、阀芯是否卡死、阀芯上的阻尼孔是否畅通，溢流阀 3 及电磁阀 2 的阀芯是否卡住；其次应考虑方向控制阀 15 可能卸荷，检查阀芯及电磁阀 12 是否失灵、有无异物卡住。若以上两处均无问题，则要由有经验的工人、技术人员检查液压泵是否损坏，考虑更换液压泵。

【故障 2】 液压泵启动并使 1DT 通电，压料脚 16 会下行压板，而上刀架无反应

此现象表明方向控制阀 6、7 及 15 是正常

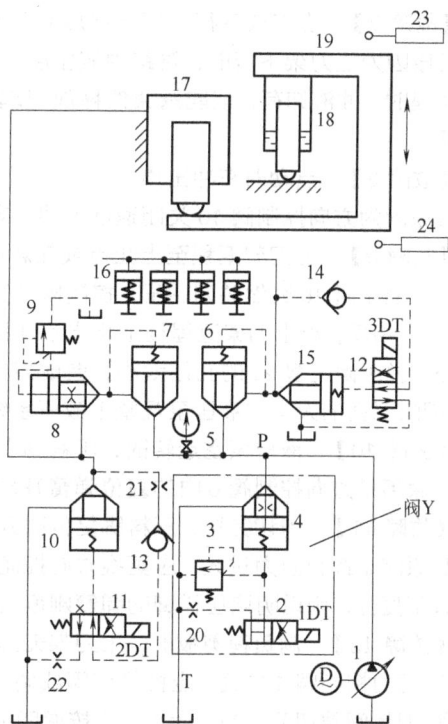

图 10-18 Q12Y-16×3200 型液压剪板机液压系统
1—液压泵电机组；2,11,12—电磁阀；3,9—调压阀；
4,6~8,10,15—插装阀；5—压力表；13,14—单向阀；
16—压料脚液压缸；17—剪切液压缸；18—氮气缸；
19—上刀架；20~22—阻尼塞；23,24—行程开关

的，而方向控制阀 10 处于卸荷状态。 应检查该处有关部位：阻尼塞 21、方向控制阀 10 的阀芯锥面有无异物、电磁阀 11 是否失灵不复位。

【故障 3】 点动时上刀架不能稳定地停靠在任意位置，而会慢慢返程

此故障虽不影响剪板动作，但会造成无法调整和检测刀片间隙。

① 方向控制阀 10 锥面密封不良或顺序阀有内泄。 可取出控制阀 10 及溢流阀 9，倒入煤油，检查其密封情况。

② 液压缸与柱塞间的密封面泄漏，应更换密封件。

【故障 4】 压料脚与上刀架间无先后顺序动作

1DT 通电后，压料脚 16 与上刀架 19 间无先后顺序动作且压料脚压下无力，以致剪板时板料移动。 其原因是顺序阀压力调节太低或调节不当，应调整其开启压力至 7MPa。

【故障 5】 点动时，手松开按钮后压料脚自动返程

① 电磁阀 12 的电磁铁 3DT 未能断电，或者 3DT 虽断电，但阀芯因污物卡死不复位，仍处于通电位置。

② 插装阀 15 的阀芯因污物卡死在开启位置。

查明原因后予以排除。

【故障 6】 上刀架返程速度太慢，而且达不到上止点

其原因为氮气缸中氮气压力不足或存在泄漏，应补充氮气或更换缸内密封件，并检查缸内有无密封润滑油。

【故障 7】 上刀架下行至下止点后换向返程瞬间有液压冲击声

其原因为上刀架下行时，管路中液压油呈高压状态，管路及油液中储存了大量的能量，当上刀架返程时，油液卸荷，该能量突然释放引起液压冲击。 为使此能量缓慢释放，宜改小阻尼塞 22 孔径。

【故障 8】 点动时有冲击声

其原因为方向控制阀 10 关闭速度太快，应将其背压控制油路中的阻尼塞 21 减小。

【故障 9】 上刀架返程至上止点或任意位置停止时有冲击声

方向控制阀 10 突然关闭、压力控制阀 4 突然开启引起液压冲击。 此时应减小阻尼塞 20、21 的孔径。 相反，若上刀架返程至上止点后（即上刀架已碰上行程开关）仍会继续上行，产生撞缸现象，说明阻尼塞 21 的孔径太小，造成方向控制阀 10 反应不灵敏，应将阻尼塞 21 孔径加大些。 因阻尼孔的大小与液压泵及整个液压系统的性能有关，故必须根据实际情况调节。

【故障 10】 液压泵空运转时，压料脚小范围上下波动

其原因是方向控制阀 6 内的复位弹簧开启压力小于 0.4MPa，应更换弹簧。

【故障 11】 剪切完毕，压料脚复位时并不完全到位

其原因是卸荷阻力过大，应更换方向控制阀 15 中的复位弹簧，使其刚度减小。 若只是个别压料脚不复位，则说明该压料脚的弹簧刚度过小，此时只需更换该处弹簧即可。

【故障 12】 满负荷剪板时，上刀架无力、剪不断

① 压力控制阀 4 失灵，应检修该阀或调整卸荷压力至规定值。

② 刀片间隙调节不当、太小，应按说明书或刀片间隙标牌规定值调整。

10.7 WD67Y-63/2500 型液压折弯机

10.7.1 液压系统的工作原理

WD67Y-63/2500 和 WD67Y-100/3200 型折弯机的液压系统原理图如图 10-19 所示。

① 空运转 1DT、2DT、3DT 均不通电，液压泵 1 启动后流出的油液经三位四通电磁阀 4（H 型）中位通路流回油箱，液压泵作无负荷空运转。

② 滑块快速下降　1DT、3DT 通电，三位四通电磁阀 4 左位工作，泵 1 来的压力油→阀 4 左位→液压缸 9 上腔，下腔油液→插装阀 7（由于 3DT 通电而开启）→阀 4 左位→流回油箱。当滑块快速下降时，液压缸上腔形成负压，液控单向阀（充液阀）5 在压差的作用下开启，大气压将充液油箱内的油液经阀 5 压入缸 9 上腔，进行充液。调节插装阀 7 盖板上的流量调节螺钉，可调节滑块的下行速度。

③ 滑块慢下（工进）　此时仍然 1DT 通电，液压缸上腔进油，下腔回油。当快速下行到接触工件进行折弯工件行程后，负载增大，压力上升，压力补偿变量泵 1 的流量自动变小，进入滑块慢速下行（工进）行程。溢流阀 8（调定开启压力 10MPa）起安全阀和背压阀的作用，停机时起支撑防止缸 9 下落的作用。

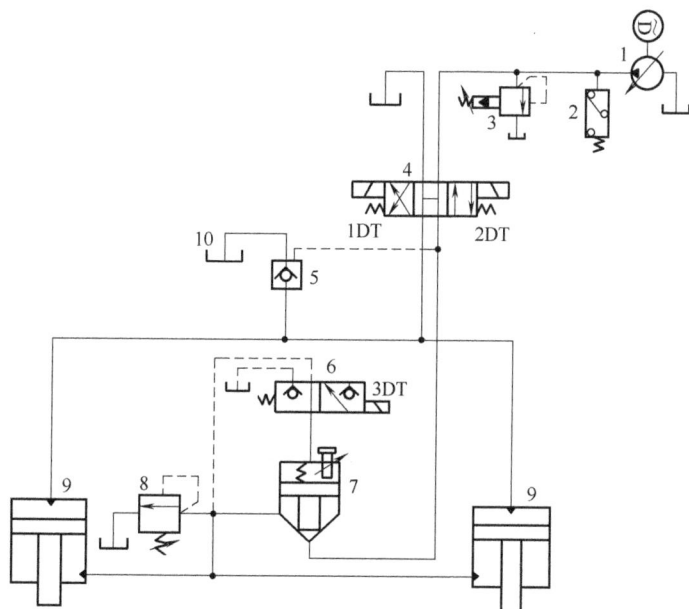

图 10-19　WD67Y-63/2500 和 WD67Y-100/3200 型折弯机液压系统原理图
1—液压泵电机组；2—电接点压力表；3—溢流阀；4—电磁阀；5—液控单向阀；
6—电磁球阀；7—插装阀；8—溢流阀（背压阀）；9—液压缸；10—充液油箱

④ 返程　2DT 通电，三位四通电磁阀 4 右位工作置，压力油经阀 4 右位进入液压缸下腔。液控单向阀（充液阀）5 此时的控制油为压力油，液压缸上腔的油经开启的液控单向阀 5 及电磁阀 4 右位流回油箱，使滑块实现快速返程。

10.7.2　故障及其排除方法

【故障 1】　掉刀

即滑块停在任意位置时缓慢下滑，此时 3DT 断电。

① 液压缸 9 本身因活塞上的密封破损，造成上、下腔的油液有串漏。

② 溢流阀 8 的调节压力过低，或者其阀芯与阀座接触处因有脏物粘住不密合，或者接触处磨损有凹坑二者之间不密合，产生泄漏，造成缸 9 下腔油液流动而下滑。此时应检修溢流阀 8（参阅本手册 5.9 节中相关内容）。

③ 电磁球阀 6 是否有故障，是否因此导致插装阀 7 关不严。

④ 插装阀 7 的锥面处因磨损有凹坑或粘有异物而不密合产生微漏。

【故障 2】　2DT 通电后，滑块不返程

① 溢流阀 8 失灵或该阀预调压力过低，此时应检修溢流阀 8，并调整其压力至规定值 10MPa。

② 电磁阀 4 阀芯不能换向到右位工作，此时应检修电磁阀 4。

【故障 3】 液压泵启动后，按"点上"或"点下"时，滑块毫无反应，压力表指示值为零

此时应检查溢流阀 3、电磁阀 4 及液控单向阀 5，因为此三处总有一处卸荷了。

另外，油液清洁度好坏不仅会影响液压泵寿命，而且也是造成液压系统常见故障的主因。因此，为了延长液压泵使用寿命、减少液压系统故障，必须高度重视油液清洁度问题。

第 **11** 章

机床类液压系统及故障排除

机床是工业的母机，自 1882 年世界上第一台液压龙门刨床问世以来，液压在各种机床上得到广泛的应用，液压元件成为机床不可缺少的重要基础元件。 机床中液压的应用主要有下述几个方面。

① 主传动机构和进给传动机构的驱动和变速，如工作台、滑枕刀架的驱动和变速，主轴箱的变速等。

② 周期定量进给，如刨床、磨床的横向进给等。

③ 伺服系统和仿形装置，如仿形车床仿形铣床等的单、双、三坐标仿形装置及砂轮的成形修正装置等。

④ 比例控制、数字控制，如自动机床的无级变速，加工中心刀库的自动换刀等。

⑤ 辅助运动，工件或刀具的夹紧、装卸及输送，变速的操纵机构，消除间隙及补偿变形、回转、分度、让刀、抬刀、换刀、除屑等。

⑥ 静压支承。 如静压轴承、静压导轨、静压丝杠螺母、液压中心架等。

11. 1 C7120 型半自动仿形液压车床

本机床是加工最大直径为 200mm 的液压半自动仿形车床，主要用于粗车或半精车圆柱形、圆锥形、台阶形及其他具有旋转曲面的轴类零件的外圆、沟槽、端面及倒角。 它利用伺服装置带动仿形刀架进行车削，可获得与样件（或样板）相同形状的工件。

属于本系列车床的有 C7120 型、C7120/1 型、C7120/2 型、C7120/3 型、C7120/4 型、C7120/5 等型号。 其中 C7120 型、C7120/1 型具有一次工作循环，C7120/2 型、C7120/3 型具有三次工作循环，C7120/4 型、C7120/5 型具有六次工作循环。

11. 1. 1 液压系统组成与作用

（1）液压系统的功用

图 11-1 为 C7120 型仿形车床的液压系统图。 该液压系统的功用为：液压缸Ⅳ为卡盘夹紧液压缸，实现对工件的夹紧与松开；液压缸Ⅴ为尾座套筒进退液压缸，实现尾座套筒的进退；伺服液压缸Ⅱ实现仿形刀架的仿形运动；回转液压缸Ⅲ（装于仿形刀架下边）能使仿形刀架回转，每当仿形刀架行程终了，纵向移动液压缸（伺服液压缸Ⅱ）退回原位，回转液压缸Ⅲ正向旋转一次，正转时，先松开并拔出定位销，然后通过牙嵌离合器带动刀架旋转 120°，随即压下微动开关，使回转缸油路换向，反向旋转离合器脱开，先是插入定销，而后是夹紧刀架。 利用这个回转刀架可在一个工作循环中实现三次仿形；利用横切刀架下切液压缸Ⅵ、横切刀架纵向液压缸Ⅶ、横切刀架横向液压缸Ⅷ，实现切沟槽、倒角、车端面、切断以及切外圆等。

（2）各液压元件的作用

① 主泵组装置 主泵组装置包括双联叶片泵 1 与 4，过滤器 2 与 5，溢流阀 3 与 6，以及油箱等组成。

液压泵 1 的排油经过滤器 2 过滤，并由溢流阀 3 调压（3MPa）后供仿形刀架纵向快进、工进、快退及回转刀架的松开和转位之用。

　　液压泵 4 的排油经过滤器 5 过滤，并由溢流阀 6 调压（2MPa）后供仿形刀架横向运动、回转刀架的夹紧、卡盘液压缸及尾架液压缸运动之用。

　　过滤器 2 与 5 过滤油液，使油液洁净，以保证调速阀 10 及伺服系统工作的稳定可靠，不受污物堵塞的影响。

　　② 换向阀 7、8、9 及 11　换向阀 7 为二位四通 O 型电磁换向阀，有两个作用：一个是控制液压泵 4 向仿形刀架纵向进给液压缸 I 供油的通断（供油或不供油），即当液压缸 I 快进或快退时，电磁铁 4DT，通电接通其油路，泵 4 与泵 1 同时向液压缸 I 供油，能够满足快进时对流量的需要；而进给时（慢速），4DT 断电切断其通路，泵 4 不再向液压缸 I 供油，仅由泵 1 向其供油，另一个作用是与换向阀 8 配合，4DT 通电，3DT 断电，双联叶片泵 1、4 此时可卸荷（经阀 10 流回油箱）。

　　换向阀 8 为二位五通电磁换向阀，也有两个作用：3DT 通电时，可对仿形刀架的纵向进给液压缸 I 供油；而 3DT 断电时，可与阀 7 配合，使双联叶片泵 1 与 4 卸荷。

　　换向阀 9 为二位四通 P 型电磁换向阀，用以控制仿形刀架纵向移动的快退。当电磁铁 2DT 通电时仿形刀架纵向前进，2DT 断电（P 型连接）时，使液压缸 I 的两腔互通，形成差动连接，以提高快退速度。

　　换向阀 11 为二位五通电磁换向阀，用以控制回转刀架的转位与夹紧。当 7DT 通电时，泵 1 向阀 11 左位供油，回路刀架先松开并拔出定位销后转位 120°；而当 7DT 断电时，则液压泵 4 供油，回转刀架先复位，插入定位销后再夹紧。考虑到摩擦自锁的缘故，所以松开压力大于夹紧压力。

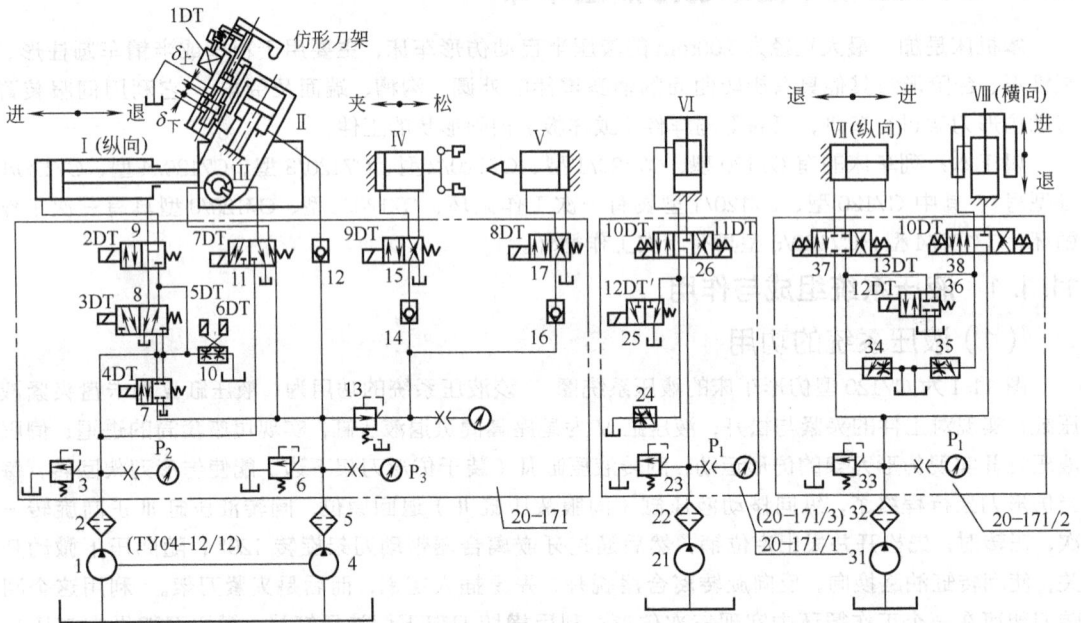

图 11-1　C7120 型仿形车床液压系统图

1，4—双联叶片泵；2—滤油器；3，6，23，33—溢流阀；5，22，32—过滤器；7—二位四通电磁阀；8—二位五通电磁阀；9—二位四通电磁阀；10，24，34，35—调速阀；11—二位五通电磁阀；12，14，16—单向阀；13—减压阀；15，17，36—电磁阀；21，31—液压泵；25—二位三通电磁阀；26，37，38—三位四通电磁阀；I—纵向进给液压缸；II—伺服工作液压缸；III—刀架转位液压缸；IV—液压卡盘液压缸；V—尾座套筒液压缸；VI—横切刀架下切液压缸；VII—横切刀架纵向液压缸；VIII—横切刀架横向液压缸

③ 调速阀 10　它是由两个电磁铁通过杠杆控制不同开口，以获得 S_1、S_2、S_3 和 S_4 四种进给量：当 5DT 通电，6DT 断电时，进给量为 S_1；当 5DT 断电，6DT 通电时，进给量为 S_2；当 5DT 与 6DT 都通电时，则进给量为 S_3；当 5DT 与 6DT 都断电时，则进给量为 S_4。

④ 液压仿形刀架　它是一个双边滑阀控制的伺服装置。控制压力为 2MPa，压力油直通液压缸 Ⅱ 的下腔，而后又转经下控制边至液压缸 Ⅱ 的上腔，上腔压力油再经上控制边回油箱。其工作过程如下。

a. 仿形刀架快速向下引进。当 1DT 通电时，电磁铁拉动控制滑阀使之下移，使得下控制边 $\delta_\text{下}$ 封闭，上控制边 $\delta_\text{上}$ 开启。因而油液进入液压缸 Ⅱ 的下腔，而缸 Ⅱ 上腔的油液经增大了的控制边畅通地排回油箱。因为下腔压力不变，上腔压力下降，所以仿形刀架快速向下引进。

b. 仿形刀架快速向上退回。如 1DT 断电时，在弹簧力的作用下，控制滑阀上移，使上控制边 $\delta_\text{上}$ 封闭，下控制边 $\delta_\text{下}$ 开启，所以液压缸 Ⅱ 上、下腔连通无阻，两腔压力相等，在活塞承压面积差的作用下，仿形刀架快速向上退回。

c. 仿形工作。当进行仿形工作时，触头触及样板或样件，通过控制阀改变上、下两腔控制边的开度，从而改变液压缸 Ⅱ 上腔的压力，使液压缸 Ⅱ 带动刀具随动，它与纵向运动合成，刀尖就能仿出与样板（或样件）相同形状的工件来。

⑤ 减压阀 13　用于调节卡盘夹紧液压缸 Ⅳ 和尾座套筒移动缸（顶针缸）的工作压力的大小。因为液压卡盘夹紧工件或用尾座液压缸驱动后顶针支顶工件时，其需要的工作压力是低于主工作系统压力的，且加工过程中要求能够根据不同形状的零件对其所需要的夹紧力进行调节（例如薄壁零件需要的夹紧力小，否则夹变形），所以在缸 Ⅳ 与缸 Ⅴ 的进油路上串接了减压阀 13，以对两缸的工作压力在一定范围内（如 $0.5 \sim 1.5\text{MPa}$）进行调节。

⑥ 换向阀 15 与 17　二位四通电磁阀 15 用来控制液压卡盘的夹紧或松开：9DT 通电，卡盘松开；9DT 断电，卡盘夹紧。二位四通电磁阀 17 用来控制尾座顶针套筒液压缸 Ⅴ 的进退，从而使尾座顶针后退松开工件或是使尾座顶针前进顶紧工件。电磁铁 8DT，通电实现前一动作（松开工件）；8DT 断电，实现后一动作（夹紧工件）。

⑦ 单向阀 12、14 和 16　单向阀 12 用来防止仿形刀架在停止工作时由于自身重力下落而导致安全事故；单向阀 14 和 16 是用来防止仿形刀架在工作过程中，液压卡盘和尾座顶针在因停电等突发情况下液压泵停止提供压力油，从而产生的自行松开而设置的。因此，单向阀 12、14 和 16 在系统中起安全和联锁作用。

⑧ 横切刀架泵组　横切刀架泵组包括液压泵 21 和 31，滤油器 22 和 32，溢流阀 23 和 33 等组成。液压泵提供压力油源；溢流阀根据横切刀架的工作需要调节工作压力；滤油器的作用是使进入横切刀架液压缸的油液干净，少发生故障，并保证调速阀 24、34 和 35 工作的稳定可靠，低速时不堵塞节流口。

⑨ 调速阀 24、34 和 35　调速阀 24 用于调节横切刀架的下切液压缸 Ⅵ 的进给速度；调速阀 34 和 35 则是分别用于调节横切刀架的纵向和横向进给速度的。

⑩ 换向阀 36、37 和 38　换向阀 36 为一个二位四通 O 型电磁换向阀，用来控制横切刀架纵向和横向的快速运动或进给（慢速）运动：当 12DT 通电时，刀架实现快速运动，因为此时缸回油不经过调速阀 34 与 35，而直接通过阀 37 或 38 的左位流回油箱，实现刀架的快速运动；当 12DT 断电时，刀架液压缸（Ⅶ 与 Ⅷ）的回油需经调速阀 34 与 35 流回油箱，因而刀架为进给（慢速）运动。

换向阀 37 为 O 型三位四通电磁换向阀，用来控制横切刀架的纵向运动的换向：当 13DT 和 14DT 分别通电时，横切刀架纵向液压缸 Ⅶ 分别前进和后退。

阀 38 为三位四通 K 型电磁换向阀，用来控制横切刀架横向运动的换向：当 10DT 或 11DT 分别通电时，横切刀架横向液压缸 Ⅷ 分别进行前进或后退。

⑪ 操纵板 20-171/1（或 20-171/3）中的液压元件与操纵板 20-171/2 中的横切刀架上的各元件相对应阀 23、24、26 分别对应于 33、34（或 35）、37（或 38），而换向阀 25 的作用与换向阀 36 相同，也是用来控制快速运动或进给运动，区别是：阀 25 只控制单个液压缸（缸Ⅵ），故用二位三通阀，而阀 36 用来控制两个缸（缸Ⅶ与缸Ⅷ），故用二位四通电磁阀。

11.1.2　液压系统的工作原理（油路分析）

（1）仿形刀架部分

仿形刀架由主泵组提供压力油源，液压元件安装在油路块 20-171/1 板上。

① 仿形刀架的纵向往复运动

a. 快速引进。 电磁铁 2DT、3DT 和 4DT 同时通电，这时的油路为

进油：$\left\{\begin{array}{l}\text{液压泵 1 来的压力油}\\\text{液压泵 4 来的压力油→阀 7 左位}\end{array}\right\}$→阀 8 左位→阀 9 左位→仿形刀架纵向液压缸Ⅰ右腔；

回油：缸Ⅰ左腔回油→阀 9 左位→换向阀 7 左位（少量经阀 10）→油箱。

b. 工作进给。 此时 2DT、3DT 通电，4DT 断电，油路为

进油：泵 1 来油→阀 8 左位→阀 9 左位→缸Ⅰ右腔；

回油：缸Ⅰ左腔回油→阀 9 左位→阀 10（进给速度 S_1）→油箱。

上述油路走向中，如果是 5DT 通电，6DT 断电，则以速度 S_1 工作进给；若 5DT 断电，6DT 通电，则以速度 S_2 工作进给；若 5DT 和 6DT 都通电，则以速度 S_3 工作进给；若 5DT 和 6DT 都断电时，则以速度 S_4 工作进给。

c. 快速退回。 当 2DT 断电，3DT 和 4DT 通电时，实现仿形刀架快速退回，其油路为

进油：$\left\{\begin{array}{l}\text{泵 4 来油→阀 7 左位}\\\text{泵 1 来油}\end{array}\right\}$→阀 8 左位→阀 9 右位→缸Ⅰ左腔；

回油：缸Ⅰ右腔回油→阀 9 右位→缸Ⅰ左腔。

这样使缸Ⅰ变为差动缸，实现差动快退。

② 仿形刀架斜向伺服运动　由液压泵 4 提供的压力油（压力为 2MPa）经单向阀 12 进入仿形刀架液压缸Ⅱ的下腔，有以下五种工作状态。

a. 先 1DT 通电，仿形刀架快速向下引刀，此时控制阀（伺服阀）下移，下控制边封闭，上控制边开启，压力油通液压缸Ⅱ下腔，缸Ⅱ上腔油液经上控制边流回油箱，仿形刀架快速下移，即快速向下引刀。

b. 当触销触及样板（样件）凸台，这时控制滑阀受阻上移，下控制边开度 $\delta_{\text{下}}$ 增大，上控制边开度 $\delta_{\text{上}}$ 减小。 压力油经下控制边进入液压缸Ⅱ上腔，致使上腔压力增大，而缸Ⅱ下腔压力不变，所以仿形刀架向上移动，上腔油液经上控制边流入油箱（回油相对减少）。

c. 当触销沿平行的直线移动，这时上、下两控制边的开度保持原来的一定比例，缸Ⅱ上、下两腔的压力差保持仿形刀架处于平衡状态。 此时仿形刀架在横向不产生移动，而沿纵向进给，车刀加工出直径不变的圆柱体外表面。

d. 当触销触及样板凹形，这时控制滑阀下移，上控制边开度 $\delta_{\text{上}}$ 加大，下控制边开度 $\delta_{\text{下}}$ 减小。 由于液压缸Ⅱ下腔压力不变，而上腔压力降低，因此仿形刀架下移，油液进入缸Ⅱ下腔，其上腔油液经上控制边流回油箱（回油量相对增加）。

e. 仿形刀架快速退回。 当仿形完毕，1DT 断电，在弹簧力的作用下，控制滑阀上移，上控制边封闭，下控制边开启，缸Ⅱ下腔压力油直通上腔，由于差动作用，仿形刀架快速上移，即快速退回。

③ 回转刀架的转位与夹紧　当 7DT 通电时，液压泵 1 来油经换向阀 11 左位至叶片摆动缸Ⅲ

（刀架转位缸），使回转刀架先松开拔销然后转位 120°，这时叶片摆动缸Ⅲ回油经换向阀 11 左位流回油箱；当 7DT 断电时，泵 4 来的压力油经阀 11 右位至叶片摆动缸Ⅲ，使刀架先复位然后夹紧，这时摆动缸Ⅲ回油经阀 11 右位流回油箱。

④ 卡盘液压缸Ⅳ的夹紧与松开

夹紧：当 9DT 断电，液压泵 4 来的压力油经减压阀 13→单向阀 14→换向阀 15 右位→卡盘液压缸Ⅳ的右腔；缸Ⅳ左腔回油→阀 15 右位→油箱。

松开：当 9DT 通电，泵 4 来油→减压阀 13→阀 14→阀 15 左位→缸Ⅳ左腔，缸Ⅳ右腔回油→阀 15 左位→油箱。

⑤ 尾座顶针的顶紧与松开

顶紧：8DT 断电，泵 4 来的压力油→阀 13→阀 16→阀 17 右位→尾座液压缸Ⅴ的右腔；缸Ⅴ左腔回油→阀 17 右位→油箱，使尾座顶针产生向左的顶紧动作。

松开：8DT 通电，泵 4 来的压力油，减压阀 13→单向阀 16→换向阀 17 左位→尾座液压缸Ⅴ左腔。缸Ⅴ右腔回油→阀 17 左位→油箱。缸Ⅴ活塞右行，顶针也随之右行，松开工件。

在上述卡盘夹紧缸、顶针缸等的控制中，一般都采用电磁阀失电为"夹紧"，通电为"松开"。这样做的好处是可防止工件不致因突然失电而松脱发生安全事故，即采用所谓"失电安全"的原则。

⑥ 双联叶片泵 1、4 卸荷　2DT、3DT 断电，4DT 通电时，液压泵 4 排油，并与液压泵 1 排油汇合在一起，经换向阀 8，再返回经换向阀 7 流回油箱，泵 1、4 卸荷。

以上各动作与各个电磁铁的通电、断电情况如表 11-1 所示。

表 11-1　C7120 型仿形车床液压系统电磁铁动作顺序表

电磁铁 动作	1DT	2DT	3DT	4DT	5DT	6DT	7DT	8DT	9DT
仿形刀架横向引刀（快速）	+								
仿形刀架横向退刀									
仿形刀架停止									
TY04-12/12 叶片泵卸荷				+					
仿形刀架纵向快进		+	+	+					
仿形刀架纵向快退			+	+					
仿形刀架以 S_1 速度进给		+	+		+				
仿形刀架以 S_2 速度进给		+	+			+			
仿形刀架以 S_3 速度进给		+	+		+	+			
仿形刀架以 S_4 速度进给（慢）		+	+						
回转刀架夹紧									
回转刀架转位							+		
尾座顶针前进									
尾座顶针后退								+	
液压卡盘夹紧									
液压卡盘松开									+

注："+"表示通电，空格表示断电。

（2）横切刀架部分

横切刀架各控制液压元件装于油路板 20-171/2 上，它们由液压泵 31 提供压力油源，经滤油器 32 过滤，并由溢流阀 33 调压（一般调成 2MPa），供横切刀架纵横两液压缸Ⅶ、Ⅷ工作时使用。

① 横向快进　10DT 和 12DT 通电，泵 31 来油→换向阀 38 左位→横切刀架横向缸Ⅷ的下腔；缸Ⅷ上腔回油→阀 38 左位→阀 36 左位→油箱。从而实现缸Ⅷ横向快进。

② 横向进给（工进）　10DT 通电，12DT 断电，阀 36 处于右位，泵 31 来油→阀 38 左位→缸Ⅷ下腔；缸Ⅷ上腔回油→阀 38 左位→调速阀 35→油箱。此时由调速阀 35 以回油节流方式调节

横向进给速度的快慢。

③ 横向快退 11DT 和 12DT 通电，泵 31 来油→阀 38 右位→横切刀架横向液压缸Ⅷ的上腔；缸Ⅷ下腔回油→阀 38 右位→阀 36 左位→油箱。由于回油不节流，因而快退。

④ 纵向进给 当横向进到一定位置时，压下行程开关，使 13DT 通电，并由挡铁限位。此时泵 31 来油→阀 37 右位→横切刀架纵向液压缸Ⅶ的右腔；缸Ⅶ左腔回油→阀 37 右位→调速阀 34→油箱。

⑤ 纵向快退 11DT、12DT 和 14DT 均通电，泵 31 来油→阀 37 左位→横切刀架纵向缸Ⅶ的左腔；缸Ⅶ右腔回油→阀 37 左位→阀 36 左位→油箱。

⑥ 泵 31 卸荷 当 12DT 通电时，10DT、11DT 均断电，此时换向阀 38 处于中间位置。泵 31 排出的压力油经换向阀 38 中位，再经换向阀 36 流回油箱而卸荷。

横切刀架各动作方式对应的电磁铁通断情况，即操纵情况如表 11-2 表示。

表 11-2 横切刀架电磁铁动作顺序表

电磁铁\动作	10DT	11DT	12DT	13DT	14DT
横切刀架横向快进	+	−	+	−	−
横切刀架横向进给（工进）	+	−	−	−	−
横切刀架横向快退	−	+	+	−	−
横切刀架纵向进给	−	−	−	+	−
横切刀架纵向快退	−	+	−	−	+
液压泵 31 卸荷	−	−	+	−	−
横切刀架停止	−	−	−	−	−

由操纵板 20-171/1 操纵的横切刀架属于直线往复式横切刀架，刀架只能做横向进给运动，不能做纵向进给运动。其动作如表 11-3 所示。如果将两套相同的操纵板 20-171/1 组合成为 20-171/3 的操纵板，则相当于两个 20-171／1 的原理图（泵、滤油器、溢流阀可以合并），如果用一个做横向进给，一个做纵向进给，同样可以达到操纵板 20-171/2 的工作内容，即也可以使横切刀架获得矩形循环动作。

表 11-3 由操纵板 20-171/1 操纵的板切刀架的电磁铁动作顺序表

电磁铁\动作	10DT′	11DT′	12DT′
横切刀架（下切）快进	+	−	+
横切刀架进给（慢进）	+	−	−
横切刀架进给退回（慢退）	−	+	+
横切刀架快退	−	+	−
横切刀架停止	−	−	−

11.1.3 故障分析与排除

（1）仿形刀架部分故障

【故障 1】 仿形刀架无引刀动作（横向）

产生原因主要有电磁铁 1DT 未能通电和触销杠杆上的滚花螺母未调到位。因此，可检查电磁铁 1DT 不能通电的原因，是断线还是接触不良或是电路故障，可查明原因排除之。另外重新调整滚花螺母的位置。

【故障 2】 仿形刀架不退刀（横向）

其产生原因刚好与上款中的"无引刀动作"相反，是电磁铁 1DT 不能断电，或是滚花螺母的位置调节过分，可查明原因进行排除。

【故障 3】 双联叶片泵（TYO4-12/12 型）1 与 4 不卸荷，或者只有泵 1 部分地卸荷，泵 4 不

能卸荷

当 3DT 未能断电，而 4DT 虽通电，泵 1 与泵 4 均不卸荷。 或者 3DT 虽断电，4DT 虽通电，但阀 8 因阀芯卡死、或者其复位弹簧漏装或折断，使阀 8 的阀芯仍停留在通电位置，泵 1 与泵 4 也均不卸荷。 当 4DT 未能通电，3DT 虽能断电，则只有泵 1 能部分地卸荷，其卸荷压力的大小决定于调速阀 10 开度的大小，亦即泵 1 只能卸荷到由阀 10 开度所决定的背压值，而此时泵 4 不能卸荷。

解决上述两泵都不能卸荷以及只有泵 1 部分卸荷（卸荷不彻底）的办法为：3DT 要能断电，并且阀 8 不被卡死在通电位置上，且阀 8 内复位弹簧不要漏装或折断；阀 7 的电磁铁 4DT 要能可靠通电。 可针对情况予以处理。

【故障 4】 无纵向快速前进（快进速度慢）或者根本不前进

缸 I 纵向快速前进的条件是电磁铁 2DT、3DT 和 4DT 要同时通电。 当 4DT 未能通电，即使 2DT 与 3DT 通电，也无法快速前进动作。 因为此时泵 4 的来油阻在阀 7 前，而不能和泵 1 来油共同经阀 8（左位）与阀 9（左位）进入仿形刀架纵向进退缸 I 的右腔，此时只有慢速前进而无快速前进动作。 另外缸 I 的内泄漏量大，也会造成快进速度慢。 当电磁铁 2DT 与 3DT 只要有一个或者两个都不通电时，缸 I 便根本不前进，原地不动。

此时可针对以上故障现象所查明的原因，采取对策措施，并检查缸 I 的泄漏及泵的供油情况。

【故障 5】 仿形刀架纵向进给（慢速）时速度太快或者不能按四挡进给速度（S_1、S_2、S_3、S_4）进行调节

① 电磁铁 2DT 与 3DT 均通电，4DT 断电是缸 I 进行进给（工作进给）运动的前提，缺一不可。

② 虽 2DT、3DT 通电，4DT 断电，但缸 I 还是快速前进，则原因多半是阀 7 的阀芯卡死在通电位置。 卡死的原因有：阀芯上有毛刺污物，或者阀芯与阀孔配合太紧，移动不灵活，或者是复位弹簧折断、漏装或错装。 造成 4DT 断电后，阀 7 的阀芯不能回位到正常位置，而泵 4 与泵 1 仍然都向缸 I 右腔供油，缸 I 速度慢不下来。

③ 当电磁铁 5DT、6DT 未能按前述的情况进行通断电组合（例如 5DT 断电，6DT 通电，为进给速度 S_2），造成不能正常调节 $S_1 \sim S_4$ 四挡速度，调速阀 10 使杠杆机构控制其不同开口，如果杠杆机构别劲也会产生进给四挡速度不能调节的现象。

可针对上述三种不同故障现象分析出原因，加以排除。

【故障 6】 仿形刀架纵向进给时有爬行现象

这一故障多产生于工作进给（特别是进给速度为 S_4）时。 产生原因有：液压系统中进有空气；滤油器 2 被污物严重堵塞；调速阀 10 的节流口被污物堵塞，并且时堵时通；缸 I 下部的导轨镶条调得过紧，导轨润滑不良产生干摩擦，或者导轨磨损后，精度不好以及维修后导轨铲刮不好；液压缸 I 活塞移动的轴心线与导轨面不平行，别劲；液压缸 I 严重内泄漏，工作压力建立不起来；油箱内油面太低。

可针对上述情况逐个检查，查明原因加以排除。

【故障 7】 仿形刀架纵向不退回或退回速度较慢，无快速退回动作

当电磁铁 3DT 未能通电时，仿形刀架无退回动作。

① 电磁铁 2DT 未能断电或者 2DT 虽然断了电，但阀 9 的阀芯因污物和毛刺卡住在通电位置；或者因阀 9 的阀芯复位弹簧折断、漏装以及错装成弱弹簧，无弹簧复位力或弹簧复位力不够，使阀 9 的阀芯不能移动（复位）到其断电位置，无法形成"差动"油路，所以退回速度较慢。 即使 3DT 和 4DT 通了电也是如此。

② 当电磁铁 4DT 未能通电，阀 7 仍然处于右工作位置，这样提供给缸 I 的工作流量只有泵 1，而泵 2 的流量受阻于阀 7 之前，不能进入缸 I 左腔，只有泵 1 供油因而其退回速度自然较慢。

③ 缸 I 的活塞密封破裂造成严重内漏，或者液压缸活塞杆因与导轨不平行，严重歪斜而"别劲"。

④ 液压泵 1 与泵 4 因内部严重磨损，容积效率低，这样提供给缸 Ⅰ 作快退运动的流量不足。

上述①～④的几种原因均可能造成仿形刀架纵向快退的退回速度较慢。可按上述故障原因查找出故障所在，分别采取相应对策。

【故障8】 仿形刀架斜向伺服运动的故障

仿形刀架斜向（横向）伺服运动的故障均以加工工件出现质量问题的形式表现出来。产生原因有液压方面的，也有机械方面的，现分述如下。

① 加工外圆柱面表面质量差，工件表面常出现不规则的波纹，甚至出现小凸台或小沟槽。产生这种情况的原因有：缸 Ⅱ 中进了空气，有爬行现象；仿形阀内进了脏东西，或者仿形阀阀芯拉毛，造成缸 Ⅱ 黏滞爬行；伺服工作缸 Ⅱ 与导轨安装不平行；仿形阀 4 因内部磨损，工作过程中输出流量和输出压力出现较大脉动；触销压力过大，使仿形阀移动不灵敏；触销杠杆绕支点转动不灵活或者触销松动或销紧机构有松动；仿形刀架导轨镶条松动或压得过紧；仿形样板或样件表面粗糙度不好或有凹凸沟痕等；调速阀 10 污物堵塞。

可针对上述原因，一一采取对策。

② 加工直角台阶面走不出直角台阶轨迹，或者仿一 45° 面后，合成退刀擦伤已加工零件表面。产生这类故障的原因有：缸 Ⅱ 内泄漏量大；1DT 未能通电；合成退刀时纵向退得快横向退得慢；调速阀 10 有严重内泄漏。

此时可检查电磁铁 1DT 的通电情况，修理阀 10 和缸 Ⅱ。

③ 加工内孔时表面有划伤以及凹凸不平缺陷。产生原因有：电磁铁 1DT 的复位弹簧未弹出来；仿形阀内进了污物或因阀上有毛刺卡阻；仿形液压缸 Ⅱ 内泄漏量大或因污物产生卡阻现象；仿形阀上下控制边产生磨损；触销未能可靠顶住样件或样板；样板表面粗糙，有凹凸不平现象。

可在查明原因的基础上，加以排除。

④ 仿形刀架不能快速退回。产生原因有：1DT 未能断电；1DT 虽断电，但复位弹簧断裂或疲劳，不能使仿形阀的阀芯上移，或者上移不到位，上控制边未能封闭，下控制边也就不能最大开启，液压缸 Ⅱ 无法差动快退。

此时，可检查电磁铁 1DT 的断电情况，并更换复位弹簧。

（2）回转刀架部分故障

【故障1】 回转刀架不转位或转位速度慢

产生回转刀架不转位或转位速度慢的原因有：电磁铁 7DT 未能通电；摆动叶片缸 Ⅲ 因密封破损或缸内腔严重拉伤，导致内泄漏量大；泵 4 的供油压力和输出流量不够（例如溢流阀 6 有故障与泵 4 内部磨损等）。

此时可确认电磁铁 7DT 的通电情况，并参阅本手册其他相关章节内容，修理摆动叶片缸 Ⅲ、溢流阀 6 和泵 4 的故障。

【故障2】 回转液压缸不能夹紧

产生原因有：电磁铁 7DT 未能断电；7DT 虽断电，但阀 11 因阀芯被污物卡死、复位弹簧断裂等原因，阀 11 的阀芯仍停留在通电位置，不能复位。

可针对上述情况，分别采取对策。

（3）卡盘部分故障

【故障1】 不夹紧或夹紧无力

电磁铁 9DT 未能断电；9DT 虽断电，但阀 15 的阀芯因污物卡住、复位弹簧断裂等原因，未能回复到断电位置；泵 4 的输出压力未上去；因减压阀 13 的故障使阀 13 后的压力过低，导致进入缸 Ⅳ 的压力过低；缸 Ⅳ 严重内泄漏；换向阀 15 严重内泄漏等。

此时可参阅本手册第 5 章和第 3 章中的相关内容对电磁换向阀 15、减压阀 13、双联叶片泵 4 进行故障排除与修理。

【故障 2】　卡盘夹紧后不能松开

9DT 未能通电；减压阀 13 的出口压力过低。

可参阅上述方法进行故障排除。

（4）尾座顶针部分故障

【故障 1】　不能顶紧

8DT 未能断电；阀 17 的阀芯卡死在通电位置，不能复位；同卡盘部分的故障。

排除方法可参阅"卡盘不能夹紧"故障的排除方法进行。

【故障 2】　不能松开

与卡盘不能松开的原因类似，不过换向阀换成了阀 17，可参阅进行。

（5）横切刀架部分故障

横切刀架的液压系统由横向进给液压缸Ⅷ与纵向进给液压缸Ⅶ、相关控制阀以及液压泵 31 等组成。这一部分的故障与排除方法如下。

【故障 1】　无横向快进或者快进速度慢

产生这一故障的原因有：电磁铁 10DT 未能通电；10DT 虽通电，但 12DT 未能通电；缸Ⅱ严重内泄漏；泵 31 因内部磨损等原因，输出流量不足。

可查明原因进行排除。

【故障 2】　只有横向快进，无横切进给（工进）速度，即横向进给速度慢不下来

① 电磁铁 12DT 未能断电，或者 12DT 虽断了电，但阀 36 因污物、毛刺或者复位弹簧折断等原因产生阀 36 不复位，即阀芯尚卡死在通电位置，缸Ⅷ上腔回油通过阀 36 流回油箱，进给速度调节阀（调速阀）35 不能起到调节进给速度的作用。

② 阀 35 调节的开度过大，或者阀 35 的阀芯卡死在全开位置，不起调节流量的作用。

可参阅 5.4 节与 5.17 节的相关内容，排除电磁阀 36 与调速阀 35 的故障。

【故障 3】　横向刀架不横向退回，或者退回的速度慢

① 电磁铁 11DT 未能通电，则无横向退回动作。

② 11DT 虽通了电，但 12DT 未能通电，则退回速度慢。

③ 缸Ⅷ内泄漏量大以及泵 31 供油量不足，也会造成横向退回速度慢。

可根据上述故障原因，找出排除方法。

【故障 4】　纵向进给速度慢或太快，或者无纵向进给

纵向进给由缸Ⅶ执行，当电磁铁 13DT 未能通电，无纵向进给运动；当 13DT 通了电，但调速阀 34 的节流阀芯卡死在关闭、微开或大开位置，则分别产生不纵向进给、进给速度太慢或进给速度太快的故障。可根据不同的故障现象，分别对其进行分析加以排除。

【故障 5】　横切刀架无纵向快退运动，或者快退速度不快

当电磁铁 14DT 未能通电，横切刀架无纵向退回动作；当 14DT 虽通电，但 12DT 未能通电，虽有纵向退回动作，但退回的速度太慢；还有当缸Ⅶ严重内漏以及泵 31 的供油量不够时，快退速度也不快。

可查明原因一一加以排除。

【故障 6】　液压泵 31 不卸荷

产生原因是：换向阀 38 因各种原因未能复中位；阀 38 虽复中位，但 12DT 未能通电。

可参阅本手册 5.5 节中的相关内容排除电磁阀 38 不复中位的故障。并查明 12DT 不能通电的原因，予以排除。

由控制板 20-171/1（或 20-171/3）控制的刀架也会产生与上述横切刀架类似的故障，可参照上述类似方法对故障进行分析与排除。

11.2　C7220型液压仿形车床液压系统

和 C7120 型半自动仿形车床一样，C7220 型液压仿形车床，是轴承行业广泛使用的主要生产设备之一。轴承生产的特点是批量大，效率高，这就要求机床使用性能好，便于调试和维修。

11.2.1　液压系统的工作原理

本机床的液压系统的工作原理也与 11.1 节中的 C7120 型基本相同，读者可自行导出，此处从略。

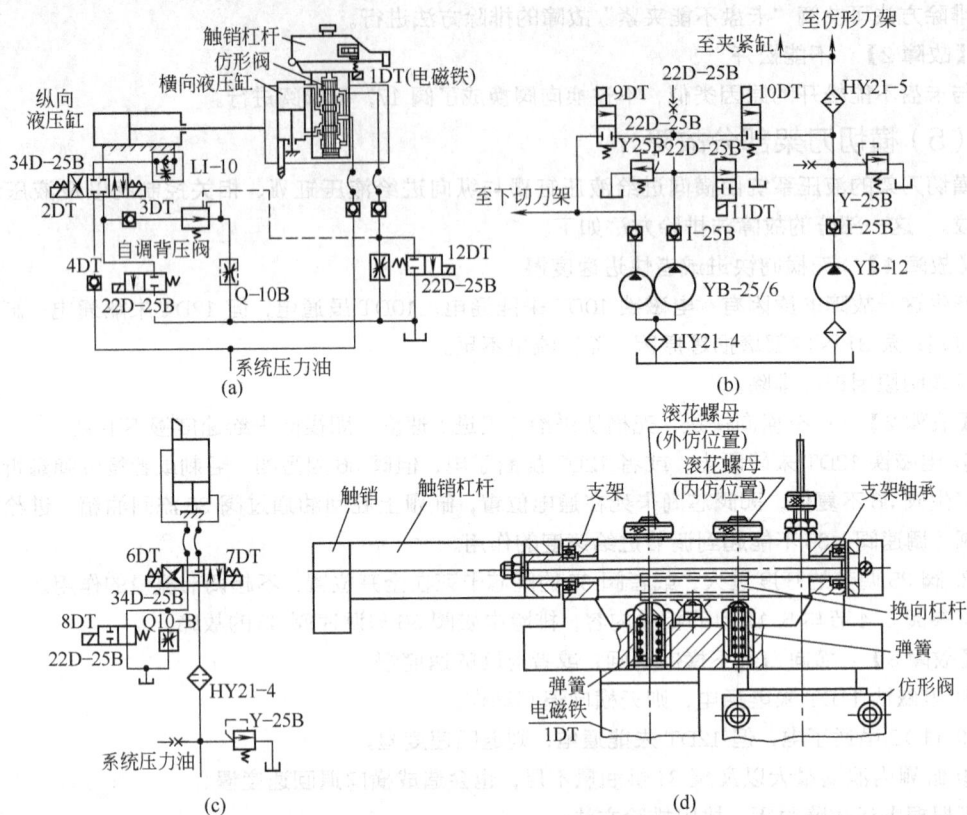

图 11-2　C7120 型仿形车床液压系统图

11.2.2　故障分析及排除

C7220 型液压仿形车床液压系统常见故障的原因分析及排除方法见表 11-4。

表 11-4　C7220 型液压仿形车床液压系统故障与排除

故障现象	原因分析	排除方法	故障部位简图
1. 仿形触销杠杆折断	（1）仿形阀内调节丝杆太长，使阀芯始终处于上位	将仿形阀内的调节丝杠取出，车掉 2mm 即可	图 11-2（a）
	（2）仿形阀阀芯上部卡住，压力油将刀架无限向上顶	卸下仿形阀，用汽油彻底清洗阀芯和阀套	
	（3）调整时没有使用工作速度，致使仿形刀架迅速上升	调整时一定要用工作速度慢速调整	
	（4）仿车内孔时，触销杠杆上的滚花螺母没有向外拉到内仿位置，致使内仿向上引刀动作变成了外仿向上退刀动作	仿车内孔时，一定要注意将滚花螺母向外拉到内仿位置	图 11-2（d）

故障现象		原因分析	排除方法	故障部位简图
2. 仿形阀运动不灵或卡死		（1）仿形阀内进了脏物	①将仿形阀卸下来，用汽油清洗干净 ②清洗液压系统滤油器 ③清除油管内的脏物	图11-2（a）
		（2）长时间不工作，变质了的油沉积在仿形阀内	①更换油箱内的油液 ②将仿形阀卸下来，用汽油清洗干净 ③清洗滤油器	图11-2（a）
		（3）弹簧力量弱	调整或更换触销杠杆下面的弹簧等直接克服黏滞现象	图11-2（d）
3. 车工件时重复精度差		（1）刀架、液压缸、活塞等紧固部位有松动	检查并紧固松动部位	
		（2）刀尖安装高于或低于主轴中心线	调整刀具，确保刀尖与主轴中心线等高	
		（3）靠模触销尖圆弧半径 $r_销$ 与刀尖圆弧半径 $r_刀$ 不一致	修磨刀尖圆弧，保证刀尖圆弧半径 $r_刀$ 与触销尖圆弧半径 $r_销$ 完全一致	
4. 加工外圆柱表面质量差	4.1 工件表面出现小凸台或小沟槽	（1）仿形阀内进了脏物，导致黏滞爬行	卸下仿形阀，用汽油彻底清洗	图11-2（a）
		（2）触销压力过大，使仿形阀移动不灵敏，从而降低表面质量	将触销杠杆上的两个可调弹簧调松一些，如压力仍大，可更换弹力适宜的弹簧	
		（3）触销杠杆绕支点转动不灵活	拆下支点处的轴承，清除脏物，使其转动灵活	
		（4）样板表面粗糙度高或有凸凹痕迹	更换表面粗糙度较低的样板	
		（5）触销松动或锁紧机构有松动	①紧固触销 ②修复锁紧机构	图11-2（d）
	4.2 工件表面有不规则的波纹	（1）导轨镶条松	调整导轨镶条松紧程度，达到用手推刀架体前后转动自如	
		（2）液压缸与导轨不平行	调整液压缸与导轨平行	
		（3）仿形阀与刀架上滑体连接不牢	检查连接处并紧固	
		（4）液压缸内进了空气，有爬行现象	将刀架液压缸做10min以上全行程运行，以排除液压缸内的空气	
5. 加工直角台阶面零件，走不出直角台阶轨迹		（1）自调背压阀中的节流口，因调压弹簧力过大，而系统液压力小，以致不能完全关闭	调节自调背压阀中的调压弹簧，使弹簧力与系统液压力相匹配	图11-2（a）
		（2）自调背压阀阀芯失灵或卡死	卸下自调背压阀，清洗阀芯与阀体孔，如仍有卡死现象，可修研阀芯与阀体孔使之间隙合适	
6. 加工内孔表面质量差	6.1 工件内表面划伤	（1）1DT电磁铁复位弹簧弹不出来，或电磁铁铁心剩磁大，脱不开，不能及时换向	①检修1DT电磁铁，修复或更换弹簧 ②电磁铁铁心退磁	图11-2（d）
		（2）触销支架轴承转动不灵活	检查并清洗支点处的轴承	
		（3）22D-25B电磁阀故障快速回油路不能迅速打开	检修22D-25B电磁阀	图11-2（a）
	6.2 工件内表面有凸凹痕迹	（1）行程转鼓的螺旋槽与钢球之间有瞬时卡死现象，使横向停一瞬间	修复行程转鼓的螺旋槽，避免与钢球卡死	图11-2（d）
		（2）弹簧力不足，加工时触销顶靠样板不贴切	更换弹簧，使各弹簧的弹力适中	
		（3）样板本身有凹凸不平现象	修复或更换表面粗糙度较低的样板	
		（4）仿形阀或仿形液压缸内有脏物	清洗仿形阀和仿形液压缸，更换液压油	
		（5）仿形阀阀芯底部有余油	拆开仿形阀下的微调刻度盘，排除阀芯底部的余油	图11-2（a）

故障现象		原因分析	排除方法	故障部位简图
7. 仿形纵向	7.1 爬行	（1）镶条太紧，导轨润滑油少或干摩擦	①调整镶条松紧合适 ②调高润滑油压力达到规定要求	
		（2）液压系统严重漏油，工作压力建立不起来	检修泄油部位	
		（3）纵向液压缸维修后与导轨不平行	修配调整垫片，调整液压缸体与导轨平行	
		（4）油路中有空气或油箱内油少，液压泵吸入空气	①打开纵向液压缸盖上的排气阀，做纵向快速全行程运动 ②补充油量达到油标位置，并检查吸油口密封情况	
		（5）油中有杂质或脏物，使节流口时堵时通	①清洗或更换滤油器 ②清洗调速阀	
	7.2 冲刀	微动开关 HY43-1 失灵，虽然4DT断电，但二位二通阀不复位，导致纵向快速向前冲	①清洗二位二通阀，清除阀芯卡死现象。如仍有卡死现象，可研磨阀芯或阀体孔 ②检修微动开关，保证正常工作	图 11-2（a）
	7.3 快慢速度不明显	（1）10DT、11DT 电磁铁控制的22D-25B 及 22D-25BH 阀芯卡死，25L/min 液压泵（YB-25/6）的油不易进到仿形刀架纵向系统中	检查清洗 22D-25B 及 22D-25BH 阀，使阀芯灵活移动。如仍有卡死现象，可研磨阀芯或阀体孔	图 11-2（b）
		（2）4DT 电磁铁控制的二位二通阀换向不到位，快速回油路不畅通	检查并修理 4DT 控制的二位二通电磁换向阀	图 11-2（a）
		（3）11DT 电磁铁控制的 22D-25BH 装反，当电磁铁带电时，液压泵的油流不到系统中	将 22D-25BH 的阀芯拆下来，调头后重新装入阀内	图 11-2（b）
		（4）滤油器 HY21-5 堵塞	卸下滤油器，彻底清洗	
	7.4 快进速度慢	（1）纵向液压缸内部窜油	①检修纵向液压缸配合间隙 ②更换密封圈	图 11-2（a）
		（2）液压泵出口单向阀弹簧压力过大，油路打不开，供油不足	更换单向阀中的弹簧	图 11-2（b）
		（3）11DT 电磁阀阀芯装反，或4DT 电磁阀换向不到位	同本栏7.3中的（2）（3）项的排除方法	图 11-2（a）（b）
		（4）系统有严重泄油或液压泵供油不足现象	①检查泄油处并加强密封 ②检查液压泵	
8. 仿形刀架无引刀动作		（1）1DT 直流电磁铁未吸合	检修 1DT 电磁铁	图 11-2（a）
		（2）触销杠杆上的滚花螺母未拉到位	调整滚花螺母的位置使其到位	图 11-2（d）
9. 仿-45°后，合成退刀擦伤已加工零件表面		仿-45°后，合成退刀时纵向退得快、横向退得慢所致	在纵向液压缸退回的油路上，装一个可调式单向节油阀 LI-10，使合成退刀时，纵向退得慢些，横向退得快些，这样即可避免合成退刀时擦伤已加工零件表面	图 11-2（a）
10. 下切刀架	10.1 无缓进刀	微动开关 HY43-2 失灵，8DT 电磁铁虽通电，但二位二通阀芯不复位，导致下切刀架快速向前冲	①检修微动开关，保证其正常工作 ②清洗二位二通阀，清除阀芯卡死现象	图 11-2（c）
	10.2 无快退运动	（1）8DT、9DT 电磁铁控制的二位二通阀失灵，快速油路不通	检修 8DT、9DT 控制的电磁滑阀及其油路	图 11-2（c）（d）

故障现象	原因分析	排除方法	故障部位简图
10.2 无快退运动	（2）22D-25BH 阀卡死，通电后该阀关闭不了，致使液压泵的油无法进入系统中	清洗 22D-25BH 阀	图 11-2（b）
10. 下切刀架 — 10.3 工退速度太慢	（1）三位四通电磁换向阀换向不到位	检修 7DT 及其控制的电磁阀，使其正常工作	图 11-2（c）
	（2）调速阀 Q-10B 故障，节流口开口量太小	检修并清洗 Q-10B 调速阀	
	（3）液压缸下腔油管泄漏量大，流量不足	将下腔油管泄漏处密封好	
10.4 快慢速度不明显	（1）8DT、9DT 控制的电磁阀卡死或换向不到位	清洗 8DT、9DT 控制的二位二通阀	图 11-2（c）（d）
	（2）油管漏油	更换油管	
	（3）HY21-4 滤油器堵塞	彻底清洗滤油器	图 11-2（c）
	（4）11DT 控制的电磁阀装反	将电磁阀芯抽出，调头后重新装好	图 11-2（b）
11. 液压系统产生振动	（1）液压系统中有空气	各刀架液压缸走全行程，并做较长时间运动，充分排除系统中的空气	
	（2）进给速度太高	调节各调速阀，降低进给速度	
12. 主轴无法启动	（1）压力继电器 DP_1-63B 失灵	①检修更换压力继电器 ②将压力继电器的接通、断开压力区间调大，一般返回区间范围可调为 0.35～0.8MPa	
	（2）启动离合器未吸合	调整修复离合器	
	（3）变速手柄不到位，齿轮未啮合	调整手柄，使其到位	

11.3　CH9220 型液压半自动车床液压系统

本机床是一种主要用于大批量加工生产轴承、齿轮、汽车与拖拉机用的一些盘类零件的液压多刀半自动车床。它的自动化程度较高，可以半自动，也可配以机械手等附件构成单机自动或者纳入自动和半自动生产线上使用；它的生产效率高，用途广；可利用插销程序控制操纵箱板或用 PC 改装的方式得到不同的自动工作循环，以满足不同尺寸形状产品的加工需要；添加尾座、仿形刀架、六角刀架、棒料加工装置等，可扩大它的加工工艺范围，构成不同的专用机床，降低专机的制造周期和成本。

11.3.1　液压系统的组成与工作原理

本机床液压系统可完成的动作有：工件的夹紧和松开、前刀架的运动（快进、工进、快退、停止）及后刀架的运动（快进、工进、快退、停止）。

（1）液压系统的组成

如图 11-3 所示，本机床主要由叶片泵（YB1-25B）、工件夹紧缸、前刀架液压缸、后刀架液压缸以及各种控制阀等组成。

（2）液压系统的工作原理

① 泵源　电机带动叶片泵 YB1-25 转动，为整个液压系统提供压力油液，其压力的大小由溢流阀 Y-25B 进行调节设定。液压泵来的压力油一路经减压阀 J-25B 进入夹紧缸，另一路则进入前、后刀架液压缸。

② 工件的夹紧和松开　从叶片泵来的压力油液经减压阀 J-25B 减压，再经单向阀通往夹紧缸和蓄能器。在图中所示位置，方向阀 7 的电磁铁 7DT 不通电，于是压力油进入夹紧缸的右

腔，推动活塞杆向左移动，将工件夹紧，而夹紧缸左腔的油液则经方向阀 7 流回油池。 当加工完后，前、后刀架退回到原来位置时，扳动手柄，使方向阀 7 的电磁铁 7DT 通电，于是进入夹紧缸的油液换向，压力油进入该液压缸的左腔，而又返回油池，于是活塞杆向左移动，工件松开。 亦即工件的夹紧由压力油通入夹紧缸右腔，推动活塞杆向左运动，通过卡盘楔块的作用将工件夹紧。 当压力油通入夹紧缸左腔，推动活塞杆向右移动，便将工件松开。 为保证工作安全，一定要在工件夹紧后，主轴才能回转，前后刀架才能运动。 这由装设在夹紧缸油路上的压力继电器 TY62-21 来保证。 当压力油进入夹紧缸的右腔，推动活塞杆向左移动到将工件夹紧后，活塞便不能再向左移动，于是夹紧缸右腔的压力升高，当压力升高到压力继电器 TY62-21 的调定压力时，接通电路，保证了在可靠夹紧后，才发电信号使主轴马达旋转和前后刀架的各个电磁阀的电磁铁做相应动作。

蓄能器在压力油进入夹紧缸的同时，将部分液压能储存起来，蓄能器在这里起的作用，主要是保证工件在任何情况下都能可靠地被夹紧。 在前后刀架作快进或快退时，由于没有工作负载，只是克服摩擦阻力，因此液压系统的压力（或泵的压力）很小，这样小的压力油液通入夹紧缸是不能将工件可靠夹紧的。 蓄能器在此时可将其储存的较大压力的压力油通入夹紧缸，使工件能被可靠夹紧。 蓄能器的第二个作用是使夹紧缸能实现迅速夹紧和迅速松开。 本机床的夹紧缸直径较大，若单靠泵输出油来实现快速夹紧和迅速松开，势必要大流量的泵。 装设蓄能器后便可用较小的泵来担当。 减压阀的作用是调节不同切削力时的夹紧力的大小。

③ 前刀架的运动　前刀架的纵向和横向运动分别由液压缸 B 和液压缸 C 来实现，分别采用回油节流调速。 刀架快速移动（快进或快退）用与节流阀并联的二位二通电磁阀断电来实现；刀架慢速（切削）时，则由与节流阀并联的电磁阀通电来实现，此时液压缸回油只能经节流阀，于是速度变慢。 图示位置为各液压缸处于停止不动位置（电磁阀断电）时的状况。

下面以液压缸 B 为例，说明其动作过程：启动电机，液压泵输出油液分成两路，一路通往夹紧缸，另一路通往前后刀架的各个液压缸。 控制液压缸动作的各个电磁阀的动作（通断电），分别由相应的行程开关来控制，液压缸 B 用于实现前刀架的纵向运动。 这个运动循环动作为"快进—切削（工进）—工作退回—快退—停止"等几个阶段。 其油路如下：

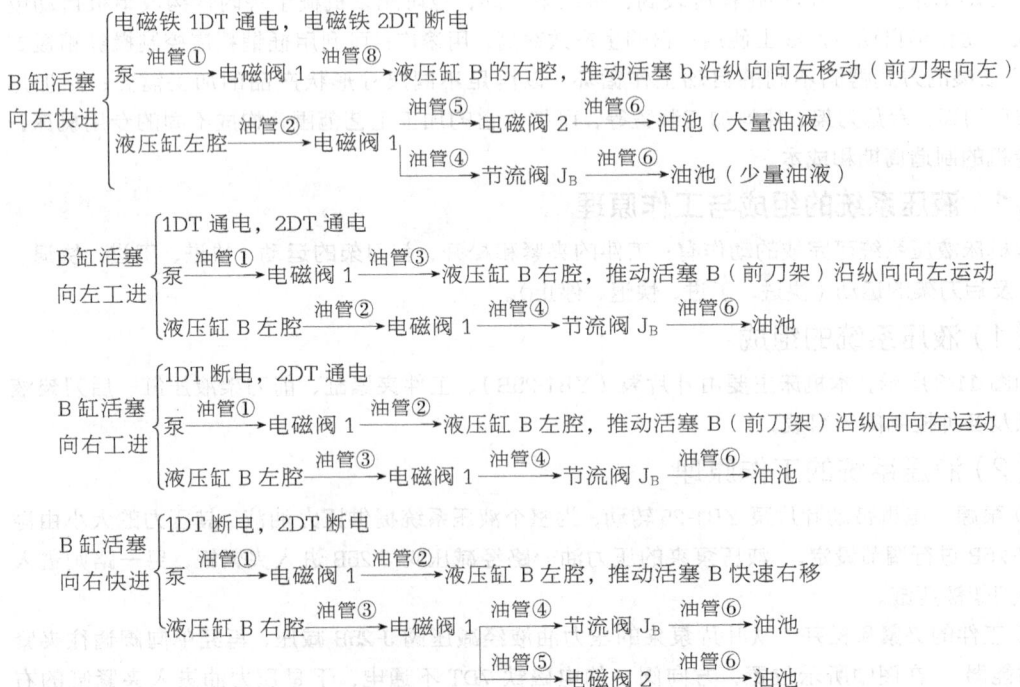

B 缸活塞
向左快进
　　电磁铁 1DT 通电，电磁铁 2DT 断电
　　泵 ──油管①──→ 电磁阀 1 ──油管⑧──→ 液压缸 B 的右腔，推动活塞 b 沿纵向向左移动（前刀架向左）
　　液压缸左腔 ──油管②──→ 电磁阀 1
　　　　　　──油管⑤──→ 电磁阀 2 ──油管⑥──→ 油池（大量油液）
　　　　　　──油管④──→ 节流阀 J_B ──油管⑥──→ 油池（少量油液）

B 缸活塞
向左工进
　　1DT 通电，2DT 通电
　　泵 ──油管①──→ 电磁阀 1 ──油管③──→ 液压缸 B 右腔，推动活塞 B（前刀架）沿纵向向左运动
　　液压缸 B 左腔 ──油管②──→ 电磁阀 1 ──油管④──→ 节流阀 J_B ──油管⑥──→ 油池

B 缸活塞
向右工进
　　1DT 断电，2DT 通电
　　泵 ──油管①──→ 电磁阀 1 ──油管②──→ 液压缸 B 左腔，推动活塞 B（前刀架）沿纵向向左运动
　　液压缸 B 左腔 ──油管③──→ 电磁阀 1 ──油管④──→ 节流阀 J_B ──油管⑥──→ 油池

B 缸活塞
向右快进
　　1DT 断电，2DT 断电
　　泵 ──油管①──→ 电磁阀 1 ──油管②──→ 液压缸 B 左腔，推动活塞 B 快速右移
　　液压缸 B 右腔 ──油管③──→ 电磁阀 1
　　　　　　──油管④──→ 节流阀 J_B ──油管⑥──→ 油池
　　　　　　──油管⑤──→ 电磁阀 2 ──油管⑥──→ 油池

当 B 缸活塞碰到液压缸盖时便停止运动，此时通过行程开关，使另一液压缸（如液压缸 C）进行动作。 其动作原理同液压缸 B。

④ 后刀架的运动　控制后刀架运动的有 A、D 两个液压缸，A 缸使后刀架作横向移动；D 缸使后刀架作纵向移动。 D 缸移动距离很小（几毫米），仅起让刀作用。

本机床各刀架（各液压缸）的动作顺序，是利用电气控制各电磁阀的电磁铁的通断电的程序来实现的。 工件夹紧后，按加工工件的具体要求，或是前后刀架依序进行切削，或是二者同时进行，或是只是一刀架进行切削。 这可在电气操纵板上设定，即插上相应的插销便可。 加工不同零件更换插销位置和改变行程开关位置便可。

程控插销板现多改为可编程的程序控制器进行控制；蓄能器也由原来的空气式改为皮囊式，可避免油气相混带来的故障。

电磁铁动作顺序如表 11-5～表 11-7 所示。

表 11-5　后刀架动作循环表

动作＼电磁铁	5DT	6DT
快进	+	−
工进	+	+
快退	−	−
停止	−	−

表 11-6　前刀架动作循环表

动作＼电磁铁		1DT	2DT	3DT	4DT
快进	纵向	+	−		
	横向			+	−
工进	纵向	+	+		
	横向			+	+
工退	纵向	−	+		
	横向				+
快退	纵向				
	横向			−	+
停止		−	−	−	−

表 11-7　卡盘松夹

动作＼电磁铁	7DT
夹紧	−
松开	+

11.3.2　故障分析与排除

【故障 1】　液压卡盘不夹紧，或者虽有夹紧动作但夹不紧工件（图 11-3）

① 电磁铁 7DT 未能断电，或者虽断电，但该电磁阀 7 的阀芯卡死在通电位置（右位）未能复位。 此时可参阅 5.5 节的内容排除电磁阀 7 的故障。

② 减压阀 9 调节的出口压力过低，或者减压阀的阀芯卡死在小开度的位置，阀的出口压力很低，推不动夹紧或使夹紧无力。 此时可排除减压阀故障。

③ 主溢流阀 10 的压力未能调上去，使系统压力不够而夹不紧工件，可排除阀 10 的故障。

④ 滤油器 11 严重堵塞，进入系统的流量不够压力也就上不去。 可清洗滤油器 11。

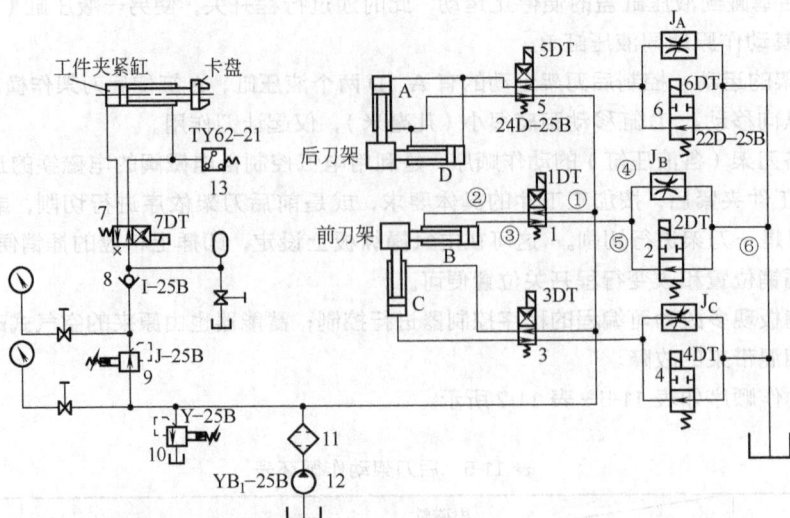

图 11-3　CH9220 型液压半自动车床液压系统原理图

【故障 2】　工件夹紧后松不开

① 阀 7 的电磁铁 7DT 未能通电，可检查电路故障。

② 发信元件未给 7DT 发信，应查明原因，予以排除。

③ 同故障 1 中的①②。

【故障 3】　前刀架不进刀

① 纵向不进刀的原因有：a. 电磁铁 1DT 未能通电；b. 电磁铁 2DT 未能断电，或者虽断电但电磁阀 2 的阀芯卡死在通电位置；c. 前刀架纵横进刀液压缸因安装不好别劲，纵向进给液压缸推不动不能往前走；d. 溢流阀 10 故障，压力未能上去。 可查明原因，一一排除。

② 横向不进刀的原因有：电磁铁 3DT 未能通电；电磁铁 1DT 未能通电；同①中的 c、d。

③ 同故障 1 的④。

【故障 4】　前刀架只有快进，而无慢速工进

① 电磁铁 1DT 和 2DT 未能断电，或者虽断电但阀 1 和阀 3 的阀芯卡死在通电位置。 可检查并排除电路故障，对阀 1 和阀 3 进行清洗和修理。

② 电磁铁 3DT 和 4DT 未能通电，予以排除。

【故障 5】　前刀架退不回来，或者退得很慢

① 根据前刀架的动作循环表 11-6，前刀架后退时，电磁铁 1DT、2DT、3DT 和 4DT 均应断电，前刀架方可退回，如果其中有一两只电磁铁未能断电，前刀架纵向液压缸或横向液压缸的回油便受阻无法排回油箱，造成很大背压而使前刀架液压缸无法动作。 此时应查明并排除电路故障。

② 电磁铁 1DT、2DT、3DT 和 4DT 虽全部断电，但电磁阀 1、2、3 和 4 中有一只阀因阀芯被污物卡死或者复位弹簧漏装断裂时，同样因液压缸回油受阻而使前刀架退不回来。

③ 在因以上两个原因导致前刀架后退时，往往表现为后退很慢，这是因为前刀架液压缸的回油只能通过调速阀 J_B 或 J_C 回油箱，因而刀架后退速度很慢。

【故障 6】　后刀架故障

关于后刀架也会出现上述与前刀架类似的故障，可参照进行故障排除。

11.4　日本 MAZAK 公司 Slant tuvn50 型数控车床液压系统

该机床国内有厂家引进生产，机床外观图如图 11-4 所示。 它主要由床身、主轴部分、刀架

部分、尾座部分、数控装置以及润滑部分和排屑装置等组成。

本机床液压系统承担的任务有以下几个方面。

① 主轴部分：主轴变速（滑移齿轮的位置控制）；液压卡盘的夹紧与松开。

② 刀架部分：刀架的回转分度；刀架的夹紧与松开。

③ 尾座部分：尾座的前进与后退；尾座顶尖的顶紧与松开；尾座的夹紧与松开。

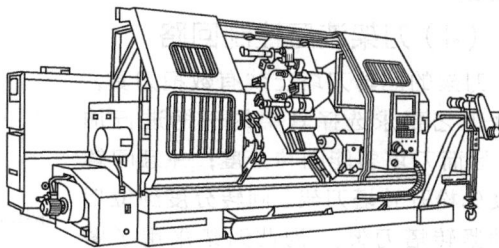

图 11-4　Slant turn50 型数控车床外观（日本 MAZAK 公司）

11.4.1　液压系统的工作原理

（1）泵源回路

如图 11-5 所示，恒压变量泵 3 的工作原理可参阅本手册图 3-79 及相关说明，滤油器 2、6 为进回油过滤油液之用；微吸附器 8 用来吸附油中的铁质颗粒；注油器 4 用于往油箱加油时的过滤，以及用于阻挡大气中的尘埃进入油箱之用；油面计 5 用来观察油箱内油液量，决定是否需要往油箱内补油。

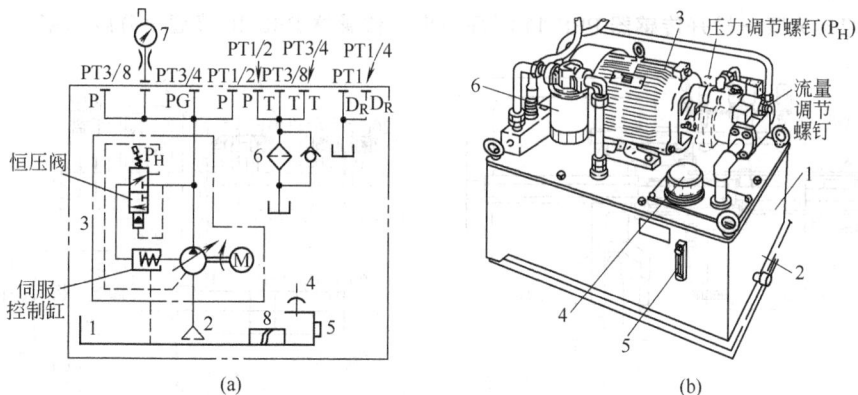

图 11-5　Slant turn50 型数控车床液压系统原理图
1—油箱（63L）；2—滤油器（MST-06 型，150 目）；3—恒压变量柱塞泵（UPV-1A 型）；
4—注油器（空气滤清器）；5—油面计；6—回油滤油器（日本大生工业 CF-06 型）；
7—压力表；8—微吸附器

（2）液压卡盘回路

如图 11-6 所示，从油箱来的压力油 P 经叠加式减压阀（后述各阀均为叠加式，不再带此词冠）4 减压后再经过渡块 3 进入电磁换向阀 1：当电磁阀 1 的电磁铁 a 通电，上述来的压力油经阀 1 右位进入卡盘夹紧液压缸 1 的右腔，缸 1 左腔回油经阀 1 右位→块 3→阀板 4→底板 5（T）流回油箱，缸 6 活塞左行，液压卡盘夹紧工件；反之当阀 1 的电磁铁 b 通电，阀 1 左位工作。缸 6 右行，液压卡盘松开工件。

调节三通式减压阀 4，可调节液压卡盘夹紧力的大小；夹紧压力可由压力表 2 进行观察。

（3）主轴箱齿轮变速液压回路

如图 11-7 所示，主轴速度换挡是通过数控系统的 M 指令，使电磁铁 20a、20b、21a 与 21b 以不同的组合方式通电或断电，从而使电磁阀 1 与 7 处于不同的组合工作位置（四种），因而可改变点位液压缸活塞杆伸出的不同距离，固联在活塞杆上的拨叉可将三联滑移齿轮移动并定位在某

个位置上，进入不同的啮合状态而使主
轴变速。

（4）刀架液压控制回路

刀架的回转刀塔上装有数把刀具，
根据工艺要求选择其中的一把进行加
工，因而刀塔要能回转分度；并且回转
前要先松开转塔刀架，回转分度到位后
要锁紧转塔刀架。 为此刀架采用了图
11-8 所示的液压回路。 整个刀架的动作
步骤为：NC 回转指令→MT 回转指令→
SOL-1b 通电→刀架松开→夹紧传感器
PRS-10 断开→松开传感器 PRS-11 接通→
$\begin{Bmatrix} \text{SOL-4 通电} \\ \text{SOL-2a（或 SOL-2b）通电} \end{Bmatrix}$→刀塔快速

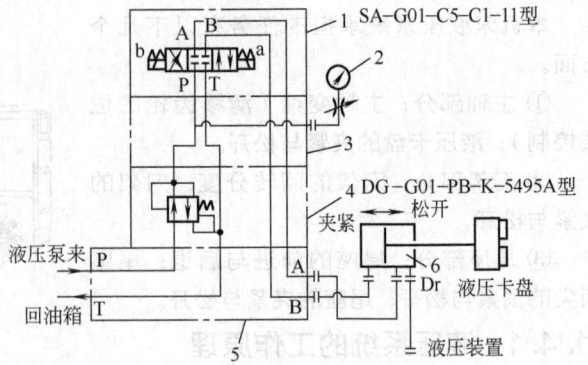

图 11-6　液压卡盘回路

回转→脉冲信号→MT 减速指令→NC 减速指令→SOL-4 断电→刀塔回转减速→刀塔低速回
转→脉冲信号→MT 停止信号→NC 停止信号→SOL-2a（或 SOL-2b）断电→刀塔回转结束→SOL-
1b 断电→刀架夹紧→松开传感器 PRS-11 断开→夹紧传感器 PRS-10 接通→分度结束。

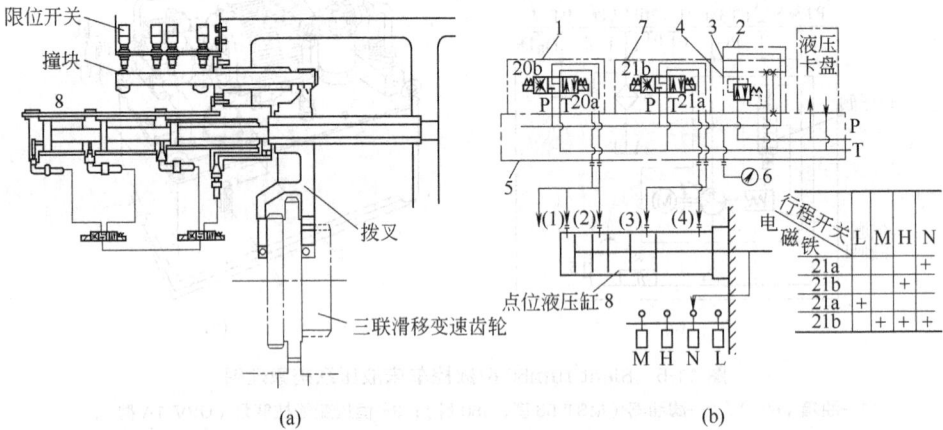

图 11-7　主轴变速控制

具体工作原理是：当电磁铁 SOL-1b 接受回转指令而通电，压力油经叠加阀 2 通道进入阀 1
左位→阀 2 的单向阀 b→底板进入缸 8 左腔，缸 8 右腔回油经底板→阀 2 的节流阀 a→阀 1 左位→
阀 2 通道→底板的 T 流回油箱，缸 8 右行松开刀塔；夹紧传感器 PRS-10 断开，而松开传感器
PRS-11 接通发信，使电磁铁 SOL-4 与 SOL-2a（或 SOL-2b）通电，压力油经阀 4 通路→阀 5 右位
（或左位）→阀 4 通路进入刀塔，回转液压马达 7 带动刀塔，正转（或反转），液压马达 7 的回油
经阀 4 通路 B→阀 5 右位（或左位）→阀 4 的节流阀 C→阀 6 的电磁阀 SOL-4 的右位→节流阀 d
（与节流阀 f）流回油箱，由于阀 d 开度较大，刀塔快速回转（最大转速为 10.5r/min）。

随着刀塔的快速回转，装在刀塔转轴上的脉冲发生器发出脉冲信号，计数到一定脉冲数，发
出 MT 减速信号（NC 减速信号），电磁铁 SOL-4 断电，阀 6 的电磁阀左位工作，回转液压马达 7
只能经阀 6 的节流阀 e 回油，因而刀塔回转减速，进入低速回转。

进入低速回转后，继续对发出的脉冲信号计数，然后发出 MT 停止转动信号（NC 停转信
号），电磁铁 SOL-2a（或 SOL-2b）断电，阀 5 复中位，刀塔回转结束，此时已无压力油进入刀塔
回转液压马达 7。 与此同时，电磁铁 SOL-1b 也断电，阀 1 右位工作，压力油进入刀塔夹紧液压

缸 8 左腔，活塞右行，将刀塔夹紧。 然后松开传感器 PRS-11 断开，夹紧传感器 PRS-10 接通，发出分度结束信号。

上述工作循环中，刀塔分度（循环周期）时间是刀塔松开时间、回转时间和夹紧时间之和，通过下述各种速度的调节可对分度时间进行调节（参阅图 11-8）：①调节阀 2 的节流阀 a 可调节刀塔的夹紧速度；②调节阀 2 的节流阀 b 可调节刀塔的松开速度；③刀塔快速回转（最大 10.5r/min）时，可调节阀 4 的节流阀，对快速速度进行调节；④回转减速快慢的调节可调节阀 6 的阀 d；⑤减速后的低速回转速度可调节阀 6 中的阀 e；⑥调节阀 6 中的 f 可对减速（加速）快慢进行调节。

另外刀塔回转分度后准确定位由装在刀塔尾端盖上的分度编码器进行控制。

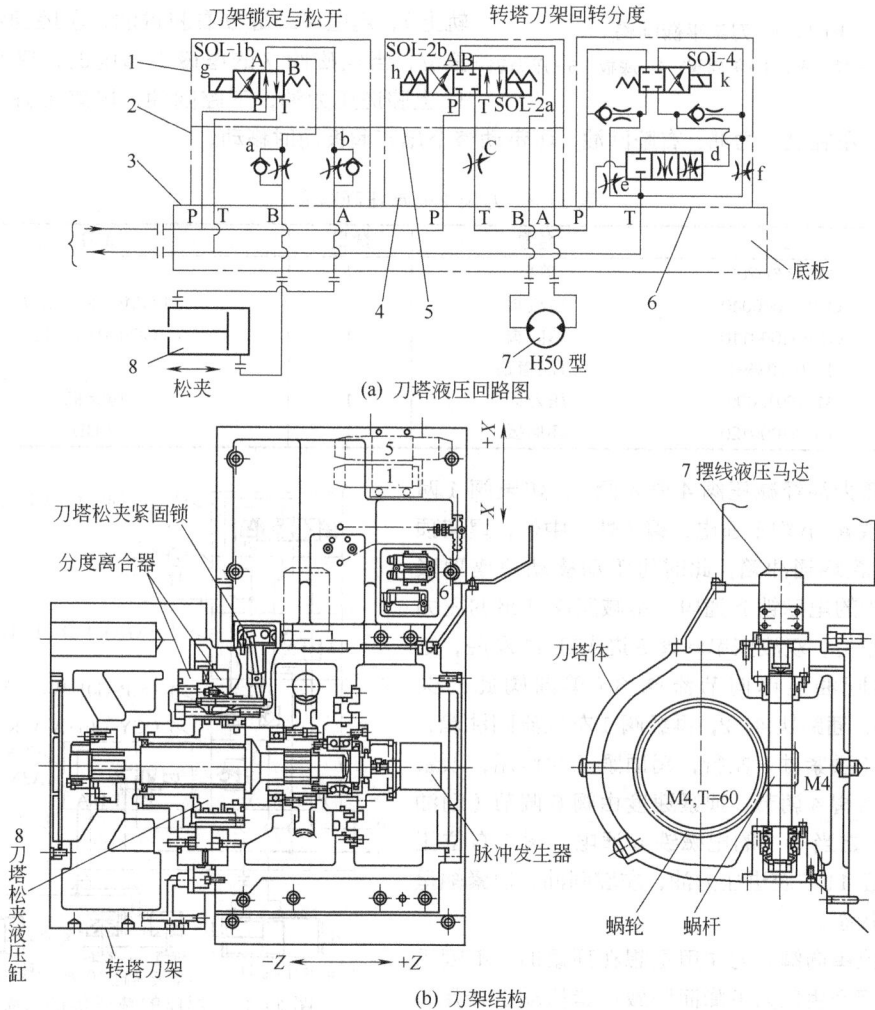

图 11-8　刀架液压控制回路及结构
1—二位电磁阀；2—双单向节流阀；3—底板；4—节流阀；5—三位电磁阀；6—组合阀；
7—液压马达；8—液压缸

（5）刀架平衡回路（图 11-9 及表 11-8）

停机时，利用阀 2 建立的背压，防止刀架（由平衡液压缸支撑）沿 X 轴方向的自由下落。

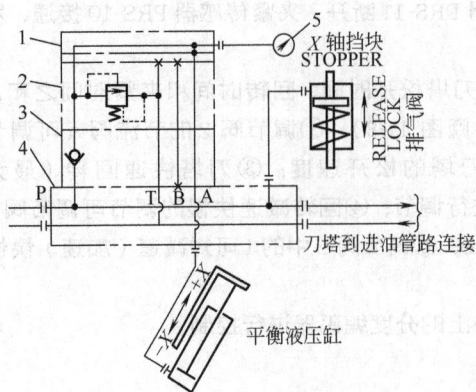

图 11-9　刀架平衡回路

1—盖板；2—背压阀；3—单向阀；4—底板；5—压力表

（6）尾座液压系统

尾座的液压传动系统如图 11-10 所示，它的作用有：尾座的整体移动；尾座移动到一定位置（合适位置）后，将尾座夹紧在导轨上；尾座轴的顶紧与松开，包括顶紧力大小的调节和顶紧时其顶紧速度的调节。其工作原理如下。

从油箱接管来的压力油，一路进入电磁阀 7，经 6、5 的通路进入减压阀 4。当电磁阀 7 的电磁铁未通电时，尾座夹紧缸 11 腔进压力油，加上其弹簧力，使整个尾座处于夹紧状态（夹紧在尾座导轨上），尾座移动缸 9 右腔进油，左腔回油，活塞复位；当电磁阀 7 的电磁铁通电时，尾座夹紧缸 11 上腔进压力油，下腔回油，尾座松开，此时尾座移动缸 9 左腔进压力油，右腔回油，可带动整个尾座溜板同时移动。

表 11-8　刀架平衡液压回路表

序号	代号	名称	数量	备注
1	41543705701	盖板	1	
2	G12TK000040	溢流阀	1	DGMC-3-PT-CW
3	G14FH000110	单向阀	1	OC-G01-P1-10
4	11755223591	进油管路	1	
5	41116012090	压力计	1	旭计机
6	G26FH000120	环形板	1	NACH1

另外压力油经减压阀 4 进入阀 1，如果阀 1 两端的电磁铁 a、b 均不通电，阀 1 处于中位，尾座顶紧缸 11 两腔均通油箱，此时可手动移动尾座顶紧轴；当阀 1 的电磁铁 b 通电，由减压阀 4 来的压力油经阀 1 左位，双液控单向阀 5 进入缸 11 左腔，缸 11 右腔的回油经单向节流阀 6（单向阀此时关闭）、阀 5、通路块 4、2，再经阀 1 左位流回油箱，尾座主轴（顶紧轴）左行，起顶紧工件作用，顶紧力的大小由阀 4 调节，顶紧速度由阀 6 调节（回油节流）；反之当阀 1 的电磁铁 a 通电，阀 1 右位工作，此时缸 11 右腔进压力油，左腔回油，顶紧轴呈松开工件状态。

双液控单向阀 5 的作用是想在顶紧时，不因系统其他原因产生压力下降而导致顶紧松动的作用，起双向锁紧作用。

11.4.2　故障分析与排除

【故障 1】　液压泵无油液输出，或输出量很小

① 泵转向不对，可纠正转向。

② 油面过低，可添加补油至油面计 5 的高度。

③ 吸油过滤器 2 阻塞，可拆下清洗，阻塞严重时视情况应清洗全部回路，并更换新油。

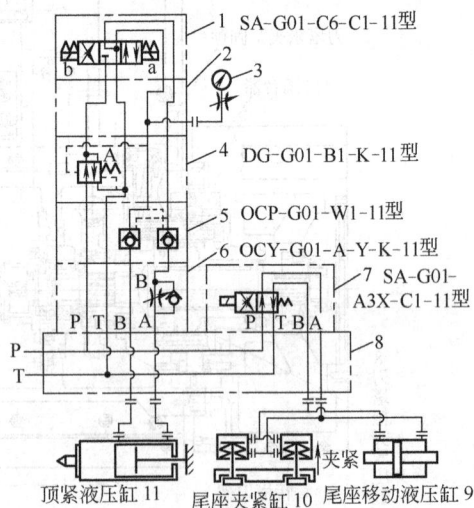

图 11-10　尾座的液压传动系统

1—电磁阀；2—过渡板；3—压力表；4—三通式减压阀；5—双液控单向阀；6—单向节流阀；7—电磁阀；8—底板

④ 吸油管密封不良吸进空气，应更换吸油管接管处的 O 形密封圈，临时急用可暂在漏气处涂敷黄油。

⑤ 泵转数过低，应纠正。

⑥ 油温太低或油液黏度过高，应控制油温，并选合适黏度油液。

⑦ 泵配流盘与缸体端面、柱塞与缸孔等磨损过大而无吸油能力，摩擦磨损部位应研磨修配，或更换有关零件，甚至更换整台泵。

【故障2】 系统压力调不上去

① 压力调节螺钉（P_H）所调节的压力过低。

② 泵定心弹簧（中心弹簧）折断，除产生上述泵输出流量不够外，也会因此使系统压力调不上去。

【故障3】 液压卡盘不能夹紧或松开（参阅图 11-8）

① 当阀 1 的电磁铁 a 应通电而未能通电时，液压卡盘不能夹紧工件；当电磁铁 b 不能通电时，液压卡盘不能松开。

② 当阀 1（电磁阀）的阀芯因污物卡死在某一位置时，会出现不能夹紧或不能松开工件的情况。 可予以清洗排除。

③ 减压阀块 4 所调节的出口压力过低可重新调节；当其阀芯卡死在小开度（常开式）位置时出口压力也过低，可予以拆开清洗。 两种情况下未得到排除时，均可使进入卡盘夹紧缸的油液压力过低，而出现不能可靠夹紧和松开工件的情况。

【故障4】 主轴箱齿轮变速失效（参阅图 11-7）

① 减压阀 4 调节的出口压力过低，或者其阀芯卡死在小开度（常开式）位置，使输往点位液压缸 8 的压力油压力不够，推不动点位缸活塞。

② 按压限位开关 M、H、N、L 的撞块松动，使齿轮变速失效。

③ 电磁铁 20b、20a、21b、21a 等通电的程序错误，使点位液压缸 8 的移位出现错误造成变速不对，即三联滑移齿轮不能移动到所指定位置。

④ 点位缸各油管接错位置。 可根据上述情况采取对策。

【故障5】 刀架不能回转（参阅图 11-8）

① 电磁阀 1 的电磁铁 SOL-1b 未通电，刀塔松夹液压缸 8 未松开，因而刀架回转液压马达 7（摆线液压马达）转不动。

② 电磁铁 SOL-2b 或 SOL-2a 未通电时，刀架转塔不能正转或反转。

【故障6】 刀架、刀塔回转分度位置有误

① 编码器未调好，可调整编码器，使其与千分表零刻度一致，然后用螺钉 a 紧固编码器，防止松动（图 11-11）。

② 刀塔回转时回转速度太快，可适当调小阀 4 节流阀 c 的开度，防止过快产生的冲击造成分度时的过定位。

③ 回转减速快慢调节过急，可适当调节阀 6 的节流阀 d（参阅图 11-8）。

④ 调节好减速阀 6 的阀 e，可防止减速后的转速仍然较快产生冲击而影响分度精度。

【故障7】 刀架停位时缓缓下滑（参阅图 11-9）

此时可适当调高阀 2 的动作压力（背压），使支撑力增大，防止刀架停位时的缓缓下滑。

【故障8】 尾座部分的故障（参阅图 11-10）

① 尾座顶尖顶不紧工件。 产生原因有：减压阀 4 调节的出口压力过低；电磁阀 1 的内泄漏

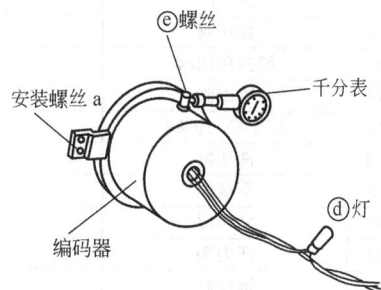

图 11-11 编码器的调节安装

大；顶紧液压缸 11 的活塞密封不好，内泄漏量大，液压锁 5（双液控单向阀）有故障等。 可查明原因，一一排除。

② 尾座夹紧缸夹不紧。 原因主要是夹紧缸 10 的弹簧失效或折断，可查明原因予以排除。

③ 尾座前后移动困难。 产生原因有尾座移动液压缸 9 的活塞不密封，缸孔拉伤，内泄漏量大，可探明原因排除之。

11.5　KMC-3000kV 型加工中心液压系统

11.5.1　液压系统的功用

该加工中心（机床）由台湾高明精机产，它由刀库、换刀臂机械手、机床本体（床身、横梁、主轴头及工作台）等组成。 该机床液压系统的功能有：①主轴两挡变速；②主轴上的夹刀、松刀；③主轴头配重；④刀库的回转；⑤换刀臂的上、下移动（装刀与卸刀）；⑥换刀臂的左右移动（移向刀库和移向主轴）；⑦换刀臂的180°回转（刀具交换）；⑧丝杆冷却；⑨主轴润滑冷却等。 图 11-12 为机床组成部分示意图。

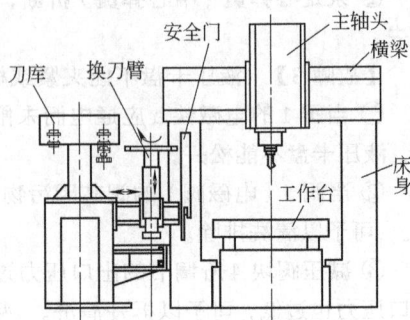

图 11-12　机床组成部分示意图

11.5.2　液压系统的工作原理

表 11-9 为下述各回路中所使用的液压元件明细表。

表 11-9　液压元件明细表

编号	元件名称	型号	说明	生产厂家
1	主油箱	800L×460W×460H（120L）		
2	液面计	LS-1324		
3	注油器	LS-1163		
4	滤油器	MF-10	吸油滤油器	
5	液面开关	OKW-5-2	F.S.2	
6	主液压泵	VCM-SF-30D-20	V38A-3RX-80	
7	单向阀	MCP-01-2-30		
8	滤油器	SPS2-NAGV-1		
9	压力表	AT1／4×63×100K		
11	单向阀	MC-02P-10	叠加阀	
12	电磁阀	JSO-G02-2BA-10	S.V.3	
13	液压缸		松抓刀	
14	减压阀	MG-02P		
15	液控单向阀	MP-02W		
16	电磁阀	KSO-G02-2DA-10		
17	双单向节流阀	MT-02W		
18	液压缸			
19	平衡阀	SGR-03-C-22		
20	消声器	HM-44		
21	压力表			
22	液压缸		主轴头平衡支撑	
23	压力继电器		油压开关	
24	润滑泵	1／2HP，φ3，220VAC，4P NOP-208	装于油冷却器内	
25	铜 Y 型过滤器 3／4″	O-FPC-Y06CU	装于油冷却器内	
	钢 Y 型过滤器 3／4″	O-FPC-06100M		
26	油冷却机	2140kcal／h（1kcal/h＝1.163W）		
27	过滤网	80mesh		

编号	元件名称	型号	说明	生产厂家
28	切削液泵	1HP, 3φ, 2P, 220VAC（100L／min）		
29	切削液喷嘴			
30	气动电磁阀	TA-512-DC8-1	SV7，SV8	
31	气动电磁阀	TZ-552T-590-DA	SV4，SV5，SV6	
32	消声器	HM-11		
33	气动三大件	HT-33-GBM		
34	单向节流阀（气动）	JSC6-01		
35	单向节流阀（气动）	JSC6-01		
36	节流阀	HE-22		
37	空压缸	CSA32×650	LS13 LS14	
38		EDM-174A-IVO		DArKIN
39	液压缸			
40	固定节流	φ0.8		
41	电磁阀	KSO-G02-2BA	SOL14	DAIKIN
42	电磁阀	KSO-G02-2DA-10	SOL15、SOL16	DAIKIN
43	双单向节流阀	MT-02W-50		DAIKIN
44	液压缸	RFA40S50B210-ADE2		TAIYO
45	液压缸	RFB40S50B140-BAE2		TAIYO
46	双单向节流阀	MT-02W-50		DAIKIN
47	电磁阀	KSO-G02-2DA-10	SOL17、SOL18	DAIKIN
48	电磁阀	KSO-G02-4DA-10	SOL19、SOL20	DAIKIN
49	THROTTLE 阀	MP-02W		DAIKIN
50	THROTTLE 阀	MT-02-50		DAIKIN
51	油换刀臂上下移动缸			SELF MADE
52	电磁阀	KSO-G02-4CA-10	SOL21，SOL22	DAIKIN
53	双单向节流阀	MT-02W-50		DAIKIN
54	H1-MOTOR	HR-100S-C180		KURODA

（1）主油箱液压回路——泵源回路

油箱设置有泵源装置，电机 M 带动变量泵 6 回转，从油箱 1 内抽取油液，经滤油器 4 过滤后经单向阀 7（叠加阀）为系统输送压力油（图 11-13）。

系统回油经滤油器 8 过滤后返回油箱。3 为油箱注油口（粗滤器），5 为液面开关，油面到规定高度系统方可启动，2 为液面计，用以目视油面高度情况，决定是否要向油箱补油。

液压泵 6 采用日本大京公司 V38A-3RX-80 型恒压（压力补偿）变量轻型柱塞泵供油（排量 37.7mL／r，压力调节范围 3.5～21MPa，顺时针方向旋转），因而可不设溢流阀。

（2）主轴头液压回路

主轴头液压回路作用有两个：一是利用松夹刀液压缸 13 的上下运动进行主轴内刀具的松开与抓紧；二是利用变速液压缸 18 的上下运动带动双联滑移齿轮上下运动，实现主轴两挡变速（图 11-14）。其液压工作原理如图 11-14 所示，采用日本大京公司的叠加阀对上述动作进行控制。

当电磁阀 12 的电磁铁 SV3 未通电时，泵来的压力油经单向阀 11→阀 12 左位→缸 13 上腔，缸 13 下行，通过拉杆（图 11-15）使四爪弹簧卡松开刀具，缸 13 下腔回油通过阀 12 左位流回油箱；当 SV3 通电，缸 13 上行，碟形弹簧拉紧四爪弹簧卡，将刀具夹紧。

当电磁铁 SOL23 通电，泵来的压力油经减压阀 14 减压后，进入电磁换向阀 16 左位，再经单向节流阀 17、液控单向阀 15 进入变速换挡液压缸 18 上腔，缸下腔回油经阀 15、阀 17、然后再经阀 16 左位流回油箱，缸 18 下行，带动双联滑移齿轮 4 下行，齿轮 4 与齿轮 1 啮合，实现主轴一挡速度；同样当电磁铁 SOL24 通电，SOL23 断电，阀 16 右位工作，此时缸 18 上腔通油箱，下腔进压力油，缸 18 带动双联滑移齿轮上行，齿轮 3 与齿轮 4 的内齿轮啮合，实现主轴另一挡速度。此为两级变速齿轮机构，依靠换挡液压缸 18 的上下运动进行换挡变速操作。双单向节流阀 17 进行换挡快慢的调节（进油节流），使齿轮很好啮合。双液控单向阀 15 起锁定两种变挡速度在工作过程中保持不变（锁定液压缸 18）的作用。

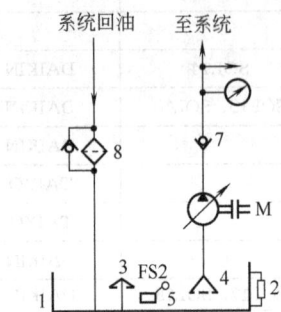

图 11-13　主油箱液压回路

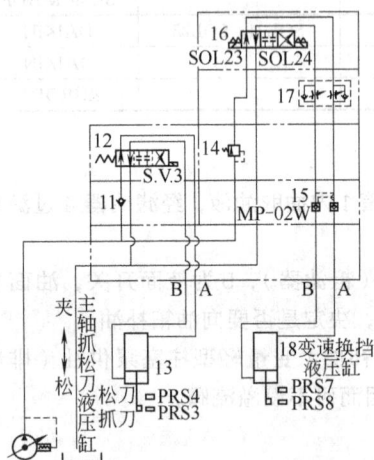

图 11-14　主轴头液压回路

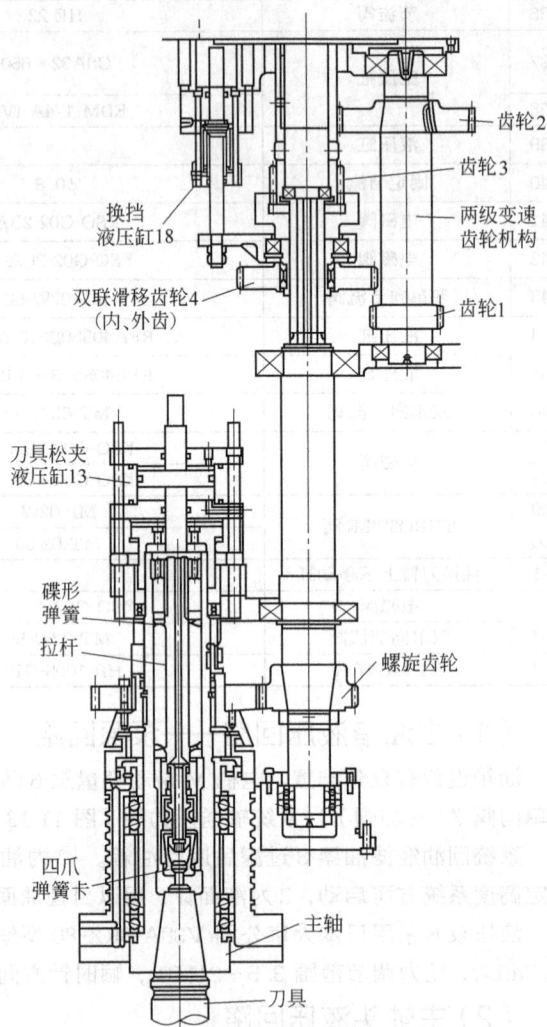

图 11-15　拉杆结构

（3）主轴头（箱）液压配重回路

为了防止主轴箱在停机时沿 y 轴（上、下）方向的自由下落，造成事故，设置了图 11-16 所示的由平衡液压缸 22 和由平衡阀 19 组成的平衡支撑回路——液压配重回路，支撑主轴箱，使其不下落。

主轴箱与平衡液压缸的缸体固连，适当调节平衡阀 19 的压力，建立的背压便可支撑主轴箱的重力，使其不下落。

（4）自动换刀液压回路

所谓自动换刀是指换刀臂（机械手）从刀库上取下下一道工序所需刀具（新刀）送往主轴，并将上道工序用完的刀具（老刀）从主轴孔内卸下，将送来的新刀装上，并将老刀送往刀库存储下来，这一过程全部自动完成，叫"自动换刀"。 这一自动换刀过程全部由液压控制系统完成，叫"自动换刀液压回路系统"（图 11-18）。 刀具自动交换动作的示意图如图 11-17 所示，其工作循环顺序见表 11-10。

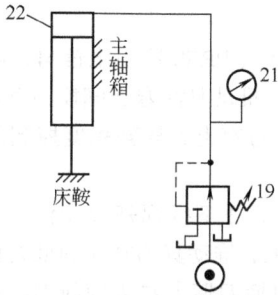

图 11-16　主轴箱液压配重回路

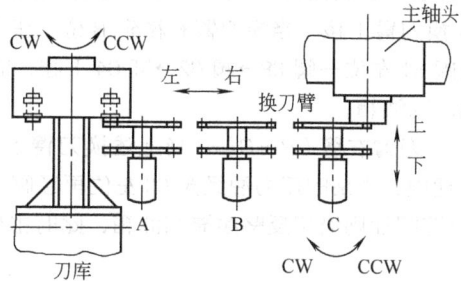

起始状态：
主轴—抓刀；换刀臂位置—B；
换刀臂—上；刀库—下一支刀具已定位

图 11-17　刀具自动交换动作示意图
A—与刀库换刀位置；B—等待位置；C—与主轴换刀位置

表 11-10　刀具自动工作循环顺序表

序号	动作	刀库 A　B　C	
1	换刀臂左移至刀库	A←B	
2	换刀臂下移（从刀库取刀）	↓	TCODE 执行
3	换刀臂右移	A→B	
4	换刀臂上移（等待位置） （ATC 指令）M06 指令 （门打开）执行 O9001 副程式	↑	
5	换刀臂右移 （松刀）（刀库旋转到目标位置）	B→C	刀具至刀具 6s
6	换刀臂下移（取下老刀）		
7	换刀臂转 180° CW（CCW）		
8	换刀臂上移（装上新刀） （夹刀）　（旋转结束）		
9	换刀臂左移 （门开闭）	B←C	
10	换刀臂下移	↓	
11	换刀臂左移	A←B	
12	换刀臂上移	↑	
13	换刀臂右移	A→B	
	再由顺序 1 开始		

① 换刀臂左移（B→A）　换刀臂从起始位置 B 开始工作循环。 当电磁铁 SOL16 通电，由泵来的压力油 p 经阀 55 右位，再经双单向节流阀 56 左边的单向阀进入液压缸 57 的右腔，推动其活塞左行，缸左腔回油经阀 56 右边的节流阀，再经阀 55 右位流往油箱（T）。 移动速度由阀 56 右边的节流阀调节（回油节流），带动换刀臂由 B 位向 A 位移动。

② 换刀臂下移（从刀库取刀）　当换刀臂移到 A 位，行程开关发出电信号，电磁铁 SOL20 通电，泵来的压力油 p 经阀 61 右位—双液控单向阀 68→双单向节流阀 62→换刀臂上下移动缸 64 的上腔 B，其活塞带动换刀臂下行（从刀库取下刀具），缸 64 下腔 A 回油则经阀 62、阀 68，再经阀 61 右位流回油箱。

③ 换刀臂右移（A→B）　当换刀臂液压缸 64 下移到位，压下行程开关 PRS7 发信，电磁铁 SOL15 通电，泵来压力油 P 经阀 55 左位再经阀 56 进入换刀臂左右移动缸 57 左腔，推动活塞杆连同换刀臂右行，从位置 A 到位置 B，缸 57 右腔回油经阀 56、阀 55 左位流回油箱。

④ 换刀臂上移　当换刀臂右移到 B 位，压下行程开关发信，电磁铁 SOL19 通电，泵来的压力油经阀 61 左位→阀 68→阀 62→缸 64 下腔，推动其活塞连同换刀臂上行，缸 64 上腔回油经相反路线流回油箱。

⑤ 换刀臂右移（B→C）　当上述换刀臂上移到位压下行程开关 PRS8 发出电信号，电磁铁 SOL17 通电，泵来的压力油经阀 60 左位再经阀 59 进入缸 58 左腔，推动其活塞连同换刀臂右行，缸 58 右腔回油则沿相反路线流回油箱，此时主轴进行松刀动作，刀库也旋转到程度控制的目标位置。

⑥ 换刀臂下移（从主轴孔内取下老刀）　当换刀臂右移到位，压下行程开关发信，电磁铁 SOL20 通电，泵来的压力油经阀 61 右位→阀 68→阀 62→缸 64 上腔，推动其活塞连同换刀臂下行（取下主轴上老刀），缸 64 下腔回油沿相反路线流回油箱。此时换刀臂上左边为新刀，右边为老刀。

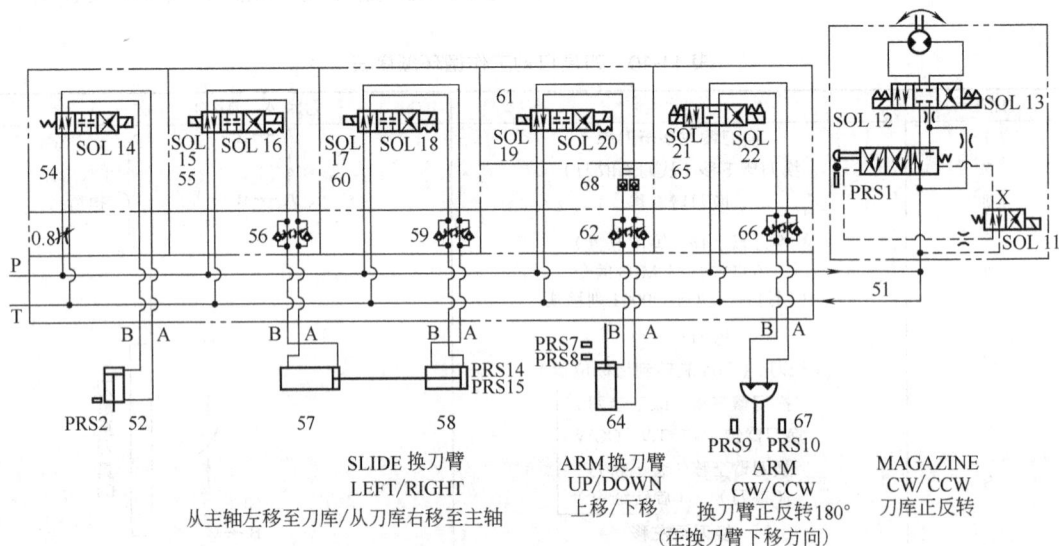

图 11-18　ATC-刀库液压回路图

⑦ 换刀臂转 180°（正转或反转）　当换刀臂下行到位，压下行程开关 PRS7 发出电信号，电磁铁 SOL21 通电，泵来压力油经阀 65 左位→阀→换刀臂回转摆动液压马达 67，使其正转 180° 后，压下行程开关 PRS10，电磁铁 SOL21 断电，阀 65 复中位，摆动液压马达 67 停止转动，此时换刀臂左夹爪上为老刀，右夹爪上为新刀。

⑧ 换刀臂上移（新刀送入主轴孔）　上述换刀臂回转 180° 动作结束压下行程开关 PRS10 也发信，使电磁铁 SOL19 通电，与上述"换刀臂上移"的油路相同，缸 64 上移，将新刀送入主轴孔内，主轴头轴头夹刀上移到位，压下行程开关 PRS8 发信，SV3 通电，主轴头进行夹刀动作。

⑨ 换刀臂左移（C→B）　当夹刀动作完成后，压下行程开关 PRS3 发信，SOL18 通电，泵来的压力油经阀 60 右位、阀 59 进入缸 58 右腔，推动换刀臂左行（C→B），缸 58 左腔回油经阀

59、阀 60 右位流回油箱。换刀臂左移到位（B 位），行程开关发出信号，使安全门关闭。

　　⑩ 换刀臂下移　安全门关闭后发出电信号，SOL20 通电，换刀臂（液压缸 64）下移，油路情况如上所述。

　　⑪ 换刀臂左移（B→A）　换刀臂下移到位，压下行程开关 PRS7，SOL16 通电，泵来压力油经阀 55 右位，再经阀 56 进入缸 57 右腔，推动其活塞连同换刀臂左移，缸 57 左腔回油经相反路线流回油箱。

　　⑫ 换刀臂上移　换刀臂左移到位（A 位），压下行程开关发信，电磁铁 SOL19 通电，缸 64 连同换刀臂向上运动，油路走向参阅上面所述。

　　⑬ 换刀臂右移（A→B）　换刀臂上移到位，压下行程开关 PRS8，电磁铁 SOL15 通电，泵来压力油经阀 55 左位再经阀 56 进入缸 57 左腔，推动活塞连同换刀臂右移，缸 57 右腔回油经阀 56、阀 55 左位流回油箱，换刀臂右移到 B 位停止，进入起始状态。

　　上述动作完成后为一个自动换刀工作循环，再由顺序① 开始下一个换刀工作循环。

（5）气动回路

　　本机床自动门的开闭、加工铸铁件时的吹屑、主轴锥度清洁和主轴鼻的清洁采用压缩空气作为动力源的气动回路进行控制（图 11-19）。其中：①SV7 通电，刀库自动门打开，至 LS13 动作 SV7 消磁，主轴更换刀具；②SV7 通电，刀库自动门关闭，至 LS13 动作 SV7 消磁，主轴更换刀具；③SV5 通电，铸铁切削吹气；④SV6 通电，主轴鼻端吹气；⑤SV4 通电，主轴锥度吹气。

　　注意：线圈通电可事先存入磁带内；定期排放三点组合滤清器内的水分。

11.5.3　故障分析与排除

　　【故障 1】　泵的输出压力不够

　　① 此机采用日本大京公司的 V38A-3RX-80 型轻型变量柱塞泵，当泵上恒压阀（PC 阀）的压力调节螺钉拧得太松，泵输出压力上不去，可参阅 3.4 节的内容排除变量柱塞泵的故障；

　　② 泵输出流量不够。当泵的流量调节螺钉未拧到最大流量调节值，泵的输出流量不够；泵的变量缸控制活塞卡死在使斜盘斜角最小的位置，也会使输出流量不够，可设法排除。

　　【故障 2】　主轴上的刀具不能夹紧与松开

　　产生故障的原因是单向叠加阀 11（图 11-14）的阀芯卡死在关阀位置上，无压力油进入后续的电磁阀 12 及松夹刀液压缸 13，因而不能松夹刀。

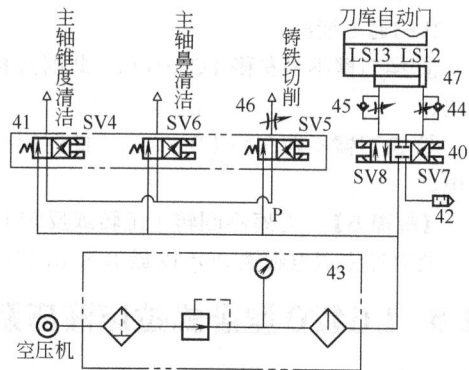

图 11-19　气动回路

40—气动电磁阀；41—气动电磁阀；42—消声器；43—气动三大件；44—单向节流阀（气）；45—单向节流阀（气）；46—节流阀；47—空压缸

　　可参照本手册表 5-39 中所列的 MC-02P-※ 10 型叠加式单向阀的结构，清洗该单向阀，消除卡阀现象。

　　当电磁阀 12 的电磁铁 SV3 未能通电时，缸 13 不能上行，碟形弹簧不能被压缩而夹紧刀具；当 SV3 虽断电，但电磁阀 12 的阀芯因其弹簧漏装或折断而不能复位，或者阀芯因污物卡死在电磁铁 SV3 通电的位置，则无松开刀具动作。可根据情况予以故障排除。

　　刀具松夹液压缸 13 别劲、活塞密封破损等也可能导致松夹刀动作不灵的现象。

　　碟形弹簧破损或疲劳失效也会造成刀具夹不紧的现象。

　　【故障 3】　主轴换挡液压缸不动作或换挡后有变化

　　主轴两级变速依靠换挡液压缸 18 往复运动推动双联滑移齿轮 4 往复运动进行换挡。

　　① 当电磁阀 16 的两电磁铁 SOL23 和 SOL24 不能可靠通电时，变速液压缸 18 便不能往复运

动使齿轮换挡变速。

② 当双单向节流叠加阀块 17（参阅表 5-39 中所列）的节流阀芯调节过度，全关节流口时，出现不能换挡变速现象，此时可适当旋松流量调节螺钉。

③ 当双液控单向阀块 15（表 5-39 中所列的 MT-02W 型）的控制活塞运动不灵活，或单向阀芯卡死时，会出现不换挡或换挡变速后，双联滑移齿轮窜动的现象，这是较危险的。

【故障 4】 自动换刀液压回路的故障（参阅图 11-11）

① 换刀臂（机械手）不能从 B 位左移至刀库。 此时应检查电磁铁 SOL16 是否通电，以及双单向节流阀 56 左边的节流阀是否关死情况，当 SOL16 未通电或 56 左边的节流阀的调节螺钉拧得太紧，则缸 57 不能左行，使换刀臂不能从 B 位向 A 位左移。

② 换刀臂不能下移（从刀库或主轴取刀）。 当行程开关未发信，电磁铁 SOL20 未能通电时，或者单向节流阀 62 右边的节流调节螺钉调得过紧和该节流阀芯卡死在关闭位置。 可查明原因加以排除。

③ 换刀臂不能由 A 位向 B 位右移。 当行程开关 PRS7 未能发信、电磁铁 SOL15 未能通电时，则换刀臂不能由 A 位向 B 位移动，可查明原因予以排除。

④ 换刀臂不能上移。 当换刀臂由 A 位移到 B 位后未压下行程开关，电磁铁 SOL19 未能通电，则换刀臂不能上移，此时可检查相应行程开关的动作情况。

⑤ 换刀臂不能从 B 位右移到 C 位。 此时可检查行程开关 PRS8 是否被可靠压下和电磁铁 SOL17 是否能通电。

⑥ 换刀臂不能回转（正转或反转 180°）。 此时可检查行程开关 PRS7 发信情况和电磁铁 SOL21 的通电情况。

⑦ 换刀臂不能左移（C→B）。 此时应检查行程开关 PRS3 的发信情况和电磁铁 SOL1 能否通电。

⑧ 换刀臂不能左移（B→C）。 此时应检查行程开关 PRS7 的发信情况和电磁铁 SOL16 能否通电。

【故障 5】 刀库不回转（正转或反转）

此时应注意电磁铁 SOL12 或 SOL13 的通电情况。

11.6 L6120 型卧式拉床液压系统

11.6.1 液压系统的工作原理

本机床主要用于拉削工件的内孔、键槽、花键和小平面等。 其液压系统工作原理图如图 11-20 和图 11-21 所示。 其工作原理简述如下。

主液压缸 P 带动拉刀左右运动，对工件进行拉削（工作）和返回动作；送刀液压缸执行送进和退回动作。 主液压缸 P 的"工作"或"返回"由双向变量径向柱塞泵 X 的正反转进行控制：当泵 X 从右边输出压力油，且三位三通电液换向阀的电磁铁 2DT 通电时，泵来压力油经阀 N 左位进入缸 P 右腔 A，推动主缸左行，缸 P 左腔 B 的回油返回至泵 X 的左腔，重新被吸入泵内，主液压缸 P 执行拉削工作；当变量径向柱塞泵 X 反转从左边输出压力油，进入主液压缸 P 的左腔 B，推动主液压缸 P 的活塞右行，缸 P 右腔 A 的回油经电液换向阀右位（此时电磁铁 4DT 通电）也进入主液压缸 P 的 B 腔，实现拉刀快速返回动作，此时泵 X 右边油管为吸油腔。

泵 X 的流量大小控制由平衡阀 A 和操纵阀 C 联合进行控制，控制变量的控制油由辅助泵 E 提供；主液压缸 P 的工作压力的大小由工作安全阀 J 进行调节和限定，返回动作压力的大小由安全阀 D 调节和限定；吸入阀 H 为补充闭回路油液用，往泵的左边或是右边补油，由液动换向阀 G 决定。

送刀液压缸的压力油也由辅助泵 E 提供，当换向阀 Q 的电磁铁 5DT 通电时，其右位工作，辅助泵 E 来的压力油经阀 Q 右位进入送刀液压缸左右腔，差动送刀；拉刀返回时，5DT 断电；送刀速度由节流阀 S 调节。

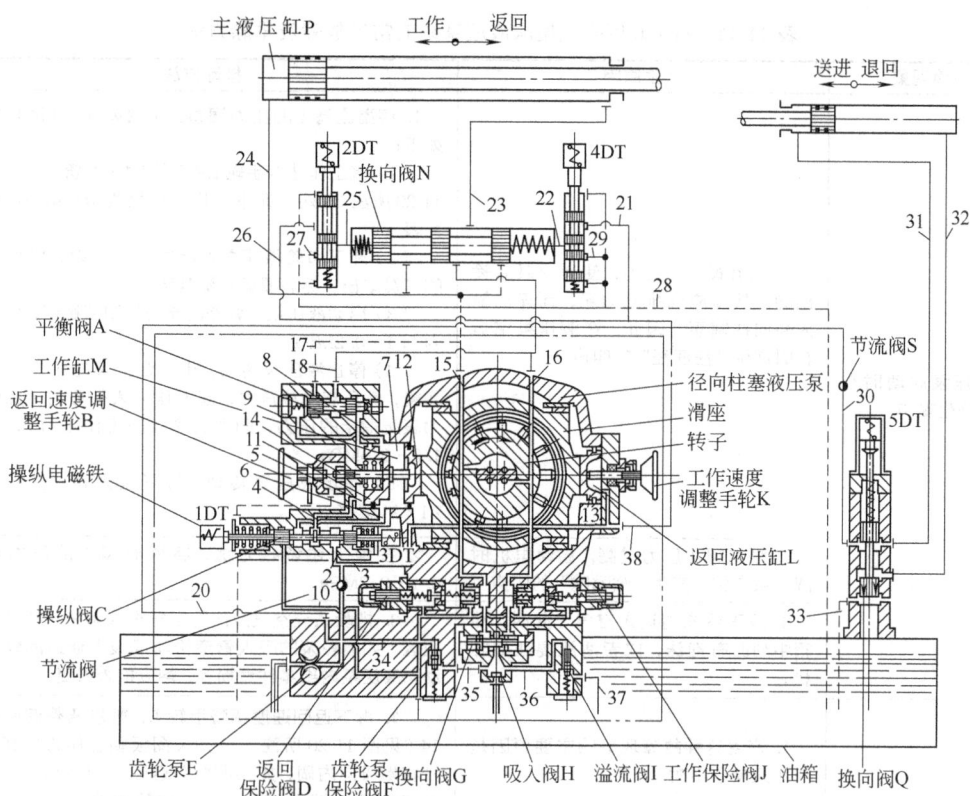

图 11-20　L6120 型卧式拉床液压传动系统结构

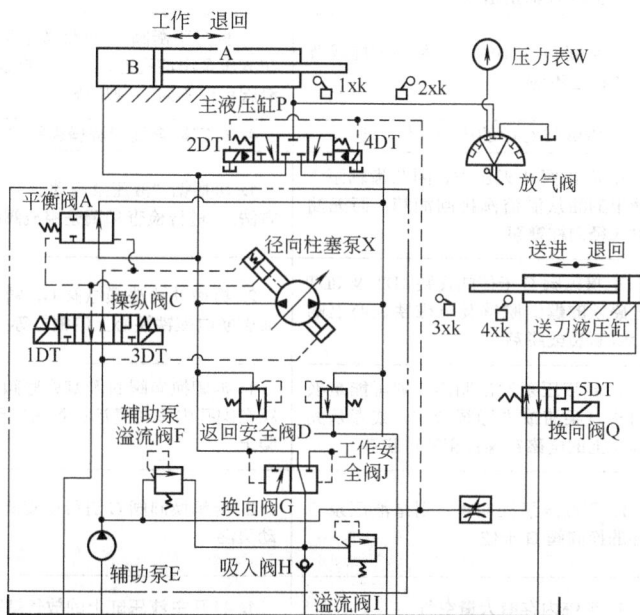

图 11-21　L6120 型卧式拉床液压系统图

11.6.2 故障分析与排除

L6120型卧式拉床液压系统的常见故障及排除方法见表11-11。

表 11-11　L6120型卧式拉床液压系统的常见故障及排除方法

故障现象	产生原因	排除方法
液压泵启动时空转并产生噪声	1. 溢流阀1无压力，使齿轮泵E输出的油从溢流阀排回油箱，而无油输入径向柱塞泵，因此，在液压泵空运转时产生"汪汪汪"的叫声	1. 将溢流阀1的压力调整为0.2MPa，其调整方法如下： （1）将工作速度手轮KF部的Z1/2″管接头（见图11-20所注38处）卸下，装上规格为0~4MPa的压力表 （2）卸下齿轮液压泵保险阀F的螺塞，将滑阀中的弹簧取出，然后重新将螺塞装上 （3）启动液压泵，调整溢流阀的调节螺钉，使压力为0.1~0.2MPa （4）停止液压泵转动，重新装上齿轮泵保险阀的弹簧，然后启动液压泵，观察压力表的压力（此时压力表所指示的压力，即为齿轮泵的工作压力），应为1.2~1.5MPa （5）停止液压泵转动，拆下压力表，重新装上Z1/2″螺塞
	2. 溢流阀1压力过高，启动电机时液压泵空转，产生"嗡嗡嗡"的叫声	2. 按照上述调整方法，将溢流阀1的压力调至0.1~0.2MPa
	3. 液压系统内进入空气（此时，油箱中油面有泡沫，或者油液混浊如乳状）	3. 排除系统空气及严防空气进入系统，特别是低压区，如齿轮泵的吸入管道松动或吸入通道的螺塞松动，液压泵内部零件磨损等，均应检查修复
液压泵启动时，机床溜板即行移动	1. 产生这种故障现象的主要原因是液压泵偏心不对	1. 拆下返回速度调整手轮B，微量调整偏心螺母14（见图11-20所注）。如果溜板朝工作方向移动，则将螺母向内调；如果溜板向返回方向移动，则将螺母向外调。调整好后，必须将螺母锁紧
	2. 工作速度调整手轮K或返回速度调整手轮B调整超位	2. 将手轮K朝反方向调整，调整量根据超位量而定
	3. 平衡阀A中的弹簧装错方向或滑阀的级位不对	3. 拆开平衡阀A的螺塞进行检查，阀孔中的弹簧应在液压泵出油孔方向，若方向装反，则应纠正。如果滑阀级位不对。则应修配
	4. 操纵阀C中的滑阀卡住不动	4. 拆卸检查及清洗操纵阀C
按下机床"调整"按钮，液压泵不偏心（即液压泵不输油，溜板不移动）	1. 溢流阀1无压力，因此齿轮泵E输出的油从溢流阀排回油箱，而无油输入径向柱塞泵	1. 可根据"液压泵启动时空转并产生噪声"的调整方法。进行检查和调整溢流阀的压力
	2. 操纵阀C卡住或安装1DT及3DT电磁铁的螺钉脱落及电磁铁铁心上的销钉断裂或脱落	2. 拆检并清洗操纵阀C，紧固电磁铁的连接螺钉；或更换电磁铁铁心上的销钉等
按下机床的"工作"按钮或"返回"按钮溜板不移动	1. 若液压泵发出叫声，则可能是换向阀N呆滞或先导阀卡住，或者是先导阀上的电磁铁螺钉和销钉脱落	1. 拆卸换向阀N及其先导阀进行检查、清洗；使滑阀在阀孔内移动灵活；若螺钉和销钉脱落，则应重新装上
	2. 若液压泵无叫声，则是液压泵下部的换向阀G卡住	2. 拆卸换向阀G进行检查清洗，使滑阀在阀孔中移动灵活
拉削时产生振动	1. 系统内存有大量空气	1. 打开主液压缸上的放气螺塞，排除系统中的空气
	2. 各连接面处松动，或密封件损坏，致使系统产生泄漏	2. 紧固各连接面处，或更换已损坏了的密封件，以消除泄漏

故障现象	产生原因	排除方法
拉削时无力，甚至拉不动	1. 产生这种故障现象的主要原因是系统压力不足，即工作保险阀 J 压力没有调到规定值 2. 系统压力建立不起来，其原因可能是： （1）保险阀内的钢球失圆或损坏 （2）保险阀内的钢球座松动 （3）保险阀内的滑阀卡住或小孔堵塞 （4）保险阀外面的方盖可能装错了方向，方盖上的油孔没有对准泵体上的油孔 （5）平衡阀 A 卡住，使油路 17 和 18 处于互通位置（此时，液压泵偏心小即无压力，偏心大即有压力）	1. 将活塞工作行程以慢速移动，直至碰到液压缸端盖，然后调整工作保险阀 J，使其压力达到 7.355MPa 2. 若系统压力建立不起来，可采取以下相应措施： （1）检查修复或更换已损坏的钢球 （2）检查修复保险阀内的钢球座 （3）清洗保险阀和清除滑阀小孔中的杂质污物，使之移动灵活 （4）方盖上装有螺塞的一面应朝向液压泵的出油口，使方盖上的油孔与泵体上的油孔对准 （5）检查修复平衡阀 A，清除杂质污物，保证移动灵活，以保证液压泵有适当的偏心
液压泵内有撞击声	1. 泵内柱塞卡住或柱塞断裂 2. 泵内反作用环断裂	1. 检查、清洗或配换柱塞 2. 检查、清洗或更换反作用环
液压泵上部的放气塞内冒烟	液压泵在运转时，其上部的放气塞内冒烟，主要是泵内零件损坏所至	应立即停车，拆卸液压泵作解体检查，更换已损坏零件
溜板返回时超程	换向阀 N 呆滞或两端先导阀上的弹簧较软。若是老结构的换向阀，两端油路通道孔径小，油流阻力大，滑阀换向不灵活，致使返回超程较大	拆检换向阀 N，清除滑阀上的杂质污物，使滑阀在阀孔内移动灵活；或者更换先导阀上的弹簧（硬度应符合技术要求）

11.7　B690 型液压牛头刨床液压系统

长沙机床厂生产的 B690 型液压牛头刨床采用液压传动，切削力大，调速范围广，为较大功率的金属切削机床。其生产年限虽已久，但市场占有量大。液压系统采用一台双联叶片泵供油，有四级速度，通过旁路节流调速，又可使每一级无级调速。

该机床可实现下述运动：滑枕（装牛头刀架）的往复运动，可在 0～37m/min 范围内无级调速；工作台（装工件）的横向进给运动，可在 0.25～5mm/次范围内无级调整；工作台的垂直移动。

该机床液压系统由下述几个部分组成：双联叶片泵，YB50/100 型；滑枕液压缸和进给液压缸；液压操纵箱，操纵箱是由操纵阀、主换向阀、制动阀、变级阀和滑枕调速阀等组合而成，操纵箱为行程制动；其他阀，如开停阀、溢流阀、调速阀和背压阀等。

11.7.1　液压系统的工作原理

液压系统的工作原理如图 11-22 和图 11-23 所示。操纵阀实际上靠装在滑枕上的挡铁拨动换向的机动先导换向阀；主换向阀是由操纵阀操纵的液动换向阀，它的换向改变流入或流出滑枕液压缸两腔的油流方向，从而使滑枕液压缸换向，进行进（切削）、退动作；制动阀的作用是当开停阀在"停止"位置时，能很快地停止滑枕的运动；改变变级阀阀芯 4 个停位位置，可得到滑枕液压缸的 4 种往返运动速度：Ⅰ级——工作行程 3～8m/min，返回行程≈21.5m/min；Ⅱ级——工作行程 8～16m/min，返回行程≈43m/min；Ⅲ级——工作行程 10～24m/min，返回行程≈65m/min；Ⅳ级——工作行程 24～37m/min，返回行程≈65m/min；滑枕调速阀（非标）与一般调速阀相同，它也是由节流阀与减压阀串联而成，旁路节流，旋转调节其手柄在面板上的某一刻度位置，可使工作行程的速度在上述四挡速度范围内进行无级变速；溢流阀的先导调压阀为先导球阀，主阀芯为三节同心结构，也为非标专用阀；球阀 A 用以保证在滑枕换向时系统压力不低于

0.6~0.8MPa，使主阀芯能有足够的力可靠换向；通过对背压阀工作压力的合适调节可使滑枕运动平稳无冲击。

（1）Ⅰ级速度（50L/min叶片泵供油）时液压系统的油路原理

① 工作行程

进油：Q_2泵（50L/min）→管6→槽46→槽45→管路51→槽22

$$→ 槽23 \begin{cases} →调速阀 \\ →槽43→槽44→管1 \\ →滑枕液压缸左腔； \end{cases}$$

→溢流阀；

→球阀B（工作压力5MPa左右）；

回油：滑枕液压缸右腔→管2→槽4→槽42→槽21→槽20→槽28→槽29→管4→槽47和48→管7→背压阀→油池。

此时，Q_1= 100L/min液压泵的油液分成两路：

泵 Q_1
→管5→槽49和48→管7→背压阀→油池；
→进给阀→进给液压缸下腔。

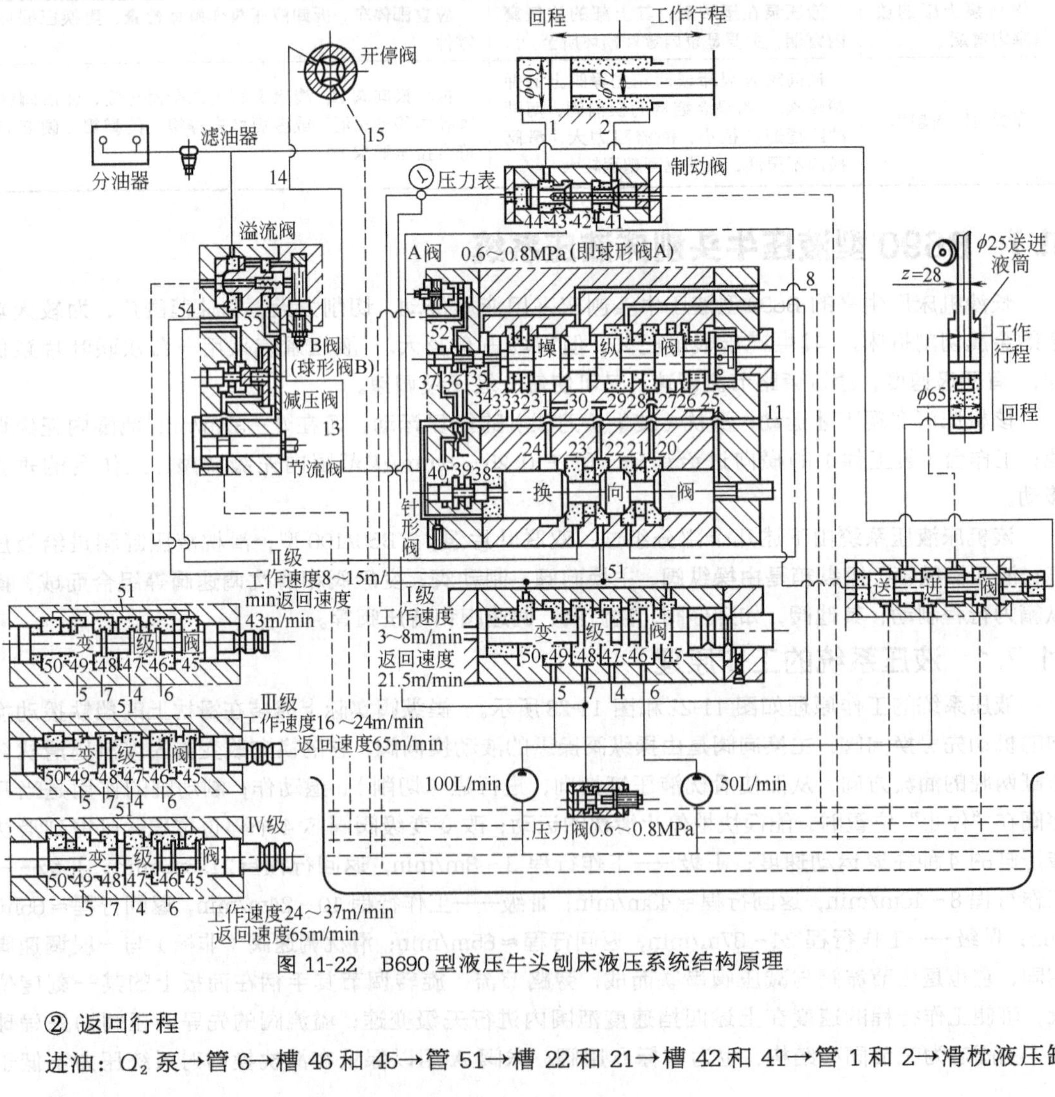

图 11-22　B690型液压牛头刨床液压系统结构原理

② 返回行程

进油：Q_2泵→管6→槽46和45→管51→槽22和21→槽42和41→管1和2→滑枕液压缸

右腔。

回油：滑枕液压缸左腔→管1→槽44和43→槽23和24→槽31和30→管8→油池；此时，Q_1 泵→管5→槽49→管7→背压阀→油箱。

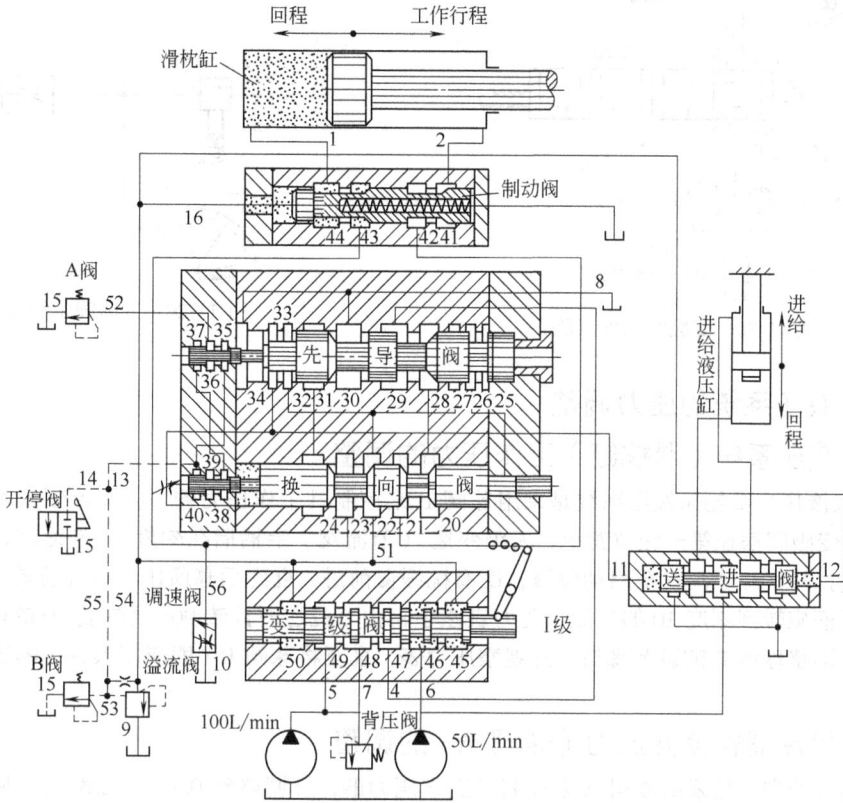

图 11-23　B690 型液压牛头刨床液压系统图（变级阀 I 级时）

关于变级阀的工作原理可参阅图 11-24 和图 11-25 所示。

（2）机床的液压停车

将开停阀手柄扳到"停止"位置，滑枕运动便可停止运动。此时溢流阀上腔 55 便经管 13、15 与油池相通。因此，腔 55 的压力下降，溢流阀主阀芯右移，从而液压系统压力降低，管 51 的油从管 9（先经溢流阀）返回油池，滑枕液压缸因系统压力不够而停止运动。

（3）滑枕的制动

当手动操纵开停阀至图 11-26 所示的工作位置时，系统溢流阀 B 的先导油与油箱相通而使主系统卸压，液压系统的压力降低，因弹簧的作用，制动阀向右移动，使槽 41 和 42、43 和 44（参见图 11-23）隔断，这时关闭了工作液压缸的进出油口，便可靠而迅速地制动滑枕。

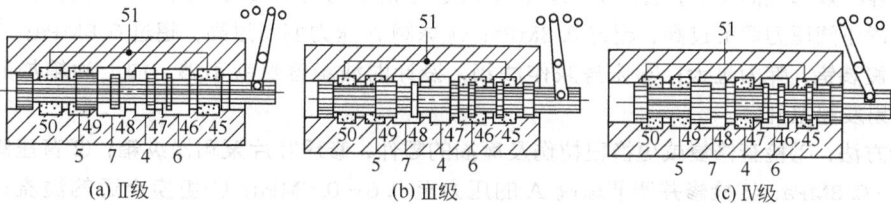

图 11-24　变级阀工作原理

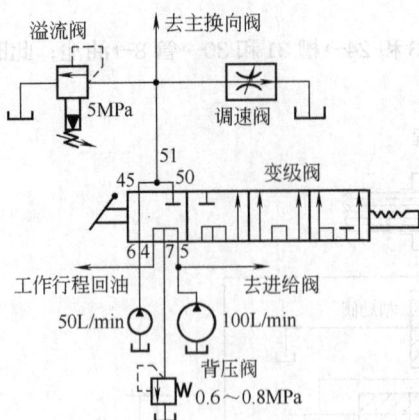

图 11-25 变级阀工作回路

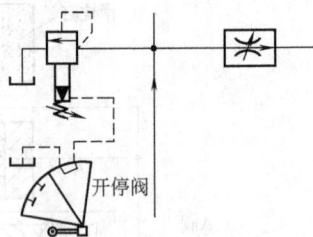

图 11-26 开停阀工作位置

11.7.2 液压系统的压力调整

（1）液压系统（滑枕缸）工作压力的调整

B690型液压牛头刨床液压系统是采用球阀B来控制其工作压力的，应调整到5MPa。 调整方法是：将变级阀摆在第一级位置上，无级变速 （节流阀）手柄指在刻度 4~5 之间，取掉滑枕上的后挡铁，并将开停阀拨至启动位置，使滑枕缓慢前进，直到活塞顶住液压缸前盖，然后再将无级变速手柄旋转到刻度 10 的位置，压力表座手柄由 0 位逆时针转 90° 至刻度 50 的位置，这时即可缓慢地调整球阀B的调节螺钉，并观察压力表，直至将球阀B（即液压系统）的工作压力调整到5MPa。

（2）机床滑枕换向压力（球阀A）的调整

机床滑枕换向，是采用球阀A来控制其工作压力的，应调整到 0.6~0.8MPa。 调整的方法是：当液压系统的工作压力调整好之后（上述各手柄位置不变），紧接着将开停阀关闭，并按顺时针方向拧死针形阀，将滑枕换向操纵手柄扳向前端，将开停阀拨至启动位置，然后调整球阀A的调节螺钉，观察压力表，看压力是否降到 0.6~0.8MPa。 若压力调好后，应适当拧松针形阀（此时滑枕往后退），停车拧紧后挡铁，再开车观察滑枕换向是否正常。

（3）背压阀工作压力的调整

背压阀工作压力一般也调定为 0.6~0.8MPa。 调整时，首先将压力表座手柄由 0 位按顺时针方向转 90° 到 6~8 的刻度位置，并启动电机，滑枕以 Ⅰ 级速度往复运动，然后调节安装在油箱里的背压阀，同时观察送刀情况和压力表。 为了降低油温，其所调压力尽可能低些。

11.7.3 故障分析与排除

【故障1】 油温温升快而高

产生原因：①叶片泵内部零件拉伤摩擦发热，叶片泵配流盘与转子端面间因拉伤或磨损内泄漏大，泵容积效率低而发热；②操纵箱内各滑阀芯与箱体孔因磨损内泄漏大，压力损失大而发热温升；③背压阀压力调节过高，超过 0.8MPa；④球阀A压力调节过高，超过 0.8MPa；⑤溢流阀的调压弹簧装错，弹力过大；⑥床身兼作油箱，设计时油箱容量就不够，加上油箱加的油量不够，更容易发热温升。

排除方法：①检查修复或更换已拉伤及磨损的零件，修理叶片泵和操纵箱；②背压阀压力调定为 0.6~0.8MPa；③检修并调节球阀A的压力至 0.6~0.8MPa；④更换合适的溢流阀弹簧并正确调压至规定值；⑤加足油量至油箱油标位置。

【故障2】 换向冲击大

产生原因：①球阀A的压力调节过高；②针形阀调整不当；③机械机构装置不良，如撞块、齿条等装配不当；④导轨润滑压力过高。

排除方法：①检查A阀压力，在高速下使用时，可调至0.5~0.6MPa，在低速下可调至0.6~0.8MPa；②左右方向旋转针形阀，使冲击降到最小为止；③拆下撞块、齿条等机件，重新装好；④适当调低导轨润滑压力。

【故障3】 低速运动"爬行"

产生原因：①液压系统内进有空气，或者油箱内油量不够，未埋住滤油器；②滑枕导轨导板调得过紧，或者润滑压力过低造成润滑油断流；③主液压缸活塞杆密封环调得过紧，阻力太大；④液压缸装配不良，或者缸体内孔拉伤有一段轴向直槽。

排除方法：①略松开液压缸进油管接头并快速运动液压缸排气；②加足油箱内油液至油标；③调节好导轨导板的松紧度，并适当增大润滑压力，疏通润滑油管；④适当调松液压缸活塞杆密封，使其既不漏油又可在自由状态下正常工作。

【故障4】 球阀A调不动，压力调不到规定值

① 球阀A的调压弹簧疲劳或折断者，可更换弹簧。

② 钢球磨有沟槽或钢球与阀座之间粘有污物使钢球与阀座之间不密合而升不起压时，可参阅5.9节的内容修理溢流阀（球阀A），例如更换新钢球、钢球与阀座对研和进行清洗等。

【故障5】 球阀B跳动或压力调不到规定值，伴随有撞击声

产生原因：①在滑枕速度为3m/min时，检查B阀的压力跳动。若跳动范围超过±0.5MPa时，可能是溢流阀或B阀的调压弹簧变形，或者是球阀B的阀座碰伤，或者其钢球磨损有凹坑或拉伤，使钢球与阀座不密合；②溢流阀有故障，如阀芯与阀座密合不良、阀芯与阀体配合孔因磨损间隙增大，内泄漏量增大、或者油中污物堵塞溢流阀阻尼小孔和卡入滑阀芯与孔之配合间隙内。

排除方法：①左右两方向旋转B阀的调压螺钉，试探能否消除跳动，若不能，则可参阅5.9节的内容拆修溢流阀；②按图11-27加工B阀新阀体。

【故障6】 滑枕不能迅速停车

产生原因：①制动阀或其控制油路被油中的污物所堵塞，滑阀移动不灵活；②制动阀的弹簧疲劳或折断；③溢流阀阀芯卡死，不能卸荷。

排除方法：①清洗制动阀，使阀芯在阀孔内移动灵活，并疏通制动阀的控制油路；②检查与更换制动阀中的弹簧；③参阅5.10节相关内容修理溢流阀。

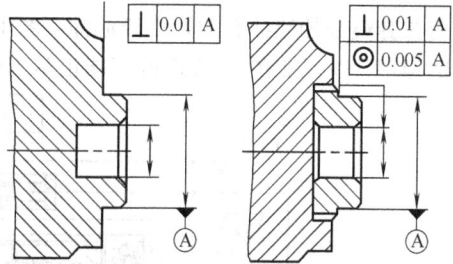

图11-27 加工B阀阀体的方法

【故障7】 机床不能迅速启动或者车开不动

产生原因：①溢流阀有故障，例如阀芯卡死在开启溢流的位置，系统压力上不去；②球阀B的工作压力调整过低，或者钢球与阀座不密合压力调不上去；③开停阀及其管路存在内外泄漏，使溢流阀卸荷；④电机转向不对，泵无油液输出；⑤修理时叶片泵泵芯装反了方向。

前3条影响机床不能迅速启动，后2条导致根本开不了车。

排除方法：清洗和修理溢流阀，用Φ1mm的钢丝疏通阀中各个小阻尼孔，使阀芯移动灵活；调整修理球阀；修复开停阀，更换油箱中开裂了的铜管和重新补焊漏油的钢管；纠正电机转向；如因修理时叶片泵泵芯装反了不上油时可重新装正确。

【故障8】 工作台不能送刀或者送刀不均匀

① 背压阀的压力调整过低，或者背压阀的阀芯卡死在全开位置，可正确调整和清洗。

② 送刀阀紫铜管破裂或送刀阀端面的密封纸垫被冲破，可酌情处理。

【故障9】 滑枕各级速度达不到要求

①双联叶片泵中有一个泵的转子装反了一边；②定子的定位销折断，使定子转位，泵供油不正常；③泵内配油盘端面严重拉伤，使泵压吸油腔相通而内泄漏太大，泵供油量不足。可查明原因加以排除。

【故障10】 滑枕返回行程一开始时便送刀

① 送刀液压缸的高压油管接反了，可予以改正。

② 超越离合器修理时装反了，拆开重新装对。

【故障11】 每一级中无级调速均失效

产生原因：①调速器中的减压阀弹簧疲劳；②污物堵塞了减压阀阀芯中的反馈阻尼小孔。

排除方法：①更换减压阀中的弹簧；②清洗疏通减压阀阀芯上的阻尼小孔。

11.7.4 B690型液压牛头刨床的改进实例

该机床源于20世纪60年代，由于其切削力大，调速范围广，在机械加工中至今还在大量使用。但由于年代久远，还存在需要改进的地方。

① 如果使用的是50/100CSY12-2型老式双联叶片泵（圆形泵体），拟改为YB1型相同流量的新泵（方形泵体），笔者经手改过十几台，后者性能要好。

② 液压系统的改进。床身兼作油箱，油池太小，尽管本机床采用"定量泵＋旁路节流"的方案，但由于该机床以难以散热，加之送刀部分是由100L/min的泵提供油源，背压又须调至0.6~0.8MPa，这样，当50L/min泵工作时，100L的泵只有极小油液供短时送刀用，其余大量流量须以0.6~0.8MPa压力流回油箱，会白白消耗功率而造成发热，特别是在夏天。为此可按图11-28进行改进。

图11-28中，将原结构的100L/min泵送刀改为由工作泵送刀，即变级阀的出油与进刀阀连接（利用变级阀的工艺孔接管）；另外，为使非工作泵卸荷，将总回油管上的背压阀去掉，把它串联在液压缸有杆腔的回油路——操纵阀和变级阀之间。这样，既保证了非工作泵充分卸荷，还能保证机床在Ⅰ、Ⅱ、Ⅲ级速度下，回油路上有一定背压（如0.3~0.4MPa）。背压阀改装后，应将其弹簧腔的泄油孔改为接通油池（图11-29），即将其上端盖旋转90°或180°，并打开工艺孔上的螺塞，以保证在W级速度下能正常工作。

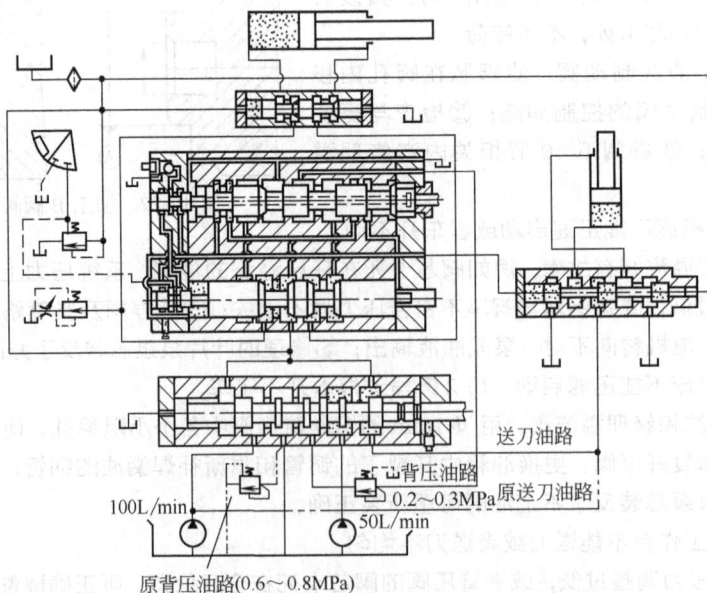

图11-28 节流方案的改进Ⅰ

③ 冲击问题的改进。 B690 型液压牛头刨床采用了行程控制，而滑枕运动速度快，惯量大，如果突然制动往往造成冲击。 在原操纵箱上虽设置了小操纵阀、小换向阀及球阀的换向卸荷系统，使换向瞬间的压力降至 0.6～0.8MPa，由于原系统的设计未周全考虑回路的液压冲击，这种冲击往往成了该机床先天性的一大缺点，尤其在滑枕高速挡更甚。

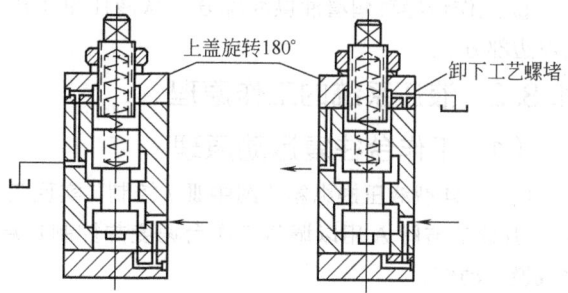

图 11-29　节流方案改进 Ⅱ

为解决此一问题，可将操纵箱的阀芯抽出，按图 11-30 所示的方法在万能工具磨床上加工几道节流槽，可做到既能迅速减载，又逐渐关小油口，又避免了液压冲击，消除滑枕制动时的剧烈振动。

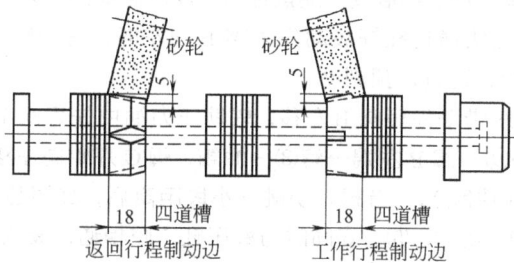

图 11-30　冲击问题的改进

11.8　M131W 型万能外圆磨床液压系统

M131W 型外圆磨床液压系统，在外圆磨床中较为典型。 掌握了其液压系统故障的排除方法，便可举一反三，对诸如 M1432A 型、M114 型等一系列外圆磨床液压故障也就不难排除。

11.8.1　液压系统的组成

如图 11-31 所示，M131W 型外圆磨床液压系统共分为八大部分。

① 工作台往复运动部分　执行元件是活塞杆固定、缸体运动的双出杆液压缸；控制元件是先导阀 B（二位九通）、换向阀 C（二位五通 P 型）和开停节流阀 A（二位五通）。 A、B、C 共一阀体（Ⅲ），称为液压操纵箱（此图为 GY24 型）。

② 砂轮架的快速进退运动部分　执行元件是单杆液压缸 X，控制元件是转阀 X1（A—A，B—B，C—C 三个截面）。

③ 砂轮架的周期工作进给运动部分　执行元件是棘爪缸 Ⅻ ，控制元件是选择阀 Ⅶ（二位四通）、先动进油阀（进给换向阀）Ⅷ（二位五通）、后动回油阀（进给分配阀）Ⅸ（二位三通）。

④ 尾座顶尖液动退回部分　执行元件是单杆单作用液压缸 ⅩⅥ（弹簧复位），控制元件是脚踏阀 ⅩⅤ（二位三通）。

⑤ 进给丝杠的间隙消除部分　执行元件是单杆单作用液压缸 ⅩⅣ（无需复位），无控制元件，直接从液泵出口引压力油顶住。

⑥ 互锁装置及其他　a. 砂轮架与工件间的互锁装置，用压力继电器控制；b. 便于手摇的液压缸二腔互通装置，用二位二通阀控制；c. 进行内磨时，锁住转阀 Ⅺ 不许砂轮架进退的装置，用电磁铁控制（图中未画出）；d. 放气装置，用二位三通转阀 Ⅵ 控制。

⑦ 泵源部分　由齿轮泵 Ⅰ、溢流阀 Ⅱ、减压阀 Ⅳ 等组成（图左下角）。

⑧ 工作台导轨润滑油供油部分　从液压泵引出一路压力油，经节流阀、低压滋流阀等（泵源左边部分）。

11.8.2　液压系统的工作原理

（1）工作台往复运动原理

由 GY24 型液压操纵箱（图中Ⅲ）控制，实现工作台往复换向运动、无级调速以及开停等动作。开停节流阀 A 用以调节工作台速度并控制其启动、停止。先导阀 B 和换向阀 C 互相配合完成换向动作。

若将阀 A 推至"启动"位置（图示）时，压力油由管道 1→阀 A→阀 C→管道⑥→液压缸右腔；液压缸左腔的油液经管 4→阀 C→管⑫→阀 B→管⑭→阀 A 的三角槽（回油节流）→油箱，实现工作台向左运动。辅助压力油经管 3→阀 B 左端→管⑨→⑦→d_1→阀 C 左端；而换向阀 C 右端回油经 f_2→e 右端→⑧→油箱。此时换向阀 C 保持在右侧。

当工作台换向时，有预制动、终制动、端点停留、反向启动四个步骤。

① 预制动　当工作台挡块通过杠杆拨动先导阀 B 向左时，先导阀中间锥部（制动锥）使回油管⑫和⑭之间的窗口减少，这就是预制动。

② 终制动　工作台继续带动先导阀 B 左移，辅助压力油由先导阀 B 右端→⑩→d_2→阀 C 右端。阀 C 左端回油→⑮→⑨→阀 B 左端→管⑧→油箱，阀 C 开始向左移动。由于管⑮没有节流阻力，换向阀 C 移动很快（快跳）。当阀 C 块跳一小段距离后，其阀芯中间凸台移到阀体中间沉割槽内，此时压力油经管 1、阀 C、⑤、⑥同时与液压缸二腔相通，液压缸失去运动的动力，工作台停止运动，这便是终制动。

③ 端点停留　此时换向阀 C 继续向左运动，当盖住通道⑮，左端的油只能经管⑯和⑰→f_1→e_1（停留节流阀）→管⑨→阀 B→管⑧→油箱。这一阶段由于换向阀的沉割槽比凸台宽，压力油保持与液压缸二腔相通，工作台在换向点停止运动。其停留的时间受到停留节流阀 e_1 开口大小的控制，可在 0~5s 内调整。而 e_1 开口较 f_1 开口小，故在一段时间内阀 C 的移动速度主要受 e_1 的开口所限制，这便是工作台的停留时间。

④ 工作台向右反向启动　换向阀 C 继续向左运动，使主油路反向接通，即油路 1→⑤→4→液压缸左腔；液压缸右腔回油→5→⑥→阀 B→14 阀 A→油箱。这时液压缸反过来向右运动。这一过程中，阀芯盖住孔⑯，接着阀芯上的切槽又使⑮、⑯相通，阀左端回油大部分经⑰→f_1→⑯→⑮→⑨→⑧→油箱；小部分经⑰→e_1→⑨→⑧→油箱，故保证了反向启动时启动速度较快，但又无冲击。

若将阀 A 拉出至"停留"位置（左移），节流口（三角槽）关死，切断液压缸的回油路，工作台停止运动。同时，压力油一方面经油路 1→⑥→管 5 与液压缸右腔相通；另一方面经管 1→阀 A→⑭→阀 B 制动锥→⑫→阀 C→⑤→与液压缸左腔相通，即液压缸二腔均通压力油，以便手摇工作台。而通往工作台手摇机构的管 2（开动时始终通压力油，使手摇机构脱开）通过阀 A 的轴向孔，与油箱相通，使手摇机构卸压而被弹簧顶上齿轮啮合，就可手摇了。

图中Ⅴ的作用是当操纵箱Ⅲ中的先导阀 B 和换向阀 C 的阀芯偶尔不在同一侧时，保证了液压缸二腔油路能互通（若无此阀，当阀 B、C 在同一侧时，液压缸二腔是不通互通的）。亦即当阀 A 在"停止"位置时（拉向左位），管 2 卸压，阀Ⅴ切换到右位，液压缸二腔由管 4、5 相通。而当阀 A 在"开动"位置时（图示位置），压力油经管 1、管 2 使阀Ⅴ处于图示位置，管 4 与管 5 断开。

阀Ⅵ的作用是借以排除液压缸内积存的空气，在机床每次换油和机床开车时打开排气，正常工作时关闭。

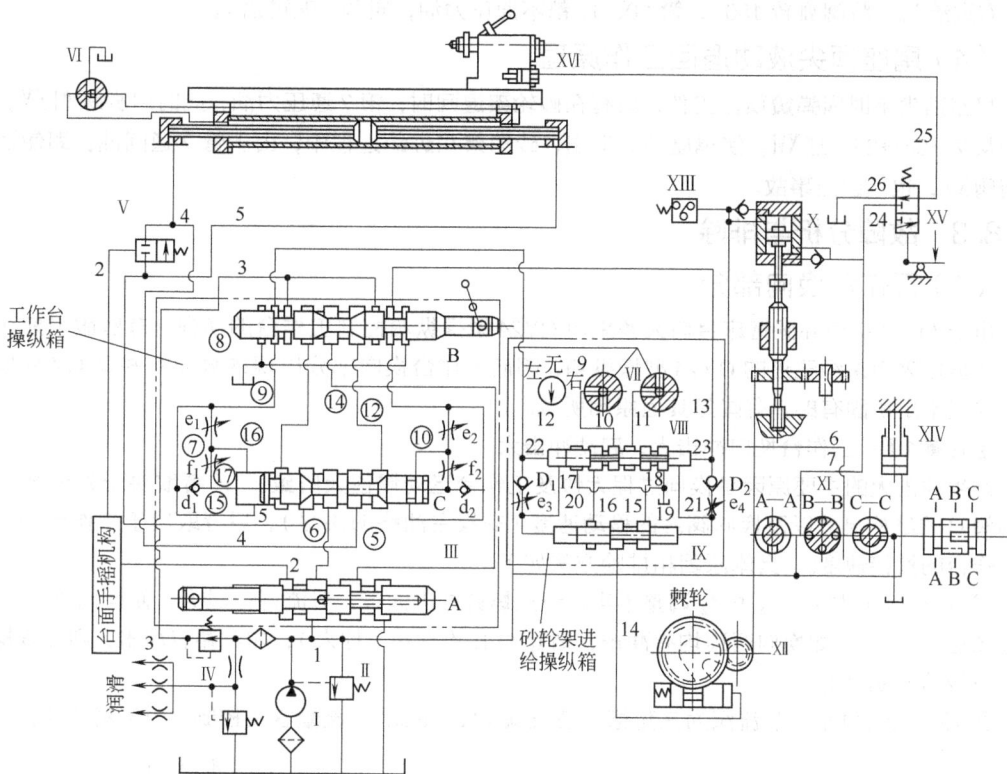

图 11-31　M131W 型外圆磨床液压系统图

（2）砂轮架快速进退工作原理

砂轮架快速接近工件和快速退回，靠液压缸 X 带动。 图示位置为"进"，压力油由油路 1→转阀 X1→A—A 截面→B—B 截面→管 6→液压缸上腔；下腔油经管 7→阀XI的 B—B 截面→C—C 截面→管 8→油箱。 转阀顺时针旋转 90°，油路反向，砂轮架快退。 在进行内圆磨削时，电磁铁锁住转阀 XI，使砂轮架不能快速进退。 快进时压力油由油路 6 同时进入压力继电器，VIII使工件旋转；快退时，使工件停转。

（3）砂轮架周期进给工作原理

所谓周期进给是指工作台换向一次，砂轮架进给（切入工件）一次。 靠棘爪缸（撑牙阀）XII于换向时进油，推动棘轮、齿轮，使丝杠转动而实现。 闸缸XIV用于消除丝杠螺母间隙。 进给选择阀VII有四个位置：双进给、左进给、右进给、无进给。 图示位置为双进给，压力油由油路 1→9→阀VII→管 10→管 11→阀VIII。 由先导阀来的压力油经管 12→阀VIII和阀IX的左端，将VIII、IX推向右端；棘爪缸经管 14→15→18→19→油箱。 工作台换向开始时，先导阀换位，使管 13 进压力油，管 12 回油。 压力油由 13→23 先推动阀VIII换位，压力油经管 1→9→11→15→14→棘爪缸，推动砂轮架进给。 但阀VIII移动后，打开阀VIII上的行程孔 21，压力油由 13→23→21，推动阀IX向左运动，管 14 油→16→17→19→油箱，棘爪缸在弹簧作用下复位，为下一次进给做好准备。 工作台再次换向时，12 通压力油，13 通回油，又先推动阀VIII向右，压力油又从 9→10→16→14→棘爪缸，棘爪缸又一次推动砂轮架进给；稍后压力油又从 12→22→20→阀IX左端，管 14 与 15 再一次接通，棘爪缸再次复位。

所以在工作台左右换向时均有进给，即"双进给"。 若将进给选择阀VII向左转 90°，只有 11通压力油，10 被堵塞，便是"左进给"。 将阀 W 向右转 90°，只有 10 通压力油，11 被堵塞，便是"右进给"。将阀Ⅶ转180°，管10、11都不通压力油，便是"无进给"。

（4）尾座顶尖液动退回工作原理

尾座顶尖平时靠弹簧顶住工件，只有在砂轮架退回时，管7通压力油，此时用脚踩阀ⅩⅤ，压力油从7→24→25→缸ⅩⅥ，使尾座顶尖退出，砂轮架在进给过程中，由于管7通回油，即使误踩脚踏阀ⅩⅤ，也不会出事故。

11.8.3　故障分析与排除

（1）工作台换向部分

由于 M131W 型外圆磨床目前大多采用 GY24 型操纵箱控制工作台的换向，有些服役期久的机床可能还采用未经改进的 GY24 型操纵箱，因而工作台换向部分出现的故障有些是 GY24 型操纵箱先天不足所固有的，有些是其他原因所致。

【故障1】　工作台换向冲击大，启动冲击大

产生冲击大的主要原因是换向过程太快及工作台运动惯性大所致。前者取决于先导阀 B 和换向阀 C 的结构尺寸以及换向阀芯的移动速度（交换主油路的快慢），后者取决于工作台的质量和工作台的换接速度。具体原因和排除方法如下。

① 节流阀 e_1 与 e_2，f_1 与 f_2 调整不当，节流螺钉拧出太多，节流开口过大，使换向阀 C 的阀芯移动速度过快。如换向两边均有冲击，则 f_1 与 f_2 均拧小（拧入），如左端有冲击，则拧紧操纵箱上右端节流螺钉 f_2。

② 改针形（锥形）节流阀为三角槽形节流阀（图11-32），流量容易控制，也不易弯曲。

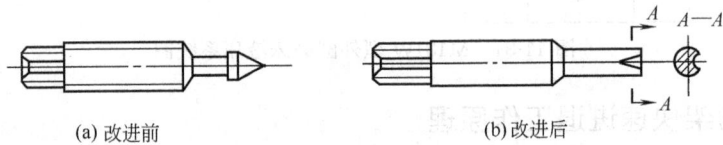

(a) 改进前　　　　　　　　(b) 改进后

图 11-32　节流螺钉

③ 主换向阀 C 两端的单向阀 D_1 或 D_2，因钢球座磨损有凹坑，或者钢球座孔磨损、破损失圆，或者有杂质污物粘在钢球与座孔相配面之间，造成单向阀不密合，应该关闭的时候不能关闭，从而导致阀 C 的阀芯换向时不能有阻尼的移动而移动过快，造成换向冲击。可采取更换新钢球、研磨阀座孔（或在阀座孔内放入钢球再用榔头敲击钢球）以及清洗操纵箱盖板上的单向阀来排除换向冲击。

④ 对于盖板贴合不良或纸垫被冲破引起盖板结合处的泄漏，导致阀 C 的阀芯换向时不能有阻尼的移动，可更换纸垫以及拧紧盖板压紧螺钉的办法解决。

⑤ 对于因液压缸活塞杆固定不牢而松动产生的换向冲击，可拧紧活塞杆支座螺钉予以解决。

⑥ 液压缸内进了空气也会产生冲击，可旋转二位三通放气阀Ⅵ，使液压缸往复运动数次排除空气，并查明其进气原因，予以排除。

⑦ 系统工作压力过高，引起换向冲击。可适当降低系统压力，使压力保持在 0.8～1.2MPa 的范围内。

⑧ 上述方法还不能解决换向冲击时，可拆开先导阀 B，适当改小阀芯上的制动锥斜角，一般可采用 3°～3.5°。这样，就加长了制动锥面的长度 L，从而延缓了关闭主回油路的时间，使工作台缓冲，可排除换向冲击量。但要注意这样修改后，会使某几个尺寸加长，会增加工作台的换向冲击量，必须注意。

【故障2】　工作台不换向或换向启动迟缓

工作台不换向的主要原因是换向阀 C 的阀芯因某些原因停在一端或卡死在一端，或者停留卡死在非换向位置（如中间位置）。工作台换向启动迟缓的主要原因是换向阀阀芯移动太慢，导致进、回油孔交换速度太慢，工作台换向后要慢慢走了一段距离后，换向阀才移至终点，速度才正常，具体原因和排除方法如下。

① 换向阀 C 因污物或拉毛，阀芯卡死在一端或中间位置，可拆开清洗去毛刺，使之在阀孔内灵活移动。

② 换向阀两端的节流阀 f_1、f_2、e_1、e_2 开口量调得太小，使换向阀 C 的阀芯移动速度慢，导致启动迟缓，节流口全关或被污物堵死时，工作台不换向，此时可适当调大节流阀的开度，并清洗疏通节流通道。

③ 辅助控制油压力太低，导致液动换向阀 C 的阀芯不能换向，从而工作台不能换向。可适当调节减压阀 Ⅳ，增加其出口压力。

④ 先导阀 B 制动锥太短，辅助回油路打开太慢，使换向阀不能迅速移动。可适当修磨先导阀 B 的制动锥，保持原角度，但修磨量不宜过大，应逐步试验进行，一般可加长 0.15～0.25mm，否则将会影响换向精度。

⑤ 由于制造原因，换向阀 C 两端环形槽距端面的尺寸不够，为了加速快跳起步，排除启动迟缓故障，可将换向阀阀芯两端的环形槽向端部方向车去微量，逐次试验进行，以提前接通快跳孔，加快起步速度。

⑥ 液压系统的工作压力及控制油压力低于规定值，推力太小，造成不换向或启动迟缓，可重新进行调整，主油路压力应为 0.8～1.2MPa，控制油压力为 0.4～0.6MPa（老结构机床无减压阀 Ⅳ，主油路压力与控制油压力相同）。

⑦ 系统中存在空气。要经一段时间将空气压缩后才能启动。可用阀 Ⅳ 放气。

⑧ 液压缸安装不良，别劲，摩擦阻力大，造成不换向或启动迟缓，可参阅 4.2 节中相关内容予以排除。

⑨ 导轨润滑油太小或导轨拉毛，摩擦阻力大，加上工作压力又偏低。此时可适当调大润滑油节流器，增加润滑油量。

⑩ 系统泄漏。主油路的泄漏降低了液压缸的有效推力，控制油的泄漏导致控制压力下降，对推动换向阀的换向不利，需查明泄漏位置，予以排除。

⑪ 换向阀 C 形位公差超差，造成液压卡紧而不换向，可修复换向阀 C 之阀芯与阀孔精度，或者在换向阀外圆表面上加工 0.5mm×0.5mm 的环形槽数条，以平衡径向卡紧力。

【故障3】 工作台换向精度差，倒回量和冲出量大

换向精度包括同速换向精度和异速换向精度。同速换向精度是指工作台在同一运动速度（不变换开停节流阀 A 的节流开度）及同一油温下所测得的换向点位置之差；异速精度是指工作台在不同运动速度（改变阀 A 节流开度）和不同油温下所测得的换向点位置之差。

换向精度对于端面磨削质量尤为重要，影响磨削尺寸。同速换向精度在实际生产中常以倒回量（即工作台在换向时到达换向点后，急速倒退一段距离，然后才反向，这种现象称之为倒回，一般容许值为 0.05mm）和同速差（即工作台在同一运动速度及同一油温下所测得的换向点位置之差，要求不超过 0.03mm）等来考核；异速换向精度在实际生产中常以冲出量，即工作台在不同运动速度和不同油温的情况下所测得的换向点位置之差（异速差）来考核。因为一般情况下，快速与慢速运动换向点位置之差为最大值，因此常以这时的位置之差来考核，一般规定在 0.2mm 之内。

关于因冲出量和倒回量大影响换向精度（换向点位置变化）的原因和排除方法如下。

① 导轨润滑油过多，工作台处于浮动状态，这样会使台面摩擦阻尼太小，工作台运动不稳定，易受干扰而影响换向精度。可适当减少工作台导轨的润滑油量和润滑压力。

② 油温高，油液黏度下降，泄漏量增加，倒回量大。且 GY24 型操纵箱工作台制动主要依靠制动锥，若此位置泄漏大，故改变了制动行程的长度，从而也直接影响换向冲出量。

③ 导向阀 B 制动锥面与外圆面交线由于加工原因成波浪形及偏斜为椭圆形（图 11-33），使先导阀 B 的制动位置随阀芯的转动而变动，造成每次换向点不一致。可重配先导阀，务必保证制动锥与圆柱部分交线清晰整齐。

④ 系统内进有空气，换向阀的运动因空气存在而剧烈摆动，从而影响换向点不稳定。

⑤ 液压缸活塞杆两端螺母松动，自然也会影响液压缸换向点的变化；活塞杆两端螺母拧得太紧，会使活塞杆产生变形弯曲，也会影响换向精度。所以活塞杆锁紧螺母既不能拧得过紧也不能拧得太松。

⑥ 系统泄漏。例如先导阀 B 内磨损造成泄漏会影响到换向点即换向精度的变化，可重配先导阀芯，使之保证间隙 0.008~0.012mm。

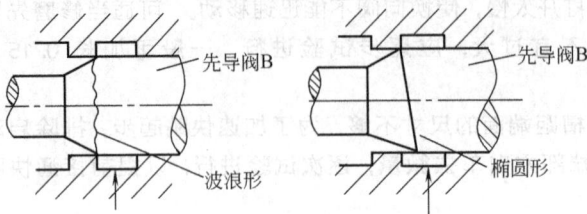

图 11-33 换向故障示意图

【故障 4】 工作台往复运动速度不一致，即往复速度误差大

这是指在同一行程及所调节流阀（阀 A）开度不变的情况下，向左运动的速度和向右运动的速度有显著差别（超过 10%）。产生原因与排除方法如下。

① 液压缸本身原因，例如液压缸两端的密封压得松紧程度不一致，两个方向的摩擦力不一致；两端泄漏不一致（如一端密封破损）；两端活塞杆弯曲程度不一样，或一端活塞杆外圆面拉毛；液压缸两端油管畅通情况不一样，背压一大一小等原因，造成左右运动速度不一致，可根据具体情况予以处理。

② 其他原因，如放气阀间隙大且漏油，而液压缸两端漏油量又不相等，导轨精度不好，床身导轨安装水平误差大，油液不清洁，影响回油节流的流量稳定性；操纵箱底面与两侧盖板纸垫被冲破；互通阀 V 由于弹簧疲劳或辅助压力不足等原因使滑阀芯在阀孔内移动不灵活等原因，造成左右往复运动速度不一致，可酌情一一排除。

【故障 5】 工作台低速往复运动时产生爬行

可参阅 9.3 节中的内容对故障进行分析与排除。

【故障 6】 工作台换向时停留时间不稳定，无停留时有停留，要停留时不停留，双停留时两端停留时间不一致

这一类故障主要与单向阀 D_1、D_2（图 11-31，下同）的密封性能好坏和节流阀 e_1、e_2 开口大小的调节性能好坏有关。当节流阀 e_1 或 e_2 被污物堵塞时，无停留变成有停留；当单向阀 D_1 或 D_2 不密合时，要停留而没有停留，当节流阀 e_1 与 e_2 调节不当或节流阀芯顶部磨损或节流口阻塞时，双停留的停留时间很难调得一样，可分析各种情况下的原因予以故障排除。

（2）砂轮架周期进给部分

工作台每一次换向后，砂轮架周期进给一次。砂轮架周期进给部分出现的故障有：周期进给动作错乱，进给量时大时小，时有时无等不稳定现象，严重影响到工件的磨削质量，砂轮架周期进给的控制由砂轮架进给操纵箱来完成。

【故障 1】 动作错乱

① 单向阀 D_1 与 D_2 不密合，钢球封油不良。

② 针形节流阀 e_3 和 e_4 节流开口被污物堵塞，或者是时堵时通。

③ 操纵板两板之间的纸垫被冲破。

④ 节流阀调节不当，特别是老式 M131W 机床，阀Ⅷ与阀Ⅸ为同步运动，若节流阀调整不

当，就会产生动作错乱，此时可重新调整节流阀，对于老式系统，将阀Ⅷ与阀Ⅸ的同步运动改为异步运动。

【故障2】 进给量时大时小

① 对节流阀调节不当者，要仔细调节节流阀，在调整时要仔细观察进给量的变化（顺时针旋转，进给量变大，反之变小），当调好后将节流阀的锁紧螺母旋紧，以免变动。

② 改针形节流阀为三角槽式节流阀。

③ 棘轮和棘爪磨损时（不均匀磨损），可焊补修整或换新。

④ 横进机构（机械部分）轴向间隙大时，查明原因，减少间隙。

【故障3】 无进给

① 辅助压力油的压力太低，推力不足，不能使阀Ⅷ（进给换向阀）和阀Ⅸ（进给分配阀）换向，可适当提高辅助油路压力，并消除阀Ⅷ和阀Ⅸ因毛刺污物引起的卡阀现象。

② 棘爪缸Ⅶ被杂质污物卡住，可拆开清洗，使之运动灵活，并消除活塞泄漏现象。

③ 节流阀 e_3 或 e_4 开度过大，阀Ⅸ移动速度过快，经管14进入缸Ⅶ的间隙供油量太小，导致无进给，此时可适当调小节流阀的节流开口，以延缓阀Ⅸ的移动速度，以便较多流量进入缸Ⅶ。

【故障4】 进给量倒回大

阀Ⅸ两端的节流阀开口太小；缸Ⅻ左端的弹簧过硬，由管14来的油推不动活塞向左运动；横进机构径向间隙太大；横进给阻尼装置弹簧过软或被套在孔内卡住等，造成不但不进给，甚至导致进给倒回。可根据情况逐一采取措施排除。

（3）砂轮架快速进退部分

砂轮架快速进退靠液压缸Ⅹ实现，此为带缓冲的液压缸。缸的结构如图11-34所示，活塞5的两端开有轴向三角节流缓冲槽，前后缸盖2、8上的钢球6、7起单向阀的作用。在活塞5进退时，压力油顶开钢球进入液压缸，推动活塞运动。当活塞接近缸的端部时，回油路被活塞逐渐封闭，使缸内回油只能通过活塞上的轴向三角槽缓慢排出，形成缓冲液压阻力，节流器的通流截面积随活塞的移动逐渐减少，所以活塞运动的速度逐渐减慢，实现制动缓冲。后缸盖8左侧的凹腔和导套3右侧的凸台是为了增加活塞启动时的有效承压面积，使启动迅速而采取的措施。

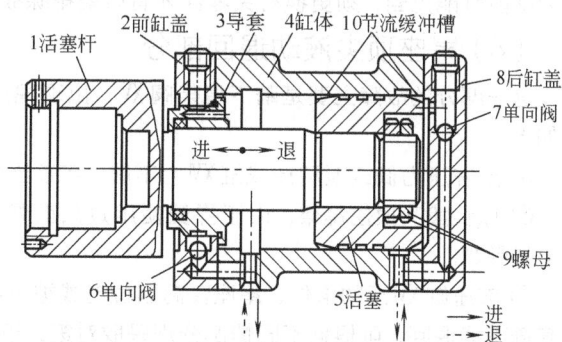

图 11-34 磨床砂轮架节流缓冲油缸 Ⅹ

砂轮架快速进退装置产生的故障和排除方法如下。

【故障1】 砂轮架进退时缓冲时间过长（大于 4s）

① 液压系统的压力不足，缺乏推力，可适当调节溢流阀Ⅰ，提高系统的工作压力。

② 活塞两端的三角节流槽太浅太短，可用三角什锦锉修长加深。

③ 活塞与缸体内圆配合间隙太小，可修磨活塞外圆，间隙应在 0.02～0.04mm。

④ 污物堵塞了三角缓冲槽，应进行清洗。

⑤ 活塞与活塞杆不同心，或活塞杆弯曲，或导套3上的O形圈过紧，摩擦力大。可校正活塞与活塞杆的同轴度，校直活塞杆，并更换合适密封，减少摩擦力，减少别劲力。

⑥ 快速进退控制阀Ⅺ内的纸垫冲破，使高低压油互通。应更换纸垫，消除油路短接现象。

【故障2】 砂轮架快速进退时产生冲击

① 液压缸 X 两缸盖内的单向阀 6 或 7 因磨损或污物粘住不密合，使三角节流缓冲油槽不能起到节流作用，可更换钢球，研磨单向阀座孔，使之密合。

② 液压缸两端缸盖纸垫被油液冲破，产生泄漏，检查后重新更换纸垫。

③ 横进丝杆前端的机械定位螺钉未调整好，当快速进退液压缸前引行程不足时，活塞上的缓冲节流槽失去阻尼作用。可重新调整（拧入）机械定位螺钉，保证液压缸前引的行程长度，使活塞上三角槽能进入液压缸体端部。

④ 活塞端部的轴向三角节流槽过深过长，失去缓冲作用，可将原三角槽锡焊或铜焊堵去一部分长度。

⑤ 导套 3 上 O 形圈破损，漏油，砂轮架前进时产生冲击，可更换 O 形圈。

⑥ 活塞与液压缸体孔配合间隙过大，或因磨损后造成配合间隙过大，产生严重内漏，快速进退时双向均有冲击，可研磨缸孔，重配活塞，保证间隙在 0.02～0.04mm。

【故障 3】 砂轮架进退产生爬行

可参阅 4.2 节与 9.2 节中的相关内容进行处理。

【故障 4】 砂轮架不能进退

① 液压缸因活塞 5 与活塞杆 1 不同心，活塞杆 1 与导套 3 安装不同心等原因产生别劲，油压力推不动活塞运动。可酌情予以排除。

② 系统工作压力过低，或因系统内严重泄漏，进入液压缸 X 的油液压力流量不够，可适当调高压力，并消除内漏。

③ 液压缸 X 活塞杆与活塞的锁紧螺母（图 11-4 中的 9）松脱或拆修时漏装，此时若开车，还可能发生更严重的事故，所以装配修理时一定要确认双螺母可靠拧紧。

④ 活塞外圆严重磨损，缸体孔拉有很深直槽，阀 XI 严重磨损，造成高低压油窜腔，此一情况在大修前可能见到，须更换有关零件才有可能排除故障。

（4）尾座顶尖液动退回部分

这一部分的故障主要是踏下尾架阀 XV，出现尾座套筒不退回的现象，其产生原因和排除方法如下。

① 系统压力低或泄漏造成缸 XVI 力不够，可适当提高工作压力，消除泄漏。

② 球头拨叉顶住尾架，由于弹簧使用过久而弹力不够，或者弹簧折断，使套筒不能复位。应更换弹簧。

③ 液压缸 XVI 污物卡住、尾座套筒因拉毛或被污物卡住、冷却液进入套筒使之锈蚀等造成尾座套筒不能退回，可根据不同情况分别采取对策，予以排除。

④ 尾架控制阀 XV 阀芯严重磨损，内泄漏大。使进入缸 XVI 压力流量不够，推不动液压缸动作，此时，可刷镀修复阀芯或重配阀芯，保证装配间隙 0.008～0.015mm。

11.9　M7120A 型平面磨床液压系统及故障排除

11.9.1　液压系统的作用与工作原理

本机床液压系统完成下列动作：工作台往复运动，磨头连续进刀，磨头断续进刀，工作台导轨润滑，磨头主轴轴承润滑及其他。

当接通电源转换开关后，按下主液压泵起动按钮，主液压泵启动。开停阀 A 处于"停"位置调整系统压力为 1.3～1.5MPa，工作台润滑压力为 0.01～0.12MPa，压力可分别在压力表 K 上读出。

图 11-35 所示为液压系统的工作原理图。各运动的工作原理分述如下。

开停阀 A 有三个位置：开、停、卸荷。开（图示位置）为快速运动。

① 开　液压泵启动后，压力油沿管道 1 通往系统的各部分，一路压力油通过开停阀 A 的环形槽→8→液压缸 G_3，使手摇机构脱开。另一路压力油经管道 1→2→3→液压缸 G_1 的左腔，推动活塞带动工作台右移。右腔的油液经管道 4→5→开停阀 A 中心孔→0，回油池。当先导阀 D 左右移动，辅助压力油进、回油交替，即可实现工作台往复移动。当左撞块撞换向杠杆，使先导阀 D 向左移时，压力油 1→滤油器 XU_1→先导阀 D→7 顶开单向阀 I_3 推进给阀 E 向左，当移动了一段距离后，油液经 9 顶开单向阀 I_1，推换向阀 C 左移，而换向阀 C 及进给阀 E 左腔的回油分别经过 L_2 及 L_4→先导阀 D→0，回油池。如此循环，即实现了工作台的往复运动。换向阀 C 的移动速度决定于 L_1 及 L_2 开口的大小。换向阀 C 换向过快，会造成工作台换向制动过快而产生冲击时，可调节两端的 L_1 及 L_2 到适当开口。

② 停　将开停阀 A 逆时针方向旋转。通过回油节流，可逐渐减慢直至停止，实现工作台无级变速，到停位置时，手摇机构液压缸 G_3 通回油，齿轮恢复啮合，台面可以手摇工作台，同时压力油通过开停阀 A 的环形槽，构成液压缸 G_1 的左右腔互通。

③ 卸荷　当开停阀 A 逆时针转到卸荷位置时，压力油经阀孔→0，回油池，则系统卸荷。

④ 磨头的连续进给　图 11-35 示进给选择阀 B 逆时针转动处于停止位置，磨头液压缸 G_2 的左右腔 14、15 借互通阀 23Y 互通回油，此时磨头手摇机构 G_4 通回油，齿轮齿条依靠弹簧力啮合，磨头可手摇。

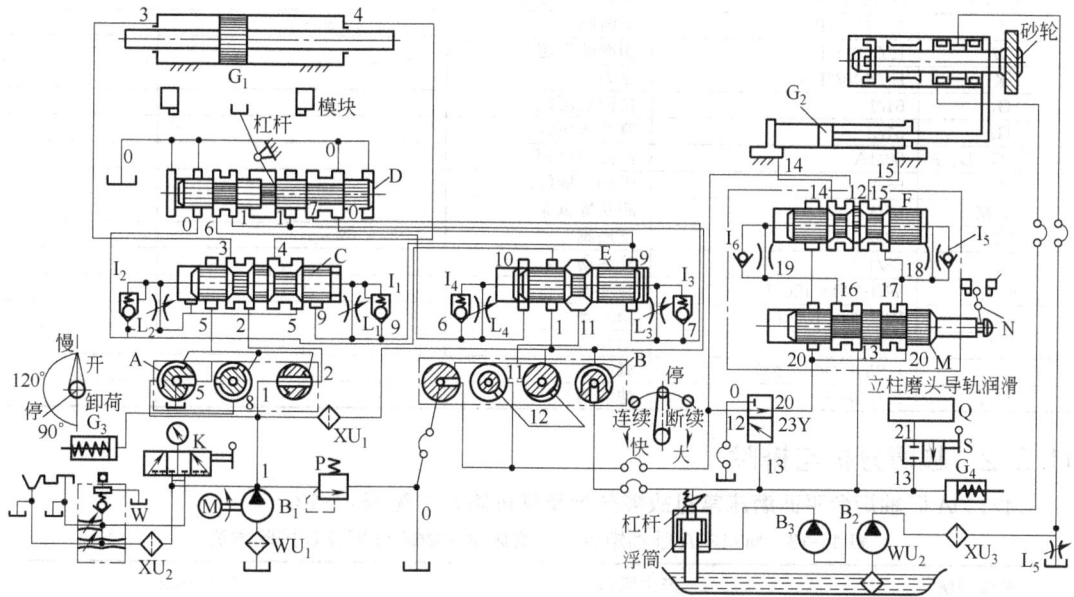

图 11-35　M7120A 型平面磨床液压系统原理图

A—开停节流阀；B—进给选择阀；C—工作台液动换向阀（主换向阀）；D—先导换向阀（机动换向阀）；E—进给阀；
F—磨头液动换向阀；M—磨头先导换向阀；N—拨杆；K—压力表开关；S—手柄式操纵阀；
W—润滑油稳定器；23Y—互通阀

如将进给选择阀 B 置于连续进给位置，油 1 经 13 而使互通阀 23Y 的阀芯上升，手摇机构脱开，同时油液经管道 1→12→14→液压缸 G_2 左腔、磨头向前移动，右腔油→15→20→互通阀 23Y→0，回油池。当磨头上一撞块撞杠杆 N 时，操纵滑阀 M 向左移，压力油由 13→17 推开单向阀 I_5，使换向阀 F 左移，左端油液经小孔 19→16→20→互通阀 23Y→0，回油池，于是 14、15 的油液交换，使磨头反向运动。

⑤ 磨头的断续进给 当手柄置于断续进给位置时，互通阀 23Y 上升，当工作台换向时，6、7 油液交换，而进给阀 E 左移。油液 1 经 11→12→14→液压缸 G_2 左腔，左腔进油，推磨头向前移动，液压缸 G_2 右腔经 15→20→互通阀 23Y→0，回油池。当进给阀行到底时，1 与 11 隔断，使进给停止，待 6 来油时，1 与 11 瞬时通油一次，实现工作台换向一次，磨头向前进给一次。进给量大小，可调节进给选择阀 B 来达到。进给阀 E 上的 L_3 和 L_4 用以调节断续进给时的均匀性。

⑥ 磨头轴承润滑 主液压泵 B_1、双联泵 B_2 与 B_3 由一电机带动转动，其中 B_2 泵将润滑油经滤油器 WU_2 的油液吸入，通过滤油器 XU_2 送到磨头前后轴承腔内，使轴承进行润滑，B_3 泵将磨头油腔内的润滑油抽出、输送到浮动体内，随着油位上升，浮筒相应升起，顶推杆将水银开关倒在左边，使水银开关接通，此时，可开功磨头电机，如磨头主轴承未得到充分润滑，磨头就不能启动。

当送入磨头体润滑油过多而有泄漏时，则可调节 L_5。当双联泵 B_2、B_3 停上转动时，磨头体内的润滑油无法抽回，即磨头油腔内的回油顶开单向阀 I_7→0，回油池。以避免磨头停车时漏油。

⑦ 工作台导轨润滑 油液经滤油器 XU_2 至润滑油稳定器 W，分配至工作台导轨润滑。

⑧ 其他 手柄滑阀 S，润滑油液由 13→21 至分油器 Q，使磨头立柱导轨及滚动螺母得到润滑。

表 11-12 为 M7120A 型平面磨床液压元件型号规格一览表。

表 11-12 M7120A 型平面磨床液压元件型号规格一览表

原理图编号	型号	名称	规格 流量（L/min）×压力（MPa）	备注
B_1	BC-25	齿轮液压泵	25×2.5	
B_2、B_3	GY03-1.5/1.6	双联齿轮液压泵	1.5×1	
P	HYY11/1P-35	溢流阀	35×2.5	
W	HYY31/1P-1	润滑油稳定器		
K	HYY48/1P-16	压力计座		
G_1	51/1	台面液压缸		
G_2	51/2	磨头液压缸		
A、B、C、D、E	56/1A	台面操纵箱		
S	56/2	手柄式操纵阀		
F、M	57/1	磨头操纵箱		
23Y	57/2	互通阀		
Q	58/1	分油器		
WU_1	WU-100×100-J	滤油器		
WU_2	WU-25×100-J	滤油器		
XU_1	HY36B-12	滤油器		
XU_2	HYY41/1G-5-200	滤油器		
XU_3	HY36A-3	滤油器		

11.9.2 故障分析与排除

M7120A 卧轴矩台平面磨床常见故障分析及其排除方法见表 11-13。

表 11-13 M7120A 卧轴矩台平面磨床常见故障分析及其排除方法

故障现象	产生原因	排除方法
工作台最快往复速度低于规定值	（1）泵输出的油量不足（如泵的轴向与径向间隙太大，进油口处滤油器被污物堵塞，油池中的油量不足，油液黏度太大等） （2）摩擦阻力太大（如工作台导轨润滑油太小或无润滑油，液压缸活塞杆两端油封调整过紧，活塞杆弯曲较严重等） （3）系统压力调整低于规定值，缺乏推力 （4）系统内、外泄漏严重 （5）液压缸活塞与缸体孔配合间隙太大 （6）系统内存在大量空气	（1）修理泵，使泵的轴向和径向间隙在规定值内。或加足油箱及油池中的油液，并清洗滤油器。换以黏度较小的油液（如 N26 液压油）等 （2）适当增加润滑油量，但不宜过多，否则使工作台浮起而影响磨削表面质量和精度。适当放松液压缸两端油封压盖的拼紧螺钉及重新校直活塞杆等 （3）将系统压力调至 0.8~1.2MPa （4）严防泄漏 （5）重做活塞配间隙 0.02~0.04mm （6）磨头和工作台快速全行程移动数次，强行排除空气

故障现象	产生原因	排除方法
磨头进给不稳定甚至不进给	（1）进给分配阀在螺孔中移动不灵活甚至卡死或进给分配阀两端的节流阀未调整好 （2）磨头燕尾导轨楔铁未配制好，致使进给量变化 （3）进给分配阀两端的单向阀封油不良 （4）磨头互通阀失灵 （5）磨头操纵箱两端盖板中的阻尼小孔堵塞 （6）安装在辅助油路中的线隙式滤油器被污物堵塞 （7）磨头燕尾导轨润滑油太少或没有	（1）仔细调整进给分配阀两端的节流阀，使之左、右移动灵活且速度一致 （2）重新配楔铁 （3）更换钢球，修研阀座 （4）修理互通阀 （5）卸下清洗即可 （6）清洗滤油器 （7）定期撤磨头二位二通阀
磨头连续进给时有爬行	（1）磨头进给选择阀有泄漏 （2）磨头塞铁过紧，磨头体导轨面接触差，粗糙度差 （3）磨头液压缸间隙有渗漏或缸体磨损变形	查出原因予以排除
工作台换向时冲击	（1）控制换向阀的节流阀未调整好 （2）换向阀两端单向阀封油不良 （3）工作台液压缸活塞杆两端拼紧螺母松动 （4）系统内存在大量空气	（1）仔细调整操纵箱换向阀两端的节流阀 （2）修研阀座及更换钢球 （3）适当拼紧活塞杆两端的拼紧螺母，但不能太紧，因工作台刚性差，太紧后会引起工作台变形而影响磨削精度 （4）排除系统中的空气
台面换向冲击大	（1）操纵箱两侧盖板上的单向节流阀功能丧失或该阀没有调整好 （2）换向阀磨损，快跳结束过迟 （3）新作换向阀制动锥尺寸未修正好	（1）调整单向阀，如失效，更换之 （2）按操纵箱修理及调试说明解决
磨头漏油	（1）进油量太多 （2）空气混入磨头润滑供油系统 （3）磨头前后盖内孔与主轴间隙过大 （4）较早生产的 M7120A 机床磨头停车时漏油，主要是磨头停车时磨头体内润滑油无法排出	（1）适当调整连油管路上的节流阀，使其进油量减小，但不能过少，否则磨头主轴轴瓦润滑不良易产生抱轴及发热。同时由于回油少，水银开关发信迟缓，启动磨头时间过长 （2）拼紧各连接处及磨头体顶面的 2¾″ 闷头 （3）重新根据实样前后盖，适当减小前后盖的内孔尺寸（与主轴的配合间隙在半径方向上为 0.04～0.06mm） （4）在磨头体至液压泵当中增加一单向阀

第 **12** 章

水泥液压设备液压系统及故障排除

12.1 概述

12.1.1 水泥的生产流程

水泥的生产流程如图 12-1 和图 12-2 所示，原料经破碎后，按一定比例配合，经粉磨设备磨细，并配合成为成分合适、质量均匀的生料；生料在水泥窑内煅烧至部分熔融，成为熟料；熟料加入适量石膏和混合材料，经粉磨设备磨细，即为水泥。

水泥生产方法可简单概括为"两磨一烧"，即生料粉磨、熟料煅烧、水泥粉磨。

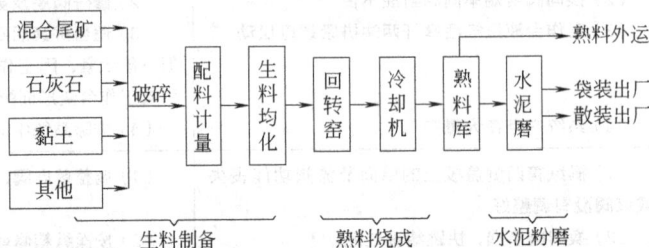

图 12-1　水泥生产工艺流程

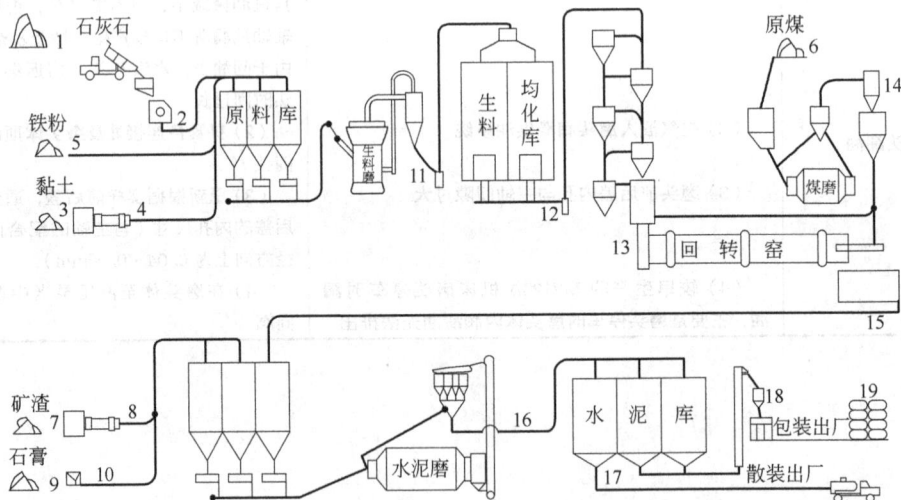

图 12-2　窑外生产流程示意图

1—石灰石矿山；2—入库石灰石；3—黏土堆场；4—入库黏土；5—铁粉堆场；6—原料煤堆场；7—矿渣堆场；8—入库矿渣；
9—石膏堆场；10—入库石膏；11—出磨生料；12—入库旋风筒生料；13—入窑生料；14—煤粉；15—出窑熟料；
16—出磨水泥；17—散装水泥；18—包装水泥；19—成品库

12.1.2 液压在水泥生产设备中的应用

水泥生产线由一系列设备组成。主要由原料的破碎及预均化、生料制备均化、预热分解、水泥熟料的烧成、水泥粉磨包装等过程构成。

硅酸盐类水泥生产工艺在水泥生产设备中具有代表性，是以石灰石和黏土为主要原料，经破碎、配料、磨细制成生料，然后喂入水泥窑中煅烧成熟料，再将熟料加适量石膏（有时还掺加混合材料或外加剂）磨细而成。

（1）液压在生料制备设备中的应用

① 破碎机　水泥生产过程中，大部分原料要进行破碎，如石灰石、黏土、铁矿石及煤等。石灰石是生产水泥用量最大的原料，开采后的粒度较大，硬度较高，因此石灰石的破碎在水泥厂的物料破碎中占有比较重要的地位。

② 堆取料机　堆取料机是原料预均化设备。预均化技术就是在原料的存、取过程中，运用科学的堆取料技术，实现原料的初步均化，使原料堆场同时具备储存与均化的功能。

③ 生料磨　生料就是将所需的各种材料按比例配合后，通过粉磨成适合窑煅烧的半成品，以供窑煅烧成熟料（也是半成品），再将熟料和部分材料混合磨制成水泥。

（2）液压在水泥熟料设备中的应用

① 回转窑　生料在旋风预热器中完成预热和预分解后，下一道工序是进入回转窑中进行熟料的烧成。

水泥回转窑是煅烧水泥熟料的主要设备，该设备由筒体、支承装置、带挡轮支承装置、传动装置、活动窑头、窑尾密封装置、燃烧装置等部件组成。在回转窑中碳酸盐进一步地迅速分解并发生一系列的固相反应，生成水泥熟料中的矿物。随着物料温度升高近时，水泥熟料中的矿物会变成液相，和溶解于液相中一些添加物进行反应生成大量熟料。熟料烧成后，温度开始降低。最后由下游水泥熟料冷却机（篦式冷却机）将回转窑卸出的高温熟料冷却，往下游输送。

② 篦冷机　篦式冷却机是一种骤冷式冷却机，其原理是：用鼓风机吹冷风，将铺在篦板上成层状的熟料加以骤冷，使熟料温度由 1200℃骤降至 100℃以下，冷却的大量废气除入窑作二次风。

③ 水泥粉磨设备　水泥粉磨（熟料磨）是水泥制造的最后工序，也是耗电最多的工序。其主要功能在于将水泥熟料（及胶凝剂、性能调节材料等）粉磨至适宜的粒度（以细度、比表面积等表示），形成一定的颗粒级配，增大其水化面积，加速水化速度，满足水泥浆体凝结、硬化要求。

12.2　TBY-12型回转窑挡轮液压系统

回转窑的外观如图 12-3（a）所示，图 12-3（b）为其结构示意图。其中回转窑液压挡轮是实现回转窑上下窜动的装置，以保证小齿轮与大齿圈全齿面良好接触。

12.2.1　液压系统的工作原理

挡轮液压站结构如图 12-4 所示，液压系统工作原理如图 12-5 所示。

系统装有两套可调流量微量计量泵（8-1 与 8-2），正常工作时，其一备用，但也允许在特殊需要时，现场同时启动二泵。

在启动窑的同时，接通泵 8-1 电动机，（第一次转窑时应预先将液压缸在左侧空腔充满液压油液，并进行排气），液压泵 8-1（或 8-2）经内螺纹球阀 6 从油箱吸油，（油箱的油位高于泵的吸入口）经单向阀 9-1（或 9-2）、截止阀 15-1、蓄能器 16，将油液平稳地送至液压缸。在压力作用下，液压缸活塞推动挡轮迫使窑体向上移动。此时电磁球阀 7 不得电，该阀处于锁闭状态，调

(a) 外观

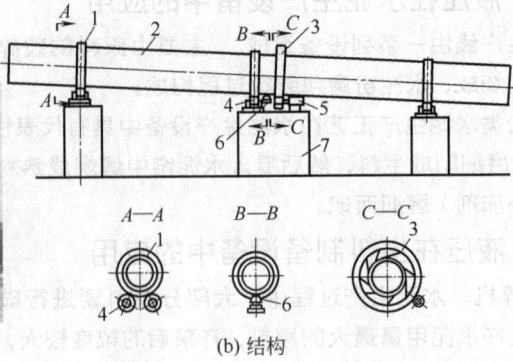

(b) 结构

图 12-3　回转窑

1—轮带；2—筒体；3—大齿圈；4—托轮；5—传动机构；6—液压挡轮；7—基础

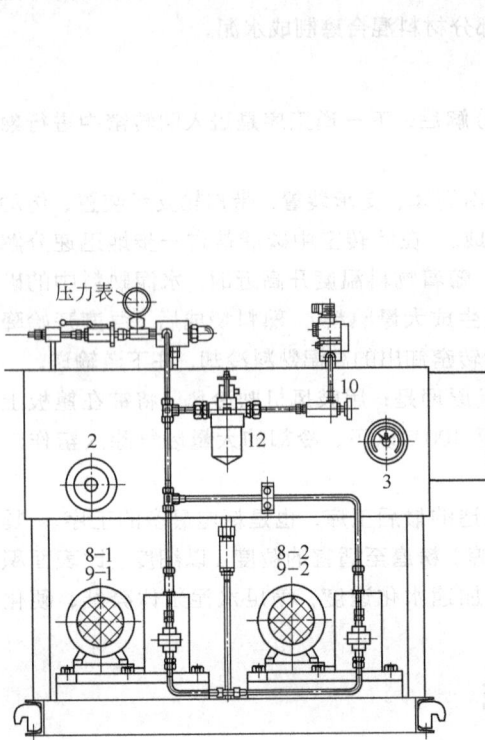

图 12-4　挡轮液压站

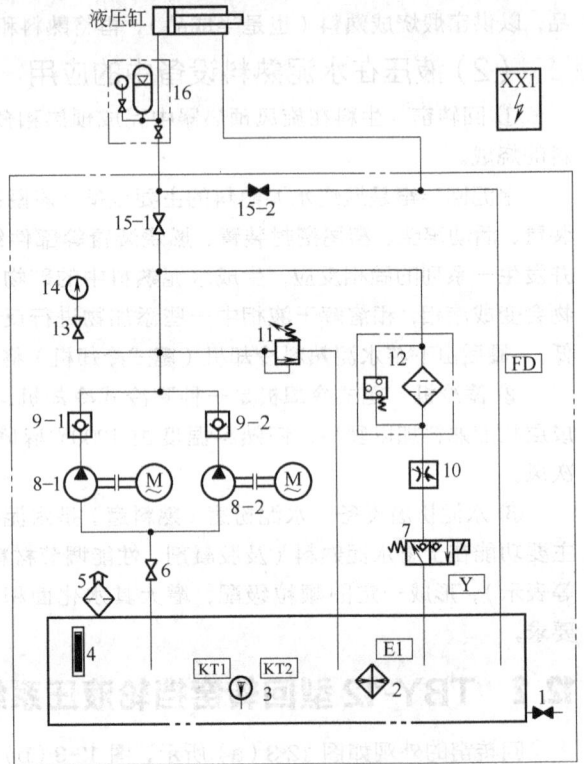

图 12-5　挡轮液压系统工作原理

1—放油螺母；2—电加热器；3—双金属温度计；4—液位温度计；
5—空气滤清器；6—截止阀；7—电磁球阀；8—柱塞泵组；
9—单向阀；10—微量节流阀；11—直动溢流阀；
12—带发信装置的滤油器；13—压力表开关；
14—耐振压力表；15—高压球芯截止阀；16—蓄能器

整泵 8-1 的输出流量可以控制窑的上行速度。而窑的上下移动行程的大小取决于上下限开关的位置。当挡轮座碰到上限位开关时，液压泵断电停止对系统供油，同时回油路上的电磁球阀 7 得电，电磁球阀的得电状态一直保持着，此时，靠窑体自重使液压缸活塞沿虚线箭头所示方向运动，压力油经滤油器 12、流量阀 10 可控制窑体下滑速度。 当再碰到下限位开关时，电磁球阀 7 断电，关闭回油通路；同时又重新启动液压泵，重复上述推窑上行程序。

如果由于油管堵塞或其他故障使系统中油压超过规定允许压力时，油液自动顶开溢流阀 11，溢流回油箱。 系统中最大允许压力的控制可用调节溢流阀 11 来实现。

在回油路上设置过滤器 12。 如过滤器堵塞，其发信装置内膜片将因压力升高移动，从而接通发信回路。 指示灯或电铃将会报警，此时应及时更换滤芯。 油箱内装有电接点双金属温度计，当工作温度超过给定值 35℃ 时，能自动切断电加热器的电源，当温度低于下给定值 10℃ 时，能自动启动电加热器加热油液。

泵电机组采用柱塞计量泵，流量调节是改变泵的柱塞冲程长度来改变流量，柱塞最大冲程为 20mm，根据使用对流量的要求，冲程可在 4～20mm 之间自由选择，冲程在 0～4mm 之间流量精度较低。 出厂前已通过调节螺钉校正好刻度 "0" 点，使用时只要旋松调节紧固环，旋转冲程调节手把，调节冲程，当调到所需冲程后，一定要旋紧调节紧固环，以免工作过程中冲程改变，流量不稳。

12.2.2 故障分析与排除

【故障 1】 系统无压力，压力不足
① 液压泵转向不对时调整电动机转向。
② 管路有泄漏时，检查后处理。
③ 油液面低时加液到要求高度。
④ 管道连接有误时，予以改正。
⑤ 液压泵失修磨损严重时，进行修理或更换。

【故障 2】 挡轮不上行
如出现液压泵开启，挡轮不动作，可能出现故障部位为液压泵、管路、溢流阀、液压缸及托轮。 通过查看系统压力表与管路压力表，即可判断问题所在：如系统压力过低，可调整溢流阀 11 至正常压力，否则说明液压泵或溢流阀损坏；如系统压力正常，管路压力无或过低，说明管路或液压缸泄漏，可拆卸液压缸漏油管路确认；如系统压力正常，管路压力过高（超过 10MPa），说明回转窑托轮有问题，回转窑下滑力过大，需调整托轮，保证管路压力在 6MPa 左右，防止损坏挡轮轴承。

【故障 3】 挡轮上行下行过慢
除影响挡轮不上行的因素外，调速阀开度是问题的关键，可适当开大调速阀。

【故障 4】 挡轮上行下行过快
此类问题较常见，一般为调速阀、整流块故障或油品过脏造成整流块关闭不严。 可更换油品，并清洗调速阀、整流块；如调速阀、整流块已损坏，可暂时过球阀人为减少流量，或在管路中加节流挡板实现。

12.3 堆取料机

12.3.1 液压在堆取料机上的应用

（1）堆取料机的外观与组成
堆取料机的外观与组成如图 12-6 所示，虽然是一整体，但堆料与取料各自独立。

（2）取料机
如图 12-7（a）所示，取料机主要由主梁、料耙系统、刮板输送系统及端梁构成。 取料的过程是取料机行走、料耙和刮板三套驱动联动的过程。 取料机工作行走的速度采用变频调速，通

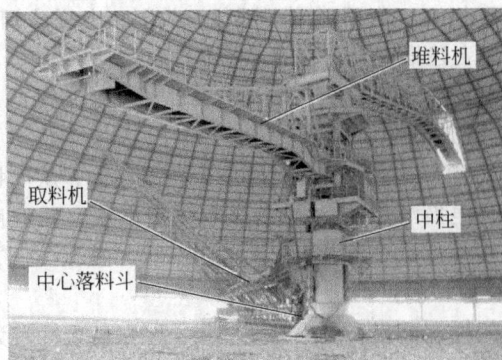

图 12-6　堆取料机的外观与组成

过行走调速来调整取料量。 其中料耙系统与刮板输送系统采用液压，也有部分堆取料机采用液压行走的。

（3）堆料机

如图 12-7（b）所示，堆料机转台上设置的立式减速器输出轴上的小齿轮与回转支承的外齿圈啮合，实现堆料机的回转运动，采用由带变频调速电机的针轮摆线减速器和开式小齿轮与外齿圈啮合所组成的传动系。 堆料机堆料臂（悬臂）的变幅运动由转台上设置的液压驱动的液压缸的伸缩来实现。 堆料机堆料臂上设有

胶带输送机，由来自栈桥上的胶带输入的物料通过堆料机悬臂上的胶带输送机完成堆料。 整个堆料过程可采用可编程控制。 胶带输送机的张紧、堆料机的堆料臂（悬臂）的变幅采用液压。

(a) 取料机

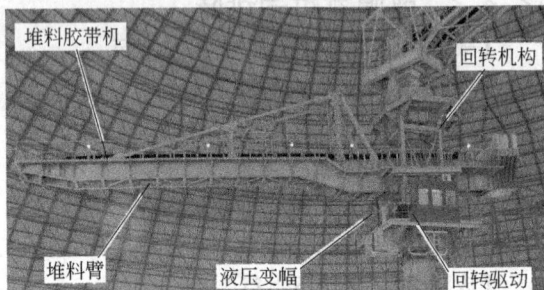

(b) 堆料机

图 12-7　液压在取料机与堆料机上的应用

12. 3. 2　CCQ6QS0/25 型桥式堆取料机

圆形料场堆取料机的液压部分均单独立成套的液压系统，如链条张紧液压系统和堆料皮带张紧液压系统、堆料机变幅液压系统、取料机料耙液压系统等。 下面仅列举取料机料耙液压系统与堆料机变幅液压系统。

（1）液压系统的外观与组成

CCQ6QS0/25 型桥式取料机料耙液压系统的外观与组成如图 12-8 所示。 本液压系统由 PVV4-1X/069RA 15LMC 型叶片泵提供压力油源；料耙的往复运动由料耙液压缸 21（参阅图 12-9，下同）实现，比例电液换向阀（4WRZ16W6-150-7X/6EG24N9ETK4／M 型）15 控制料耙液压缸的换向与运动速度快慢；电磁溢流阀（DBW20B2-5X/315-UEG24N9K4 型）12（参阅图 12-9，下同）控制工作压力的大小；液控单向阀（SL20PA2-4X 型）18 与 19 的液控开启由电磁换向阀（4WE6J6X/EG24N9K4 型）16 控制，其开启速度由单向节流阀（Z2FS6-2-4X/2QV）17 调节；油温的控制由风冷却器与电加热器及继电器 S1～S5 进行自动控制与调节（见表 12-1），风冷却器（OKA-EL6S/40/3.0/D/M/A/1 型）3 用于油温的冷却降温，电加热器（SRY2-400/3 型）2 用于寒冷季节油液升温。

表 12-1　油温自动控制与调节表

信 号	控 制 动 作
温度信号 S1	油温低于 15℃时，S1 发信，电加热器启动，油箱开始加热
温度信号 S2	油温低于 25℃时，S2 发信，电加热器停止工作

信号	控 制 动 作
温度信号 S3	油温高于 45℃时, S3 发信, 风冷机 M2 开始工作
温度信号 S4	油温冷却到 35℃时, S4 发信, 风冷机 M2 停止工作
高温度报警 S5	油温高于 65℃时, S5 发信, 液压系统主电机 M1 停机
低液位报警 S6	液位过低时, S6 发信, 液压系统停机（YKJD24-400 型液位控制继电器）
过滤器堵塞报警 S7	回油过滤器滤芯堵塞时, S7 发信, 声光报警, 需更换滤芯

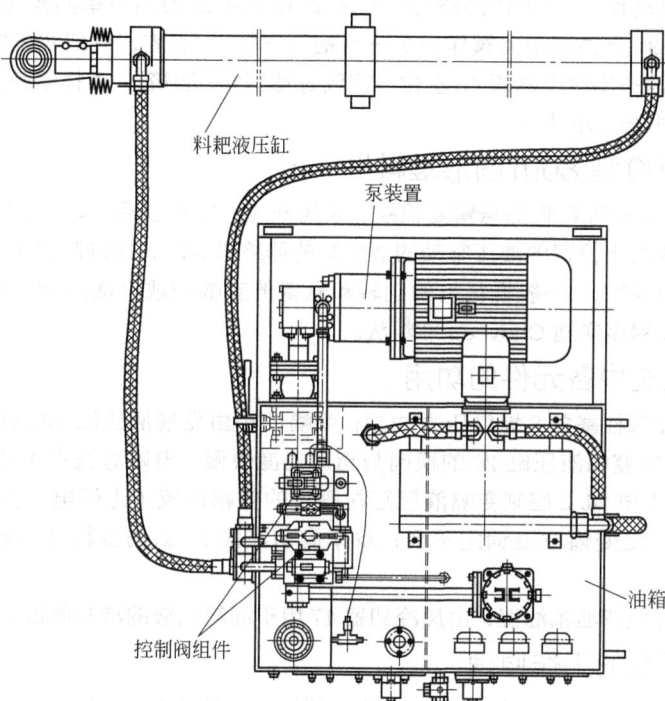

图 12-8　CQ6QS0/25 型桥式取料机料耙液压系统的外观与组成

滤油器（RFA-630×20F-C 型）7 用于油液过滤, 空气滤清器（QCQ2.5-10×2.0 型）5 用于空气过滤。

油箱内油液液面高度和油温可由液位温度计（YWZ-400T 型）4 进行观察, 当油箱内油液液面高度低于规定值时, 液位控制继电器（YKJD24-400 型）S6 可发出电信号, 使液压系统停机。

放油球阀（Q11F-16　DN25 型）8 用于清洗油箱时放出脏油用, 平时处于关闭。

（2）液压系统工作原理

CQ6QS0/25 型桥式取料机料耙液压系统图如图 12-9 所示。其工作原理如下。

① 启动　启动电机 M1, 电磁铁 YV5 通电, 泵输出压力油, 压力的大小由电磁溢流阀 12 进行手动调节。

② 料耙液压缸活塞杆快速伸出　当比例电磁铁 YV2、电磁铁 YV4 与 YV5 通电, 其工作油路为：叶片泵 10 来的压力油→单向阀 11→比例电磁阀 15 右位→料耙液压缸 21 左腔, 料耙液压缸活塞杆伸出；料耙液压缸 21 右腔回油→液控单向阀 19（此时控制油 X 为压力油而开启）→单向阀 20→比例电磁阀 15 右位→料耙液压缸 21 左腔, 此时为差动连接, 所以料耙液压缸活塞杆伸出。

③ 料耙液压缸活塞杆慢速伸出　当只有比例电磁铁 YV2 与 YV5 通电，电磁铁 YV4 断电，电磁铁 YV3 通电阀 16 左位工作，液控单向阀 19 此时因控制油 X 通油箱而反向截止，液控单向阀 18 此时因控制油 X 通压力油而开启，料耙液压缸活塞杆慢速伸出。 其油路为：叶片泵 10 来的压力油→单向阀 11→比例电液换向阀 15 右位→料耙液压缸 21 左腔，料耙液压缸活塞杆伸出；料耙液压缸 21 右腔回油→液控单向阀 18（此时控制油 X 为压力油而开启）→比例电磁阀 15 右位→回油过滤器 7→油箱，此时料耙液压缸活塞杆慢速伸出。 伸出速度快慢由输入比例电磁铁 YV2 的电流大小决定，比例电磁阀 15 此时也起回流节流的作用。

④ 料耙液压缸活塞杆缩回　当比例电磁铁 YV1 与电磁铁 YV5 通电，阀 15 左位工作，料耙液压缸活塞杆做缩回动作。 其工作油路为：叶片泵 10 来的压力油→单向阀 11→比例电磁阀 15 左位→液控单向阀 18（此时起单向阀作用）→料耙液压缸 21 右腔，料耙液压缸活塞杆缩回；料耙液压缸 21 左腔回油→比例电磁阀 15 左位→回油过滤器 7→油箱。 同样缩回速度快慢可由输入比例电磁铁 YV1 的电流大小决定。

12.3.3　SRC109 型 80m 圆形堆料机

SRC109 型 80m 圆形堆料机的悬臂变幅控制采用液压，其液压系统如图 12-10 所示。 堆料机悬臂的变幅运动由转台上设置的液压驱动的液压缸的伸缩来实现，通过俯仰变幅液压缸的伸出或收回，达到俯仰变幅目的。 一般堆料机的回转和悬臂的变幅构成合成运动，在可编程控制系统的控制下，堆料机按程序实施 Chevcon 堆料法。

（1）液压系统中各元件的功用

本液压系统由变量柱塞泵 8 提供压力油源；变幅动作由变幅液压缸 26 的往复运动实现；比例电液换向阀 19 控制变幅液压缸 26 的换向与运动速度快慢；电磁溢流阀 15 控制工作压力的大小；液控单向阀 24.1 与 24.2 控制变幅液压缸在既定的变幅位置（比例电液换向阀 19 处于中位时）双向锁死不动，使变幅位置锁定不变；双单向节流阀 21 参与变幅液压缸往复运动速度的调节。

电接点温度计 5 检测油箱油温，由风冷却器 17 用于油箱油液的冷却降温。

（2）液压系统的工作原理

① 变幅液压缸上行变幅　变幅液压缸上行变幅时，电磁铁 YV3 通电，使泵 8 输出由电磁溢流阀 15 所调定压力的压力油；比例电磁铁 YV2 通电工作，比例电液换向阀 19 右位工作，阀开口的大小由输入比例电磁铁 YV2 的电流大小而定。 这时的流路为：变量柱塞泵 8 来的压力油→单向阀 11→比例电液换向阀 19 右位→双单向节流阀 21 右阀中的单向阀→软管 22.2→液控单向阀 24.2（正向导通而打开）→高压截止球阀 25.1→变幅液压缸 26 下腔，变幅液压缸上行；变幅液压缸 26 上腔回油→高压截止球阀 25.2→液控单向阀 24.1（控制压力油有压力将其液控打开）→软管 22.1→双单向节流阀 21 左阀中的节流阀（调节变幅液压缸上行速度）→比例电液换向阀 19 右位→软管 16.2→风冷却器加过滤 17→软管 16.1→带旁通阀与堵塞发信装置的过滤器 7→油箱 1。

② 变幅液压缸下行变幅　变幅液压缸上行变幅时，电磁铁 YV3 通电，使泵 8 输出由电磁溢流阀 15 所调定压力的压力油；比例电磁铁 YV1 通电工作，比例电液换向阀 19 左位工作，阀开口的大小由输入比例电磁铁 YV1 的电流大小而定。 这时的流路为：变量柱塞泵 8 来的压力油→单向阀 11→比例电液换向阀 19 左位→双单向节流阀 21 左阀中的单向阀→软管 22.1→液控单向阀 24.1（正向导通而打开）→高压截止球阀 25.2→变幅液压缸 26 上腔，变幅液压缸下行；变幅液压缸 26 下腔回油→高压截止球阀 25.1→液控单向阀 24.2（控制压力油有压力将其液控打开）→软管 22.2→双单向节流阀 21 右阀中的节流阀（调节变幅液压缸下行速度）→比例电液换向阀 19 左位→软管 16.2→风冷却器加过滤 17→软管 16.1→带旁通阀与堵塞发信装置的过滤器 7→油

箱 1。

③ 变幅液压缸锁定不动　这时比例电磁铁 YV1 与 YV2 的输入电流均为零，比例电液换向阀 19 处于中间位置，A、B、T 连通油箱。这样液控单向阀 24.1 与 24.2 的控制油也均通油箱而无压力，此时两液控单向阀只起单向阀的作用，反向截止，变幅液压缸上下腔的油液被封闭不能流动，因而变幅液压缸被双向锁定不动。

12.3.4　故障分析与排除

（1）取料机的故障分析与排除（参阅图 12-9）

【故障 1】　叶片泵 10 无油液输出或输出的流量不够

① 泵的旋转方向不对，泵不上油。可按叶片泵上标有的箭头方向改变电机转向予以修正。

② 吸油管路有毛病，漏气。例如因吸油管接头未拧紧，吸油管接头密封不好或漏装了密封圈，吸油滤油器严重堵塞等原因，在泵的吸油腔无法形成必要的真空度。

③ 油箱内油量不足，油面低于滤油器，吸进空气，造成吸油量不足。

④ 叶片泵本身有毛病。例如，个别或多个叶片粘连卡死在转子槽内，不能甩出，无法建立压、吸油密封空间以及无法使压吸油腔隔开，而吸油不够或吸不上油。

⑤ 配油盘端面拉毛磨损严重，内泄漏量大，输出流量便不够。

可查明原因，予以排除。详细可参阅本手册 3.3 节中的相关内容。

【故障 2】　料耙液压缸活塞杆不能快速伸出或伸出无慢速

① 叶片泵 10 无油液输出或输出的流量不够。参考故障 1 中的内容进行故障分析与排除。

② 电磁铁 YV5 未能通电，电磁溢流阀 12 中的电磁阀右位工作，叶片泵卸压，泵出口无压力。

③ 电磁铁 YV5 虽已通电，但电磁溢流阀 12 中的溢流阀有故障：例如因主阀芯卡死在打开位置、先导调压阀芯与阀座接触处不密合等原因，造成系统压力上不去。

④ 比例电磁阀 15 的控制电路有故障。例如比例放大器有故障、控制电路断线等，导致无电流输入到比例电磁铁 YV2，或者输入电流太小。

⑤ 比例电磁阀 15 的阀芯卡在关闭阀开口或小开口的位置，无快速伸出。

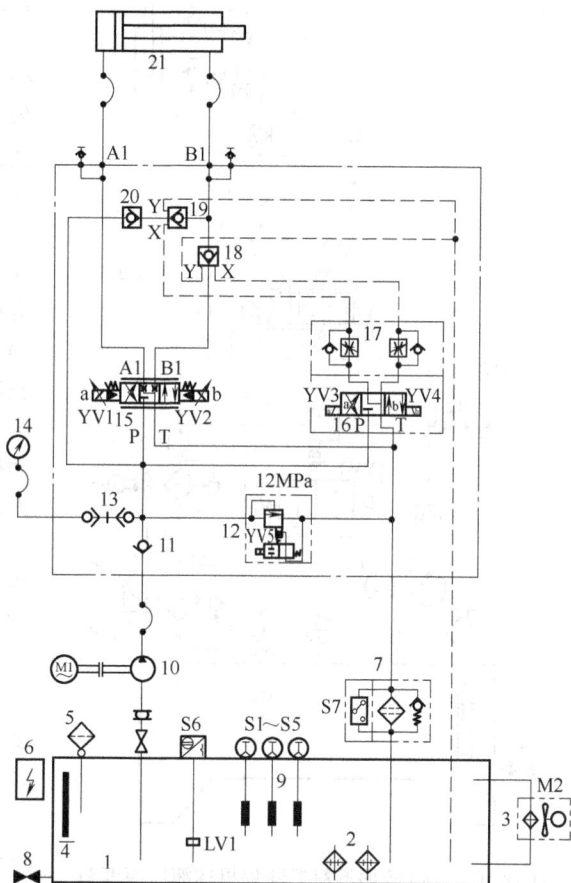

图 12-9　CQ6QS0/25 型桥式取料机料耙液压系统
1—油箱；2—电加热器；3—风冷却器；4—液位温度计；
5—空气滤清器；6—配电柜；7—回油过滤器；8—放油阀；
9—温控器；10—叶片泵；11—单向阀；12—电磁溢流阀；
13—测压接头；14—压力表；15—比例电液换向阀；
16—电磁阀；17—双单向节流阀；18，19—液控单向阀；
20—单向阀；21—料耙液压缸

⑥ 电磁铁 YV4 未能通电，液控单向阀 19 不能打开，无法形成差动连接，无快速伸出。

⑦ 电磁铁 YV4 未能断电，与输入比例电磁铁 YV2 的电流太大时，无慢速伸出。

【故障3】料耙液压缸活塞杆不能缩回或者缩回的动作太慢

① 同故障2的①～③。

② 无电流输入到比例电磁铁 YV1，或者输入电流太小。

（2）堆料机的故障分析与排除（参阅图 12-10）

【故障1】 变量柱塞泵 8 无油液输出或输出的流量不够

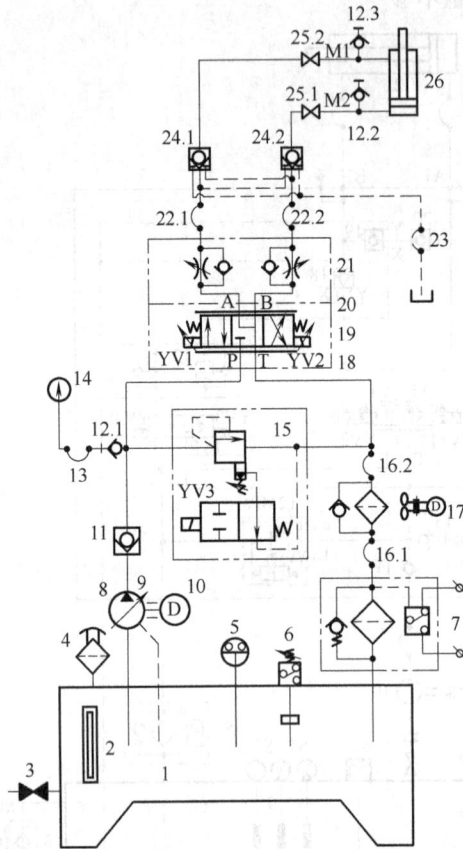

图 12-10 80m 圆形堆料机变幅机构液压原理图
1—油箱；2—油面温度计（YWZ-350T 型）；3—放油阀
（M33X2 型）；4—空气滤清器（QUQ2-10×0.63 型）；
5—电接点温度计（WSSX-411 型）；6—液位控制继电器
（YKJD24-400 型）；7—回油过滤器（RE A-100×20L-C 型）；
8—变量柱塞泵（A10VSEJ28BR/31R-PPA12N00 型）；
9—联轴器；10—电机；11—单向阀（S15A1.0 型）；
12—测压接头；13，16，22，23—软管接头；14—压力表；
15—电磁溢流阀（DBW1OB2-5X/3156E624NK4 型）；
17—风冷却器（DK-EL4S/3.0M/A/1 型）；18～20—比例电
液换向阀组件（4WRA10W1-60-2X/6G24K4/V 型）；
21—双单向节流阀（Z2FS 10-5-3X 型）；24—液控单向阀
（外泄式，SL10PB2-4X 型）；25—高压截止球阀
（KHB-M30×1.5-1212-01X 型）；26—变幅液压缸

① 吸油管路裸露在大气中的管接头未拧紧或密封不严进气。

② 泵的定心弹簧折断、疲劳或错装成弱弹簧，使柱塞回程不够或不能回程，导致缸体和配油盘之间失去顶紧力或不够而不能顶紧，存在间隙造成压吸油串通，丧失密封性能而吸不上油，可更换泵轴定心弹簧。

③ 配油盘端面与缸体贴合面间有污物进入，或相对转动时使接合面磨损拉毛，拉有沟槽，沟槽很深较宽吸不上油，沟槽较浅只导致输出流量不够。此时应清洗去污，并将已拉毛拉伤的配合面进行修理。

④ 柱塞外圆与缸体孔之间的滑动配合面磨损或拉伤成轴向通槽，使柱塞配合间隙增大，造成压力油通过此间隙漏往泵体内空腔（从泄油管引出），使内泄漏增大导致输出流量不够。可刷镀柱塞外圆、更换柱塞或将柱塞与缸体研配的方法修复配合间隙，保证二者之间的配合间隙在规定的范围内。

⑤ 轴向柱塞泵的变量机构有故障。例如变量阀、变量柱塞卡死，导致输出流量不够或者根本不上油。

对于此一故障的分析与排除详见本手册 3.4 节中的相关内容。

【故障2】 变幅液压缸无上行变幅动作

① 泵 8 输出流量不够或者根本不上油。

② 电磁溢流阀 15 有故障。例如电磁铁 YV3 未通电、溢流阀因主阀芯卡死在打开位置、先导调压阀芯与阀座接触处不密合等原因，造成系统压力上不去。

③ 比例电磁阀 15 的控制电路有故障：例如比例放大器有故障、控制电路断线等，导致无电流输入到比例电磁铁 YV2，或者输入电流太小。

④ 比例电磁阀 15 的阀芯卡在关闭阀开口或小开口的位置，无快速伸出。

【故障3】 变幅液压缸无下行变幅动作

① 同故障2的①②。

② 比例电磁阀15的控制电路有故障。 例如比例放大器有故障、控制电路断线等，导致无电流输入到比例电磁铁 YV1，或者输入电流太小。

③ 同故障2的④。

12.4 BL3500-51YO1N 型篦式冷却机液压系统

篦式冷却机简称篦冷机。 篦冷机的作用是从窑头落下的高温（1400℃左右）熟料铺在进料端篦床上，随篦板向前推动铺满整个篦床，冷却空气从篦下透过熟料层，冷风得以加热变成热风，回收入窑作燃烧空气用，在此过程中熟料得以冷却（65～100℃）。 冷却后的小块熟料经过栅筛落入篦冷机后的输送机中；大块熟料则经过破碎、再冷却后汇入输送机中；细粒熟料及粉尘通过篦床的篦缝及篦孔漏下进入集料斗，当料斗中料位达到一定高度时，由料位传感系统控制的锁风阀门自动打开，漏下的细料便进入机下的漏料拉链机中而被输送走。 篦冷机冷却原理如图 12-11 所示。

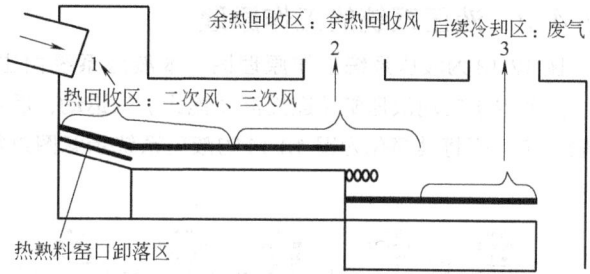

图 12-11 篦冷机冷却示意图

12.4.1 篦冷机的组成及功能

篦冷机由液压系统、电控元件与机械部件三大部分组成。

（1）液压系统的组成及功能

① 动力元件 由 3 台主泵（变量柱塞泵）组成，有些还设置一台备用泵。 其功能是为液压系统提供压力油源。

② 执行元件 由若干对（每两个一对）液压缸组成，其功能是：推动篦床（3列或4列篦床）往复运动。 图 12-12 所示为液压缸推动篦式冷却机工作的示意图。 篦冷机由动篦板和定篦板组成篦床，加上机架和外罩。 所有的定篦板固定在机架上，而所有动篦板连接在一起，由液压缸的往复运动驱动，动、定篦板相互间隔，动篦板在定篦板间往复滑动。

③ 控制元件 每对液压缸由一电液比例换向阀（还可手动控制）进行控制换向，其功能是

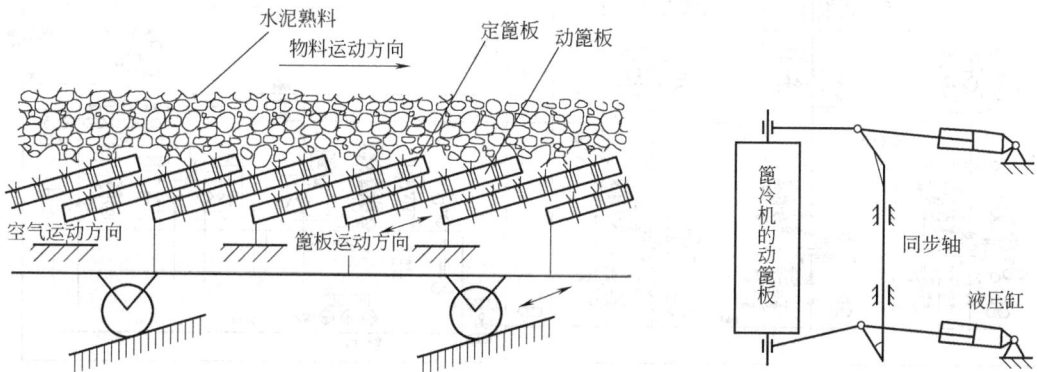

图 12-12 执行元件的工作示意图

控制液压缸运动的方向和篦床的运动速度。

④ 辅助元件　包括油箱、油管、管接头、过滤器、加热器、压力传感器、压力表、循环系统等。其功能是:供蓄油;防尘;回油过滤、循环过滤;油箱油温加热冷却;压力检测。

（2）电控元件的组成及功能

由控制柜、控制箱及控制软件等组成。其功能是实现对整个传动的控制、调整和自我保护。

（3）机械部件的组成及功能

包括传动轴、支座等。其功能是连接篦床活动框架;将液压缸动力传递给活动篦床。

12.4.2　液压系统的工作原理

图 12-13 为液压系统工作原理图,本液压系统由主系统和旁路过滤、冷却系统两大部分组成,前者用于实现液压缸(连接活动篦床)的运动,后者用于过滤、冷却油箱中的液压油。该图比较复杂,可将其简化为图 12-14 的液压系统示意图进行初步认识。

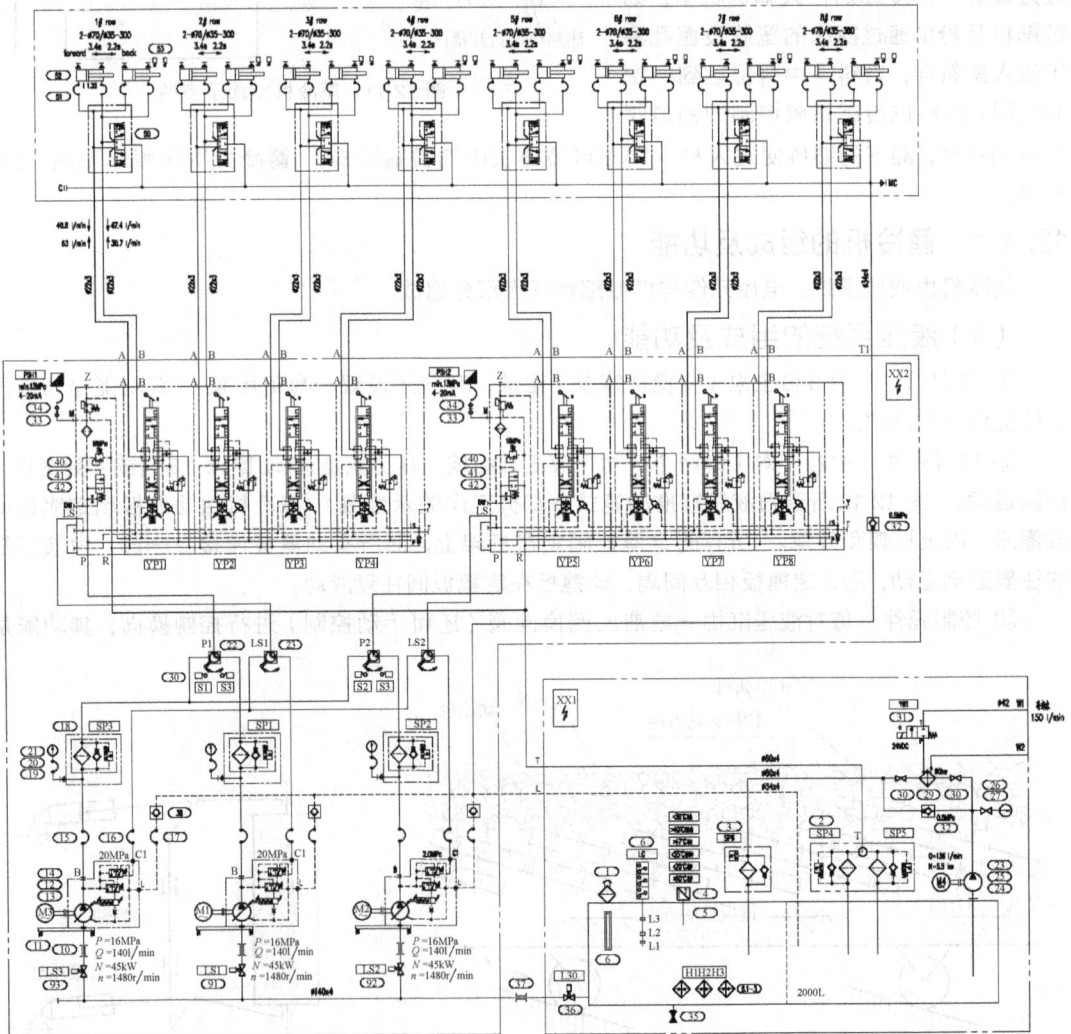

图 12-13　液压系统工作原理图

（1）主系统的泵源部分（图 12-15）

油箱来油→截止阀 9.3→压力/流量控制复合变量柱塞泵→软管 15→压力管路过滤器 18→三通式转阀 22 出口 P1→后续系统的 P 流道；从负载来的反馈控制油 LS1→三通式转阀 23→软管 16→变量柱塞泵的 LS 阀，参与泵的变量控制。

关于负载敏感变量柱塞泵与压力/流量控制复合变量柱塞泵的工作原理可参阅本书图 3-84～图 3-86 及图旁文字说明。不过此处的负载敏感变量柱塞泵不是与节流阀，而是与比例电液换向阀配合使用。

梭阀（图 12-16）及其通道把比例换向阀出口处的压力（负载压力）传至变量柱塞泵，通过泵内的负载传感补偿器 LS 阀使比例换向阀前后的压力恒定，从而使比例换向阀在一定开度下保持流量恒定，柱塞泵输出的流量对应于比例换向阀需要的流量。柱塞泵内另有一压力补偿器（PC 阀），其可以对泵的最高输出压力进行限定，保护柱塞泵及系统。

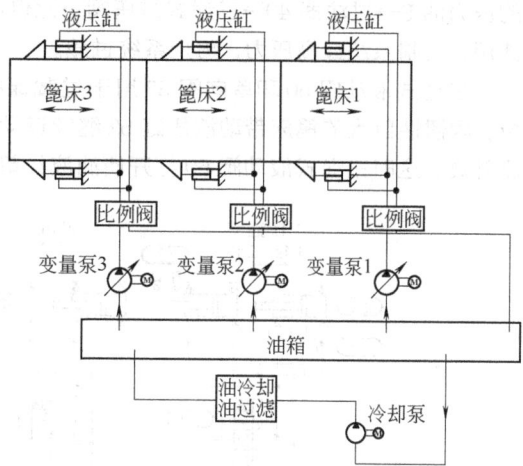

图 12-14　液压系统简化示意图

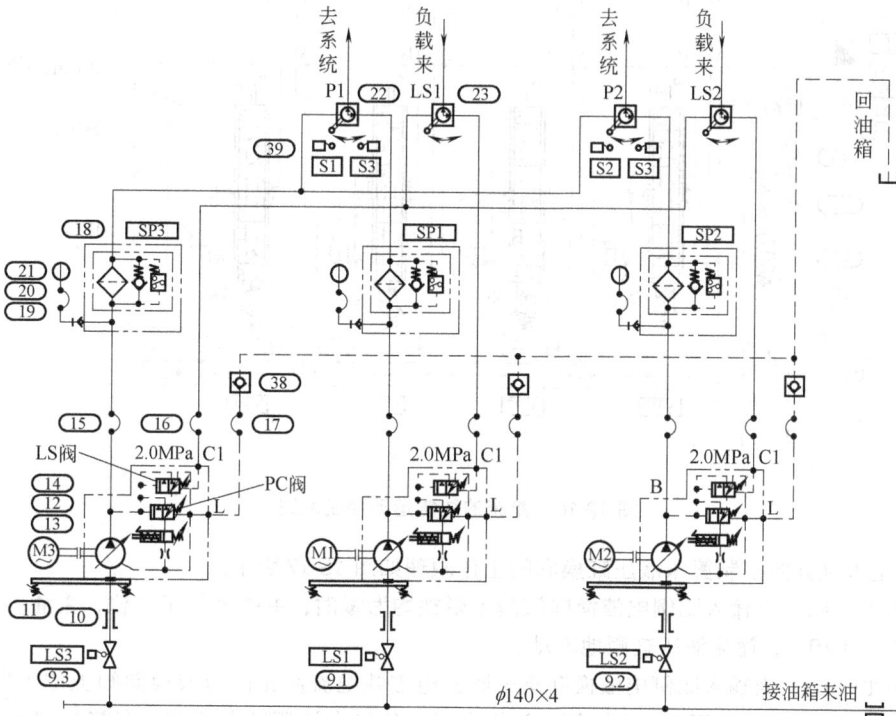

图 12-15　主系统的泵源部分液压回路

（2）箅床的往复运动控制回路

如图 12-16 所示，箅床的往复运动是通过柱塞泵输来的压力油经 P 流路，进入到手液动比例电液换向阀，再到 1#～4# 液压缸的无杆腔（或有杆腔），带动箅床前行（或后退）；有杆腔（或无杆腔）的回油经比例电液换向阀，再经回油路 R 流回油箱。比例电液换向阀的控制油由泵来的压力油 P→过滤器 40→三通式减压阀→比例电液换向阀的控制油腔 Z。 溢流阀 41 作为安全阀使用，控制系统最高压力，防止系统过载。

三通式液动阀 50 和单向阀 32 用于过载保护和缓冲。 如突然停电，比例电液换向阀处于中位，因惯性巨大的篦床带动液压缸 52 继续运动而使液压缸至比例换向阀管道之间的油液压力急剧升高，这时三通式液动阀 50 打开使油液经单向阀 32 排回油箱。

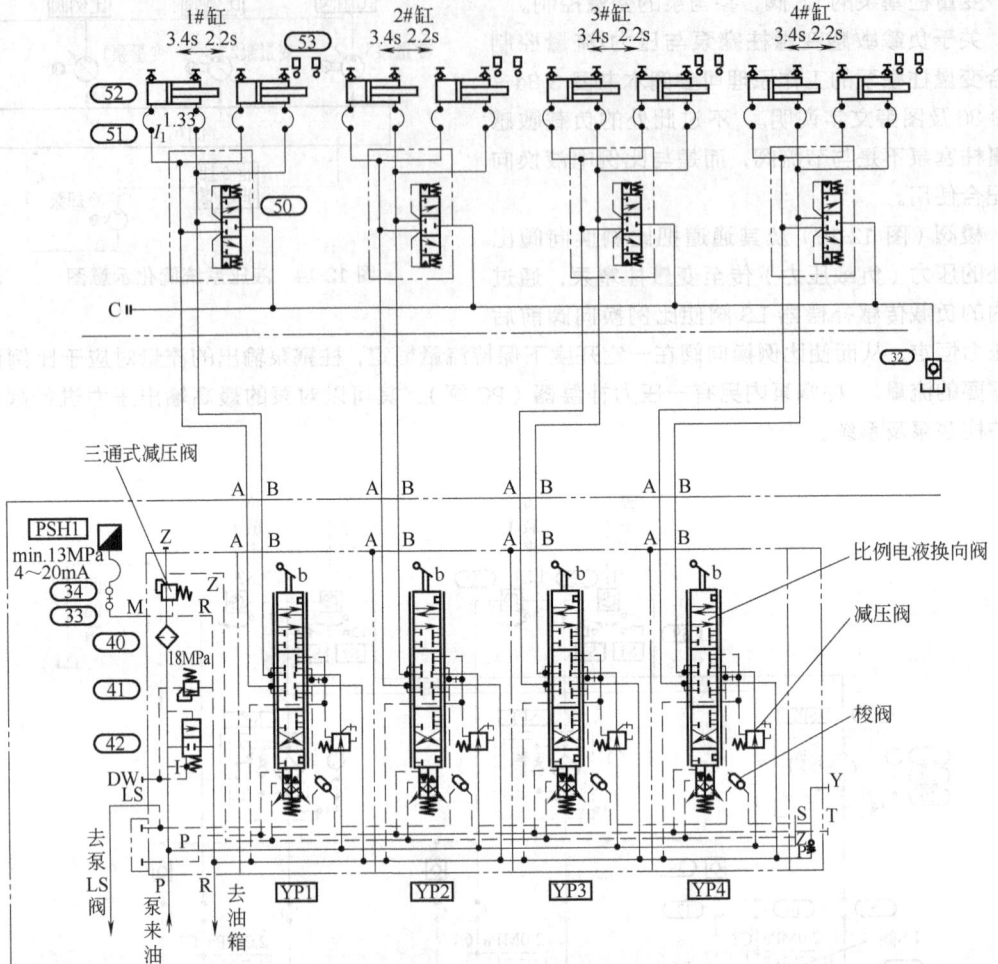

图 12-16　篦床的往复运动控制回路

比例电液换向阀控制篦床液压缸换向的工作原理如图 15-17 所示。

图 15-17（a），当输入比例电液换向阀两电磁铁均为零时，主阀芯处于中位，主油口 A、B、P、R 彼此互不相通，篦床液压缸原地不动。

图 15-17（b），当输入比例电液换向阀一比例电磁铁电流使比例电液换向阀上位工作时，泵来的压力油 P 经减压阀减压后，经比例电液换向阀上位进入液压缸有杆腔（右腔），带动篦床后退；液压缸无杆腔（左腔）的回油→比例电液换向阀上位→R，回油箱。

图 15-17（c），当输入比例电液换向阀另一比例电磁铁电流使比例电液换向阀下位工作时，泵来的压力油 P 经减压阀减压后，经比例电液换向阀下位进入液压缸无杆腔（左腔），带动篦床前进；液压缸有杆腔（右腔）的回油→比例电液换向阀下位→R，回油箱。

根据输入比例电磁铁电流的大小不同，比例电液换向阀阀开口大小也不同，从而流过阀口的流量也就不同。 因此比例电液换向阀除了控制篦床液压缸换向外，还可通过设定通入比例电磁

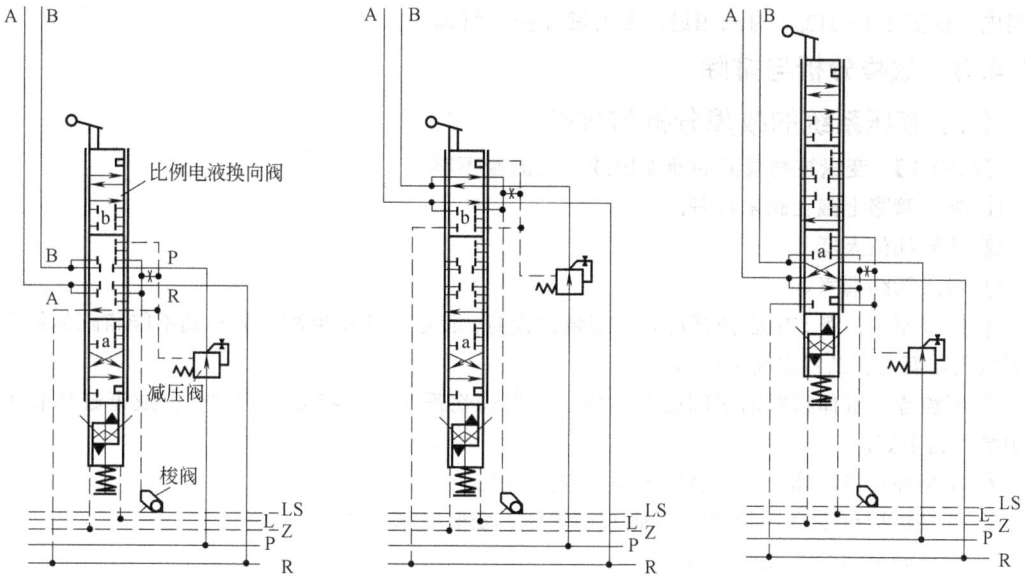

图 12-17　比例电液换向阀的工作原理

铁电流的大小控制篦床液压缸的运动速度。

（3）旁路过滤、冷却回路

如图 12-18 所示，本机采用专用于旁路过滤、冷却的系统。 由循环叶片泵装置（件 24～25）抽取油箱中的热油脏油，经多管圆筒式水冷却器冷却，再经回油过滤器 3 进行过滤，然后流回油箱。 系统总回油也经回油过滤器 2 进行过滤。

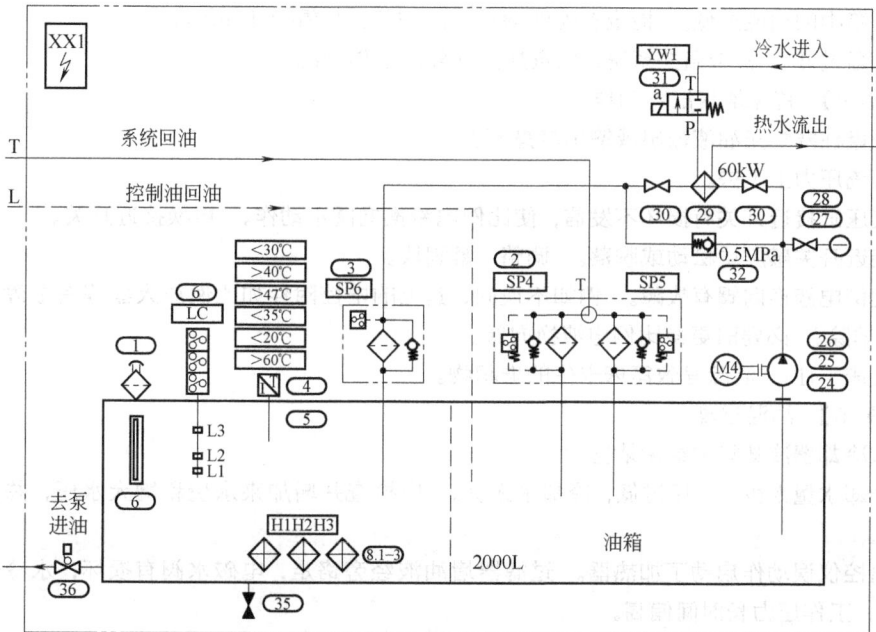

图 12-18　旁路过滤、冷却回路

此外，油箱还设置了空气滤清器1、温度油面计及油面高度传感器6、油箱油温传感器4以及油温电加热器H1～H3。对油箱进行多方面监控与管理。

12.4.3　故障分析与排除

（1）液压系统的故障分析与排除

【故障1】　变量柱塞泵无油液输出或输出流量不够

① 吸入管路上截止阀未打开。

② 油箱油位太低。

③ 吸入管路漏气。

④ 柱塞泵中，例如中心弹簧折断、漏装或疲劳，使柱塞不能回程，另一端不能将缸体端面顶在配流盘端面上，二者之间不密合。

⑤ 配流盘与缸体接触面之间粘有污物，表面拉伤严重，二者之间不密合，或者缸体和配流盘初始密封不好。

⑥ 柱塞外径与缸体孔之间磨损严重，内泄漏大。

⑦ 变量机构有故障。例如变量阀阀芯卡住、变量柱塞卡住。

⑧ 流量调节螺钉拧入量太小。

【故障2】　系统压力上不去

① 同故障1的①②③④⑤⑥。

② 控制变量机构的压力弹簧调得太松，因此当压力稍升高时，斜盘倾角迅速变得很小，于是流量也迅速下降到很低数值，压力也就不易建立。

③ 溢流阀调节压力过低。

【故障3】　泵有不正常运行噪声

① 油中混入空气（形成气泡），拧紧管接头或更换油损坏的软管，必要时，对系统进行清洗理，换油。

② 轴向柱塞泵安装螺钉或电动机的紧固螺栓松动。应将螺栓拧紧。

③ 油箱中的油位过低。检查有无泄漏并加以排除，并重新补油加油。

④ 油温过低。检查温控系统，检查加热元件的工作情况。

【故障4】　篦床液压缸不动作

① 变量柱塞泵无油液输出或输出流量不够。

② 系统压力上不去。

③ 液压缸接近开关有损坏不发信，使比例电液换向阀不动作。更换接近开关。

④ 接近开关感应块松动或脱落。调整、紧固块。

⑤ 比例电液换向阀有故障。例如不换向、其上的电控附件如比例放大器等有故障等，查明原因予以排除。必要时更换比例电液换向阀。

⑥ 篦床卡住。清除导致篦床卡住的堆积物。

【故障5】　油温过高

① 水冷却器冷却管内结垢堵塞。

② 冷却水量太少，水压过低，冷却水太脏。应检查并增加来水量和增大水压，并注意来水的清洁度。

③ 温控仪误动作启动了加热器。过滤器堵油液经旁路走，电磁水阀有损坏，水冷却过滤器中有脏物，工作压力长时间偏高。

④ 油温传感器动作失灵，未能发信启动冷却程序。

⑤ 水阀坏了的更换电磁水阀。

（2）非液压原因产生的故障分析与排除（表 12-2）

表 12-2　非液压原因产生的故障分析与排除

故　障	原　　因	处　　理
1. 大量漏料	列间密封，侧密封偏磨损，头部、尾部密封磨损严重	（1）按停窑程序停窑 （2）继续通风冷却熟料，开大冷却机排风机入口阀门，使风改变通路，减少入窑二次风量 （3）继续开动篦床送走大部分熟料，找出漏料位置，清空其上的熟料后检修 （4）有人在冷却机内作业时，禁止窑头喷煤保温
2. 固定篦床堆积熟料	（1）烧成带温度过高 （2）冷却风量不足 （3）熟料化学成分偏差过大	（1）减少窑头喂煤 （2）增加冷却风量 （3）调整生料配比 （4）应用空气炮处理 （5）停窑从冷却机侧孔及时进行清理
3. 熟料出现"红河"	（1）冷却效果不好 （2）粗细料不均 （3）篦速过快等	（1）适当减低篦床速度，调整风机阀门 （2）如果是沿着料流方向狭长的红流，可适当缩短某列或者某几列行程开关的距离，增加该区域熟料热交换的时间
4. 篦板温度高	（1）熟料粒度过细 （2）检查熟料化学成分是否 SM 值过大 （3）一室冷却风量过大，熟料被吹穿 （4）固定篦板及一室风量过小，不足以冷却熟料 （5）篦床上有大块，此时风压大，风量小 （6）篦床速度过快，料层过薄	（1）提高窑头温度应关小一室风机阀门，适当减慢篦速应开大固定篦板一室风机阀门，适当加快篦速 （2）适当加快篦床速度 （3）适当减慢篦速

12.5　HRM3400 型立磨液压系统

立磨又叫立式辊磨，它采用垂直结构，占用场地很小；结构紧凑，只需要很小空间；运行噪音低和低的振动；能够喂入较粗物料，通过用液压气动弹簧加载系统配合现代流行耐磨材料的良好的物理特性能迅速变更粉磨力，使粉磨工作更容易；集粉磨、均化、烘干、选粉和输送功能于一体。因而它越来越广泛地用于水泥厂生产线：如煤、生料的粉磨。水泥熟料和矿渣粉磨采用立磨者越来越多，在现代化水泥工厂中，立磨已成为工厂工艺过程重要装备。

12.5.1　立磨工作原理

立磨又称中速磨，相对管磨（低）和风扇（高），所有的立磨统称为辊式磨，无论其结构如何变化，都是应用料床粉磨原理粉磨物料。

如图 12-19 所示的立磨，由配料站经过皮带运给磨机的物料，经三道锁风阀进入立磨，堆积在磨盘中间，减速齿轮箱带动磨盘旋转，盘的旋转又带动磨辊旋转，物料在离心力的作用下向磨盘边缘移动，啮入辊盘之间进行碾磨。在碾磨过程中，被粉磨的物料受磨盘离心力作用推向磨盘周边环形喷嘴，被环形喷嘴喷出的高速气流带起，吹向选粉机，在回转风叶作用下进行选粉。粗颗粒经碰撞消耗能量落回磨盘，进行再粉磨，合格的小颗粒被带入选粉机分离器，由气流作用经管路送入料仓。这样经几十次上下循环可成为成品，特殊颗粒如铁块等，经喷嘴环落入磨盘下方，由刮板排出立磨外。

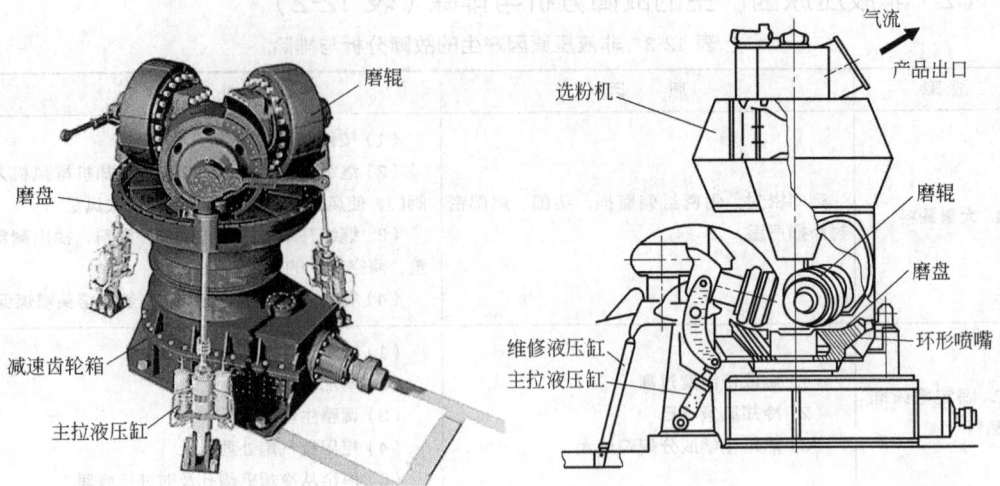

图 12-19　立磨工作原理

12.5.2　液压系统的组成与工作原理

原来的立磨磨辊采用弹簧加载系统，但随着立磨规格的加大，使得钢制弹簧加载系统的缓冲质量不断加大，占用空间加大和力量太大变得不好控制，因而现在的立磨弹簧加载系统为液压加载系统所取替，就可以用比较小的液压缸的活塞杆、活塞和油的质量作为缓冲质量。

（1）液压系统的组成和功能

图 12-20 为本机的液压系统原理图，它的各组成部分及功能如下。

① 油位油温计 1　通过它可以准确地了解系统油箱内液面的高度，便于随时加油，防止液压泵吸空。温度计可以近似了解油箱内油液的温度。

② 吸油滤油器 2　液压泵通过它吸取油箱内的油液，可以将油液中较大的颗粒物滤掉，保护液压泵和整个液压系统不受污染。

③ 空气滤清器 3　向油箱内加油的装置，通过它加油可以将油液中的较大的颗粒物滤掉，防止污染系统油液。同时是系统工作时油箱与大气的连通口。

④ 液压泵 5　本立磨液压系统采用高压齿轮泵做动力元件，吸进油液，排出高压油液。将电能转化为液压能的元件。

⑤ 高压滤油器 6　液压泵通过它将清洁度标准很高的油液泵入各控制元件和系统的执行元件，保证系统的清洁度，延长系统各控制元件和执行元件寿命。本高压滤油器 6 还可在滤芯堵塞时进行发信报警。

⑥ 溢流阀 7　控制系统的额定工作压力，保证系统能够在设计的安全压力下正常工作。

⑦ 手动换向阀 8　改变系统油液流动方向，从而改变执行元件的运动方向。

⑧ 液控单向阀 10　在系统中起到锁紧和保压的作用，保证执行元件和蓄能器中的压力持续。

⑨ 安全阀 13　控制执行元件及其分油路在外力作用下，压力不超过设定的安全值，确保各液压元件的安全使用。

⑩ 截止阀 9　快速卸荷，在系统需要将执行元件和蓄能器分路的压力卸掉时，旋转该阀可快速实现；工作与维修时关闭。

⑪ 双向平衡阀（双单向顺序阀）18　起锁紧和平衡功能。既可保证维修液压缸在翻转磨辊、减速机时可随时停留在任意位置，又可确保翻转时液压缸平稳运行，不致因失速造成设备损坏。

在辗磨时截止阀 14 与 15 开启，截止阀 16 与 17 关闭；在维护时截止阀 16 与 17 开启，截止阀 14 与 15 关闭。

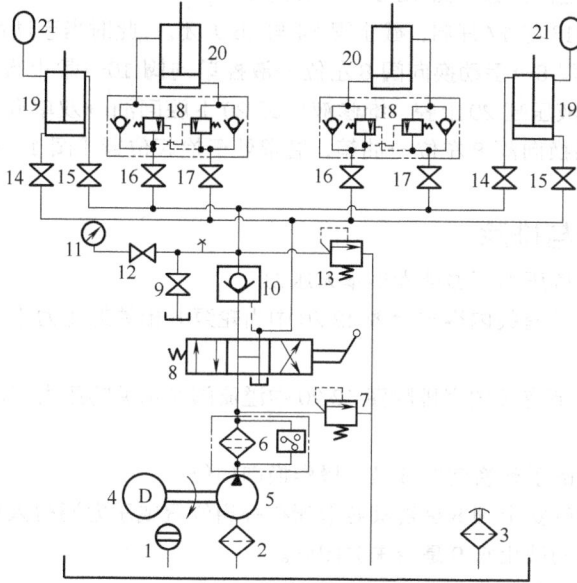

图 12-20　HRM3400 型立磨液压系统图

1—油位油温计；2—吸油滤油器；3—空气滤清器；4—电动机；5—液压泵；6—高压滤油器；7—溢流阀；8—手动换向阀；9—截止阀（板式）；10—液控单向阀；11—压力表；12—压力表开关；13—安全阀；14～17—截止阀（管式）；18—双向平衡阀；19—主拉液压缸；20—维修液压缸；21—蓄能器

（2）液压系统的工作原理

通过电机带动高压齿轮泵，将电能转换成液压能，通过换向阀等控制元件驱动执行机构（主拉液压缸与维修液压缸）转换成机械驱动负载，在蓄能器的保压下，为立磨磨辊提供较为持久的碾压力。

开始时当手动换向阀 8 右位工作，泵来的压力油→高压滤油器 6→手动换向阀 8 右位→截止阀 14→主拉液压缸 19 下腔，主拉液压缸 19 上腔回油→截止阀 15→液控单向阀 10→手动换向阀 8 右位→油箱，磨辊处于上升的启动位置［图 12-21 中（a）］。

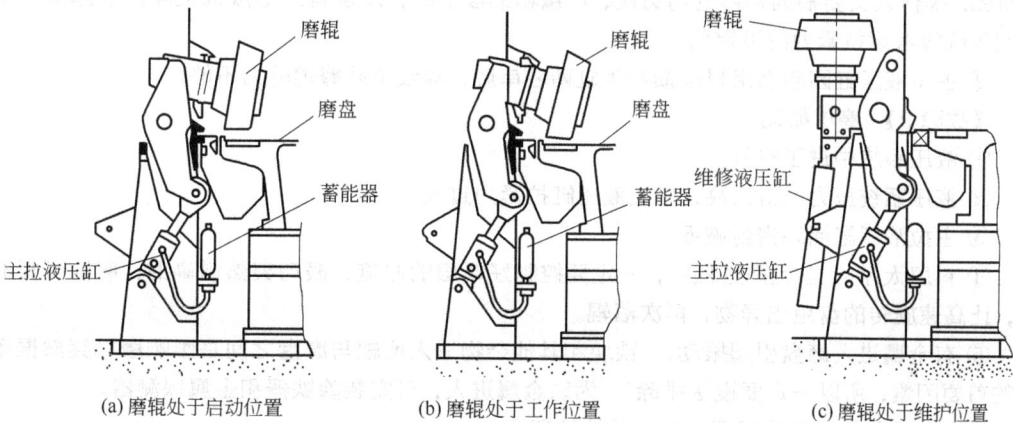

(a) 磨辊处于启动位置　　(b) 磨辊处于工作位置　　(c) 磨辊处于维护位置

图 12-21　立磨工作原理

当手动换向阀 8 左位工作，泵来的压力油→高压滤油器 6→手动换向阀 8 左位→液控单向阀 10→截止阀 15→主拉液压缸 19 上腔，主拉液压缸 19 下腔回油→截止阀 14→手动换向阀 8 左位→油箱，磨辊处于下压的工作位置 [图 12-21 中（b）]；

在维护时，截止阀 16 与 17 开启，截止阀 14 与 15 关闭。 此时当手动换向阀 8 左位工作，泵来的压力油→高压滤油器 6→手动换向阀 8 左位→液控单向阀 10→截止阀 17→双单向顺序阀 18 的右边的单向阀→维修液压缸 20 上腔，维修液压缸 20 下腔回油→双单向顺序阀 18 的左边的顺序阀→截止阀 16→手动换向阀 8 左位→油箱，磨辊处于抬起位置 [图 12-21（c）]，此时可进行维护。

12.5.3　故障分析与排除

【故障 1】　液压系统压力不够或者根本无压力

① 参阅本手册 3.2 节有关内容排除图 12-20 中齿轮泵 5 相关的压力不够或者根本无压力故障内容。

② 参阅本手册 5.9 节有关内容排除图 12-20 中溢流阀 7 相关的压力不够或者根本无压力故障内容。

③ 检查图 12-20 中的手动换向阀 8 是否操作换向到位。

④ 检查图 12-20 中的安全阀 8 是否阀芯卡死在开启位置或压力调得太低。

⑤ 检查图 12-20 中的截止阀 9 是否未关闭好。

【故障 2】　工作压力调得太低导致粉碎效果差

① 产生这一故障的主要原因是液压系统的工作压力调得太低导致辗磨力过小所致。 在其他因素不变的情况下，液压拉紧装置的拉紧力越大，作用于料床上物料的正压力越大，粉碎效果就越好。

辗磨压力是稳定磨机运行的重要因素，也是影响立磨主电机功率、立磨产量、立磨粉磨效率的主要因素。 HRM3400 型立磨采用液压加压系统向脚辊加载压力，液压加载是通过主拉液压缸实现的，调控液压系统的压力系统可以改变液压缸对磨辊加力的状况，随意调控磨辊对物料粉磨压力的大小。 液压系统内的蓄能器对磨辊设施具有保压和过载缓冲作用，吸收一部分过载压力，在磨辊压力达到设定值，磨辊工作正常运行后，停止加压液压泵，仍能使磨辊压力保持不变。 由于 HRM3400 型立磨是多次循环粉磨，辗磨压力增加则产量增加，当辗磨压力达到某一临界值后产量不再变化，正常生产中实际的辗磨压力远小于临界值，对于单位能耗来说有一个经济压力问题，所以在生产中要同时兼顾产量和能耗，寻求一个适宜的辗磨压力。 在正常生产情况下实际的操作压力一般在最大限度的 70% ~ 90%，HRM3400 立磨的辗磨压力一般控制在 9 ~ 11MPa，操作人员要根据物料的易磨性、产量和细度指标，以及料床形成情况和控制厚度及振动情况等统筹考虑拉紧力的设定值。

② 主拉液压缸因活塞密封破损产生缸两腔串腔，导致拉动磨辊的力不够。

【故障 3】　磨机振动

① 液压系统中进了空气。

② 液压系统压力调得太高，主拉液压缸拉紧力过大。

③ 主拉液压缸活塞密封破损。

④ 料层太厚。 在生产过程中，一定要控制好料层的厚度，振动突然增高时，磨辊可暂时抬高，让高速旋转的盘甩出异物，再次落辊。

⑤ 有金属进入磨盘引起振动。 铁块和其他杂物进入磨辊与磨盘之间是影响磨机突然振动过大的首要因素，所以一定要设法排除。 为防金属进入，可安装除铁器和金属探测器。

找出上述各种故障的原因后分别酌情处理。

第**13**章

工程机械的液压系统与故障排除

超过80%的工程机械实现了液压化:如液压挖掘机、装载机、铲运机、工程起重机、打桩机、压路机、推土机、沥青铺摊机、平地机、混凝土搅拌机、混凝土泵车、盾构机等。

液压自升塔式起重吊,借助于液压顶升装置可实现塔身的自升,已是现代高层建筑不可缺少的建筑设备;液压顶管施工法,铺设地下钢筋水泥管、铸铁管及钢管等,犹如穿山甲,可在地下穿越道路河流和房屋,与传统的开沟埋管法相比,可大大提高效率;房屋建筑物搬家离不开液压顶。

13.1 PC200-5型液压挖掘机液压系统

液压挖掘机具有体积小、重量轻、操作灵活方便、挖掘力大、易于实现过载保护等优点。当前各国产的液压挖掘机多采用恒功率变量泵供油以及采用负载传感控制技术,在满足各种功能的条件下,可以更节省功率消耗、提高效率、降低能耗、技术上日趋先进。

目前工程机械中的挖掘机全部采用液压传动,液压承担的工作有:整机行走、平台回转、动臂升降、斗杆收放、铲斗翻转等(见图 13-1)。 且在一个循环作业中,可以使 5 个动作复合进行。 例如平台回转时,动臂可同时提升,挖掘时常常是铲斗翻转和斗杆收放进行复合动作等。

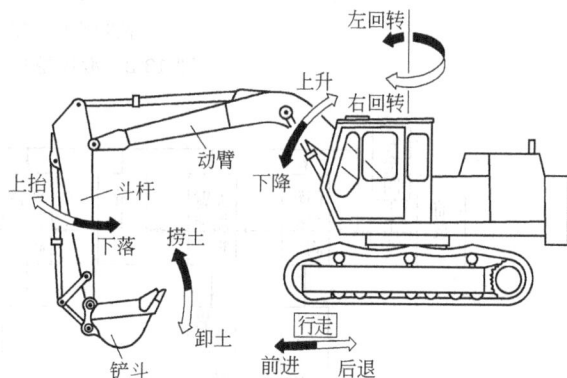

图 13-1 液压实现挖掘机的几种动作

液压挖掘机的组成如图 13-2 所示,各国产的挖掘机略有差异,但大体相同。 液压挖掘机常采用双泵供油系统,且多采用恒功率变量泵。 变量时,两泵可分开恒功率变量,也可两泵进行总功率的恒功率变量控制。

我国目前使用的液压挖掘机种类繁多,以国产、美国与日本产的居多。 此处仅列举日本小松公司产的 PC200-5 型液压挖掘机为例进行使用与维修方面的说明,读者可以举一反三。

13.1.1 液压系统的组成和工作原理

液压系统采用总功率控制的 HPV160 + 160 型双联变量柱塞泵(前泵与后泵)和一台齿轮或叶片泵(辅助泵)组成供油系统——开式中心负荷传感系统(OLSS),可以将系统的负载变化,即工作压力的大小通过传感元件将压力反馈到变量泵的变量控制系统,从而控制斜盘式变量柱塞泵的排量(斜盘斜角大小),使发动机的功率与各泵所需的有用功率输出恰到好处地相匹配,减少泵的溢流损失,以降低燃油消耗,从而节能。

前泵的控制方框图如图 13-3 所示,后泵的控制方框图如图 13-4 所示,整个控制路方框图如图 13-5 所示,分三大线路了解该液压系统的组成和后述的液压系统的工作原理,可使思路清晰,化难为简。

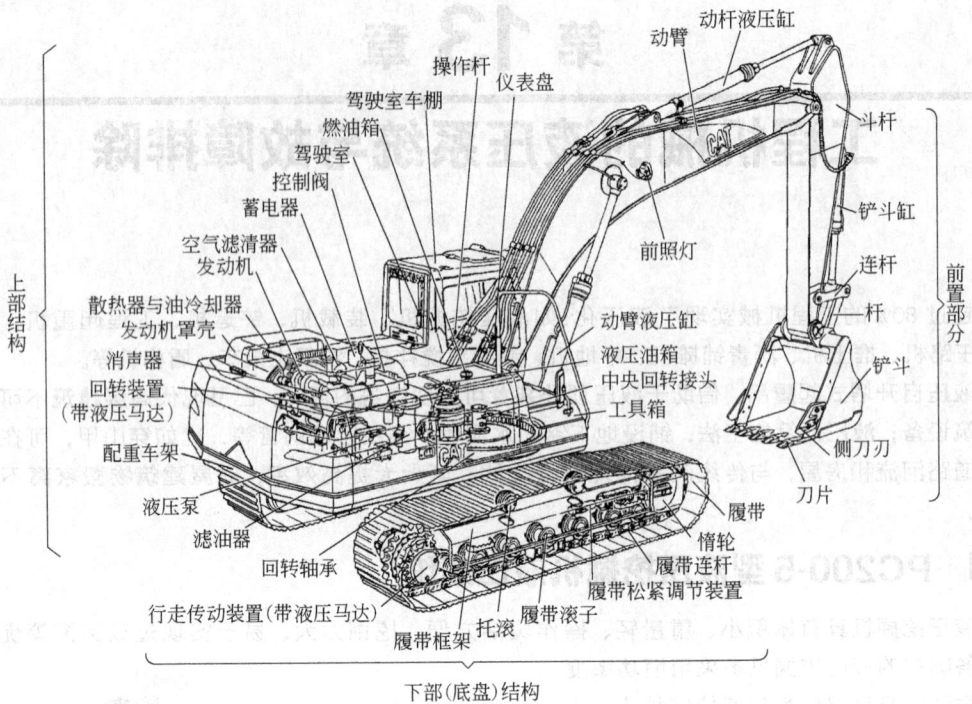

图 13-2　液压挖掘机的组成

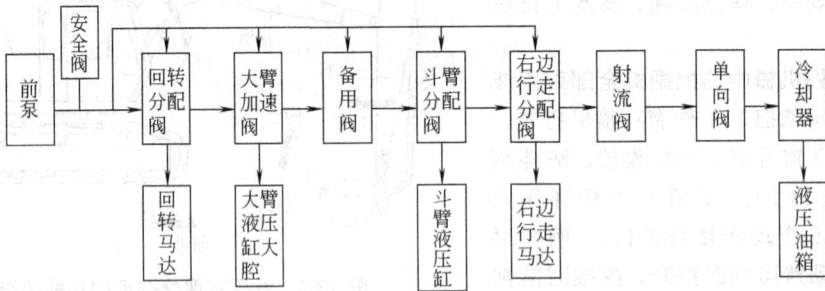

图 13-3　前泵的控制方框图

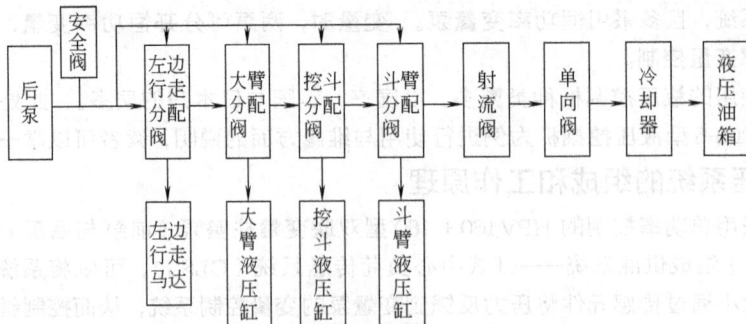

图 13-4　后泵的控制方框图

（1）变量泵的结构与工作原理

此挖掘机上使用的泵为变量柱塞泵，其详细结构与工作原理可参阅本手册 5.21 节中所述。挖掘机上使用的变量柱塞泵的特殊性在于它由多种阀进行控制。

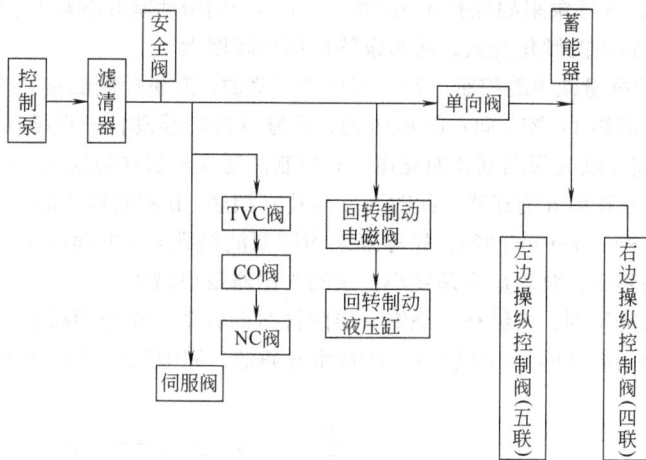

图 13-5　系统的控制方框图

如图 13-6 与图 13-7 所示，伺服阀 S 接受来自闭合阀（NC 阀）、切断阀（CO 阀）和总功率调节阀（TVC 阀）共同作用产生的信号压力 p_i（见图 13-7），推动伺服变量活塞动作，从而控制柱塞泵斜盘的倾角，使泵的排量根据负载需要，变大或变小。

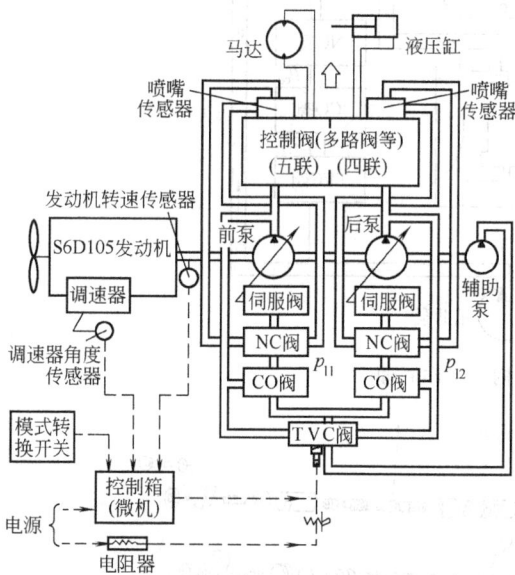

图 13-6　电控 OLSS 系统

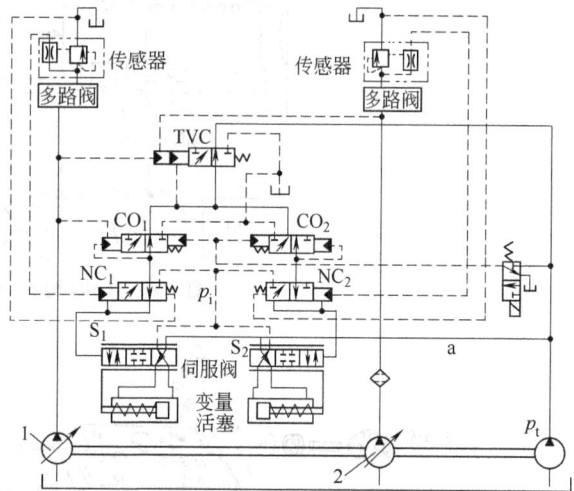

图 13-7　负载传感变量原理

（2）伺服阀的结构与工作原理

伺服阀的作用是使泵的输出流量变大或变小，用来对泵进行变量。

① 伺服阀使泵的流量变大的控制　控制泵流量的伺服工作原理如图 13-8 所示，图 13-9 为其立体分解图。　先导泵来油 p_t 一路直接进入伺服阀的 a 口，另一路经 TVC 阀→CO 阀→NC 阀→伺服阀 b 口→c 腔，此时进入 c 腔的油液压力为 p_i。当 p_i 增大时，c 腔的压力也增大，变量控制活塞 3 向左移动。　当 c 腔产生的液压力与弹簧 5 和 6 产生的弹力相平衡时，变量控制活塞 3 停止运动。　同时操纵杆 4 以伺服活塞 S 缺口为支点，与活塞 3 一起向左移动，并带动先导阀阀芯 1 向左移动。　滑阀芯 1 的移动，关闭了孔 a 与孔 d 的通路，并使孔 d 通过阀芯 1 的中心孔和油箱通道 e 相通。　与此同时，孔 a 和通道 h 相通，因而伺服活塞 f 腔的油液通过油道 g→d→1 之中

心孔→通道 e→油箱，先导泵来油经孔 a→滑阀 1→h→i→伺服活塞 S 右端的 j 腔，推动伺服活塞 3 向左移动，使柱塞泵斜盘的倾角变大，从而泵的排量也就增大。

② 伺服阀使泵的排量减少的控制 当 c 腔压力下降时，变量控制活塞 3 的力平衡被打破，左端向右的弹簧力大于右端（c 腔）向左的液压力，活塞 3 向右移动，一直移动到二者的力平衡为止。 相应操纵杆 4 同样以伺服活塞 S 为支点，与控制活塞 3 一起并带动先导阀芯 1 向右移动，阀芯 1 的移动，关闭了 a 孔和 h 的通路，此时孔 a 与孔 d 相通，h 和油箱通道 e 相连通。 此时伺服活塞 S 右腔 j 的油液→i→h→e→油箱，先导泵来的控制油经孔 a→先导阀 1→孔 d→孔 g→j 腔，推动伺服活塞 S 向右移动，泵斜盘倾角变小，泵的输出流量也减少。

伺服活塞 S 移动的同时，操纵杆 4 绕销 2 逆时针方向转动，先导阀阀芯 1 复位到中间位置，切断了压力油经先导阀向伺服活塞 f 腔或 j 腔的油流通道，伺服活塞停止移动，液压泵保持一定流量。

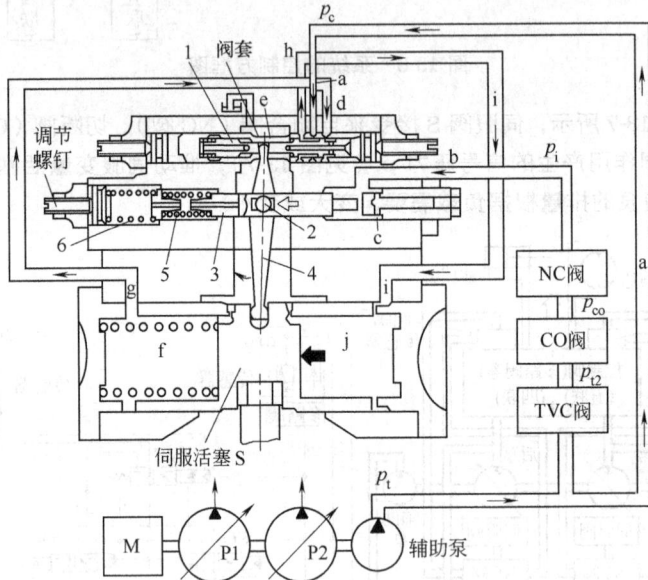

图 13-8 伺服阀的结构与工作原理

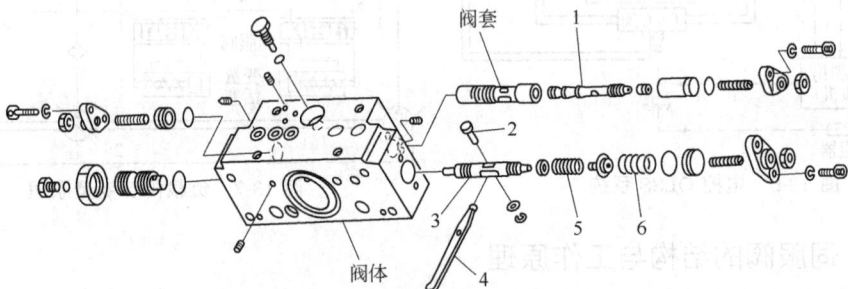

图 13-9 伺服阀的立体分解图

1—先导阀；2—销；3—控制活塞；4—操纵杆；5,6—弹簧

（3）TVC 阀（总功率调节阀）的结构与工作原理

TVC 阀的工作原理如图 13-10 所示，图 13-11 为其立体分解图。 当主泵（前泵与后泵）负载小时，转换开关 S 处于接通状态。 由于此时前后泵的输出压力 p_{p1} 与 p_{p2} 较低，因此滑阀 10 被弹簧 12 推到下端，a 与 b 相通，即辅助泵的排油压力 p_c 与 TVC 阀的出口压力 p_{t2} 相同。 此时 p_{t2} 变为最大，伺服阀使变量柱塞泵斜盘的倾斜角变大，主泵排量增大。

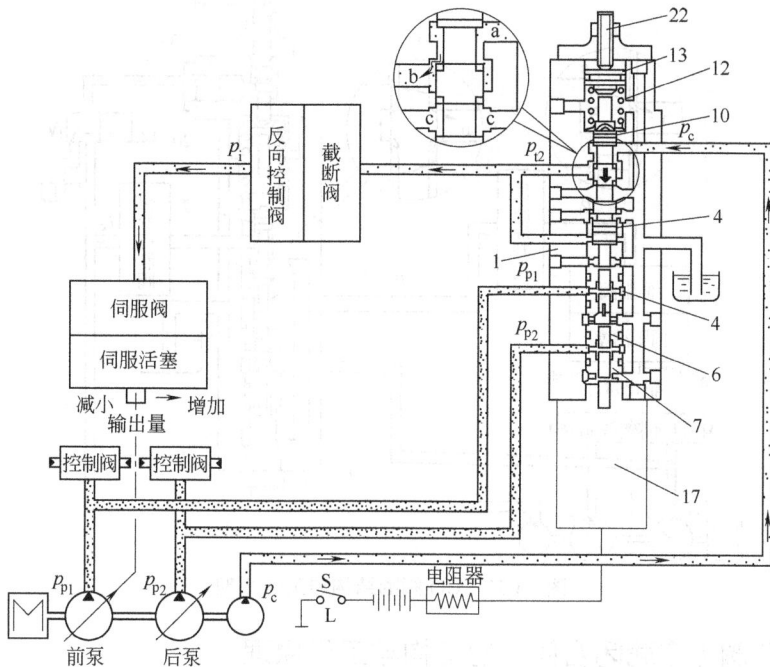

图 13-10　TVC 阀的工作原理

　　当主泵负载大时，其输出压力 p_{p1} 与 p_{p2} 也增大，活塞 6（或 6′）向上推，滑阀 10 也被上推，关小了 a 与 b 的通道（被节流），同时开大了 b 与 c 排向油箱的通道，因而 TVC 阀的出口压力 p_{t2} 下降，伺服阀使柱塞泵的斜盘斜角变小，因此主泵的排量减少。

（4）CO 阀的结构与工作原理

　　CO 阀是分功率调节阀，它只能调节分管的那个柱塞泵的流量。图 13-12 为其工作原理图。它的作用是当泵的输出压力接近溢流压力时，该阀执行切断功能以减小泵的流量，从而减小了溢流损失，换言之使泵起恒压变量的功能。

　　当所控主液压泵低于溢流压力时，阀芯 4 被弹簧 20 下推，a 到 b 的开口最大（图 13-12 中的 A），TVC 阀（扭变控制阀）输出压力 p_{t2} 与 CO 阀的输出压力 p_{co} 相等。此时 CO 阀不起作用，主泵输出流量不变。

　　当主泵压力高于溢流压力时，液压泵输出压力 p_{p1}（或 p_{p2}）和 CO 阀的输出压力 p_{co} 均会起调节作用，p_{p1} 推动阀芯 7，p_{co} 推动阀芯 16，两者的合推力超过弹簧 20 的弹力时，阀芯 7 向上移动，a 到 b 的开口变小（图 13-12 中的 B），b 到 c 的开口增大，因此 CO 阀输出压力下降，进入后续伺服阀的压力 p_i 也下降，伺服阀使变量泵斜盘的倾角变小，泵流量随之变小。

　　CO 阀的立体分解图见图 13-14。

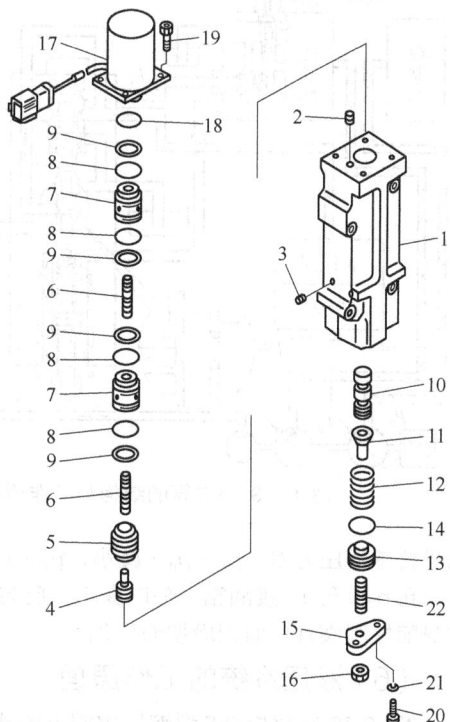

图 13-11　TVC 阀的立体分解图

1—阀体；2，3—螺堵；4—活塞；5—阀套；6—活塞；7—阀套；8，14，18—O 形圈；9—垫；10—滑阀；11—弹簧座；12—弹簧；13—塞堵；15—盖；16—螺母；17—电磁阀；19，20—螺钉；21—弹簧垫圈；22—调节螺钉

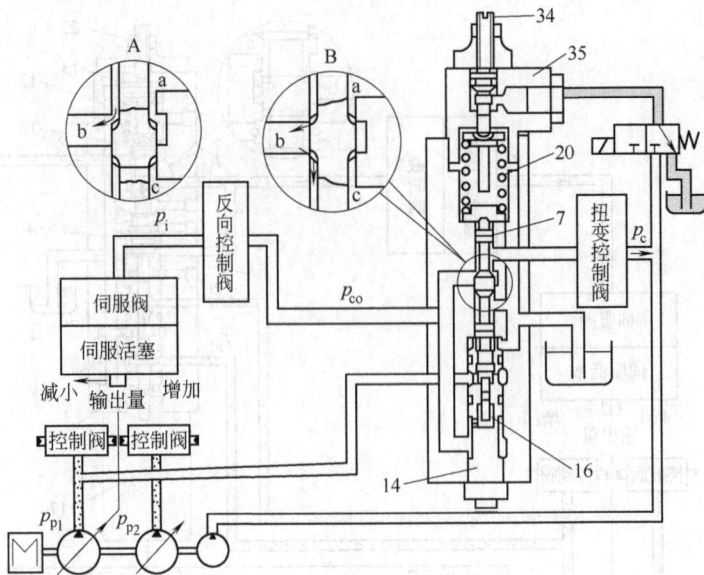

图 13-12　CO 阀的结构与工作原理

（5）NC 阀（空载闭合阀）的结构与工作原理

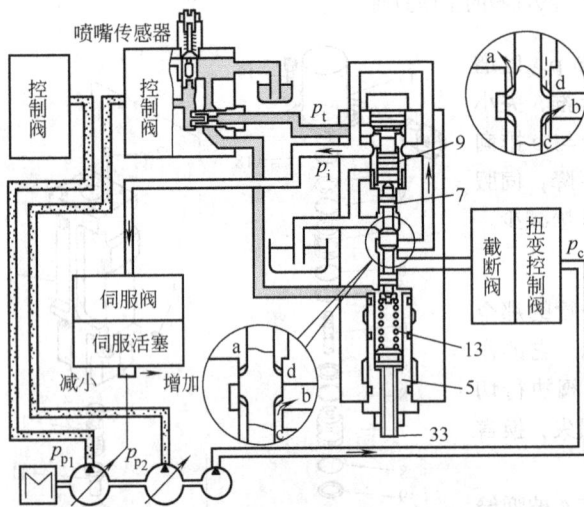

图 13-13　NC 阀的结构与工作原理

NC 阀的工作原理见图 13-13，它是靠喷嘴传感器的输出压力 p_t 与 NC 阀的输出压力 p_i 二者共同作用，同 NC 阀的弹簧 13 和喷嘴传感器的另一股输出压力 p_d 之和相平衡得以控制的。

控制阀（多路阀）在中间位置时，喷嘴传感器的压力差（$p_t - p_d$）达到最大，喷嘴输出压力 p_t 和反向控制阀输出压力 p_i 之和大于反向控制阀弹簧 12 的力和喷嘴输出压力 p_d 之和，即 $p_t + p_i > p_d +$ 弹簧力。 因此，滑阀 9 被向下推，孔 a 和孔 b 开口最小，孔 b 和孔 a（接油箱）开口变大，反向控制阀的输出压力 p_i 减至最小，液压泵排量最小。

控制阀移动时，随着控制阀移动，喷嘴传感器压力差（$p_t - p_d$）减小，$p_t + p_i < p_d +$ 弹簧力，滑阀 9 被向上推，孔 c 和孔 b 开口增大，孔 b 和孔 a（接油箱）开口变小，反向控制阀的输出压力 p_i 增加，液压泵排量增大，即泵的流量随控制阀开口面积增加而增加。

（6）液压系统的工作原理

图 13-15 为 PC200-5 型液压挖掘机的液压系统控制简图，由图可知：该系统主要由驾驶员操作装于驾驶室内的先导控制阀（PPC 阀）输出控制压力油到主控阀（四联多路换向阀和五联多路换向阀，均为液动换向阀）的两端的控制油腔，控制主控阀的换向，从而控制：①工作装置-铲斗、斗杆和动臂三液压缸的升缩动作；②回转马达的正反转与行走马达的正反转；③左或右行走马达离合器的开合，实现行走正反转。

关于这些多路换向阀的工作原理，请读者参阅本手册 5-6 节相关内容，再对照阅读图 13-16

所示的液压系统图，便不难理解这类较复杂液压系统的工作原理。

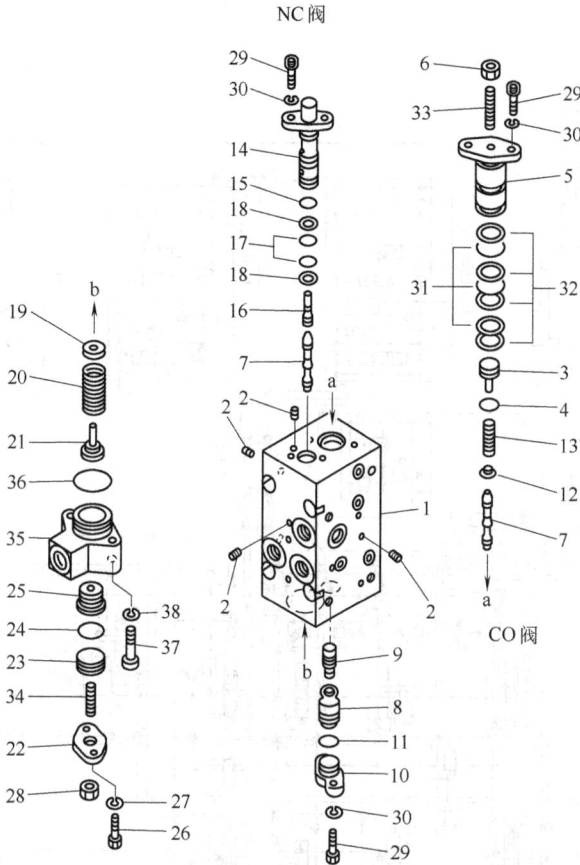

图 13-14　CO 阀与 NC 阀的立体分解图

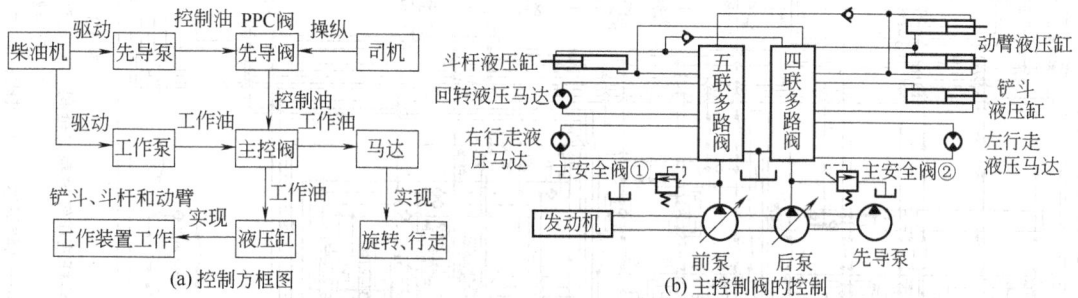

图 13-15　PC200-5 型液压挖掘机液压系统控制简图

13.1.2　故障分析与排除

【故障 1】　挖掘机所有的动作皆无，或者即使动作，但动作缓慢

这一故障是指：启动发动机，操纵 PPC 阀，回转、行走、铲挖等各动作均无。产生这一故障的原因和排除方法如下。

① 先导辅助泵不上油，无控制油进入各 PPC 先导控制阀和主泵的变量控制系统。此时可参阅 3.2 节或 3.3 节的内容，排除先导齿轮泵或叶片泵的不上油的故障。

② 先导泵的溢流安全阀②（参阅图 13-15，下同）有故障，使先导泵排出的控制油压力上不去，例如压力升不到 3MPa，这样虽操纵驾驶室内的 PPC 阀的手柄，但进入四联多路阀和五联多

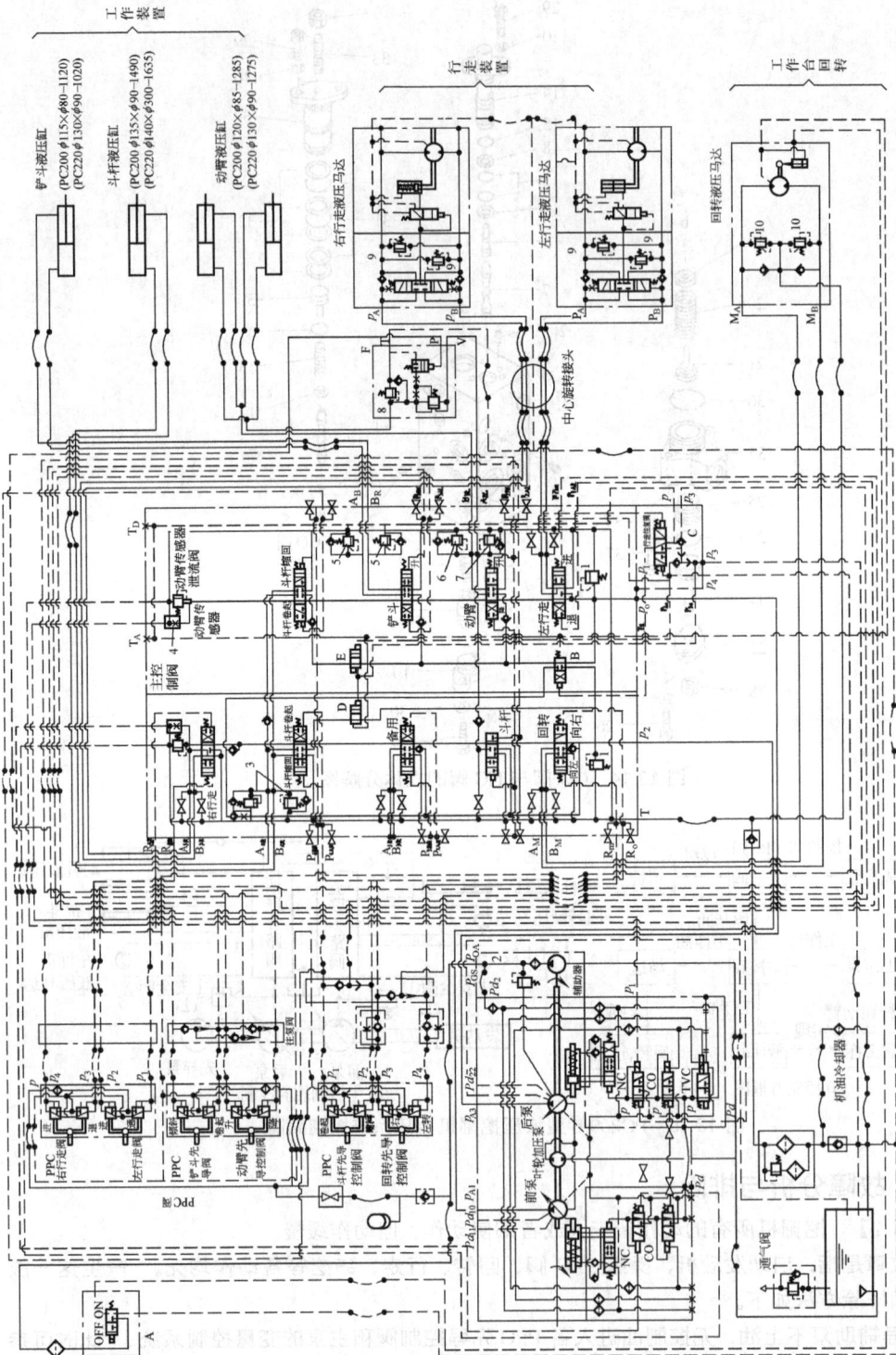

图 13-16　PC200-5 型液压挖掘机液压系统图

1—主溢流阀；2—泵安全阀；3—斗杆液压缸过载安全阀；4—喷嘴阀；5—铲斗过载安全阀；6—动臂液压缸小腔过载阀；7—动臂液压缸大腔过载阀；8—大臂支撑阀；9—行走液压马达安全阀；10—回转液压马达安全阀；A—回转马达制动电进阀；B—直线行驶阀；C—直线行驶阀的部分；D—回转优先阀；E—中臂节流阀；

路阀的控制油压力不够，而使各联阀芯无法换向（阀芯停在中位）。此时应按 5.9 节的内容拆修溢流阀②，排除压力上不去的故障。

③ 前后两主泵的主安全溢流阀①均存在故障，使主系统的工作压力上不去。一般主溢流阀的压力调为 32.5MPa，如果压力调不上去，则要拆修主溢流阀①。

④ 喷嘴压力传感器和 NC 阀有故障，导致 NC 阀的输出压力 p_1 值较低时，主泵斜盘的倾角也就较小，主泵的输出流量便很小，造成挖掘机所有的动作皆无。

排除方法可参阅图 13-14，拆修 NC 阀和喷嘴传感器，特别注意 NC 阀的阀芯 7 与 9 是否卡死在使压力 p_1 上不去的位置，清洗喷嘴传感器，消除卡阀现象。

必要时应对 NC 阀和喷嘴传感器进行下述检查和调整：首先对喷嘴传感器做检查和调整，慢慢松开油箱加油口卸掉液压油箱内压力，利用压力表适配器接好高压表（6MPa）和低压表（2.5MPa），让发动机高速空转；然后，利用挖掘机的工作装置将履带一侧支起，在履带自由转动的条件下测量作用于 NC 阀上的压差（$p_1 - p_d$）值，当操纵挖掘机操纵杆在空挡（履带不转动）位置时，此压差应为 1.3～1.9MPa，当操纵杆在其行程末端位置时，其压差应为 0.2MPa。如果压差不在此标准范围内，应按以下方法进行调整：松开喷嘴传感器喷口卸载阀上的锁紧螺母，转动调节螺钉（顺时针转动螺钉时压力升高，逆时针转动时压力降低），此螺钉每转动一圈，压力调整量为 1.66MPa。调整后，应再次检查此压差。待传感器的压差调整好后，再检查 NC 阀的输出压力 p_1 值，若不符合要求，应对 NC 阀进行下述调整：松开 NC 阀上的锁紧螺母，转动调节螺钉（顺时针转动时压力升高，逆时针转动时压力降低），螺钉每转动一圈，压力调整量为 0.43MPa。

【故障 2】 发动机出现停止转动或转速大大降低的现象

本挖掘机的液压系统为恒功率控制系统：当负载压力增大，主泵输出的流量减少；当负载压力下降，则主泵的输出流量增大，基本保持 pQ = 常数。这样发动机的功率几乎完全被利用，发动机功率基本上与泵功率相匹配。此恒功率控制由扭矩控制阀（TVC 阀）得以实现。

【故障 3】 发动机失速，憋车

液压挖掘机有时会遇到这样的问题：在工作装置（大臂、小臂、铲斗）动作、履带行走、或者转盘回转时，发动机转速会下降过大甚至导致熄火停机，此现象即"发动机失速"，俗称形"憋车"。

推土枪前进 I 挡推土作业，或者后退爬坡，或者松土作业时，若感到动力不足，也需判明其原因是发动机输出无力，还是传动系有故障。轮式装载机铲装动力不足时，同样会提出这种问题。

产生这一故障的原因和排除方法如下。

① 发动机出力不足。应检查燃油滤芯、滤网、管路是否堵塞，测量发动机进气、真空度是否正常、窜气压力是否过大、排气温度是否偏低等，有条件时还可测定失速时的瞬时燃油消耗率是否不足，以便确认发动机的故障原因。

② 液压泵（变量泵）负荷传感系统的控制不良，在溢流时压力控制未能实时减小泵的排量（泵的吸收扭矩）。应检查伺服控制的先导油压和伺服阀的输出油压，检修伺服控制阀或伺服液压缸活塞。

③ 主液压泵性能不良，内泄量大，排油压力与流量低。可修泵或换泵。

④ 溢流压力偏低。应检查液压主泵溢流压力，调整主溢流阀或卸荷阀，检查调整回转液压马达安全阀。

⑤ 传动系不良，动力换挡变速器离合器摩擦片打滑。

检查时，依次挂上除前进 I 以外的各速挡，制动后，使发动机转速逐渐升高至最高转速，确认发动机是否失速，判定失速转速偏高或变矩器输出轴（万向联轴器）仍在转动的挡位。然后，进一步检查变速器离合器的调制阀油压，检查传动油滤芯和油中磨损金属的粉末，判断是否出现摩擦片烧损的故障。

⑥ 变矩器吸空。 因供油不足，在变矩器内部出现局部真空。 应检查传动系油池液面是否过低，测定变矩器进出口油压，检查变矩器充液泵是否良好。

【故障4】 温升过高过快

其原因主要有：前泵和后泵存在着严重内泄漏；主溢流阀1在高压下大量溢流回油箱；行走液压马达和回液压马达因内部零件磨损存在大量内泄漏；其他部位内漏与外漏等。

查找和排除方法的关键是找到内漏准确位置。 比较简单的方法是用手摸，可用手摸泵壳或马达壳体。 如发现严重烫手，比周围其他地方温度高许多，此处便是内泄漏严重的位置。 找准后按本手册第3章、第4章和5.9节的相关内容排除前后泵（双联柱塞泵）、液压马达和主溢流阀的故障。

【故障5】 动臂举升速度过慢或者根本举不起来

① 主溢流阀调节压力过低或者因其故障压力上不去。 可重新调节阀主溢流阀1，或者参阅5.9节内容排除溢流阀的故障，使压力能调上去。

② 动臂液压缸活塞密封破裂或者使用中破裂后根本就不知去向了，这样缸工作腔的压力油串往缸回油腔，举升力便明显不足。 在判明确实是缸内泄漏大时，方可拆修动臂液压缸。

③ 动臂先导式减压阀未能输出足够压力的控制油，从而不能使动臂主换向阀（液动换向阀）切换到升臂的位置（右位），致使动臂不能提升。 可参阅图5-148～图5-154及图旁文字进行故障排除。

④ 动臂主换向阀内泄漏太大，或者阀内弹簧漏装或折断，可查明原因予以处理。

【故障6】 斗杆不能卷起和缩回、铲斗不能卷起和缩回、回转慢或不回转

故障原因和排除方法可参阅上述故障5，只不过控制阀的位置不同，必须找准，对号入座。

【故障7】 行走故障：不行走、不能直走跑偏、速度失调等

主要可参阅14.1节的内容进行各种行走故障的排除。 此外有以下情况。

① 中心回转接头密封破损，各油口窜腔，可查明确认后予以排除。

② 行走马达总成部分的故障。 有液压马达本身的问题，有过载补油单向阀的问题，有制动溢流阀的问题。 可参阅本手册中相关内容，求得解决办法。

13.2 CAT966D型轮胎式装机液压系统

装载机是一种具有较高作业效率的工程机械，主要用于对土、石和松散的堆积物料进行铲、装、运、轻度的挖掘等作业，也可以用来整理、刮平场地以及进行牵引作业；换装相应的工作装置后，还可以进行挖土、起重以及装卸棒料等作业。

装载机分为轮胎式和履带式两种，CAT 966D型装载机（美国卡特公司产）为轮胎式，其结构组成如图13-17所示。 装载机的液压系统包括液力传动系统与液压传动系统两大部分。

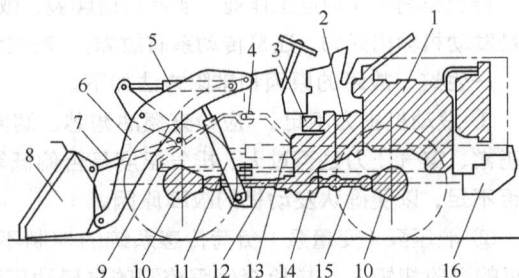

图13-17 装载机总体结构

1—柴油机；2—变矩器；3—工作泵；4—铰接销；
5—转斗液压缸；6—动臂；7—拉杆；8—铲斗；9—车架；
10—驱动桥；11—动臂液压缸；12—前传动轴变速箱；
13—转向液压缸；14—变速箱；15—后传动轴；16—配重

13.2.1 液力传动系统

（1）组成

CAT966D型装载机的动力传动系统包括三元件单级单相液力变矩器、变速箱、传动齿轮箱、前传动轴、前终端传动、后传动轴、后终端传动。

（2）工作流程

动力传动系统的工作流程为：动力由发动机传至液力变矩器，由变矩器将扭矩放大后传给变

速箱，变速箱中有6个用液压接合的离合器，使变速箱可提供4个前进挡和4个后退挡。从变速箱输出的动力传到传动齿轮箱，由传动齿轮箱分别将动力传到前、后差速器，再传至终传动和车轮。变速箱的结构如图13-18所示。

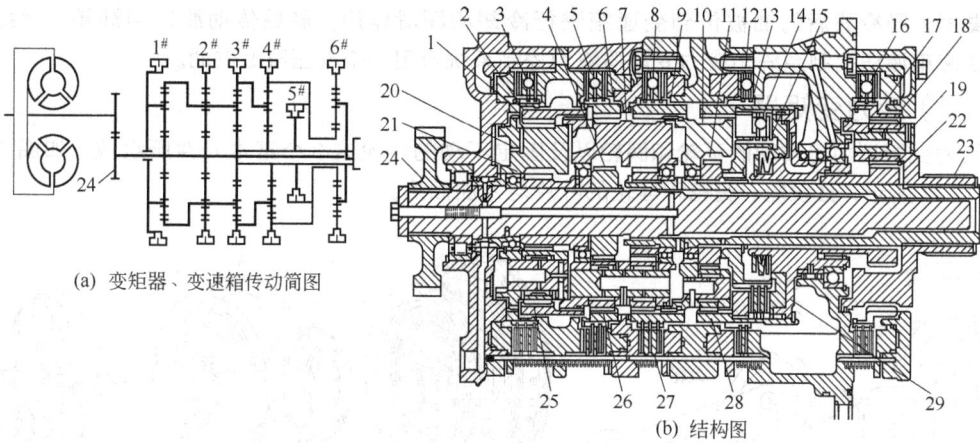

图 13-18　变速箱结构

1—1号离合器外齿圈；2—齿圈；3—1#离合器；4—2号太阳轮；5—2#离合器；6—2#离合器外齿圈；7—2号和3号架；8—3#离合器；9—3号离合器外齿圈；10—4号行星架；11—4号太阳轮；12—4#离合器；13—4号离合器外齿圈；14—5#离合器；15—转动轮毂；16—6号太阳轮；17—6号离合器外齿圈；18—行星齿轮；19—6号行星架；20—1号行星架；21—1号太阳轮；22—6号太阳轮；23—输出轴；24—输入油；25—1号行星齿轮；26—2号行星齿轮；27—3号行星齿轮；28—4号行星齿轮；29—离合器毂

（3）液力-机械传动系统

动力传动中的液力-机械传动系统如图13-19所示。储油箱21中的油经过滤器15被液压泵9

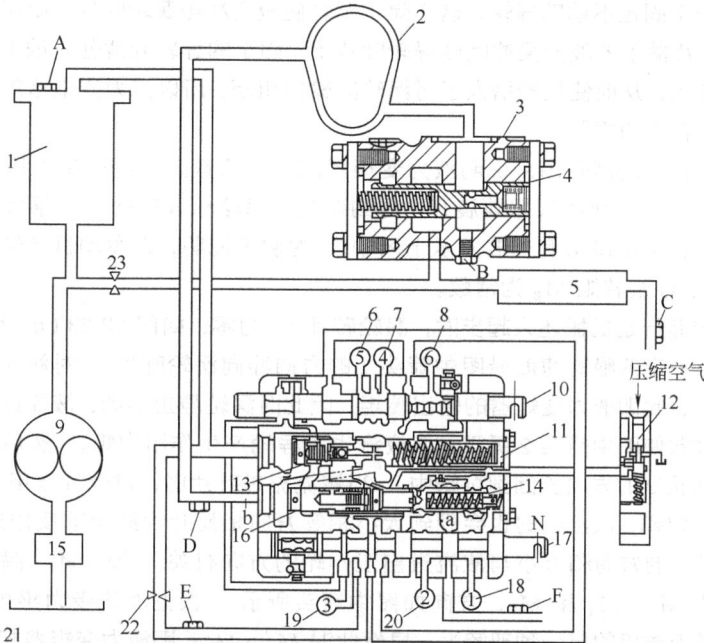

图 13-19　动力传动液力-机械传动系统（空挡、发动机停止）

1—传动油滤清器；2—变矩器；3—变矩器出口溢流阀体；4—变矩器出口溢流阀；5—传动油冷却器；6—5号离合器；7—4号离合器；8—6号离合器；9—齿轮泵；10—选速用滑阀；11—免载活塞；12—变速箱中位阀；13—调节溢流阀；14—压差阀；15—过滤器；16—变矩器进口限压阀；17—方向选择滑阀；18—1号离合器；19—3号离合器；20—2号离合器；21—储油箱；22,23—流量控制孔；A—流量控制孔（在滤清器上）；B—变矩器出口测压点；C—变速箱润滑油测压点；D—变矩器进口测压点；E—挡位离合器测压点（P_1）；F—方向离合器测压点（P_2）

泵出，通过传动油滤清器 1 先输送至变速箱操纵阀，按优先向速度离合器供油，再给方向离合器供油。当速度离合器的压力达到设定值时，变速箱控制阀通过调节安全溢流阀将油传到液力变矩器，变矩器利用传动油放大传给变速箱的扭矩，随后传动油通过变矩器出口溢流阀箱送到传动油冷却器，经冷却后的油被传到变速箱进行冷却和润滑作用，最后传动油返回油箱。由上可知：变速箱液压控制系统和液力变矩器液力控制系统合用一个液压泵 9 供油。

（4）液力变矩器

液力变矩器由可转动的泵轮和涡轮以及固定不动的导轮这 3 个基本元件所组成，如图 13-20 和图 13-21 所示，且泵轮、涡轮和导轮的叶片均为曲面形。

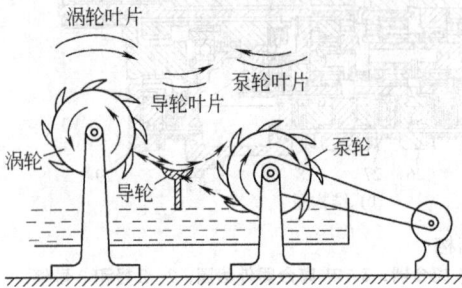

图 13-20　导轮作用原理图

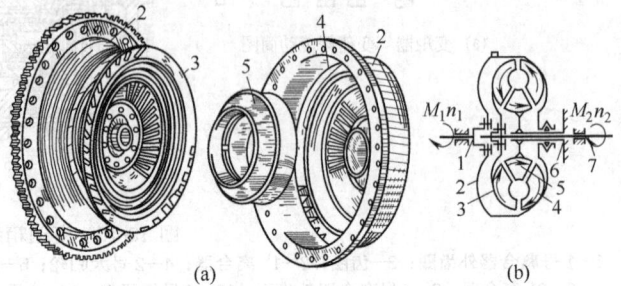

图 13-21　液力变矩器结构

1—发动机曲轴；2—变矩器壳；3—涡轮；
4—泵轮；5—导轮；6—导轮固定套管；7—从动轴

泵轮的作用是将机械能变为液压油的动能，涡轮的作用是把这种动能又变成机械能输出，因为它也有液流的循环流动，所以液力变矩器的第一个作用是传递扭矩。

结构中还有一个固定不动的导轮，这样除了泵轮使液流冲击涡轮叶片，使涡轮旋转传递扭矩外，同时沿涡轮叶片落下的液流又冲回到导轮叶片上，固定的导轮叶片使它改变方向，对泵轮叶片背面又进行了冲击，从而使泵轮增大了对涡轮的输出扭矩，所以液力变矩器的第二个作用是能够"变矩"，"放大输出扭矩"。

现以变矩器工作轮的展开图来说明液力变矩器的工作原理。沿图 13-22 所示的工作轮循环圆中间流线将三个工作轮叶片假想地展开，得到泵轮、涡轮和导轮的环形平面图（图 13-23）。各叶轮叶片的形状和进出口角度也被显示于图中。为便于说明，设发动机转速及负荷不变，即变矩器泵轮的转速 n_B 及转矩 M_B 为常数。

当发动机运转而行走机械还未起步时，涡轮转速 n_T 为零，如图 13-23（a）所示。液体在泵轮叶片带动下，以一定的绝对速度沿图中箭头 1 的方向冲向涡轮叶片。对涡轮有一作用力，产生绕涡轮轴的转矩，此即液力变矩器的输出转矩，因此时涡轮静止不动，液流则沿叶片流出涡轮并冲向导轮，其方向如图中箭头 2 所示，该液流也对导轮产生作用力矩。然后液流再从固定不动的导轮叶片沿箭头 3 的方向流回到泵轮中。当液流流过叶片时，对叶片作用有冲击力矩。根据作用力与反作用定律，液流此时也会受到大小相等方向相反叶片给予的反作用力矩。作用力矩（或反作用力矩）的方向和大小与液流进出工作轮的方向有关。设泵轮、涡轮和导轮对液流的作用力矩分别为 M_B、M_T 和 M_D，方向如图中箭头所示。根据液流受力平衡条件，有 $M_T = M_B + M_D$，这种增矩作用的另一种理解为：显然此时 $M_T > M_B$，即液力变矩器起到了增大转矩的作用。当液流冲击进入涡轮时，对涡轮有一作用力矩，此为泵轮给液流的力矩；当液流从涡轮流出冲击导轮时，对导轮也有一作用力矩，而因轮被固定在变速壳体上，从而导轮给液流的反作用力矩通过液流再次作用在涡轮上，使得涡轮的转矩等于泵轮转矩与导轮转矩之和。

当液力变矩器输出的转矩经传动系统传到驱动轮上所产生的牵引力足以克服行走车辆的起

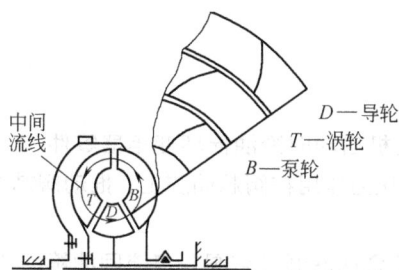

图 13-22　液力变矩器工作轮展开示意图

中间流线

D—导轮
T—涡轮
B—泵轮

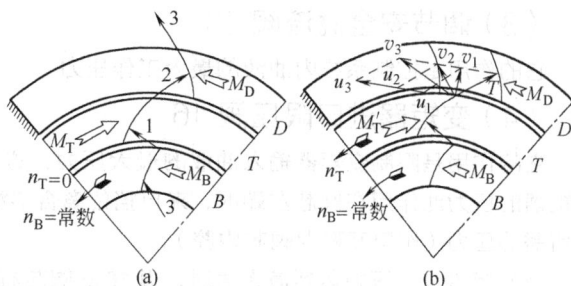

图 13-23　液力变矩器的工作原理图

步阻力时，开始起步并加速，与这相连的轮速 n_T 也从零起逐渐增加，设液流沿叶片方向流动的速度为相对速度 T，在叶轮的作用下所具有的沿圆周方向运动速度为牵连速度 u，两者的矢量之和为绝对速度 v。涡轮转速 n_T 不为零时，液流在涡轮出口处不仅具有相对速度 T，而且具有牵连速度 u_1，故冲向导轮叶片的液流的绝对速度 v_1 为两者的合成速度，如图 13-23（b）所示。因泵轮转速不变，即液体循环流量基本不变，故涡轮出口处的相对速度 T 不变，变化的只是涡轮转速 n_T，即牵连速度 v 发生变化。由图可见，冲向导轮叶片的液流的绝对速度 v 将随牵连速度 u 的增加而逐渐向左倾斜，使导轮上所受的转矩逐渐减小。

当涡轮转速增大到一定值时，由涡轮流出液流 v_2，正好沿导轮出口方向冲向导轮，由于液体流经导轮时方向不改变，故导轮转矩 M_D 为零，即涡轮转矩与泵轮转矩相等，$M_T = M_B$ 所示。

当轮转速 n_T 继续增大，液流绝对速度 v 方向继续向左倾，如图 13-23（b）中 v_3 所示方向。液流冲击导轮叶片反面，导轮转矩方向与泵轮转矩方向相反，则涡轮转矩为前两者转矩之差（$M_T = M_B - M_D$），即变矩器输出转矩反而比输入转矩小。当涡轮转速 n_T 增大到与泵轮转速 n_B 相等时，工作液在循环圆内的循环流动停止，不能传递动力。

图 13-24 为液力变矩器在泵轮转速 n_B 不变的情况下，涡轮转矩 M_T 随其转速 n_T 变化的规律，即变矩器特性曲线。由图可知，涡轮转矩是随涡轮转速的改变而连续变化的。当行走机械在起步、上坡或遇到较大阻力时，如果发动机的转速和负载不变，则行走速度将下降，即涡轮转速降低，于是涡轮转矩相应增大，而能使驱动轮获得较大的力矩，保证能克服增大的阻力而继续行驶。所以液力变矩器便是一种能随行走机械行驶阻力变化而自动改变输出转矩的无级变速器。此外，液力变矩器同样也具备使行走机械平稳起步、衰减传动系的扭转振动，防止传动系超载等作用。

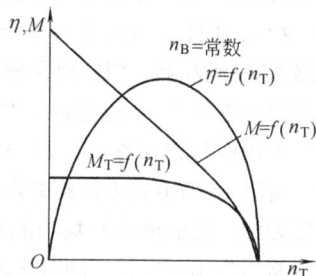

图 13-24　液力变矩器的特性曲线

13.2.2　液压传动系统控制元件

（1）方向选择阀 17（见图 13-19，下同）

控制前进、后退和空挡。利用阀芯左端定位柱塞 3 个凹槽，决定阀芯 3 个位置。当定位柱塞以中间凹槽定位时，为空挡位置；当定位柱塞以左边凹槽定位时，为前进挡位置；当定位柱塞以右边凹槽定位时，为倒退挡位置。操作手动操作阀 17 的左右移位，可进行方向选择。

（2）速度（挡位）选择阀 10

其阀芯偏右端有 4 个凹槽，阀芯左右移动可与定位柱塞决定 4 个轴向工作位置（四位阀）。此 4 个位置与上述阀 17 的前进挡与后退挡的两个位置相组合，可决定前进和后退各四挡，共八挡的速度。

（3）调节安全溢流阀 13

它的作用是控制系统内油液的最大工作压力。

（4）变矩器进口限压阀 16

它的作用是限制变矩器输入油液的最大压力，防止发动机启动时冷油损坏变矩器零件。当变矩器的压力油作用在阀芯左端时，来自挡位离合器油路的压力作用在阀芯油腔上，推动阀芯左移所需的压力（作用而积为阀芯内腔）。

当变矩器进口压力达到最大值时，阀 16 的阀芯右移，多余油液通过该阀开口流回油箱。当压力再次达到平衡时，阀芯又左移。离合器不用的油均输往变矩器进口限压阀。

（5）安全溢流阀 4

安全溢流阀装在变矩器出口，控制变矩器内油液的最大压力值。

（6）空挡阀 12

当踩下制动踏板时，来自气动系统的压缩空气推动空挡阀（克服弹簧力）阀芯移动。阀芯的移动使压差阀左端的油液经空挡阀与油箱相通。压差阀 14 的阀芯在右端弹簧力的作用下左移，使方向离合器油路的油液经阀右端与油箱相通，压差阀芯进一步左移，直至液压泵输往方向离合器的油被隔断为止，此时便为空挡。

（7）压差阀 14

其作用是当变速杆处于前进和后退挡位置启动发动机时，防止其机械移动。当启动发动机并将操作杆处于空挡位置时，方向选择阀 17 与选速用的换挡选择阀 10 处于图 13-19 所示位置。泵 9 从油箱 21 经过滤器 15 吸进油液，经滤清器 1 再经节流孔 22 后输往变速箱液压控制器（组合阀）。从此时阀芯 17 与阀芯 10 的位置图可知，阀芯 17 以中间凹槽由定位柱塞将阀芯定位，阀芯 10 以最右边凹槽由定位柱塞将其定位，此时压力油（22 来）进入 3 号离合器 19，而其他 1 号、2 号、4 号、5 号、6 号离合器通过相关流道与油箱相通，因而此时处于空挡位置。当 3 号离合器 19 充满油后，挡位离合器油路内的压力增高，阀 13 左腔（与泵来油接通）的压力也升高，当压力升高到阀 13 的调定压力时，阀 13 打开，让多余的油液经内流道与外接口 b 流往变矩器。

当操作杆选择移到前进一挡位置时，如图 13-25 所示，此时阀芯 17 左端凹槽由定位柱塞定位，阀芯 10 仍由右边凹槽的定位柱塞定位。由图可知，此时 2 号离合器 13 与 6 号离合器 8 通泵来压力油，其他离合器均与油箱相通。此时由于 3 号离合器通油箱，系统内压力下降，阀芯 13 在弹簧力作用下左移，同时压差阀 14 的阀芯也左移，直到阀左端的大孔被阀体内孔圆柱面关闭截断液压泵来的压力油为止。

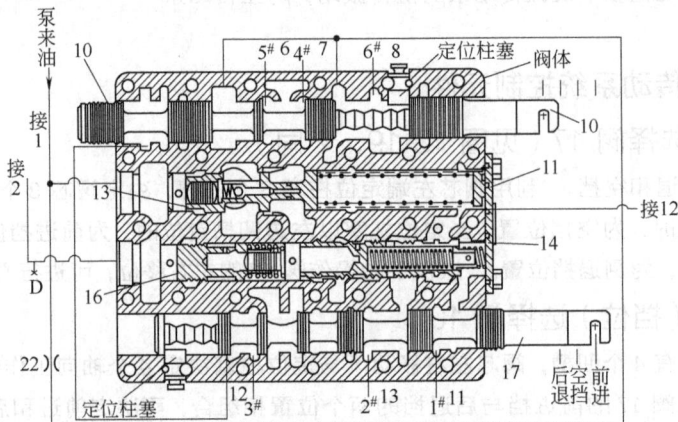

图 13-25　前进 1 挡时阀芯位置

同样搬动变速操作杆，使阀芯 17 与阀 10 处于其他凹槽位置，由定位柱塞定位，可得到表 13-1 所示的其他挡速度，其工作原理与上述相同。

表 13-1　变速箱各挡位置与离合器关系

变速挡位	离合器(通压力油合上)						变速挡位	离合器(通压力油合上)					
	1#	2#	3#	4#	5#	6#		1#	2#	3#	4#	5#	6#
空挡			+				倒退一挡	+					+
前进一挡		+				+	倒退二挡	+				+	
前进二挡		+			+		倒退三挡	+			+		
前进三挡		+		+			倒退四挡	+		+			
前进四挡		+	+										

13.2.3　转向控制液压系统

（1）转向系统各元件的功用

转向控制液压系统如图 13-26（a）所示。左、右转向缸 12 与 15 控制着车轮的转向方向和转向角度大小，为转向系统的执行元件，转向泵 7 给转向缸提供压力油源。操纵泵 6 为转向操纵控制系统（转向控制阀）提供控制压力油源。溢流阀 5 限制（调节）泵 6 的最大工作压力，即调节并限定转向控制阀先导控制油的压力。转向控制阀 9 控制转向缸的进出油方向，以决定车轮向左还是向右拐弯，它为三位液动换向阀，作主换向阀用。

左、右中立阀 1 与 3 为先导控制阀，为阀 9（主阀）的阀芯两端提供控制压力油（源自泵 6），以控制主阀芯 10 的左右移动，从而改变进入和流出转向缸的油液方向。

手动油量控制器 2 实为一般的摆线泵（摆线液压马达），作计量泵用。它的结构如图 13-26（b）所示。通过一根花键轴组件与方向盘连接。当转动方向盘时，滑阀与阀套跟随一起动（相隔一定角度），并通过销带动驱动花键转动，再带动泵的内齿轮转动，并绕外齿轮公转，根据方

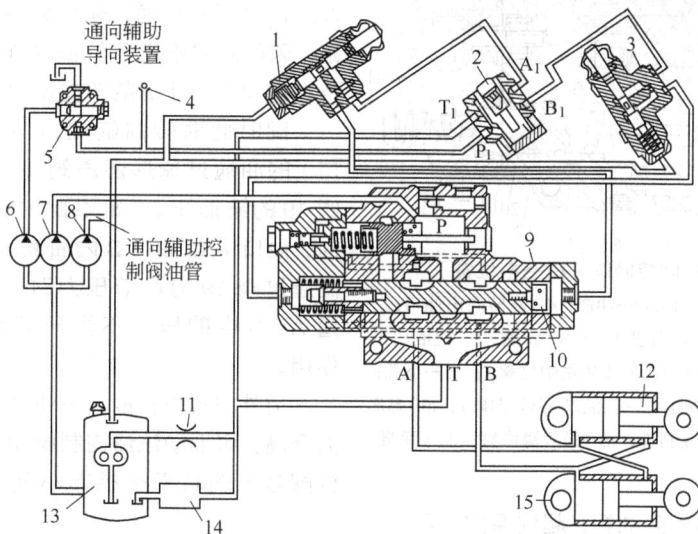

(a)原理

1—左中立阀；2—手动油量控制器；3—右中立阀；4—操纵系统单向阀；5—操纵系统溢流阀；6—操纵泵；
7—转向泵；8—工作机构液压泵；9—转向控制阀；10—滑阀（芯）；11—节油孔；12—左转向缸；
13—液压油箱；14—油冷却器；15—右转向缸

图 13-26

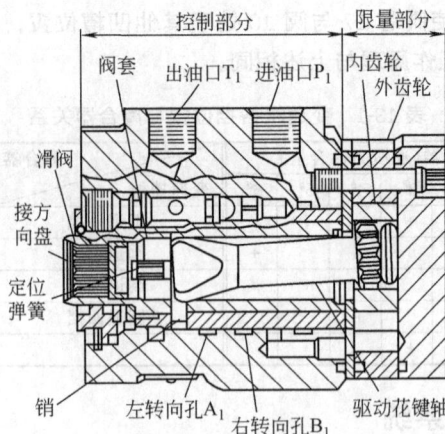

图 13-26 转向系统

控制部分　限量部分

阀套　出油口T₁　进油口P₁　内齿轮　外齿轮

滑阀

接方向盘

定位弹簧

销　左转向孔A₁　右转向孔B₁　驱动花键轴

(b) 转向器(手动油量控制器2)结构

向盘转角大小，限制（计量）从 A₁ 孔或残孔排出油量的多少，输往左或右中立阀 1、3，以控制转向控制阀（滑阀式伺服阀）9 的阀芯 10 左右移位的大小，从而改变进入转向缸的油流方向和流量的大小，以决定转向缸转动车轮的方向和转角的大小。

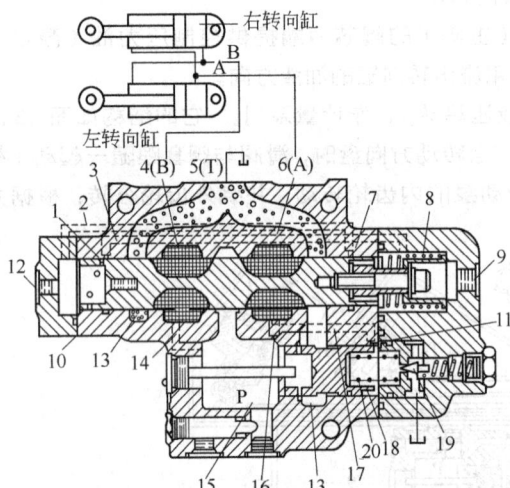

图 13-27　转向控制阀（在空挡位置）

1, 7—限量孔；2,3,14,17—油道；4—左转向出油口；5—出油口；6—右转向出油口；8—弹簧；9—进油口（从右中立阀）；10—主阀芯（从左中立阀）；11—小孔；12—进油口；13—回油道；15—进油口（从转向泵）；16—球形还原阀；18—流量控制阀；19—先导溢流阀；20—弹簧

（2）转向系统的工作原理

① 不进行转向（空挡位置）时　当方向盘停止转动或转向完成后，中立阀处于关闭油路的位置，无控制油进入（或流出）转向控制阀阀芯 10 两端中的任何一端，对中弹簧 8 使阀芯 10 回到中位，如图 13-27 所示位置，此时 P、A、B、T 互不相通，无压力油流入和流出转向缸，因而此时不进行转向动作，而使装载机保持在方向盘停止时的转向位置上。

同时此时转向缸油口 A（6 口）和 B（4 口）的油通过球形还原阀 16 作用在先导溢流阀 19 的锥面上。如果此时强行使装载机转向，油口 A 或油口 B 内油液压力会升高，当升高超过阀 19 的调节压力时，该阀开启，使管道 A、B 中的压力不再升高而起到安全保护作用。

另外空挡位置时，进油口 P 及 15 腔内的压力升高，可推动流量控制阀 18 的阀芯右移，直到阀芯上的若干个径向小孔与回油通道 5 相通，泵来油也可溢回到油箱，起到保护作用。

② 向右拐弯　当转动方向盘向右拐弯时，泵来油经右中立阀进入转向控制阀的油口 9，弹簧腔 8 内的油压升高，主滑阀芯 10 左移，使 P 与 A 通，B 与 T 通。这样转向泵来的压力油 P 经 A（6 口）流往左转向缸的无杆腔和右转向缸的有杆腔，推动装载机向右拐弯。

弹簧腔 8 内的控制压力油过量时可从限量孔 7→流道 2→油口 12→左中立阀→手动油量控制器，让过量油回到油箱。

同时，油口 A（6 口）的压力油推动球形还原阀 16→流道 17，作用在先导溢流阀 19 和流量控制阀 18 的右端，如果压力高于阀 19 的调定压力，该阀开启泄掉一部分压力；阀 18 的左移可减少旁路节流作用，让更多的油液流向转向液缸。 另外阀 19 的开启也使得阀 18 右端的弹簧腔压力降低。 如果进油通道 15 内的压力过高而向右推开阀 18，使进油腔 15 的部分油可经流量控制阀芯 18 上的径向小孔再经通道 5 流回油箱，起泄油阀的作用。 当泄掉多余压力后压力减小，流量控制阀和先导溢流阀又回到正常位置和阀 19 关闭的位置。 阀 18 与阀 19 构成单稳阀。

③ 向左转向 当向左转动方向盘时，由控制泵来的控制压力油经中立阀进入转向阀 10 的进油口 12，推动主阀芯 10 右移，使 P 与 B 通，A 与 T 通，转向泵来的压力油由 P 口进入腔 15，再经主阀芯 P 与 H 的通道进入右转向缸的无杆腔和左转向缸的有杆腔，使装载机向左拐弯转向。

其他工作过程与上述向右拐弯转向的情况相同。

13.2.4 工作装置液压系统

如图 13-28 所示，该液压系统由油箱 1、三联泵 2、单向阀 3、提升先导阀 4、转斗先导阀 5、先导油路压力控制阀 6、转斗液压缸液动换向阀 7、提升液压缸液动换向阀 8、安全阀 9 与 10、补液单向阀 11、液控单向阀 12、转斗液压缸 13、提升液压缸 14 和主油路溢流阀 15 等组成。 主要液压元件的功用与工作原理如下。

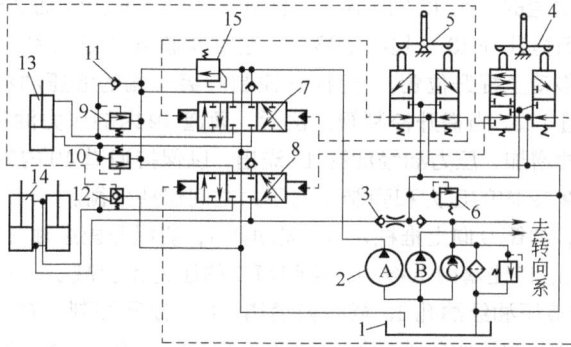

图 13-28 CAT966D 型装载机工作装置液压系统

（1）三联泵 2

三联泵包括主泵 A、转向泵 B 和先导控制油液压泵 C 构成，A、B 为子母叶片式叶片泵，C 为摆线齿轮泵。 A 泵流量最大，提供转斗液压缸和提升液压缸工作用油；泵 C 流量最小，提供液动换向阀 7、8 的先导控制油用油；泵 B 为转向泵。 它们的结构如图 13-29 所示。

（2）先导油压力控制阀（图 13-30）

正常工作时，由先导泵来的压力油经通道 7、阀杆 6 上的油孔 4、阀杆中心孔和出油通道 9 至先导控制阀。

发动机熄火时，如果动臂在升起位置，来自提升液压缸大腔的压力油进入通道 5，当先导控制阀的降落杆在工作位线时，压力油经阀杆上的油孔 8、出油通道 9 流至先导控制阀，然后至提升控制阀，可使动臂降落。

发动机熄火时，阀杆 6 还控制从通道 5 至先导控制阀的油压值（约 1.03MPa），若油压很高时，将使阀杆克服弹簧 3 的压力左移。 这样，经阀杆油孔 8 的油减少，促使通道 9 的压力降低。

（3）提升先导阀和转斗先导阀

这两个阀在同一个阀体内，驾驶员在驾驶室内通过操纵先导阀的提升杆或降落杆、转斗先导阀的前倾杆或后倾杆，将先导系统的压力油根据需要送至提升控制阀和转斗控制阀，以控制铲斗的升降和前后倾。其工作原理可参阅图 13-31 的说明。

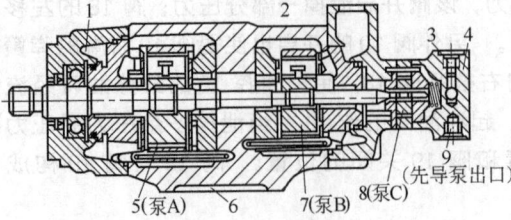

图 13-29 液压泵组

1—主泵出油管；2—转向泵出油管；
3—先导泵溢流阀回油管；
4—先导泵溢流阀阀体；
5—主泵 A；6—油箱油管；7—转向泵 B；
8—先导泵 C；9—先导泵出油管

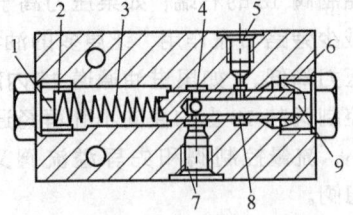

图 13-30 先导油压力控制阀

1—放油通道；2—垫片；3—弹簧；
4—油孔（四个）；
5—通道（与提升液压缸大腔相通）；
6—阀杆；7—通道（接先导泵）；
8—油孔（两个）；9—通道

提升控制杆控制提升杆和降落杆，它有保持、提升、下降和浮动 4 个位置。提升控制杆在保持位置时［图 13-31（a）］，柱塞 3、4 在相同的位置上，由先导泵来油至通道 20 后，被降落杆 12 和提升杆 13 挡住，而油孔 14、15 与油箱通道接通。

提升控制杆在提升位置时［图 13-31（b）］，促动器 1 和提升操纵轴 2 按图示方向转动，克服弹簧 9 的弹力使柱塞 4 和提升杆 13 一起向下移动，这时通道 20 的压力油经油孔 15、通道 19 至提升控制阀的一端，使之移动至提升位置。而提升控制阀另一端的液压油流回通道 18，经降落杆 12 的油孔 14 至油箱通道 11。当提升控制阀定位后，通道 19 内的压力油将提升杆和弹簧 7 向上推。通道 19 内的压力油增加，压力油经油孔 15 流出，以保持通道 19 内的压力。此时提升杆被推离弹簧座 6，并在通道 19 内的压力和弹簧 7 的压力之间保持平衡。

提升控制杆放松时，弹簧 9 向上推柱塞 4、促动器 1，使提升操纵轴 2 转动，提升控制杆回到保持位置。因为弹簧座已和柱塞向上移动，且弹簧 7 的压力也已减小，所以提升杆 13 也向上移动。这时，通道 9 内的液压油经油孔 15 至油箱通道 11。提升控制阀在定心弹簧的作用下回到保持位置，从提升控制阀一端流出的液压油也流经通道 19、油孔 15 至油箱通道 11。

提升控制杆移到下降位置时。提升操纵轴 2 和促动器 1 按图 13-31（c）所示方向转动。促动器克服弹簧 8 的力将柱塞 3 向下推，降落杆 12 也随之下移。这时通道 20 的压力油经油孔 14、通道 18 流至提升控制阀的另一端。其他动作与提升类似，不再重述。

当提升控制杆移到浮动位置时［图 13-31（d）］，提升控制杆可保持在浮动位置，降落杆 12 在先导控制阀内的移动，除被推下得更多些外，其余均与降落位置相同。这时，放油通道 16 通过环槽 23 与油箱通道接通，由主泵输出的液压油直接流回油箱，动臂可在自重作用下降落，铲斗呈浮动状态。

当发动机熄火时，从提升液压缸大腔流出的液压油经单向阀、减压阀至通道 20，此时将提升控制杆移到降落和浮动位置，铲斗就能降落到地面上。

转斗控制杆操纵先导控制阀内的前倾杆和后倾杆，它有前倾、保持和后倾位置。现以转斗控制杆前倾为例说明其工作情况，如图 13-31（e）所示，此时促动器 24 和转斗操纵轴 25 按逆时针方向转动，柱塞 26 和前倾杆 35 向下移动。来自通道 20 的液压油经油孔 37、通道 21 流至转斗控制阀的一端，使其移动到前倾位置。而转斗控制阀另一端油腔的液压油流回通道 22，经后倾杆 34 的油孔 36 流入油箱通道 11。

同理，当发动机熄火动臂在升起位置时，铲斗可以前倾。

（4）提升控制阀和转斗控制阀

这两个控制阀在同一阀体内，构成多路阀。

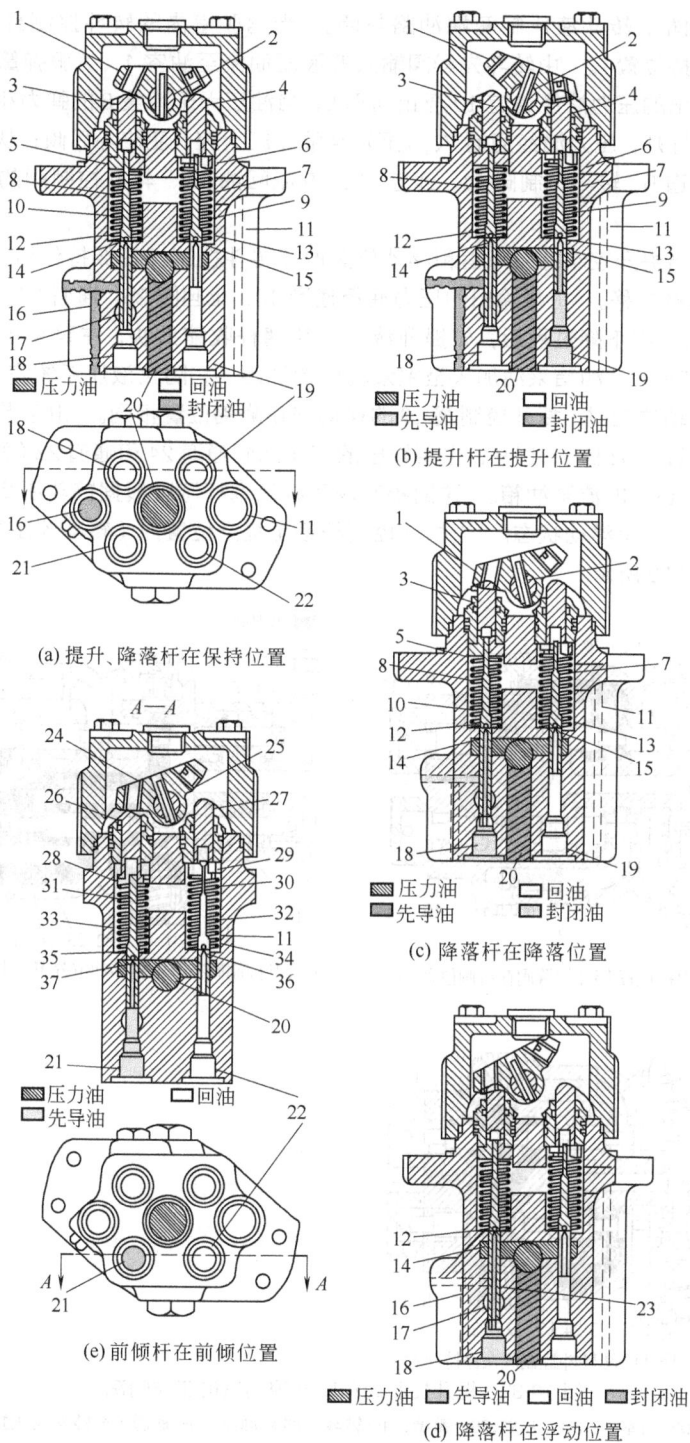

图 13-31 提升先导阀和转斗先导阀

1,24—促动器;2—提升操纵轴;3,4,26,27—柱塞;5,6,28,29—弹簧座;7~10,30~33—弹簧;
11,17—油箱通道;12—降落杆;13—提升杆;14,15,36,37—油孔;16—放油通道;18,19—通提升滑阀通道;
20—通道(液泵来油);21,22—通转斗滑阀通道;23—环槽;25—转斗操纵轴;34—后倾杆;35—前倾杆

转斗控制阀(如图 13-28 所示):转斗控制阀有保持、前倾和后倾三个位置,当油室 1、12 内没有先导压力油时,弹簧 2 将转斗控制阀固定在保持位置。此时主泵输出的压力油从通道 10 经

油道14、15流回油箱，转斗液压缸两端油路封闭。 当驾驶室内的转斗控制杆移至后倾位置时（提升控制杆在保持位置）。 由转斗先导阀输入的液压油流至油室1，克服弹簧2的弹力使转斗滑阀右移；主泵输出的压力油经通道10至止回阀9，当油压大于弹簧8的弹力和转斗液压缸大腔压力时，止回阀9打开，压力油经通道7、6至转斗液压缸大腔，使铲斗后倾；从转斗液压缸小腔流出的液压油经通道5、转斗控制阀11、通道13、15流回油箱。 转斗控制阀的前倾位置的工作过程从略。

提升控制阀：当提升控制杆在降落和浮动位置时（转斗控制杆在保持位置），先导油流至油室27，使提升控制阀左移。 主泵输出的压力油经通道10、止回阀25、通道24、22至提升液压缸小腔，使动臂下降。 在下降过程后，如提升液压缸活塞杆收缩太快，主泵来不及向活塞杆端供油时，放油阀19打开，从油箱来油加入至主泵输出的油路中，防止液压系统产生真空现象。 当提升控制杆移至浮动位置时，提升控制阀16的移动与在降落位置相同。 由于此时先导控制阀使通道20和油箱接通，放油阀19打开，主泵输出的液压油同通道24和通道22（提升液缸大腔）的液压油一起经通道13、15流至油箱。 这时提升液压缸活塞杆可以根据铲斗所受作用力的大小和方向，随意上下移动，呈浮动状态。 当提升控制杆移至提升位置时（转斗控制杆在保持位置），其工作情况如图13-32所示。

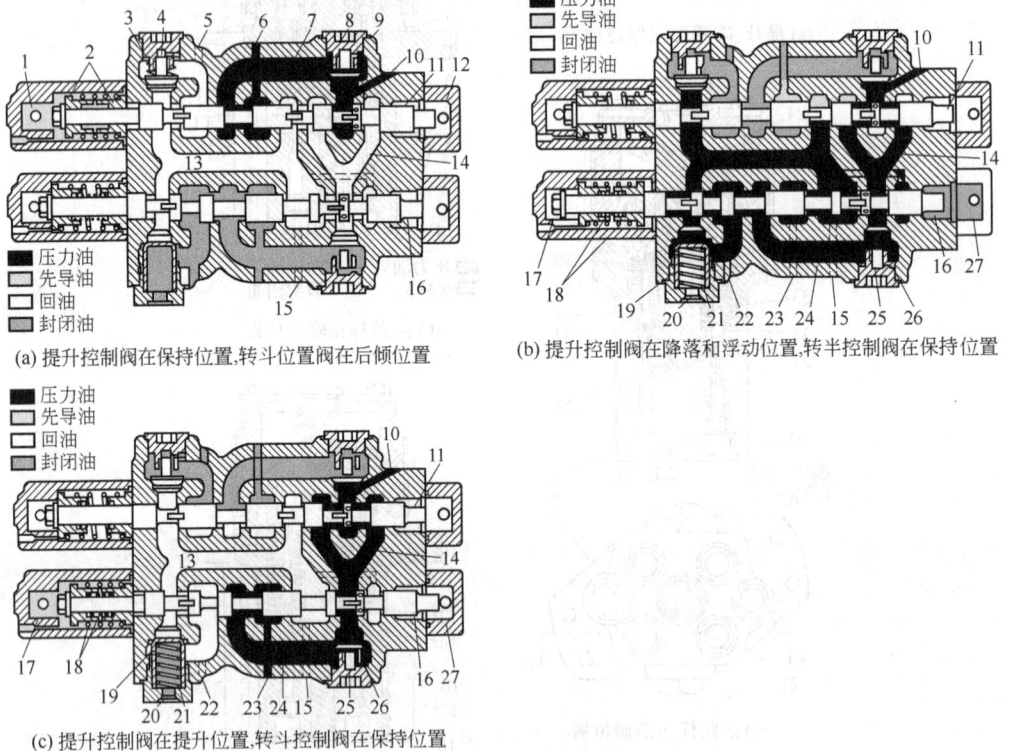

(a) 提升控制阀在保持位置,转斗位置阀在后倾位置
(b) 提升控制阀在降落和浮动位置,转半控制阀在保持位置
(c) 提升控制阀在提升位置,转斗控制阀在保持位置

图 13-32 提升控制阀和转斗控制阀的工作情况

1,12,17,27—油室；2,3,8,18,21,26—弹簧；4—转斗油路补油阀；5—通道（至转斗液压缸小腔）；6—通道（至转斗液压缸大腔）；7,13,14,24—通道；9—转斗油路止回阀；10—通道（主泵来油）；11—转斗控制阀；15—通道（至油箱）；16—提升控制阀；19—放油阀；20—通道（至先导控制阀）；22—通道（至提升液压缸小腔）；23—通道（至提升液压缸大腔）；25—提升油路止回阀

止回阀：止回阀9、25的作用是防止转斗液压缸和提升液压缸油路内的液压油倒流，从而避免工作过程中的"点头"现象。 放油阀19在提升控制油路的活塞杆端内，补油阀4在转斗控制油路的活塞杆端内，其作用是当活塞杆收缩太快液泵来不及供油时，使回油管道的液压油加入到

液压泵输出的油路中,确保供油充足,使液压缸在工作过程中不发生真空现象。放油阀 19 还为提升控制油路提供浮动作业。

(5)溢流阀和安全阀

主油路系统有溢流阀、转斗前倾安全阀和转斗后倾安全阀。

主油路溢流阀的构造如图 13-33 所示,它为先导型,调定压力 19.4MPa,其工作原理:主泵输出的压力油经进油孔 1 和阀 2 中心油孔流入弹簧 9 的腔内。当主油路内油压小于溢流阀的调定压力时,先导阀 3 保持关闭状态;当主油路油压与溢流阀调定压力相等时,先导阀 3 开启弹簧腔内的油经通道 8 流回油箱,这时作用在阀 2 右侧的只有弹簧 9 的压力,进油孔 1 内的液压油将推开阀 2,经出油孔 7 流回油箱,使主油路内的油压不高于溢流阀的调定压力值。

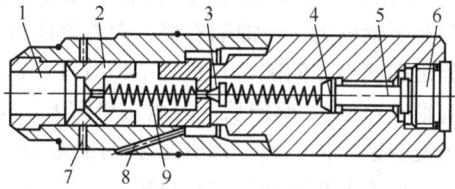

图 13-33 主油路溢流阀
1—进油孔;2—阀;3—先导阀;4—垫片;5—柱塞;
6—螺塞;7—出油孔;8—通道;9—弹簧

转斗前倾安全阀和后倾安全阀的作用是:与转斗控制阀在保持位置时,控制转斗液压缸小腔(有活塞杆端)和大腔油路的最大压力,防止在此位置时,一旦有较大的外力作用于铲斗,安全阀使活塞杆移动,保护机件免遭损坏。转斗前倾安全阀的限定压力为 17MPa,转斗后倾安全阀的限定压力为 20.7MPa。

13.2.5 故障分析与排除

(1)动力传动液压控制系统(参阅图 13-18 与图 13-19)

【故障1】 变矩器进口压力太低,造成输出动力不足或不工作

① 泵 9 输入的流量不够或者因磨损泵输出压力上不去,或者泵传动花键磨损松脱。

② 变矩器进口限压阀 16 的阀芯卡死在开启泄压位置,使进入变矩器的流量过小。

③ 变矩器的内泄漏严重,或者变矩器之前的油路外泄漏严重。

【故障2】 变矩器进口压力过高

① 变矩器内部存在堵塞。

② 油冷却器 5 存在堵塞,背压大。

③ 变矩器进口限压阀 15 或者变矩器出口溢流阀 4 的阀芯卡死在关闭位置。

【故障3】 变矩器发热升温厉害

① 装载机长时间在过载、高速下运转。

② 变速箱内冷却油位太高或太低。

③ 变矩器的供油量不足。包括泵 9 的供油量不足。

④ 导轮和泵轮相关部位磨损,轴承磨损,导轮座螺母松动等。

可针对上述情况,在明原因予以排除。

(2)变速箱液压系统

【故障1】 变速箱任何一挡都挂不上,打滑

① 阀 13 的调节压力过低,应调高。

② 阀 13 的阀芯卡死在开启位置上,泵 9 来油经此阀溢流泄压,而无足够压力的压力油通过方向选择阀和选择用变挡阀进入各离合器控制液压缸。应消除卡阀现象。

③ 变速箱中的离合器控制液压缸,因密封损坏、缸拉伤、活塞泄漏等原因造成控制液压缸内泄漏大,使推动摩擦片离合器的结合力不够,应修理变速箱中的离合器控制液压缸。

④ 变速泵 9 故障。 变速泵 9 主要是磨损，磨损后造成输出流量和输出压力不够，使无足够压力的油液进入变速箱离合器控制缸来顶紧摩擦片造成打滑。

除了泵 9 的正常磨损原因外，图 13-34 所示的原因值得特别关注。 变速泵 9 在装载机上的安装位置和结构如图 13-34 所示。 变矩器力矩通过一对齿轮传给变速泵 9 的主动齿轮轴（内花键），正常工作［图 13-34（a）］时，主动齿轮轴左端有间隙 δ，但当轴承磨损、卡环断裂脱落等原因产生轴向力，花键轴右移，向右推压泵 9 齿轮轴的左端面，花键轴右端台肩与主动齿轮轴左端面之间便没了间隙 δ［图 13-34（b）］，这样给泵 9 主动齿轮一很大的向右推力，造成齿轮右端面有很大磨损。 磨损后，内泄漏量增大，泵 9 的压吸油腔部分窜腔，因而输出流量压力不够，而不能使变速箱内的离合器有足够的顶紧力使摩擦片贴合，因而打滑。 解决办法如图 13-34（c）所示，在传入花键轴与三联泵轴之间增加一橡胶垫，恢复间隙 δ，从而消除了附加的轴向力，不使泵 9 磨损太快。

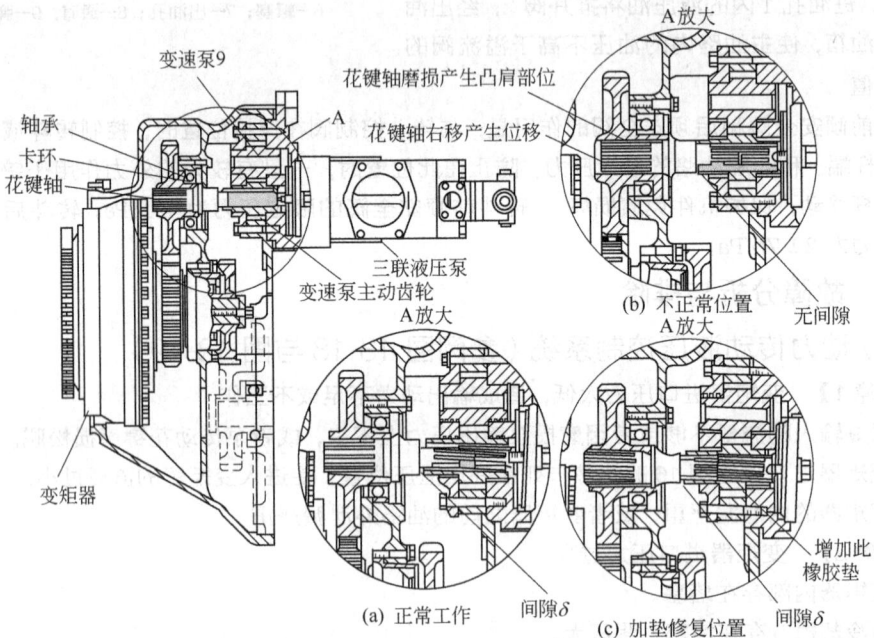

图 13-34　966D 型装载机变速器变速泵结构示意图

⑤ 离合器摩擦片磨损严重。

⑥ 变矩器失效。

【故障 2】　变速箱只有某一个或几个挡，有些变速挡没有，不能变挡（见图 13-25）

① 变速选择操作杆未能与方向选择阀和选速用的变挡阀连接好，操作杆不能使阀 17 与阀 10 的阀芯左右移动。

② 阀 17 左端的定位凹槽（3 个）磨损或者定位柱塞严重磨损，不能定位。 主要表现在空挡、前进挡与后退挡的转换方向有故障。 或者阀芯 17 被卡住在某个位置。

③ 阀 10 右端的定位凹槽（4 个）磨损或者定位柱塞严重磨损，不能定位，或者阀芯被卡住。主要表现在各变速挡之间的转换方面。

④ 某个或某几个离合器的摩擦片磨损。

⑤ 某个或某几个离合器的控制液压缸存在严重内漏。

【故障 3】　变速箱发热

发动机水箱中水量不够；装载机长时间超载工作；变速箱油位过低或过高；污物进入离合器

控制缸；油冷却器 5 或管路堵塞；可查明原因，予以排除。

（3）转向液压系统（参阅图 13-26 与图 13-27）

【故障1】 转向沉重表现为当转动方向盘时感到力大，转向液压缸动作迟滞，驾驶员的劳动强度增大

① 转向泵 7 故障。 转向泵 7 是转向系统的动力源，为转向系统提供的充足的流量和压力。如果转向泵流量不足，则难以提供足够的压力，造成转向沉重，主要表现为方向盘慢转较重，快转稍轻。 一般为泵内泄漏量大造成。 用手摸转向泵壳体应感到比油箱温度稍高，如果温差显著，则可断定是转向泵 7 内泄漏过大造成。 此时可参阅本书液压泵的相关内容予以故障排除。

② 单稳阀故障。 图 13-27 中的流量阀 18 与先导溢流阀 19 构成的是转向系统中一个重要元件——单稳阀。 通过它可使进入转向阀的流量稳定，以保证转向稳定可靠。 当单稳阀的阀芯 18 被杂质卡住在右端或弹簧 20 折断或漏装时，会使由泵来从 P 口进入的油液大部分或全部从径向小孔群回流油箱，造成供油量不足，系统压力下降，转向沉重（当阀芯 18 被卡在左端位置，使油不能回油，丧失流量自动调节稳流功效。 在大油门工况下，转向将出现另一极端——转向过于灵敏、发飘、无手感）。

③ 手动流量控制器——转向器［参阅图 13-26（b）］。 此为转向系统中的关键元件。 它通过滑阀和阀套的准确配油以及摆线转子泵的计量作用来实现比例转向。 当摆线转子泵（计量马达）的定子、转子副因长期使用，造成转子、定子副的径向和轴向磨损而间隙过大，使内泄漏量增大，计量失准时，此时表现为慢转时转向沉重而快转时转向较轻。 应修理或更换转向器。

④ 左、右中立阀。 左、右中立阀为转向控制阀两端提供控制压力油，促使转向控制阀左右移动而使转向缸换向。 当其阀芯因磨损内泄漏量增大时，会使转向阀位移不到位导致转向沉重，应予以修理。

⑤ 环形还原阀 16。 当漏装钢球或钢球密封失效会造成转向沉重，此时表现为快转与慢转均沉重，转向动作慢。

⑥ 转向缸。 转向缸活塞密封失效或局部失效同样会造成转向沉重，可用手触摸两转向缸缸体，如果明显有一只缸的温度高，这便是转向沉重的原因所在。

【故障2】 转向失灵——不转向

主要是指转向丧失操纵稳定性和可靠性。 产生转向失灵的主要是转向器和转向阀。

① 当转向阀的主阀芯 10 卡死，会出现转向失灵的现象。 卡死在中位，则不转向。

② 当转向阀的弹簧 8（参阅图 13-27）折断或漏装，阀的内泄漏量大，也会出现转向失灵现象。

③ 左、右中立阀 1 与 3 阀芯内泄漏量大或阀芯卡死，均会出现转向失灵或不转向的故障。

④ 手动油量控制器。 当转子和驱动花键轴、滑阀的位置装错，会出现方向盘自转或左右摆动的现象。 如果行驶，会造成打手或其他人身事故。 转子与驱动花键轴槽口方向应对准转子的下凹方向。

（4）工作装置液压系统（参阅图 13-28）

【故障1】 提升缸 14 不提升

① 控制油供液泵 C 无油液输出，或者输出油液的压力流量不够，此时可排除泵故障。

② 先导控制油路的调压阀 6 调节的压力过低，或者阀 6 的阀芯卡死在开启位置，均会使先导控制油的压力过低，即经阀 4 进入提升液动换向阀 8 两端的控制油压力不够，不能推动阀 8 换向。

③ 因提升先导阀 4 的故障，不能使其处于图 13-31（b）中的工作状况（例如：柱塞 4 未被压下，弹簧 10 未能使柱塞 3 上移等），无从阀 4 流出的控制压力油进入阀 8 的左控制腔，或者阀 8

右端腔的控制油回油受阻，无法经阀4回流到油箱，因而阀8无法左位（提升位）工作，因而无提升动作。此时应排除提升先导阀4的故障。

④ 提升阀（液动换向阀）8的阀芯因污物卡死等原因未能处于图13-31（c）中所示的工作位置，应拆修阀8。

⑤ 提升液压缸14因内泄漏量大或因别劲，无杆腔进入的压力油无法推动其活塞（活塞杆）上行，无提升动作。此时可按本书有关内容排除提升液压缸的故障。

【故障2】 提升缸不能下落

① 同上故障1中的①。

② 同上故障1中的②。

③ 因提升先导阀4的故障，不能处于图13-31（c）中的工作状况（例如柱塞3未被压下，弹簧7不能使柱塞4上移）。无经阀4的控制压力油进入阀8的右控制腔，或者阀8左腔的控制油回油无法经阀4流回油箱。应予以排除。

④ 同上故障1中的⑤。

【故障3】 转斗液压缸13不能使料斗前倾

① 同上故障1中的①。

② 同上故障1中的②，使经转斗先导阀5进入转斗油换向阀7的两端的控制油的压力不够，不能推动阀7换向，可予以排除。

③ 因转斗先导阀5的故障，不能处于图13-31（e）中的工作状况（例如柱塞26未被压下，柱塞27未能上移到位等），无经阀5的控制压力油进入阀7的右控制腔，或者阀7左控制腔的控制回油无法经阀5流回油箱。

④ 转斗控制阀因阀芯卡住而处于非前倾的位置（非左端位置）。

⑤ 转斗液压缸别劲不能运动。

【故障4】 转斗液压缸不能后倾

转斗液压缸后倾的故障分析可参照上述情况作出同样分析，转斗液压缸后倾时，转斗控制阀的阀芯应处于图13-31（a）中的位置。

13.3 CA25型振动压路机液压系统

13.3.1 振动压路机的组成和工作原理

在铁路、高速公路等道路的基础压实和路面压实工程中，广泛使用着压实机构，振动压路机是占绝对多数的一种压实设备。它不仅用于路基的压实作业，还广泛用于沥青混凝土路面、干硬性混凝土路面的压实，是现代化的公路、铁路及各种土建工程基础建设不可缺少的压实机械。

（1）组成

振动压路机包括驾驶室、发动机、车架、行走车轮（轮胎式）、振动鼓轮（碾压轮）及液压驱动装置等（图13-35）。

（2）振动轮的工作原理

压路机在行走过程中，振动轮以规定的行走速度行走和上下振动，对路基或路面进行压实。现代压路机均采用了调频调幅机构，即振幅（振动力）和振动频率是振动压实效果的两个参数：振幅由转动带偏心重的轴产生的振动力决定，它正比于偏心质量 m、偏心距 r 和转数的平方；振动频率通过改变泵输入液压马达的流量从而调节液压马达的转数来决定其大小。因此振动压路机一般为"变量泵＋定量马达"的闭式油路系统，小型压路机为"定量泵＋定量马达"的系统。

振动压路机有两种调幅方式——分开式偏心块调幅机构和调质式偏心块调幅机构。其工作原理如下。

分开式偏心块调幅方式的原理如图 13-36 所示。 振动轮内有根用液压马达 1 驱动的回转轴 3，轴两端分别装有一固连在轴上的偏心块 4（固定偏心块）和可在轴上转动 180° 的偏心块 2（可动偏心块）。 当偏心轴顺时针方向旋转时，固定偏心块与可动偏心块分开 180°，偏心距变大，质量不变，振动轮的振幅变大。

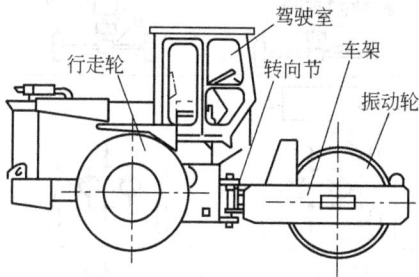

图 13-35 振动压路机的组成

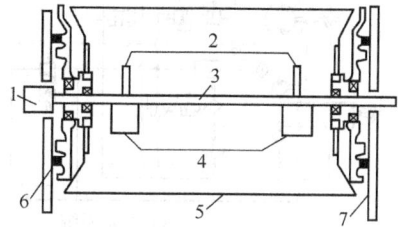

图 13-36 分开式偏心块调幅方式原理
1—液压马达；2—可动偏心块；3—振动轴；4—固定
偏心块；5—振动鼓轮；6—隔离橡胶块；7—车架

调质式偏心块调幅机构的振动轮结构与图 13-36 基本相同，只是偏心块的结构有异，它的变幅原理如图 13-37 所示。 偏心块内有一装有水银的封闭内腔，当偏心块顺时针方向转动作用时，离心力将水银抛向上腔，偏心块质心到转轴中心的距离——偏心距 r_1 较小，且由于质量的平衡，偏心质量 m_1 也较小，因而产生的偏心力矩 M_1 较小，振动轮的振幅较小；反之，当偏心块逆时针方向转动时，离心力使水银抛向下腔，偏心距 r_2 增大，偏心质量 m_2 也大，从而偏心力矩 M_2 也就增大，使振动轮的振幅增大。

振动轮的振动会波及驾驶室影响操作人员，车架以上零部件也会因振动产生损坏，此振动虽对压实路面有利，但对前者必须用减振器隔开。 减振器的作用是将振动轮与振动轮的机架之间的振动传递路线隔开。 减振器有橡胶减振器、弹簧减振器、空气减振器与液压减振器多种形式，而 CA25 型采用橡胶减振器，即用橡胶件将振动轮与机架隔开。 如图 13-36 中的件 6。

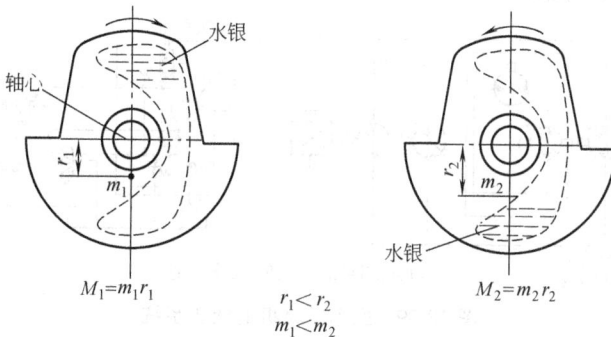

$$M_1=m_1r_1 \qquad r_1<r_2 \qquad M_2=m_2r_2$$
$$m_1<m_2$$

图 13-37 调质式偏心块调幅原理

（3）一般压路机的液压系统

振动压路机的液压系统包括三个主要部分：行走驱动系统、转向控制系统及振动控制系统。

① 行走驱动系统 压路机在碾压路面的作业中，要频繁地前进与后退，并且要频繁地加速与减速，而静液压变速机构利用改变变量泵的斜盘倾斜角，可方便地改变供给行走用液压马达的输出流量，从而可方便地进行车速控制。 泵变量斜盘的倾角从正值变为负值，即实现了倒车，而且倒车非常平稳，这在压实作业中是个重要要求。 它可以避免压路机在铺路材料尤其是沥青材料中间的颠簸起伏。 所以包括压路机在内的行走机械其行走驱动系统多采用静液压闭式回路

系统。 图 13-38 为压路机行走液压系统。

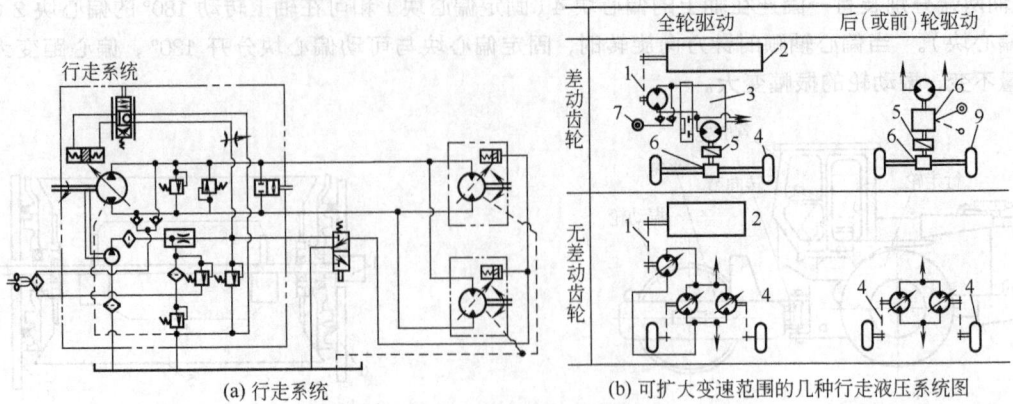

(a) 行走系统

(b) 可扩大变速范围的几种行走液压系统图

图 13-38　压路机行走液压系统

② 转向控制系统　可参阅 14.1 节中的内容。

③ 振动控制液压系统　振动压路机的液压系统有开式与闭式两种（图 13-39）。 开式多用于小型压路机，闭式多用于中大型压路机。

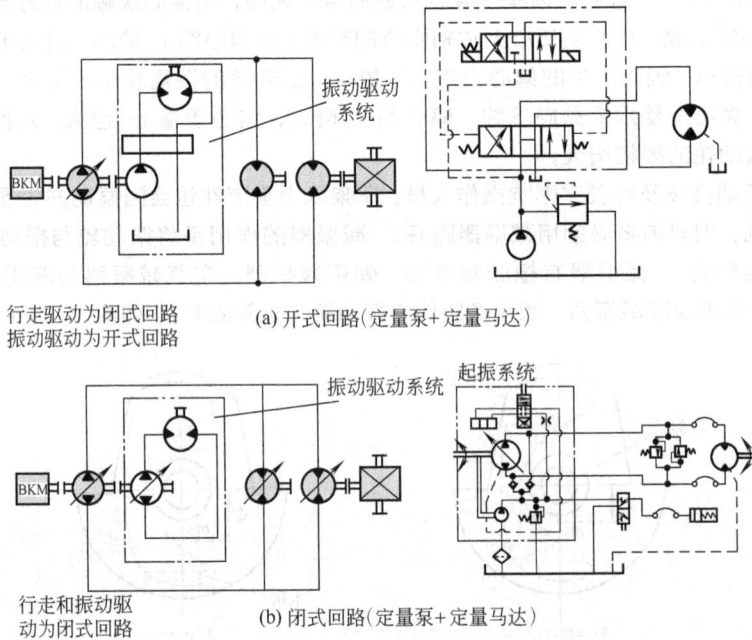

行走驱动为闭式回路
振动驱动为开式回路

(a) 开式回路(定量泵+定量马达)

行走和振动驱动为闭式回路

(b) 闭式回路(定量泵+定量马达)

图 13-39　振动压路机的液压系统

13.3.2　CA25 型振动压路机液压系统的工作原理

如图 13-40 所示，它包括行走油路、转向油路和振动油路三个主要组成部分。

（1）行走油路系统

变量泵 2 的排量（斜盘斜角）通过手动伺服阀 4 的操作，使变量控制缸 3 动作，从而改变系统流量，达到对车轮式行走液压马达 6 与 7（7 只用于 CA25D 与 CA25PD 型）的转速——行走速度的目的，为恒扭矩调速。

操纵阀 4 还可实现泵 2 的斜盘斜角由正角转向负角，从而可改变泵 2 输出压力油的方向，使行走液压马达实现反转，压路机进行倒退动作；当阀 4 处于中位，泵斜盘倾斜角度为零，泵无流

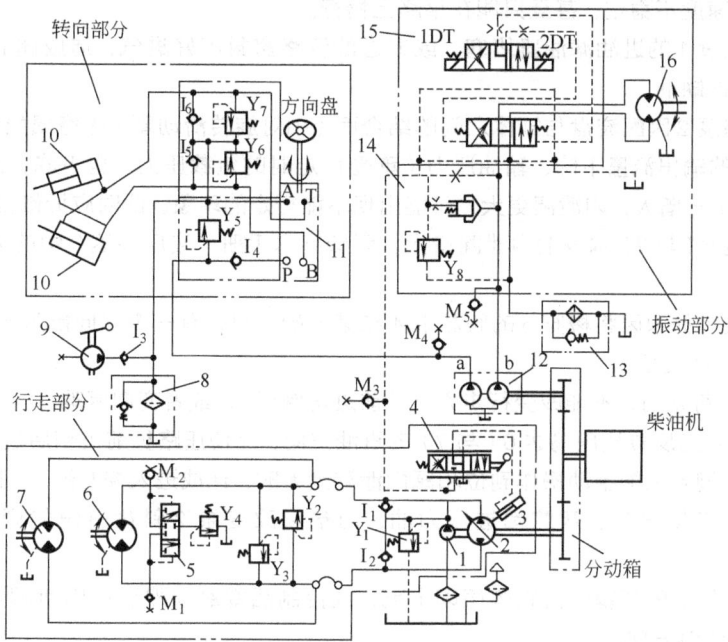

图 13-40 CA25 型振动压路机液压系统图

1—补液泵（齿轮系）；2—变量柱塞泵；3—斜盘控制缸；4—手动伺服阀（行走换向）；5—梭阀；6—后轮驱动马达；7—前轮驱动马达（CA250、CA25FD 用）；8—转向系统回油过滤器；9—手动供液泵（加油用）；10—转向液压缸；11—转向装置；12—双联齿轮泵；13—油冷却器；14—振动油路溢流阀；15—电液动换向阀；16—振动用齿轮马达；M₁～M₅—侧压接口；I₁～I₆—单向阀；Y₁～Y₈—溢流阀

量输出，液压马达停转，压路机停止前进与后退。

通过单向阀 I_1 或 I_2（I_1 与 I_2 一个开，另一个关阀）的作用。补液泵 1 可向闭式回路中双向补油（补充泄漏油），溢流阀 Y_1 控制补油回路的压力。溢流阀 Y_2 与 Y_3 起缓冲制动作用。

阀 5 为一种液控弹簧对中的三通滑阀——梭阀，在补液泵 1 向系统低压侧补充一定量的冷油时，梭阀 5 的阀芯在压油侧的油压作用下，使低压侧的热油经梭阀上位或下位流出闭式油路，所以阀 5 又称为热油梭阀，可对闭式油路的油进行冷却和冲洗。注意溢流阀 Y_4 的调节压力应略低于溢流阀 Y_1 的调节压力，方能进行冷却和冲洗作用。

（2）转向油路

转向油路为开式液压伺服系统，11 为伺服阀。转向系统的工作原理可参阅 14.1 节中的说明。当发动机发生熄火而泵 12a 停止供油时，可用手动泵 9 向转向器供油完成转向动作。溢流阀 Y_5 为设定转向工作压力用。溢流阀 Y_6 和 Y_7 与单向阀 I_5 和 I_6 一起转向时补油缓冲制动作用。

（3）振动油路

CA25 型振动压路机的振动油路由定量泵 12、插装式溢流阀 14、电液换向阀 15、液压马达 16 等组成，为开式液压系统。通过电液换向阀的先导电磁阀两电磁铁 1DT 或 2DT，的通电，改变液动阀（主阀）两端压力控制油的走向，使主阀换向，从而改变液压马达 16 的转向（正转或反转），与上述偏心机构（见"偏心轮的工作原理"）相配合可改变振动力和振幅，强迫碾压滚轮产生振动来压实路基或路面。

13.3.3 故障分析与排除（参阅图 13-40）

（1）行走部分

【故障 1】 行走无力或不行走，行走速度慢还包括行走速度不稳定，甚至只能在平路上慢行。

① 补液齿轮泵 1 的进油滤油器堵塞，或者进油管路密封不好进气，造成闭式回路行走系统油液得不到补充而缺油。

② 变量柱塞泵 2 因配流盘与缸体之间的结合面（相对旋转滑动副）因磨损拉伤，间隙大，内泄漏大，使泵的输出流量下降，输油压力（承受行走时的负载压力）也下降，使行走无力，行走负载（如上坡）一增大，内泄漏更大，可能出现不能行走的现象，此时应拆修变量柱塞泵 2。

③ 液压马达 6（与 7）本身的内泄漏量大，可参阅本手册"液压马达"中的内容进行故障排除与修理。

④ 因污物或其他原因将梭阀 5 的阀芯卡死在某一端，则只有一个方向能行走。此时可拆修梭阀 5，使阀芯运动灵活。

【故障 2】 行走时，不能改变行走方向（前进与倒退），或者变向困难

行走时靠改变正反转液压马达 6（与 7）的进油方向，而使压路机前进和后退。

① 手动换向阀 4 未能手动操作到位和阀内泄漏太大时，造成进入控制缸 3（控制柱塞泵 2 斜盘斜角的大小和正负方向）两腔都进压力油，而难以改变泵 2 斜盘斜角的倾斜方向。可排除之。

② 斜盘控制缸 3 的活塞因污物等原因卡死，或控制活塞磨损严重而内泄漏量大，不能有效控制斜盘斜角的倾斜方向。

③ 溢流阀 Y_1 的调节压力过低，或其阀芯卡死在阀开启位置，使通过手动换向阀 4 进入变量控制缸的油液压力太低，驱动不了变量柱塞泵的斜盘正角到负角之间的转换。可检查排除之。

④ 缓冲制动溢流阀 Y_2 或 Y_3 调节压力过大，或者其阀芯卡死在关闭位置。造成制动力矩过大而不能变向。

⑤ 梭阀 5 卡死在半联通位置，使泵来的部分压力油与油箱短路，造成压力不够，推不动行走马达运行。

（2）转向系统

【故障 1】 不转向

① 溢流阀 Y_5 的调节压力过低，或主阀芯卡死在开启位置，使由泵 12 来的油液经阀 Y_5 流回油箱，而无足够压力的油液通过转向装置 11 进入转向缸 10，推不动行走车轮的转向，此时可排除溢流阀故障。

② 齿轮泵 12 因内部零件磨损严重，供油量不足，供油压力上不去，此时可按本书"液压泵"章节的内容排除双联齿轮泵 12 的有关故障。

③ 转向装置 11（参阅第 14 章关于转向装置的结构原理）内泄漏严重，可予以排除。

【故障 2】 转向迟缓，转向无力

这一故障是指虽能转向，但转向速度缓慢，没有劲。

① 转向缸 10 因活塞密封破损或缸孔拉伤等原因，使转向缸内的高、低压腔的油液部分窜流窜腔，使进入缸 10 的有用流量减少，也因内泄漏大而损失一部分压力，造成转向缸转向时因流量压力不够而产生转向迟缓、转向无力的故障。可按本书有关内容排除液压转向缸故障。

② 泵 12 吸进空气。

③ 溢流阀 Y_5 的调节压力过低或故障，使进入转向缸的压力、流量不够，可排除溢流阀故障。

④ 转向装置 11 存在内泄漏，或有污物进入转向装置内，使转向装置卡滞，可拆开清洗。

（3）振动部分

【故障】 不振动

① 因泵 12 故障不上油。 可排除齿轮泵 12 不上油故障（参阅本书有关章节）。

② 补液泵 1 来的压力油因溢流阀 Y_1 调节压力过低或因其他故障等原因压力不够，经电液阀 15 的先导电磁阀后，不能推动阀 15 的主阀（液动阀）换向而处于中位，无压力油进入齿轮马达 16，因而不振动。 可作出处理。

③ 电液阀 15 本身故障。 例如先导电磁阀的电磁铁 1DT 或 2DT 不能通电、主阀因毛刺污物等卡死在中位或一端位置，也不产生振动。 可按本书其他相关内容排除电液换向阀 15 不换向的故障。

④ 振动轴上的花键套磨损，不传力，可予以更换。 轴承损坏不振动者更换轴承。

⑤ 齿轮马达 16 的输出轴折断，或者因其齿轮端面与侧板之间的相对运动副磨损拉伤间隙太大，内泄漏量大，可排除齿轮马达故障。

⑥ 因振动控制电路的故障产生不振动。 如图 13-41 所示为振动控制电路的简图，当：a. 控制电路中的点火开关、振动开关继电器、延时继电器、振幅选择开关和电磁阀电磁铁（1DT 与 2DT）线圈等元件中只要有一个元件损坏或接触不良，均可导致压路机振动轮不振动的故障；b. 振动控制电路中熔断器（保险丝）烧断；c. 振动控制电路中导线折断，接线端子松脱等造成电路不通等均会造成不振动的故障。

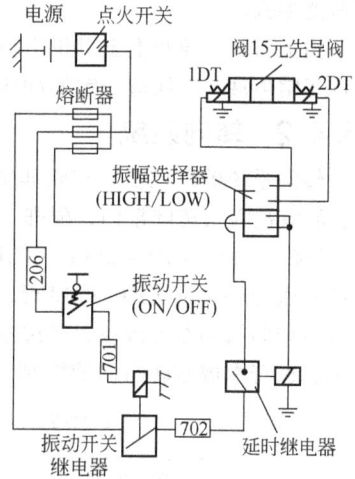

图 13-41 振动控制电路简图

13.4 小松 D150A-1 型推土机液压系统

日本小松公司 D150A 型推土机的液压系统包括：液压变速系统、转向系统、制动系统与作业（工作）系统四大部分，现分述如下。

13.4.1 液压变速系统

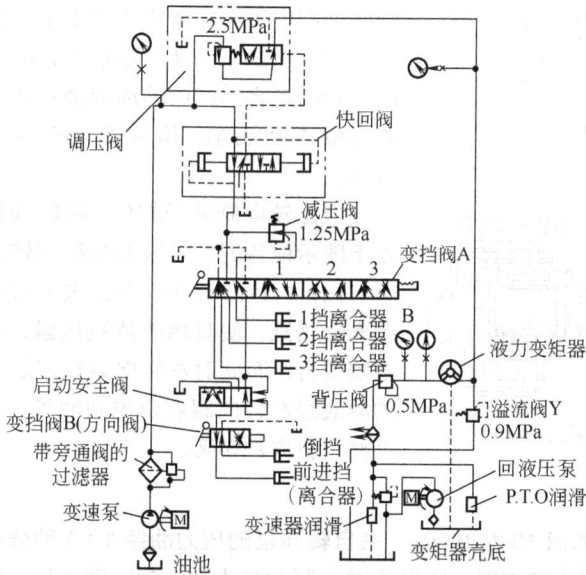

图 13-42 D15OA-1 型推土机行驶液压变速系统

该机液压变速系统的组成及工作原理如图 13-42 所示。 因国产 TY320 型推土机是引进日本小松公司 D150A 型推土机的技术生产的，其结构和主要技术参数均基本相同，是国内用得最多的一种推土机。 因此，下述内容也包括国产 TY320 型推土机。

来自变速泵的液压油经过滤器一路进入调压阀，另一路进入快回阀。 当系统压力逐步升高到 2.5MPa 时，来自快回阀的控制油经调压阀的遥控口推动该阀阀芯向左移动（图示位置）。 此时液压油以溢流阀调定的 0.9MPa 的压力向液力变矩器供油，完成变矩器的蜗轮输出轴与变速箱输入轴之间的动力输出。

当变挡阀 A 在空挡位置（最左位）时，系统压力油经减压阀进入第 1 挡离合器液压缸，同时进入启动安全阀，由于节流作用，缓慢推动该阀阀心移动，使阀口通道与主油路接通，这样当变挡阀 A 换上挡时能迅速使压力油进入。 如直接换上挡位置，则启动安全阀进油油路被截断，使机车不能行驶。

当变挡阀 A 在 1 挡位置时，液压油经快回阀进入减压阀减压到 1.25MPa，再经启动安全阀、变挡阀 B（换向阀），使变速箱的第 1 挡、前进挡（或倒挡）离合器结合，推土机得到前进或后退一挡的速度。

当变挡阀 A 在 2、3 挡位置时，减压工作原理与上相同。系统压力油分别向 2 挡、前进挡（或倒挡）、3 挡、前进挡（或倒挡）离合器缸供油，以得到不同的前进与后退的速度。

回液泵（齿轮泵）的作用是将液力变矩器（工作原理可参阅 13.3 节中的内容）泄漏的油抽到变速器中去。

由上可知，要使推土机正常行驶，液压变速系统必须同时具备下列条件：①液力变矩器应能保证正常供油，且保持一定的油压；②变挡阀 A 换上挡时必须同时保证二组离合器结合。

13.4.2　转向系统

转向系统的组成及工作原理如图 13-43 所示。转向泵由后桥油箱吸油，经进油过滤器过滤后，油液被吸入转向泵内，泵排出的油液经出油口的过滤器（带旁通阀）精滤后，再经分流阀以2:1（66.8L/min:33.4L/min）的比例分配给转向回路和制动回路（图 13-43）。当进入转向回路的油液压力超过调压阀（顺序阀）的调节压力（1.25MPa）时，调压阀开启，压力油便经调压阀进入右转向阀和左转向阀，通过左右转向阀对油流的控制，使左或右转向离合器接合或松开，对推土机进行左或右转方向的控制。

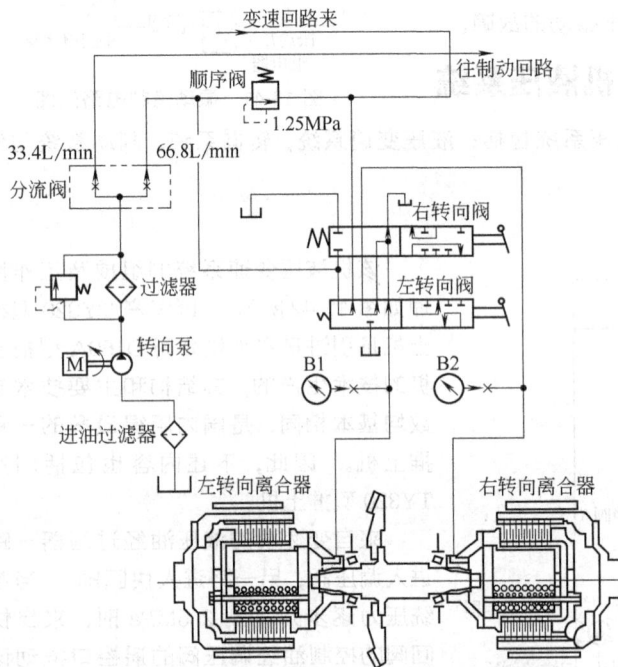

图 13-43　D150A-1 型推土机转向系统液压回路

当左右转向阀都处于图 13-43 图示位置时，左转离合器液压缸和右转离合器液压缸的油液均通过二转向阀连通油箱，两转向离合器均处于松开状态，推土机直走。

当右转向阀处于右工作位，左转向阀处于图示位置时，则压力油经右转向阀右位进入左转向离合器缸，使其摩擦片被压紧，离合器接合；而此时右转向离合器缸内的油液经右转向阀右位流回油箱，所以推土机向右转弯。

当左转向阀处于右位，右转向阀处于图示位置时，则压力油经左转向阀右位，再径右转向阀左位进入右转向离合器缸，使其摩擦片被压紧，离合器接合；而此时左转向离合器缸内的油液经左转向阀右位流回油箱，所以推土机向左转弯。

13.4.3　制动系统

该推土机制动系统的组成与工作原理如图 13-44 所示。来自转向泵的压力油经 1:1 的分流阀均分成两路，分别进入制动阀，制动阀左位工作时，压力油进入制动缸上腔，起制动作用；当制动阀右位工作时，制动缸上腔的油液经制动阀右位与油箱相通而卸压，不起制动作用。

13.4.4　作业（工作）系统

作业系统的组成与工作原理如图 13-45 所示。推土机的主要作业内容有二：松土和推土。

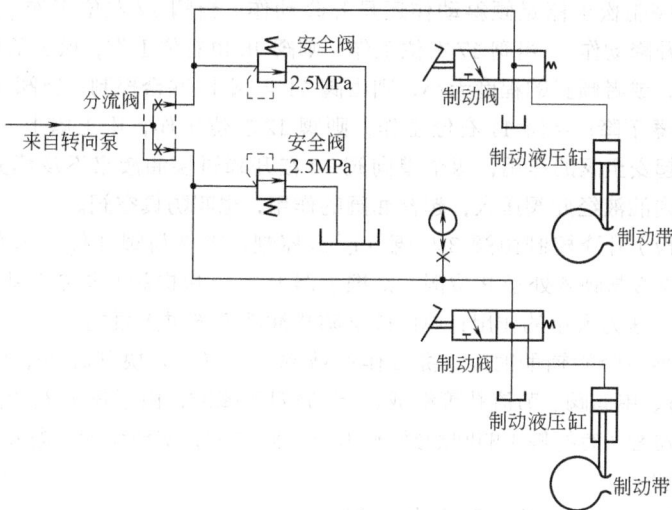

图 13-44 D150A-1 型推土机液压制动系统

由松土器升降缸、松土器倾斜缸、推土升降缸和推土倾斜缸等执行元件完成作业内容。作业泵为执行元件提供压力油，各种控制阀控制其各种动作，各控制阀的先导控制油均由转向泵提供。

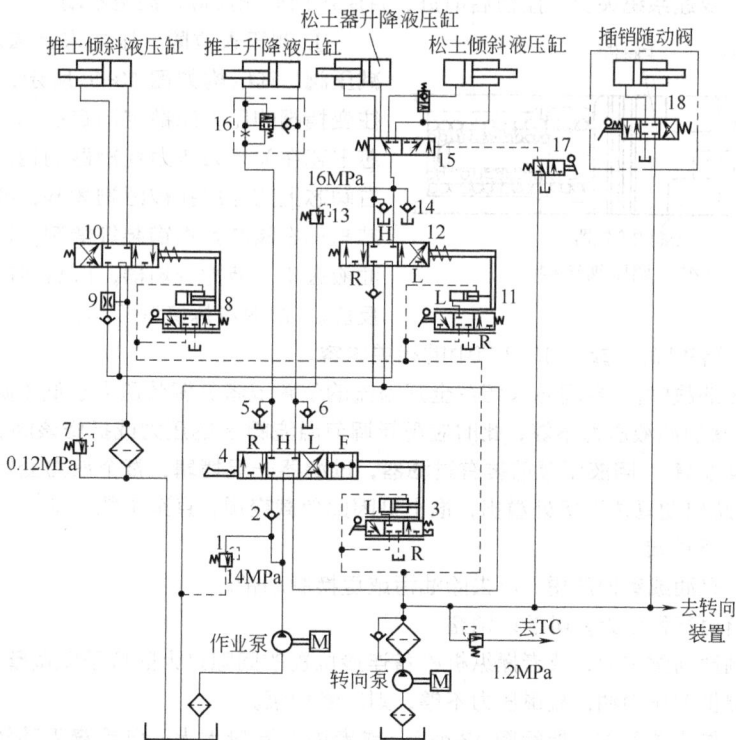

图 13-45 D150A-1 型推土机作业液压回路

1—主安全阀；2—单向阀；3—推土升降先导阀；4—推土升降控制阀；5,6,14—防真空阀；
7—滤油器；8—推土倾斜先导随动阀；9—节流阀；10—推土倾斜控制阀；11—松土器先导随动阀；
12—松土器升降阀；13—过载阀；15—选择阀；16—推土升降液压缸快速下降阀；
17—先导阀；18—插销随动阀

阀 17 与阀 15 控制松土器是倾斜动作还是升降动作：当阀 17 左位工作，则阀 15 也左位工作，松土器可实现升降动作。 当阀 17 右位工作，则阀 15 也右位工作，松土器可实现倾斜动作。松土器是升还是降，或者倾斜的程度大小，则由阀 11 与阀 12 联合控制：当阀 11 左位工作，则阀 12 右位工作，松土器下降；当阀 11 右位工作，则阀 12 左位工作，松土器上升。 倾斜时情况也相同。 此时阀 13 起安全阀的作用，两个单向阀 14 在升降过快油液来不及填充而出现局部真空时，大气压将油箱内油液经此阀压入，起补油阀的作用，也叫防真空阀。

推土器（推土板）升降控制由阀 3 与阀 4 联合控制：阀 3 与阀 4 处于 L 位时，推土器（铲刀）下降；反之当阀 3 与阀 4 处于 R 位时，则推土器上升。 单向阀 5 与 6 起补油防真空作用；主溢流阀 1 起调节工作压力大小的作用；单向阀 2 防止油液反灌进入泵内。

为了缩短推土器下降的辅助时间，提高作业效率，设有铲刀快落阀 16，使铲刀下降速度提高。 快落阀由滑阀、单向阀、节流孔等组成。 当铲刀下降时，由于压力差使滑阀移动，单向阀打开，推土升降缸左腔（有杆腔）的回油经阀 16 流入缸右腔，实现差动，进入升降缸右腔的流量加大，使下降速度加快。

推土板倾斜控制由阀 8 与阀 10 联合进行控制。

溢流节流阀 9 装在铲刀倾斜缸操纵阀 10 的进油管上，能自动调节倾斜缸进油流量。 当配备单齿松土器时，松土齿杆高度的调整也可通过液压操纵实现。 它是通过齿杆和齿架固定销上装设的插销随动阀（带插销液压缸）来实现的。

13.4.5 故障分析与排除

【故障 1】 变速系统失灵，挂挡后前进、后退各挡均无反应，甚至不动

① 调压阀故障，压力未上去。 调压阀实为减压阀，其结构如图 13-46 所示，其作用是使输往变挡阀的压力能稳定调定在 2.5MPa。 当主阀芯卡死在关闭去液力变矩器的通道位置，或者小右阀芯上的阻尼孔被污物堵塞，或者拆修时左阀芯与小右阀芯互相错装等情况，这样变速泵来的油液去不了液力变矩器，自然挂前后各挡时均无反应。 此时应拆修调压阀。

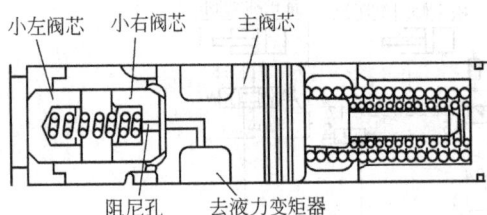

小左阀芯　小右阀芯　主阀芯

阻尼孔　去液力变矩器

图 13-46　调压阀结构

② 液力变矩器故障。 参阅 13.2 节中的相关内容。

③ 溢流阀 Y 的故障。 当阀芯卡死在全开溢流的位置或者其调节压力过低（低于 0.9MPa），使进入液力变矩器的油液压力不够，此时应重新调节溢流阀 Y 的压力或拆修该阀。

④ 回液压泵故障。 回液压泵前装有过滤器，过滤器一旦堵塞，整个液力变矩器温度会升得很高，液压油会从启动马达连接处溢出，推土机因此负载变重，直至不能走动。

【故障 2】 不能转向

① 制动带粘有油或磨损严重，可去除油污或更换制动带。

② 操作杆自由行程太大，可予以调整。

③ 制动器制动间隙过大，或者操纵机构各连接位置的间隙过大时应予以调整。

④ 转向泵提供的压力油，流量压力不够，则应修理泵。

⑤ 转向阀工作位置不对（参阅图 13-43），或者内泄漏量太大，可检查手动转向阀阀芯的定位装置和阀芯的磨损情况，予以修理。

【故障 3】 推土板不能提升或提升无力

① 油箱中油量不够，泵吸入空气，应补油。

② 作业泵磨损严重，或者油温过高，造成内泄漏量太大，使泵供给的流量压力不够，应拆修泵。

③ 溢流阀1（图13-45）有故障，使输入推土升降缸的油液压力不够，使推土板不能提升或提升无力。 此时可参阅5.9节的内容和图13-46，排除溢流阀的故障。

④ 图13-45中的单向阀6卡死在打开位置，或者阀3（手动伺服阀）和阀4的工作位置不对，可予以清洗和修理。

【故障4】 推土板不能倾斜或倾斜动作不正常

① 同故障3的①②③。

② 手动伺服阀8没有使机动阀10换向到位，可检查修理。

【故障5】 推土机跑偏

① 转向离合器摩擦片沾油或磨损者，予以清洗或更换。

② 操纵杆无自由行程时应进行调整。

③ 离合器弹簧失效或折断时可拆修离合器，更换失效弹簧。

④ 操纵杆与橡胶缓冲垫之间有杂物时应予以清除。

⑤ 制动器的制动锁锁住时，要扳开制动锁。

【故障6】 变速器挂挡或换挡困难

① 制动器摩擦片严重磨损，应予以更换。

② 离合器分离不彻底。 正确方法是将离合器操纵杆推到底或调整好间隙。

③ 联锁机构调整不当，应重新调整。

④ 变速齿轮损坏打烂，应予以更换。 更换时应修圆齿端，以利于齿轮啮合。

⑤ 花键磨损产生台肩时，修复使用，严重时更换。

13.5 混凝土搅拌输送车（日本三菱公司）

混凝土搅拌输送车实际上就是在载货汽车底盘上安装一种独特的混凝土搅拌装置的组合机械。 在建筑施工中，为把混凝土从制备地点及时送到施工现场进行浇灌，必须使用混凝土搅拌输送车。 因为当混凝土的运送距离（或运送时间）超过某一限度时，使用一般的运输机械进行运送，混凝土就可能在运送途中发生分层离析，甚至初凝等现象，严重影响混凝土的质量，这是施工所不允许的。 因此，为适应商品混凝土输送，发展了一种兼有载运和搅拌混凝土双重功能的混凝土搅拌输送车。 它可以在运送混凝土的同时对其进行搅拌。 因此能保证运送的混凝土的质量，允许较长距离（较长时间）的输送。

13.5.1 液压系统的组成和工作原理

（1）组成

液压系统的组成如图13-47所示，它是由双向变量泵+双向定量液压马达构成的恒扭矩容积调速回路所组成，构成标准的闭式回路，管路A与管路B交替变换成吸压油通路。 变量柱塞泵1由手动伺服调节器操作（操作手柄）进行变量，使行星齿轮10变速带动搅拌筒11回转的液压马达9的输出转速（搅拌速度）和输出扭矩恃保持恒定，而与发动机的输入转速无关。

几乎从各国进口和国产（如金马汽车、三一重工等）的混凝土搅拌输送车都为这种组成，大同小异，中大型机在主泵1的泄油管路上装设油冷却器。

（2）工作原理

① 辅助回路 辅助泵（摆线转子泵）2的出油一路经管道F再经单向阀I_1（或I_2）向主油路的低压区B（或A）补油，以补充主油路油液的漏损；一路经管路D进入手动伺服控制阀4，与调节主泵斜盘倾角的伺服液压缸3的大端b、小端a相通或不通，构成对泵流量的调节。 管路D还有一路经单向阀I_3、低压溢流阀5（压力一般调定为1.7MPa）、管路C和油冷却器S_2流回油箱。 阀5调节辅助泵2工作压力的大小，S_2对闭回路中的油液进行冷却。

② **主油路** 主泵1可正反转向闭式系统供油,以使液压马达9正反转,正反转时分别由高压溢流阀7或8调节其最高工作压力。

滑阀式梭阀(液动阀)6在高压管路和低压管路压差的作用下,即在阀芯两端控制油压差作用下换向,这样就将主油路的低压侧管路与低压溢流阀5接通,主油路低压侧中的热油经梭阀6的上位或下位再经阀5与敞开式油箱相通,进行油液交换,主油路内不足油液由辅助泵2补充。

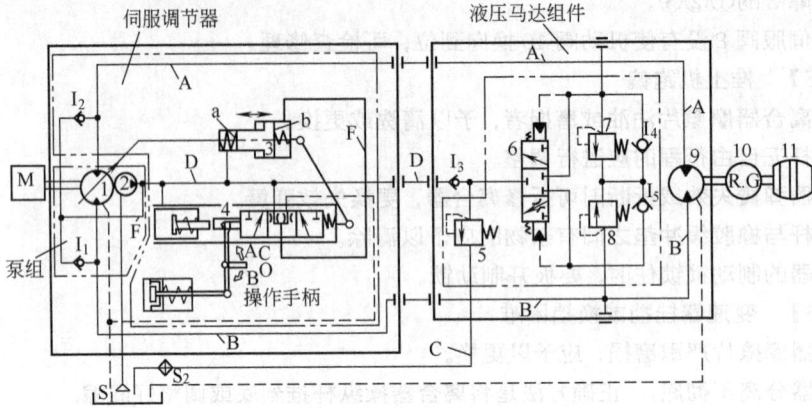

图 13-47　混凝土搅拌输送车液压系统图(日本三菱公司)

为完成工作所需要的性能,在主油路中设置了手动伺服控制阀4。它是主泵斜盘伺服液压缸的随动阀,与主泵斜盘伺服液压缸一齐配合控制其排油量,它经常与主泵做成一体。工作中,可根据搅拌筒的不同工况操作此控制阀的手柄,实现对搅拌筒的速度调节。此阀的操作手柄从中间位置向上或下的操作方向和幅度,相应确定主泵的斜盘方向和倾摆角度,决定主泵的排油方向和排油流量,从而通过液压马达的转换去控制搅拌筒的转向和转速。因属于伺服控制,主泵流量的变化是连续的,因而可实现对搅拌筒的无级调速。但为便于准确掌握不同工况时搅拌筒需要的转速,一般在控制阀操作手柄的面板上相应注明"停止—加料—拌和—卸料"四个位置,即图 13-47 中的 ACDB 等 4 个具体位置,以指示手柄应该操作的幅度。

图 13-47 中为停止(空挡)位置时的油路情况,此时来自泵2的控制压力油,一股进入伺服控制缸3的a腔,另一股控制压力油经伺服阀4中位节流降压后进入缸3右腔b,活塞面积b为活塞面积a的两倍,当a腔控制压力 p_a 作用在伺服活塞左端向右的力,与b腔控制压力 p_b 作用在伺服活塞右端向左的力相等,即 $p_a a = p_b b$ 时,泵1排量为零,马达9输出转速也为零(不转)。

加料时,泵1从管A吸入低压油,排出高压油往管B进入液压马达下腔,液压马达输出轴向拌筒11投料侧回转方向旋转,液压马达排出的低压油流入管路A再次被泵1吸入。伺服阀4右位工作,梭阀6下位工作。此时 $p_a = p_b$,所以 $p_a a < p_b b$,泵输出较大流量,液压马达转速较快。

拌和时,伺服阀4中位工作,梭阀6下位工作,管路B为压力油,管路A为低压油。此时 $p_a a \geqslant p_b b$,泵输出一定压力油,维持液压马达一定的低转速进行拌和;

排料时,伺服阀4左位工作,梭阀6上位工作,管路A为压力油,管路B为低压油,液压马达9与上述动作转向相反。此时 $p_a a > p_b b$,泵排量较大,液压马达转速较快。

在液压马达控制回路中,两个溢流阀7与8可防止主回路在正反任何一个方向超载时溢流保护及液压马达9制动时的制动防冲用,一般压力调定为 21MPa;两个单向阀 I_4 与 I_5 分别用于液压马达正、反转的补油用。

13.5.2　故障分析与排除

【故障1】　拌筒转速太慢,即加料与排料速度太慢

进料或排料速度太慢,主要与液压马达的转速太慢有关。

① 液压马达 9 的内泄漏量太大，可参阅第 4 章的内容排除定量柱塞液压马达的故障。

② 变量柱塞泵的输出流量不够。 当 a. 操作杆未置于"加料"或"排料"的准确位置；b. 操作杆与手动伺服阀之间的杠杆连杆机构固销或销孔磨损，伺服阀不能换向到指定位置；c. 伺服阀内泄漏量大；d. 泵伺服控制缸卡位等原因，造成柱塞泵的斜盘的斜角不能处于最大 $\pm a_{max}$ 的位置，泵输出流量不够。

③ 伺服缸 3 的 a 腔与 b 腔因密封不好，两腔窜腔，使变量斜盘的倾角太小，泵输出流量不够，使液压马达的转速太慢。 检查后予以排除。

④ 辅助泵 2 输出的油压太低，因此有可能推动伺服缸的柱塞不能完全到位，从而不能使变量斜盘处于较大斜角的位置，而使泵的输出流量较少，因而使液压马达的转速也就太慢。 应测试泵 2 的出口压力大小后，采取诸如重新调节溢流阀 5 的压力至 1.7MPa 左右，或者拆修阀 5。

⑤ 液压马达的工作压力太低，远低于 21MPa。 此时可参阅 4.8 节的相关内容，排除液压马达转速太慢的故障，并且应重新调节阀 7 和阀 8 的压力，或者拆修阀 7 和阀 8。

可根据上述情况，查明原因，一一排除。

【故障2】 搅拌筒转动无力，转动困难

① 主溢流阀 7 或 8 故障，闭回路中高压侧的压力调不上去，故障产生原因和排除方法可参阅 5.9 节中的相应内容，排除溢流阀或故障。

② 主泵因使用日久，内部（如配流盘）磨损，内泄漏量大，可参阅 3.6 节中的相应内容，排除轴向变量柱塞泵故障。

③ 梭阀 6 的阀芯卡死在使主油路高压侧与阀 8 相通的位置，使高压侧油路降压（只有阀 8 所调定的压力）。

④ 液压马达内泄漏太大。

【故障3】 搅拌筒转速不稳定，时快时慢

发动机转速变化过于频繁，变化太大；压力补偿阀 4 故障，不能进行压力补偿而使节流阀 7 进出口压差值保持恒定，因而流入液压马达的流量不稳定；减速器齿轮轴承磨损；泵的伺服控制缸活塞卡滞，复位弹簧折断等。 可查明原因，予以排除。

【故障4】 回路发热温升严重，手摸泵与马达烫手

本来闭回路液压系统已采取若干温控措施，但由于下述原因，泵、马达及系统仍温升严重：阀 7 或阀 8 调节的压力过高，或者其阀芯卡死在关闭位置；梭阀 6 的阀芯卡死，特别是卡死在中位，这样热油强制冷却的梭阀 6 便丧失了将闭式回路内的热油与敞开式油箱内的冷油进行交换的功能；风冷式油冷却器失效。

13.6 国产 QY20B 型汽车起重机液压系统

汽车起重机广泛用于流动作业场所的起吊重物作中。 它具有普通汽车的机动灵活、行驶速度高的特点，行驶到作业场地后能迅速投入工作。

一般，起重机在底盘下位装有水平和垂直支腿液压缸（各 4 个），起吊时伸出，构成支承基础。 底盘上的部分叫上车部分。 装有各种液压控制的各工作机构：转台回转机构、吊臂变幅机构、吊臂伸缩机构和卷扬起升机构（主、副）等。

液压汽车起重机一般由图 13-48 所示的各部分组成。

13.6.1 液压系统的组成与工作原理

（1）组成

如图 13-49 所示，QY20B 型汽车起重机的液压系统由泵源部分（三联高压齿轮泵 P_1、P_2、P_3）、执行机构（起升液压马达 D_1、转台回转液压马达 D_2、吊臂变幅液压缸、吊臂伸缩液压缸以

及各控制阀等所组成。此外还有过滤器、冷却器、中心回转接头、油箱等各种附件。

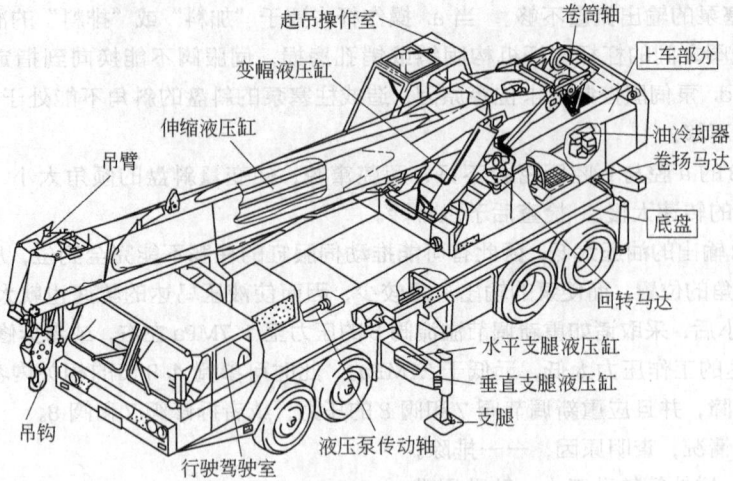

图 13-48　液压汽车起重机的组成

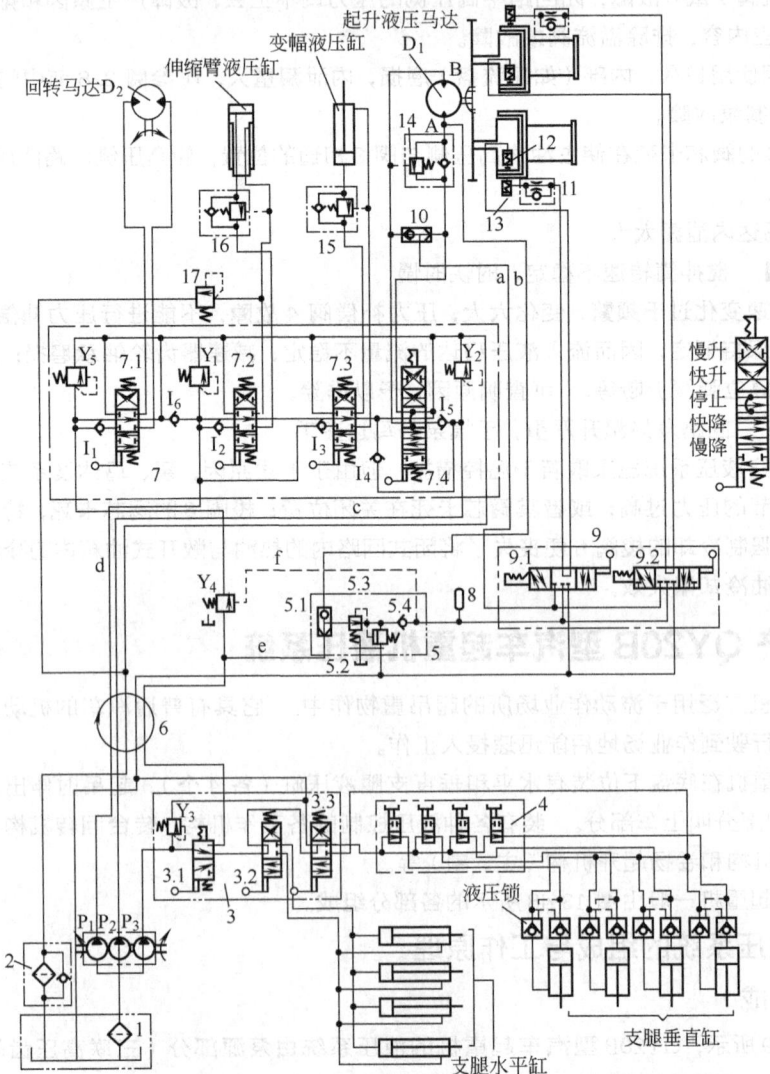

图 13-49　QY20B 型汽车起重机液压系统工作原理图

QY20B 型汽车起重机液压系统的回路组成有：泵源支腿回路、回转回路、吊臂控制回路和吊起控制回路等。

（2）液压系统的工作原理

① 泵源部分　由三联高压齿轮泵 P_1、P_2 与 P_3 提供压力油源。泵 P_1 向吊臂伸缩缸和吊臂变幅液压缸提供压力油源，其工作压力由图中的溢流阀 Y_1 调节。泵 P_2 向主起升液压马达（含离合器液压缸和制动器液压缸）提供压力油源，其最大工作压力由图 13-49 中的阀 Y_2 调节。泵 P_3 向支腿部分（水平、垂直液压缸）离合器液压阀 2、制动器液压缸 13 和回转液压马达 D_2 提供压力油源。

② 支腿伸缩

a. 支腿水平缸（4个）的伸缩。当手动换向阀 3.1 处于上工作位时，手动换向阀 3.2 可控制水平支腿液压缸的伸缩，即阀 3.1 与 3.2 均上位工作时，泵 P3 来的压力油→阀 3.1 上位→阀 3.2 上位→支腿水平缸的左腔，水平支腿缸向外伸出，水平支腿缸右腔的回油→阀 3.2 上位→阀 3.3 中位→油箱。

当阀 3.1 上位、阀 3.2 下位时，泵 P_3 来油→阀 3.1 上位→阀 3.2 下位→水平支腿缸右位，使其向左缩回，其左腔回油→阀 3.2 下位→阀 3.3 中位→油箱。

b. 支腿垂直缸（4个）的伸缩。当阀 3.1 上位，阀 3.2 中位时，可由手动换向阀 3.3 控制 4个垂直支腿缸的伸缩。当阀 3.3 上位工作时，泵 P_3 来的压力油→阀 3.1 上位→阀 3.2 中位→阀 3.3 上位→垂直支腿缸的上腔，使其向下伸出，缸下腔回油→阀 3.3 上位→油箱，进行伸出动作。

同样，当阀 3.1 上位、阀 3.2 中位和阀 3.3 下位时，垂直支腿缸向上缩回，转阀 4 是 4 个独立的二位二通阀，用于对各个垂直支腿缸进行单独操作调整，调整时需将阀 3.3 扳在上工作位（伸出位置）。

③ 上车部分的回转、蓄能器充液　当阀 3.1 下位工作，外控顺序阀 Y_4 的调节范围为 5~9MPa，当控制压力低于 5MPa 时，阀 Y_4 是关闭的，这时泵 P_3→梭阀 5.1→减压阀 5.3→单向阀 5.4，对蓄能器 8 进行充液。当蓄能器 8 的压力达到 9MPa 时，阀 Y_4 打开。此时：泵 P_3 来的压力油→阀 3.1 下位→中心回转接头 6→阀 Y_4→单向阀 I_1→手动换向阀阀 7.1。此时如果阀 7.1 上位工作，则压力油→阀 7.1 上位→液压马达 D_2 左腔，使液压马达顺时针方向回转，D_2 右腔回油→阀 7.1 上位→回油过滤器 2→油箱。反之，阀 7.1 处于下位，则回转液压马达逆时针方向回转。阀 Y_5 为回转安全溢流阀，调定压力为 17MPa 左右。

④ 吊臂的伸缩与变幅　泵 P_1 输出的压力油经中心回转接头 6 后分别经单向阀 I_2 和 I_3，进入吊臂伸缩控制换向阀 7.2 与 7.3 的进油口，用于吊臂的伸缩控制和变幅控制。吊臂的"伸"与"缩"取决于阀 7.2 是上位工作还是下位工作；吊臂的变幅大小取决于阀 7.3 是上位工作还是下位工作。单向顺序阀 15 在此处起吊臂变幅液压缸的平衡支撑作用，防止吊臂变幅太大时的自由下落可能发生的安全事故。

⑤ 吊重物时的起升与降落（起吊回路）　泵 P_2 为起吊回路提供压力油。起吊动作的控制阀 7.4 为五位六通阀，是多路阀 7 的成员之一，其 5 个工作位置从上至下分别为：慢升吊起、快升吊起、停止、快速下落、慢速下落。

当五位六通阀 7.4 处于快升位置（第二上位）和快降位置（第二下位）时，除了泵 P_2 供油外，泵 P_1 也参与供油，所以在起吊重物时能作快升和快降动作。

注意在起吊或放落重物时，除了起升液压马达 D_1 要能正反转外，离合器也应能闭合。开合离合器的缸 12 和进行制动动作的缸 13，均是由阀 9 控制的，由蓄能器 8 提供压力油源。

除了上述泵 P_3 可给蓄能器 8 充液外，从管道 b 也引了一股油可给蓄能器 8 充液，这样离合器缸和制动缸的动作更为可靠。

单向节流阀 11 限制着卷筒制动器的动作速度，张开时节流阀起作用，速度缓慢；闭紧时单向阀起作用，动作迅速。这样便保证起吊重物和使重物下落时的动作可靠性。

平衡阀（单向顺序阀）14起平衡支撑作用，避免起吊重物时的自由下落现象，保证起吊重物时的安全。

13.6.2 故障分析与排除

【故障1】 起吊提升重物时，不能提升或提升无力

① 泵 P_2 故障，输出压力流量不够，可参阅3.2节相关内容排除三联齿轮泵故障。

② 溢流阀 Y_2 故障（参阅图13-49，下同），使压力上不去，可参阅5.10节相关内容排除此故障。

③ 液压马达 D_1 有故障，例如内泄漏量大，使钢丝绳卷绕无力。可参阅本手册第4章的相关内容排除液压马达（柱塞式）D_1 故障。

④ 离合器的结合压力不足：当a. 蓄能器8的充气压力不够；b. 离合器控制缸12或制动器液压缸内泄漏大，不能压紧垫片；c. 机油或黄油粘在离合器垫片上，离合器打滑等原因造成离合器的结合压力不足，提升无力甚至不能提升。可查明原因，予以排除。

⑤ 制动缸（常闭式）未能在提升时完全脱开制动带，可适当调节制动带松紧或处理制动缸故障。

⑥ 四联多路阀的五位六通手动换向阀7.4未准确换位，或者其内泄漏量太大，可查明原因，并参阅5.9节中的内容排除多路阀7中的手动换向阀7.4的故障。

【故障2】 制动失灵，溜勾，被吊重物不能停在想停的任意位置上

产生制动失灵故障时，严重者会造成人身伤亡事故和财产损失，须特别重视！

① 制动带磨光后或粘有机油后打滑，不能常闭锁紧钢丝绳转绕筒。

② 制动缸内泄漏，制动液泄漏，管内进气。

③ 液压马达 D_1 内泄漏量大。

④ 平衡阀14故障：a. 阀的内泄漏大；b. 阀的单向阀封不住油；c. 阀的开启压力调得太低或卡死在开启位置等，可参阅本手册5.11节中平衡阀的结构和工作原理，排除平衡阀故障。

【故障3】 变幅缸不能伸出，或者不能缩回，变不了幅

① 吊臂变幅缸（两只）因密封破损，内泄漏量大，应排除变幅液压缸故障。

② 泵 P_1 因内泄漏太大，使输出压力不够，可拆修齿轮泵。

③ 溢流阀 Y_1 调节压力过低或因故障，压力上不去，阀 Y_1 的调节压力在 $10 \sim 15$MPa 的范围为好。当溢流阀 Y_1（多路阀7中）有故障使压力上不去时可排除溢流阀故障。

④ 安全阀 Y_5 调节的压力低于溢流阀 Y_1 的压力太多，或者阀 Y_5 的阀芯卡死在开启位置，泵 P_1 来油全从此阀返回油箱，无压力油进入变幅缸，或者进入变幅缸的油液压力不够，推动不了变幅缸动作。一般，阀 Y_5 的调节压力要比阀 Y_1 高 2MPa 左右。

⑤ 手动换向阀7.3的手柄位置不对，例如阀芯的定位机构磨损，尽管手柄位置对，但阀芯错位。此时可参阅5.7节中的有关内容进行故障排除。

【故障4】 变幅缸在伸出状态下自动缩回

① 变幅缸内泄漏严重。

② 平衡阀15故障，特别是其单向阀不封油。

③ 四联多路阀7中的阀7.3因使用磨损后，内泄漏大，中位不能封闭，造成变幅缸上下两腔通过阀7.3中位彼此之间的油液流动，产生自动缩回现象。

④ 阀、缸、油管和接头等部位的外漏。

可查明上述情况，予以故障排除。

【故障5】 吊臂伸缩缸不能伸缩

① 安全阀 Y_1 的调节压力过低或者阀芯卡死在全开位置，可参阅5.10节排除故障。

② 伸缩缸内泄漏量大或动作不良。可参阅 4.2 节排除伸缩缸故障。

③ 单向阀 I_2 卡死在关闭位置,无压力油进入吊臂伸缩缸。

④ 手动换向阀 7.2 处于上位伸缩缸才能伸,阀 7.2 处于下位时才能缩。如果阀 7.2 的操作手柄位置不对也不能伸缩,或者伸和缩乱套。

⑤ 平衡阀 16 的阀芯卡死在关闭位置,伸缩缸的回油无路可走,伸缩缸便不能伸出。

可查明原因采取对策。

【故障 6】 吊臂伸缩缸在伸出状态下自动缩回

伸缩缸内泄漏;四联多路阀 7 中的三位六通手动阀 7.2 内泄漏量大或者未换向到位;阀、缸及管路外漏。

可查明原因,排除故障。

【故障 7】 不回转

① 由于转台回转液压马达 D_2 和支腿串联共用泵 P_3 供油,而进入回转液压马达的油液要先经过多路阀 4 的阀块,因而当阀 3.1 未处于下位时以及阀 Y_4 卡死在关闭位置时,泵 P_3 来油便无法流至回转液压马达 D_2,因而转台不回转,此时应确认阀 3.1 的下位,并排除阀 Y_4 的卡阀现象,并适当调低阀 Y_4 的开启压力。

② 泵 P_3 供给的油液压力不足,齿轮泵内部零件磨损,内泄漏量大,参阅 3.2 节排除齿轮泵故障。

③ 溢流阀 Y_3 调节的压力过低或者阀芯卡死在开启位置。可参阅 5.10 节内容排除溢流阀故障。

④ 顺序阀 Y_4 的压力调节过高(高于阀 Y_3 的调节压力),打不开,也无压力油进入液压马达 D_2 时,旋松阀 Y_4 调压手轮,使顺序阀 Y_4 的工作压力低于溢流阀 Y_3 所调节的压力。

⑤ 液压马达 D_2 内漏严重,应拆修或更换;或者液压马达 D_2 相连的减速箱有故障。

【故障 8】 转台回转动作速度不稳定,动作不平稳

① 多路阀 3 中的阀 3.1 内泄漏量大或者阀芯未扳到位,可检查排除。

② 阀 Y_5 的调节压力偏低,甚至略低于阀 Y_3 的调节压力。这样阀 Y_5 可能时而溢流时而关闭,使流入回转马达 D_2 的流量不稳定,导致速度不稳定。此时可重新调节,作安全阀用的阀 Y_5 可比作溢流阀用的阀 Y_3 的调节压力应高 2MPa 左右。

【故障 9】 支腿缸不动作

锁销未取掉;溢流阀 Y_3 的调节压力过低,或有故障;支腿液压缸严重内泄漏或别劲;阀 3.2 和阀 3.3 工作位置不对。

可查明原因,予以排除。

【故障 10】 车体支不起来(总贴地面)

① 因液压泵 P_3 故障,不上油,排除液压泵故障。

② 溢流阀 Y_3 故障。压力上不去。可参阅 5.9 节内容排除溢流阀故障,调至规定压力。

③ 二位三通换向阀 3.2 未处于中位,无油液经阀 3.3 进入垂直支腿液压缸,起支撑作用。在放下支腿时,换向阀 3.2 一定要处于中位。

④ 液压锁泄漏。

【故障 11】 支腿时,车体前后方向倾斜

① 垂直支腿液压缸中有一两个缸的活塞破损,内泄漏量大,在起吊作业受载时,引起车体前后倾斜,可拆开支腿液压缸,检查活塞密封破损情况,破了的予以更换。

② 前支腿或后支腿液压缸中混有空气,可往复支腿液压缸数次或拆松管接头(不可全卸)排气。

【故障 12】 车体在未起吊时能升起,但在起吊作业中车体下降,特别是在起吊重物(满载)时尤为严重,其原因除了上述支腿液压缸的内泄漏稍大外,主要是液压锁有毛病,不能锁住液压缸保压所致。

第 14 章

汽车液压系统及故障排除

汽车工业也是广泛采用液压传动和液力传动的工业部门之一。除了汽车制造厂的各种液压加工设备及生产线上广泛采用着的液压技术之外，汽车本身也有许多品种车上部分或全部采用液压传动的，如汽车的悬挂减振系统、转向系统、制动系统、自卸机构和液力变矩器等，液压无级调速、液压无级转向技术在车辆上的应用，使车辆性能大为提高。

14.1 汽车液压转向系统

为了使车辆转向轻便，保证行车安全，重型汽车、大型客车、高速轿车普遍采用动力转向系统。特别是在重型和超重型汽车中，由于转向阻力大，操纵时很费力，为减轻驾驶员的劳动强度，提高舒适性，更是必须采用液压动力转向系统。

除了汽车用转向系统外，本节也将对工程机械中所用转向系统一并予以介绍。

液压动力转向装置是在普通的转向系统中设置液压动力装置，借助此液压传动装置，提供一部分或全部操作力，使驾驶行走机械（如汽车、工程机械、搬运机械及农业机械等）的驾驶员能以很小的手力不费劲地操作方向盘，灵便地保持或改变车辆的行驶方向，这样不仅可以大大减轻驾驶员的劳动强度，而且可以提高车辆的灵活性，安全性也大为提高。

14.1.1 转向系统的分类

根据控制阀（伺服阀）与动力缸的结构、安装形式和安装位置的不同，动力转向系统可分为图 14-1 所示的几种，其布置形式如图 14-2 所示。

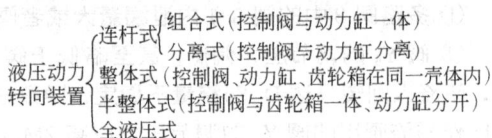

液压动力转向装置
- 连杆式 { 组合式（控制阀与动力缸一体） / 分离式（控制阀与动力缸分离） }
- 整体式（控制阀、动力缸、齿轮箱在同一壳体内）
- 半整体式（控制阀与齿轮箱一体、动力缸分开）
- 全液压式

图 14-1　动力转向装置的分类

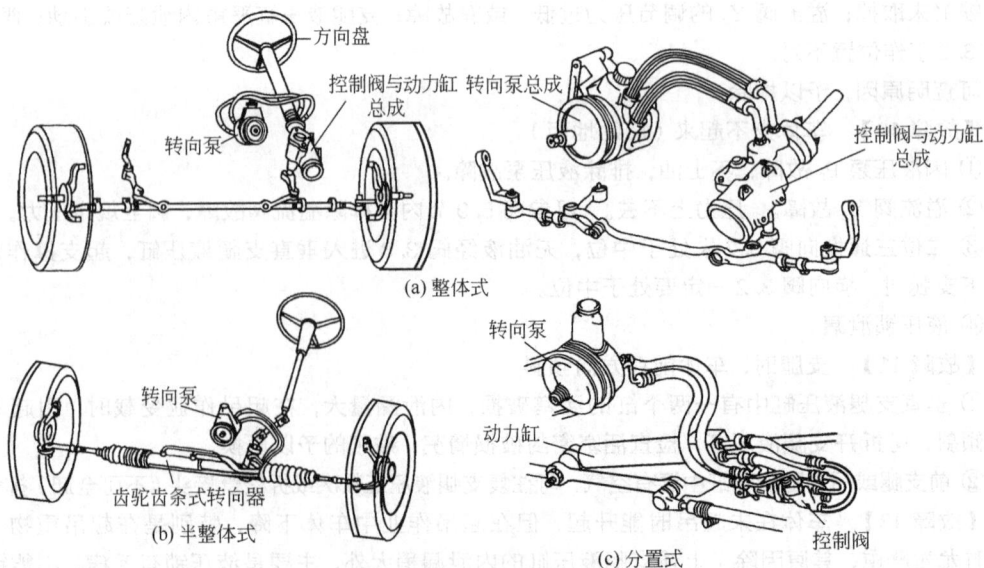

(a) 整体式

(b) 半整体式

(c) 分置式

图 14-2　动力转向系统的布置形式

14.1.2 转向系统的工作原理

液压动力转向系统是以方向盘转角 ΔQ 为输入，以车轮转向角为输出的伺服系统，主要由方向盘、转向器、作为控制元件的转向控制阀（分配阀）、作为执行元件的转向液压缸（动力缸）和作为动力油源（转向加力泵）及反馈机构等组成，图14-3为其工作原理框图。

当驾驶员手转动方向盘（输入转角 ΔQ_i），转向器（变换器）将其变为角位移期或直线位移 Δx，输出到控制元件-转向伺服阀，并按一定比例的变换信号使控制元件与执行元件间产生误差，即转阀式转向阀阀芯与阀体（滑套）之间产生相对角位移误差（偏位），或者是滑阀式转向阀阀芯与阀体之间产生直线位移误差。无论何种情况，阀口大小均发生改变。此误差破坏了原来阀芯与阀体的中位状态，相应地使执行元件——转向液压缸的平衡状态被破坏，产生活塞杆的移动，从而改变车轮转向角 ΔQ_0 而获得输出。在车轮偏转的同时，反馈装置产生反馈信号，使初次输入控制元件的信号被抵消，阀芯又相对阀体回到中位，供给执行元件的压力油随即停止，从而使车轮偏转角与方向盘转角之间保持一定的比例关系。

总之，转向缸中的油压随着转向阻力而变化，在转向加力泵负载范围内，转向缸内液压力和转向阻力保持平衡，由于转向阀的反馈作用，车轮对方向盘保持跟踪随动。

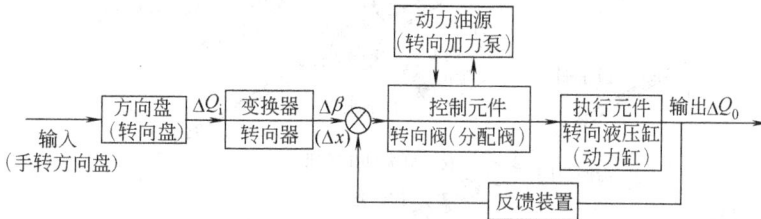

图 14-3 动力转向系统工作原理框图

14.1.3 动力转向系统的各组成部分

汽车液压动力转向系统的组成如图 14-4 所示。

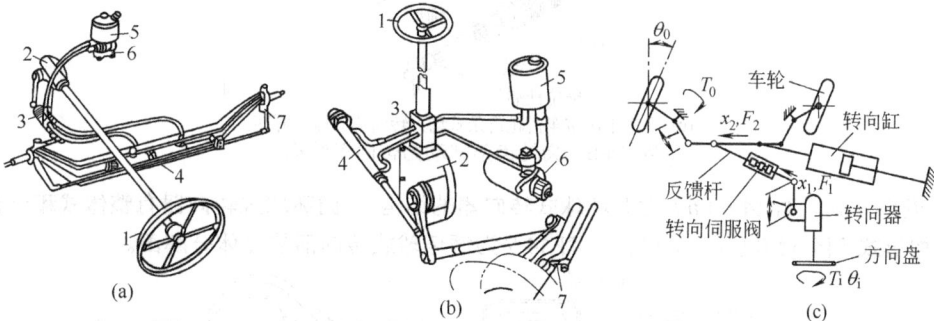

图 14-4 汽车液压动力转向系统示意图

1—方向盘；2—转向器；3—转向控制阀；4—动力缸；5—转向油罐；6—转向泵；7—转向梯形臂

（1）转向器

转向器的功能是将方向盘的转角 ΔQ_i（输入信号）转换成另一角位移 Δβ 去控制转向阀动作的机构。它分为机械（齿条齿轮式、蜗杆曲柄销子式、球面蜗杆蜗轮式和循环球式）和液压两类。机械转向器又叫方向机。

① 齿轮齿条式　图 14-5 为齿轮齿条式。齿轮的一部分置于动力缸里。滑阀横置在转向轴与主动齿轮之间，在阀体中一起旋转。滑阀与转向轴为游动连接，而转向轴通过一根扭杆与主动齿轮及阀缸连接。当齿轮或转向轴受到转矩时，阀芯与阀缸相对运动，压力油进入动力缸的一侧，产生液压助力作用或承受路面反作用力。

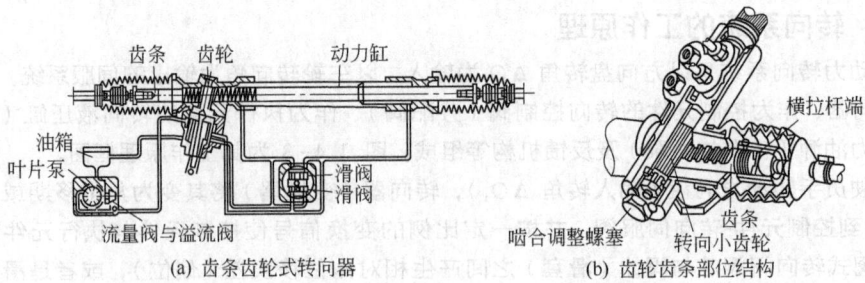

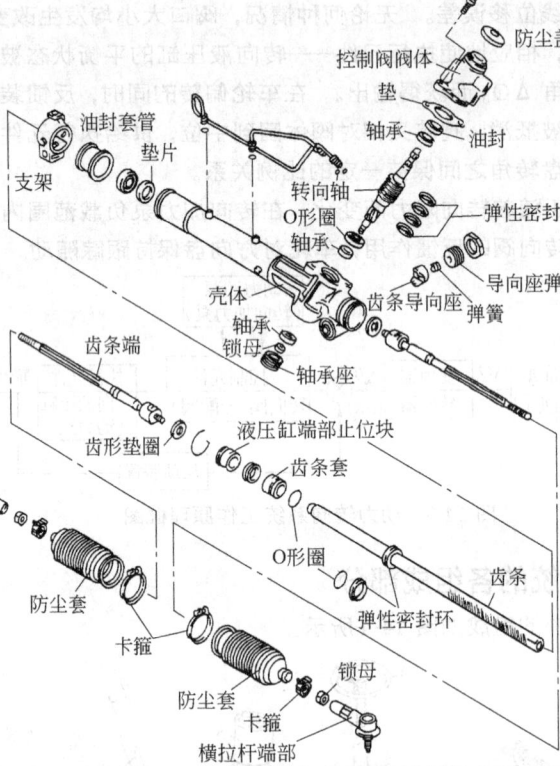

(a) 齿条齿轮式转向器

(b) 齿轮齿条部位结构

(c) 日本丰田轿车齿轮齿条式动力转向器立体分解图

图 14-5　齿轮齿条式动力转向器结构

　　② 循环球式　图 14-6（a）为循环球式转向器的结构。 循环球式转向器有整体式和半整体式两种结构形式［图 14-6（b）、（c）］。 图 14-7 为循环球式转向器的立体分解图。

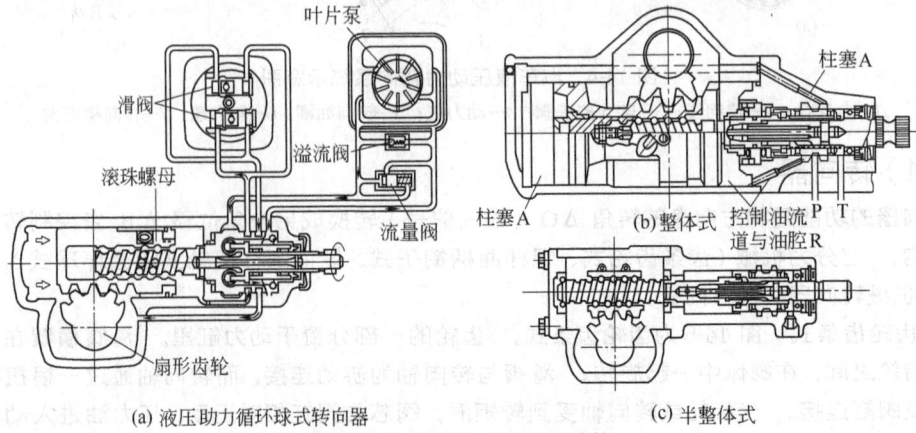

(a) 液压助力循环球式转向器

(b) 整体式

(c) 半整体式

图 14-6　循环球式转向器结构

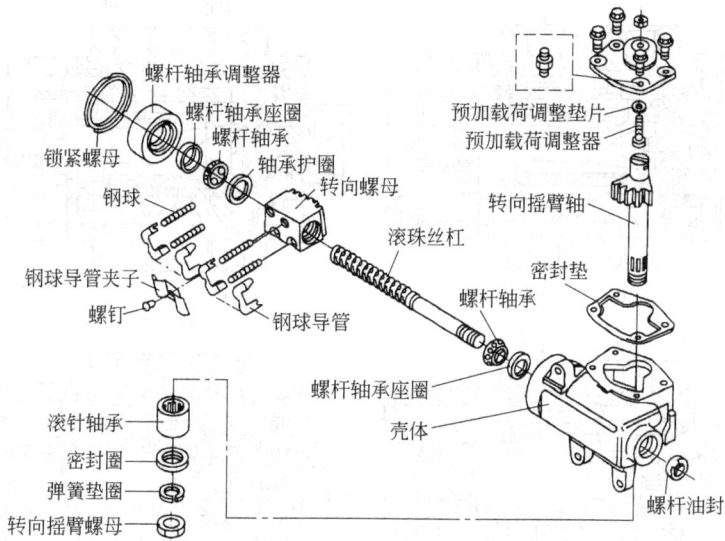

图 14-7　循环球式转向器的立体分解图

③ 摆线式液压转向器（计量马达）　图 14-8 所示为摆线式液压转向器结构。使用这种转向器省掉了机械转向器和连杆机构，安装位置与方向几乎不受限制，可以应用于各种行走机械。当转向轴 16 相对于转向套 2 转动时，压力油进入摆线马达一腔，从摆线马达另一腔排出的压力油进入动力缸实现转向。与此同时，液压马达转子的转动经驱动轴 11 和定位传动销 1 传动转向套 2，直到转向套相对于转向轴恢复原始位置。由液压转向器及其他液压件构成的液压转向系统叫全液压转向系统，它轻便灵活，结构紧凑，安装布置方便，在发动机熄火时也能保证良好的转向性能。图 14-9 为 BYZ1 型摆线式液压转向器工作时的油路流向图。

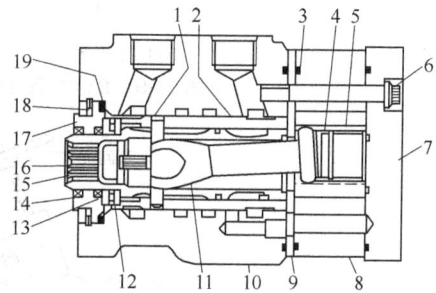

图 14-8　摆线式液压转向器结构

1—定位传动销；2—转向套；3,19—O 形圈；
4—垫块；5—摆线轮；6—螺钉；7—端盖；
8—定子；9—垫板；10—壳体；11—驱动轴；
12—止推轴承；13—油封；14—挡尘圈；
15—弹簧片；16—转向轴；17—套；18—弹性挡圈

（2）转向阀

转向阀又叫分配阀，为一伺服控制阀。有转阀式与滑阀式两种形式。

转向阀的功能是跟踪驾驶员操纵方向盘的转角，控制压力油进入转向缸带动车轮转向。另外，通过拉杆反馈，作用于转向阀，使其回到中位，停止向转向缸供油，使车轮偏转角与方向盘转角之间始终维持一定的比例关系（图 14-10）。

图 14-11 为滑阀式转向阀的组成及工作原理。当转动方向盘时，可通过方向机、摇臂、输入铰接头和阀杆带动伺服阀阀芯左右移动。当未转动方盘时，输入铰接头成直立状态，转向阀阀芯在对中弹簧的作用下处于中位，泵来油经转向阀开口 P 流回油箱，转向液压缸 A、B 腔也与油箱（T 口）相通，转向缸不动作，行走机械直走。当转动方向盘，通过方向机、摇臂、输入铰接头和阀杆带动伺服阀阀芯左移 [图 14-11（c）] 时，P 与 A 通，B 与 T 通。液压泵来油压力 p_s 经阀芯凹槽 a 后变为 p_a 进入 A 腔，液压缸 B 腔的油液经凹槽 b 再经 T 流回油箱，实现车轮左转弯。当操作方向盘使阀芯向右移动 [图 14-11（d）] 时，P 与 B 通，A 与 T 通，实现车轮右转弯。

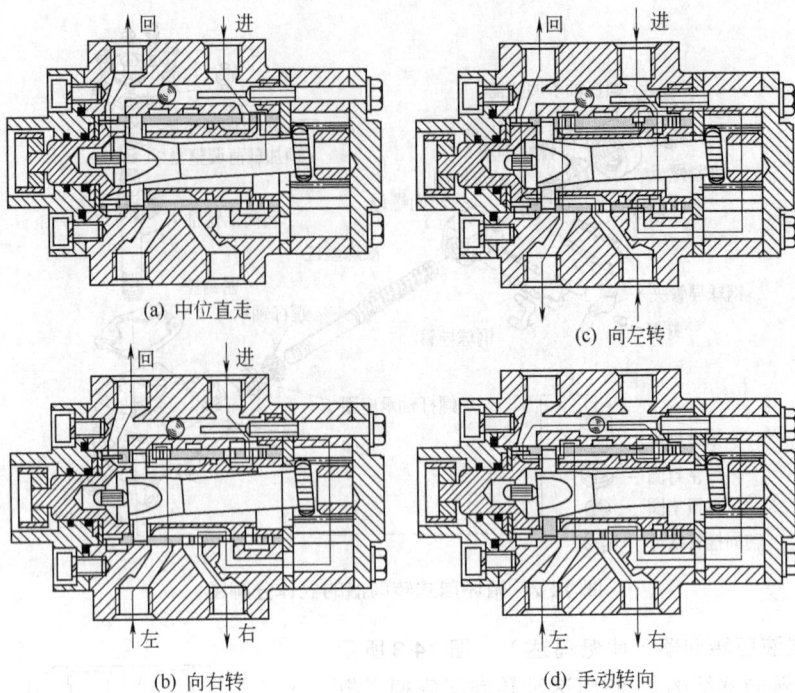

(a) 中位直走   (c) 向左转

(b) 向右转   (d) 手动转向

图 14-9　BYZ1 型摆线式液压转向器工作时的油路流向图

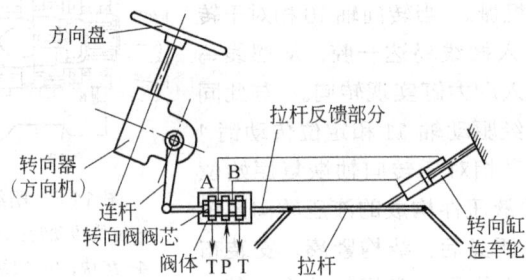

图 14-10　转向阀的工作原理

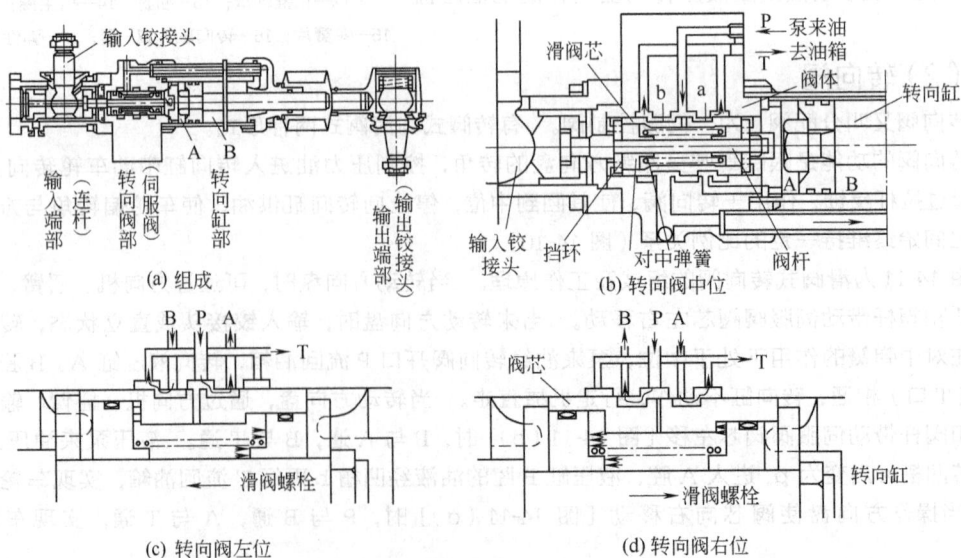

(a) 组成   (b) 转向阀中位

(c) 转向阀左位   (d) 转向阀右位

图 14-11　滑阀式转向阀的组成及工作原理

（3）转向泵

转向泵又叫转向加力泵，常见的转向加力泵有齿轮泵、叶片泵和摆线泵。它们的结构与一般对应的同类泵无太大的差别。但由于液压转向系统一般均为恒流量式和恒压力源式，所以一般在泵里设有流量控制阀和定压阀，转向加力泵的功能是为转向液向系统提供恒流量源和恒压源。

图 14-12 为 CB250 型汽车转向加力泵结构。O 为进油口，P 为压力油出口，T 为溢流口。助力转向器工作时，齿轮泵出口压力为 p，经节流孔后压力降为 p_1，从 P 口流出。压力 p_1 还经过图中虚线小孔作用于定压阀上腔。当发动机转速升高使齿轮泵的流量过剩时，节流孔前后压差（$\Delta p = p - p_1$）加大，流量阀阀芯上升，多余流量经阀套的径向孔 Q 再经 T 孔流回油箱。当系统压力超过定压阀调压手柄所调定的压力值时，定压阀开启溢流，使压力降下来，其工作原理类似于溢流式调速阀。因此，不管发动机的转速如何，转向加力泵均能提供恒流油源。另外，该泵采用了双面液压补偿，在轴套与前、后盖之间留有很小的间隙，此间隙中由密封圈围出的部分面积与齿轮泵出口相通。当齿轮侧面与轴套间的配合副有少量磨损时，由于液压力的作用可自动补偿间隙。所以该种齿轮式转向加力泵额定压力可达 14MPa，最高工作压力可达 17.5MPa。

图 14-13 为法国龙尼克汽车上的转向加力泵。它由摆线泵、流量控制阀、定压阀组合而成。泵体中装有弹簧 6 与 8，分别调节流量和最高压力。该泵能在较高转速（3000r/min）下工作，外形尺寸仅为同样排量的其他类型泵的一半。

图 14-14 为德国奔驰汽车的双作用叶片式转向加力泵，内装有流量控制阀和定压阀，采用轴向补偿，容积效率较高，噪声低，压力脉动小。

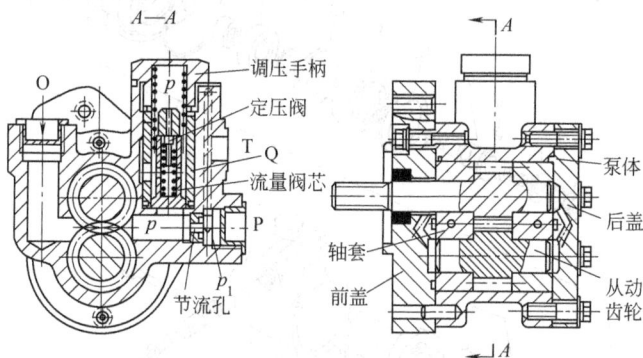

图 14-12　CB250 型汽车转向加力泵结构

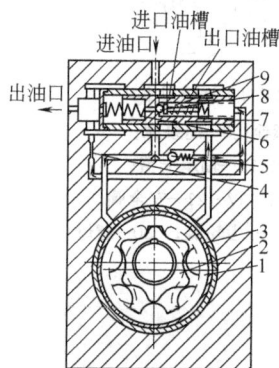

图 14-13　法国龙尼克汽车转向加力泵
1—定子；2—转子；3—隔套；4—固定阻尼；5—单向阀；
6,8—弹簧；7—定压阀阀芯；9—卸压阀

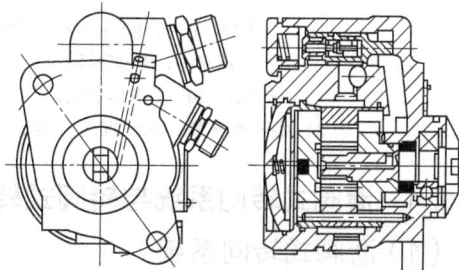

图 14-14　德国奔驰汽车的双作用叶片式转向加力泵

图 11-15 为日本日野汽车的叶片式转向加力泵结构，配油盘由含油铸铁精密铸造而成，并经表面热处理，靠弹簧力及液压力进行轴向间隙补偿。

图 14-16 为日本日产汽车用的叶片式转向加力泵结构。配油盘由含油铸铁精密铸造而成，靠配油盘左边的环状而承压产生压紧力进行间隙补偿，流量较大。

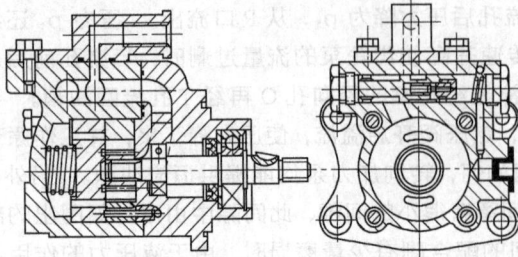

图 14-15 日本日野汽车用叶片式转向加力泵结构

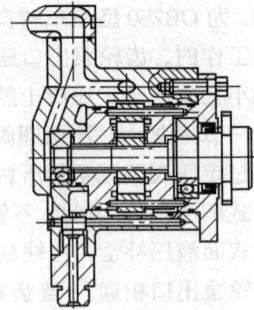

图 14-16 日本日产汽车用叶片式转向加力泵结构

图 14-17 为日本五十铃 CVR146L 型载重汽车转向加力泵的结构。

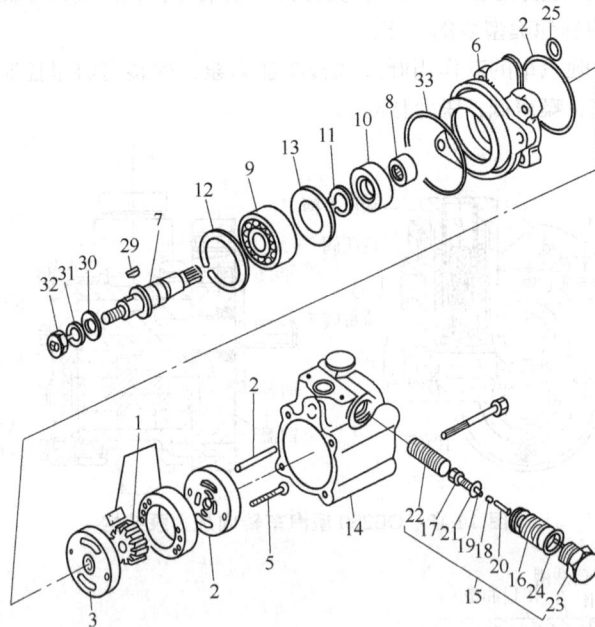

图 14-17 日本五十铃 CVR146L 型载重汽车转向加力泵结构

1—叶片转子总成；2—压力配油盘；3—配油盘；5—螺栓；6—前泵体；
7—液压泵轴；8—滚针轴承；9—球轴承；10—油封；11,12—轴承卡簧；
13—护圈；14—后泵体总成；15—控制阀；16—溢流阀；17～21—安全阀；
22—溢流阀弹簧；23—螺塞；24,25,33—O 形密封圈；29—齿轮键；30—螺母

14.1.4 滑阀式转向系统与转阀式转向系统

（1）滑阀式转向系统

滑阀式转向阀组成的动力转向系统应用很广泛。图 14-18 和图 14-19 为应用滑阀式伺服阀构成的几个转向系统实例。

图 14-19 中的控制阀为滑阀式四边节流伺服阀。当阀芯向左移动时，转向泵来油经阀边 a 节

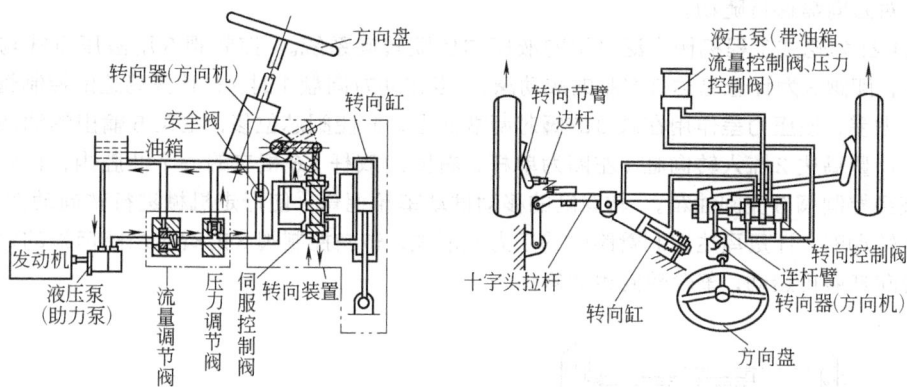

图 14-18　滑阀式转向系统（一）

流后压力变为 p_a 进入液压缸 A 腔，液压缸 B 腔的油液经阀边 b 再经阀芯的径向孔 c 和轴向中心孔流向回油箱。　由于液压缸活塞铰接固定在车架上，所以转向器壳体跟随阀芯向左移动，车轮向左转弯；同理，当操纵方向盘使阀芯向右移动时，车轮向右拐弯，从而实现行走机械设备实现转向操作。　利用伺服阀的放大作用，用很小的操纵方向盘（移动阀芯）的力，就可输出大的力（液压缸推力）去操纵车轮转向。　阀杆和阀芯不采用刚性连接，而用弹簧压紧；阀芯有一定的自位余量，阀芯不易卡死。

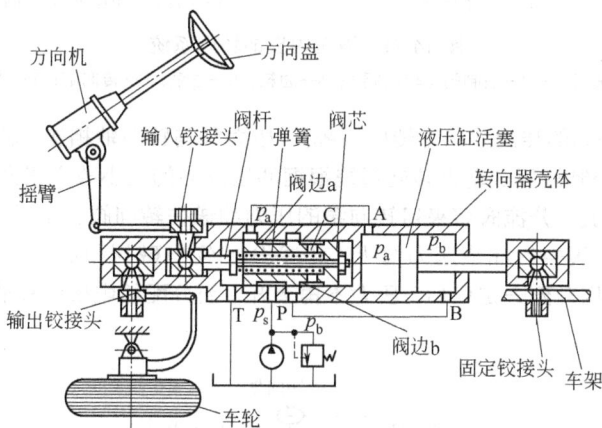

图 14-19　滑阀式转向系统（二）

（2）转阀式转向系统

图 14-20 为转阀式转向阀构成的液压转向系统。　当转向阀处于中间位置（图示位置）时，转向缸两腔通过转向阀与回油 T 相通，来自转向加力泵的油液经转向阀流回油箱。　转向时丝杠受轴向力，转向阀阀芯旋转着轴向左右移动，油路发生变化，转向缸活塞左移或右移，使行走机械进行左、右转弯。　转向过程中，转向缸中的油压随着转向阻力而变化。在转向加力泵负载范围内，转向缸内部压力和转向阻力保持平衡。　由于转向阀的反馈作

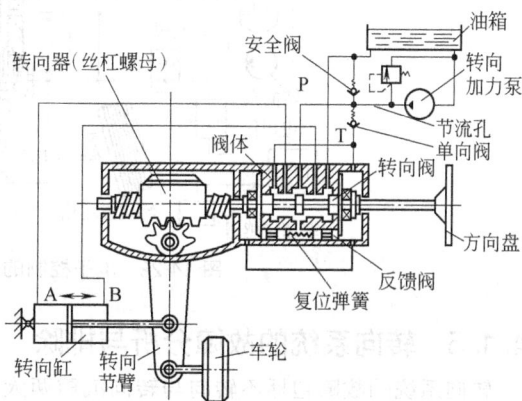

图 14-20　转阀式转向系统

用，车轮对方向盘保持随动。

图 14-21 为轮式工程机械广泛采用的液压内反馈转向系统。 控制阀 3 用液压方式与计量马达 2 相连，即阀 3 为计量马达 2 控制的液动阀。 当转动方向盘 1 时，在计量马达的控制管路中形成一个压力差，该压力差作用在阀 3 的阀芯两端面上，迫使阀芯位移，主泵 5 输出的油液通过控制阀 3 和计量马达 2 流入转向缸（左图为单杆，右图为双杆）6 相应的一个油腔内，转向缸另一腔的油液经控制阀 3 流回油箱。 转向缸的移动推动车轮拐弯，使行走机械进行转向动作。 方向盘 1 停止转动时，计量马达控制管路中的压力差消失，转向控制阀 3 的阀芯由阀两端的对中弹簧对中，转向缸停止运动，车轮转向也就停止。

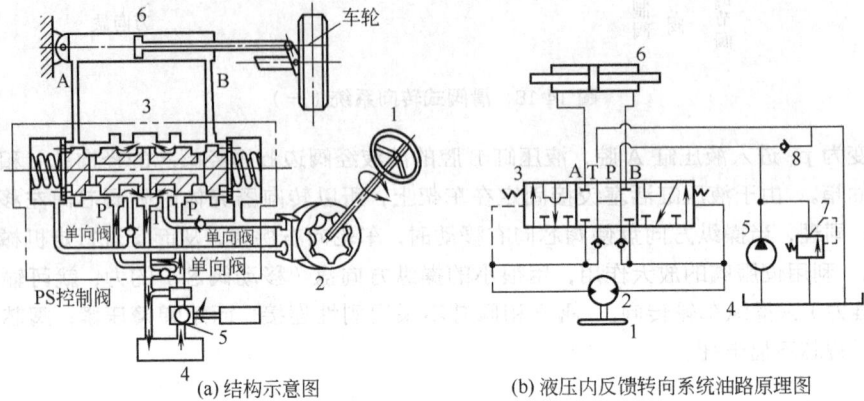

(a) 结构示意图　　　　　　　　　(b) 液压内反馈转向系统油路原理图

图 14-21　液压内反馈转向系统

1—方向盘；2—计量马达；3—控制阀（转向阀）；4—油箱；5—主泵；6—转向缸；7—溢流阀；8—单向阀

图 14-22 为电子控制的转阀式动力转向系统。 扭力杆与转向轴相连，转向阀下端设有左、右油压反力腔 f。 电子控制液压式动力转向系统根据油压反力的大小改变扭力杆的扭曲量，就可以控制转向时所要加的力。 分流阀将来自转向泵的压力油送往转向阀、油压反力腔 f 和电磁阀中。当转动转向盘时，转向阀中的油液压力增大，于是分配到电磁阀和油压反力腔 f 中的油液量增加。 当转向阀中的油压升到一定值后，压力不再上升，而分配给电磁阀和油压反力腔 f 的油液量和压力则保持不变。

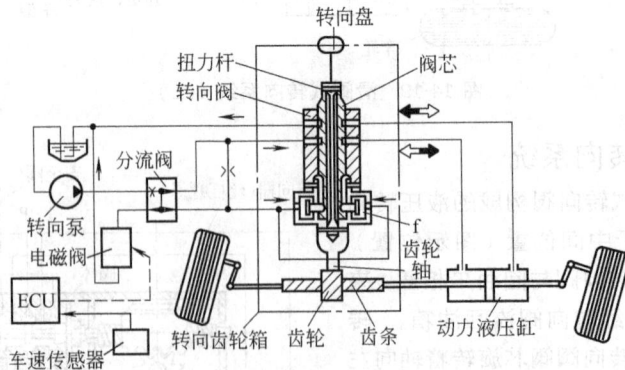

图 14-22　电子控制的转阀式动力转向系统

14.1.5　转向系统的故障分析与排除

转向系统的故障包括不转向与转向沉重两大类型。 正常情况下，转向盘操纵力在 15～20N 范围内，随着操纵力的增大，如果转向沉重，驾驶员的劳动强度也增大，严重影响整机操纵的舒适性和可靠性。

造成不转向与转向沉重的原因分析如下。

【故障1】 转向泵造成的故障

转向泵是转向系统的动力源，为转向系统提供充足的流量和压力。一旦流量和压力不足，便难以提供足够的压力，造成不转向或转向沉重，特别表现为转向盘慢转较重，快转稍轻。

① 转向泵使用日久，内部零件磨损，导致内泄漏增大，转向泵的输出流量降低，导致进入转向缸的油液压力不够，转向助力也就不够，造成转向沉重。此时可手摸泵壳，如发热厉害，则可判断泵内泄漏大。可针对该汽车所使用的转向泵的种类（齿轮泵、叶片泵或摆线泵），参阅3.2节和3.3节的相关内容，排除转向泵流量上不去的故障。

② 转向泵的带张力不足，需重新调节带张力。

③ 因转向泵带轮内孔磨损孔径增大，或者泵轴及轴上的键磨损，造成带轮松动或翘曲。此时应酌情更换带轮。

④ 转向泵低速性能差，即低速容积效率下降较大，会造成发动机怠速或低速工况时转向沉重。

⑤ 转向泵的压力未调上去。

⑥ 若慢转转向盘轻，快转转向盘沉，则可能是液压泵供油量不足引起的，在油位高度及黏度合适的前提条件下，应检查试验液压泵工作是否正常，如液压泵供油量小或压力低，则应更换或修复液压泵。

【故障2】 转向器造成的故障

转向器是转向系统的关键元件，它通过阀芯和阀套的准确配油以及摆线转阀的计量作用来实现比例转向。

① 对于齿轮齿条式转向器（图14-23），造成转向沉重的原因有：转向齿条弯曲变形或松动；动力缸的活塞密封破损，造成动力缸左、右两腔内泄漏大，因而动力缸推动转向的力不足，左、右转时方向盘均沉重；左转时，动力缸从A处外漏，造成左转时方向盘沉重，右转时，动力缸从B处外漏，造成右转时方向盘沉重；齿轮轴未装好，齿轮齿条啮合不良。

可查明情况，酌情处理。

② 对于循环球式转向器（图14-7）则要注意滚珠丝杠内钢球磨损产生的别劲现象。

③ 对于图14-8所示的摆线式转向器则是转子、定子副的长期使用后，可能造

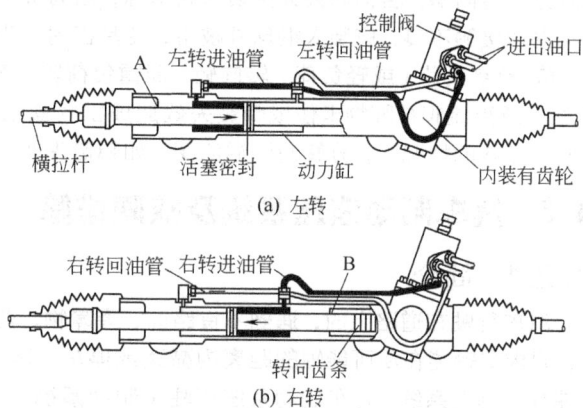

图 14-23　齿轮齿条式动力转向器

成定子、转子副的径向或轴向磨损，造成间隙过大，使内泄漏增大、计量失准，此时表现为慢转时转向沉重而快转时转向较轻。

【故障3】 转向缸造成的故障

① 当转向缸活塞密封失效或局部失效，同样会造成转向沉重。目前，绝大部分液压缸已采用了格莱圈组合密封，密封可靠，寿命较原来的Yx密封显著提高，此类故障所占比例较小。密封失效的判定方法很多，可以通过触摸判定原因所在。正常情况下，两只转向缸缸体表面温度应基本一致，当用手触摸两只缸体，感觉表面温度有明显差异时，可以判定温度高的一只液压缸活塞密封已失效，这就是转向沉重的原因所在。

② 若在转动转向盘时，液压缸时动时不动，且发出不规则的响声，则可能是转向系统中有空气或转向缸内漏太大。应打开油箱盖，查看油箱中是否有泡沫。如油中有泡沫，先检查吸油管路有无漏气处，再检查各管路连接处，并查看转向器到液压泵油管有无破裂，如各连接处均完好，则应排除系统中的空气，如排除空气后，液压缸仍时动时不动，则应检查液压缸活塞的密封状况，必要时更换密封装置。

【故障4】 其他部位造成的故障

① 转向器阀块上的安全阀由于调压部位的螺纹误差较大，造成锁紧或锁止不可靠。在使用过程中，由于液压冲击和机械振动的影响，可能会造成调压螺杆松脱，使系统压力偏低（转向工作压力一般为 10~12MPa）。一般来说，当系统压力低于 7MPa 时，转向明显沉重，甚至不能转向。调压弹簧变形、失效或阀芯被污染颗粒卡住，同样会造成安全阀处于卸荷状态，这可通过对安全阀的调整或清洗得以验证。属清洁度问题时，应根据油液污染程度及时更换油液或对油液进行过滤处理。另外，过载阀失效，同样会造成转向沉重，其表现为转向盘转动、液压缸动作滞怠或不动，转向无止点。

② 转向器进、回油口的钢球单向阀失效会造成转向沉重，此时表现为快转与慢转均沉重，转向缸动作慢。

③ 单稳阀是转向系统中的一个重要元件，通过它控制系统流量的恒定，以保证转向的稳定可靠。单稳阀阀芯被杂质卡住或弹簧失效，会使油液部分或全部处于回油状态，造成供油量不足，系统压力下降，转向沉重（阀芯被杂质卡住，使油不能处于回油状态，丧失流量调节的功能，在大油门工况下，转向将走向另一个极端——过于灵敏，即发飘、无手感）。

④ 若快转与慢转转向盘均沉重，并且转向无压力，则可能是油箱液面低，黏度太大，或阀体内钢球单向阀失效造成的，应首先测量液压油箱油位，并检查液压油的黏度，如果油位低于标准高度，则要添加油液。油液黏度太大，则应更换黏度合适的液压油。如果油位、黏度均正常，则应分解转向器，若钢球丢失则装入新钢球；若有脏物卡住钢球应进行清洗，若阀体单向阀密封带与钢球接触不良，应装入钢球并敲击，使其密封可靠。

⑤ 若空负荷（或轻负荷）转向轻，而重负荷转向沉重，则可能是阀块中溢流阀压力低于工作压力，或溢流阀被脏物卡住或弹簧失效造成密封圈损坏导致的，应首先调节溢流阀工作压力，在调节无效的情况下，分解清洗溢流阀，如弹簧失效，密封圈损坏应换新。

14.2 汽车制动液压系统及故障排除

14.2.1 简介

汽车行驶在道路上时，遇到不良路面、降障物、弯道、下坡等复杂道路条件和其他紧急情况时，要求车辆能在尽可能短的距离内减速或停车，这就需要汽车制动系统。汽车上至少装有两套独立的制动系统：行车制动系统和驻车制动系统。前者用于汽车行驶中的减速和停车，后者用于停车后防止汽车滑行。

汽车制动系统的功能就是使行驶中的汽车按驾驶员意图减速或停止，其方法通常是靠压紧装在车体上的固定摩擦元件和装在车轮上的旋转摩擦元件，使它们之间产生摩擦力矩，从而使车轮和地面之间产生使车辆减速的制动力。摩擦元件之间的压紧力则来自驾驶员的制动踏板。因此，汽车制动系统一般由制动传动装置和制动执行元件两部分组成。前者将驾驶员加在踏板上的力或由制动踏板控制的其他动力源传递到车轮上，后者是装在车轮上的制动器。它将传动装置传来的动力变为摩擦力矩。现代汽车的制动传动装置有液压式、气压式和气液综合式三种。液压式最简单，它直接将驾驶员加在踏板上的力通过液体传递到车轮上的制动器，而不需要其他动力源。但是这种无源的液压式制动装置，原则上只适用于较小的汽车。

液压制动系统按布置形式可分为图 14-24 所示的两种形式：单回路液压制动系统和双回路液

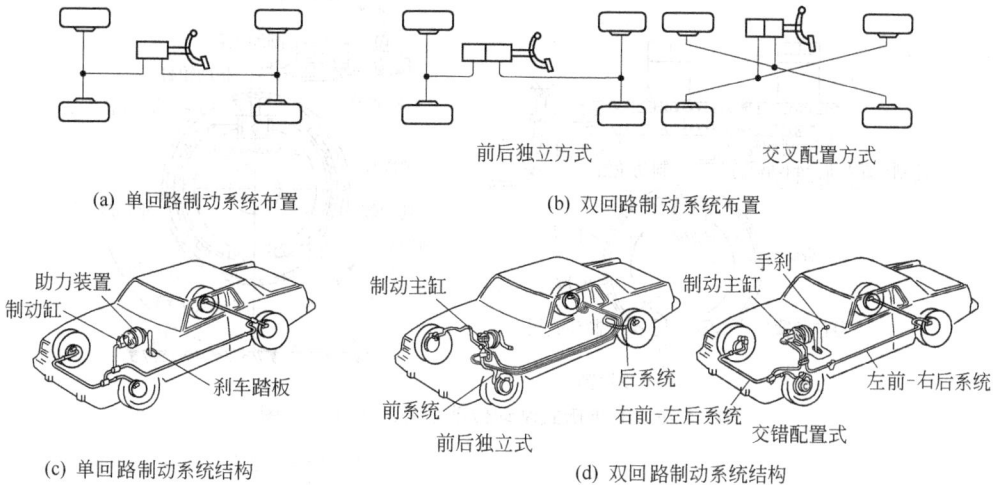

(a) 单回路制动系统布置   (b) 双回路制动系统布置

(c) 单回路制动系统结构   (d) 双回路制动系统结构

图 14-24　液压制动系统的分类

压制动系统。 前者结构较简单，但如果在管路的某一处漏油，就会造成整个系统失效；后者弥补了前者的缺点，若一个回路发生故障或漏油，另一个回路还能继续发挥作用。

　　另外，车轮制动器只一个轮缸（液压制动缸）者，称为单领蹄式制动器；车轮制动器有两个轮缸者，称为双领蹄式制动器。

14. 2. 2　液压制动系统的工作原理及结构

　　液压制动系统由产生制动作用的执行元件——制动器和操纵制动器的传动装置两部分构成。

（1）制动器的工作原理

　　汽车用制动器，即车轮制动器，常见的有两种：盘式制动器和鼓式制动器，其工作原理如图 14-25 所示。

　　盘式制动器的工作原理是：摩擦块在两侧轮缸（液压缸）压紧力的作用下，压在同车轮固连在一起同步旋转的制动盘上，产生的摩擦力形成与车轮旋向相反的反向制动力矩，从而产生制动作用。 目前轿车的前轮大多采用盘式制动器，如桑塔纳 2000 型。

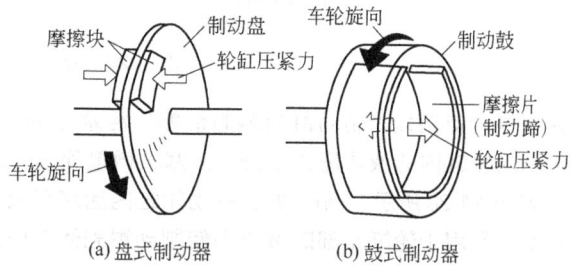

图 14-25　制动器的工作原理

　　鼓式制动器的工作原理是：摩擦片（制动蹄）在径向安装的轮缸的压紧力的作用下，压在同车轮同步旋转的制动鼓的内侧，产生的摩擦力形成与车轮旋向相反的反向制动力矩，从而产生制动作用。 鼓式制动器有多种形式，如非平衡式、平衡式和自动增力式等。

　　图 14-26 所示为非平衡式制动传动系统，当踩下制动踏板，制动主缸活塞右移，给缸右腔的制动液加压后进入制动轮缸，制动轮缸左、右两活塞产生向左和向右的外推压紧力，使制动蹄以其下端的偏心销为支点，连同摩擦片压向制动鼓，从而产生制动车轮旋转的反力力矩，形成制动。 回程（复位）弹簧使制动蹄上端复位，紧靠在轮缸活塞上。

（2）制动元件结构

　　① 鼓式制动器结构　鼓式制动器结构如图 14-27 所示。

　　② 盘式制动器结构　盘式制动器的制动盘固定在轮毂上，制动钳固定在转向节上，制动钳

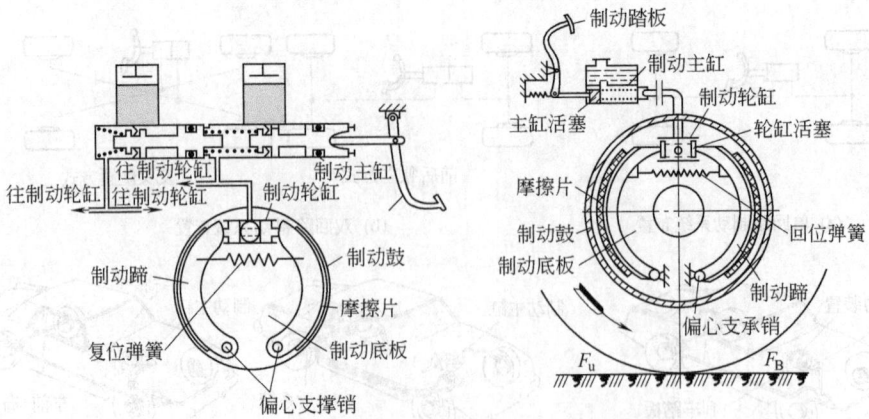

图 14-26 非平衡式制动传动系统的工作原理图

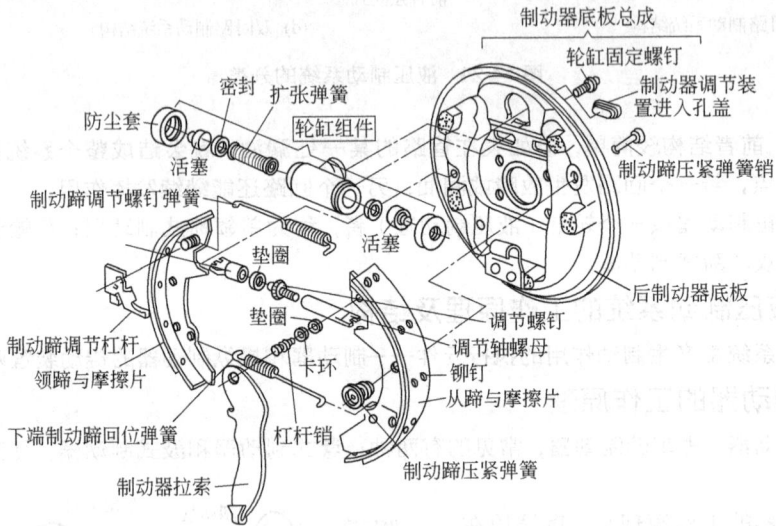

图 14-27 鼓式制动器结构

横跨于制动盘两端，制动钳内装有活塞，活塞后面有充满制动液的制动轮缸，踩下制动踏板以后，制动轮缸内的液体压力上升，活塞被微量顶出，摩擦块夹紧制动盘产生制动。

如图 14-28 所示，制动时，制动轮缸内活塞在液压作用下推动内摩擦块，压靠到制动盘内侧表面后，作用于轮缸底部的液压力使制动钳壳体在导向销上移动，推动外摩擦块压向制动盘的外侧表面。 内、外摩擦块在液压作用下，将制动盘的两侧压紧，实现了前轮的制动。 其制动间隙是自动调整的。

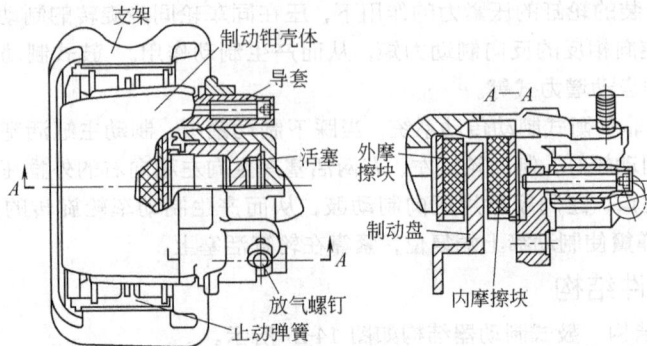

图 14-28 盘式制动器结构

③ 制动主缸结构　制动主缸外观和结构如图 14-29 所示。

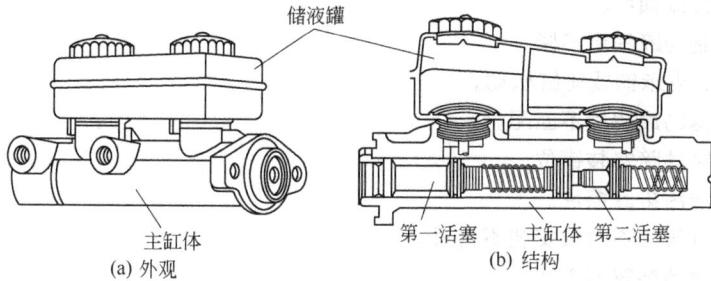

图 14-29　制动主缸外观和结构

④ 制动轮缸结构　制动轮缸结构如图 14-30 与图 14-31 所示。

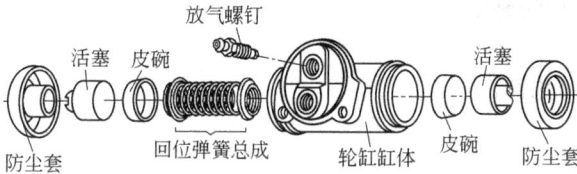

图 14-30　制动轮缸的结构

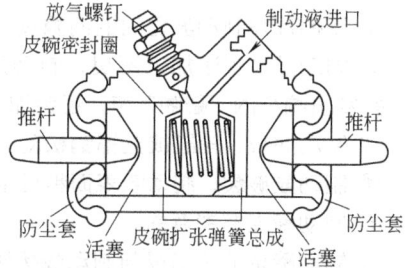

图 14-31　带推杆的制动轮缸

14.2.3　汽车制动系统的故障分析与排除

（1）鼓式制动器的故障分析与排除

【故障1】　不制动或制动不良

这一故障是指：当驾驶员踩下制动踏板时，出现因制动力不足而出现制动距离过大，汽车要滑行很长距离才能停下来的现象。故障产生原因和排除方法如下。

① 制动蹄上摩擦片磨损过大，或有润滑油脂和制动液：当摩擦片在最薄点的磨损到距铆钉头 0.8mm 时，必须更换摩擦片或制动蹄；当摩擦片上有润滑油脂和制动液时，也必须换用新的摩擦片或制动蹄。

② 使用日久，摩擦片硬化，必须换新。

③ 制动蹄上铆接摩擦片的铆钉外露，必须处理。

④ 制动主缸活塞密封破损，导致泄漏使进入（制动）轮缸的刹车油压力不够，查明原因后予以排除。

⑤ 轮缸密封破损，产生内漏，刹车液的压力不够，推不紧制动蹄组件。

【故障2】　制动跑偏

这一故障表现为：汽车在制动时，发生驶向一边而不能直线行驶的现象，伴有甩尾和出现侧滑现象。产生这一故障的原因和排除方法如下。

① 有一边摩擦片磨损过大或粘有刹车液。

② 左、右制动鼓与摩擦片的间隙调得不对，相差太大。

③ 制动蹄回位弹簧失效。

④ 左、右轮胎气压不等，或者左、右轮毂轴承松动和磨损不一。

⑤ 制动蹄调整不当。

⑥ 弹簧软或损坏。

⑦ 制动鼓失圆或损坏。

⑧ 摩擦片与制动蹄固定不紧。

⑨ 制动底板、支承销或轮缸松动。

⑩ 两侧制动器的摩擦片不匹配。

⑪ 在一侧的制动蹄安装错位。

⑫ 润滑脂泄漏污染摩擦片。

⑬ 有一侧轮缸尺寸不对或安装不合适。

⑭ 有一侧自调节装置不工作。

【故障3】 制动噪声

这一故障表现为：踏下制动踏板时，制动器内发出"噼啪""咔嗒"的噪声，还会出现制动器颤振的现象。故障产生的原因和排除方法如下。

① 摩擦片与制动鼓之间的间隙过大。

② 制动鼓在车削加工不良，制动鼓摩擦表面呈螺纹状。这样在制动时，制动蹄会出现摆动，并发出响亮的"噼啪"声，还会加剧摩擦片的磨损。

③ 制动底板、轮缸或支撑销松动。

④ 制动鼓破裂，制动鼓表面粗糙或制动鼓失圆。

⑤ 制动蹄支撑销弯曲。

⑥ 制动蹄调节不当或与制动鼓接触不良。

⑦ 制动底板凸台过度磨损，制动底板支撑销等润滑不良。

⑧ 制动蹄上铆接摩擦片的铆钉外露。

⑨ 制动鼓与摩擦片之间进有杂物。

⑩ 轮毂轴承因磨损而松动。

可查明原因，一一排除。

【故障4】 制动器的制动作用时强时弱

产生这一故障的可能原因有：主缸的制动液不足；主缸密封件损坏；主缸储液罐渗漏；制动器液压管路及连接处泄漏；液压系统中有空气。

【故障5】 踩踏制动踏板的力大

产生这一故障的可能原因有：制动管路折断或损坏；制动踏板卡住；制动踏板的传动装置移动干涉；主缸推杆与活塞之间的间隙不当；主缸补偿孔堵塞；主缸中的第一活塞膨胀；主缸活塞冻结；轮缸活塞冻结；制动鼓内有粉尘或其他异物，摩擦片上有水或刹车油；摩擦片质量不好或型号不对。

可查明原因，予以排除。

【故障6】 踩踏制动踏板很轻，且无制动效果

产生这一故障的可能原因有：储液罐中无制动液；液压系统中有空气；车轮制动器放气螺钉脱落；主缸中活塞皮碗损坏；液压系统泄漏。

【故障7】 制动时，制动不均匀，车辆出现制动时后仰、俯倾、跑偏等现象

主要原因是一个或几个车轮的制动器出现以下故障所致：比例阀或组合阀工作不良；鼓式制动器调整不当；驻车制动器拉索卡住。

【故障8】 制动踏板行程过大，踏板容易踩到底

产生这一故障的可能原因有：主缸中制动液的液位低；液压系统中有空气；主缸推杆与主缸活塞间隙过大；主缸单向阀工作不良，系统不能保持剩余压力；主缸活塞因密封破损导致泄漏；液压系统有泄漏；制动液受到污染；车轮制动器间隙自调节装置调节量过大或制动鼓磨损严重或

制动蹄变形。

（2）盘式制动器的故障分析与排除

【故障1】 制动作用差

这一故障是指：踩下制动踏板时，制动力不足，制动距离过大，制动性能下降。故障原因和排除方法如下。

① 液压系统有残余空气如储液罐中的液位低，或放气螺钉松动漏气等。

② 主缸中活塞皮碗泄漏或主缸推杆调整不当。

③ 活塞位置、制动摩擦块位置不正确，活塞油封损坏等，可进行调整或更换。

④ 制动盘或摩擦块翘曲变形，接触不良使制动功能减退，可研磨摩擦衬片与制动盘，改善接触状况。

⑤ 制动盘变形，可调整或更换制动盘。

⑥ 轮缸活塞移动不畅，可修理或更换轮缸活塞。

⑦ 液压系统有泄漏，摩擦片表面有油污，可清洁摩擦片表面。

⑧ 制动钳变形，制动盘摆差过大，可检修或更换制动钳。

⑨ 制动盘与摩擦片磨损严重。如制动盘或摩擦衬片磨损超过极限时应更换新件。

⑩ 制动盘摆动：检查制动盘工作表面的端面圆跳动量，若超过极限值，应予以车削或更换新件。

⑪ 制动管路有渗漏，找出泄漏原因和位置进行修复，并按要求加足制动液。

【故障2】 制动时费力

这一故障是指：踩下制动踏板时，感到特别费劲，停车所需的踩踏板的力过大，且制动时反应迟钝。

故障原因和排除方法如下。

① 摩擦块磨损严重，已小于最小厚度，出现过热、发蓝和有热裂纹现象，使摩擦块的摩擦作用大大降低。

② 主缸或助力装置工作不正常，活塞卡阻。

③ 制动轮缸活塞被污物卡住或者锈蚀。

④ 制动块上有油脂等脏物。

⑤ 摩擦块的材质不符合质量要求。

⑥ 踏板推杆及传力装置卡住，或者制动钳活塞发卡。

可查明原因后，一一排除。

【故障3】 制动器松不开

这一故障表现为：松开制动踏板时，制动器松不开，制动作用停不了，特别是当系统温度高时。其故障原因和排除方法有：助力制动器工作不正常；盘式制动器回路中，剩余单向阀有故障；踏板传力杆动作缓慢或发卡；活塞冻结或卡住；主缸中的压力不能解除；制动器总成安装定位不正确；浮盘钳式制动器的销套被冻结或发卡。

【故障4】 制动动作不均匀

其故障原因和排除方法有：制动钳安装松动；制动踏板传力装置卡住；轮胎气压不正确；转向悬架系统中组件磨损；计量阀或比例阀故障；摩擦块被油脂污染；两侧摩擦块作用力差别过大；管路、软管或其他通路堵塞；制动钳活塞移动阻力过大或冻结；制动钳活塞缸筒油封变软和膨胀；制动钳缸筒粗糙或有腐蚀；摩擦块安装松动或位置不正确；主缸粗糙或有腐蚀现象。

查明原因，采取措施。

【故障5】 制动跑偏

这一故障表现为：制动时，汽车向一侧跑偏，不能保持直线行驶，有侧滑、甩尾现象。产生原因和排除方法如下。

① 左、右制动盘与摩擦块间隙不等时，应调整左、右制动盘与摩擦衬片间隙一致。

② 两前轮制动摩擦片表面有制动液、机油或油脂时，应清洁摩擦块工作面。

③ 制动轮缸工作不良时，应调整或更换制动轮缸。

④ 左、右摩擦块磨损不均。左、右摩擦块应选用同厂同型号的产品。

⑤ 左、右轮胎气压不一致或磨损不均。调整轮胎气压或更换轮胎。

⑥ 制动盘平行度或横向摆差过大，或一侧制动盘表面粗糙，应予以修复精度。

其他故障可参阅"鼓式制动器的故障分析与排除"。

14.3 汽车制动防抱死液压系统及故障排除

14.3.1 简介

汽车前、后轮制动压力的大小对汽车的制动性能有着很重要的影响。汽车在制动时如制动力矩过大，车轮就会停止转动而车辆由于惯性仍在向前移动，造成车轮在地面上滑移，称为车轮的"抱死"现象。此种现象既不利于发挥最大制动效能也不利于车辆的安全行驶，需设置制动防抱死系统尽量加以避免。研究表明，后轮先抱死的可能性最大，危害性也最大。因此，需防止后轮先抱死现象的发生。

制动防抱死系统又叫 ABS 系统，防滑制动系统又叫 ASR 系统。其应用始于 20 世纪 80 年代后期，被公认为是汽车技术的最大成就之一。装有 ABS 和 ASR 系统的汽车的优点是：可防止制动过程中车轮抱死现象；制动距离短，因而可减少轮胎磨损；制动时方向稳定，在制动过程中具有方向可控性；有效防止制动过程中的跑偏、甩尾现象。

ABS 系统主要由车轮转速传感器、电子控制器、ABS 调节器（压力调节器）和电动泵等几大部分构成（图 14-32）。ASR 系统的组成如图 14-34 所示。

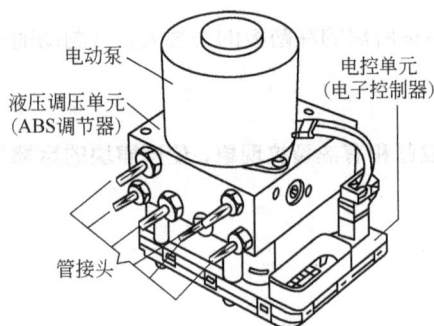

图 14-32　ABS 系统的组成

14.3.2 ABS 和 ASR 系统的工作原理

（1）ABS 系统的工作原理

① 开始制动（建立制动压力）　开始制动阶段，驾驶员踩下制动踏板，制动压力由制动主缸产生，通过常开的进油阀作用到制动轮缸上，此时，不通电的出油阀依然关闭，ABS 系统没有工作，整个过程和常规液压制动系统相同，制动压力不断上升，如图 14-33（a）所示。

② 维持制动压力（保压）　当驾驶员继续踩下制动踏板，油压继续升高到某个车轮出现抱死趋势时，ABS 电控单元发出指令使电磁铁 1DT 通电，进油电磁阀切断油路通道，出油阀电磁铁 2DT 仍断电，油道也仍保持关闭状态，系统油压保持不变，如图 14-33（b）所示。

③ 制动压力降低　若制动压力保持不变，车轮仍有抱死趋势时，ABS 电控单元发出指令，使出油阀的电磁铁 2DT 通电并打开。系统通过低压储液罐降低油压，此时进油阀的 1DT 继续通电保持关闭状态。有抱死趋势的车轮被释放，车轮转速迅速开始上升。与此同时，电动泵开始起动，将制动液由低压储液罐送至制动主缸，如图 14-33（c）所示。

④ 制动压力升高　为了保持最佳制动，当车轮转速增加到一定值后，ABS 电控单元给出油阀的 2DT 断电，使该阀关闭，进油阀的 1DT 同样也不通电而处于打开状态，电动泵继续工作从低压储液罐中吸取制动液，泵入液压制动系统，如图 14-33（d）所示。随着制动压力的增加，车轮转速又降低。这样反复循环（每个循环仅 0.1~0.25s）将车轮的滑移率控制在 20% 左右。

在制动过程中，如果车轮没有抱死趋势，ABS 系统将不参与制动压力控制，此时制动过程与

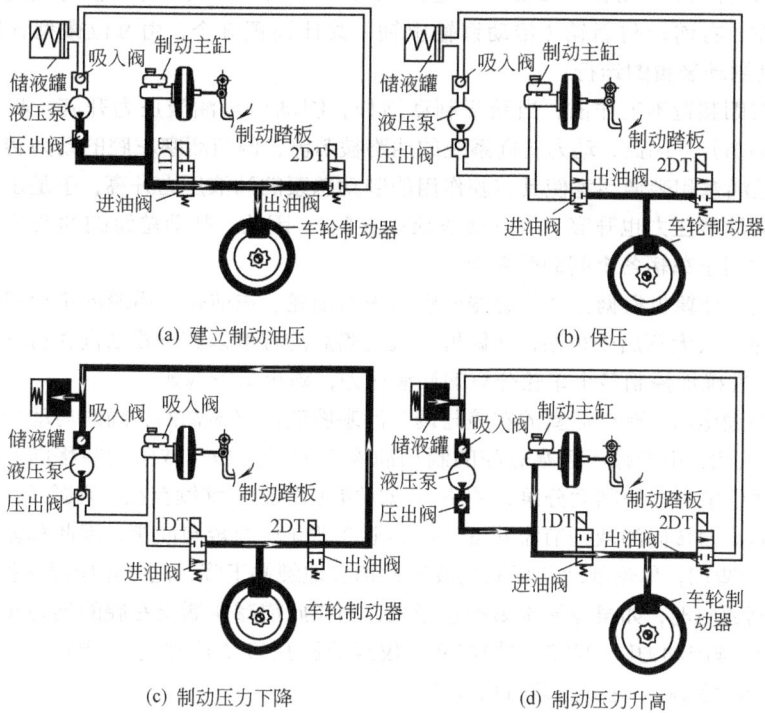

(a) 建立制动油压   (b) 保压

(c) 制动压力下降   (d) 制动压力升高

图 14-33　ABS 系统工作原理

常规制动系统相同。如果 ABS 出现故障，ABS 电控单元将不再对液压单元进行控制，并将仪表板上的 ABS 故障警告灯点亮，向驾驶员发出警告信号，此时 ABS 不起作用，制动过程将与没有 ABS 的常规制动系统的工作相同。

（2）ASR 系统的工作原理

汽车防滑制动装置分后二轮控制方式与四轮控制方式。后二轮控制方式可预防急刹车时后轮抱死所引起的车辆偏向，保证车辆的稳定性。四轮控制方式除控制后二轮外还控制前二轮，在保证车辆的稳定性同时还可保证转向性。

图 14-34（a）是典型的汽车四轮控制防滑制动装置示意图。该防滑制动装置为前轮左右分

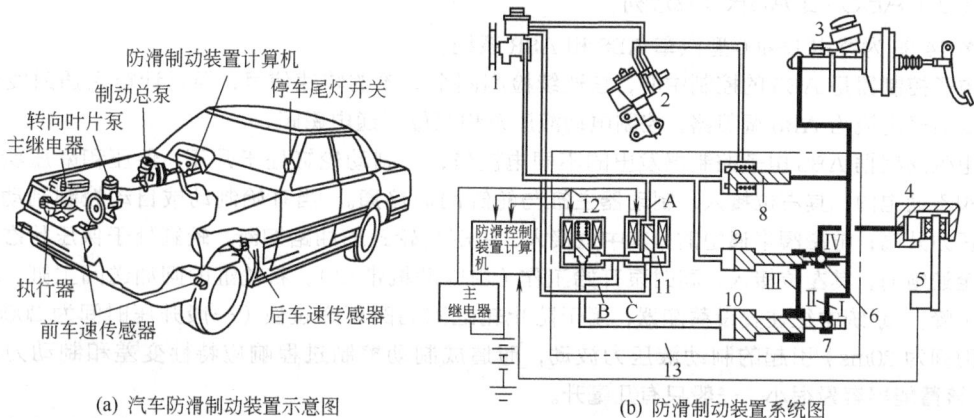

(a) 汽车防滑制动装置示意图   (b) 防滑制动装置系统图

图 14-34　汽车四轮控制防滑制动系统

1—动力转向叶片泵；2—动力转向器；3—制动总泵；4—车轮制动分泵；5—速度传感器；6,7—切断阀；8—调节活塞；9—旁通活塞；10—减压活塞；11—主电磁阀；12—副电磁阀；13—执行器；A～C—节流孔

别控制、后轮同时控制。带诊断和安全功能。其驱动源为动力转向泵，执行器为 4 个电磁阀，速度传感器在左、右前轮与后轮（传动系输出轴）共计设置 3 个，由 8 位微型计算机收集、处理、计算、控制制动装置的运行。

正常运行时即装置不工作时，当踏下制动踏板，制动总泵油液压力升高，调节活塞移向左方，见图 14-34（b）。因此，动力转向系统的油路被节流，调节活塞左腔的动力转向油液压力也同时升高，减压活塞和旁通活塞使其右腔作用的制动总泵的油液压力升高，于是由于各活塞左腔作用的动力转向油液压力也升高，所以被压靠在右侧。因此，制动总泵的油液压力经 Ⅰ→Ⅱ→Ⅲ→Ⅳ 而分别作用于车辆各个制动分泵上。

紧急制动时，计算机根据三个传感器分别测出右前轮、左前轮及后轮的车轮速度。

如果车轮速度大大落后于车速，计算机就根据落后的程度以四种模式向执行器上的电磁铁发出信号，及时、准确地控制各个车轮分泵的油液压力，防止车轮抱死。

当主电磁阀通电时，减压活塞的左腔与调节活塞腔的油路被切断，同时与动力转向油箱的油路接通大气。因此，由于减压活塞右腔的制动油液压力是高压，减压活塞移向左方，关闭切断阀 A，切断制动总泵与车轮制动分泵的油路。如"减压"信号继续存在，则减压活塞进一步移向左方，把左腔的动力转向油液经节流孔 B、节流孔 C 排向动力转向油箱，因此车轮制动分泵与切断阀 A 间的容积增加，车轮制动分泵的油液压力相应地缓慢下降，这就是缓减压模式。

当主电磁阀通电时，如果令副电磁阀也通电，则在此前减压活塞左腔的动力转向油液经节流孔 B 和节流孔 C 排向动力转向油箱的情况变成仅经节流孔 C 快速排出。因此，车轮制动分泵油液压力的减压速度提高。这就是急减压模式。

如果继续减压，使车轮的转速恢复到车速，传感器检测出这一情况，经计算机判断后发出"增压"信号，并给出"增压"的指令。

控制方式的选择是由三个车速传感器信号算出车轮速度（右前轮、左前轮及后轮平均的速度），据此求出近似车速。作为判定抱死前兆的基准，可设定与近似车速相差很小 Δv 值为基准速度 v_g。三个车轮速度中有一个低于基准速度就开始控制，针对抱死的车轮向执行器发出缓和信号。开始控制后，不仅根据基准速度的缓和输出，还由车轮加速度位选择四种输出模式，对各轮进行独立地控制。根据 Δv 值和车轮加速度的输出模式选择基准，因路面状态的不同而有不同的适当值，由微型计算机判断车轮速度的变化，进行自动切换。

当系统发生异常时，制动危险警告灯闪亮，这时由计算机内的发光二极管的闪动次数来表示异常项目是什么，切断主继电器，停止向执行器的电磁铁通电，恢复正常制动功能。

（3）ABS 和 ASR 系统例

图 14-35 为凌志 LS400 型汽车 ABS 和 ASR 系统。

电子控制器是 ABS 的控制中心，它连续检测四个车轮的转速信号，经过计算后适时发出控制指令信号电流给 ABS 调节器，控制电动液压泵和三位三通电磁阀。

电磁阀根据 ABS 电子控制器发出的不同电流量，使制动轮缸处于升压、保压和降压状态。电磁阀不通电时，其右位接入，制动器主缸与轮缸油道接通。当开始制动或自动控制制动时，轮缸压力升高；电磁阀半通电时，其中位接入，主缸与轮缸的油路切断，轮缸处于保压状态；电磁阀全通电时，其左位接入，同时泵开始工作（由电动机带动），将轮缸的回油送回主缸，轮缸压力下降。系统中往往安设蓄能器，用于防止轮缸回油时压降过快（一般升压时间为 200ms，降压时间为 20ms）引起的制动液压力波动，而造成制动控制过程响应特性变差和制动力波动大。该蓄能器容量很小，一般只有几毫升。

ABS 调节器（液压调节器）可以控制制动轮缸液压力迅速变大或变小，以防止车轮被完全抱死。

低压储液罐与电动液压泵合为一体装于液压控制单元上。低压储液罐的作用是暂时存储从

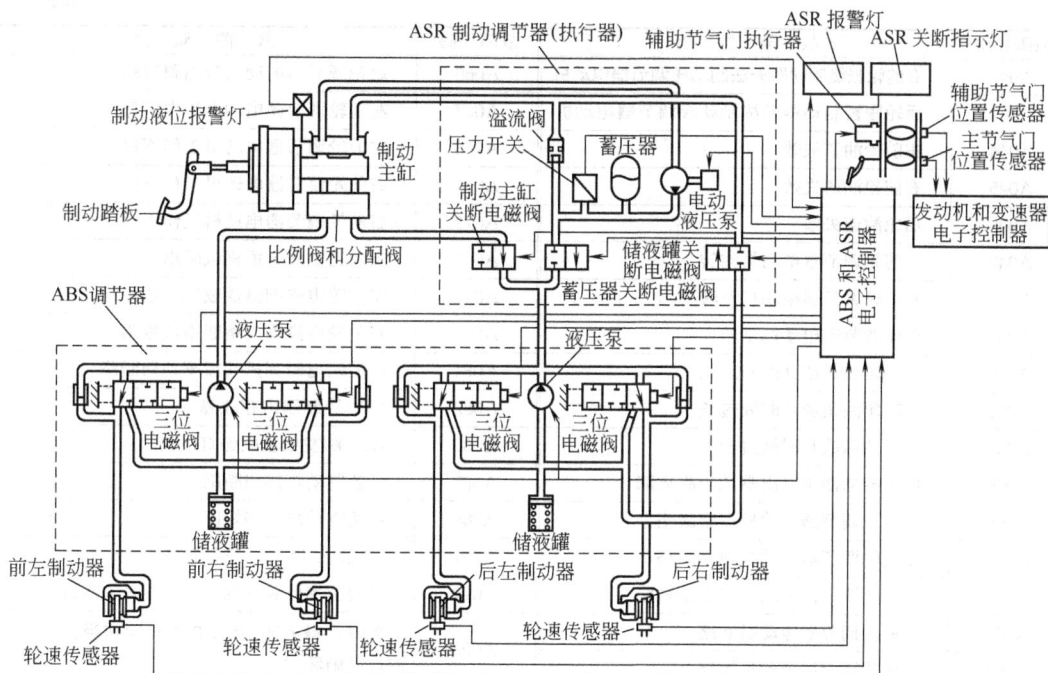

图 14-35　凌志 LS400 型汽车 ABS 和 ASR 系统

轮缸中流出的制动液，以缓和制动液从制动轮缸中流出时产生的脉动。

电动液压泵的作用是将在制动降压阶段流入低压储液罐中的制动液及时送至制动主缸，同时在施加压力阶段，从低压储液罐吸取剩余动力，泵入制动循环系统，给液压系统以压力支持，增加制动效能。 电动液压泵的运转是由 ABS 电控单元控制的。

车轮转速传感器的作用是将车轮的转速信号传给 ABS 电控单元。 凌志 LS400 型轿车 ABS 系统共有四个车轮转速传感器。 一般前轮的齿圈安装在传动轴上，转速传感器安装在转向节上。 后轮的齿圈安装在后轮毂上，转速传感器则安装在固定支架上。

14.3.3　ABS 和 ASR 系统的故障分析与排除

一般，ABS 和 ASR 系统都有一定的故障自检测功能，出现故障时报警灯会闪烁或连续亮。很多 ABS 都有检测显示故障代码的程序，还可用故障代码扫描仪读取和识别具体的故障代码，故障代码扫描仪读取的故障代码和 ABS 电子控制器中内存的故障是相互对应的。 表 14-1 是美国通用公司 ABS-Ⅵ电子控制器故障代码。

表 14-1　美国通用公司 ABS-Ⅵ电子控制器故障代码表

故障代码	故 障 原 因	故障代码	故 障 原 因
A011	ABS 报警灯电路与搭铁短路或断路	A025	左前轮速度传感器信号变化过大
A013	ABS 报警灯电路与电源短路	A026	右前轮速度传感器信号变化过大
A014	ABS 继电器触点或熔断器断开	A027	左后轮速度传感器信号变化过大
A015	ABS 继电器触点与电源短路	A028	右后轮速度传感器信号变化过大
A016	ABS 继电器线圈回路电路断开	A031	有两个车轮速度传感器线路短路
A017	ABS 继电器线圈对搭铁短路	A032	左前轮速度传感器线路短路
A018	ABS 继电器对蓄电池电源短路或线圈短路	A033	右前轮速度传感器线路短路
A021	左前轮速度传感器无信号	A035	后轮速度传感器线路短路
A022	右前轮速度传感器无信号	A036	系统电源电压过低
A023	左后轮速度传感器无信号	A037	系统电源电压过高
A024	右后轮速度传感器无信号	A038	左前轮胀簧制动器无法制动压调节器电动机

故障代码	故 障 原 因	故障代码	故 障 原 因
A041	右前轮胀簧制动器无法制动压调节器电动机	A066	后轮调节器电动机与电源短路
A042	后轮胀簧制动器无法制动液调节器电动机	A067	左前轮调节器电动机工作不良
A044	左前轮油道失效	A068	左前轮调节器电动机工作不良
A045	右前轮油道失效	A071	右前轮调节器电动机工作不良
A046	后轮油道失效	A072	右前轮调节器电动机工作不良
A047	左前轮调节器电动机空转	A076	左前轮电磁阀短路或断路
A048	右前轮调节器电动机空转	A077	左前轮电磁阀搭铁或驱动器短路
A051	后轮调节器电动机空转	A078	右前轮电磁阀电路断路或短路
A052	左前轮油道放开时间过长	A081	右前轮电磁阀搭铁或驱动器断路
A053	右前轮油道放开时间过长	A082	ABS 控制器内存故障
A054	后轮油道放开时间过长	A086	ABS 触发红色报警灯发亮
A055	电子控制器中输出驱动电路故障	A087	红色制动灯线路断路
A056	左前轮调节器电动机电路断路	A088	红色制动灯线路短路
A057	左前轮调节器电动机电路短路	A091	减速时，制动灯开关断开
A058	左前轮调节器电动机与电源短路	A092	需要防抱死制动时，制动灯开关断开
A061	右前轮调节器电动机断路	A093	故障代码 A091 或 A092 设置在当前或以前的点火循环中
A062	右前轮调节器电动机短路		
A063	右前轮调节器电动机与电源短路	A094	制动灯开关短路
A064	后轮调节器电动机断路	A095	制动灯开关断路
A065	后轮调节器电动机对搭铁短路	A096	制动灯线路断路

维修手册中对每个故障代码都有详细的故障排除流程框图，对故障的确认以及修理的步骤方法都有具体说明。

各种车型维修手册中对每个故障代码都有详细的故障排除流程框图，对故障的确认及进行修理的步骤方法都有具体的说明，可按说明中的具体步骤进行有关操作，排除故障。

14.4 汽车自动变速（换挡）液压系统及故障排除

14.4.1 简介

汽车自动变速器以其操纵简便、驾驶乘坐舒适安全、改善汽车排放性与延长有关零部件的使用寿命等许多优点，在现代汽车上有着越来越广泛的使用。自动变速器主要由液力变矩器和齿轮变速机构等组成，为了操纵和控制自动变速器的变速（换挡），需要一套液压系统或者电液控制系统进行控制。

汽车变速器的功能在于改变发动机的转速和动力特性以适应车辆行驶的要求。在不同的行驶条件下要求变速器有不同的齿轮传动比，即处于不同的挡位。

为了兼顾动力性和经济性，汽车在低速和大负载时应以低挡行驶，在高速小负载时应以高挡行驶。自动变速系统的任务就是根据汽车的行驶条件和驾驶员的意图随时将变速器的挡位变换到最适宜处。系统的输入信号是车速和油门开度。当油门开度大（反映驾驶员要求汽车有较好的动力性）时，对应换入高挡的车速要高些，即在加速时较迟换入高挡；当油门开度小（反映驾驶员要求汽车有较好的经济性）时，对应换入高挡的车速就要低些，即在加速时较早换入高挡。此外还有一种"强制低挡"状态，即将油门踏板踏到油门全开位置后如再往下踏，就能强制变速器处于低挡，即使在较高车速（高于对应油门全开时的升挡车速）时，变速器也不能自动换入高挡，或已换入高挡后强制换回低挡。在要求汽车有很高的动力性（如超车）时，就需要这种工作状态。自动变速的液压控制系统应能实现上述这些要求。

14.4.2 汽车自动变速系统的液压工作原理例

（1）液压控制的自动变速器

图 14-36 是汽车自动换挡液压系统的简化图。液压系统的控制部分为手动选挡阀、自动换挡阀、速度阀和油门阀等。液压系统的执行部分为离合器和制动器。系统的输入信号来自车速和发动机的油门开度。

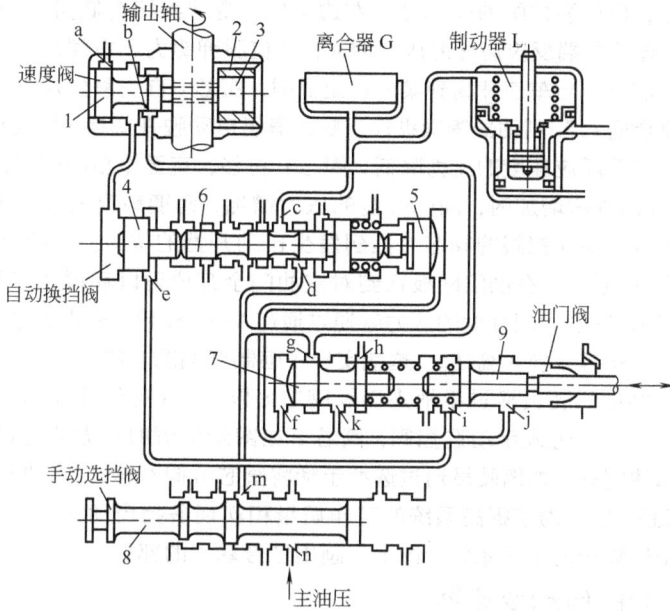

图 14-36　汽车自动换挡液压系统的简化图
1—滑阀；2—大重块；3—小重块；4～9—阀芯

速度阀装在变速器输出轴上，其转速与车速成正比。速度阀的阀芯和阀体组成"双边节流滑阀"，它与阀体之间形成 a 和 b 两条缝隙。液流通过缝隙 b 进入速度阀，再经缝隙 a 流入泄油道，形成一个不断的液流。由于两条缝隙的节流作用，在速度阀的腔内形成一个压力，这便是反应速度的压力，其高低与缝隙 b 与 a 的大小有关。滑阀 1 与输出轴对面的重块 2 和 3 相连，当输出轴的转速升高（车速增高）时，重块在离心力的作用下带着滑阀 1 并克服弹簧力向右移，使缝隙 b 增大，节流作用减小，缝隙 a 减小，节流作用增大。这两个因素都使反应速度的压力增高。反之，当输出轴转速降低（车速降低）时，滑阀 1 左移，缝隙 b 减小，a 增大，反应速度的压力降低。这就得到了一个反映车速的信号压力。设置两个重块的目的是使反应速度的压力随车速的变化关系更符合系统的要求。在低速时，两个重块同时起作用，反应速度的压力随车速增高而上升得较快；到一定速度后，大重块 2 被挡住，只有小重块 3 起作用，使速度油压随车速增高而上升缓慢。油门阀的阀芯 7 和阀体也是形成一个"双边节流滑阀"，它与阀体之间形成 g 和 h 两道缝隙，液流通过缝隙 g 进入油门阀的阀腔，再经缝隙 a 流入泄油道。阀芯 7 通过弹簧与强制低挡阀芯 9 相连，后者又与驾驶员的油门踏板相连，驾驶员踏下油门踏板（油门开度增加）时。阀芯 9 向左移并通过弹簧将阀芯 7 向左推，根据与速度阀相似的工作原理，在油门阀的腔内形成一个随油门开度增加而增加的压力，这就是反应油门开度的信号压力，这个压力通过通道 f 进入阀芯 7 的左端，产生一个使滑阀向右的力与弹簧力相平衡。速度压力和油门压力分别被引到自动换挡阀的左、右两端，它能根据车速和油门开度自动控制系统压力到哪些操纵件去，从而确定接合哪个挡、脱开哪个挡。当自动换挡阀的阀芯 6 处在图示位置时，主油路可从进入自动换挡阀，并通过通道 c 到操纵件（离合器 G 和制动器 L），前者是控制接合高挡的离合器，压力油进入其液压缸后即接合高挡；后者是控制接合低挡的制动器，具有双向液压缸，这时主油路压力进入其分离缸，作用在活塞的背面，使原来拉紧的制动带松开，从而脱开低挡。 因此，这是接合高挡、脱开低挡的位置。 如阀芯 6 移到左边，通道 d 便被阻断，主油路的压力油不能进入高挡离合器 G 的液压缸和低挡制动器 L 的分离缸，变速器处于接合低挡的状态。 在自动换挡阀芯 6 的两端各有一个小阀芯 4 和 5，它们分别承受反应速度的压力和反应油门开度的压力，并将力传给阀芯 7，其位置决定于这两个力和弹簧力的平衡。

在换入高挡以前，自动换挡阀的阀芯处在左边位置，变速器接合低挡。 在一定的油门开度下，随着车速升高，阀芯左端反应速度的压力增大，并克服弹簧力和右端反应油门开度的压力所产生的向左的力而向右移，当车速升高到某一特定值时，阀芯 6 向右移到足以打开通道 d 的位置时，压力油便进入离合器 G 和制动器等操纵件，变速器便自动脱开低挡，换入高挡。

如车速再降低，随着反应速度的压力降低，阀芯 6 左移，直至重新阻断通道 a 便发生自动换回低挡的过程。 在油门开度增加时，油门开度的压力增加，需要较高的反应速度的压力（即对应较高的车速）才能将自动换挡阀的阀芯 6 推到发生自动升挡的位置。 这就实现了由车速和负载两个参数控制的自动换挡。 在油门踏板踏到对应油门全开位置以后再往下踏时，强制低挡阀的阀芯 9 就越过通道 i，反应油门开度的压力就通过通道 k→j→i 和 e 进入阀芯 4 的右面，抵消了反应速度的压力，阻止阀芯 6 换入高挡。 这就实现了强制低挡的功能。

图中的手动选挡阀由驾驶员通过手柄来操纵阀芯 8 以确定在哪些挡位上可实现自动换挡。来自泵的恒油压力从通道 n 进入手动选挡阀，阀芯 8 在图示位置时压力油可通过通道 m 进入自动换挡阀、速度阀和油门阀，如驾驶员通过选挡手柄将阀芯 8 向右移，便阻断了通道 m，就不能实现图示挡位的自动换挡。 为了提高系统的工作质量和实现多挡自动换挡，实际系统还有许多辅助部件，形成一个较复杂的液压系统，图上仅画出了最基本的部件。

（2）电液控制的自动变速器

电液控制系统换挡阀的工作完全由换挡电磁阀控制。 其控制方式有两种：一种是加压控制，即通过开启或关闭换挡阀控制油路进油孔来控制换挡阀的工作；另一种是泄压控制，即通过开启或关闭换挡阀控制油路的泄油孔来控制换挡阀的工作。 下面介绍泄压控制的工作原理。

如图 14-37 所示，四个前进挡的自动变速器通常有三个换挡阀。 这三个换挡阀可以分别由三个或两个换挡电磁阀来控制，并通过三个换挡阀之间油路的互锁作用实现四个挡位的变换。图中为目前大部分电子控制自动变速器采用由两个电磁阀操纵三个换挡阀的控制方式。 由图中可知，1-2 挡换挡阀和 3-4 挡换挡阀由电磁阀 1DT 控制，2-3 挡换挡阀则由电磁阀 2DT 控制。 电磁阀不通电时关闭泄油孔，来自手动阀的主油路压力油通过节流孔后作用在各换挡阀右端，使阀芯克服弹簧力左移。 电磁阀通电时泄油孔开启，换挡阀右端压力油被泄空，阀芯在左端弹簧力的作用下右移。

图 14-37（a）为 1 挡，此时电磁阀 1DT 断电，2DT 通电，1-2 挡换挡阀阀芯左移，关闭 2 挡油路；2-3 挡换挡阀阀芯右移，关闭 3 挡油路。 同时使主油路油压作用在 3-4 挡换挡阀阀芯左端，让 3-4 挡换挡阀阀芯停留在右位。

图 14-37（b）为 2 挡，此时电磁阀 1DT 和电磁阀 2DT 同时通电，1-2 挡换挡阀右端油压下降，阀芯右移，打开 2 挡油路。

图 14-37（c）为 3 挡，此时电磁阀 1DT 通电，2DT 断电，2-3 挡换挡阀右端油压上升，阀芯左移，打开 3 挡油路，同时使主油路压作用在 1-2 挡换挡阀左端，并让 3-4 挡换挡阀阀芯左端控制压力泄空。

图 14-37（d）为 4 挡，此时电磁阀 1DT 和 2DT 均不通电，3-4 挡换挡阀阀芯右端控制压力上升，阀芯左移，关闭其接离合器油路，接通超速制动器油路。 由于 1-2 挡换挡阀阀芯左端作用着

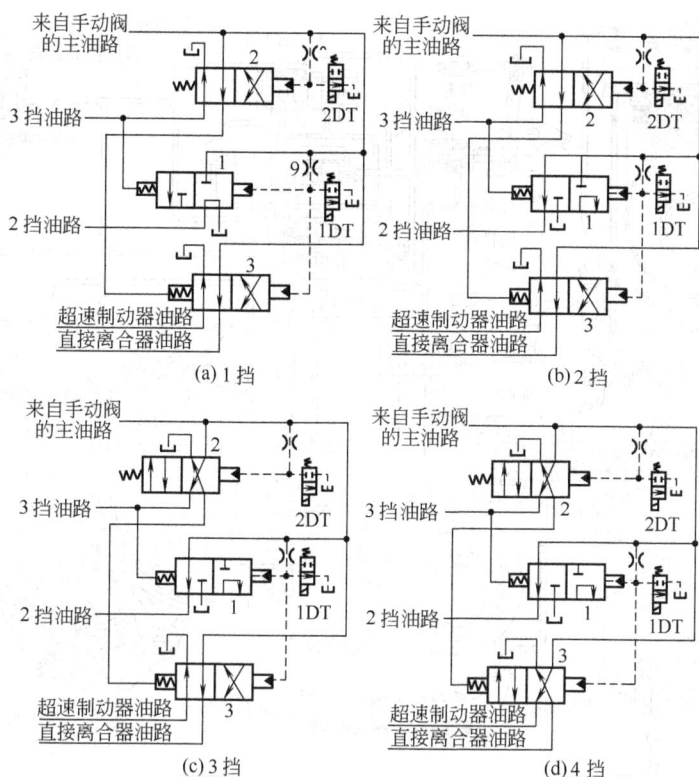

图 14-37 电控自动变速器换挡液压系统原理

主油路油压，虽然右端有压力油作用，但阀芯仍保持在右端不能左移。

14.4.3 自动变速器液压系统

自动变速器液压系统随车型而异，但其工作原理基本相同。下面简介 CA770 型轿车自动变速器液压系统。

红旗 CA770 型轿车自动变速器由液力变矩器和双排行星齿轮变速器组成，它有两个前进挡（直接挡和低挡）、一个倒挡。其液压控制系统包括液压泵、主油路调压阀、手控制阀、节气门阀、离心调速阀、一个换挡阀、强制低挡阀及缓冲装置等。执行元件有三个：直接挡离合器、低挡制动器和倒挡制动器。

图 14-38 所示为该轿车处于空挡位置时的液压系统图，此时泵输出的压力油通过手动控制阀和主油路调压阀返回到油集滤器（油箱），直接挡离合器缸和低挡制动器缸均与泄油道相通，轿车空运转。

当换挡阀手柄在"前"位置时，手控制阀处于相应的前进挡位置，离合器分离，低挡制动器缸进压力油而工作，变速器挂低速挡，为前进位低速挡。

随着车速的提高，离心调速阀的油压也升高，当油压作用力升高到足以克服换挡阀右端弹簧力及节气门阀油压作用力的合力时，换挡阀即打开主油路通往直接挡离合器和低挡制动器液压缸下腔的通道，使离合器逐渐接合。制动器液压缸的活塞被推向上，中腔的油被挤出，并推开低挡限流阀及低挡阀片而汇集到主油路中，低挡制动器松开，变速器挂上直接挡。

由于从低速挡自动换至直接挡是由调速油压作用力克服弹簧力和节气门阀油压作用力的合力，使换挡阀移到直接挡位置而得到的，而节气门阀油压与节气门开度有关，因此换直接挡时的车速也与节气门阀有关。

当车速降低时，换挡阀使直接挡离合器液压缸及低挡制动器液压缸下腔与换挡阀泄油道相

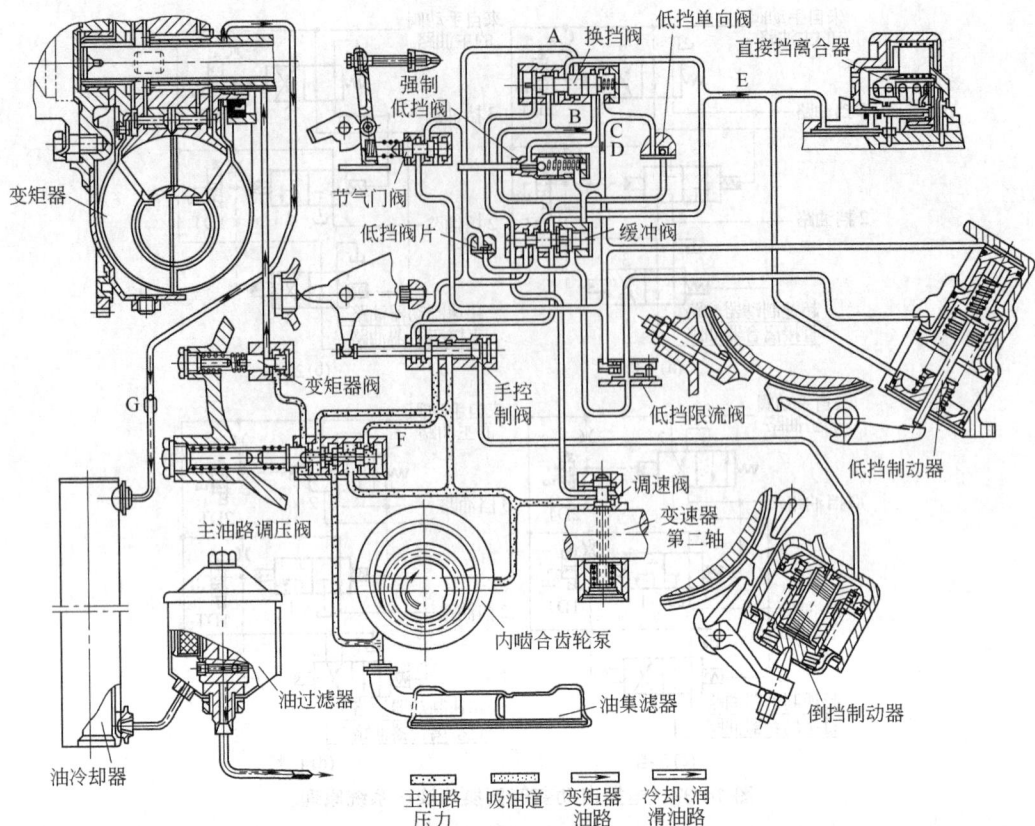

图 14-38　CA770 型轿车自动变速器液压系统（空挡）

通，变速器由直接挡自动换入低速挡。 由于此换挡动作是因换挡阀左端的离心调速阀油压作用力小于换挡阀右端的弹簧力，使换挡阀阀芯左移所致，因此，自动换入低速挡的车速仅决定于弹簧力，而与节气门开度无关。 在正常情况下，这一车速约为 17.5km/h。

在汽车用直接挡以低于 72km/h 的速度行驶时，若驾驶员将加速踏板踩到底，使节气门阀凸轮机构通过强制低挡阀的顶杆推开球阀，则节气门阀压力油经球阀和孔 C、B 进入换挡阀，将滑阀推向左，从而强制挂上低速挡，可用于短时间加速超车。

在有些地方不允许高速行驶时，或者下长坡时想利用发动机制动，以及上长坡时为防止自动挂高挡造成对操纵元件和使用性能的不利影响，通常选用手动低挡。 此时，手控制阀处于相应的手动低挡位置。 与前进低挡相比，在此位置从手控制阀增加了一条输出油路，该油路经缓冲阀后分成两条支流，一条支流将低挡单向阀的钢球顶开，准备进入换挡阀右端；另一条支流由孔 B 经换挡阀阀芯中间油道进入右端，将阀芯推到左端低挡位置，来自单向阀的液压油支流也进入阀芯右端。 这样，阀芯右端为主油路油压，左端是调速阀油压，后者始终低于前者。 因此，换挡阀阀芯没有右移的可能，不论工况如何变化，自动变速器都不会挂上直接挡，汽车将保持在低速挡行驶。 此为"手动低挡"。

当选挡操纵手柄在"倒"位时，手控制阀在最右端的倒挡位置。 主油路压力油只能通往液力变矩器和倒挡制动器液压缸，使倒挡制动带收紧，变速器挂上倒挡。

14.4.4　故障分析与排除

【故障 1】　自动变速器不起作用，车辆不能行驶

这一故障表现为不论将手动阀的操纵手柄置于何位置，例如前进挡、倒挡等，车辆均不能行

驶。 冷车启动后虽能行驶一段路程，但行走一段路程后便不能继续行驶。 此故障产生的原因和排除方法如下。

① 操纵手动阀的连杆或拉索松脱，手动阀的阀芯操纵时并未移动，仍处在空挡位置。 此时可检查自动变速器的操纵手柄与手动阀摇臂之间的连杆或拉索是否松脱，如松脱可重新装好并调节好各工作状态下的准确位置。

② 因冷却器油管破裂或变速器底壳密封不好或破裂等原因，变速器内的油液漏掉无油。 此时可抽出油尺检查变速器内油液情况，修理漏油处并加足油液。

③ 为自动变速器供油的液压泵因故障不能提供足量且有一定压力的油液，或者根本无油液输出。 此时可卸下侧压孔上的螺塞，并启动发动机，将操纵手柄移到前进挡或倒挡位置，观察侧压孔流出的油液情况。 如无油液流出或流出的油液压力不够，可按第 3 章的相关内容排除泵故障。

④ 液压泵吸油滤油器的滤网堵塞或进油管破裂密封不好，造成吸油不畅或吸不上油。 可打开底壳，对滤网进行清洗和有关修理。

⑤ 主油路其他位置严重漏油，例如自动变速器的输入轴、行星排和输出轴等，检查后根据情况予以排除。

⑥ 液压泵因使用日久磨损严重或内泄漏增大：车辆刚启动时，油温低，输出油压不够。 但行走一段距离后油温升高，泵的内泄漏增大，导致输出油压不够而不能继续行走。 此时应拆修泵或换泵。

【故障 2】 自动变速器打滑

这一故障是指：车辆起步时踩下加速踏板，发动机转速虽能很快升高但车速升高很慢。 在行驶过程中踩下加速踏板时，车速不能随发动机的转速升高而同步加速，且上坡无力。

① 壳体内油面太低或太高：若油面至正常油面后仍然打滑，则要找其他原因。

② 液压泵因磨损使供油压力太低，此压力不能压紧离合器的摩擦片导致打滑。 此时应拆修泵或换泵。

③ 离合器或制动器的摩擦片或制动带因磨损造成间隙过大，或者装配间隙过大，或者因压紧它们的液压缸活塞卡死，以及活塞密封破损等原因导致离合器不能很好接合或制动带刹车力不够，也有可能是摩擦片（带）完全烧焦。 造成打滑。

此时更换摩擦片（带）或拆修离合器和制动器便成了必要。 但修理人员最好不要急于拆卸，而应先进行下述检测，以判明打滑故障的真正原因所在再动手。

a. 观察液压油颜色，闻闻气味，若油液发黑有烧焦味，则可动手拆修离合器或制动器。

b. 做路试：让车辆实际行驶，确认自动变速器真的是打滑，并查出打滑的具体挡位和打滑的程度。 若自动变速器打到某一挡位时发动机转速突然升高，而车速并未随之升高，则说明该挡位确实打滑，且发动机转速升得越快越高，则说明打滑越严重。 此时可拆修已找准的离合器或制动器。

④ 单向超越离合器内部零件（如楔块等）磨损造成离合器失效而打滑，或者超越离合器装反了，可拆修或重装。

⑤ 减振器活塞密封破损时造成泄漏，使油压不够从而导致液压缸推压摩擦片（带）的力不够应予以排除。

【故障 3】 升不了挡

这一故障是指：车辆行驶时始终停留在一挡，不能升入二挡及高速挡（超速挡）。

① 进入调速阀（器）的油压不够，此时可检查进入调速阀的油压大小，或者调速阀内泄漏大造成油压不够，可查明原因并予以排除。

② 换挡阀阀芯卡在低挡位置，可拆开清洗或修理换挡阀。

③ 节气门拉索或节气门位置传感器调节不当，可重新调对。

④ 车速传感器有故障：如有损坏应予以更换。

⑤ 更高一挡（如二挡、高速挡、超高速挡等）的离合器或制动器有故障，可检查并排除故障。

⑥ 调速阀有故障：使车速升高而调速阀油压仍很低或为零，则可判明调速阀有故障。此时可拆修调速阀。如阀芯拉毛或有污垢卡住，可用细金相砂纸仔细打磨抛光，并加以清洗，消除卡阀现象。如调速阀泄漏大可更换密封。

【故障4】 升挡速度太慢

这一故障是指必须采再松开油门提前操作的方法方可使自动变速器升入高挡或超速挡；或者指升挡车速明显高于标准值。

① 节气门拉索或节气位置传感器调整不当时，应重新调对；节气门位置传感器的电阻不匹配时应予以更换。

② 使用负压式节气门阀的自动变速器，当负压软管破裂、真空膜片室因膜片破裂而漏气或者推杆调整不对等原因而产生这一故障时，可在发动机运转中拔下负压软管，检查管内的吸力情况，如无吸力则说明负压软管堵塞、破裂或松脱，酌情处理。

③ 调速阀故障：如弹簧预紧力过大、大小重块卡住，离心力不能使它们外抛、阀芯卡死，与所连的输出轴之间的进、出油口密封损坏，产生内泄漏大而导致油压低，调速器壳体压紧螺钉松动等，均会使调速阀不能正常工作。此时可用举升器将车辆顶起悬空，启动发动机，挂上前进挡，测量调速器油压。调速器的油压应能随车速的增加而增大，并应与标准值进行比较，判明泄漏对油压的影响后拆修调速器，根据拆开检查的情况采取修理措施。

④ 主油路或节气门油压过高时，可在怠速时测量油压大小。若压力过高，可通过节气门拉索或节气门位置传感器予以调整；对使用负压式节气门阀的自动变速器，可采用减少节气门阀推杆长度的方法予以调整。调整无效时应拆修节气门阀和调速阀。

⑤ 强制降挡开关短路，可进行修复或更换。

⑥ 传感器或电脑有故障，可检查确认后修理或更换。

【故障5】 无前进挡

这一故障是指：车辆行驶时只倒挡可行驶，挂上前进D挡时不能行驶。故障产生的原因和排除方法如下。

① 因操纵手柄调节不当，手动换向阀的阀芯未能移至D位，可重新正确调整。

② 前进挡离合器打滑，可按上述故障2中所述方法予以处理。

③ 前进挡离合器油路因漏油造成油压过低而无法使前进离合器接合。此时应拆修，找到漏油位置，采取更换密封等方法消除漏油现象，使有足够的油压压紧前进离合器的摩擦片。

④ 在油路油压和离合器均正常时，则可能是一单向超越离合器因内部零件磨损而打滑；或者是单向高超越离合器装反方向。

【故障6】 无倒挡

这一故障是指：车辆前进可以行驶，而在倒挡时便不能行驶的故障。故障产生的原因和排除方法如下。

① 因操纵手柄调节不当，手动换向阀阀芯未能移至倒挡位置，无压力油进入倒挡离合器，可进行修理或改装，此时可重新正确调整。

② 倒挡油路油压太低，应拆开自动变速器找出漏油位置并查明漏油原因予以排除。

③ 倒挡和高挡离合器或者低挡和倒挡制动器打滑时，必须拆开自动变速器，采取更换摩擦片（制动带）及控制液压缸密封等措施。

【故障7】 无超速挡

这一故障是指：在车辆行驶中，车速虽已升至超速挡的工作范围，但自动变速器仍不能换入超速挡；或者车速虽已达到超速挡的范围，但采用提前升挡的方法也不能使自动变速器升入超速挡。

对于带电子控制器的自动变速器，可先行用电脑进行故障自诊断，根据故障码查找故障原因。液压油温度传感器节气门位置传感器超速电磁阀等的故障均会影响到超速挡的换挡控制。

① 超速制动器打滑时，查明原因予以排除。

② 超速电磁阀故障时，可检查超速电磁阀的工作情况，打开点火电开关但不启动发动机，按下超速挡开关，看是否能听到电磁铁通电时的吸合声音。如听不到声音，则可检查其控制电路；如电磁铁能通电，则检查电磁阀阀芯是否卡死，卡死时可拆修电磁阀。

③ 超速挡开关有故障：若将其置于"ON"的位置，超速挡位开关的触点应断开，超速指示灯不亮；在"OFF"位置，触点应闭合，指示灯亮，否则便有故障。这时可检查超速挡位开关的触点接触情况以及控制电路情况，如无问题则可能要更换超速挡位开关。

④ 挡位开关有故障：检查挡位开关和节气门位置传感器信号，挡位开关的信号应和操纵手柄的位置相符。如不相符，应予以调整，若调整不起作用，则可能是挡位开关坏了或者节气门位置传感器出了毛病。

⑤ 行星排上离合器或单向超越离合器卡死，可用举升器将汽车举起，启动发动机。打到前进挡，检查空载下自动变速器的升挡情况，此时若能升入超速挡并且车速正常，则说明系统工作正常，若不能则说明超速制动器打滑，在有负载下不能实现超速挡；如果能升入超速挡，但升挡后车速提不高，且发动机的转速下降，则说明超速行星排中直接离合器或单向超越离合器卡死，使超速行星排在超速挡状态下出现运动干涉，加大了发动机的阻力。如果在无负载下仍不能升入超速挡，说明控制系统有故障。此时应拆修阀板，检查三、四挡阀，观察阀芯是否卡死，进行清洗，必要时予以更换。

⑥ 液压油温度传感器有故障：可检测传感器在不同温度下的电阻值，并与标准值进行比较，如不符则应更换液压油温度传感器。

【故障8】 频繁跳挡

这一故障是指：车辆以前进挡行驶时，即使加速踏板不踩，也会经常出现突然降挡现象，降挡后发动机转速正常升高，并产生换挡冲击。

对于电子控制的自动变速器，以先进行故障自诊断为好。根据显示的故障号码，可查找出故障原因。

① 节气门位置传感器失效，可予以更换。

② 车速传感器失效，可予以更换。

③ 换挡电磁阀有故障，先检查电磁铁电路，再查看其阀芯是否运动不灵活有卡滞现象，如有加以排除。

④ 控制系统电路接地不良时，可检查电路的各接地线是否可靠接地，并作出相应处理。

⑤ 电脑或阀板有故障：简单的方法是换一只新电脑或新阀板进行试验。如果故障消失，说明原电脑或阀板已坏，应予以更换。

【故障9】 换挡振动冲击大

这一故障是指：在车辆起步由停车挡或空挡挂倒挡或前进挡时，车辆振动得厉害；车辆行驶中，在升挡的瞬间有明显的撞动。

导致自动变速器换挡冲击振动大的原因很多，有调整不当产生的，有自动变速器内的控制阀、减振器或换挡执行元件有故障产生的。这些都必须拆修变速器。另外也有可能是电子控制系统的故障产生的，此时必须对电子控制系统进行检测，找出具体原因。在故障查找时必须仔细认真，一步一步有针对性地分拆修理，不可盲目无章法乱拆一通。

① 车辆怠速时速度过高，一般怠速速度应为 750r/min。

② 升挡过迟：可参考上述故障 4。 做路试时换挡冲击大是升挡过迟所致。 如在升挡前发动机的转速很高，产生较大的换挡冲击，则说明离合器或制动器打滑，应予以拆修。

③ 节气门拉索或节气门位置传感器调节不当，使主油路压力过高，应正确调节。

④ 负压或节气门阀的负压软管破裂或松脱，应更换或接牢。

⑤ 减振器有故障：当油路油压突然升高或瞬时下降时，减振器都应能吸收瞬时高压和补压，防止压力突然下降产生的振动。 当减振器（蓄能器）的活塞卡死或弹簧折断时，便不能对换挡时产生的压力急剧变化形成吸收振动的作用，应予以修理。

⑥ 换挡执行元件故障：如果怠速时主油路油压正常，但起步挂挡时有较大冲击，则说明前挡离合器或倒挡及高挡离合器等执行元件的进油单向钢球严重磨损或漏装不密封所致，应予以修理。

⑦ 怠速时如果因主油路油压过高产生换挡冲击，则是主油路调压阀或节气门阀有故障所致。 例如调压阀的调压弹簧预紧力过大，阀芯卡死在关闭位置等。

⑧ 电磁阀的故障产生换挡冲击：例如因电脑所控制的电路，不能在换挡的瞬间立即发出使电磁铁通电的信号或电磁阀控制电路的故障等，检查后予以排除。

【故障 10】 自动变速器不能强制降挡

这一故障是指：当车辆以三挡或超速挡行驶，即使将加速踏板踩到底时，也不能马上降低一个挡位，致使加速加不起来。

① 强制降挡阀的阀芯卡住，或者节气门阀凸轮松动，使强制降挡阀不起作用，可拆阀清洗并紧固好节气门阀凸轮。

② 强制降挡电磁阀的电磁铁控制电路故障未能通电或阀芯卡住，可排除控制电路故障并拆开该阀予以清洗。

③ 强制降挡开关安装调整不当或损坏：当加速踏板被踩到底时，开关的触点应闭合；松开加速踏板时开关的触点应断开。 如果不能，可用手按动开关，确认其闭合与断开情况。 必要时重新进行安装与调整或更换新件。

④ 节气门拉索或节气门位置传感器安装调整不当时，可重新安装与调整。

【故障 11】 挂挡后发动机怠速易熄火

这一故障是指当发动机从怠速的停车位（P）或空挡位（N）换入前进挡位（D）等其他挡位时，出现发动机熄火的现象；或者在前进挡或倒挡行驶中，踩下制动踏板时发动机熄火。

① 锁止控制阀阀芯因污物卡住时，应拆开清洗。

② 在停车挡或空挡时如发现发动机怠速过低，应重新调整至 750r/min。

③ 输入轴转速传感器损坏时应予以更换。

④ 挡位开关的信号未能与操纵手柄的位置一致，可重新调整，挡位开关坏了的应予以更换。

【故障 12】 发动机无制动

这一故障是指：车辆在行驶途中，当操纵手柄位于前进低挡位置时，松开加速踏板，发动机转速虽降为怠速，但车辆却不减速；下坡时，操纵手柄位于前进低挡位，但不能使发动机制动。

如果为电子控制的自动变速器，可用电脑进行故障自诊断。

① 控制发动机制动的电磁阀因电路故障不起作用或者阀芯卡住，可查出电路故障，阀芯卡住时应予以清洗。

② 自动变速器打滑：二挡强制制动器打滑或低挡和倒挡制动器打滑，应拆修自动变速器。

③ 挡位开关与操纵手柄调节不当时可重新调节。

④ 电脑故障：如换入新电脑故障消失，则说明电脑已坏，应予以更换。

【故障 13】 自动变速器响声大

这一故障表现为车辆在行驶过程中，变速器内总是有很大响声，停车挂挡后响声消失。

① 油液油面过低或过高，可调整至正确液面高度。

② 液力变矩器因锁止离合器、导轮、单向超越离合器等磨损损坏，而发出异常响声，应予以修理。

③ 行星齿轮机构的内部零件（如齿轮、轴承、超越离合器的楔块等）磨损或破损，会产生异常响声，一般空挡时无响声，只有在行驶过程中才出现的响声多为此种。 这时只有拆开行星齿轮机构予以修理。

④ 液压泵吸进空气以及泵磨损产生的响声。 可检查泵进气位置并加以排除和修理泵。

⑤ 换挡执行元件（如离合器等）产生的响声可在找出具体位置的基础上加以处理。

第 **15** 章

塑料、纺织设备液压系统及故障排除

15.1 塑料工业设备液压系统及故障排除

15.1.1 液压在塑料工业中的应用

液压传动在塑料机械上的应用有：塑料挤出机、塑料注射成型机、精密塑料注射机、发泡注射机、塑料液压机、塑料层压机、塑料压铸机、塑料压延机、塑料混炼机等，还有塑料中空成型机是采用气动。

15.1.2 注塑机结构及其液压系统的动作步骤

注塑机是塑料机械中应用最多的，限于篇幅，本手册仅介绍液压在注塑机上的应用。

注塑机是一个机电一体化很强的机种，主要由注射部件、合模部件、机身、液压系统、加热系统、控制系统、加料装置等组成，如图 15-1 与图 15-2 所示。

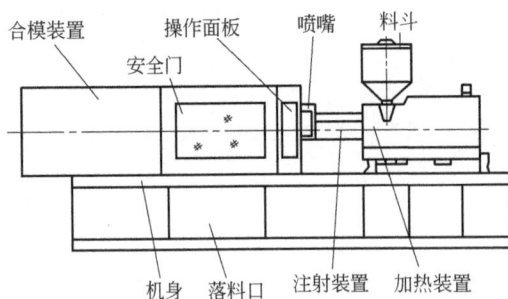

图 15-1　注塑机外观示意图

液压在注塑机上的应用有以下两个方面。

① 用于合模、锁模机构

a. 机械液压联动式锁模机构。 如图 15-3 所示，合模液压缸（简称合模缸）驱动机械连杆机构，使连杆获得模具固定力，使用较小直径的驱动液压缸也能获得固定大型模具所需要的固定力。 但是这种方式因为连杆数量多、磨耗部分多，容易出现松动。

b. 直压式液压合模锁模机构。 直压式液压锁模机构则是通过锁模液压缸（简称锁模缸）的油压直接产生模具锁紧力，工作过程如图 15-4 所示。 但是如果锁模液压缸非常大，需要移动较大行程时，就需要花费很长的时间，所以采用了半合螺母机构。 当模具开始关闭时，半合螺母打开，通过开合模液压缸（简称开合模缸）进行模具关闭。 等模具关闭到拉杆的沟槽位置时，半合螺母关闭，连杆与动模固定板被锁紧。 在这种情况下，通过锁模液压缸拉进拉杆来产生锁模力。 与机械液压联动式锁模机构相比较，具有设备体积较小、模具固定、机构的精度容易长期维持等优点。

② 用于注射装置与计量。 如图 15-5 所示，供应到料斗内的材料在旋转螺杆的推动下往前推动进料。 此时的材料，在旋转螺杆内进行混合，并被加热筒加热板的热量以及旋转螺杆提供的剪切热熔解塑化，并被推向旋转螺杆的前端［图 15-5（a）］。 前端的树脂塑料继续堆积，旋转螺杆因为受到来自树脂的压力而后移。 此时液压油从射出液压缸（简称射出缸）排出，可以通过控制排油量控制旋转螺杆后退时的阻力，充分完成材料的混合以及塑化，这个阻力叫作背压［图 15-5（b）］。 另外，旋转螺杆顶端堆积的树脂存在有残余压力，计量完成后，又可能从喷嘴的端点发生树脂泄漏。 为了避免这种"流涎"情况，从相反的方向向射出液压缸施加压力，在

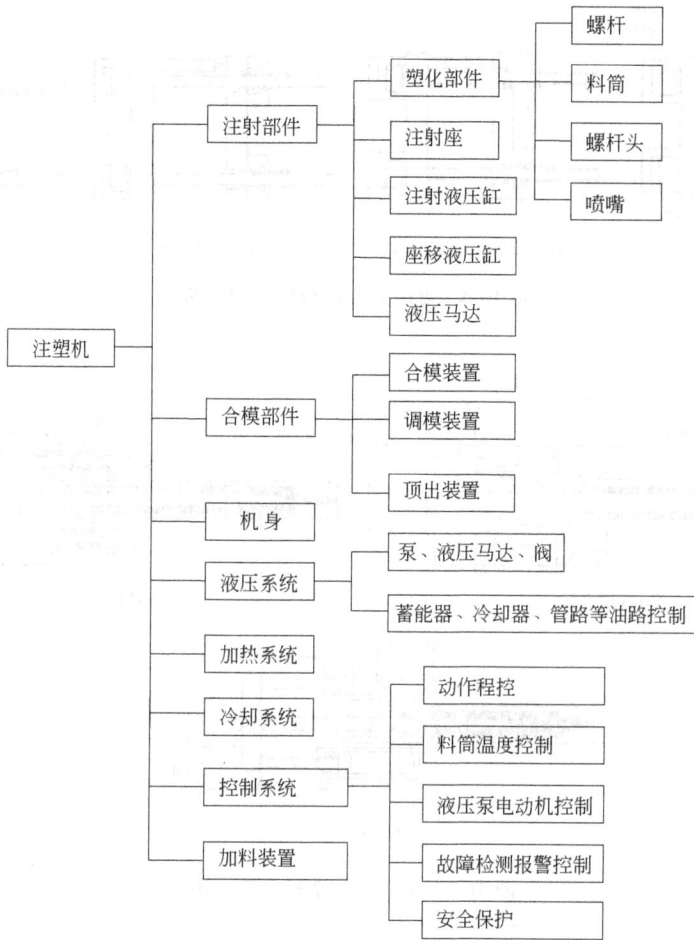

图 15-2 注塑机组成示意图

旋转螺杆不发生旋转的状态下强制退后,这叫回吸。

注意:当旋转螺杆前进到保压转换位置时,转换为保压控制。一般情况下,射出时指速度控制、保压时指压力控制,所以射出-保压转换同时又是速度控制-压力控制的转换。

为了能更好地阅读后述的注塑机的液压系统图,有必要先熟悉注塑机的动作步骤。图 15-6 为注塑机动作步骤示意图。

15.1.3 HD-900 型注塑机液压系统及故障排除

(1)简介

本机有下述特点。

① 注射部件采用低速大扭矩液压马达直接驱动螺杆进行预塑,双缸并推螺杆注射保证塑化均匀,多级注射速度和压力控制以满足各种生产工艺

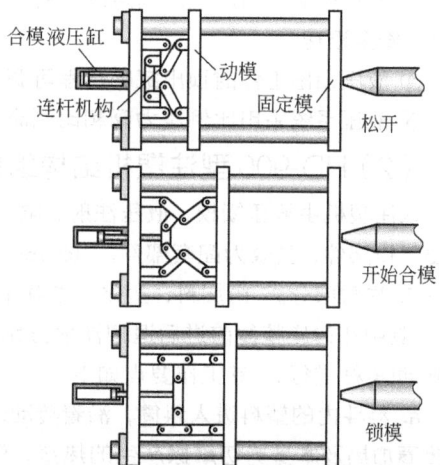

图 15-3 机械液压联动式锁模机构

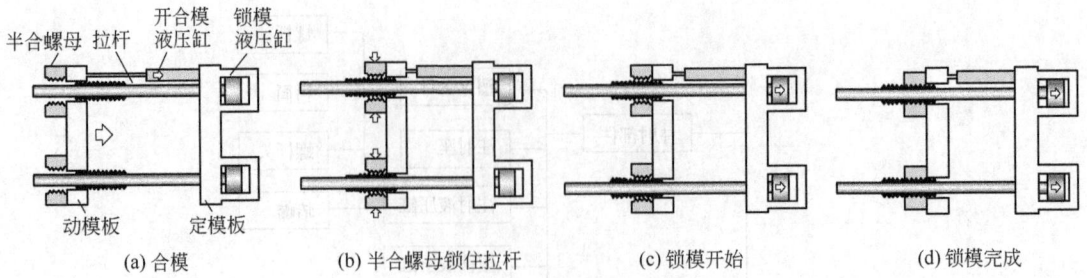

图 15-4　直压式液压合模锁模机构

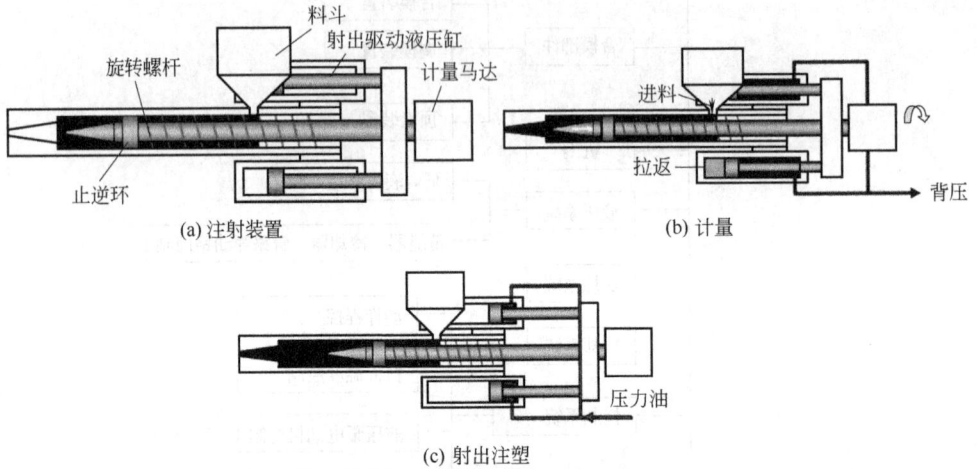

图 15-5　液压在注塑机上的应用

要求。

②锁模部件采用双曲肘、三连杆、五铰链机构，增力比大，动作平稳可靠。

③模具厚度调节用液压马达或电动机减速器驱动齿轮同步进行，使各拉杆松紧一致，操作方便，安全迅速。

④液压顶出工件时顶出缸的行程可调节并可多次顶出。

⑤液压系统采用比例压力阀和比例流量阀进行多级压力和速度控制，节能。

（2）HD-900型注塑机结构组成

该注塑机由液压锁模、液压注射、电气、机身、加热及冷却等部分组成。其中锁模和注射为主要工作部件，其余为配套部件。图15-7所示为注射工作部件组成图。

①注射部分。由加料、塑化、注射座、预塑液压马达、计量、注射座进退液压缸等组件构成。其中注射座整体前进后退和注射分别由液压缸提供动力，而塑化（预塑）则由液压马达直接驱动螺杆进行。其工作要点如下。

a. 料斗内的塑料进入料筒，沿着转动螺杆的螺旋槽向前推进。在此过程中，由于料筒外部加热圈加热及本身剪切摩擦产生的热量，塑料很快呈黏流状态，始终储存于料筒前部空间内。随着储料增加，迫使螺杆后退。背压阀使螺杆后退产生一定阻力，使熔融塑料（简称熔料）排除空气达到致密，保证制品质量。

b. 当储存的熔融塑料到一定数量后，预塑由限位开关发出信号，使预塑停止。为了防止熔

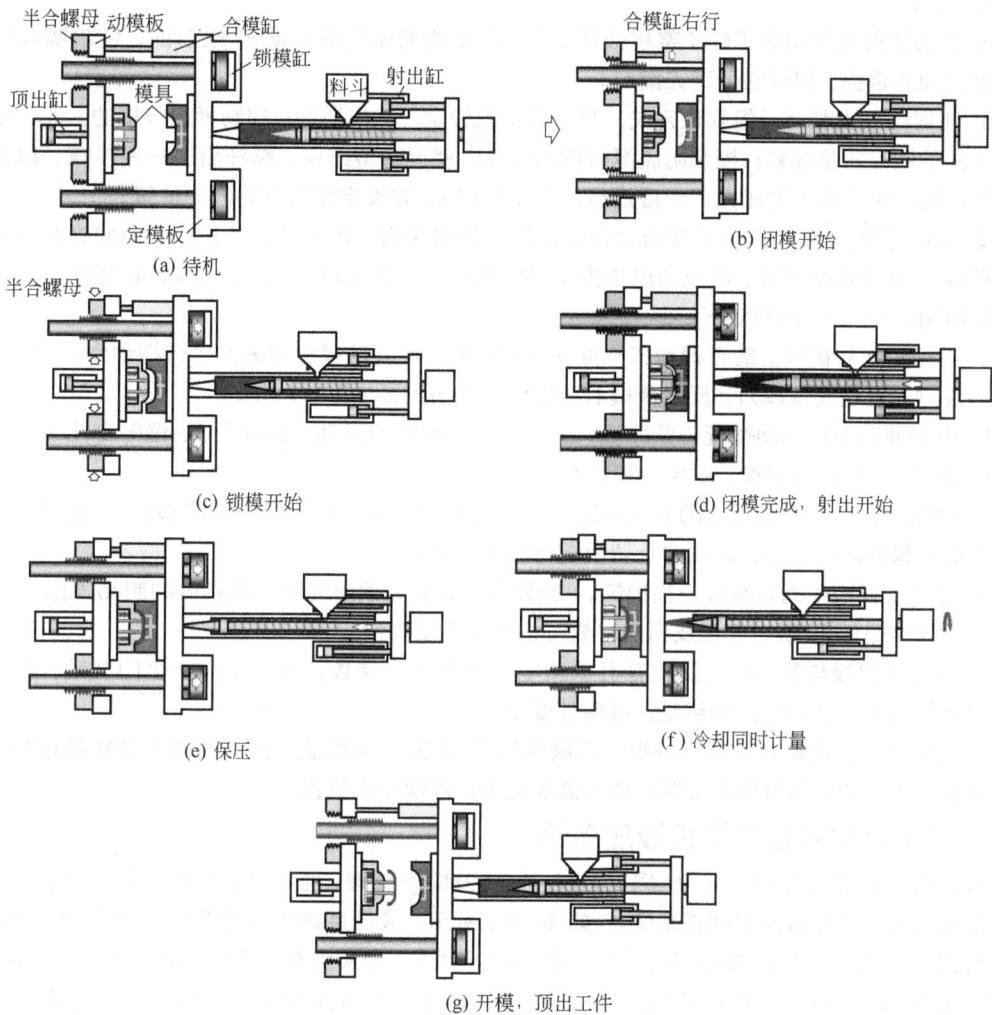

（a）待机 （b）闭模开始

（c）锁模开始 （d）闭模完成，射出开始

（e）保压 （f）冷却同时计量

（g）开模，顶出工件

图 15-6 注塑机动作步骤示意图

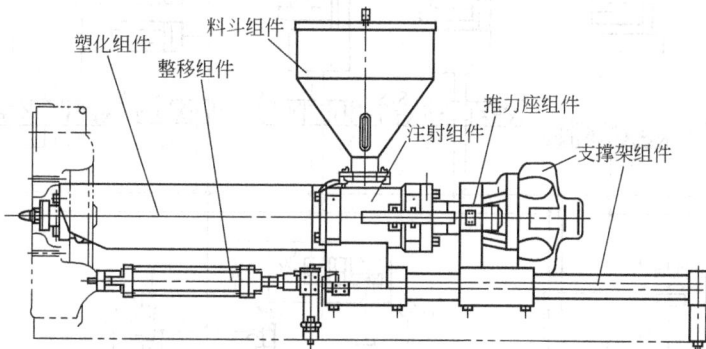

图 15-7 注射工作部件组成图

融塑料从喷嘴口流出，螺杆由注射座进退液压缸带动后退一小步，称为"防流涎"。 注射时，由并列的两只注射液压缸推动螺杆，以高速高压向模具方向移动，将熔料注入模具，这一动作叫

"压射（注射）"。

c. 借助注射座移动液压缸（整移液压缸），可使喷嘴做前后移动。 注射时，使喷嘴与模具浇口紧密顶紧合拢，保证注射时无漏料。

d. 注射部件上装有一组限位开关，并进行位置设定，其作用是：控制预塑行程的大小，使得能按不同的制品质量加料；控制防流涎行程的大小，使得预塑结束，螺杆后退一段距离，以免喷嘴产生流涎；对多级注射压力和速度进行控制（发信），并设定保压开始时的位置。

② 锁模部分。 锁模部分主要由合模液压缸、调模装置、前后模板、拉杆、曲肘连杆机构、移动模板、 机械安全装置、液压顶出装置（顶出液压缸）等组成。 曲肘机构具有将液压缸推力放大的作用。 其工作情况如下。

a. 由固定在后模板上的合模液压缸推动曲肘连杆，使移动模板前进产生合模动作。 当曲肘连杆撑直时产生最大锁模力，反之合模液压缸后拉曲肘时即为开模动作。

b. 由于曲肘连杆运动接近正弦曲线，所以作用于模板的运动，是以慢-快-慢的变化速度来完成每一动作，因而动作平稳，对保护模具有利。

c. 调模装置是由后模板上的液压马达驱动进行调节，以适应不同厚度的模具。 安设有最大模厚和最小模厚限位开关，起到防止调模超行程的作用。

d. 在移动模板中间装有液压顶出缸。 当模板打开后，顶出缸可将模具内的制品顶出， 然后开始下一动作循环。 顶出行程及顶出次数可在允许范围内设定。

e. 在移动模板与前模板之间装有机械和电气两种安全装置，它们都与安全门联动，在安全门未完全闭合前不会进行闭模运动，以保证安全。

f. 锁模部件上也装有限位开关组，正确设定好位置。 可控制：开、合模速度转换位置；低压模具保护点位置；闭模停止位置；高压锁模位置；开模停止位置。

（3）HD-900型注塑机液压系统

该机液压系统采用方向阀、比例压力阀、比例方向流量阀、溢流阀、单向阀以及泵、液压马达等组成电液比例负载反馈回路系统。 如图 15-8 所示，液压系统的动力源由电动机驱动 PV 型叶片泵获得，通过阀的控制向系统供油。 各动作所需的压力和流量分别由比例压力阀 V_P 溢流阀 V_{21} 和比例方向流量阀 V_Q 进行控制。 系统最高调定压力不得超过 14.5MPa，锁模压力一般为 12MPa。 组成系统的液压元件见表 15-1。

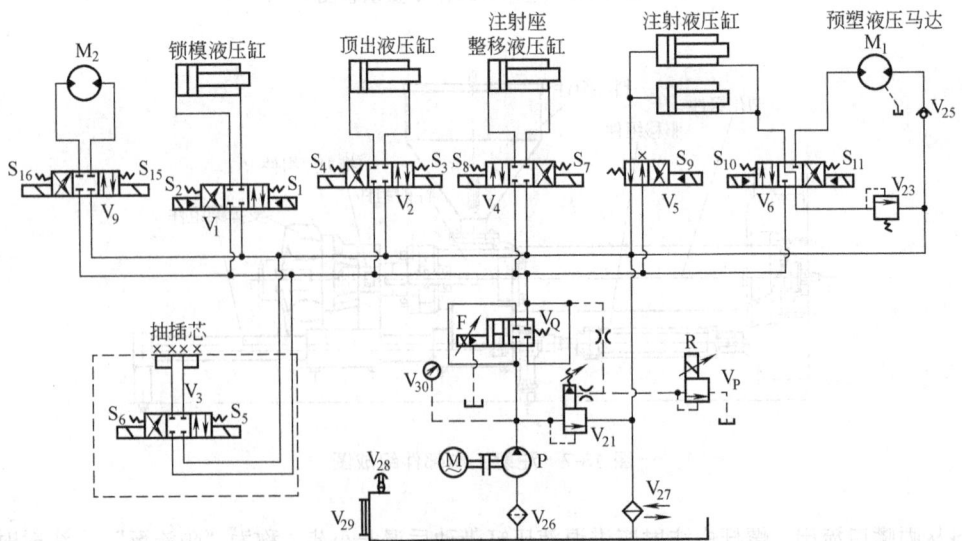

图 15-8　HD-900 型注塑机液压系统图

表 15-1 组成液压系统的液压元件名称代号

代号	名 称	型 号	代号	名 称	型 号
V_1	三位四通电液换向阀	4WE10E-2X/AG24NZ4	V_{25}	单向阀	SIOA
V_2	三位四通电磁阀	4WE6E-5X/AG24NZ4	V_{26}	滤油器	WV-250X100J（GZ）×400
V_3	三位四通电磁阀	4WE6E-5X/AG24NZ4	V_{27}	冷却器	GLC$_2$-1.7
V_4	三位四通电磁阀	4WE6E-5X/AG24NZ4	V_{28}	空气过滤器	QUQ2-10° 0.63
V_5	二位四通电液阀	4WE10D-2X/AG24NZ4	V_{29}	液位计	YWZ-150T
V_6	三位四通电液阀	4WE10L-2X/AG24NZ4	V_{30}	压力表	MGP-63（0~25MPa）
V_9	三位四通电磁阀	4WEGE-5X/AG24NZ4	M	液压马达	BM-R160
V_{21}	溢流阀	DB10-1-3X1200X	P	叶片泵	PV$_2$R$_2$-65-F-RAR
V_P	比例溢流阀	DBET-50/200	V_{23}	溢流阀	DB10-1-4X50W65
V_Q	比例方向阀	4WRZ10EA85-30/6AG24NZ24			

该机具有手动、 半门动和全自动三种操作方式。 动作程序见表 15-2。

表 15-2 液压系统动作程序

电磁铁作用	合模	开模	顶进	顶退	插芯	抽芯	射台前进	射台后退	螺杆退	注射	预塑	调模	调模	比例压力	比例流量
电磁铁编号	S_1	S_2	S_3	S_4	S_5	S_6	S_7	S_8	S_9	S_{10}	S_{11}	S_{15}	S_{16}	k	F
（插芯）					•									•	•
快速合模	•													•	•
模保	•													•	•
高压锁模	•													•	•
射台前进							•							•	•
注射（三级）							•							•	•
顶塑							•				•			•	•
螺杆退									•					•	•
射台后退								•						•	•
慢速开模		•												•	•
快速开模		•												•	•
慢速开模		•												•	•
（抽芯）						•								•	•
顶出			•											•	•
顶退				•										•	•
调模												•		•	•
调模													•	•	•

注： 表中"•" 表示电磁铁通电或阀动作。

① 手动。 合上电源开关， 将选择开关拨至"手动" 位置， 按下电动机启动按钮， 液压泵开始工作。 将各动作压力拨码设定好， 然后操作各动作旋钮， 即可进行相应单个动作。

手动操作时， 必须在上一个手动复位（中的位置）时， 才能进行下一动作，不能同时操作两个手动开关，做闭模动作时一定要关好安全门。

② 半自动。 手动调试各动作满意后，可进行半自动操作方式。 选择开关拨至"半自动"位置，关好安全门，便可进行一个工作循环。

一个工作循环结束后，机器处于开模停止状态，操作者打开安全门，取出制品，重新关上安全门，即又开始进行下一个工作循环。

半自动工作方式中，要将各行程开关位置及各时间继电器先设定好。

③ 全自动。 在半自动运行时模具自动脱模良好的情况下，可以进入全自动生产。 各参数的设定与半自动时相同。 液压泵启动后，将选择开关拨至"全自动"位置，关好安全门，机器即依靠行程开关自动按动作顺序进行循环，周而复始地生产制品，不需拉动安全门。 行程开关安装位置见图 15-9。

下面简要说明其按动作循环的工作原理，整个工作程序及发信元件如图 15-10 所示。

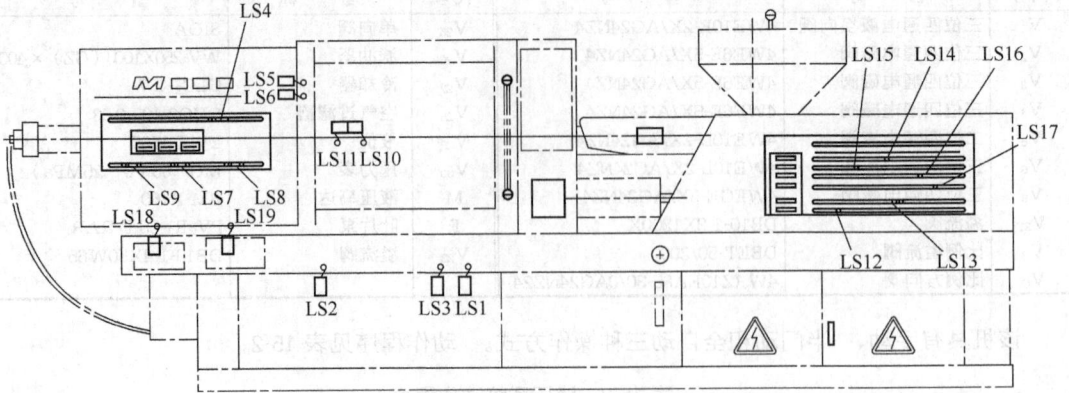

图 15-9　限位开关及电子尺在机身上位置

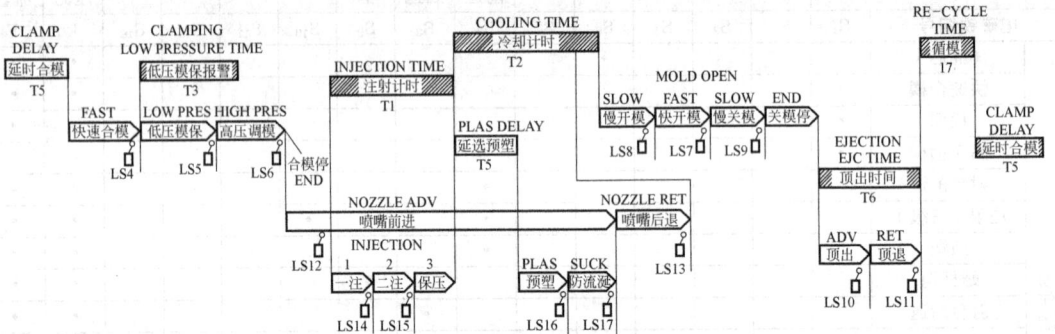

图 15-10　动作流程图

当按下电动机启动按钮，液压泵开始工作。 合上安全门，压下行程开关 LS1、 LS2、LS3，便可进行下述动作循环：

① 快速合模。 当时间继电器 T5 发出信号后，电磁铁 S_1 通电，电液动换向阀 V_1 右位工作。来自液压泵 P 的压力经比例方向节流阀 V_Q，再经阀 V_1 右位进入锁模液压缸左腔，推动活塞右移。 锁模液压缸右腔回油经阀 V_1 右位，再经冷却器 V_{27} 流回油箱，进行快速合模。 快速合模所需流量和压力分别由比例方向节流阀 V_Q 和比例溢流阀 V_P 调节，它们的设定分别由比例放大电路输入比例电磁铁 F 和 R 的电流大小而定，下述各个动作也是如此，不再说明。

② 低压模保（低压慢速合模）。 当快速合模到一定行程后，压下行程开关 LS4，发出电信号，使输入比例压力阀 V_P 和比例流量阀 V_Q 的比例电磁铁 R 和 F 的电流改变（变小），从而使输往系统的压力和流量降下来，合模速度变慢，工作压力也适当降低。

低压模保的作用是使动模和定模在要接触和刚接触时，合模缸推力变小，速度变慢，不至于因速度太快、压力太大而损坏模具，起安全保护作用。

③ 高压锁模。 当动模和定模合上后，压下行程开关 LS5，输入阀 V_P 和阀 V_Q 的比例电磁铁的电流发生改变。 使进入合模缸油液的压力增高，而流量降下来，进行高压锁模，牢固地闭锁模具。

④ 射台（注射座、喷嘴）前进。 锁模结束. 压下行程开关 LS5，电磁铁 S_7 通电，从泵来的压力油经阀 V_Q 左位，进入注射座整移液压缸右腔，推动活塞左行，从而带动注射座整体左行，使喷嘴接近模具。 整移液压缸左腔回油经阀 V_4 右位、油冷却器 V_{27} 流回油箱。

⑤ 注射（三级压力）。 当喷嘴前进顶住模具浇口，压下行程开关 LS12，电磁铁 S_{10} 通电（S_7

继续通电），电液换向阀 V_6 工作。 泵来的压力油经阀 V_0 管路进入阀 V_6 左位、注射缸右腔，推动活塞（双液压缸）左行。 液压缸左腔回油经二位四通电液阀左位再经油冷却器 V_{27} 流回油池。这样使得活塞推动螺杆前进（左行），进行一次压力注射；压下行程开关 LS14，进行二次压力注射；再压下行程开关 LS15，进行注射保压。 三段压力和流量由比例压力阀 V_P 和比例流量阀 V_Q 控制。

⑥ 预塑 。 当注射计时时间继电器 T1 计时结束，发出信号，使延时预塑时间继电器 T5 动作并发出信号，使电磁铁 S_1 通电。 电液阀 V_6 右位工作，预塑液压马达 M_1 旋转进行预塑。 此时注射液压缸右腔的油液在螺杆反推力作用下经阀 V_6 右位、背压阀 V_{23}、油冷却器 V_{27} 流回油箱。注射双液压缸左腔产生局部真空，油箱油液在大气压力的作用下，经冷却器 V_{27} 及阀 V_5 进入注射缸左腔。

⑦ 螺杆后退（防流涎）。 当螺杆右行（后退）一定行程后，压下行程开关 LS16，电磁铁 S_9 通电，电液阀 V_5 右位工作。 注射缸左腔（无杆腔）进压力油，则注射缸强制螺杆后退（右行）一小段距离，防止熔融塑料从喷嘴流出（防流涎）。

⑧ 射台（喷嘴）后退。 当上述防流涎动作后退到一定距离后，压下行程开关 LS17，电磁铁 S_8 通电，压力油经阀 V_4 左位进入注射座液压缸左腔，使注射座（喷嘴）整体后退右行，注射座液压缸右腔油液经阀 V_4 左位、油冷却器 V_{27} 流回油池。

⑨ 慢速开模。 上述注射时，时间继电器 T1 计时结束后，模具冷却计时时间继电器 T2 开始计时，计时结束后发信，电磁铁 S_2 通电，进行慢开模。 此时油路为：压力油经电液阀 V_1 左位进入锁模缸右腔，锁模缸左腔回油也经阀 V_1 左位及油冷却器 V_{27} 流回油箱。

⑩ 快速开模。 慢开模进行一定行程后，压下行程开关 LS5，发信给比例阀 V_Q 的比例放大器，使通入阀 V_Q 的比例电磁铁 F 的电流增大，同时也给比例压力阀 V_P 的比例电磁铁 R 一定电流值，使输入锁模缸的流量增大，压力适当降低，进行快速开模。

⑪ 慢速开模。 当快速开模到一定行程后，压下行程开关 LS7，又改变输入锁模缸的流量，使流量降下来，进行慢速开模，确保开模行程末端的安全性。 当开模到足够行程后，压下行程开关 LS9，使电磁铁 S_2 断电，电液阀 V_1 复中位，开模动作结束。

⑫ 顶出工件。 在整个开模动作停止使电磁铁 S_2 断电的同时，也使电磁铁 S_3 通电。 压力油经阀 V_2 右位进入顶出液压缸左腔，推动活塞右行而顶出工件。 顶出缸右腔油液经阀 V_2 右位，再经冷却器 V_{27} 流回油池。

⑬ 顶出缸退回（顶退）。 顶出缸顶出工件后，压下行程开关 LS10，电磁铁 S_3 断电。 S_4 通电，电磁阀 V_2 左位工作，压力油进入顶出缸右腔，推动活塞缩回（向左），完成顶退动作。 当退回到位，压下行程开关 LS11，进行下一个调模动作。

⑭ 调模。 当压下行程开关 LS11 后，电磁铁 S_{15} 通电，压力油经阀 V_9 进入液压马达 M_2，进行调模动作。 调模时间由时间继电器 T7 设定。 调模完毕后，进行下一个动作循环。

另外，如果工件需要插芯抽芯（需特殊订货），那么插芯动作在整个合模动作开始前进行，抽芯动作则在完全开模后与顶出动作之间进行。

（4）故障分析与排除

【故障 1】 电动机不能运转，或突然停止运转

① 电源开关接线不正确，应予以检查、修复。

② 供应电源未通，应检查、修复。

③ 电动机过载，继电器因过载其回复按钮弹起，使电动机停转。 此时需重新调整电流负荷的最高值。 检查过载原因，故障处理后，过 2min 后再按下回复按钮启动电动机。

④ 启动电动机的继电器及其他保险开关烧坏，应更换。

⑤ 电动机本身烧坏，则需更换电动机。

【故障 2】 电动机发热厉害，并有不正常声音

① 液压泵内部拉毛，机械性摩擦阻力增大，皆会导致电动机过载。此时应修理液压泵。

② 系统油液压力超过额定值：可从压力表 V_{30} 观察。超过时应将溢流阀 V_{21} 的调节压力降下来。对于比例阀 V_P，则应降低输入该阀比例电磁铁的设定电流值。

③ 溢流阀 V_{21} 故障，使压力下不来，导致电动机过载而发热，参阅本手册 5.10 节中相关内容予以排除。

【故障 3】 系统无压力或压力上不去

① 液压泵 P 旋转方向不对，无压力油输出。应更换进入电动机的进线。

② 系统压力是由溢流阀 V_{21} 和比例溢流阀 V_P 进行控制的，压力上不去与这两个阀有关，可参阅本手册 5.10 节和 5.22 节中的相关内容进行检查和排除。

③ 液压泵 P 为叶片泵，在拆修后如果内部元件安装位置不对，一般是将机芯（定子转子组件）错装，使进油口变出油口，出油口变进油口，液压泵不上油而系统无压力，可参阅 3.3 节中有关叶片泵的故障排除相关内容。

【故障 4】 不能合模，包括不能完全锁紧

① 安全门是否可靠关上，安全门的行程开关 LS1、LS2、LS3 是否被可靠压上，或者虽可靠压上，但行程开关接线不良，则无合模动作。应检查排除。

② 电液换向阀 V_1 的电磁铁 S_1 是否通电，检查电路或接线端子是否连接可靠。

③ 电液换向阀 V_1 本身的故障，可参阅 5.6 节中相关内容进行处理。

④ 容模厚度不当，产生不能完全锁紧现象时，应增加容模厚度。

⑤ 锁模力不够，则不能完全锁紧。将比例溢流阀 V_P 和溢流阀 V_{21} 的压力调高，即可提高锁模力。当通过调节，还不能使锁模力增加达到完全锁紧时，则要排除 V_{21} 阀和 V_P 阀的故障，包括 V_P 阀比例放大电路的故障。

⑥ 合模缸故障：例如活塞密封破裂，造成合模缸进、出油腔（无杆腔与有杆腔）之间油液内泄漏，而使压力不能上升到所需合模压力，不能完全锁紧。此时，即使 V_{21} 阀和 V_P 阀无故障，也应拆开合模缸检查，更换密封。

⑦ 低压模保转高压时的行程开关 LS5 的安设位置不当，则应作出适当调整，保证低压 向高压的转换。

⑧ 检查锁模终止位置。

【故障 5】 不能开模，或开模速度很慢

① 电液阀 V_1 的电磁铁 S_2 未能通电：检查发信装置是否发信，如能发信，检查电磁铁 S_2 的接线是否牢靠。

② 开模时，油液压力是否足够推动合模缸左行，如压力不够，则重新设定比例溢流阀 V_P 的输入电流，并检查阀 V_P 和 V_{21} 的故障。

③ 合模缸密封损坏时予以更换。

④ 调高开模速度，增大输入比例方向流量阀 V_Q 的输入电流，使进入系统的流量增大，以提高开模速度。

⑤ 有时因注射成型的制品在模具内停留时间过长而造成"胀模"现象，这时可采用加大开模压力和开模速度，即调大比例溢流阀 V_P 和比例方向流量阀 V_Q 的输入电流。

⑥ 可将慢开模的行程设定为零，以解决开模时启动难的问题。

【故障 6】 高压锁模力不够

① 低压转高压行程开关位置设置不当，可进行调节。如行程开关损坏应予以更换。

② 调节模厚。

③ 适当调高溢流阀 V_{21} 及比例溢流阀的工作压力，并排除系统压力上不去的故障。

④ 检查油温是否过高，应将油温控制在 30～50℃ 的范围内。

【故障 7】　注射动作失灵（不注射或注射力不够）

① 注射座前进终止行程开关未被压住（半自动、全自动操作时）。

② 电磁铁 S7 不能通电时，无注射；电磁铁 S_8 不能通电时，注射座不后退。 应检查不能通电的原因，酌情予以排除。

③ 电液阀 V_4 有故障，可参阅 5.5 节中的相关内容予以排除。

④ 注射座整移液压缸因活塞密封损坏，或缸孔拉有较深直沟槽，导致缸内油液压力损失大，内泄漏大。 应予以排除。

⑤ 注射座整移液压缸其他故障，例如卡死，可修复液压缸。

【故障 8】　预塑动作失灵

这一故障包括不预塑，或者预塑量不够。

① 预塑时油液压力不够：可检查是否是因阀 V_{21}、阀 V_P 的故障导致压力上不去。

② 液压马达的转速过低时，应检查液压马达 M_1 是否内部磨损，造成内泄漏增大；或者是输入液压马达的流量不够，此时应重新设定输入比例流量阀 V_Q 的电流值。

③ 注射终止行程位置不当。

④ 料筒加热温度过低，加热元件损坏。

⑤ 料筒后部温度过高。

⑥ 有异物进入料筒内。

⑦ 背压阀 V_{23} 的调节压力过高，则不预塑；调节压力过低，则预塑量不够。

【故障 9】　注射时螺杆不正常转动，注射量不稳定

注射部分组合尤其是止逆环损坏，不能阻止注射时熔融塑料向后流动，导致螺杆不正常转动，使注射量不稳定，可更换止逆环（止回环）。

【故障 10】　注射时螺杆转动，但螺杆不进料

① 背压阀 V_{23} 卡死在关闭位置，造成背压太高，或者背压阀 V_{23} 压力调得太高，可根据情况作出处置。

② 料筒尾部的冷水阀受堵塞或冷却水量不足，塑料在料筒入口处附近熔化，以致拖慢甚至堵塞其他塑粒进入料筒。 解决办法是关闭料筒后段电热供应。 拉开料斗，清除熔融塑料，再恢复并调节适当的料筒尾部温度。

③ 螺杆有抱料现象时，应拆洗螺杆和料筒。

④ 料斗无料或料斗中的开口不够。

【故障 11】　注射座进退动作失灵

① 电磁阀 V_4 故障，如阀中复位弹簧折断、阀芯卡死等。

② 电磁铁 S_8 或 S_7 接线不好或电磁铁内部断线或者行程开关 LS6 未发信。

③ 注射座液压缸工作压力不够，可检查阀 V_P 和阀 V_{21} 是否有故障。

④ 注射座液压缸有故障，可参阅 4.2 节中的相关内容予以排除。

【故障 12】　液压顶退失灵

这一故障是指顶出液压缸不动作，或只有顶出无顶退，或者有顶退无顶出，或者顶出力不够。

① 电磁铁 S_3 未能通电时，无顶出；电磁铁 S_4 未能通电时，无顶退。 可查出电磁铁不能通电的原因，并排除之。

② 顶出缸有毛病：如活塞密封损坏、液压缸别劲等。 可参阅 4.2 节中的相关内容进行处理。

③ 顶出、顶退时的工作压力不够，检查阀 V_{21} 和 V_P。

【故障 13】 预塑时漏料

① 背球阀 V_{23} 所调背压太高。

② 电液阀 V_6 故障。

③ 料筒温度过高。

【故障 14】 调模动作失灵

① 电磁阀 V_9 故障，电磁铁 S_{15}、S_{16} 未能通电。

② 模板平行度不符合要求。

③ 水平位置变形因而位置不对。

④ 驱动液压马达 M_2 有毛病。

⑤ 调模时，油液工作压力不够。

⑥ 驱动齿轮不灵活。

可根据上述情况，从查找出的原因中找到解决问题的方法。

【故障 15】 螺杆打滑，无法进料

① 料筒后段温度太高，可检查冷却后料筒后段循环水温度，并处理出现的故障。

② 料筒孔与螺杆磨损，导致二者之间的间隙太大，拆开修理或更换。

15.1.4 震德公司注塑机故障分析与排除

震德公司注塑机故障分析与排除列于表 15-3 中，供参考。

表 15-3 震德公司注塑机故障分析与排除

故障现象	故障原因	检查方法	解决方法
开模、锁模机铰响	1）润滑油量小	1）检查电脑润滑加油时间	1）加大润滑油量供油时间或重新接线 CJ80M2　15s CJ120M3—CJ150M3　25s CJ180M3—CJ300M3　30s CJ380M3—CJ480M3　45s CJ600M3—CJ750M3　50s CJH800M2　35s CJ1000M3　28s CJH1000M2—CJH1250M2　38s CJ1300M3　35s CJH1600M2　55s
	2）平行度超差	2）用百分表检查头二板平行度是否大于验收标准	2）调平行度
	3）锁模力大	3）检查客户模具是否要锁模力大	3）按客户产品需要调低锁模力
	4）电流调乱	4）检查电流参数是否符合验收标准	4）重新调整电流到验收标准值
开锁模爬行	1）二板导轨及哥林柱磨损大	1）二板导轨及哥林柱有无磨损	1）更换二板柄、哥林柱或加注润滑油
	2）开锁模速度压力调整不当	2）设定慢速开模流量 20、压力 99 时，锁模二板不应爬行	2）流量比例阀 Y 孔或先导阀 A-B 孔排气 电脑机调整加减速：273　278　274　279 调整比例阀线性电流值
开锁模行程开关故障	1）T24 调整不良	1）检查 T24 时间是否适合	1）调整 T24 时间长些
	2）开锁模速度、压力过小	2）检查开锁模速度、压力是否合适	2）加大开锁模某一速度、压力
	3）锁模原点变	3）检查锁模伸直机铰后是否终止到 0 位	3）重新调整原点位置

故障现象	故障原因	检查方法	解决方法
调模计数器故障	1）接近开关坏	1）检查接近开关与齿轮的距离≤1mm	1）更换开关，调整位置
	2）调整位移时间短	2）按"取消＋5"时间制检查调模位移时间过小或无	2）调整位移时间
	3）调模螺母卡住	3）检查调模螺母是否卡住	3）调整调模螺母各间隙或更换组成件
手动有开模终止，半自动无开模终止	1）开模阀泄漏	1）手动打射台后，观察锁模二板向后退得快	1）更换开模阀
	2）放大板斜升降幅调整不当	2）检查放大板 VCA070CD 斜波时间太长	2）重新调整放大板 VCA070CD 斜波时间
	3）顶针速度快	3）顶针速度快时，由于阀泄漏模板向后走，行程开关压块压不上	3）加长行程压块，更换开模阀或调慢顶针速度
无顶针动作	1）顶针限位开关坏	1）用万能表 DC24V 检查 12 号线	1）更换顶针限位开关
	2）卡阀	2）用六角匙压顶针阀芯是否可移动	2）清洗压力阀
	3）顶针限位杆断	3）停机后用手拿限位杆	3）更换限位杆
	4）顶针开关短路	4）用万能表检查顶针开关，11 号、12 号线对地 0 电压，正常时为 0	4）更换顶针开关
不能调模	1）机械方面是平行度超差	1）机械用平行表检查平行度	1）调整平行度
	2）压板与调模螺母间隙不合适	2）用厚薄规测量	2）调整压板与调模螺母间隙（间隙≤0.05mm） CJ80M2—CJ250 0.05～0.15mm CJ300M2—CJ480 0.15～0.35mm CJ600M3 0.35～0.45mm CJ750M3 0.45～0.55mm CJ1000M3 0.45～0.55mm CJ1300M3 0.55～0.65mm
	3）烧螺母	3）检查螺母能否转动	3）更换螺母
	4）上、下支板调整不当	4）拆开支板锁紧螺母检查	4）调整上、下支板
	电气部分		
	1）调模位移接近开关	1）在电脑上检查 1N20 灯是否有闪动	1）更换接近开关
	2）烧调模电动机	2）用万能表检查调模电动机接线端是否有 380V 输入，检查调模电动机保险丝有否亮灯，如亮灯说明三相不平行	2）更换电动机或修理
	3）烧交流接触器	3）用万能表检查输入三相电压是否为 380V，有否缺相、欠压	3）更换交流接触器
	4）烧热继电器	4）同 3）	4）更换热继电器
	5）线路中断、接触不良	5）检查控制线路及各接点	5）重新接线
开模时响声大	1）比例线性差动开模时间位置调节不良	1）检查放大板斜升、斜降	1）数控机调整放大板斜升、斜降；电脑机 T37 时间适量调整 CJ120～CJ180 机减少，V 型机不用 CJ380～CJ480 机增加

故障现象	故障原因	检查方法	解决方法
开模时响声大	2）锁模机构润滑不良	2）检查导杆、导柱滑脚机铰润滑情况	2）加大润滑
	3）模具锁模力过大	3）检查模具受力时锁模力情况	3）视用户产品情况减小锁模力
	4）头、二板平行度偏差大	4）检查头板、二板平行度	4）调整二板、头板平行误差
	5）慢速转快速开模位置过小，速度过快	5）检查慢速开模转快速开模位置是否适当，慢速开模速度是否过快	5）加长慢速开模位置，降低慢速开模的速度
不能射胶	1）射嘴堵塞	1）用万能表检测	1）清理或更换射嘴
	2）过胶头断	2）熔胶延时时间制通电时（20#、0#）检查延时闭合点（30#、37#）是否闭合	2）更换过胶头
	3）射胶方向阀不灵活，无动作	3）检查射胶方向阀，量是否有24V电压，检查线圈电阻值应有15～20Ω，有电则塞阀	3）清洗阀或更换方向阀
	4）射胶活塞杆断	4）松开射胶活塞杆锁紧螺母，检查活塞杆是否断	4）更换活塞杆
	5）料筒温度过低	5）检查实际温度是否达到该料所需温度	5）重新设料筒温度
	6）射胶活塞油封损坏	6）检查活塞油封是否已烂	6）更换油封
射台不能移动	1）活塞杆断	1）拆开活塞杆检查活塞是否断	1）更换活塞杆
	2）射台方向阀不灵活，无动作	2）射移阀有电时，用六角匙按阀芯看是否可移动	2）清洗阀
	3）断线	3）检查电磁阀线圈线是否断	3）接线
射胶终止转换速度过快	射胶时动作转换速度过快	1）检查背压是否过低	1）加大背压，增加射胶级数
		2）检查射胶有否加大保压	2）电脑机加大保压，调整射胶级数，加熔胶延时
		3）数控机是否有二级射胶	3）使用二级射胶，降低二级射胶压力
不能熔胶	机械部分		
	1）烧轴承	1）分离螺杆熔胶，耳听有响声	1）更换轴承
	2）螺杆有铁屑	2）分离螺杆熔胶时无声，拆机筒检查螺杆是否有铁	2）拆螺杆清干净胶料
	3）熔胶阀堵塞	3）用六角匙压阀芯不能移动	3）清洗电磁阀
	4）熔胶马达损坏	4）分离熔胶马达，熔胶不转	4）更换或修理熔胶马达
	电器部分		
	1）烧发热圈	1）用万用表检查是否正常	1）更换发热圈
	2）插头松	2）检查熔胶阀插头是否接触不良	2）上紧插头
	3）流量压力阀断线	3）检查熔胶拨码处流量、压力到程序板彩虹线是否断线	3）重新接线
	4）烧I/O板，程序板	4）用万能表检查I/O板程序板105或202 206输出	4）更换或维修
	5）熔胶终止行程不复位	5）用万能表检查201线是否短路或开关 S_9 未复位	5）更换或修理

故障现象	故障原因	检查方法	解决方法
产品有墨点	1）螺杆有积炭	1）检查螺杆	1）抛光螺杆
	2）机筒有积炭及辅机不干净	2）检查上料料斗有无灰尘大	2）抛光机筒及清理辅件
	3）过胶头组件腐蚀	3）检查塑料是否腐蚀性强（如眼镜架料）	3）更换过胶头组件
	4）法兰、射嘴有积炭	4）同3）	4）更换射嘴法兰
	5）原材料不洁	5）检查原材料是否有杂质	5）更换原材料
	6）温度过高，熔胶背压过大	6）检查熔胶筒各段温度，预设温度和实际温度是否相符，设定温度与注塑材料是否相符，是否过高	6）降温、减少背压
	7）装错件（如螺杆、过胶头组件、法兰等）	7）检查过胶头组件、螺杆、法兰与该机是否相符	7）检查重新装上
整机无动作	1）放大板无输出	1）用万能表测试放大板输出电压	1）更换或修理放大板
	2）烧保险丝（电源板保险丝）	2）检查整流板保险丝	2）更换保险丝
	3）液压泵电动机反转	3）面对电动机风扇逆时针方向	3）将三相电源其中一相互换
	4）液压泵与电动机联轴器坏	4）关机后用手摸液压泵联轴器是否可以转	4）更换联轴器
	5）压力阀堵塞，无压力	5）检查溢流阀、压力比例阀是否有堵塞	5）清洗压力阀
	6）+24V 电源线201、202线断	6）用万能表检查 DC24V 是否正常	6）接驳线路
	7）数控格线断、放大板无输入控制电压	7）用万能表检查 401 402 403 404 405 406 到数控格有无断线	7）重新焊接
	8）液压泵电机烧坏，不能启动	8）用万能表电阻挡检查电动机线圈是否短路或开路	8）更换电动机
	9）液压泵坏，不能起压，不吸油	9）拆开液压泵检查配油盘及转子端面是否已花	9）更换液压泵
	10）三相电源缺相	10）检查 380V 输入电压是否正常有	10）检查电源
整机无力	1）总溢流阀塞住	1）电器正常时，检查溢流阀是否堵塞	1）清洗阀
	2）油封磨损	2）检查各液压缸活塞油封是否磨损	2）更换油封
	3）液压泵磨损	3）拆液压泵检查配油盘，转子端面是否花	3）更换液压泵或修理
	4）比例油制阀磨损	4）用新油制阀更换	4）更换油制阀
	5）油制板内裂	5）做完1）～4）项工作仍未解决就只有油制板有问题	5）更换油制板

15.2 MZD 型纺织整经机液压系统及故障排除

目前，在各种纺织机械及联合机上，使用着较多的液压设备，特别是在新型纺织机械中采用液压的地方很多。下面仅举 MZD 型整经机一例。

15.2.1　简介

MZD 型整经机是从德国 Schla fhorst 公司引进的纺织机械设备，该机采用了机、电、液一体化的结构，满足了整经向高速、宽幅、大卷装发展的要求。

整经机的用途在于将一定数量的筒子纱，按要求的长度，配列成幅宽平行地卷绕在整经轴或织轴上，为构成织物的经纱系统作准备。

15.2.2　液压系统的工作原理

来自筒子架的经纱通过测长辊卷绕到经轴上，经轴由无级调速直流电动机带动旋转，经纱以恒线速状态运行。压辊在经纱上跟着经轴一道旋转。

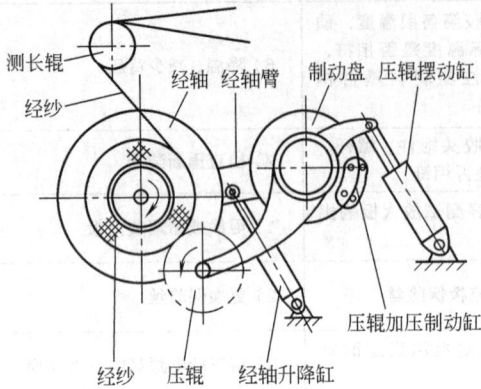

图 15-11　整经机中液压担负的工作

MZD 型整经机中，经轴的顶紧、上落轴和松开，经轴加压和停车，经轴、压辊和测长辊的制动均是由液压系统完成的（图 15-11）。

MZD 型整经机的液压系统如图 15-12 所示。

（1）准备

开动泵 12，并使 1DT 通电，泵来的压力油经二位三通电磁换向阀 10 左位进入弹簧顶紧缸的左腔（无杆腔）将四根液压制动拉簧拉伸，拉簧具备一定弹性变形能，以备在刹车时有能量可释放。

泵 12 来的另一股压力油经先导式顺序阀 1 减压后，进入四个压辊制动缸的无杆腔，分别将压辊的两个制动盘夹紧。

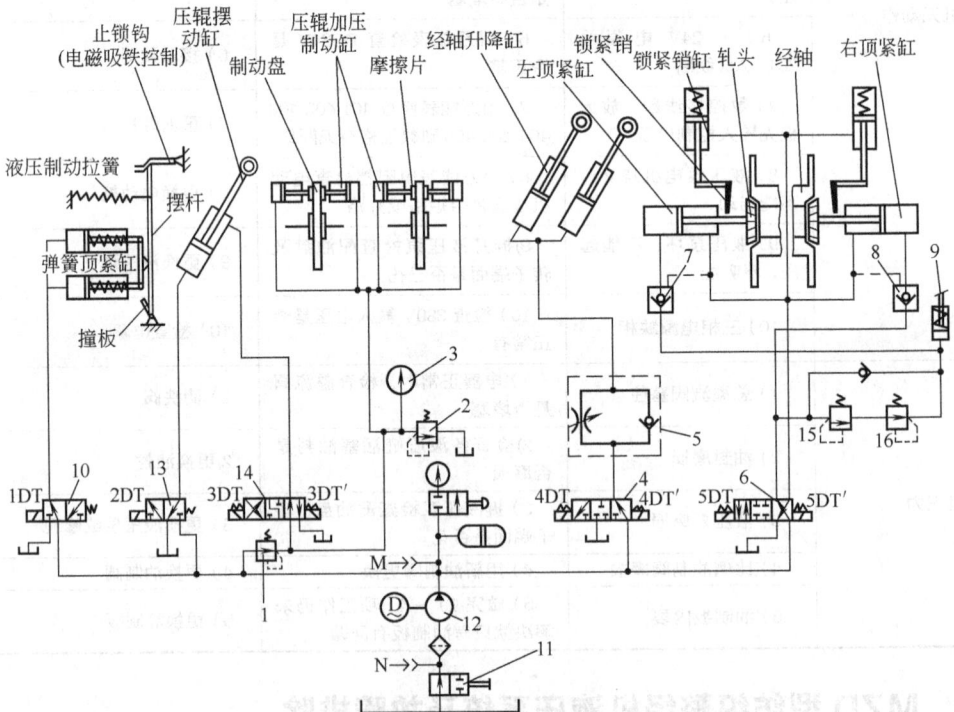

图 15-12　整经机主液压系统原理图

1—先导式顺序阀；2,16—减压阀；3—压力表；4,6,14—三位四通电磁阀；5—单向节流阀；7,8—液控单向阀；
9—压力继电器；10,13—二位三通电磁换向阀；11—二位三通阀；12—泵；15—顺序阀

此时 2DT 也通电，压力油经二位三通电磁换向阀 13 左位进入压辊摆动缸的无杆腔，有杆腔的油液经三位四通电磁阀 14 中位流回油箱，活塞推动压辊向后摆动至远离停止位置，以备上轴。

（2）经轴的顶紧

当三位四通电磁阀 6 的电磁铁 5 DT 通电（1DT 与 2DT 继续通电），压力油经阀 6 右位，一路经液控单向阀 8 进入右顶紧缸的无杆腔；一路经顺序阀 15、减压阀 16 和液控单向阀 7 进入左顶紧缸的无杆腔，两顶紧缸的活塞杆外伸，将经轴顶紧，两缸有杆腔的回油经阀 6 右位流回油箱。

减压阀 16 的作用是使顶紧缸的进油压力低于右顶紧缸的进油压力，以保证经轴被顶紧 在正确的轴向位置；顺序阀 15 的作用是保证右顶紧缸的动作先于左顶紧缸的动作。

（3）经轴上升

经轴被顶紧后。4DT′ 通电，压力油经三位四通电磁阀 4 右位、单向节流阀 5 进入经轴升降液压缸的无杆腔，经轴上升。

（4）压辊加压

经轴上升后，2DT 断电，3DT′ 通电，压辊摆动缸的有杆腔进压力油，无杆腔的油经阀 13 右位回油箱，活塞杆后退，使压辊向前摆动，压在经轴表面上，实现压辊加压动作。

（5）开车

上述动作完成，经轴正常工作。延时 3s 后发信，3DT′ 断电，阀 14 复中位，压辊摆动缸的两腔都通油箱，活塞处于浮动状态，压辊加在经轴上的压力大小决定于压辊向后摆动所遇到的压辊制动缸作用在两制动盘上所产生摩擦阻力矩的大小。所以调节压辊制动缸进入其无杆腔油液压力的大小就能控制压辊加在经轴上压力的大小。保持进油压力稳定，就可保证整经过程中加压的均匀性。压力的大小通过减压阀 2 进行调节，从压力表 3 进行观察（0.5～1.5MPa）。

（6）刹车制动

整经机正常工作后，1DT 断电，使拉伸制动拉簧的两个弹簧顶紧缸的无杆腔通过二位三通电磁阀 10 右位通油箱。当出现纱线断头或其他原因需要停车时，使制动分离电磁阀（图中未示出）通电，使制动杆的机械爪释放。制动杆依靠四根制动拉簧原来储存的弹性变形能将图 15-13 所示的两经轴制动增压缸的活塞迅速压回。两缸弹簧腔的油液即刻受压形成两个高压油源，分

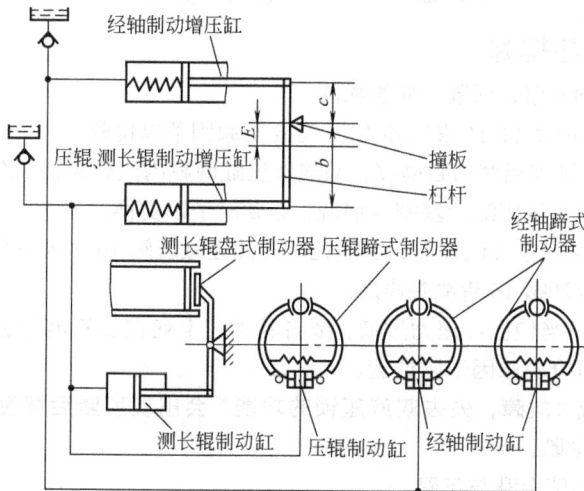

图 15-13　制动液压系统原理图

别向测长辊制动增压缸、压辊制动缸、经轴制动缸供油，使它们同时刹车停转。由于经轴的转动惯量比测辊和压辊大，所以刹车制动时所需的制动力也大。该机在处理这个问题时采用杠杆原理，移动撞板在杠杆上的力作用点，形成偏心 E（即 $c < b$），使经轴获得较大的液压制动力，保证了三辊同步制动，使压辊的"反冲效应"得以实现，提高了测长辊计纱长度的精确度。

（7）经轴的落轴（下降）与松开

经轴满卷后，4DT 通电，4DT′ 断电，阀 4 左位工作，经轴升降缸无杆腔的油液经单向节流阀 5 中的节流阀、阀 4 左位流回油箱，经轴在自重作用下下落。调节阀 5 的节流阀开口大小，产生合适的背压，使经轴下落时比较平稳。

落轴后 5DT 通电，5DT′ 断电，换向阀 6 左位工作，压力油经阀 6 左位后，一路进入锁紧销缸下腔，将销轴拔起；另一路分别进入左、右两顶紧缸的有杆腔。此时两液控单向阀 7 与 8 的控制油为压力油，因而主阀芯被顶开。所以左、右两顶紧缸无杆腔的回油可分别通过阀 7 和阀 8，再通过阀 6 左位流回油箱，两缸的活塞杆后退，将经轴松开。

（8）换油

若要将油箱脏油抽出，可在 M 管接头处接上油管，打开阀 11，通过系统本身的泵 12 将油箱内脏油抽出。

当要给油箱加入新油时，可将阀 11 关闭，将 N 管接头的另一端放入油容器中，M 管插入油箱中，新油便可通过泵 12 抽进油箱内。

MZD 型整经机的液压系统控制阀动作顺序表见表 15-4。

表 15-4　MZD 型整经机液压系统控制阀动作顺序表

阀号	1	2	3	4	5	6	7	8	9	10	11
	准备	经轴顶紧	经轴上升	压辊加压	开车	刹车	点动	压辊后退	经轴下降	松开经轴	复位
1DT	+	+	−	−	−	*	−	−	−	−	+
2DT	+	+	+	−	−	−	−	+	+	+	+
3DT	−	−	−	−	−	−	−	−	−	−	−
3DT′	−	−	−	+	*	−	−	−	−	−	−
4DT	−	−	−	−	−	−	−	−	−	−	−
4DT′	−	−	−	+	+	+	+	+	−	−	−
5DT	−	−	−	−	−	−	−	−	−	+	−
5DT′	−	+	+	+	+	+	+	+	+	−	−

注："+"表示电磁阀得电；"−"表示电磁阀失电；"*"表示⊕→⊖延迟 3s。

15.2.3　故障分析与排除

【故障 1】　经轴顶不紧，顶紧后慢慢松脱

① 因电路故障，电磁铁 5DT′ 未能通电。可查明原因予以排除。

② 左、右顶紧液压缸因活塞密封破损，造成液压缸两腔内泄漏大，从而使顶紧力不够，造成经轴顶不紧。应检查顶紧液压缸活塞密封情况，必要时予以更换。

③ 顺序阀 15 阀芯卡死在关闭位置，因而无压力油经减压阀 16 进入左顶紧液压缸，使左顶紧液压缸顶紧乏力。可拆开阀 15 清洗并修理。

④ 减压阀 16 调节不当使出口压力过低，或者其阀芯卡死在小开度位置，造成过度减压，使二次出口压力过低。可查明原因予以处置。

⑤ 液控单向阀 7 或 8 故障，失去双液压锁的功能，会出现顶紧后慢慢松脱的现象，可参阅 5.3 节的内容进行故障排除。

【故障 2】　经轴不能上升与下降

① 因电路故障，电磁铁 4DT′ 未能通电，则经轴不能上升。可查明原因予以排除。

② 经轴升降液压缸未安装好，别劲。 可重新调校装好经轴升降液压缸。

③ 因电路故障，电磁铁 4DT 未能通电，则经轴不能下降。 可查明原因予以排除。

④ 单向节流阀 5 的节流开口调得过小，或者节流阀芯卡死在关闭位置，经轴升降液压缸下落时，缸下腔的油液不能通往油箱而受阻，使经轴不能下落。 可重新调节或拆开、清洗阀 5。

【故障 3】 压辊不能加压，或者加压无力

压辊加压靠压辊摆动缸执行，此时经轴处于上升的设定位置（4DT′ 通电），且经轴应顶紧（5DT′ 通电）位置。

① 因电路故障，电磁铁 3DT′ 未能通电，则压辊摆动缸上腔无压力油进入。

② 压辊摆动缸上腔虽有压力油进入，但电磁阀的电磁铁 2DT 未能断电，或者 2DT 虽断电，但阀芯因各种原因（如复位弹簧漏装或折断）不能回复到断电位置，摆动缸下腔的回油不能通油箱，压辊摆动缸不能向前摆动而实现压辊加压动作。 可查明原因，参阅 5.4 节的有关内容予以故障排除。

③ 因压辊摆动缸活塞密封破损造成液压缸上下腔内泄漏大，压辊摆动缸上腔压力下降，使得压辊加压无力。 可参阅 4.2 节的相关内容，对压辊摆动缸进行故障排除。

【故障 4】 压辊不能后退

① 因电路故障，电磁铁 2DT 未能通电，则压辊摆动缸下腔无压力油进入。

② 因电路故障，电磁铁 3DT 未能通电，则压辊摆动缸上腔的油液无法流回油箱。

③ 压辊摆动缸的活塞密封破损，造成液压缸上下腔内泄漏大。

查明原因后，相应处理。

第 16 章

橡胶轮胎设备液压系统及故障排除

16.1 液压在橡胶行业中的应用

（1）液压在橡胶行业中的应用

橡胶行业是以橡胶为主要材料制成的具有弹性或韧性的产品，橡胶制品包括的范围广，品种也多，涉及的内容较广，在我国生产橡胶工业制品的橡胶企业数量很多，这些企业中均用到大量的液压设备。

（2）液压在橡胶轮胎加工中的应用

液压在橡胶轮胎加工（图 16-1）中的应用很多，几乎用于所有的工序中。例如，在压出工序中，将在轧胶工序混合均匀的胶料通过压出机的口型板，压制出技术标准所要求的断面尺寸的制作部件。此工序中采用液压的主要设备可能有：挤出机与截断机。又如，在预成型工序中，用开炼机、预成型机、挤出机等设备将混炼胶预先加工成容易进行成型的片状或与制品形状近似的半成品（生胎）的预加工作业，所使用的设备也多采用液压。

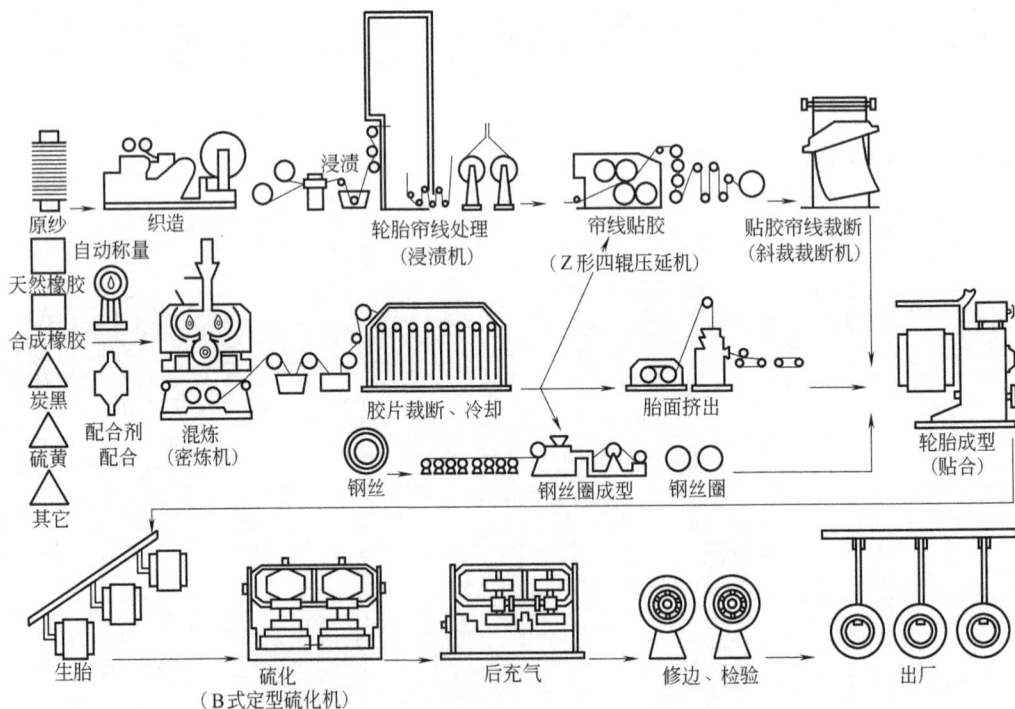

图 16-1　轮胎生产工艺流程图

16.2 370上顶栓密炼机液压系统及故障分析与排除

16.2.1 简介

370上顶栓密炼机由大连美德液压气动工程公司生产，用在轧胶工序中。其液压系统主要包括以下几部分：液压主泵、加料门控制部分、上顶栓控制部分、卸料门的开启及锁紧装置控制部分及手动泵等部分，分别控制加料门和卸料门的开启和闭以及卸料门的锁紧、上顶拴的升降等动作。其中，上顶栓液压装置中含有闭环比例控制阀等元件，可控制上顶栓压力在一定范围内无级调节。

液压系统由泵源回路、上顶栓压砣液压缸控制回路、下顶栓部分控制回路（加料门开闭回路、卸料门开闭回路、锁紧回路以及转子密封控制回路）等组成，分别见图16-2~图16-4。

16.2.2 液压系统的工作原理

（1）泵源回路的工作原理

如图16-2所示，PV系列高压轴向变量柱塞泵2.00经吸油过滤器2.05、避振喉2.04将油液吸入泵内，再经压油过滤器2.11、管道P2输往系统；同时也经另一条油道：截止阀5.02→蓄能器5.05充液蓄能。

柱塞泵2.00为美国派克公司产的遥控型压力补偿型变量柱塞泵，遥控压力由控制阀组2.07进行设定与控制。泵主体为压力补偿型变量柱塞泵，其工作原理见本手册图3-79及图旁文字说明。柱塞泵2.00输出压力油P2，为上顶栓压砣液压缸控制回路提供压力油源。

定量叶片泵4.08为国产，输出的压力油P1，为上顶栓部分的各液压缸控制回路提供压力油源。

手动泵6.01用作停电时的应急动力源；叶片泵4.01专用于油箱油液的冷却过滤系统。

注意：1YV和1SP的互锁说明

① 当1SP1的压力未达到系统高端压力时（如24MPa），1YV1带电，液压泵工作，给蓄能器充油或参与工作。当1SP1的压力达到系统高端压力时（如24MPa），1YV1断电，液压泵卸荷。当系统压力降到1SP1下限压力时（如22MPa），1YV1带电，液压泵再次打压，直到1SP1再次达到1SP1的上限压力，如此往复。

② 当液压泵电机未启动时，人工使蓄能器放油，当油放净时，压力表显示的氮气压力为蓄能器的充气压力，5.05号蓄能器的充气压力不得小于10MPa。如小于10MPa时，则必须给蓄能器充氮气，直到压力达到10MPa。8.50号蓄能器的充气压力为3.2MPa，当低于3.2MPa时，则必须充气。这两项工作必须定时进行，时间间隔可按说明书的要求去做。

③ 1SP2为吸油滤油器堵塞发信器，滤油器堵塞时，必须停车，更换滤芯。

④ 1SP3为回油滤油器堵塞发信器，滤油器堵塞时，必须停车，更换滤芯。

⑤ 1SP4为油面最低发信器，发信时，必须停车，给油箱加油。

⑥ 1SP5为油温超温发信器，发信时，必须停车，冷却油箱油温，油温温度不得超过60。

⑦ 1SP6为压油滤油器堵塞发信器，滤油器堵塞时，必须停车，更换滤芯。

⑧ 低压启动方法：1YV1不带电时启动，延时10s后，1YV1再带电工作。

⑨ 若要停转主液压泵电机，应使1YV1先断电，再停液压泵电机。

③~⑦项可用蜂鸣器报警！

表16-1为泵源回路中各件号的元件名称、型号与生产厂家明细表，可供维修更换时参考。

（2）上顶栓压砣液压缸控制回路的工作原理

上顶栓压砣液压缸控制回路的工作原理如图16-3、表16-2所示。回路中采用德国博世公司

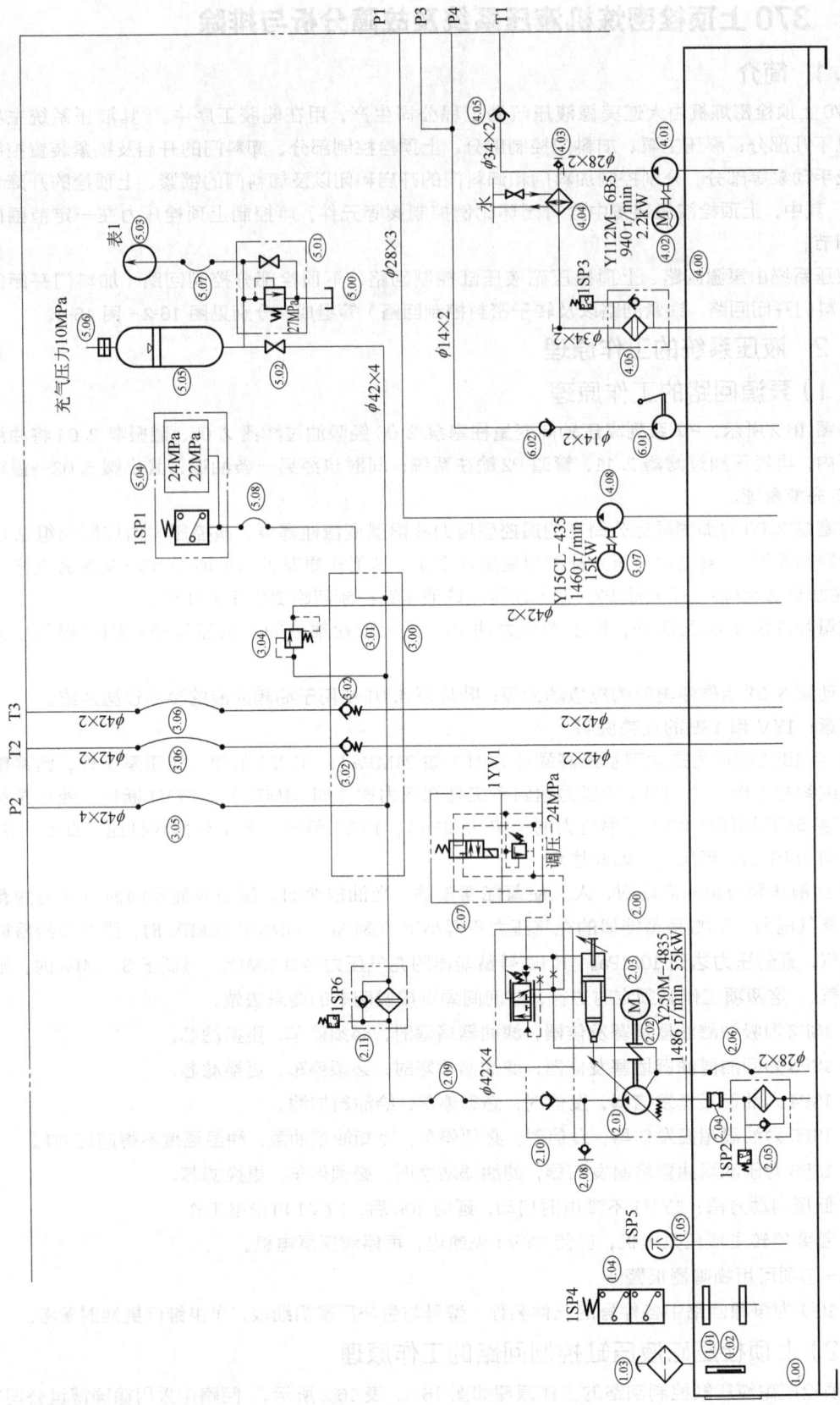

图 16-2 泵源回路的工作原理
（图中序号说明见表 16-1）

表 16-1　泵源回路中各件号的元件名称、型号与生产厂家明细表

序号	型号	名称	数量	备注	生产厂
1.00	9890-B-53 组	油箱	1	900L	大连美德液压气动工程有限公司
1.01	YWZ-160T	液位器	1		黎明
1.02	YD	液位器用单向阀	2		黎明
1.03	EF6-80	空气滤清器	1		黎明
1.04	YKJD24-200	液位控制器	1	200mm, DC24V	黎明
1.05	WSSX-411（0~100）	电接点温度表	1	300mm	大连精密仪器仪表厂
2.00		高压液压泵部分			
2.01	PV140R1K1T1NFR1	变量柱塞泵	1	140mL/rev	PARKER
2.02	NL9=$\dfrac{YA65 \times 105}{YA50 \times 80}$	弹性联轴器	1		江苏锡山
2.03	Y250M-4B35	电动机	1	55kW, 1480r/min	大连电机厂
2.04	KST-F（Ⅱ）-80	避振喉	1	DN80	上海松江
2.05	TF-800×180F-Y	吸油滤油器	1		黎明
2.06	G14Ⅱ-C91C-×××MJT098	低压软管总成	1	φ14	大连美德液压气动工程有限公司
2.07	PVAC1ECMNSJP	控制阀组	1		PARKER
2.08	SMK20-G1/4*-PC	测压接头	1		STAUFF
2.09	731C91C383820-××××	高压软管总成	1		PARKER
2.10	3367Y11MO-5141	单向阀组件	1		大连美德液压气动工程有限公司
2.11	PLFI-H500×5FP	压油滤油器	1	法兰连接, 过滤精度为 3μm	浙江温州黎明
3.00		油泵控制与安全阀块部分			
3.01	9891-B-5541	安全阀块	1		大连美德液压气动工程有限公司
3.02	9890-A-A52 组	单向阀	2		大连美德液压气动工程有限公司
3.04	DB20-2-50B/315	溢流阀	1	NG20	北京华德
3.05	731C91C383820-xxxx	高压软管总成	1		PARKER
3.06	G42Ⅱ-C91C-xxxMJT098	中压软管总成	2		大连美德液压气动工程有限公司
4.00		循环泵和低压泵部分			
4.01	YB1-63	叶片泵	1		银川长城液压件厂
4.02	Y112M-6B35	电机	1	2.2kW, 940r/min	丹东电机
4.03	KF-1 M10×1	测压接头	1		大连美德液压气动工程有限公司
4.04	BR-7.0	板式冷却器	1	7m²	江苏姜堰
4.05	RFA-400×10F-C	回油滤油器	1		黎明
4.06	DIF-L32H1	单向阀	1	φ34	大连美德液压气动工程有限公司
4.07	Y160L-4B5	电机	1	1460r/min, 15kW, AC380	丹东电机厂
4.08	PV2R3-66-F-RAB	叶片泵	1		单新液压件厂
5.00		蓄能器部分			
5.01	MYZ-G$_f$6B	安全球阀组	1		大连美德液压气动工程有限公司
5.02	MKH-38S-2123	安全球阀	1		STAUFF
5.03	YN100-Ⅲ	压力表	1	2.5级, 40MPa	无锡海天

序号	型号	名称	数量	备注	生产厂
5.04	MPC-400C-Z01	数字压力控制器	1	40MPa	大连美德液压气动工程有限公司
5.05	AS55P330CG0	蓄能器	1	50L	STAUFF
5.06	PC250	充气工具	1		STAUFF
5.07	HF-P2-G3-3-P-xxxx	微型高压软管总成	1		大连美德液压气动工程有限公司
5.08	HF-P3-G3-3-P-xxxx	微型高压软管总成	1		大连美德液压气动工程有限公司
6.01	ZK16-52组	手压泵	1	30cm³/行程	大连美德液压气动工程有限公司
6.02	S8A2/2	单向阀	1	M18×1.5	上海立新

的电液比例伺服阀 7.05 控制上顶栓压砣液压缸的升降和升降速度,从缓冲卡 7.10 来的设定电流值与压力传感器检测上顶栓压砣液压缸上下两腔的压力转化来的电流值一起输入压差控制卡 7.09 进行比较修正后,送入伺服放大器 7.06,经放大后输入伺服阀 7.05 的力矩电机,使控制伺服阀 7.05 的阀芯移动到相应位置,从而决定其阀芯在阀孔中的位置,决定油流方向,并决定开口大小并由此确定通过的流量,从而对上顶栓压砣液压缸进行运动方向与运动速度的复合控制。

输入一个电流,阀芯有一个工作位置,所以有无数个工作位置,伺服阀图形符号中画出了三个有代表性的位置。下面我们可以像普通的三位四通电液换向阀一样去分析他们的工作原理。

① 上顶栓压砣液压缸原位停止。当泵源回路来的控制压力油 P2 进入电液伺服阀 7.05 的 P1 油口,如果伺服阀中位工作,P1、A1、B1、T1 四个油口互不相通,没有油液流动,则上顶栓压砣液压缸停止不动。

② 上顶栓压砣液压缸下行。如果电液伺服阀左位工作,泵源回路来的控制压力油 P2 进入电液伺服阀 7.05 的 P1 油口 →B1→单向阀 7.14→上顶栓压砣液压缸上腔(B1、B2),液压缸下行;上顶栓压砣液压缸下腔(A1、A2)的回油→插装阀 7.13(此时电磁铁 1YV1 通电而开启,三通球阀右位工作,插装阀 7.13 的上控制腔经 Y 回油箱而开启)→伺服阀左位→T1→T2→回油箱。

③ 上顶栓压砣液压缸快速上行退回。如果电液伺服阀右位工作,泵源回路来的控制压力油 P2 进入电液伺服阀 7.05 的 P1 油口→A1→插装阀 7.13(此时电磁铁 1YV1 通电而开启,三通球阀右位工作,插装阀 7.13 的上控制腔经 Y 回油箱而开启)→单向阀 7.04→上顶栓压砣液压缸上腔(A1、A2),所以液压缸快速上行退回。

④ 上顶栓压砣液压缸上、下行中途停止。需要上顶栓压砣液压缸上下行中途停止时,只要电磁铁 1YV1 断电便可。因为此时无论上行还是下行,控制压力油均可经梭阀 7.12→三通球阀左位→插装阀 7.13 的上控制腔,而压住阀芯,使其关闭。

注意:上顶栓液压缸工作时,1YV2 必须带电,维修或需要停在某一位置时,1YV2 断电。

表 16-2 为上顶栓压砣液压缸控制回路中各件号的元件名称、型号与生产厂家明细表,可供维修更换时参考。

表 16-2　上顶栓压砣液压缸控制回路中各件号的元件名称、型号与生产厂家明细表

序号	型号	名称	数量	备注	生产厂
7.00	伺服阀部分				
7.01	9890-B-5241	通道体	1		大连美德液压气动工程有限公司
7.03	9890-A-A52组	单向阀	1		大连美德液压气动工程有限公司

序号	型号	名称	数量	备注	生产厂
7.04	9890-A-A52组	单向阀	1		大连美德液压气动工程有限公司
7.05	0811 404 405	伺服阀	1		BOSCH
7.06	0811 405 063	放大卡	1		BOSCH
7.07	PA9020	压力传感器总成	1	0~40MPa（含插头）	IFM（美国）
7.08	PA9020	压力传感器总成	1	0~40MPa（含插头）	IFM（美国）
7.09	0811 405 147	压差控制卡	1		BOSCH
7.10	0811 405 094	缓冲卡	1		BOSCH
7.11	AS3206 0b G24	电磁球阀	1		WANDFLUH（瑞士）
7.12	TG040-F4W3-20-0	梭阀	1		704所
7.13	TJ040-0/0220-20	插装阀	1		704所
7.14	9890-A-A52组	单向阀	1		大连美德液压气动工程有限公司
7.15	SMK20-M14×1.5-PC	测压接头	1		STAUFF
7.16	SMK20-M14×1.5-PC	测压接头	1		STAUFF
7.17	2013-01-14F	压力测量装置	2	长400，2.5级，40MPa	大连美德液压气动工程有限公司
7.18		液压缸	2	$\phi125/\phi90×1558$	大连美德液压气动工程有限公司
7.19	731C91C383820xxxx	高压软管总成	1	M52×2	PARKER
7.20	731C91C383820xxxx	高压软管总成	1	M52×2	PARKER
7.21	731C91C383820xxxx	高压软管总成	1	M52×2	PARKER
7.22	731C91C383820xxxx	高压软管总成	1	M52×2	PARKER

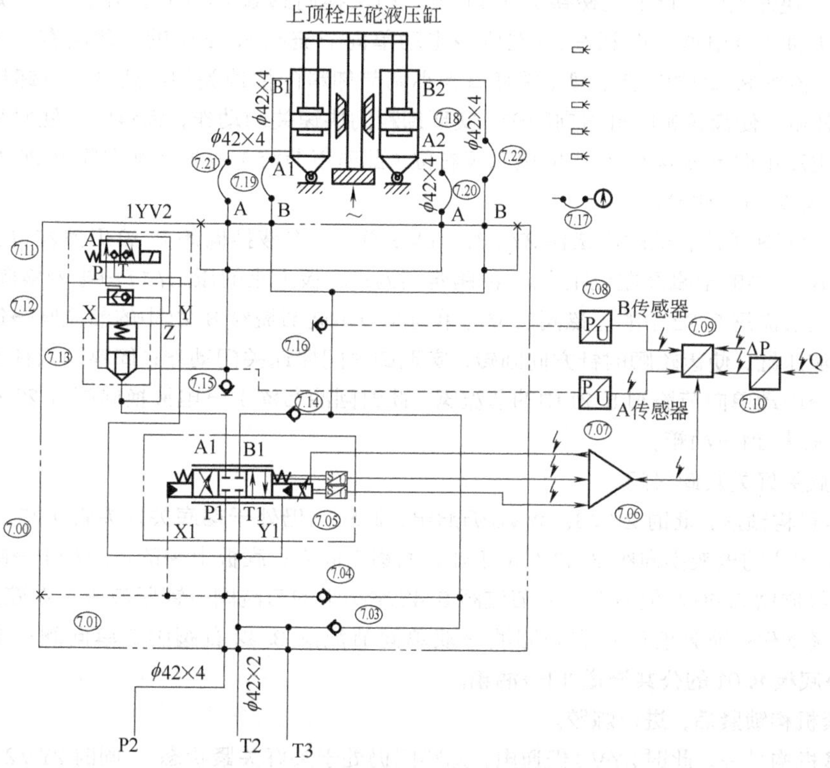

图 16-3　上顶栓压砣液压缸控制回路的工作原理
（图中序号说明见表 16-2）

（3）下顶栓部分控制回路的工作原理

下顶栓部分控制回路包括加料门控制回路、卸料门控制回路、锁紧机构控制回路以及转子密封液压缸控制回路。其工作原理见图 16-4。

叶片泵 4.08 来的压力油 P1 进入底板 8.01，由溢流阀 8.02 调定其压力的大小，经单向阀 I1 进入至底板 8.01 内的公共流道 P，为下顶栓部分的各工作液压缸提供公共的压力油源。

① 加料门控制回路的工作原理

a. 加料门开门。此时，电磁铁 2YV7 通电，电磁阀 8.20 左位工作，底板上来的压力油 P→减压阀 8.12 减压后→电磁阀 8.20 左位→双单向节流阀 8.11 左阀中的单向阀→加料液压缸左腔，液压缸右行，实现加料门开门动作；加料液压缸右腔回油→双单向节流阀 8.11 右阀中的节流阀（调节此阀开口大小可对开门速度的快慢进行调节）→电磁阀 8.20 左位→底板 8.01 的公共流道 T1→油箱。此时可进行加料。

b. 加料门关门。此时，电磁铁 2YV8 通电，电磁阀 8.20 右位工作，底板上来的压力油 P→减压阀 8.12 减压后→电磁阀 8.20 右位→双单向节流阀 8.11 右阀中的单向阀→加料液压缸右腔，液压缸左行，实现加料门关门动作；加料液压缸左腔回油→双单向节流阀 8.11 左阀中的节流阀（调节此阀开口大小可对关门速度的快慢进行调节）→电磁阀 8.20 右位→底板 8.01 的公共流道 T1→油箱。

注意：加料门关门后，2YV8 不断电，以便后续动作的安全进行。为防止关门时加料液压缸右腔压力过高，设置安全阀（溢流阀）8.13，当加料液压缸右腔压力过高时，此阀打开溢流降压。

② 卸料门快速与慢速关门

a. 卸料门快速关门，此时电磁铁 2YV3 通电，电液换向阀 8.20 左位工作。油路走向为：底板上来的压力油 P→电液换向阀 8.20 左位→电动单向节流阀 8.22 中的电磁阀右位（此时不节流）→单向节流阀 8.23 中的节流阀（其开口大小调节卸料门快速关门的速度）→卸料门双柱塞齿轮齿条液压缸，使齿轮顺时针方向回转，实现卸料门快速关门动作；卸料门双柱塞齿轮齿条液压缸回油→电动单向节流阀 8.21 中的电磁阀右位（此时不节流）→电液换向阀 8.20 左位→底板 8.01 的公共流道 T1→油箱。

b. 卸料门慢速关门，此时电磁铁 2YV3、2YV5 通电，电液换向阀 8.20 仍然左位工作，电动单向节流阀 8.21 中的电磁阀左位工作。油路走向为：底板上来的压力油 P→电液换向阀 8.20 左位→电动单向节流阀 8.22 中的电磁阀右位与单向阀→单向节流阀 8.23 中的节流阀→卸料门双柱塞齿轮齿条液压缸，使齿轮顺时针方向回转，实现卸料门慢速关门动作；卸料门双柱塞齿轮齿条液压缸回油→电动单向节流阀 8.21 中的节流阀（此时回油节流）→电液换向阀 8.20 左位→底板 8.01 的公共流道 T1→油箱。

最后彻底关好关紧卸料门。

③ 锁紧机构锁紧，此时 2YV3、2YV5 仍通电，卸料门仍处于彻底关好关紧状态。同时电磁铁 2YV1，带定位的电液换向阀 8.40 左位工作，油路走向为：底板上来的压力油 P→减压阀 8.41 减压→电液换向阀 8.40 左位→双单向节流阀 8.42 左阀中的节流阀→锁紧液压缸左腔，液压缸右行，进行锁紧动作；锁紧液压缸右腔回油→双单向节流阀 8.42 右阀中的单向阀→电液换向阀 8.40 左位→底板 8.01 的公共流道 T1→油箱。

④ 锁紧机构锁紧后，进行炼胶。

⑤ 锁紧机构松开，此时 2YV3 仍通电，卸料门仍处于关好关紧状态。同时 2YV2 通电，电液换向阀 8.40 右位工作，油路走向为：底板上来的压力油 P→减压阀 8.41 减压→电液换向阀 8.40 右位→双单向节流阀 8.42 右阀中的节流阀→锁紧液压缸右腔，液压缸左行，进行松锁动作；锁

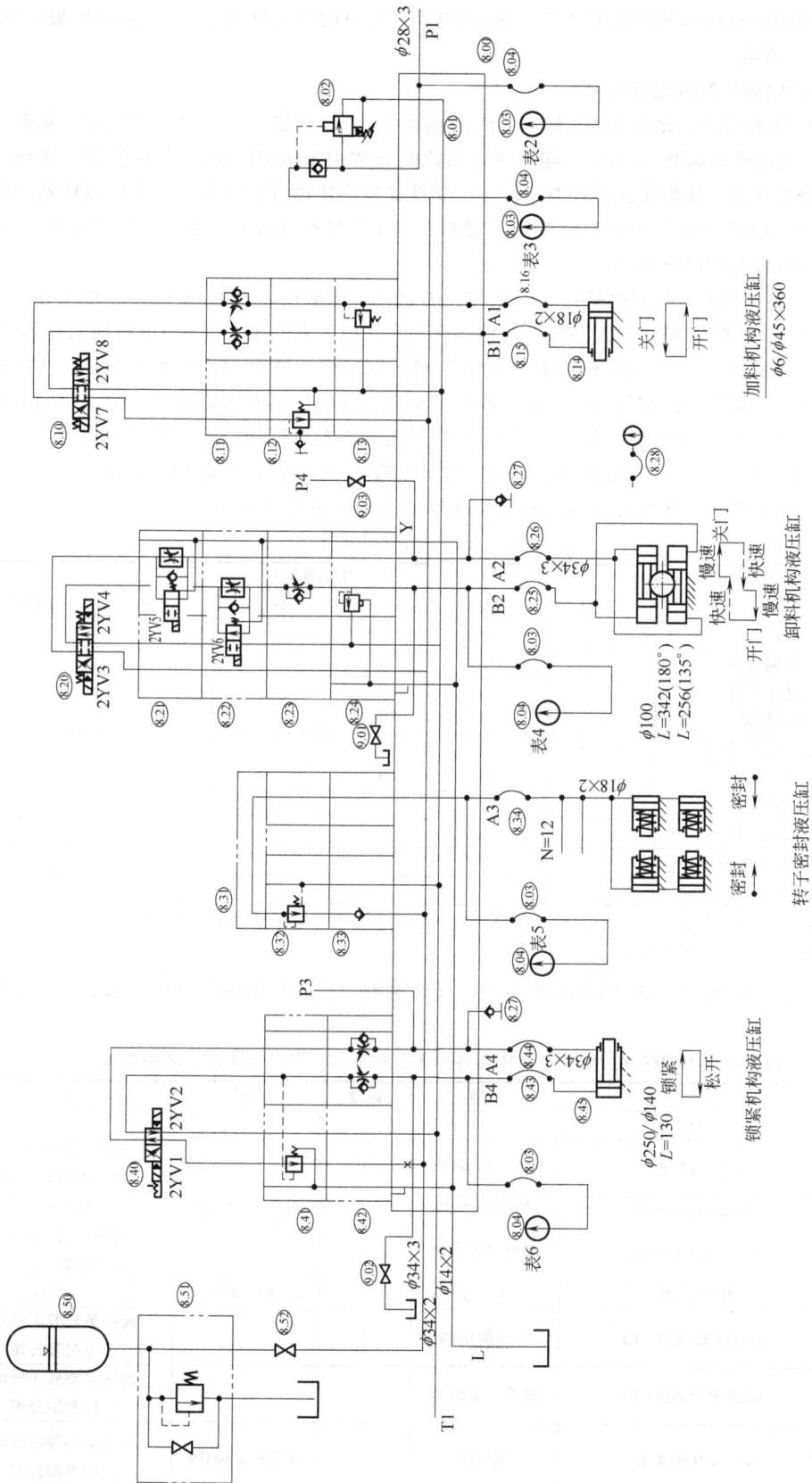

图 16-4　下顶栓部分控制回路的工作原理
（图中序号说明见表 16-4）

紧液压缸左腔回油→双单向节流阀 8.42 左阀中的单向阀→电液换向阀 8.40 右位→底板 8.01 的公共流道 T1→油箱。

⑥ 卸料门快速打开与慢速打开

a. 卸料门快速打开，此时 2YV4 通电，电液换向阀 8.20 右位工作，油路走向为：底板上来的压力油 P→电液换向阀 8.20 右位→电动单向节流阀 8.21 中的电磁阀右位与单向阀→卸料门双柱塞齿轮齿条液压缸，使齿轮逆时针方向回转，实现卸料门快速开门动作；卸料门双柱塞齿轮齿条液压缸回油→电动单向节流阀 8.22 中的电磁阀右位（此时不节流）→电液换向阀 8.20 右位→底板 8.01 的公共流道 T1→油箱。

b. 卸料门慢速打开，此时电磁铁 2YV4、2YV6 通电，电液换向阀 8.20 仍然右位工作，电动单向节流阀 8.21 中的电磁阀左位工作。油路走向为：底板上来的压力油 P→电液换向阀 8.20 右位→电动单向节流阀 8.21 中的电磁阀右位与单向阀→卸料门双柱塞齿轮齿条液压缸，使齿轮逆时针方向回转，实现卸料门慢速开门动作；卸料门双柱塞齿轮齿条液压缸回油→电动单向节流阀 8.22 中的节流阀（此时因电动单向节流阀 8.21 中的电磁阀左位工作，单向阀又反向截止，回油节流，卸料门慢速开门）→电液换向阀 8.20 右位→底板 8.01 的公共流道 T1→油箱。

下顶栓部分控制回路的整个工作过程中电磁铁的工作状态见表 16-3。

表 16-3　电磁铁工作状态表

工步	电磁铁编号					
	2YV1	2YV2	2YV3	2YV4	2YV5	2YV6
原位		（+）				
卸料门快速关门		（+）	+			
卸料门慢速关门			+		+	
锁紧机构锁紧	+		+		+	
锁紧机构锁紧后，炼胶	（+）					
锁紧机构松开		+	+			
卸料门快速打开		（+）		+		
卸料门慢速打开				+		+
停电时，锁紧机构松开		△				
停电时，卸料门打开				△		

注：1. "+"表示得电状态；空白为失电状态；"△"表示停电需排料时，手推换向阀阀杆动作。

2. 卸料门慢速打开后，2YV4 先断开，2YV6 再断开。

表 16-4 为下顶栓部分控制回路中各件号的元件名称、型号与生产厂家明细表，可供维修更换时参考。

表 16-4　下顶栓部分控制回路中各件号的元件名称、型号与生产厂家明细表

序号	型号	名称	数量	备注	生产厂
8.00	下顶栓部分				
8.01	9890-B-5441	多联底板块	1		大连美德液压气动工程有限公司
8.02	DA20-2-30B/80	卸荷溢流阀	1	调压：5.5MPa	北京华德
8.03	HF-P2-G3-3-P-xxx	微型高压软管	5		大连美德液压气动工程有限公司
8.04	YN100-Ⅲ	压力表	5	2.5级，10MPa	无锡海天
8.10	34D0-F10-E24L-10	电磁换向阀	1		大连美德液压气动工程有限公司
8.11	MLA-F10-ABU-10	双单向节流阀	1		大连美德液压气动工程有限公司
8.12	MJ-Fa10-P-K-10	减压阀	1	调压：3.0MPa	大连美德液压气动工程有限公司

序号	型号	名称	数量	备注	生产厂
8.13	MY-Fa10-A/T-10	溢流阀	1	调压: 3.3MPa	大连美德液压气动工程有限公司
8.14		液压缸	1	$\phi 50/\phi 28 \times 275$	大连美德液压气动工程有限公司
8.15	G18Ⅱ-C9C9-xxxMJT098	中压软管总成	1		大连美德液压气动工程有限公司
8.16	G18Ⅱ-C9C9-xxxMJT098	中压软管总成	1		大连美德液压气动工程有限公司
8.20	4WEH 25E60B/E G24 NET-Z5L	电液换向阀	1		北京华德
8.21	MLADH-F10/20-AU-E24L-10	电动单向节流阀	1		大连美德液压气动工程有限公司
8.22	MLADH-F10/20-BU-E24L-10	电动单向节流阀	1		大连美德液压气动工程有限公司
8.23	MLA-F20-BU-10	双单向节流阀	1		大连美德液压气动工程有限公司
8.24	MY-Fa20-B/T-10	溢流阀	1		大连美德液压气动工程有限公司
8.25	G28Ⅱ-C9C9-xxxMJT098	中压软管总成	1		大连美德液压气动工程有限公司
8.26	G28Ⅱ-C9C9-xxxMJT098	中压软管总成	1		大连美德液压气动工程有限公司
8.27	SMK20-M14×1.5-PC	测压接头	2		大连美德液压气动工程有限公司
8.28	2103-01-14F	压力测量装置	1	10MPa、2.5级	大连美德液压气动工程有限公司
8.31	2T05109	盖板	1		大连美德液压气动工程有限公司
8.32	MJ-Fa10-P-10	减压阀	1		大连美德液压气动工程有限公司
8.33	MA-F10-P-10	单向阀	1		大连美德液压气动工程有限公司
8.34	G18Ⅱ-C9C9-xxxMJT098	中压软管总成	1		大连美德液压气动工程有限公司
8.40	4WEH 25HD60B/0FE G24 NET Z5L	定位电液换向阀	1		北京华德
8.41	MJ-Fa20-P（B）-10	减压阀	1		大连美德液压气动工程有限公司
8.42	MLA-F20-AB-10	双单向节流阀	1		大连美德液压气动工程有限公司
8.43	G28Ⅱ-C9C9-xxxMJT098	中压软管总成	1		大连美德液压气动工程有限公司
8.44	G28Ⅱ-C9C9-xxxMJT098	中压软管总成	1		大连美德液压气动工程有限公司
8.45	$\phi 200/\phi 110 \times 130$	液压缸	1		大连美德液压气动工程有限公司
8.50	NXQ1-L63/10-H	蓄能器	1		奉化奥莱尔
8.51	MYZ-G$_d$6B	安全球阀组	1		大连美德液压气动工程有限公司
8.52	BKH-30S-2123	外螺纹球阀	1		STAUFF
9.01	KHB-M22×1.5-1212×03X	外螺纹球阀	1		HADAC
9.02	KHB-M22×1.5-1212×03X	外螺纹球阀	1		HADAC
9.03	KHB-M22×1.5-1212×03X	外螺纹球阀	1		HADAC

16.2.3　液压系统的故障分析与排除

（1）泵源回路

【故障1】　变量柱塞泵不出油或输出的流量不够

① 吸油过滤器2.05被污物堵塞，吸入阻力大：一般柱塞泵在吸油管道上不宜安装滤油器，否则也会造成液压泵吸空，这与其他形式的液压泵是不同的。

② 吸油管路裸露在大气中的管接头未拧紧或密封不严，导致进气。

③ 泵的定心弹簧折断、疲劳或错装成弱弹簧，使柱塞回程不够或不能回程，导致缸体和配油盘之间失去顶紧力或顶紧力不够而不能顶紧，存在间隙造成压、吸油串通，丧失密封性能而吸不上油，可更换泵轴定心弹簧。

④ 配油盘与缸体配合面间拉有沟槽，沟槽如果很深或较宽会导致吸不上油，沟槽较浅会导致输出流量不够。此时应清洗去污，并将已拉毛拉伤的配合面进行修磨或研磨。

⑤ 柱塞外圆与缸体孔之间的配合间隙因磨损增大，造成内泄漏增大，导致输出流量不够。可刷镀柱塞外圆、更换柱塞或将柱塞与缸体研配的方法修复配合间隙，保证配合间隙在规定的范围内。

⑥ 变量阀阀芯卡在柱塞泵使斜盘斜角偏角过小的位置。

详见本手册"3.4轴向柱塞泵的使用与维修"中的相关内容。

【故障2】　压力提不高或者根本不上压

① 上述的"输出流量不够或者根本不上油"的原因均会导致压力提不高或者根本不上压，重点应检查配油盘端面的磨损与拉伤情况。

② 本液压系统用泵为带电磁卸荷功能的压力补偿控制泵。当压力补偿控制阀的弹簧未调节好，或者电磁卸荷阀2.07的弹簧未调节好，均会使泵的出口压力上不去。

详见本手册"3.4轴向柱塞泵的使用与维修"中相对应的内容。

【故障3】　叶片泵4.08不出油或输出的流量不够、压力提不高或者根本不上压

故障原因和排除方法参阅本手册"3.3叶片泵的使用与维修"中相对应的内容。

（2）上顶栓压砣液压缸控制回路

【故障1】　上顶栓压砣液压缸不能上升或下降

① 变量柱塞泵未能向P2供油，或者虽供油但供油压力太低。

② 伺服阀7.05有故障：如输入伺服阀的伺服电子放大器有故障、因油液不干净阀芯卡住等。

③ 上顶栓压砣液压缸本身有故障：如活塞密封破损，导致液压缸两腔内泄漏。

【故障2】　上顶栓压砣液压缸上升或下降速度慢

① 变量柱塞泵供油流量不够。

② 输入到伺服阀7.05的伺服电子放大器有故障，电流太小，伺服阀阀口开度不够。

③ 上顶栓压砣液压缸活塞密封破损，导致液压缸两腔内泄漏。

（3）下顶栓部分的控制回路

下顶栓部分的各执行元件均为液压缸，其出现的各种故障可参阅本手册"4.2液压缸的使用与维修"中的相关内容。

16.3　LLY-815×1000×4型定型硫化机的液压系统与故障排除

16.3.1　液压系统的组成

LLY-815×1000×4型定型硫化机由浙江绍兴精诚橡塑机械有限公司生产，图16-5为其液压

系统图，表 16-5 为其电磁铁动作顺序。

定型硫化机由三大部分组成。

① 泵站：由叶片泵 3 与轴向柱塞泵 2 供油，分别由电磁溢流阀 4 与 5 调节泵的出口压力。

② 控制部分：由电磁换向阀与电液换向阀控制主液压缸的开合模；由单向节流阀控制开合模的速度；液控单向阀与顺序阀共同对主液压缸起平衡支撑作用。 液压控制阀块共有四组。

③ 执行元件部分：执行元件为四个参与硫化合模的主液压缸。

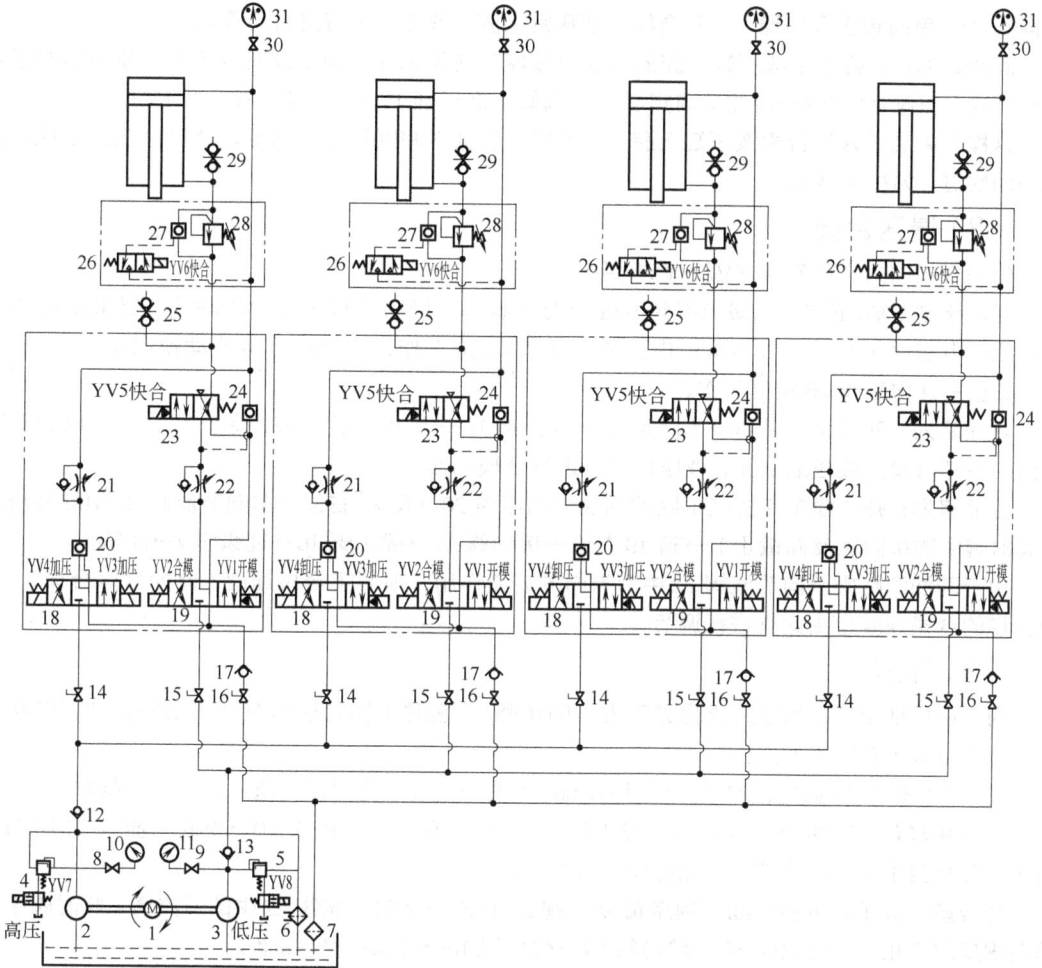

图 16-5 液压系统图

1—电机；2—轴向柱塞泵；3—叶片泵；4,5—电磁溢流阀；6—水冷却器；7—过滤器；
8,9,30—压力表开关；10,11,31—压力表；12,13,17,20—单向阀；14~16—截止阀；
18—加压卸压用电磁阀；19—合模开模用电液动换向阀；21,22—单向节流阀；23—快合模用电液动换向阀；
24,27—液控单向阀；25—快换管接头；26—二位三通电磁阀；28—顺序阀；29—快换管接头

表 16-5 电磁铁动作顺序

	开合模主液压缸						增压时	
	YV1	YV2	YV3	YV4	YV5	YV6	YV7	YV8
快速合模	-	+	-	-	+	-		+
慢速合模	-	+	-	-	-	-		+
加　压	-	-	+	-	-	-	+	-
卸　压	-	-	-	+	-	-	+	-
开　模	+	-	-	-	-	-		+

16.3.2 液压系统的工作原理

（1）快速合模

当电磁铁 YV8 通电，电磁溢流阀 5 处于有压状态，叶片泵 3 输出压力较低大流量的油液，提供快合模用油；同时电磁铁 YV5、YV6 通电，电液动换向阀 19 与电液动换向阀 23 左位工作，阀 26 右位工作。

进油路为：叶片泵 3 来油→单向阀 13→截止阀 15→合模开模用电液动换向阀 19 左位→液控单向阀 24（单向阀正向导通）→开合模主液压缸上腔，液压缸下行进行合模动作。

回油路为：开合模主液压缸下腔的回油→液控单向阀 27（因电磁阀右位工作其控制油为压力油而开启）→阀 23 左位→液控单向阀 24（单向阀正向导通）→开合模主液压缸上腔。

这样泵来油进入开合模液压缸上腔，开合模液压缸下腔回油也返回至开合模液压缸上腔，实现差动快进，为快速合模。

（2）慢速合模

慢速合模时只有电磁铁 YV2、YV8 通电。

当电磁铁 YV8 通电，电磁溢流阀 5 处于有压状态，仍由叶片泵 3 输出油液，提供慢合模用油；此时电磁铁 YV5、YV6 不再通电，阀 19 仍然左位工作，快合模用电液动换向阀 23 右位工作，二位三通电磁阀 26 左位工作。

进油路为：叶片泵 3 来油→单向阀 13→截止阀 15→阀 19 左位→液控单向阀 24（单向阀正向导通）→开合模主液压缸上腔，液压缸下行进行合模动作。

回油路为：开合模主液压缸下腔的回油→顺序阀 28→阀 23 右位→单向节流阀 22 中的节流阀（此时阀中的单向阀反向截止）→阀 19 左位→单向阀 17→截止阀 16→过滤器 7→油箱。

由于回油流路中单向节流阀 22 中节流阀的节流作用，限制了合模速度，此为慢速合模。 慢速合模的合模速度也由此阀进行调节。

（3）加压

为了很好地定型，加压是硫化必须进行的步骤。 这时用轴向柱塞泵 2 向系统供油，以获得比由叶片泵 3 更高的工作压力。

此时 YV3、YV7 通电，加压卸压用电磁阀 18 右位工作，电磁溢流阀 4 升压工作状态。

高压柱塞泵 2 来油→单向阀 12→截止阀 14→阀 18 右位→单向阀 20→单向节流阀 21 中的单向阀→开合模主液压缸上腔，对硫化模进行加压。

开合模主液压缸下腔回油→顺序阀 28→阀 23 右位→单向节流阀 22 中的节流阀（此时阀中的单向阀反向截止）→阀 19 中位→单向阀 17→截止阀 16→过滤器 7→油箱。

这时由于用高压柱塞泵 2 向系统供油，获得了比由叶片泵 3 供油时更高的合模工作压力。

（4）卸压

卸压时 YV4、YV7 通电，阀 18 左位工作，此时泵 2 输出压力油，使单向阀 20 的控制油为压力油而开启，于是开合模液压缸上腔经单向节流阀 21 中的节流阀→单向阀 20→阀 18 左位→阀 17→阀 16→过滤器 7 与油箱相通，主液压缸上腔因而卸压。 注意此时主液压缸处于停止不动状态。

（5）开模

主液压缸上腔经短暂时间的卸压后，YV8、YV1 通电，叶片泵 3 向系统供给较低压力（压力由电磁溢流阀 5 中的溢流阀调节）的大流量油液。 由于 YV1 通电，阀 19 右位工作，于是油路如下。 主液压缸下腔进油：叶片泵 3 来油→单向阀 13→截止阀 15→阀 19 右位→单向节流阀 22→阀 23 右位→液控单向阀 27→主液压缸的下腔，推动活塞杆上行。

主液压缸下腔回油：主液压缸的上腔→液控单向阀 24（因控制油为压力油而开启）→阀 19 右位→单向阀 17→截止阀 16→过滤器 7→油箱。

从而实现开模动作。 主液压缸的液压控制阀块共有四组，同时做相同的运动。

16.3.3　故障分析与排除

【故障1】　无快合模

① 叶片泵 3 未能供油：此时可按本手册"3.3 叶片泵的使用与维修"中的相关内容，排除叶片泵无油液输出的故障。

② 电路故障：快合模时，电磁铁 YV2、YV5、YV6 与 YV8 均应通电，才能满足油道通路要求。 此时应检查电路故障并加以排除。

③ 截止阀 15 或 16 未打开：截止阀 15 未打开，后续油路无油进入主液压缸上腔；截止阀 16 未打开，则主液压缸下腔的油液无法流回油箱。 油路不通，合不了模。

④电磁溢流阀 5 故障：首先查 YV8 是否通电，如果通了电，则查溢流阀部分是否有毛病，例如溢流阀的阀芯是否卡死在开启位置；详见"5.10 溢流阀的使用与维修"中的相关内容。

【故障2】　快合模的合模速度不快

① 电液动换向阀 23 故障：首先查 YV5 是否通电，如果通了电，则查电液动换向阀 23 中的主阀（液动换向阀）的阀芯是否卡死，使阀芯停在右端而不能使阀 23 左位工作，这样便不能实现差动快合模，使快合模的合模速度不快。

② 叶片泵 3 因内部磨损，导致输出流量不够。

【故障3】　无慢合模

① 慢合模时，电磁铁 YV2 与 YV8 应通电，其他电磁铁应断电，否则无慢合模动作。

② 电磁铁 YV2 虽通电，但电液动换向阀 19 中的主液动阀的阀芯卡死在左侧，使电液动换向阀 19 不能左位工作。

【故障4】　不能加压

加压时电磁铁 YV3、YV7 通电，电磁阀 18 右位工作。 电磁溢流阀 4 升压工作状态，此时由高压柱塞泵 2 供油，工作压力的大小由电磁溢流阀 4 中的溢流阀进行调节。

电磁溢流阀 4 故障：YV7 未能通电，使高压柱塞泵 2 还处于泄压状态，这样高压柱塞泵 2 不能输出高压油至主液压缸上腔；电磁铁 YV3 未能通电。

【故障5】　不泄压

① 电磁溢流阀 4 故障：电磁铁 YV3 未能断电；电磁铁 YV3 虽断电，但电磁溢流阀 4 中的电磁阀的阀芯不能因断电而复位，即仍处于通电时阀芯的位置。

② 柱塞泵 2 仍输出高压油。

【故障6】　不能开模或快速上行开模

主液压缸上行快开模时，电磁铁 YV8 与 YV1 应通电，阀 19 应右位工作。

① YV8 未能通电，叶片泵 3 处于卸荷状态，不能向系统供给足够大的压力的油液进入主液压缸下腔，去推动主液压缸上行，不能开模。

② 电磁铁 YV1 未能通电，阀 19 不能右位工作，即无压力油经阀 19 右位与后续油路进入主液压缸下腔，不能开模。

③ 叶片泵 3 因内部零件磨损拉伤（如缸体与配油盘之间的结合面），导致泵输出流量大大减少，进入主液压缸下腔的流量大大减少，主液压缸上行速度变慢。

【故障7】　开模时硫化机抖动厉害，噪声很大

开模前先要用短暂时间彻底卸掉主液压缸上腔的压力，使加压时积蓄在主液压缸上腔及传递到整个机架上的弹性变形能得到充分释放后，主液压缸才能上行。 否则便会出现这一故障。 因此如果出现上述【故障5】，必定要导致这一故障的发生。 所以要排除这一故障，要先排除【故

障 5 】。

可参见 9.4 节相关内容。

16.3.4 维修中液压元件的更换

维修中如果要更换液压元件，可参阅表 6-6。

表 6-6 LLY-815×1000×4型定型硫化机液压元件

序号	代号	名称	数量	材料	单件	总计	备注
					重量		
1	Y160-4-B3（t5kW）	双出轴电机	1	成品			
2	MCY14-1BF 10mL315MPA	轴向柱塞泵	1	成品			上海高压
3	PV2R3-116-L-R-A-R	叶片泵	1	成品			榆次油研
4	SBSG-03-V-283B-024-N1	低噪声电磁溢流阀	1	成品			榆次油研
5	DBW30B-1-30 /10AW220V	先导式电磁溢流阀	1	成品			上海立新
6	GLC3-8	冷却器	1	成品			
7	ZU-H400×10FS	回油滤油器	1	成品			上海高行
8	KF-LB/20E	压力表开关	1	成品			
9	KF-LB/20E	压力表开关	1	成品			
10	YN-100-40	耐震压力表	1	成品			
11	YN-100-25	耐震压力表	1	成品			
12	CRG-03	板式单向阀	1	成品			榆次油研
13	CRG-10	板式单向阀	1	成品			榆次油研
14	YJF-F10H	高压截止阀	4	成品			
15	YJF-F32H	高压截止阀	4	成品			
16	YJF-F32H	高压球阀	4	成品			
17	CIT-10-0.4-50	直通单向阀	4	成品			榆次油研
18	DSG-01-3C4-A240-N1-50	电磁换向阀	4	成品			榆次油研
19	DSHG-06-304-I-A240-N1-51	电液换向阀	4	成品			榆次油研
20	MPA-01-4-40	叠加式液控单向阀	4	成品			榆次油研
21	MSA-01-X-30	叠加式单向节流阀	4	成品			榆次油研
22	MSA-06-XH-10	叠加式单向节流阀	4	成品			榆次油研
23	DSHG-06-282-E-A240-N1-S1-L	电液换向阀	4	成品			榆次油研
24	CPG-10-35-50	液控单向阀	4	成品			榆次油研
25	PT00A1	测压排气接头	4	成品			
26	23QDF6B/31.5D220	球式电磁换向阀	4	成品			
27	CPG-10-35-50	液控单向阀	4	成品			榆次油研
28	HG-10-B1-22	H 型压力控制阀	4	成品			榆次油研
29	PT00A1	测压排气接头	4	成品			
30	KF-LB/20E	压力表开关	4	成品			
31	40MPa 外径 φ150	双电接点压力表	4	成品			杭州仪表

第 **17** 章

煤矿液压设备液压系统及故障排除

液压技术在煤炭工业各个生产环节得到了广泛应用，并在实现采掘综合机械化中起着重要作用。

我国煤炭工业中应用液压技术，首推液压支架。由于液压支架的使用，顶板可及时得到支护，掘进机、采煤机和运输机的效能得以充分发挥，煤产量大幅提高，安全性有保障。

其他煤矿机械，如全液压地质钻机、液压凿岩机、全液压钻车、全液压铲斗侧卸式装载机、巷道掘进机及全液压竖井机等也都采用了液压传动。

17.1 ZDY3200S 型煤矿用全液压坑道钻机的使用与维修

ZDY 3200S（MKD-5S）型钻机是一种低转速、大转矩、能够钻进大口径孔的全液压坑道钻机，该钻机为煤矿井下钻进大口径瓦斯抽放孔及其他工程孔提供了必要的钻探设备。该机采用全液压传动。

17.1.1 钻机的组成与特点

（1）组成

如图 17-1 所示，钻机由即主机、泵站、操纵台三大部分组成。

（2）特点

① 机械自动拧卸钻具：夹持器卡瓦容易取出，扩大其通孔直径，便于起下粗径钻具，可减轻工人劳动强度，提高工作效率。

② 单液压缸直接给进与起拔钻具，结构简单，安全可弃，给进、起拔能力大，提高了钻机处理事故的能力。

③ 采用双泵系统，回转参数与给进工艺参数独立调节。变量液压泵和变量马达组合进行无级调速，转速和转矩可在大范围内调整，提高了钻机对不同钻进工艺的适应能力。

④ 回转器通孔直径大，更换不同直径的卡瓦组可夹持不同直径的钻杆，钻杆的长度不受钻机本身结构尺寸的限制。

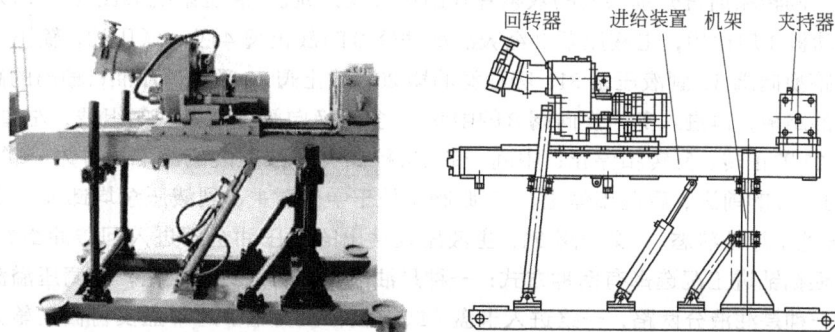

(a) 主机外观

图 17-1

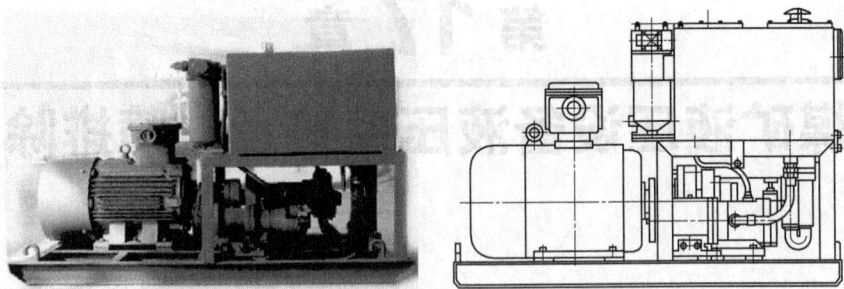

(b) 泵站外观

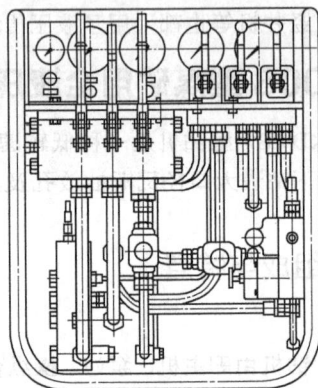

(c) 操纵台

图 17-1　钻机的组成

⑤ 用支撑液压缸调整机身倾角方便省力，安全可靠。

⑥ 通过操纵台进行集中操作，人员可远离孔口一定距离，有利于人身安全。

⑦ 液压系统保护装置完备，提高了钻机工作的可靠性，液压元件采用国产先进定型产品，便于维修时购置更换。

17.1.2　钻机液压系统的工作原理

钻机采用回转和给进分别供油的双泵开式循环液压系统。 液压系统如图 17-2 所示，工作原理如下：电动机 1 启动后，主液压泵 2 经吸油滤油器 3 的截止阀 4 吸入低压油，输出的高压油进入操纵台多路换向阀 8、副液压泵 31、吸油滤油器 29、截止阀 30 吸入低压油；输出的高压油先进入副液压泵油路板，再进入多路换向阀 8 的中联。 多路换向阀 8 由三联阀组成，左边一联 F1 控制液压马达 11 的正转、反转和停止；中间一联 F2 控制支撑液压缸的起落；右边一联 F3 控制给进起拔液压缸 15 的前进、后退和停止。 三联阀都处于中位时主、副液压泵均卸荷，液压马达 11 和液压缸 15 处于浮动状态。 操作阀 F1，主液压泵输出的高压油全部进入回转油路。 副液压泵的压力油可根据钻进工况选择有两种方式：一种是油液全部进入给进回路，由调压溢流阀控制给进压力；另一种是油液分两路，一路进入卡盘（或卡盘和夹持器）对卡盘实行高压输入，强力卡紧钻杆，另一路经减压阀进入给进回路，由减压阀控制进给压力。 当阀 F1 处于中位时，操作阀 F2 或 F3，主、副液压泵油液合流，实现快速提升。

为防止系统过载，主液压泵的工作压力由多路换向阀内设的安全溢流阀限定，调定压力为

22MPa，其值由主液压泵系统压力表7监视。副液压泵的工作压力由副液压泵油路板上的安全溢流阀32控制，调定压力为22MPa，其值由副液压泵系统压力表9监视，使用时不得超调。

主液压泵回油经回油滤油器5和冷却器6回到油箱，回油压力表25指示回油的压力大小，反映出回油滤油器的脏污程度。副液压泵回油可进入主液压泵回油路，也可经油路板上的泄油路直接回到油箱。

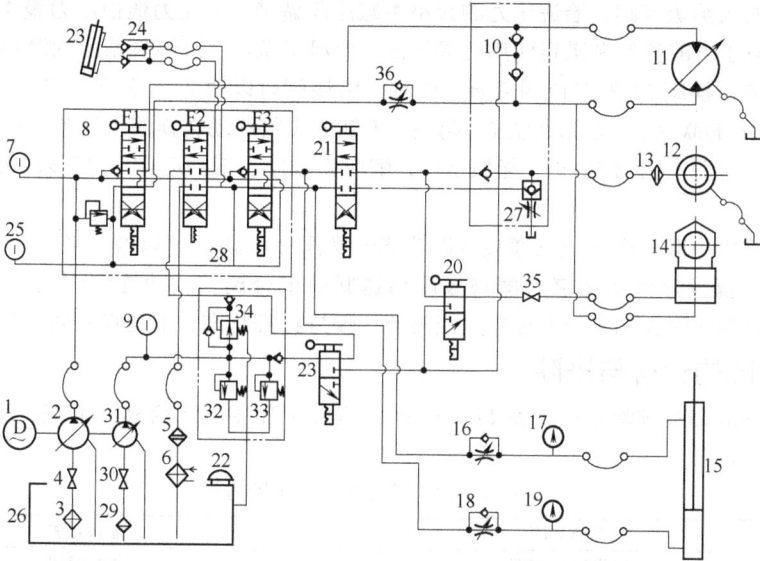

图 17-2　钻机液压系统图

1—电动机；2—主液压泵；3,29—吸油油器；4,30,35—截止阀；5—回油滤油器；6—冷却器；
7—主液压泵系统压力表；8—多路换向阀；9—副液压泵系统压力表；10—单向阀组；11—液压马达；
12—液压卡盘；13—精滤油器；14—夹持器；15—给进起拔液压缸；16,18,36—单向节流阀；
17—起拔压力表；19—给进压力表；20—夹持器功能转换阀；21—起下钻功能转换阀；
22—空气滤清器；23—支撑液压缸；24—液压锁；25—回油压力表；26—油箱；27—卡盘回油阀；
28—副液压泵功能转换阀；31—副液压泵；32—安全溢流阀；33—调压溢流阀；34—单向减压阀

在回转油路中设有单向阀组10，液压马达回转（正、反转）时向液压卡盘12供油，（其压力值与回转系统的压力相同）使卡盘夹紧。当夹持器功能转换手把置于联动位置时，液压马达的压力油液还可以进入夹持器，使其松开，此刻可实现回转、卡盘与夹持器三者之间的联动功能，有利于扫孔作业。液压卡盘的回油（即松开）是由卡盘回油阀27来控制的。该阀是由一个液控单向阀和节流阀串联组成，当卡盘夹紧时单向阀关闭，避免压力油泄漏。卡盘需要松开时，来自进给或起拔的压力控制油自动打开单向阀，卡盘快速松开。调节节流阀可控制卡盘回油速度，可协调卡盘与夹持器的匹配关系。当夹持器与卡盘联动时，其回油也经阀27流回油箱。一般情况下，应在回程结束前，将夹持器与回转器的联动分离，以利于夹持器能快速地夹持孔内钻具。液压马达的回转速度（即回转器的回转速度）可以通过操纵马达上的变量手轮来实现。在给进、起拔回路中各串联一个单向节流阀16、18，其作用是人为地调节给进、起拔时的回路背压，确保夹持器能够完全打开，避免因系统压力过低夹持器不能完全打开而造成钻杆擦伤的现象。调节单向节流阀18可控制钻进速度，防止钻头接触孔底时因速度过快产生冲击，损坏钻头。调节该阀还可实现减压钻进，一般情况下单向节流阀18不得关死，以防因液压缸面积差而引起的局部回路超压现象。

给进回路中设置了调压溢流阀33、单向减压阀34、副液压泵功能转换阀28，根据钻进工艺的要求，可进行不同形式的组合，当钻机的回转力矩大而给进力相对小时（也就是硬质合金钻进工艺），此时，副液压泵功能手把前推（即标牌上溢流给进位），副液压泵的压力油全部进入给进回路。 调节调压溢流阀33可控制给进压力的大小，其值由起拔压力表17指示。 当钻机的回转力矩和给进力都比较大时，发现卡盘不能很可靠地卡紧钻杆，应将副液压泵功能转换手把后拉（即卡盘增压位），同时关死调压溢流阀，此时副液压泵的压力油分为两路：一路直接进入液压卡盘，保证卡盘在工作时可靠地卡紧钻杆（压力为副液压泵的系统压力，由压力表9示出）；另一路经减压阀进入给进回路，给进压力的大小由减压阀调节，其压力值由压力表17指示。

注意：副液压泵的流量在满足使用要求情况，应尽量调小，以降低系统的发热，提高效率。

起下钻功能转换阀21为三位四通阀，通过操纵该阀可以改变液压卡盘12和夹持器14与进给起拔液压缸15的联动。 其联动方式：起钻、下钻时先将联动转换阀手把置于相应位置（即起钻或下钻位），然后只需操作给进、起拔手把，即可完成起、下钻动作。 当该阀处于中位时，其联动功能失效。

夹持器油路中串联一个三位三通夹持器功能转换阀20，该阀可以改变液压马达11和夹持器14的联动方式，操纵该阀可使夹持器与液压马达联动或分离。 手把置于中位相当于一个截止阀，用于钻进或称重时关闭夹持器油路，使夹持器保持打开状态，不受其他动作的影响。

17.1.3　故障的分析与排除

钻机常见的故障及排除方法如表17-1所示。 实际工作中应结合实际情况，综合分析，准确判断，及时排除。

表 17-1　钻机常见故障及排除方法

故障	可能原因	排除方法
液压泵不排油	电机转向错误	调换转向
	液压泵变量机构在0位	应调在0位以上
	截止阀门没打开	打开截止阀
泵排量不足、噪声大	油箱内油面过低	加油
	油箱吸油滤网阻塞	清洗吸油滤网
	油的黏度过高	换用低黏度油或预热
	油箱空气过滤器阻塞	拆卸清洗空气过滤器
	吸油管道漏气	查明漏气处，加以紧固
	液压泵内部损坏或磨损过度	检修或更换新泵
系统压力升不上去	因上述原因液压泵不排油或油量不足	按上述方法排除
	安全阀开启压力太低	调整开启压力或检修
	操纵手把停位不当，内部串油	调整手把位置
	系统有泄漏	对系统顺次检查、排除泄漏
液压马达不回转	液压泵不上油或无压力	按上述方法排除
	增压阀关死（不能正转可反转）	顺时针旋转手轮，打开增压阀
	主轴卡死	检查轴承或配油套
	液压马达发生故障	检修或更换新液压马达
液压马达无力回转	给进或变速手把不在正确位置上	将手把打在正确位置上
	卡盘配油套泄漏严重	更换配油套与主轴组件
	液压马达磨损严重，内漏过大	检修液压马达
卡瓦打滑	卡瓦磨损严重	更换卡瓦
	配油套磨损，内漏严重	更换主轴和配油套组件
	胶筒损坏，漏油	更换胶筒，并检查卡盘端盖与卡瓦的间隙是否过大
回转器、不前进、后退	液压泵不上油或无压力	按上述方法排除
	给进压力太小	增大给进压力
	背压阀关死	顺时针旋转手轮，打开背压阀
	拖板与导轨卡死	松动拖板两侧螺钉
	给进液压缸活塞密封损坏，内部泄漏	检修给进液压缸
	链条卡死	调整链条位置

故障	可能原因	排除方法
卡盘 松不开	复位弹簧失效	更换新弹簧
	卡盘端盖压死卡瓦	加垫片调整端盖与卡瓦的间隙
	回油压力太大	减小回油管路压力
夹持器 夹不紧	碟形弹簧损坏	更换弹簧
	卡瓦严重磨损	更换卡瓦
	截止阀没有打开	打开截止阀
夹持器 松不开	滑座上脏物太多（煤粉、岩粉等）	拆开清洗，排除脏物
	滑座生锈	拆洗，去锈加油
压力表 无指示	缓冲螺钉切槽阻塞	清除阻塞物
	铜管接头松开，漏油	拧紧接头
	压力表损坏	更换压力表
压力表 无回零	缓冲螺钉切槽太小，阻力大	扩大切槽
	压力表损坏	更换新压力表
	系统回油阻力大	减小回油阻力

17.2　EBZ160 型掘进机液压系统及故障排除

17.2.1　EBZ160 型掘进机的外观与组成

（1）外观

EBZ160 型掘进机是集切割、装载、运输、行走于一体的巷道综合掘进设备。它的外观如图 17-3 所示。

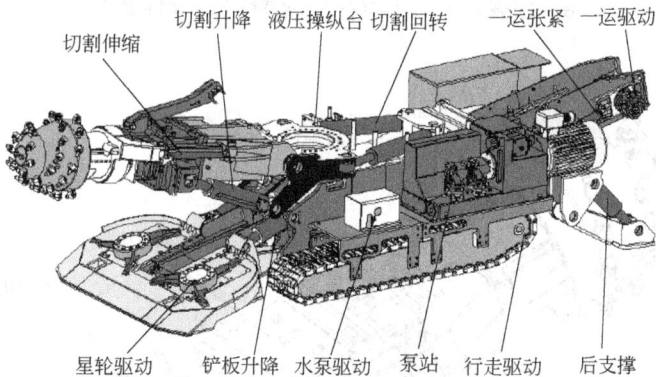

图 17-3　EBZ160 型掘进机的外观

（2）组成

EBZ160 型掘进机的组成如图 17-4 所示，它主要由切割、装运、行走三大机构和液压、水路、电气三大系统组成。

17.2.2　掘进机各组成部分简介

（1）切割机构

如图 17-5 所示，切割机构由切割头、伸缩臂、切割减速器、切割电机组成。

切割电机、减速器和伸缩臂将动力传输给切割头，完成旋转运动。

切割机构通过连接切割电机、回转台的升降液压缸，连接回转台、前机架的回转液压缸，实现切割头的上、下、左、右运动，切割出所需断面。

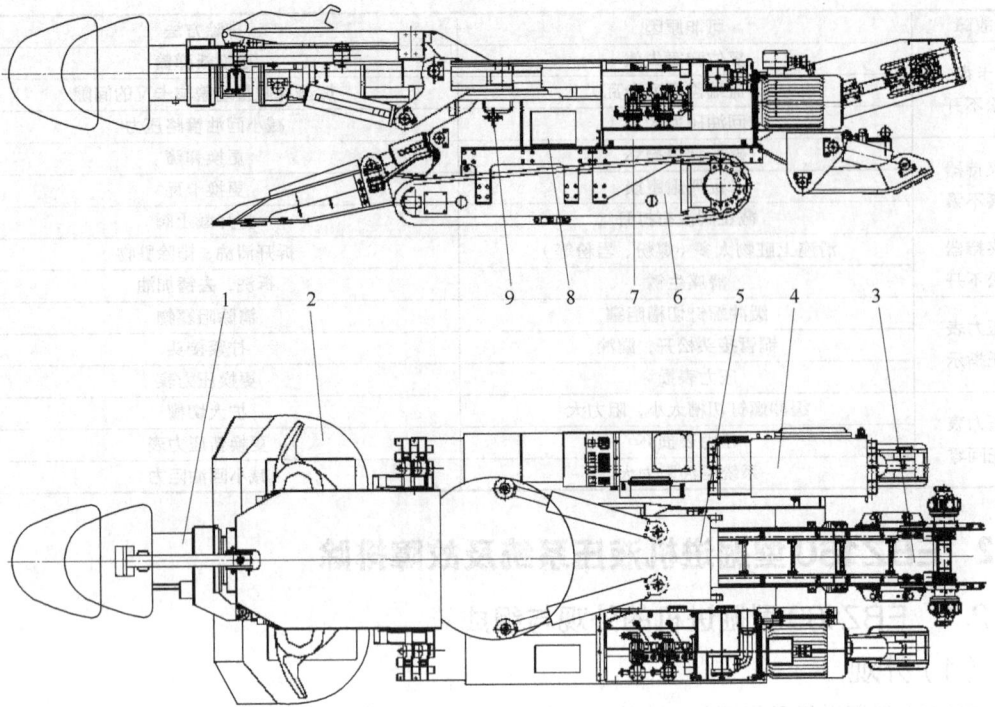

图 17-4　EBZ160 型掘进机的组成

1—切割机构；2—装载部；3—第一运输机；4—电气系统；5—主体部；
6—行走部； 7—液压系统；8—水系统 ； 9—润滑系统

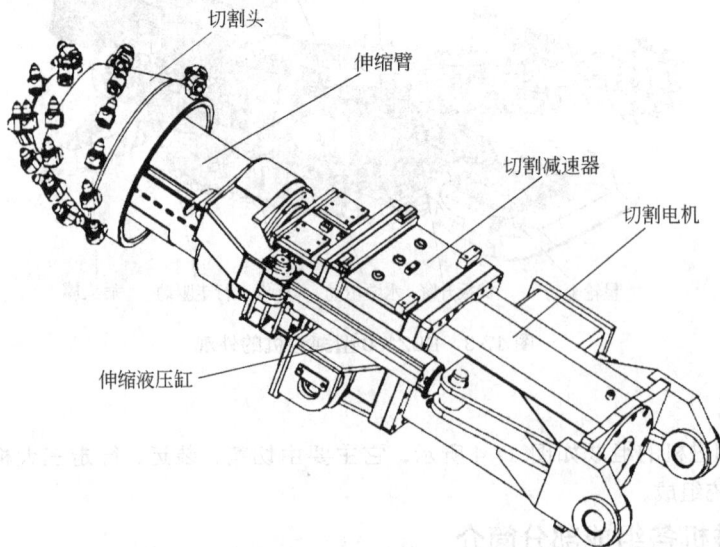

切割头

伸缩臂

切割减速器

切割电机

伸缩液压缸

图 17-5　切割机构

（2）装运机构

如图 17-6 所示，装运机构主要由装载部和第一运输机两大部分组成，采用液压马达分别驱动。

装载部由主铲板、左侧与右侧副铲板、三爪星轮装置和装载液压马达组成。 装在主铲板下端的两台高效、1200mL/r 大排量液压马达将动力传输给星轮，进行装载物料。

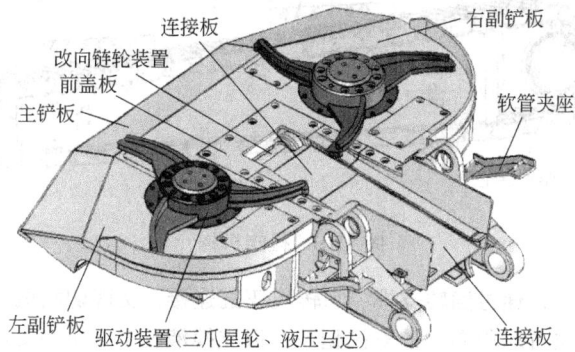

图 17-6　装载部

铲板体通过销轴与前机架铰接，在铲板液压缸作用下，可使铲板向上抬起 440mm，向下卧底 248mm。 当机器切割作业时，应将铲板前端紧贴底板，以增加机器切割时的稳定性。

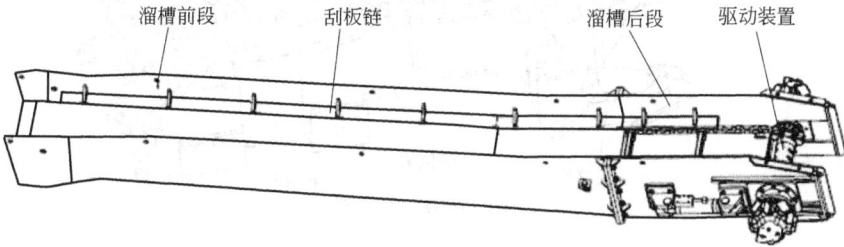

图 17-7　第一运输机

第一运输机（简称一运，见图 17-7）由驱动装置（包括驱动液压马达、驱动链轮等，见图 17-8）、溜槽、刮板链和张紧装置组成。 刮板链由液压缸张紧，同时设有机械锁定装置。 装在第一运输机卸载端的两台液压马达则将动力传输给刮板链，进而通过双链牵引刮板将物料输送至转载机。

（3）行走机构

如图 17-9 所示，行走机构由左右对称的一体式行走减速器（含液压马达）、驱动链轮、履带、张紧装置和履带架等组成。动力由液压马达通过行走减速器传递给履带

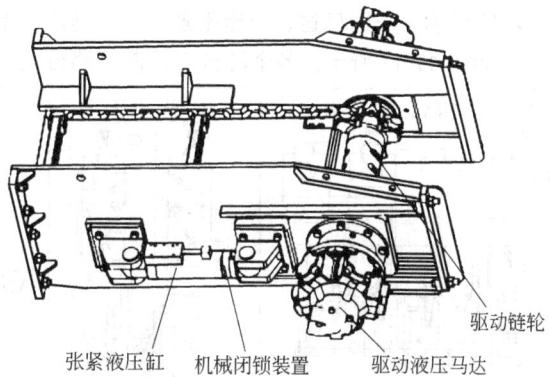

图 17-8　第一运输机驱动装置

链。 选用进口大扭矩柱塞液压马达，可以提高使用寿命，保证足够的牵引能力。 履带行走速度为 0～6.26m/min。

（4）主体部

如图 17-10 所示，主体部主要由前机架、后机架、回转台、回转液压缸、后支撑及支撑液压缸等组成，是整台机器的中心骨架，切割、装运、行走机构和液压、电气、水路等系统都安装在前、后机架上。

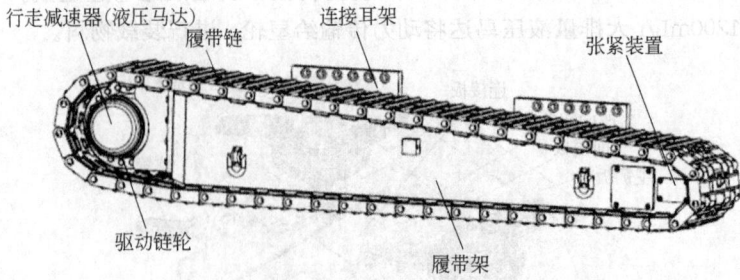

图 17-9　行走机构

　　回转台装在前机架上，通过回转支撑、回转液压缸连接，实现切割机构的升降和回转运动。

　　在后机架上，设有左右对称向后的支撑腿及 2 只支撑液压缸，可使支撑腿上抬 490mm，向下卧底 200mm。当机器切割作业时，应将支撑腿紧贴底板，以增加机器的切割稳定性。更换履带板（或张紧）时，亦可将机器抬起，进行作业。

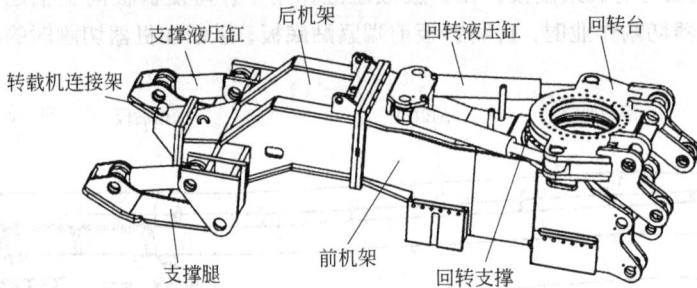

图 17-10　主体部

17.2.3　液压系统的工作原理

　　EBZ160 型掘进机中，液压系统担负的工作有：切割升降、切割摆动、切割伸缩、支撑升降、星轮马达、一运马达、一运张紧、行走马达、铲板升降、水泵马达回转等。本机的液压系统总图如图 17-11 所示，各个部分的控制回路分别见下述。

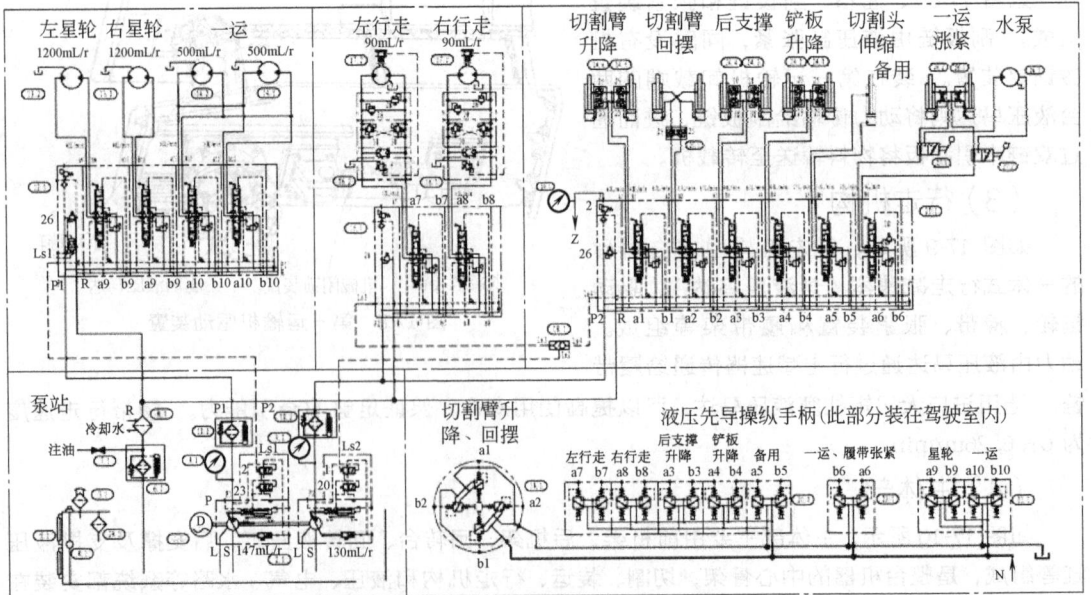

图 17-11　EBZ160 型挖掘机液压系统总图

（1）动力源泵站（油箱）回路的工作原理

如图 17-12 所示，动力源泵站采用封闭式油箱，选用 N68# （L-FHM68）抗磨液压油，容积 500L。

90kW 的风冷电机，驱动一组丹佛斯 ERL147C+ERL130B 型两联变量轴向柱塞泵。第一联变量柱塞泵（"负载敏感+压力切断"变量泵，排量 147mL/r）为装运回路提供压力油。第二联变量柱塞泵（"负载敏感+压力切断"变量泵，排量 130mL/r）为行走回路、液压缸回路、水泵驱动液压马达回路提供压力油。

负载敏感变量泵能自动将负载需要的流量、压力信号通过 Ls1 与 Ls2（参阅图 17-13）控制油流道反馈到负载敏感变量泵的变量机构，使变量泵输出的流量、压力与负载需要的流量和压力相匹配。采用负载敏感变量泵驱动装载机液压系统，其功率损失只有少量的节流损失，没有溢流损失，是节能型液压系统。

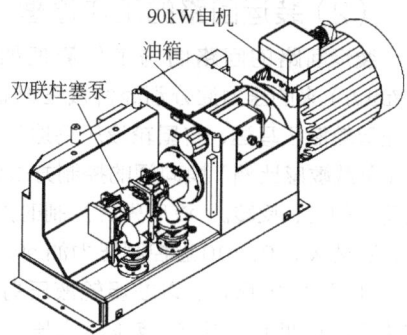

图 17-12　泵站

压力切断在负载超过额定压力后，切断阀优于负载敏感阀的工作。

双联变量轴向柱塞泵出口压力油分别通过出口两只高压精密过滤器过滤后，提供给执行机构。

后述各回路中的负载敏感比例换向阀除了起换向阀的作用外，还起到流量阀的作用。由于各部分的负载敏感比例换向阀都与负载（液压缸或液压马达）相通，当将负载压力油作为控制油，从 Ls1 或 Ls2 引回到变量泵，便可实现以负载的需要来提供流量和压力，最大限度节省能耗，降低系统发热。

泵出口装与油箱回油口均选用堵塞指示式回油过滤器，所有回油经过回油过滤器回到油箱。当过滤器堵塞或不畅通时，过滤器上滤芯清洁度的指针显示，提醒操作人员及时更换滤芯。

油箱设有液位、液温指示和液温自动控制装置。当油箱内油温达到或超过规定值（70℃）时，90kW 电机停止运转。因此，应及时检查液位，保障系统正常液位、液温和液压油的黏度要求。

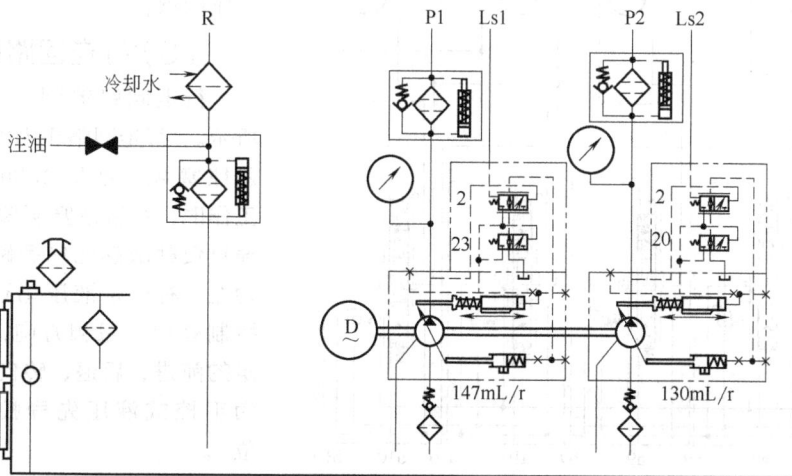

图 17-13　动力源（泵源）回路

为了保持液压系统的清洁，必须使用注液压泵向油箱加油：首先把注液压泵油管和油箱进油截止阀连接好，打开截止阀，再启动注液压泵，即可实现加油。注液压泵采用气动式，适合掘进工作面条件。

采用外置式进口板式水冷却器，热交换效率高。

（2）装运回路的工作原理

装运回路的回路图与工作原理如图 17-14 与图 17-15 所示。由第一联变量柱塞泵（排量 147mL/r）来的压力油分别经各减压阀减压后，再分别通过四联多路（负载敏感比例）换向阀分别向左星轮液压马达、右星轮液压马达与第一运输机提供压力油，带动相应液压马达回转。四联多路（负载敏感比例）换向阀的控制方式可以手动控制，也可为液压先导控制，实现装运机构的各液压马达的正、反转。液压先导控制时由驾驶室操作，决定从 a9、a10 进控制压力油 b10、b10 通回油，还是从 b10、b10 进控制压力油 a9、a10 通回油。以控制液压马达是正转还是反转。

如图 17-15 所示，以左星轮液压马达的工作原理图为例说明其是怎样实现正转、停转与反转的（工作原理），左星轮液压马达与一运液压马达的控制情况相同。如图 17-15（b）所示，当不手动或液动操作多路阀时，阀处于中位，主油路 A 口与 B 口均通过阀中位→T 油道→R 油道→油箱，液压马达两腔都泄压而停止转动；当手动或液动操作多路阀时，阀处于上位或者下位。

如图 17-15（a）所示，多路阀上位工作（b9 进控制压力油，a9 通油箱）时，泵来的压力油 P1→减压阀减压后压力降为 P→多路阀上位→左星轮液压马达 B 腔，推动左星轮液压马达反转，此时左星轮液压马达 A 腔回油→多路阀上位→T 油道→R 油道→油箱。

如图 17-15（c）所示，多路阀下位工作（a9 进控制压力油，b9 通油箱）时，泵来的压力油 P1→减压阀减压后压力降为 P→多路阀下位→左星轮液压马达 A 腔，推动左星轮液压马达正转，此时左星轮液压马达 B 腔回油→多路阀下位→T 油道→R 油道→油箱。

由于每一个多路换向阀的控制油均受装在驾驶位上的手动式三通式减压阀的控制，其输出的控制压力油的压力大小不同，因而在推动多路换向阀换向时，压缩换向阀两端弹簧的力的大小也不同，控制压力油的压力高，则压缩弹簧的力大，压缩量多，阀芯移动距离大。所以尽管都处于上位或下位，但阀开口量不一样，出口流量也就大，反之一样。这样，每一个多路换向阀既起到方向阀的作用，又起到流量阀的作用，称为比例阀。

（3）行走回路的工作原理

行走回路的回路图如图 17-16 所示。行走回路压力油由第二联变量柱塞泵（排量 130mL/r）提供。工作时，变量柱塞泵输出压力油 P2 通过负载敏感比例多路换向阀分别为左、右行走液压马达提供动力，控制输出流量和方向，可以实现行走的前进、后退、转向。控制方式为手控或液压先导控制（弹簧复位）。

实现行走的前进、后退、转向工作原理如图 17-17 所示。

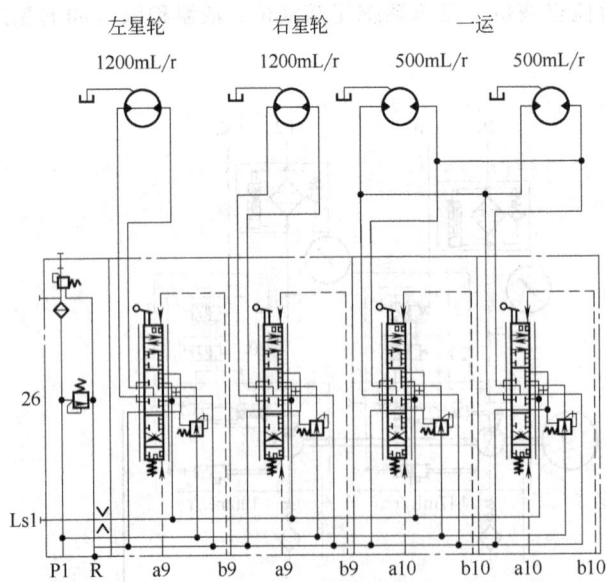

图 17-14　装运回路

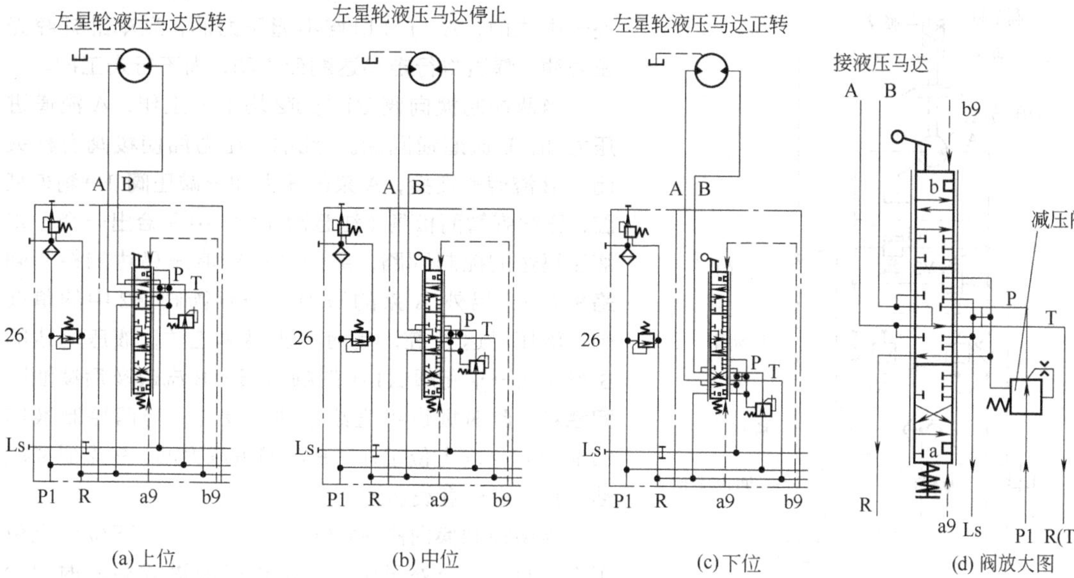

左星轮液压马达反转　　　　　左星轮液压马达停止　　　　　左星轮液压马达正转　　　　　接液压马达

(a) 上位　　　　　　　　　(b) 中位　　　　　　　　　(c) 下位　　　　　　　(d) 阀放大图

图 17-15　装运回路工作原理

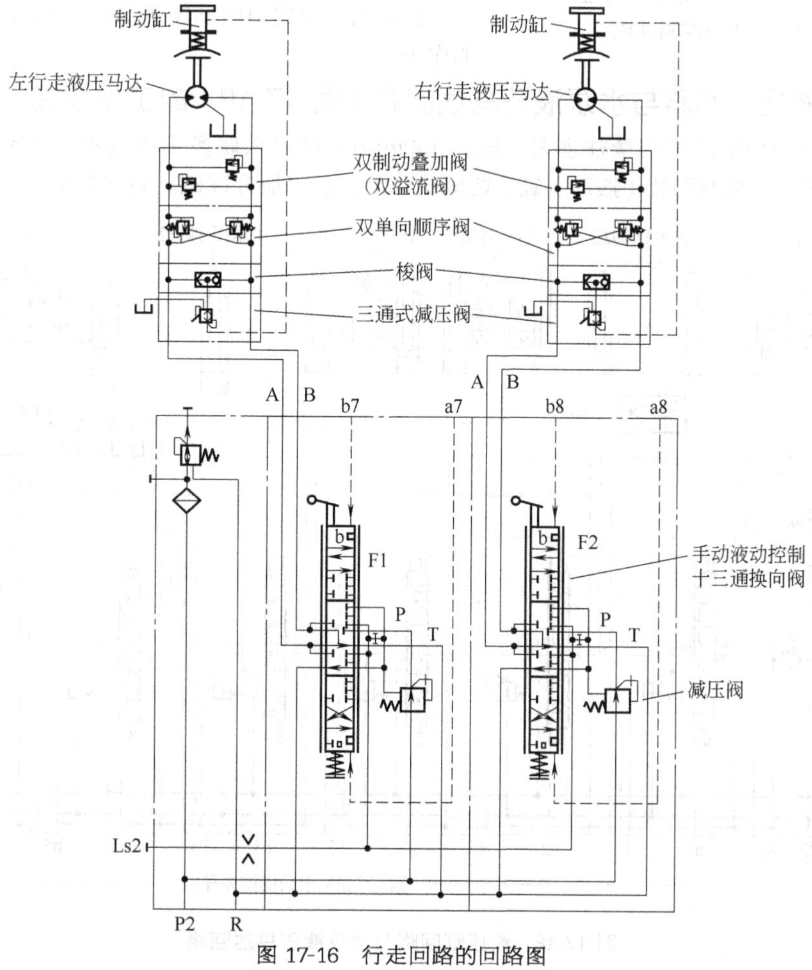

图 17-16　行走回路的回路图

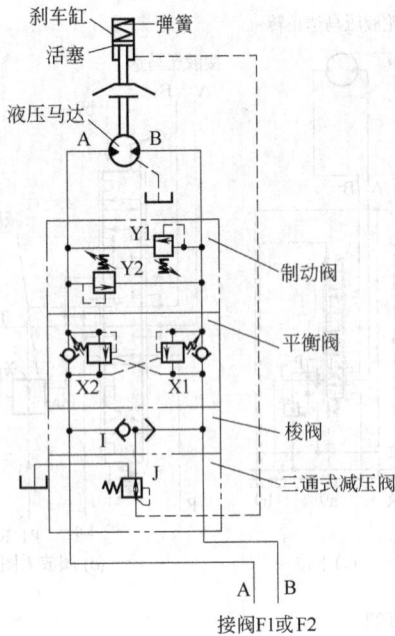

图 17-17　掘进机驻车、前进、
后退、转向控制回路

当两只手动液动控制的十三通换向阀 F1 与 F2 均处于中位时，A 与 B 口均不通压力油，刹车缸缸腔无压力油，弹簧将行走马达刹死不动，为不行走工况。

当两控制换向阀 F1 与 F2 均下位工作，A 流道进压力油，B 流道通回油。 此时，压力油使梭阀右移关闭与 B 流道的连接，A 来的压力油→减压阀 J→刹车缸腔，压缩弹簧而松闸（注意图 17-17 中只给出一个行走液压马达的控制回路，另一个行走液压马达的控制回路相同）；另外 A 来的压力油→平衡阀 X2 中的单向阀→液压马达 A 腔，使两液压马达正转，液压马达的 B 腔回油→平衡阀 X1 中的顺序阀→B 流道及后续油路回油箱，此时掘进机直线前进；反之，当两控制换向阀 F1 与 F2 均上位工作，B 流道进压力油，B 流道通回油，则掘进机直线后退。

当两控制换向阀 F1 与 F2 中只有一个下位或上位工作，而另一个处于中位，掘进机前进或后退时拐弯转向。

图中的溢流阀 Y1 与 Y2 起双向制动阀的作用。

图中的液控式单向顺序阀 X1 与 X2 起双向平衡阀的作用。

（4）液压缸回路与水泵液压马达回路（图 17-18）的工作原理

液压缸回路由第二联变量柱塞泵（排量 130mL/r）通过六联多路换向阀，分别向 6 组液压缸：切割升降缸、切割回转（摆动）缸、切割头伸缩缸、铲板升降缸、后支撑缸、刮板机张紧液

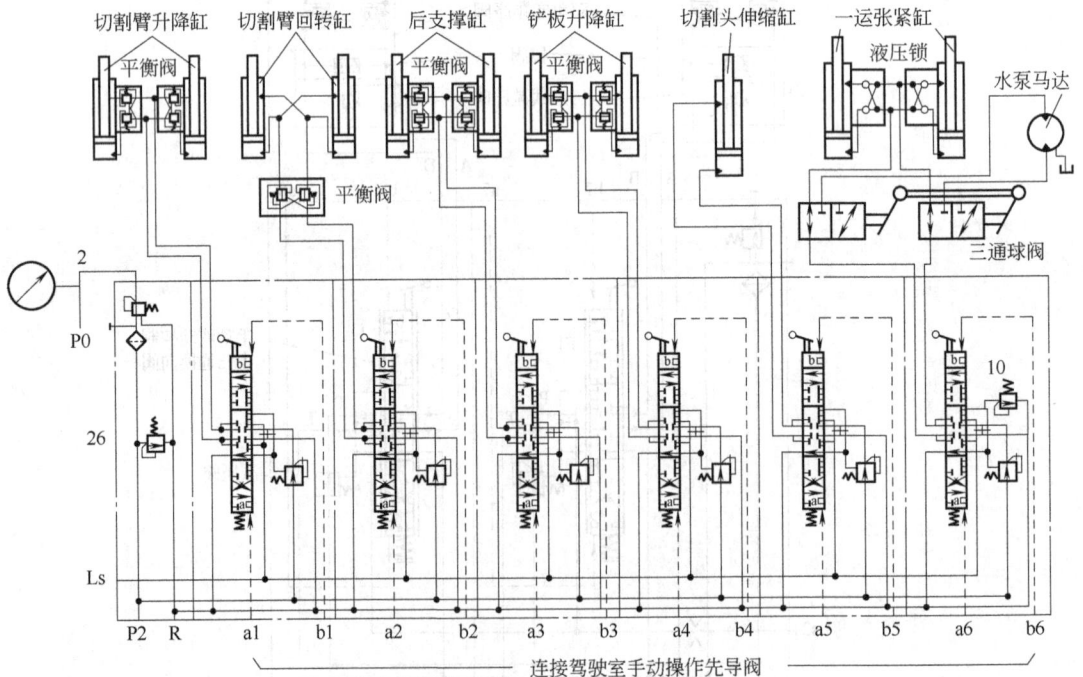

图 17-18　液压缸回路与水泵液压马达回路

压缸及驱动水泵回转的液压马达提供压力油。

　　工作时，变量柱塞泵输出压力油，通过六联手动液控比例换向阀，根据各液压缸的需要进行分配，满足各液压缸不同流量和压力需要。其流量和压力由每一联阀单独设定。其工作原理与上述装运回路与行走回路中的工作原理相同，不再说明。

　　液压缸缸体上的平衡阀（单向顺序阀）或外置的平衡阀（切割臂回转缸）可起到保压和安全保护作用，并使液压缸运行平稳。

　　一运张紧缸回路中的液压锁（双液控单向阀），可使张紧缸在张紧时起到双向锁紧的作用。

　　水泵回路与刮板机张紧液压缸回路为同一供油回路，由同一各个换向阀控制。操作时，旋动三通球阀，即实现刮板机张紧液压缸回路和水泵液压马达的切换。

（5）先导控制回路的工作原理（图 17-19）

　　多个手动三通式减压阀装于驾驶台上，当操作各个手柄，可使控制油与上述各个手动液控比例多路阀的上控制油腔（如 b1～b8 等）或下控制油腔（如 a1～a8 等）连通，液动操作各个手动液控比例多路阀上位还是下位工作，从而实现各液压缸的换向，最终实现诸如切割臂是升降和前进、后退等动作。

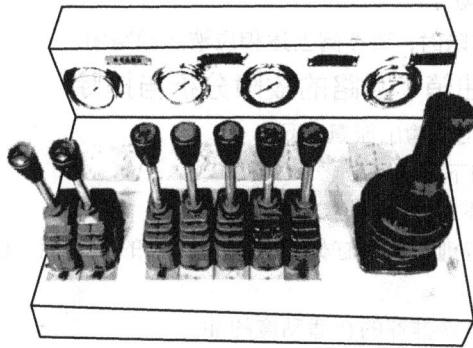

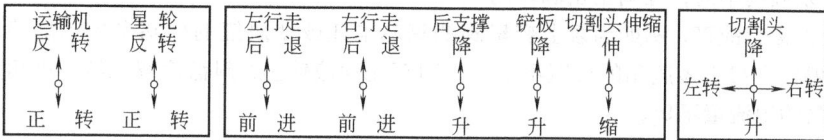

(a) 各先导操作阀外观图

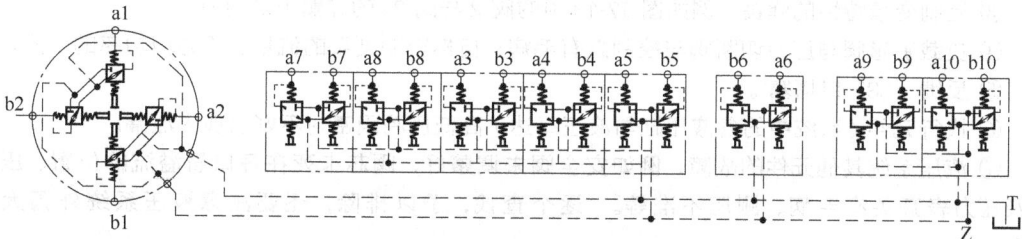

(b) 各先导操作阀的回路图

图 17-19　先导控制回路

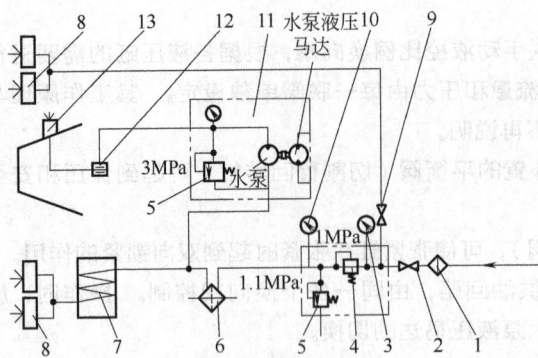

图 17-20　水系统原理图
1—过滤器；2—球阀；3—压力表；4—水减压阀；
5—水安全阀；6—油箱冷却器；7—切割电机；
8—引射喷嘴；9—球阀；10—压力表；11—水泵站；
12—内喷雾水道；13—内喷雾喷嘴

（6）水系统的工作原理（图 17-20）

水系统的作用主要是提高工作面的能见度，改善工作环境，系统设置的内喷雾回路、外喷雾回路及冷却水回路，能有效起到灭尘，冷却截齿、冷却切割电机及油箱。

水泵由液压马达驱动回转（图 17-18），水系统由外喷雾和内喷雾两部分组成。水系统的外来水经过滤器和球阀后分三路：第一路将油冷却器出来的水经内喷雾泵站增压至 3MPa，经伸缩部从内喷雾喷嘴喷出；第二路水经油冷却器和切割电机（1MPa）冷却后，从冷却外喷雾喷嘴喷出；第三路水经过滤器和球阀直接从外喷雾喷嘴喷出，起到灭尘和冷却截齿的作用。

17.2.4　故障分析与排除

在进行下述故障分析与排除时，请参阅上述相应液压回路图。

（1）动力源泵站（油箱）回路的故障分析与排除

【故障1】　泵无油液输出或输出流量不足

其故障原因及排除方法如下。

① 油箱液压油不够，应补充加油至规定的液面高度。

② 泵内零件磨损拉伤，特别是泵内缸体端面与配流盘的贴合面、柱塞外圆与缸体孔之间的配合面。

③ 液压的黏度过高，应更换推荐的合适黏度的油。

④ 液压泵旋向不对，应调至正确转向。

⑤ 变量机构有故障，例如当泵上变量阀的阀芯卡死或变量缸的柱塞卡死不能移动，使柱塞泵斜盘斜角停留在接近零度角的位置不能变大时泵无油液输出；斜盘停留在某一小角度的位置不能改变时，泵输出流量不足。

⑥ 进油管阻力大或因进油管密封处密封损坏而进气。

【故障2】　压力提不高或者根本不上压

其故障原因及排除方法如下。

① 上述【故障1】的原因均会导致压力提不高或者根本不上压，重点应检查配油盘端面的磨损与拉伤情况。

② 变量头的倾斜角太小，使输出流量太小，可适当增大变量头的倾斜角，压力便会上升。

③ 控制变量特性的弹簧（例如图 17-13 中的阀 2 与阀 23 的弹簧）未调节好。

④ 负载敏感阀与压力切断阀与控制缸有毛病：自然影响到泵的流量、压力和功率的匹配。

⑤ 反馈 "LS" 口堵塞。

⑥ 执行元件（系统中的各液压缸与液压马达）高低压腔因密封不好出现内泄漏。

⑦ 液压系统其他元件的故障：例如安全阀未调整好、阀芯卡死在开口量溢流的位置、压力表及压力表开关有毛病、测压不准等。逐个查找，予以排除，还要注意液压系统外漏大的位置。

⑧ 电压太低或电机的转速低，导致泵输出流量小，不能克服负载流量的需要，影响负载压力的提高。

详见本手册 3.4 节中的相关内容。

（2）装运回路的故障分析与排除

【故障1】 第一运输机链条速度低或动作不良

其故障原因及排除方法如下。

① 油压不够时，调整泵压力。

② 一运液压马达内部损坏时，修复或更换新品。

③ 运输机过负荷时，减轻负荷。

④ 链条过紧或过松时，重新调整张紧装置。

【故障2】 星轮转动慢或不转动

其故障原因及排除方法如下。

① 泵的输出流量与供油压力不够时，调整泵或排除泵故障。

② 驱动星轮的液压马达内部损坏，修理或更换。

③ 星轮与铲板平面有煤岩楔入时，应检查、清理。

④ 装载马达内部损坏时，应修复或更换马达。

⑤ 切割臂压住星轮，应调整作业方法。

（3）行走回路的故障分析与排除

【故障1】 不能行走或行走不良

其故障原因及排除方法如下。

① 进到行走液压马达的油液压力不够，可调整多路阀前减压阀的出口压力。

② 行走液压马达内部严重损坏，可予以更换。

③ 行走回路的平衡阀中的顺序阀阀芯卡死在关闭位置，可拆开清洗。

④ 履带板内充满煤、岩石并坚硬化时，进行清理。

【故障2】 行走时履带左右行走不同步

主要是操纵左、右行走的两多路阀开启程度不一致，应调整一致。

（4）液压缸回路与水泵液压马达回路的故障分析与排除

液压缸回路与水泵液压马达回路中控制的执行元件（图 17-18）有：切割臂升降缸、切割臂回转（摆动）缸、后支撑缸、铲板升降缸、切割头伸缩缸、刮板机张紧液压缸及驱动水泵回转的液压马达。

前四个缸的控制回路相同，在液压缸的进出口均装有平衡阀（单向顺序阀），可以起到支撑作用和防止运动过程中产生速度失控现象，故障现象表现也相同。

一运张紧缸回路中安装了双向液压锁（双液控单向阀），可使刮板机张紧液压缸在张紧时起到双向锁紧的作用；切割头伸缩缸与带动水泵旋转的液压马达直接由多路阀控制换向。

【故障1】 各种缸分别出现不能运动的情况

① 排量为 130mL/r 的泵未输出压力油。

② 泵虽输出压力油，但输出的压力油 P2 压力过低。

③ P2 压力也够，但液压缸活塞密封严重破损，造成液压缸两腔内泄漏。

④ 多路阀因故障未换向，哪个缸出现不能运动的情况，就对应查找多路阀。

⑤ 多路阀前的减压阀调节不当，使出口压力过低，进入缸的油液压力也就过低，推不动液压缸运动。

【故障2】 液压缸能运动，但运动速度不快

运动速度主要由进入缸的流量来控制，产生这一故障的原因如下。

① 多路阀的阀开口过小。

② 装于驾驶台的先导三通式减压阀未操作到位，使进入多路阀两端的液控压力油的压力较低，不能更多地压缩阀芯两端的弹簧，使多路阀的阀芯移到大开口的位置，这样通过多路阀进入液压缸的流量较少，因而缸的运动速度不快。

【故障3】 一运张紧缸张紧时出现松动

① 双向液压锁的单向阀阀芯与阀座配合锥面之间，因为：有污物，使配合锥面不能密合，造成内泄漏；阀芯上的配合部位因长期工作磨有凹坑，使配合部位不能密合造成内泄漏；单向阀阀芯外圆与阀孔之间因磨损造成配合间隙过大，阀芯偏向孔的一边，造成配合部位不能密合造成内泄漏。

② 张紧缸因活塞密封破损，造成液压缸两腔之间内泄漏产生油液流动，张紧缸也就产生运动，于是造成一运张紧缸张紧时出现松动。

【故障4】 水泵马达不转动或转动速度慢

下述原因导致水泵马达不转动。

① 排量为 130mL/r 的泵未输出压力油。

② 泵虽输出压力油，但输出的压力油 P2 压力过低。

③ P2 压力也够，但水泵马达内部严重破损，内泄漏过大。

④ 多路阀因故障未换向。

⑤ 多路阀前的减压阀调节不当，使出口压力过低，进入水泵马达的油液压力也就过低，推不动液压缸运动。

下述原因导致水泵马达能运动但运动速度不快。

① 多路阀的阀开口过小。

② 装于驾驶台的先导三通式减压阀未操作到位，使进入多路阀两端的液控压力油的压力油的压力较低，不能更多地压缩阀芯两端的弹簧，使多路阀的阀芯移到时大开口的位置，这样通过多路阀进入水泵马达的流量较少，因而水泵马达的转动速度变慢。

③ 水泵马达内部严重破损，内泄漏过大，导致驱动马达转动的有效流量减小，转速下降。

（5）水系统的故障分析与排除

【故障1】 喷雾不出水或不成雾状

① 喷嘴堵塞。

② 过滤器堵塞。

③ 水量（压）不足。

【故障2】 水量不足或压力低

① 过滤器堵塞。

② 供水量不足、清理、调整。

【故障3】 冷却水压过高

① 安全阀动作失灵。

② 减压阀动作失灵。

查找出上述各种回路的故障原因后，对应排除。

17.3 MG650/1605-WD 型采煤机液压系统的故障分析与排除

17.3.1 液压系统的组成

采煤机是完成破煤、装煤的工序，采煤机装置在可弯曲输送机上，沿工作面穿梭割煤，当前普遍使用双滚筒可调高的采煤机。下面介绍的 MG650/1605-WD 型电牵引采煤机由太原矿山机器集团有限公司生产。

该机液压系统由泵源部分、摇臂调高部分、破碎装置调高部分、挡矸调高部分和制动部分组成。

17.3.2 液压系统的工作原理

MG650/1605-WD 型采煤机液压系统如图 17-21 所示。调高泵 3 通过吸油过滤器 1 从油箱中吸油，泵出口压力油分三路。

① 打开单向阀 8 给蓄能器蓄能，充液完成后，压力继电器 9 发信号，停止充液。

② 经单向阀 8→减压阀减压→电磁阀 13→制动器缸 14，实现松闸与合闸。当需要采煤机行走时，制动电磁阀 13 得电克服弹簧力动作，压力油进入液压制动器，使牵引传动箱解锁，得以正常牵引。当采煤机停机或出现故障时，制动电磁阀 13 的电磁铁断电，阀芯在弹簧力作用下复位，制动器油腔压力油回油箱，通过碟形弹簧压紧内、外摩擦片，将采煤机制动，使其停止牵引并防止下滑。

③ 路经"电磁阀＋手动液动阀"阀块→安全、锁紧阀块，分别进入调高液压缸、破碎调高缸供油及挡矸挡板调高缸，它们分别进行调高动作，工作压力由先导式电磁溢流阀 5 调节，其调定压力一般为 20MPa。

阀 16 可手动操纵换向，也可利用电磁换向阀 15 两端的电磁铁通断电操作阀 16 的换向，此时阀 16 起液动换向阀的作用，从而控制调高缸的哪一端进压力油，而另一端通油箱。

阀 19 起安全阀的作用，如果调高缸进压力油的一端因某种原因压力异常高时，阀 19 打开溢流，使压力异常高的一端油腔油液与调高缸的另一端回油油路相连通，压力不会再升高，起到安全保护作用。

双液控单向阀 17 对调高缸起到双向锁紧的作用：当调高缸掘进不调高时，阀 16 处于中位，此时双液控单向阀 17 控制油均通油箱无压力，因此两单向阀均反向截止，锁死了调高液压缸。

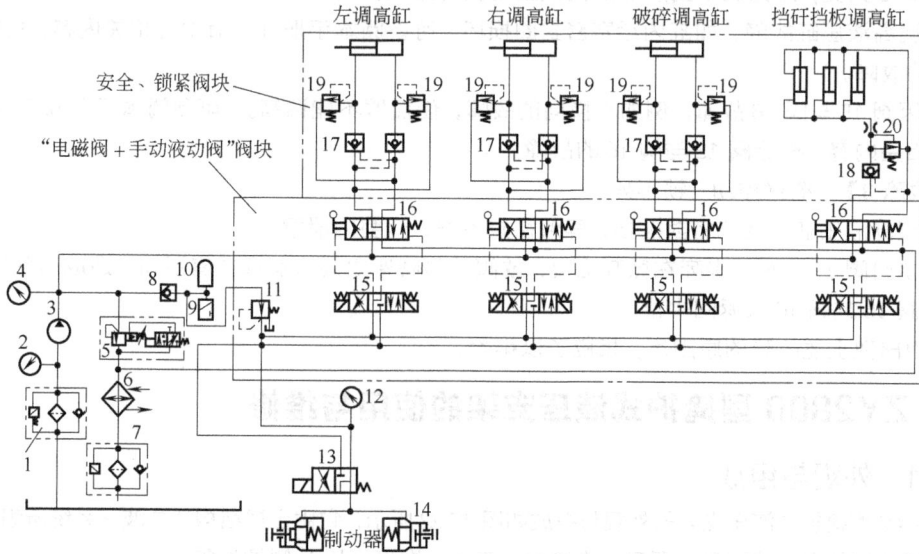

图 17-21　MG650/1605-WD 型采煤机液压系统原理图

1—吸油过滤器；2—真空表；3—调高泵；4,12—压力表；5—先导式电磁溢流阀；6—水冷冷却器；7—过滤器；
8,17,18—单向阀；9—压力继电器；10—蓄能器；11—减压阀；13—制动电磁阀；14—制动器缸；
15—电磁换向阀；16—手、液动换向阀；19—安全阀；20—安全溢流阀

17.3.3 液压系统的故障分析与排除

（1）出现故障时的预先检查

液压系统出现故障时，可以从以下几个方面进行检查。

① 液压油是否长期没有更换，油液老化，性能降低。

② 液压油型号和黏度是否不符合机型要求。

③ 油液中是否混入了粉尘、水分等。

④ 油箱油位是否过低或管子是否破裂，使空气进入系统。

⑤ 是否存在外泄和内泄。

⑥ 机械结构是否有损坏导致元件失效。

（2）故障分析与排除

泵站出现故障，使采煤机易发生以下两种情况：采煤机不牵引；采煤机摇臂不调高。

【故障 1】 采煤机不牵引

① 调高泵损坏。 调高泵 3 为齿轮泵，当发生齿侧轴套端面严重拉伤、断轴或者泵内密封严重失效等现象（详见本手册 3.2 节中的相关内容）时，系统建立不起压力或压力很低，当压力低于一定数值时，制动器处于制动状态，机器不能牵引。

② 由于控制制动器油路的制动电磁阀 13 电控失灵或阀芯卡死，使制动器处于制动状态，导致采煤机无法牵引。

③ 先导式电磁溢流阀 5 的故障。 如先导式电磁溢流阀 5 的压力上不去，使液压泵卸荷，致使制动器处于制动状态。 可参阅本手册 3.2 节中的相关内容，排除先导式电磁溢流阀 5 的压力上不去的故障。

【故障 2】 摇臂不调高

① 调高泵故障，如内部损坏，泵不输出压力油或输出压力油的压力不够。

② 阀 5 失灵，压力调不到所需的值或压力调得过低。

③ 调高液压缸故障，如缸内活塞密封圈损坏，可参阅本手册 4.2 节中的相关内容，排除调高液压缸的故障。

④ 因阀 15 与阀 16 故障，例如不换向的故障，使摇臂不能调高。 可参阅本手册 5.5 节与 5.6 节中的相关内容，排除阀 15 与阀 16 的故障。

【故障 3】 摇臂蠕动，锁不死

① 调高液压缸因活塞密封破损，导致密封不严，两腔内泄漏。

② 单向阀 17 因阀芯卡死在微开位置，或阀芯与阀座之间因磨损或有污物，造成内部泄漏。

③ 阀 15 或阀 16 未返回中位。

查明出现上述故障的原因后，相应予以排除。

17.4 ZY2800 型掩护式液压支架的使用与维修

17.4.1 外观与组成

ZY2800 型掩护式液压支架的外观与组成如图 17-22 所示，它由金属结构件与液压系统所组成。

金属结构件有：伸缩梁、顶梁、掩护梁、底座、推移杆以及侧护板等。

液压系统主要有：各种千斤顶、液压控制元件（操纵阀、液控单向阀、安全阀、截止阀、回油断路阀、单向阀等）以及随动喷雾降尘装置等组成。

17.4.2 液压系统各部件的作用与工作原理

（1）安全阀的作用与结构原理

安全阀的作用是：当顶板的压力平稳增大时，支架立柱的下腔压力呈缓慢升高状态，此时安全阀不溢流或溢流量比很小；当顶板压力迅速增大时，立柱下腔的压力随即升高，安全阀的阀口开大，过液量也将迅速增加泄往油箱。 防止系统压力持续升高直至支架被破坏，以及发生支架

侧推千斤顶
顶梁
护帮千斤顶
掩护梁
前梁伸缩千斤顶
机械加长杆
平衡千斤顶
立柱千斤顶
推移千斤顶
底座

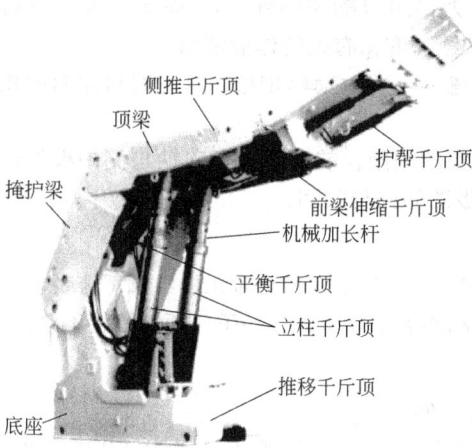

图 17-22　ZY2800 型掩护式液压支架的外观与组成

立柱爆缸或支架结构件发生破坏等严重事故；同时，当压力下降时，安全阀阀芯能及时回位关闭，压力又升高，防止顶板下沉事故，从而起到有效支护顶板的作用。

其结构原理如图 17-23 所示，压力油（压力为 p）从 P 孔流入，经阻尼 3 流到 P1 腔，再经阻尼 5 作用在先导阀阀芯 6 上。当 P 来的压力油压力不高，先导阀阀芯不打开，无油液流动，$p = p_1$，主阀芯关闭；当 P 来的压力油压力升高，先导阀阀芯打开，有油液流动，$p > p_1$，主阀芯左右两端受力不相等，主阀芯打开 P 与 T 相通，连通油箱，油液压力不会再升高，起到安全保护作用。

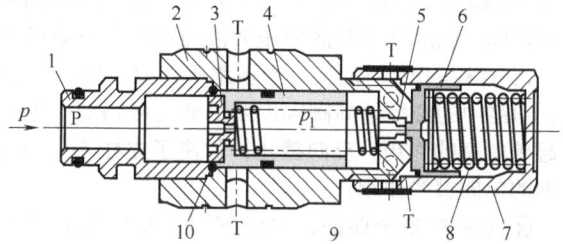

图 17-23　FAD250/50 安全阀

1—接头；2—主阀体；3,5—阻尼；4—主阀芯；6—先导阀阀芯；
7—先导阀阀体；8—调压弹簧；9—平衡弹簧；10—密封

（2）液控单向阀的作用与结构原理

液控单向阀的结构与工作原理如图 17-24 所示，当控制油口 X 无控制压力油进入或虽有控制压力油进入但压力不够，单向阀阀芯 4 与卸载阀阀芯 3 均关闭，此时液控单向阀只起单向阀的作用；当控制油口 X 有控制压力油进入且控制压力油的压力足够，则控制活塞 1 右移，先推开受力面积不大的卸载阀阀芯 3，于是 B 与 A 连通，压力相等，因此主单向阀阀芯左右两端受力大部分得到了抵消，然后 X 口可用不太高的压力便可顶开单向阀阀芯 4，顶开后 A 与 B 之间的油液正反两个方向均可流动。此为卸载式液控单向阀。

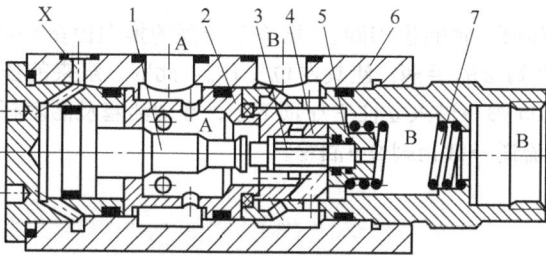

图 17-24　液控单向阀的结构与工作原理

1—控制活塞；2—阀套；3—卸载阀阀芯；
4—单向阀阀芯；5—弹簧座；6—阀体；7—弹簧

（3）各种用途的千斤顶

千斤顶由缸体、活塞、活塞杆、导向套及密封件等组成。

① 推移千斤顶。位于底座中间的推移千斤顶，其作用是推移输送机和拉移支架。根据所需的拉架力大于推溜力的特点，该支架采用短推杆浮动活塞千斤顶式推移机构，推移千斤顶正装。

② 平衡千斤顶。平衡千斤顶位于掩护梁的上部，顶梁后部，前端与顶梁相

接，后端与掩护梁相连，是保持顶梁平衡、调节合力作用点的关键部件。 该支架采用后端与掩护梁 $\phi160$mm 缸径的平衡千斤顶，确保有足够的承载强度和有效的作业能力。

③ 伸缩梁千斤顶。 伸缩梁千斤顶位于顶梁下部，一端与顶梁相接，另一端与伸缩梁相连，是伸缩梁伸缩的关键部件。

④ 侧推千斤顶。 侧推千斤顶位于顶梁及掩护梁的内部，前端通过导向轴与侧护板相连，后端与顶梁或掩护梁相接。 其主要作用是控制侧护板的伸出与收回。

17.4.3 液压系统的工作原理

图 17-25 为液压系统的工作原理图。 由图可知，上述各千斤顶分别由操纵阀（六联手动换向阀-多路阀）控制其升降或进退。 当六联手动换向阀均处于中位时，各千斤顶均停止不动。

（1）立柱千斤顶的工作原理

立柱千斤顶的换向由多路阀中的手动操纵阀 1 控制。

① 立柱上升。 操纵多路阀 1 手柄，使其左位工作，此时，泵来的压力油 P→截止阀 8→过滤器 7→多路阀 1 左位→液控单向阀→进入立柱千斤顶下腔，推动活塞及活塞杆上升；立柱千斤顶上腔回油→多路阀 1 左位→T 流道→截止阀 9→油箱。

② 立柱下降。 操纵多路阀 1 手柄，使其右位工作，此时，泵来的压力油 P→截止阀 8→过滤器 7→多路阀 1 右位→进入立柱千斤顶上腔，推动活塞及活塞杆下行；立柱千斤顶下腔回油→液控单向阀（此时其控制油为压力油而打开）→多路阀 1 右位→T 流道→截止阀 9→油箱。

③ 立柱的单向锁紧。 当多路阀 1 复中位时，立柱千斤顶停止运动，为维持千斤顶顶住不下落，回路中的液控单向阀因控制油通过多路阀 1 中位连通油箱而没有压力，因而此时液控单向阀只起单向阀的作用，反向截止，封住了立柱千斤顶的下腔油液，使其不能流动，形成了立柱下落方向的单向锁紧作用。

④ 立柱的安全保护。 如上所述，立柱在上顶动作完成后，多路阀 1 已回复到中位，但此时往往出现顶板压力平稳增大的现象，这样由此产生的下压力也会加大，使支架立柱的下腔压力呈缓慢升高状态，回路中设置的安全阀就起到安全保护作用。

如果顶板受到的下腔压力小，安全阀不溢流或溢流量比很小；如果顶板受到的下压力迅速增大时，立柱下腔的压力随即升高，安全阀的阀口开大，过液量也将迅速增加泄往油箱，防止系统压力持续升高直至支架被破坏，以及发生支架立柱爆缸或支架结构件发生破坏等严重事故。 反之当顶板受到的下压力降低时，安全阀阀芯能及时地回位关闭，压力又升高，防止顶板下沉事故，从而起到有效支护顶板的作用。

（2）侧推千斤顶与平衡千斤顶的工作原理

由图 17-25 可知，侧推千斤顶与平衡千斤顶的控制回路与上述立柱千斤顶的控制回路完全相同，所以其工作原理可参照上述说明。

（3）推移千斤顶的工作原理

图 17-25 中，推移千斤顶回路中多了一个梭阀，其他也相同。 推移千斤顶的换向由多路阀 2 控制。 推移千斤顶的工作原理如下：此时操纵阀 2 的手柄，使其左位工作。 此时，泵来的压力油 P→截止阀 8→过滤器 7→阀 2 左位→液控单向阀→进入立柱千斤顶下腔，推动活塞及活塞杆上升；立柱千斤顶上腔回油→多路阀 1 左位→T 流道→截止阀 9→油箱。

17.4.4 故障分析与排除

（1）泵部分

本液压支架液压系统，采用本手册图 3-133 所示的乳化液泵供液，排除泵故障时请参阅该图及图旁文字说明。

【故障 1】 泵不能运行

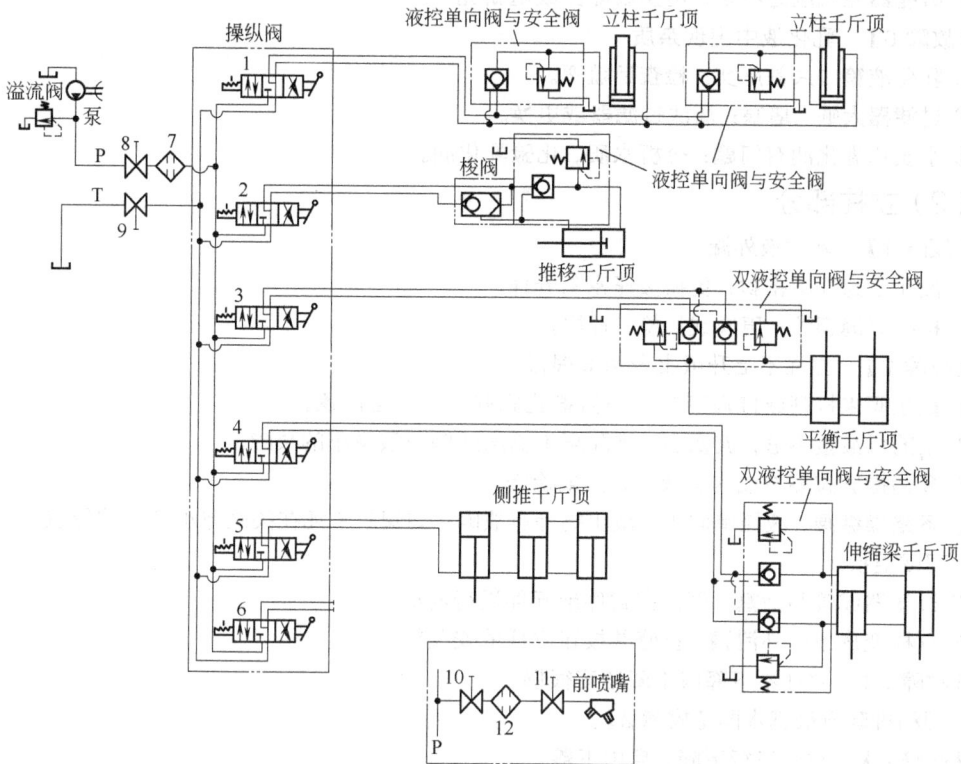

图 17-25　推移千斤顶液压系统原理图

1~6—多路阀；7—过滤器；

8,9—截止阀

① 电气系统有故障：检查维修电源、电机、开关、保险等。

② 乳化液箱中乳化液流量不足：及时补充乳化液、处理漏液。

【故障2】　泵无流量输出或输出的流量不够

① 泵站有空气、没放掉：使泵通气、经通气孔注满乳化液。

② 吸液阀损坏或堵塞：更换吸液阀或清洗吸液管。

③ 柱塞密封漏液：拧紧或更换柱塞密封（参阅本手册图3-133）。

④ 配液口漏液：拧紧螺栓或换密封。

【故障3】　输出压力不够

① 活塞填料损坏：更换活塞填料。

② 液箱中没有足够的乳化液：补液至油箱液面线。

③ 安全阀调节压力值过低：重调安全阀。

【故障4】　液压系统噪声大

① 泵吸入了空气：检查吸液管、配液器、接口等处密封的可靠性，采取紧固或更换密封等措施。

② 液箱中没有足够乳化液：补液至油箱液面线。

【故障5】　工作面断流

① 泵站或管路漏液：拧紧接头、更换坏管。

② 安全阀损坏：修复或更换安全阀。

③ 截止阀漏液：更换截止阀。

④ 蓄能器充气压力不足：更换蓄能器或重新充气。

【故障6】 乳化液中出现杂质

① 乳化液箱口未盖严实：检查后盖严。

② 过滤器太脏、堵塞：清洗过滤器或更换。

③ 水质和乳化油有问题：分析水质、化验乳化油。

（2）立柱部分

【故障1】 乳化液外漏

① 液压密封件不密封：更换液压密封元件。

② 接头焊缝裂纹：更换或拆检、补焊。

【故障2】 立柱不上升或上升速度很慢

① 截止阀未打开或打开不够：打开截止阀并开到一定位置。

② 泵的供液量不够，流量小：排除泵不输出或输出液量小的故障。

③ 多路操纵阀漏液或内窜液：更换或检修。

④ 多路操纵阀、液控单向阀、截止阀等有故障：如阀芯卡死在关阀或小开口的位置，查清原因后修理或更换。

⑤ 过滤器或管路堵塞：更换密封件或元件进行清洗。

⑥ 立柱变形或内外泄漏：拆修并校正立柱的安装精度。

【故障3】 立柱不下降或下降速度很慢

原因和排除方法基本同【故障2】。

【故障4】 立柱自行下降，自由下落

① 安全阀关闭不良，泄液往油箱：参照图17-23，并参阅本手册5.10节中的相关内容排除安全阀（溢流阀）的故障。

② 液控单向阀有故障不能闭锁：参照图17-24，并参阅本手册5.3节中的相关内容排除液控单向阀的故障。

③ 阀与安装连接板之间的泄漏大：查明原因后排除泄漏大的故障。

【故障5】 立柱液压缸内泄漏大

产生这一故障的原因与排除方法可参阅本手册4.2节中的相关内容。

【故障6】 立柱支撑无力

① 泵压低，初撑力低：调泵压，排除管路堵漏。

② 安全阀调压过低或有故障，达不到立柱支撑力：按要求调安全阀开启压力，修复或者更换安全阀。

（3）千斤顶部分

千斤顶实际为液压缸，因此千斤顶的故障分析与排除完全可参阅本手册4.2节中的相关内容进行故障分析与排除。

【故障1】 不动作

① 管路堵塞或截止阀未开，或过滤器堵：排除堵塞部位，打开截止阀，清洗过滤器。

② 千斤顶变形不能伸缩：修理与校正千斤顶。

③ 与千斤顶连接件蹩卡：排除蹩卡现象。

【故障2】 动作慢

① 泵的输出流量不够：参阅本手册3.4节中的相关内容排除泵的输出流量不够的故障。

② 管路堵塞：排除堵塞部位。

③ 几个动作同时操作，造成流量不足：协调操作，尽量避免多个动作同时操作。

【故障3】 个别连动现象

① 几联多路操纵阀彼此之间窜液：拆修或更换多路操纵阀。

② 同时操纵了驾驶台上的多个手柄：注意正确操纵驾驶台上的先导阀手柄。

【故障4】 达不到要求的支撑力

① 泵压低，初撑力低：调整泵压。

② 操作时间短，未达到泵压，初撑力小：操作时间适当长一些，使供液足够，达到泵压。

③ 闭锁回路漏液，达不到额定工作压力：更换漏液元件。

④ 全阀调节压力过低，未达到要求支撑力便开启了：调高安全阀的开启压力。

⑤ 液控单向阀泄漏，阀芯不密合：修理液控单向阀，必要时予以更换。

⑥ 其他阀内泄漏：修理，必要时予以更换。

【故障5】 千斤顶不能锁住不动

① 钢球阀芯与阀座之间的密合部位有污物，导致不密合，有内漏：进行清洗。

② 钢球阀芯与阀座之间的密合部位有磨损、拉伤，磨有沟槽：进行修复。

③ 安全阀有故障，微开启溢流：修理安全阀，必要时予以更换。

17.5 KZG 型高效快开压滤机液压系统及故障排除

17.5.1 概述

KZG 型高效快开压滤机是一种间歇性操作的加压过滤设备，适用于各种悬浮液的固液分离，主要应用于冶金、洗煤等领域，也适用于纺织、印染、制药、造纸、医药等工业废水及城市污水处理等需进行固液分离的领域。

17.5.2 压滤机的结构组成

高效快开系列压滤机是集机、电、液与一体的分离机械设备，它由五大部分组成：机架部分、过滤部分、液压部分、卸料装置和电器控制部分。 其结构组成见图 17-26。

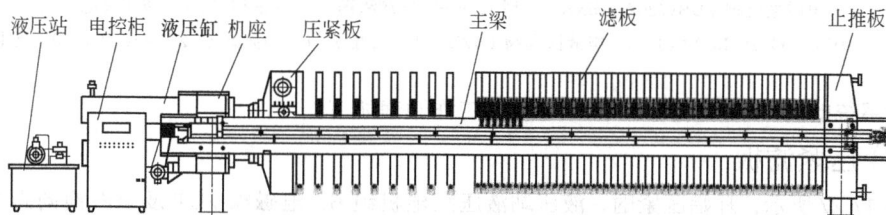

图 17-26　压滤机的结构组成

（1）机架部分

机架是整套设备的基础，它主要用于支撑过滤机构，由止推板、压紧板、机座、液压缸体和主梁等连接组成。

（2）过滤部分

过滤部分由整齐排列在主梁上的隔膜滤板、厢式滤板和夹在它们之间的滤布所组成。 增强聚丙烯隔膜滤板、厢式滤板常用弹性 PTE 材料制造。

为了达到比较理想的过滤效果和速度，需根据物料的颗粒大小、密度、黏度、化学成分和过滤工艺条件来选择。 常用无纺布、涤纶、丙纶、锦纶、维纶及全棉等滤布，涤纶滤布耐酸性能优良，丙纶滤布强度高、弹性好、耐酸、耐碱，锦纶和维纶滤布耐碱性能良好，全棉滤布可耐高温，用户应根据实际过滤要求而定。

17.5.3 液压系统的工作原理

液压部分是利用液压缸的前进和后退推压压紧板，压紧和松开滤板动作的动力装置，在电气控制系统的作用下，通过液压缸、液压泵及液压元件来完成系统的一部分工作；当系统被液压站、液压缸压紧时，使之将各个滤室密封，用于过滤，反之松开时，用于卸料。

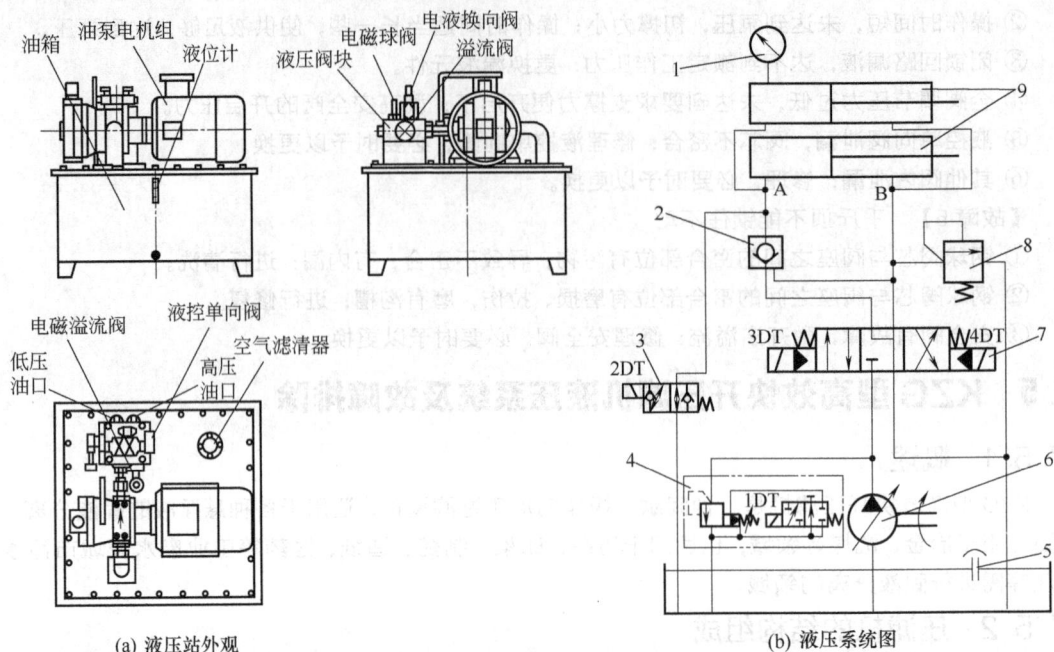

(a) 液压站外观   (b) 液压系统图

图 17-27   液压站外观与液压系统图

1—电接点压力表（YX-100 型）；2—液控单向阀（SV30PA2-30 型）；3—电磁球阀（M-3SE10C20/31.5 型）

4—电磁溢流阀（DBW20A-1-5X/31.5 型）；5—空气滤清器（EF5-65 型）；6—液压泵电机组

（HY160Y-RP-Y2-180M-4 型）；7—电液换向阀（4WEH25J6X 型）；8—溢流阀（Y2-HA10 型）；9—液压缸

液压系统的工作原理如图 17-27 所示，其工作原理如下。

（1）压紧滤板

如图 17-27 所示，开始压紧时，液压站液压泵电机组 6、电磁铁 2DT 及电液换向阀 7 的 3DT 通电，泵来压力油→电液换向阀 7 左位→液控单向阀 2→液压缸 9 左腔，在油压的作用下活塞杆向右前进，推动压紧板压紧滤板和隔膜板，液压缸 9 右腔回油→电液换向阀 7 左位→油箱。

当压力达到电接点压力表 1 的上限时，电接点压力表 1 发信，电机及 3DT 断电，阀 7 复中位，液控单向阀反向截止关闭，电磁铁 2DT 仍然通电，阀 3 左位工作，电机自动停止运转，进入保压状态，此时系统压力由溢流阀调定。

（2）自动补压

压滤机把滤板和隔膜板压紧后，液控单向阀 2 锁紧回路并保压，电液换向阀 7 阀芯处于中位，当油压降至电接点压力表 1 下限时，电接点压力表发出电信号，泵站电机及 3DT 又得电，液压泵向液压缸左腔供油补压。当压力达到电接点压力表上限时，液压泵电机及电磁换向阀失电，液压泵电机自动停止运转，如此循环完成自动补压。

（3）松开滤板

当过滤完毕时，首先电磁球阀 3 电磁铁 2DT 断电（时间 10~15s），液压缸 9 左腔卸荷，然后泵站电机及 4DT 得电，电液换向阀 7 右位工作，电机带动液压泵向液压缸 9 右腔供油，活塞杆带动压紧板左移后退，当压紧板与限位开关相接触时，电机及电液换向阀 7 的 4DT 失电，阀 7 又回复到中位。溢流阀 8 在后退时起安全阀的作用。

停止工作时，泵可不停机运转，此时电磁溢流阀 4 的电磁铁 1DT 应通电，否则柱塞泵会带载工作，导致油箱油液发热温升。

当自动卸料完成以后，一个循环完毕。

17.5.4 故障分析与排除

【故障 1】 无压紧滤板动作

① 电磁溢流阀 4 有故障或其中的溢流阀调节压力过低：可参阅本手册 5.10 节中的相关内容排除电磁溢流阀的故障。

② 柱塞泵未输出油液或有其他故障：可参阅本手册 3.4 节中的相关内容排除轴向柱塞泵的故障。

③ 2DT 未通电，阀 3 处于右位工作，使液压缸 9 左腔与油箱连通而卸荷，左腔油液无压力，缸不动作。

【故障 2】 滤板压不紧

① 电磁溢流阀 4 有故障或其中的溢流阀调节压力过低。

② 液控单向阀 2 阀芯锥面不密合或阀芯卡死在开启位置。

③ 液压缸 9 因活塞上的密封破损，导致液压缸的内泄漏太大。

④ 阀 3 的电磁铁 2DT 因电路故障未能通电，或球阀芯密封不严。

第18章

造纸设备液压系统及故障排除

液压系统是造纸机械设备中的重要组成部分，如盘磨机、复卷机、压光机、打包机、盘式热分散机、剪绳机等。

18.1 博伦多劈纸机的液压系统及故障排除

18.1.1 简介

劈纸机主要用来切碎废次品纸卷，工序流程如下：纸卷被提升（举升液压缸举升）→卡纸卷被运输（举升液压缸回落）→废次纸卷被劈开（劈纸液压缸下行）→纸卷被掏芯（劈纸液压缸快回）→纸卷被切碎（劈纸液压缸往复运动）→劈纸工序完（劈纸液压缸回位）

18.1.2 液压系统的工作原理

（1）举升液压缸举升行程

1YA 得电，阀 4a 上位工作，保证泵输出的是压力油（下同）。同时 5YA 也得电，电磁换向阀 3 右位工作。于是泵 1 输出的压力油→管式单向阀 10→电磁换向阀 3 右位→液控单向阀 16（单向阀正向导通而打开）→叠加式双单向节流阀 11 右阀中的单向阀→举升液压缸 9 的无杆腔，进行举升液压缸举升动作；而举升液压缸有杆腔的回油→阀 11 左阀中的节流阀→电磁换向阀 3 右位→水冷式油冷却器 13、回油滤油器 14 流回油箱。

（2）举升液压缸回落行程

1YA、6YA 得电，于是泵 1 输出的压力油→阀 10→电磁换向阀 3 左位→阀 11 左阀中的单向阀→举升液压缸 9 的有杆腔，举升液压缸回落；而举升液压缸 9 无杆腔的回油→阀 11 右阀中的节流阀→液控单向阀 16（控制油有压力而液控打开）→电磁换向阀 3 左位→水冷式油冷却器 13→回油滤油器 14 流回油箱。

（3）劈纸液压缸 7 下行行程

1YA、2YA 得电，阀 4b 左位工作。于是泵 1 输出的压力油→阀 10→电磁换向阀 4 b 左位→同步液压马达组件 6→劈纸液压缸 7 的有杆腔，两劈纸液压缸 7 同步下行（活塞杆固定）；而劈纸液压缸 7 无杆腔的回油→平衡阀 8→电磁换向阀 4c 右位与电磁换向阀 4d 右位→水冷却器 13→滤油器 14 流回油箱。

（4）劈纸液压缸 7 返回（上行）行程

1YA、2YA、3YA 与 4YA 均得电，阀 4b、4c、4d 左位工作。于是泵 1 输出的压力油→阀 10→电磁换向阀 4b 左位→同步液压马达组件 6→电磁换向阀 4c 与 4d 左位→平衡阀 8 中的单向阀→两劈纸液压缸 7 的无杆腔，劈纸液压缸 7 返回上行；而两劈纸液压缸 7 有杆腔的回油→电磁阀 4c 与 4d→平衡阀 8 中的单向阀→再次进入劈纸液压缸 8 的无杆腔，由此形成差动回路，使劈纸液压缸差动快速返回。

图中件号对应的元件名称、型号及生产厂家明细表见表 18-1。

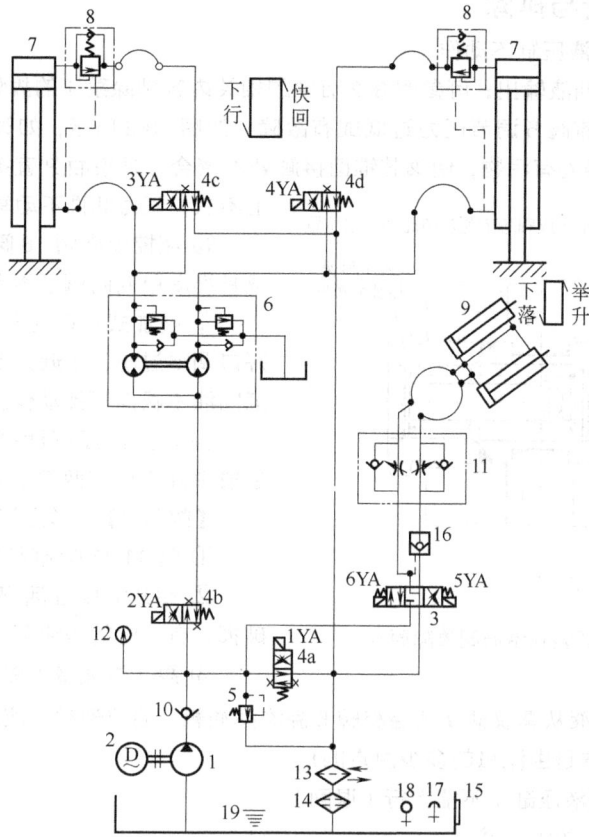

图 18-1 博伦多劈纸机的液压系统

表 18-1 元件名称、型号及生产厂家明细表

1	泵	0 510 725 068	1	BOSCH
2	电机	Y160M-4-B5	1	皖南
3	电磁换向阀 NG10	0 810 001 731	1	BOSCH
4	电磁阀 NG10	0 810 001 754	4	BOSCH
5	螺纹插装式溢流阀	0 532 002 014	1	BOSCH
6	同步液压马达组件	MTZ-2M11-EA7	1	JAHNS
7	劈纸液压缸	160/90/2100	2	REXROTH
8	平衡阀	CBEA-LBN	2	SUN
9	举升液压缸	100/56/380	2	REXROTH
10	管式单向阀	S15A12	1	国产
11	叠加式双单向节流阀	0811 320 029	1	BOSCH
12	压力表	YN-63-IV	1	黎明
13	水冷式油冷却器	SL-311	1	神威
14	回油滤油器	RFA-100X10L-Y	1	黎明
15	液位温度计	CYW-250	1	黎明
16	液控单向阀	0811 020 029	1	BOSCH
17	空气滤清器	QUQ2-20X1.0	1	黎明
18	液位控制继电器	YKJD24-300	1	黎明
19	油箱	1000×750×450	1	BOROTO

18.1.3 故障分析与排除

【故障 1】 举升液压缸不动作

① 泵 1 因故障无油液输出：可参阅 3.2 节中的相关内容排除泵 1 的故障。

② 螺纹插装式溢流阀 5 调节压力过低或有故障：如图 18-2 所示，如阀芯因污物等原因，卡死在开启位置，或接触处有污物，使阀芯锥面接触处不密合，泵来油 P 直接连通油箱，系统压力上不去，压力低推不动举升液压缸动作。

③ 液控单向阀 16 阀芯卡死在关闭位置，或其推动单向阀阀芯移动的控制活塞卡死。

④ 叠加式双单向节流阀 11 的节流阀阀芯开口调得过小，接近关闭状态，导致举升液压缸回油不畅而不能动作。

⑤ 举升液压缸活塞上的密封严重破损，造成举升液压缸两腔之间内泄漏。

【故障 2】 举升液压缸 9 动作缓慢

① 阀 11 的节流阀阀芯开口调得过小。

② 举升液压缸活塞上的密封有一定程度破损，有一定的内泄漏。

③ 泵 1 供油量不够。

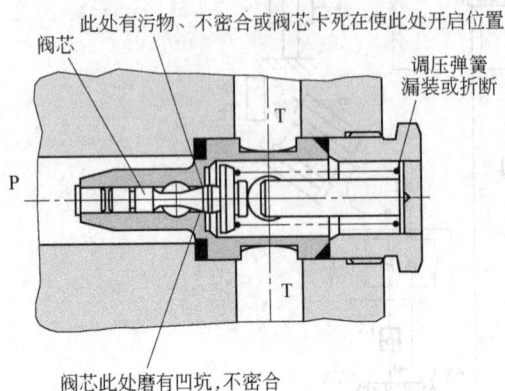

图 18-2 螺纹插装式溢流阀故障原因

④ 有一定量的油液从螺纹插装式溢流阀 5 溢流回油箱，造成到举升液压缸的流量减少。

注意：速度的快慢是由流量的多少决定的！

【故障 3】 劈纸液压缸 7 不能上行（退回）

① 同【故障 1】中的①与②。

② 电磁阀 4b 未能通电。

③ 电磁阀 4c 未能通电。

④ 同步液压马达组件 6 中的溢流阀调节压力过低或有故障阀芯不能关闭。

⑤ 劈纸液压缸 7 活塞密封严重损坏。

【故障 4】 劈纸液压缸 7 不能下行劈纸

① 电磁阀 4b 未能通电。

② 同【故障 1】中的①与②。

18.2 博伦多纸卷包装机液压系统及故障排除

18.2.1 简介

该液压系统专门用于纸卷包装机，执行元件包括两个主缸和两个踢纸液压缸及两个接纸液压缸。由于还采用了先进的比例流量阀和比例压力阀及变量柱塞泵控制，系统可实现可编程控制的无级调速和无级调压，使系统充分发挥出节能增效和自动控制等优点。

18.2.2 液压系统的工作原理

博伦多纸卷包装机液压系统图如图 18-3 所示

（1）启动系统

先将比例压力阀 3、比例方向流量阀 4 的比例放大器 1YA、2YA 的输入电压调到较小（1V 左右），启动电机，此时液压泵处于最小偏心状态，液压泵输出流量接近于零（内部泄漏除外），液压泵输出压力也为最小（1.5MPa 左右，此压力为液压泵控制压力所必需的）。

（2）踢纸液压缸顶升

将比例电磁铁 1YA 的输入电压升到 3V（设定 5V 时系统压力为 12MPa），接通 7YA，电液换向阀 7 右位工作；同时将比例电磁铁 2YA 的输入电压由 0 逐渐升到 8V，液压泵输出的压力油→比例方向流量阀 4→电液换向阀 7 右位→进入踢纸液压缸 13 的无杆腔，而有杆腔的油→电液换向阀 7 右位→同样进入踢纸液压缸 13 的无杆腔，从而形成差动快速顶升。

（3）踢纸液压缸回落

同上一样，当 6YA 接通时，电液换向阀 7 左位工作；液压泵输出的压力油→比例方向流量阀 4→电液换向阀 7 左位→踢纸液压缸 13 的有杆腔，而无杆腔的油经电液换向阀 7 左位→水冷式油冷却器 23→回油过滤器 14，流回油箱。

（4）接纸液压缸顶升

将比例电磁铁 1YA 的输入电压升到 3V（设定 5V 时系统压力为 12MPa），接通 9YA，电磁换向阀右位工作，同时将比例电磁铁 2YA 的输入电压由 0 逐渐升到 8V，液压泵输出的压力油→比例方向流量阀 4→电磁换向阀 21 右位→双单向节流阀 8 右阀中的单向阀→接纸液压缸 13′ 的无杆腔，接纸液压缸则由慢变快完成顶升动作，而接纸液压缸 13′ 有杆腔的回油→双单向节流阀 8 左阀中的节流阀→电磁换向阀 21 右位→水冷式油冷却器 23→回油过滤器 14，流回油箱。调节双单向节流阀 8 左阀中的节流阀的节流调节螺钉时，可以改变接纸液压缸的顶升速度。

（5）接纸液压缸回落

同上一样，当 8YA 接通时，电磁换向阀 21 左位工作，于是液压泵输出的压力油→比例方向流量阀 4→电磁换向阀 21 左位→双单向节流阀 8 左阀中的单向阀→推入接纸液压缸 13′ 的有杆腔，而无杆腔的回油→双单向节流阀 8 右阀中的节流阀→电磁换向阀 21 左位→水冷式油冷却器 23→回油过滤器 14，流回油箱。

（6）主液压缸工作加速

将 1YA 的输入电压升到 3V，接通 3YA，二位四通电液换向阀 6 左位工作；同时 2YA 的输入电压由 1V 逐渐升到 9.8V。于是液压泵输出的压力油→比例方向流量阀 4→电液换向阀 6 左位→同步液压马达组件 9→两个主液压缸 12 的有杆腔，主液压缸则由慢变快实现工作加速左行；而两主液压缸无杆腔的回油分别经电液换向阀 10 下、上位 →电液换向阀 6 左位→水冷式油冷却器 23→回油过滤器 14，流回油箱。

（7）主液压缸工作快速

保持上述状态，为主液压缸工作快速过程。

（8）主液压缸工作减速

当上述动作快接近行程终点时，将 2YA 的输入电压由 9.8V 逐渐降到 1V，则主液压缸完成工作减速过程。

（9）主液压缸工作保压

当主液压缸工作行程到位时，保持上述状态并将 1YA 的输入电压由 3V 升到 5V，2YA 的输入电压升到 2V，保持这种状态 5～12s，这时主液压缸为夹紧保压过程。

（10）主液压缸工作压力释放

将 1YA 的输入电压由 5V 降到 1V，2YA 的输入电压降到 1V，这时主液压缸为压力释放过程。

（11）主液压缸快速退回

将 1YA 的输入电压升到 3V，接通 3YA、4YA、5YA，同时 2YA 的输入电压由 1V 逐渐升到

9.8V，液压泵输出的压力油→比例方向流量阀 4→电液换向阀 6 左位→同步液压马达组件 9→分别进入两电液换向阀 10 的上、下位→两个主液压缸 12 的无杆腔，而两个主液压缸有杆腔的回油→分别经两个电液换向阀 10 的上、下位→两个主液压缸 12 的无杆腔，主液压缸则由慢变快实现差动退回加速过程。

（12）主液压缸退回快速

保持上述状态不变，则主液压缸实现差动快速退回。

（13）主液压缸退回减速

当上述动作快接近行程终点时，将 2YA 的输入电压由 9.8V 逐渐降到 1V，则主液压缸完成退回减速过程。

（14）原位停止

当以上动作到达行程终点时，系统完成一个工作循环，各动作又重新回到原始位置。

图 18-3 中件号对应的元件名称、型号、规格及生产厂家明细表见表 18-2，上述动作顺序中电磁铁动作顺序表见表 18-3。

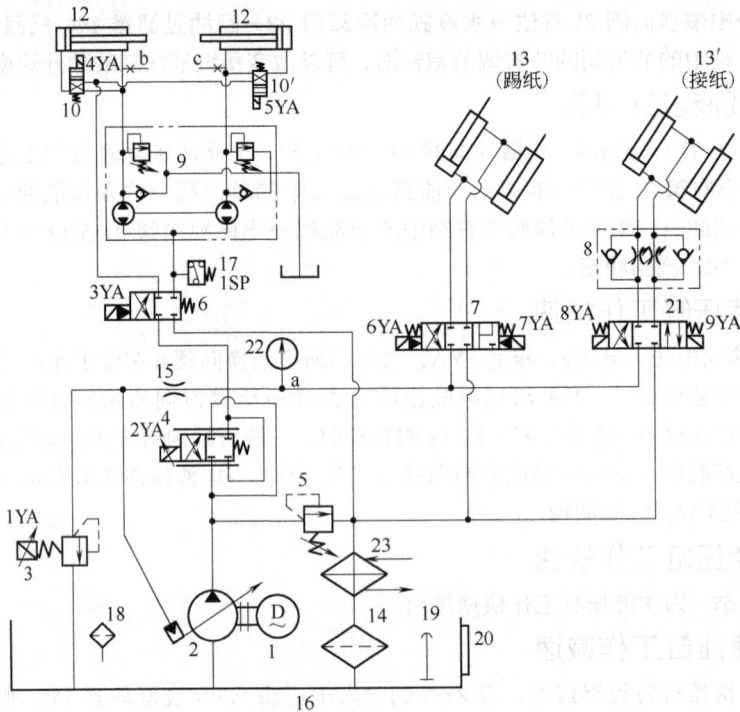

图 18-3 博伦多纸卷包装机液压系统

1—电机；2—变量柱塞泵；3—比例溢流阀；4—比例方向流量阀；5—插装式溢流阀；6，7，10，10′—电液换向阀；8—双单向节流阀；9—同步液压马达组件；11—比例放大器（图中未示出）；12—主液压缸；13—踢纸液压缸；13′—接纸液压缸；14—回油过滤器；15—固定节流器；16—油箱；17—压力继电器；18—空气滤清器；19—液位发讯器；20—液位温度计；21—电磁换向阀；22—压力表；23—水冷式油冷却器

18.2.3 故障分析与排除

【故障 1】 踢纸液压缸不能顶升或不能回落

① 变量柱塞泵 2 因故障未能向系统供油：可参阅 3.4 节中的相关内容予以分析与排除。

表 18-2　元件名称、型号、规格及生产厂家明细表

序号	名称	型号	规格	数量	制造商	序号	名称	型号	规格	数量	制造商
1	电机	Y180L-4-B35	22kW，1470r/min	1	皖南	12	踢纸液压缸	CYL1MP5/80/56/1500D 1X/1CFUMWW		2	博世力士乐
2	变量柱塞泵	0512 700 005	70mL	1		13	接纸液压缸	CYL1MP5/63/45/310D 1X/1CFUMWW		4	
3	比例溢流阀	0811402017	NG6 (0~10V)	1		14	回油过滤器	QYL-250×10FY	250L/min	1	黎明
4	比例方向流量阀	0811403017	NG10 (0~10V)	1		15	固定节流器			1	
5	插装式溢流阀	0532002014	p= 50~300bar	1	博世力士乐	16	油箱		1500×1100×500	1	BOROTO
6	电液换向阀	0810 050 136	NG16	1		17	压力继电器	0811 160 178	280bar	1	博世
7	电液换向阀	0810050132	NG16	1		18	空气滤清器	QUQ2.5-20×1.0		1	黎明
8	双单向节流阀	0811 320 029	NG10	1		19	液位发讯器	YKJD24-300	DC24V	1	
9	同步液压马达组件	MTZ-251-EA7	2×(13~90)L/min	1		20	液位温度计	CYW-250		1	
10	电液换向阀	0810 050 157	NG16	2		21	电磁换向阀	0810 001 715	NG10	1	博世
11	比例放大器	0811 405 144		2		22	压力表	YN-100-IV	25MPa	1	黎明
						23	水冷式油冷却器	□R-150	150L/min	1	台湾

表 18-3　电磁铁动作顺序表

动作	电磁铁									
	1YA（V）	2YA（V）	3YA	4YA	5YA	6YA	7YA	8YA	9YA	1SP
系统启动	0	0	－	－	－	－	－	－	－	－
踢纸液压缸顶升	3	0－8	－	－	－	－	＋	－	－	－
踢纸液压缸回落	2	0－8	－	－	－	＋	－	－	－	－
接纸液压缸顶升	3	0－5	－	－	－	－	－	－	＋	－
接纸液压缸回落	2	0－5	－	－	－	－	－	＋	－	－
主液压缸前进加速	3	1－9.8	＋	－	－	－	－	－	－	－
主液压缸快进	3	9.8	＋	－	－	－	－	－	－	－
主液压缸前进减速	3	9.8－1	＋	－	－	－	－	－	－	－
主液压缸夹紧保压	5	5	＋	－	－	－	－	－	－	＋
主液压缸压力释放	5－0	5－0	＋	－	－	－	－	－	－	＋－
主液压缸退回加速	3	1－9.8	＋	＋	＋	－	－	－	－	－
主液压压缸快退	3	9.8	＋	＋	＋	－	－	－	－	－
主液压压缸退回减速	3	9.8－1	＋	＋	＋	－	－	－	－	－
原位	0	0	－	－	－	－	－	－	－	－

② 插装式溢流阀 5 有故障，使液压系统压力上不去：可参阅图 18-2 及图旁文字说明对故障进行分析与排除。

③ 因比例放大器有故障，使通入比例溢流阀 3 中比例电磁铁的电流太小或者根本无电流通入，或者比例溢流阀 3 有其他故障：可检查比例放大器的通电情况并参阅 5.22 节中的相关内容排除比例溢流阀的故障。

④ 电液换向阀 7 的电磁铁未能通电或有故障不能换向：可检查通电情况并参阅 5.6 节中的相关内容予以排除。

⑤ 踢纸液压缸 13 的活塞密封严重损坏，造成踢纸液压缸两腔内泄漏。

【故障2】　接纸液压缸不能顶升或不能回落

① 同【故障1】中的①~③。

② 电磁换向阀 21 的电磁铁未能通电或有故障不能换向：可检查通电情况并参阅 5.5 节中的

相关内容予以排除。

③ 接纸液压缸 13′ 的活塞密封严重损坏，造成接纸液压缸两腔内泄漏。

【故障 3】 主液压缸 12 不能动作或动作不正常

① 同【故障 1】中的①～③。

② 通入比例方向流量阀 4 中比例电磁铁的电流为零时，主液压缸不能动作；通入比例电磁铁的电流过小时，主液压缸动作很慢。

③ 电液换向阀 6、10、10′ 的电磁铁未能通电或主阀芯卡死，主液压缸 12 不能动作或动作不正常。

④ 同步液压马达组件 9 中的安全溢流阀如果阀芯不密合而溢流，则主液压缸 12 不能动作。

⑤ 主液压缸 12 的活塞密封严重损坏，造成主液压缸两腔内泄漏。

【故障 4】 两主液压缸 12 动作不同步

① 同步液压马达组件 9 中的两液压马达内泄漏一个大，一个小。

② 两主液压缸 12 中内泄漏一个大，一个小。

③ 同步液压马达组件 9 中的安全溢流阀一个有溢流。

④ 两主液压缸 12 的负载不一致，一个大，一个小。

第 **19** 章

金属加工设备液压系统及故障排除

19.1 日本宇部公司产压铸机液压系统及故障排除

19.1.1 液压系统的组成

日本宇部公司 UB800GC 型压铸机液压系统如图 19-1 所示，液压系统由泵源部分、合模部分、调模部分、顶出部分、抽插芯部分、压射部分等组成。

图 19-1 中各液压元件明细表、各行程开关的用途以及各电磁铁的用途分别见表 19-1～表 19-3 所示。

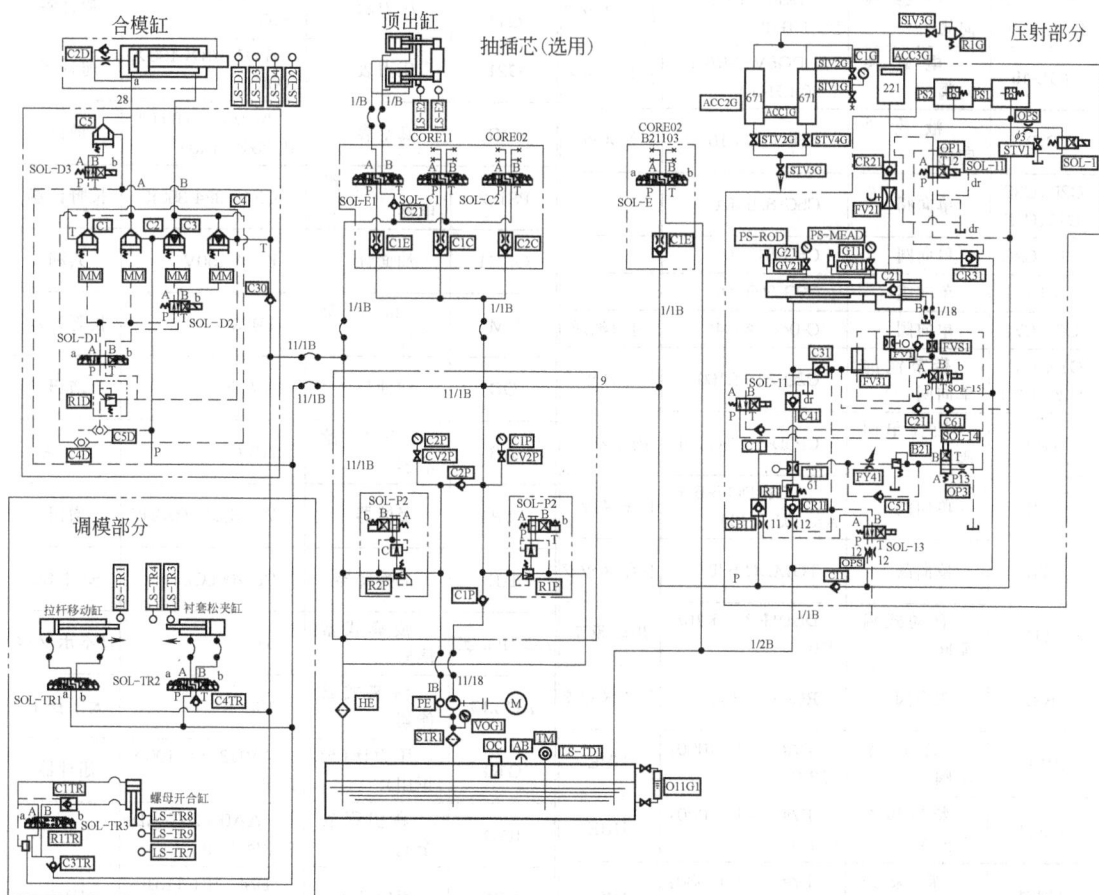

图 19-1 UB800GC 型压铸机液压系统

19.1.2 液压系统的工作原理

UB800GC 型压铸机液压系统的工作原理如图 19-1 所示。

表 19-1　UB800GC 型压铸机液压元件

代号	名称	型号	生产厂	代号	名称	型号	生产厂
M	电机	37kW 6P AC-220/200V	富士电机	FV31	减速节流阀	D/# 181-11000：020-1	UBE
PF	双联叶片泵	F11-SQP43-50-35-86BB-18	トキメツタ	FV41	节流阀	TFNG-02-315	トキメツタ
				FV51	节流阀	TFNCG-06-315	トキメツタ
SOL-P1（R1P）	电磁溢流阀	TCG50-06-FV-P$_2$-T-12-LH-SH	トキメツタ	C21	特殊单向阀	D/# 181-11005：015-1	UBE
SOL-P2（R2P）	电磁溢流阀	TCG50-10-CV-P$_2$-T-12-SH	トキメツタ	C31	减速单向阀	D/# 181-11005：023-0	UBE
SOL-DL-2	电磁先导阀的复合阀（插装阀）	DPG5S-8-25-50-T-P$_2$-T-10-S4	トキメツタ	STV1G	氮气空器用阀	AO-V0（蓄能器充气阀）	岩谷产业
SOL-D3	电磁换向阀	DG4V-3-2A-M-P$_2$-T-7-50-JA310	トキメツタ	STV11	截止阀	HG4211-10-20	瀬ル
SOL-E1 SOL-C1 SOL-C2.3	电磁换向阀	DG5V-7-3C-T-P$_2$-T-80-JA	トキメツタ	STV2G.3G	截止阀	PV-6 型	ネゾギ
				STV4G.5G	截止阀	G-12-OHVILT	浜井 SS
SOL-11.3 SOL-14.6	电磁换向阀	DG4V-5-2A-M-PL-T-6-40	トキメツタ	GV1.2P GV1.21	压力表开关	MG-200	浅见计器
SOL-15	电磁换向阀	DG5V-7-6A-P$_2$-T-80-LH-JA	トキメツタ	G1P.G2P G11	压力表	BVU-3/8×100×250K	旭计器
CID	液控单向阀	C5PG-825-10	トキメツタ	G21	压力表	BVU-3/8×100×500K	旭计器
C2D、C3D C11、C2P	单向阀	C5G-825-JA	トキメツタ	VQG1	真空表	AT 1/4×φ60（+1K-766mmHg）	增田
C1P、C2E	单向阀	C5G-815-JA	トキメツタ	PS1.2	压力继电器	CE10-384-350K	长野计器
C51	单向阀	C2G-805-JA	トキメツタ	OilG1	油面计	KLM-150V	共和
C61、C71	单向阀	C-04G-A-341	内田油压	TM	指示温度计	TB23	长野计器
C1E、C1C C2C、C3C	带节流的单向阀	C2G-815-S160	トキメツタ	OC	注油口	CV-75	增田
C41	液控单向阀	CP3D-10G-C-340	内田油压	AB	空气滤清器	AB-6	二シキ
C81	单向阀	TGMDC-5-5-Y-AK-30J-EN34	トキメツタ	STR1	吸滤器	W-FS$_8$24-100,24F	增田
C91	单向阀	TGMDC-5-T	トキメツタ	HE	油冷却器	FF-7005C9	安井 SS
R11	直动式溢流阀	DBDH-30P K10/200	川崎重工	ACC1G.2G	皮囊式蓄能器	67L	日本ホソベ
R21	顺序阀	RG-03-D2-22	トキメツタ	ACC3G	活塞式蓄能器	16L	太阳铁工
CR1141	特殊逻辑阀	D/# 181-11000：022-0	UBE	G1G	压力计（校正用）	AVU3/8×100×250K	旭计器
CR21	特殊液控单向阀	D/# 181-11000：021-0	UBE	R1G	高担程安全阀	AA00626T-AD-PF3/4×φ8	武井 SS
CR31	特殊逻辑阀	D/# 181-11000：022-0	UBE	OP1	固定节流	D/# 181-11310：510-O（B,φ2,Tφ1）	UBE
FV11	低速节流阀	D/# 181-11000：019-1	UBE	OP3	固定节流	D/# 181-11310：509-O（P,φ3）	UBE
FV21	高速节流阀	D/# 181-11000：018-1	UBE	OP4	固定节流	D/# 181-11310：509-O（P,φ3）	UBE

表 19-2　各行程开关的用途

名称符号	用　途	名称符号	用　途	名称符号	用　途
LS-TD1	油温异常上升报警	LS-PS2	ACC 充液指令	LS-E2	顶出极限
LS-TR9	螺母极限	LS PS1-L0	ACC 低压设定压力	LS-E1	顶退极限
LS-TR8	螺母打开极限	LS-PS1-H1	ACC 限定压力	LS-D4	低速开模信号
LS-TR7	螺母合上极限	LS SH2	安全挂钩扣上	LS-PS-LUB LS-FL-LUB	任选
LS-TR4	开槽衬套夹紧	LS-SH1	安全挂钩松开	LS-D3	模具开模低速信号
LS-TR3	开槽衬套松开	LS-DH2	合模(顶端)前进极限	LS-D2	模具夹紧极限
LS-TR1	拉杆前进	LS-DH1	开模(顶端)后退极限	LS-D1	模具松开极限

表 19-3　各电磁铁的用途

名称	用　途	名称	用　途	名称	用　途
SOL-SH	安全挂钩	SOL-16b	压射低速辅助	SOL-D1a	合模
PS1	ACC 最高压最低压设定	SOL-15b	压射高速	SOL-P2b	小泵(2#)加载(低压)
PS2	ACC 充液	SOL-14b	压射高速辅助	SOL-P1b	大泵(1#)加载(高压)
SOL-C3b	3# 芯插入极限	SOL-13b	压射后退	SOL-TR3b	螺母开
SOL-C3a	3# 芯插入	SOL-11b	压射前进	SOL-TR3a	螺母合
SOL-C2b	2# 插芯极限位	SOL-E1b	顶出板限	SOL-TR2b	衬套入
SOL-C2a	2# 芯插入	SOL-E1a	顶出	SOL-TR2a	衬套出
SOL-C1b	1# 插芯极限位	SOL-D3b	开模高速	SOL-TR1b	拉杆进
SOL-C1a	1# 芯插入	SOL-D2b	合模高速	SOL-TR1a	拉杆退
SOL-17a	压射 ACC 卸荷	SOL-D1b	开模		

（1）泵源提供系统所需压力和流量

该机采用 F11-SQP43-60-38-86BB-18 型双联叶片泵供油，电磁溢流阀 R1P 和 R2P 所调节的最大工作压力分别为 15MPa 与 8MPa。两泵同时向系统供油时，输出油液的流量为 286L/min（此时单向阀 C2P 打开），输出压力为 8MPa（为 R2P 所调定），用于"快合模""快速压射"等动作，此时电磁铁 SOL-P1b 与 SOL-P2b 均通电。

当电磁铁 SOL-P2b 断电、SOL-P1b 通电时，仅大泵向系统供油，输出油液压力为 15MPa、流量为 164 L/mim，用于"慢合模""慢压射"等动作。

（2）快速合模

按下合模按钮（或自动工作循环中发信），电磁铁 SOL-D1a 与 SOL-D2 通电，阀 C1、C4 关闭，阀 C2、C3 打开，具体油路如下。

① 控制油路。从泵来的压力油 P 经梭阀 C5D→阀 SOL-D1 左位后，一路直接作用于阀 C1 的控制腔，另一路经阀 SOL-D2 右位（P 孔流入，B 孔流出），作用在阀 C4 的控制腔，因而阀 C1、C4 关闭；与此相反，阀 C2 控制腔（下腔）的控制油经阀 SOL-D1 左位，阀 C3 控制腔的控制油经阀 SOL-D2 右位→阀 SOL-D1 左位后→单向阀 C3D→油冷却器 HE→油箱，由于阀 C2、C3 控制油腔无压力油，因而阀 C2、C3 开启。

② 主油路。从 P 来的压力油再经阀 C2 经单向节流阀 C2D 进入合模缸左腔，合模缸右腔的回油经阀 C3 再经阀 C2 也流入合腔缸左腔，实现合模缸向右差动快进-快合模、快进一小段距离后，也可以从缸左腔下端的 a 孔进油。

（3）慢速合模

当快速合模撞上行程开关 LSD4 后，电磁铁 SOL-D2 断电，SOL-D1a 继续通电，同样根据控制油的情况可知，阀 C1、C3 关闭，阀 C2、C4 打开。

这时主油路为：从 P 来的压力油经阀 C2 进入合模缸左腔；合模缸右腔的回油经阀 C4、再经通道 T→单向阀 C3D→油冷却器 HE 流回油池，此时不再是差动，因而进行慢合模。慢合模的速度由阀 C4 的流量调节杆进行调节（回油节流），阀 C4 充当方向、流量两种阀的功能。

（4）慢压射

当上述慢速合模到头，压下行程牙关 LS-D2 发信，电磁铁 SOL-11b、SOL-15b、SOL-16b 通电，电磁阀 SOL-11、阀 SOL-15 与阀 SOL-16 均右位工作，此时液控单向阀 CR21 、C31 打开，而阀 CR11、CR31、C21 和 C11 关闭；而减速调节阀 FV31 上、下两端控制油 a 与 b 均为压力油，但 b 端压力大于 a 端压力，所以阀 FV31 下位工作。因而主油路的流动情况如下。

进油路：P→阀 11→阀 CR21→阀 FV21→压射缸右腔。

回油路：压射缸左腔→阀 C31→阀 FV31 下位→慢射调速阀 FV11→压射缸右腔。

从上述油路流动状况可知，慢射压动虽为"差动"，但由于回油路上设立了慢速压射速度调节阀 FV11（回油节流），因而尚为慢速压射，慢速压射速度快慢可由阀 FV11 进行调节（步进电机 M 的脉冲数进行节流开口大小控制）。

（5）快速压射

当延时继电器发信，电磁铁 SOL-11b、SOL-14b 通电，SOL-15b、SOL-16b 断电，阀 SOL-11 右位、阀 SOL-14 上位、阀 SOL-15 左位、阀 SOL-16 左位工作。此时根据控制油的状况可知：阀 C31、C21、CR21 打开，阀 C41、CR31 关闭，阀 FV31 上位工作，此时主油路的流通状况如下。

进油路：①P→阀 C11→阀 CR21→阀 FV21→压射缸右腔；②压射柱塞（减速杆）内腔油→压射柱塞中心孔→阀 21→压射缸右腔；

回油路：压射缸左腔→阀 C31→阀 FV31 上位→压射缸右腔，形成"差动"，由于此时回油不再经电动节流阀 FV11（慢压射速度调节阀）节流而直通压射缸右腔，因而为"快速压射"。

（6）减速压射

由图 19-1 可知，当快压射时，压射活塞到达左端一定位置后，减速杆（装在压射活塞内）挡住了 K 孔，因而封闭了缸中心部分的回路，即上述快速压射中的进油路中的进油通路②，因而压射缸左腔回油只能经阀 C31→阀 FV31 上腔的节流阀（减速速度调节）流到压射缸右腔，因而压射缸左腔的回油速度减慢，进行"压射减速"，速度大小由阀 FV31 进行调节。

其他控制油路和主油路的走向与上述"快速压射"完全相同。

（7）压射增压（增力）

在压射缸压射动作（向左运动）即将到头时受阻，压射缸右腔压力升高，由于电磁铁 SOL-14b 通电，阀 SOL-14 上位工作，这样引自压射缸右腔的来油经阀 SOL-14 上位→顺序阀 R21（压力增高而开启）→阀 FV41→液控单向阀 C41 的下控制腔，所以阀 C41 打开。此时压射缸的主油路如下。

进油：P→阀 C11→阀 CR21→阀 FV21→压射缸右腔。

回油：压射缸左腔→阀 C41→阀 FV61→背压阀 R11→阀 CR41→T（油箱）。

通过对电动节流阀 FV61 与背压阀 R11 的调节，可调节增压力的大小。

由于增压工作中，系统只需很小一点流量，此时泵来的压力油经阀 C11 向活塞式蓄能器 ACC3G 充液，并经气囊式蓄能器 ACC1G 和 ACC2G 蓄能。

此时电磁铁 SOL-13b 与 SOL-15b 通电，其余电磁铁均断电，根据各电磁阀提供的控制油状况，阀 C21、C31、CR21、CR41 为关闭状态，阀 C41、CR11、CR31 为开启状态，因而主油路如下。

压射缸左腔进油：P→阀 CR11→阀 C41→压射缸左腔。

压射缸右腔回油：缸右腔→阀 CR31→T（油箱）。

（8）开模

此时 SOL-D1b 与 SOL-D3b 通电，阀 C2、C4 关闭，阀 C1、C3 打开。 P 来的压力油经阀 C3 进入合模缸右腔，合模缸左腔回油经阀 C1、C5，再经单向阀 C3D、油冷却器 HE 流回油箱，实现开模动作。

为防止合模缸后退到头（左端）产生的"冲缸"现象，设置了单向节流阀 C2D，当回油孔 a 被活塞盖住后，回油只能经阀 C2D 的节流阀回油，背压增大而减速。

为防止在合模后，其他机构动作时可能出现的 P 油路的压力下降而产生松模现象，设置了梭阀 C5D 与 C4D，可使合模后模具不松脱。

调节阀 C3 的流量调节螺钉，可限制阀芯开度大小，以调节开模速度（进油节流）。

（9）顶出

电磁阀 SOL-E1 为控制顶出缸顶出或是退回动作的阀。 当 SOL-E1b 通电，P 来的压力油经节流单向阀 C1E，再经阀 SOL-E1 右位进入顶出缸（两只）的左腔；顶出缸右腔的回油经阀 SOL-E1 右位→阀 C2E→油冷却器 HE→T（油箱），实现顶出动作。

当 SOL-E1a 通电，电磁阀 SOL-E1 左位工作，顶出缸右腔进油，左腔回油，实现顶出缸退回动作。

（10）调模机构动作原理

调模机构由拉杆移动液压缸、套筒推移松夹液压缸和螺母开合液压缸等组成。

当电磁铁 SOL-TR1a 通电时，电磁阀 SOL-TR1 左位工作，拉杆移模液压缸左腔进压力油，右腔回油，拉杆右移调模：反之电磁铁 SOL-TR1b 通电，阀 SOL-TR1 右位工作，拉杆移模液压缸右腔进油，左腔回油，拉杆左移调模。

套筒移动缸的移动由电磁阀 SOL-TR2 控制。 当电磁铁 SOL-TR2a 通电，套筒右移；反之 SOL-TR2b 通电，套筒左移。

拉杆开合螺母控制缸由电磁阀 SOL-TR3 控制。 当电磁铁 SOL-TR3a 通电，螺母合上。 反之 SOL-TR3b 通电，螺母打开。 螺母打开时，拉杆与套筒方可移动调模。 为了保证螺母合上不松脱，设置了液控单向阀 C1TR，对开合螺母控制缸下腔的油液进行闭锁，溢流减压阀 R1TR 可调整螺母锁紧时的夹紧力。

（11）抽插芯机构

有些工件需要插芯，因而可选用带抽、插芯控制的液压系统。 图 16-1 中设置了三个电磁阀 SOL-C1、SOL-C2 以及 SOL-C3，用于控制抽、插芯用，图中未画出抽、插芯液压缸。

19.1.3 故障分析与排除

（1）合模部分故障分析与排除

【故障 1】 无合模动作

① 双联叶片泵（F11-SQP43-60-38-86Bb-18 型）不能向系统供油：可查明双联叶片泵不能供油的原因，参阅本手册 3.3 节中的相关内容予以排除。

② 双联叶片泵组能供油，但供给的油液压力不够：此时可检查电磁溢流阀 SOL-P1 与 SOL-P2 的电磁铁是否均能处于通电位置，如不通电，查明原因。 另外，可检查溢流阀的主阀芯是否卡死在开启位置，也应予以排除，详见本手册中有关溢流阀中的相关内容。

③ 电磁铁 SOL-1a 或 SOL-D2b 未能通电，插装阀 C4 未能关阀。 泵来的压力油可能会经插装阀 C2→C24→单向阀 C30→软管 11/1B→油冷却器 HE→流回油箱，这样便没有压力油进入合模缸左腔，因而无合模动作。 此时可检查电路，排除故障。

④ 插装阀 C2 阀芯因污物卡死在关阀位置，无合模动作；插装阀 C3 阀芯卡死在关阀位置，而阀 C4 打开时无快合模动作。此时可拆修和清洗插装阀 C2、C3、C4 等。

【故障 2】 虽可合模，但合模速度慢

① 双联叶片泵 PE 只有一联泵能供油，或者叶片泵因磨损输出的流量不够，可排除叶片泵故障。

② 电磁溢流阀 R1P 或 R2P 的电磁铁未能通电，或者阀 R1P 或 R2P 的主溢流阀阀芯卡死在开启位置，可酌情予以排除。

③ 单向阀 C1P 和 C2P 有一个阀芯卡死在关闭位置。

④ 电液阀 SOL-D2 未能通电，或者插装阀 C3 的阀芯卡死在未通电时的关闭位置，因而无差动快进动作。可检查并排除电路故障，并拆修清洗插装阀 C3。

【故障 3】 只有快合模，而不慢合摸

① 双联叶片泵 PF1 的大、小泵由于电磁铁 SOL-P2b 与 SOL-P1b 仍然均通电，所以两泵同时向合模缸供油，流量大，因而合模速度下不来，此时应该只有 SOL-P2h 通电，仅由小泵向合模缸供油。

② 电液阀 SOL-D2 的电磁铁仍然通电，构成差动回路。慢进时，SOL-D2b 应断电。

【故障 4】 合模缸不保压

① 合模到位后。电液阀 SOL-D1b 仍应处于左位工作状态，如果此时电磁铁 SOL-D1b 断电，则不能维持这种状态。

② 电液阀 SOL-D1 与 SOL-D2 内泄漏量大。

③ 合模缸活塞密封破损或者进、出油口外漏，可查明原因，予以排除。

（2）压射部分的故障分析与排除

【故障 1】 无压射动作

① 行程开关 LS-D2 未被压下使延时继电器不能发信，电磁铁 SOL-11 未能通电。这样液控单向阀 CR 21（控制油卸压打开）的控制油处于有压状态而不能打开，因而泵来的压力油 P 无法经液控单向阀 CR21 进入压射缸，因而无压射动作。可查明原因予以处理。

② 电磁铁 SOL-11b 未能通电时，液控单向阀 CR31 不能关闭，使进入压射缸的压力油经此打开的此阀通油箱而失去压力，进入压射缸的油液因无压而推不动压射缸，此时同样要确认电磁铁 SOL-11b 的通电状况。

③ 液控单向阀 CR21 的阀芯卡死在关闭位置，压力油在此处受阻无法进入压射缸。

④ 比例节流阀（数字阀）FV21 输入的电流值为 0，阀未打开，无压力油进入压射缸。

可针对上述情况，查明原因予以排除。

【故障 2】 无慢压射动作，只有快速压射动作

① 电磁铁 SOL-15b 未通电，减速速度调节阀 FV31 仍然下位工作，压射缸回油速度快，使压射速度慢不下来。

② 数字阀 FV11 电流值设定过大，阀处于大开度位置。

【故障 3】 快压射时速度不快，快不起来

① 液控单向阀 C31 的阀芯卡死在小开度位置上，相当于在压射缸的回油腔设置一回油节流阀，限制了压射缸的压射速度。

② 减速速度调节阀 FV31 卡死在上工作位（阀芯卡死在下位），压射缸处于回油节流状态。

③ 电磁铁 SOL-15b 未能通电。

④ 阀 FV21 电流值设定过小。

⑤ 蓄能器补油作用差。

可查明原因采取对策。

【故障 4】 压射无力

① 阀 FV61 设定的电流值不正确，阀口开度太小。

② 背压调整阀 R11 的背压值调节不当，背压太高。

③ 因压射缸内液压缸活塞密封破损，造成增压腔因内泄漏大而增压压力上不去。

可查明原因，排除上述故障。

19.2 国产 J1118 型卧式冷室压铸机及其故障排除

19.2.1 简介

这种卧式冷室压铸机，公称合型力为 2923kN，压射力为 177~392kN，可压铸的压铸件最大投影面积为 800cm² 时，最大质量为 4.5kg（铝合金）。压铸机的压射活塞运动速度不得低于 4.5m/s，压射缸中增压后的最大工作压力为 28MPa，最短的建压时间不超过 0.03s，能无级调节压射活塞速度和增压压力。

这种压铸机的外形如图 19-2 所示。为了使较小的合模缸产生很大的合模力，活塞杆前（右）端采用了一套曲拐连杆机构，对力进行放大。

合模过程是先低压驱动以保护压铸模，再进行高压闭锁。当合模到位后，插入型芯，此后一定量的金属液浇入压射室中，然后压射缸动作进行压射，为了减少空气的卷入，压射开始阶段用较低的速度，当金属液完全充满压射室及横浇道时，立即高速压射以得到表面清晰的铸件。为了得到致密的铸件，在金属液完全充满型腔的瞬间，增压缸立即作用，使金属液马上处于高压下进行凝固，此种高压一直保持到规定的冷却时间。这时进行开模动作，压射头同时退出。开模前先抽出型芯，开模到位后，顶出缸推动顶出板将铸件由压铸型顶出。压射活塞回程，顶出缸返回，开始准备下次工作循环。为保证铸件质量，蓄能器的压力必须达到规定值后，才允许进行压射动作，以满足压铸工艺的特殊要求，达到节能的目的。

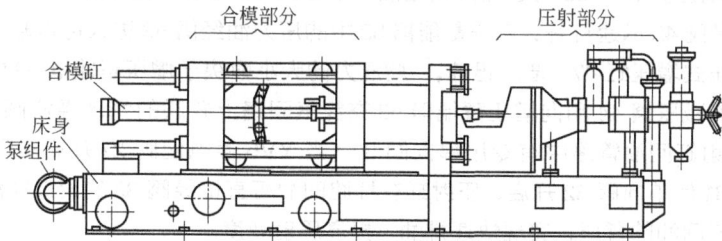

图 19-2 压铸机外形

19.2.2 液压系统的工作原理

（1）泵源

本压铸机的液压系统如图 16-3 所示。PV2R23-33/76 型双联叶片泵提供压力油源，低压大流量泵 2 的工作压力由先导调压阀 6 和插装阀 5 组成的电磁溢流阀进行调节，压力一般设定为 3.5MPa；高压小流量泵 1 由先导调压阀 7 与 8、三位四通电磁阀 9 以及插装阀 3 组成双级压力（3MPa 和 12MPa）控制，以适应两级压射的需要，电磁铁 YV0 与 YV1 均不通电时，泵 1 卸荷；插装阀 4 防止泵 1 高压工作时的压力油反向灌入泵 2 内，保护泵 2。

（2）快合模

当电磁铁 YV1 和 YV2 通电（参阅表 19-4），阀 9 右位工作，阀 16 左位工作，插装阀 3 在 3MPa 的低压下打开，泵 2 来的压力油经阀 4 和泵 1 来的压力油，一起经阀 13→直接或经单向节流阀 21 的单向阀进入合模缸 20 的左腔，推动缸 20 向右快速运动，进行快合模动作。缸 20 右腔

回油经阀 15（因电磁铁 YV3 未通电，阀 19 左位工作，因而控制油通油箱而可打开）→油冷却器
52 流回油箱。

（3）低速合模

当快合模接近终点，压下行程开关发信，使电磁铁 YV0 和 YV2 通电，阀 9 左位工作，泵 1
在先导调压阀 8 调定的高压（如 12MPa）下工作，阀 4 因上腔控制油压力高过下腔而关闭，泵 2
向系统供油的路径被切断，另外阀 6 因控制压力高而打开，起卸荷阀的作用，泵 2 卸荷。此时只
有泵 1 向合模缸供油，为低速合模。

（4）合模到位

合模到位仍维持低速合模时的油液通路。

（5）低速压射

当合模到位压下行程开关发信，使电磁铁 YV0、YV2 和 YV4 通电，泵源维持仅泵 1 的供
油状态。泵 1 来的压力油经单向阀 10→滑管 49→插装阀 27（因 YV4 通电，阀 30 右位工
作，控制油通油箱）→压射缸 48 的右腔，进行低速压射状态。缸 48 左腔回油→单向阀 32→
油箱。

（6）高速压射

当慢压射到一定位置，压下行程开关（或单动）发信，除了上述低速压射时的电磁铁 YV0、
YV2、YV4 通电外，此时电磁铁 YV10 也通电，这样蓄能器 54 储存的大量压力油，此时也可经插
装阀 34 进入压射缸 48 的右腔，使缸 48 的压射速度大大加快，为高速压射。

（7）压射增压

当压射到头，压力管路内的压力升高到一定值时，压力继电器 11 发信，电磁铁 YV11 通电，
阀 36 左位工作，增压先导阀 38 左边进入高压油，于是阀 38 也就左位工作，插装阀 42 下端的控
制油通油箱，于是阀 42 迅速打开，增压蓄能器 53 中的压力油经阀 42 进入增压缸 47，进行增压。
由于采用了无背压式增压缸 47，增压迅速。增压力的大小取决于增压蓄能器 53 中的压力值，该
压力可借助于充液减压阀 44 和向增压蓄能器 53 充氮气回路上并联的气动溢流阀 QF-2 来进行调
节。另外，在压射缸回油管路中有专用单向阀 32，当 YV5 通电使阀 27 开启实现一级快速压射
时，压力油经阀 31 使单向阀 32 开启，压射缸有杆腔的油可直接经阀 32 的大口径油管回油，从而
大大降低了压射缸回油的背压，实现快速排油，提高压射速度。

（8）低速开模

电磁铁 YV0、YV3 和 YV4 通电，泵 1 来的压力油经阀 14 进入合模缸右腔，推动缸 20 活塞左
行，实现开模动作；缸 20 左腔的回油→阀 12→油冷却器 52→油箱。由于只有泵 1 供油，流量
小，为低速开模。

（9）快速开模

当低速开模回退到一定位置压下行程开关 SQ2 发信，使电磁铁 YV1、YV3 和 YV4 通电。由
于 YV1 通电，泵 1、2 一起向合模缸右腔供油，流量大，为快速开模。

（10）压射回程

当快速开模到位压下行程开关 SQ4 发信，使电磁铁 YV0、YV5 通电，泵 1 来的压力油→单
向阀 10→滑管 49→阀 26→压射缸的有杆腔（左腔），推动活塞右行，缸 48 右腔回油经阀 28 流回
油箱，实现压射回程动作。

增压缸右腔回油则经阀 39 流回油箱。

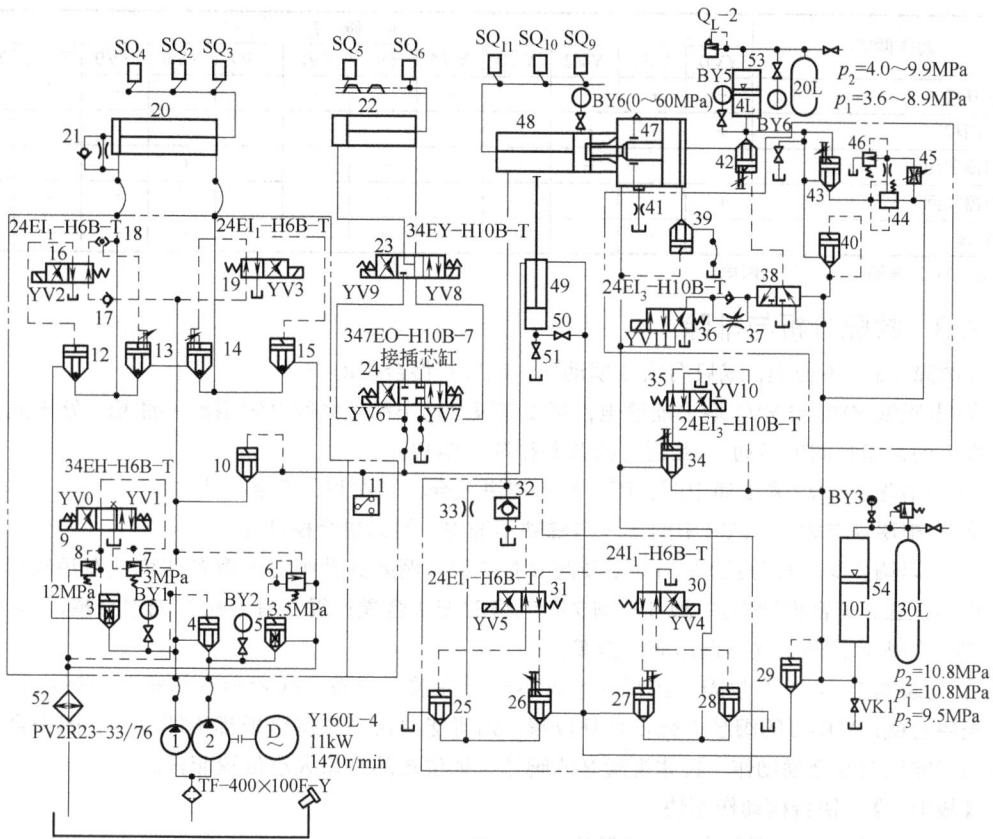

图 19-3　国产 J1118 型卧式冷室压铸机液压原理图

（11）顶出器顶出

当压射缸右行回程到位，压下行程开关 SQ9 发信，电磁铁 YV0 和 YV8 通电，泵 1 来的压力油→单向阀 10→阀 23 右位→顶出缸 22 左腔，行使顶出动作，缸 22 右腔回油→阀 23 右位→油箱。

（12）顶出器退回

当顶出动作到位压下行程开关 SQ6 发信，使电磁铁 YV0 和 YV9 通电，泵 1 来的压力油→单向阀 10→阀 23 左位→顶出缸 22 右腔，使顶出器退回，缸 22 左腔回油→阀 23 左位→油箱。

完成上述动作后为一个工作循环，在半自动和自动循环模式中，一般设定停机 5s 后，又自动进入下一个工作循环。

表 19-4　J1118 型压铸机动作循环表与电磁铁动作表

动作循环	电磁铁											
	YV0	YV1	YV2	YV3	YV4	YV5	YV6	YV7	YV8	YV9	YV10	YV11
快速合模	−	+	+	−	−	−	−	−	−	−	−	−
低速合模	+	−	+	−	−	−	−	−	−	−	−	−
合模到位	+	−	−	−	−	−	−	−	−	−	−	−
低速压射	+	−	+	−	+	−	−	−	−	−	−	−
高速压射	+	−	−	−	+	−	−	−	−	−	+	−
增压	+	−	−	−	+	−	−	−	−	−	+	−
低速开模	+	−	−	+	+	−	−	−	−	−	−	−

动作循环	电磁铁											
	YV0	YV1	YV2	YV3	YV4	YV5	YV6	YV7	YV8	YV9	YV10	YV11
快速开模	−	+	−	+	+	−			−	−	−	−
压射回程	+	−	−	−	−	+			−	−		−
顶出器顶出	+	−	−	−	−	−			+	−		−
顶出器顶回	+	−	−	−	−	−			−	+		−
停机 5s	−	−	−	−	−	−			−	−		−

注："+"表通电，"−"表断电。

19.2.3 故障分析与排除

【故障 1】 不合模，或只有快合模动作，或只有慢合模动作

① 电磁铁 YV0 和 YV1 均未能通电，泵 1 与泵 2 输出油液经阀 3 短路流回油箱，处于无压状态，推不动合模缸向前运动。 此时可检查并排除电路故障。

② 当电磁铁 YV2 未能通电时，压力油不能进入合模缸左腔，无合模动作。

③ 当电磁铁 YV1 和 YV2 中的一只电磁铁不通电，便无快合模动作。

④ 先导调压阀（直动式）7 与 8 以及阀 6 有故障（例如其针阀芯上磨有凹坑或有污物等）使压力调不上去，无合模动作。 阀 6 与阀 7 有毛病时无快合模；阀 8 有毛病时无慢合模。 可参阅 5.10 节中的内容排除各先导调压阀的故障。

⑤ 插装阀 3、4、5 有故障：当阀 4 的阀芯卡死在关闭位置，或者阀 5 的阀芯卡死在打开位置，无快合模；当阀 3 的阀芯卡死在打开位置，则可能快合模和慢合模都不能动作，即无合模动作，也可能只有快合模动作，具体视阀 3 的阀芯卡死位置的开口大小位置而异。

【故障 2】 快合模动作不快

① 泵 2 与泵 1 的内泄漏太大，使输出流量不够。

② 阀 6 调节压力过低，低于阀 7 的调节压力，泵 1 与泵 2 均可能经阀 6 溢流掉一部分流量。一般阀 6 要调整比阀 7 的压力高 0.5MPa 左右。

③ 没有差动动作，所以快合模动作不快：这时是阀 15 卡死在打开位置未能关闭，这样差动时，合模缸右腔回油通过阀 15 返回了油箱，而不能经阀 14 与泵来的油液汇流进入合模缸 20 的左腔形成差动，因而快合模动作不快。 可拆修阀 15。

【故障 3】 慢合模动作不慢

① 同【故障 1】的④、⑤。

② 行程开关 SQ2 未能发信使电磁铁 YV1 断电和使 YV2 通电。

【故障 4】 无压射动作

① 单向阀 10 的阀芯卡死在关闭位置，泵来的压力油在此受阻，无法经后续油路进入压射缸 48 的右腔，因而无压射动作。

② 因电路故障，电磁铁 YV4 未能通电，插装阀 27 因上腔控制油不能卸压而打不开，泵经单向阀 10 来油在此处受阻，无法进入压射缸右腔，因而无压射动作。

【故障 5】 快压射动作不快

① 因电路故障，电磁铁 YV10 未能通电，这样插装阀 34 便不能被打开，蓄能器 54 储存的压力油不能经阀 34 补入缸 48 右腔参与压射快进动作，使快压射动作不快。

② 蓄能器 54 内充液压力不够，低于泵来油的压力，不但不补油，反而要吸收掉一部分泵来油，此时可参阅 6.2 节中的内容对蓄能器不能补油的故障进行排除。

③ 压射缸 48 活塞密封破损，存在严重内泄漏（缸左右腔串腔）。 可参阅 4.2 节中的相关部分内容，确认找准是此原因后再修缸，因为修缸换密封工作量太大。

【故障 6】 压射增压无力

① 同上【故障 5】中③。

② 增压缸 47 活塞杆密封破损，使压射缸右腔油液经活塞杆密封破损处向右泄漏，并从阀 41 漏住油箱，使缸 48 右腔的压力不能被增压缸增得很高，而显得增压无力。

③ 插装阀 42 未打开，增压缸活塞未向左运动使缸 48 右腔增压。

④ 增压蓄能器 53 内的氮气压力不够，使得蓄能器 53 的压力油压力不够，作用在增压缸活塞右端产生的液压力也就不够，所以压射增压无力。

可查明上述原因并采取相应对策。

【故障 7】 压射缸不回程

① 同【故障 4】的①。

② 电磁铁 YV5 未能通电，使插装阀 26 上腔控制油未能通油箱卸压而不能打开，这样泵经阀 10、滑管 49 在阀 26 处受阻，不能进入压射缸的左腔使其回程。

③ 阀 30 的故障：该阀电磁铁 YV4 虽然断电，但其阀芯卡死在通电位置不复位，导致插装阀 28 的上腔仍为压力油而处于关闭状态，这样压射缸右腔的回油便无法经阀 28 流回油箱，使压射缸无法向右运动作回程动作。

④ 插装阀 26 或 28 卡死在关闭位置：阀 26 卡死在关闭位置，无压力油进入压射缸左腔，推动其活塞向右运动；阀 28 的阀芯卡死在关闭位置，压射缸右腔的回油无法经该阀流回油箱。二者之一都使压射缸无回程动作。

【故障 8】 无顶出动作

① 电磁铁 YV8 未能通电，可检查电路故障。

② 插装式单向阀 10 阀芯卡死在关闭位置，无压力油经阀 23 右位进入顶出缸 22 的左腔。

③ 顶出缸本身故障，例如别劲，可在空载时检查顶出缸是否能运动，可是否别劲的判明。

【故障 9】 顶出无退回动作

① 电磁铁 YV9 未能通电，可检查电路故障。

② 同【故障 8】中②、③。

19.3 力劲公司 DCC280 型压铸机液压系统及故障排除

19.3.1 DCC280 型压铸机的组成

该压铸机的组成如图 19-4 所示，它由柱架、机架、压射、液压、电气、润滑、冷却、安全防护等部件组成。合模、压射部分采用液压传动。

（1）合型（模）机构与调型（模）机构

合模机构主要起到实现合、开模动作和锁紧模具、顶出产品的作用。它主要由定型（模）板、动型（模）座板、拉杠（哥林柱）、曲肘机构、顶出机构、调型（模）机构等组成。图 19-5 为合型（模）机构结构简图。调型（模）机构如图中所示。最大与最小型（模）具厚度的调整量是通过调型（模）机构实现的。调型（模）机构是用调型（模）液压马达 1 带动传动机构，使锁型（模）柱架的尾板和动型座板沿拉杠作轴向运动，从而达到增大或缩小动、定型座板之间间距的目的。

（2）顶出液压缸组件

顶出液压缸又称为顶针液压缸，顶出液压缸组件是依据液体的压力来带动推杆（顶针）运动，使铸件从压铸型（模）中顶出。目前，普遍采用的液压顶出机构，其顶出力、顶出速度和时间都可以通过液压系统调节。图 19-6 所示为力劲机械厂有限公司生产的卧式冷空压铸机顶出双液压缸组件结构简图，在机器开型（模）后，通过顶出液压缸活塞杆的相对运动来实现推杆及顶

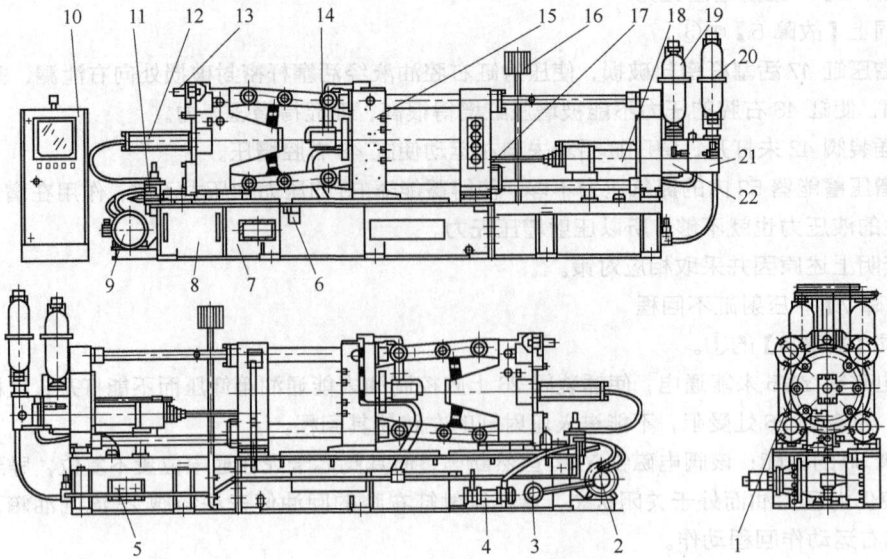

图 19-4　DCC280 型压铸机的组成

1—调模大齿轮；2—液压泵；3—过滤器；4—冷却器；5—压射回油油箱；6—曲肘润滑液压泵；7—主油箱；8—机架；9—电机；10—配电箱；11—合模油路板组件；12—合开模液压缸；13—调模液压马达；14—顶出液压缸；15—锁模柱架；16—模具冷却水观察窗；17—压射冲头；18—压射液压缸；19—快压射蓄能器；20—增压蓄能器；21—增压油路板组件；22—压射油路板组件

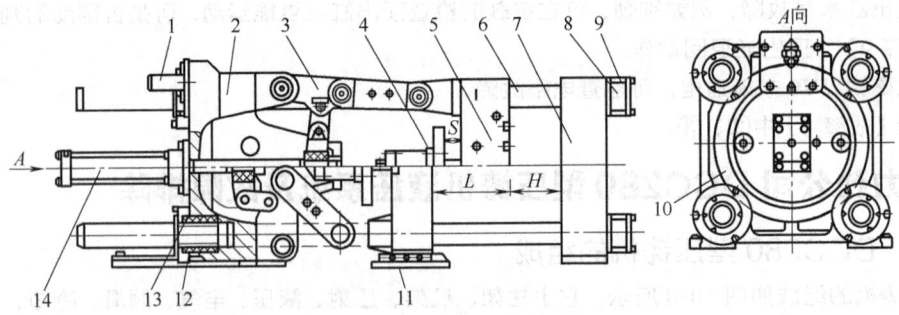

图 19-5　合模装置结构简图

1—调型（模）液压马达；2—尾板；3—曲肘组件；4—顶出液压缸；5—动型座板；6—拉杆；7—定型座板；8—拉杠螺母；9—拉杠压板；10—调型（模）大齿轮；11—动型座板滑脚；12—调节螺母压板；13—调节螺母；14—合开型（模）液压缸

针的顶出运动。 采用双液压缸能使推杆的受力更均匀，运动更平稳，使顶针孔的分布更为合理。

（3）压射机构

压射机构（图 19-7）是将金属液压入型（模）具型腔进行充填成形的机构。 它主要由压射液压缸组件、压射室（入料筒）、冲头（锤头）组件、快压射蓄能器组件、增压蓄能器组件组成，它的结构性能对压铸过程中的铸造压力、压射速度、增压压力及时间等起着决定性作用，并直接影响铸件的轮廓尺寸、力学性能、表面质量和铸件的致密性。 下面以力劲机械厂有限公司生产的 DCC280 型卧式冷室压铸机为例，说明压射机构的工作原理。 在整个压射运动过程中，慢速、快速及增压的快慢和时间长短都可以通过安装在油路集成板上的控制阀调节。

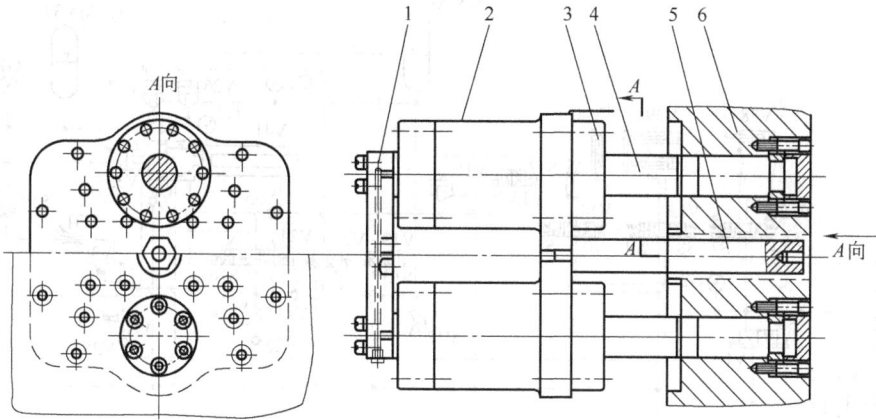

图 19-6 顶出双液压缸组件结构简图

1—三通法兰；2—顶出双缸套；3—顶出前盖；4—顶出活塞连杆；5—连接杆；6—动型座板

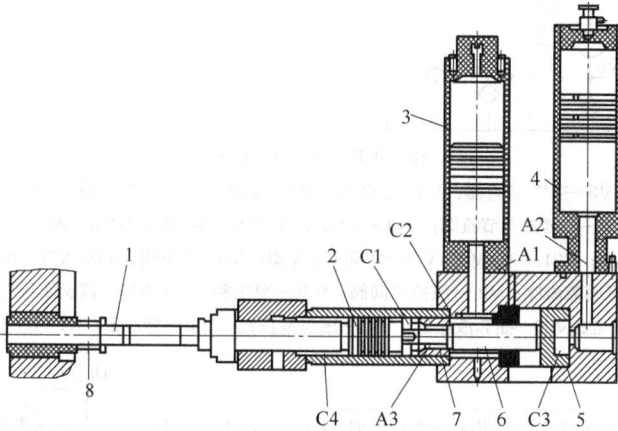

图 19-7 压射原理图

1—压射冲头；2—活塞；3,4—蓄能器；5—增压活塞；6—活塞杆；7—浮动活塞；8—压射室；
C1,C2—压射腔；C3—增压腔；C4—回程腔；A1~A3—通道

19.3.2 液压系统的组成与循环动作方块图

（1）液压系统的组成

由图 19-8 所示的液压系统图可知，液压传动系统由以下五个基本部分组成。

① 动力元件——液压泵，它供给液压系统压力油，是将电动机输出的机械能转换为油液的液压能的装置。

② 执行元件——液压缸或液压马达，是将油液的液压能转换为驱动工作部件的机械能的装置。实现直线运动的执行元件叫作液压缸；实现旋转运动的执行元件叫作液压马达。

③ 控制元件——各种控制阀，如方向控制阀、压力控制阀、流量控制阀等，用以控制、调节液压系统中油液的流动方向、压力和流量，以满足执行元件运动的要求。

④ 辅助元件——包括油箱、过滤器、蓄能器、热交换器、压力表、管件和密封装置等。

⑤ 工作介质——液压油，通过它进行能量的转换、传递和控制。

（2）液压系统循环动作方块图

液压系统循环动作方块图如图 19-9 所示。

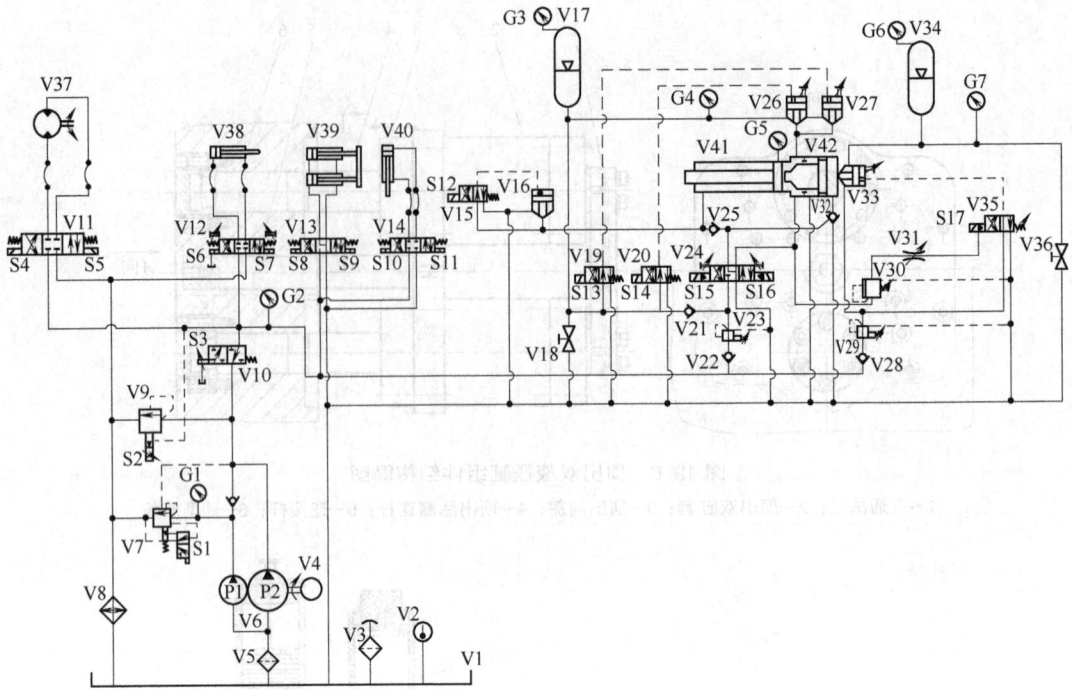

图 19-8 液压系统图

V1—油箱；V2—温度计；V3—空气滤清器；V4—电动机；V5—过滤器；V6—液压泵；V7—卸荷溢流阀；V8—冷却器；V9—比例压力阀；V10—比例方向节流阀；V11~V15，V19，V20—换向阀；V16，V26，V27，V33—插装阀；V17—蓄能器；V18，V36—截止阀；V21，V22，V25，V28—单向阀；V23，V29—减压阀；V24，V35—电液换向阀；V30—顺序阀；V31—可调节流阀；V32—液控单向阀；V34—增压蓄能器；V37—调模液压马达；V38—合模缸；V39—顶出缸；V40—抽芯液压缸；V41—压射液压缸；V42—增压缸；G1~G7—压力表

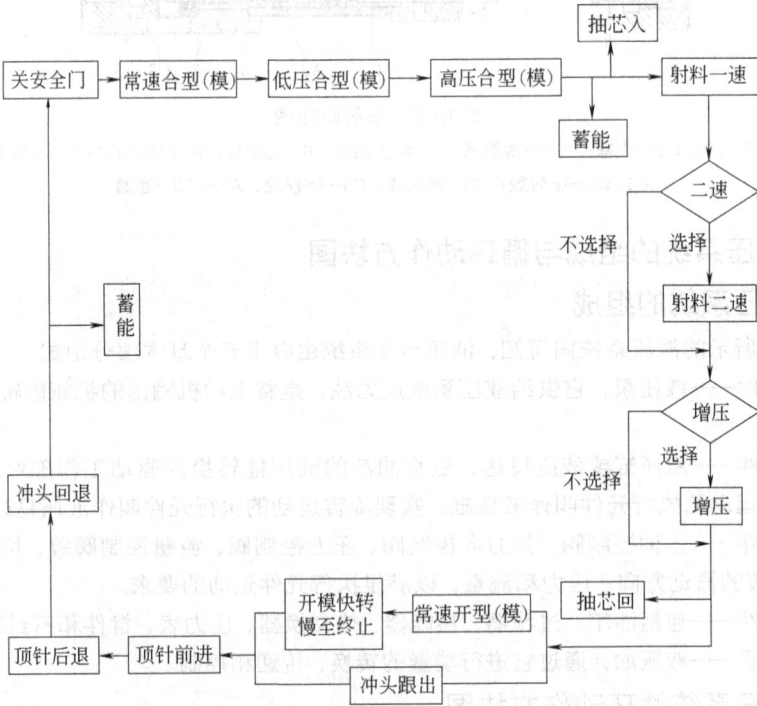

图 19-9　DCC280 型液压系统循环动作方块图

19.3.3 DCC280型压铸机液压系统的工作原理

为了更清楚地了解DCC280型压铸机液压系统的工作原理，可先阅读DCC280型卧式冷室压铸机液压系统各电磁铁动作顺序表（表19-5）。DCC280型压铸机液压系统的工作原理说明如下。

（1）接通电源，启动泵

启动电机，液压泵（双泵）工作。S1、S2得电，比例压力阀V9自动控制在所设定的压力值，液压油从油箱经过滤器V5吸入液压泵V6，通过液压泵吸油到系统油路中，并经卸荷溢流阀V7、比例压力阀V9卸荷。

（2）合模运动

合型（模）运动按三个动作顺序完成：常速合型（模）、低压合型（模）、高压合型（模）。

① 常速合型（模）：比例压力阀V9切换至合型（模）压力值，S1、S2、S3、S7得电，实现常速合型（模）运动。

进油：油箱→过滤器V5→液压泵V6→阀V10左位→阀V12右位→合开型（模）液压缸V38左腔。回油：合开型（模）液压缸V38右腔→阀V12右位→冷却器V8→油箱。

② 低压合型（模）：比例压力阀V9切换至低压合型（模）值，系统压力降至一定值，液压回路与"常速合型（模）"相同，实现低压合型（模）运动。

③ 高压锁型（模）

比例压力阀V9切换至合型（模）快转慢压力值，S1、S2、S7得电，S3失电，实现高压合型（模）运动。

进油：油箱→过滤器V5→液压泵V6→阀V10右位→阀V12右位→合开型（模）液压缸V38左腔。

回油：合开型（模）液压缸V38右腔→阀V12右位→冷却器V8→油箱。

表19-5　DCC280型卧式冷室压铸机液压系统各电磁铁动作顺序表

动作名称	电磁铁																
	S1	S2	S3	S4	S5	S6	S7	S8	S9	S10	S11	S12	S13	S14	S15	S16	S17
起动	+	+															
常速合型（模）运动	+	+	+				+										
低压合型（模）运动	+	+	+				+										
高压合型（模）运动	+	+					+										
抽芯入运动	+	+	+							+							
压射一速运动	+	+										+			+		
压射二速运动	+	+										+		+	+		
增压运动	+	+										+		+	+		+
冲头退出运动	+	+										+	+		+		
抽芯回运动	+	+	+								+						
常速开型（模）运动	+	+	+			+											
开型（模）快转慢至终止						+											
顶针进运动	+	+	+						+								
顶针退运动	+	+	+					+									
冲头回运动	+	+														+	
调型（模）厚运动	+	+	+	+													
调型（模）薄运动	+	+	+		+												

（3）压射

① 一速运动。比例压力阀切换至最高压力值，S1、S2、S3、S12、S15得电，实现压射一速

运动。

进油：油箱→过滤器 V5→液压泵 V6→阀 V10 左位→单向阀 V22→减压阀 V23→阀 V24 左位→压射液压缸 V41 右腔。

回油：压射液压缸 V41 左腔→阀 V16→油箱。

压射一速回油控制油：S12 得电，插装阀 V16 的控制油→阀 V15 左位→油箱，阀 V16 打开。

② 压射二速运动。 比例压力阀切换至相应压力值，S1、S2、S3、S12、S14、S15 得电，分两路向压射液压缸供油，一路与压射一速运动供油路线相同，另一路由蓄能器 V17 供油，供油路线如下：

进油：油箱→过滤器 V5→液压泵 V6→阀 V10 左位→单向阀 V22→减压阀 V23→阀 V24 左位→压射液压缸 V41 右腔。 另一路，蓄能器 V17 的液压油→阀 V26→压射液压缸 V41 右腔。

压射二速控制油进油：S14 得电，插装阀 V26 控制油→V20 左位→油箱，阀 V26 打开。 回油：压射液压缸 V41 左腔→阀 V16→油箱。

压射二速控制油回油：S12 得电，插装阀 V16 的控制油→阀 V15 左位→油箱，阀 V16 打开。

③ 射料增压运动

比例压力阀切换至相应压力值，S1、S2、S3、S12、S14、S15、S17 得电，在压射二速运动过程中，当压射液压缸压力达到设定值时开始增压。

进油：与一速、二速一致+ 增压蓄能器 V34→阀 V33→增压缸 V42 右腔。

增压缸进油控制油：压射液压缸 V41 右腔→阀 V30→阀 V31→电磁-液体先导换向阀 V35，使 S17 得电，插装阀 V33 的控制油→阀 V35 左位→油箱。 增压缸 V42 左腔排气至大气中。 压射液压缸回油：与压射二速回油相同，实现增压运动。

（4）冲（锤）头跟出运动

机器选择自动循环运动时，如果选择冲（锤）头跟出运动，则在开型（模）运动的同时实现冲头跟出运动。 比例压力阀切换至相应压力值，S1、S2、S3、S12、S13、S15 得电，分两路向压射液压缸供油，一路与压射一速运动供油路线相同，另一路由蓄能器 V17 供油，供油路线如下：

一路进油：油箱→过滤器 V5→液压泵 V6→阀 V10 左位→单向阀 V22→减压阀 V23→阀 V24 左位→压射液压缸 V41 右腔。

另一路进油：蓄能器 V17→阀 V27→压射液压缸 V41 右腔。

进油控制油路：S13 得电，阀 V27 控制油→阀 V19 左位→油箱，V27 打开。

回油：压射液压缸 V41 左腔→阀 V16→油箱。

回油控制油路：S12 得电，插装阀 V16 的控制油→阀 V15 左位→油箱，V16 打开。

（5）抽芯回运动

比例压力阀切换至相应压力值，S1、S2、S3、S11 得电，实现抽芯回运动。

进油：油箱→过滤器 V5→液压泵 V6→阀 V10 左位→阀 V14 右位→抽芯液压缸 V40 下腔。

回油：抽芯液压缸 V40 上腔→阀 V14 右位→油箱。

（6）开型（模）运动

开型（模）运动分为两个部分完成，常速开型（模）、开型（模）快转慢到终止。 具体分析如下。

① 常速开型（模）运动。 比例压力阀切换至开型（模）压力值，S1、S2、S3、56 得电，实现常速开型（模）运动。

进油：油箱→过滤器 V5→液压泵 V6→阀 V10 左位→阀 V12 左位→合开型（模）液压缸 V38 右腔。

回油：合开型（模）液压缸 V38 左腔→阀 V12 左位→冷却器 V8→油箱。

② 开型（模）快转慢至终止

比例压力阀仍控制在开型（模）压力值，S1、S2、S6得电，S3失电，实现开型（模）快转慢至终止运动。

进油：油箱→过滤器V5→液压泵V6→阀V10右位→阀V12左位→合开型（模）液压缸V38右腔。

回油：合开型（模）液压缸V38左腔→阀V12左位→冷却器V8→油箱。

（7）顶针运动

① 顶针进。 比例压力阀切换至相应压力值，S1、S2、S3、S9得电，实现顶针进运动。

进油：油箱→过滤器V5→液压泵V6→阀V10左位→阀V13右位→顶出液压缸V39左腔。

回油：顶出液压缸V39右腔→阀V13右位→油箱。

② 顶针退。 比例压力阀切换至相应压力值，S1、S2、S3、S8得电，实现顶针退回运动。

进油：油箱→过滤器V5→液压泵V6→阀V10左位→阀V13左位→顶出液压缸V39右腔。

回油：顶出液压缸V39左腔→阀V13左位→油箱。

（8）冲头回退运动

比例压力阀切换至相应压力值，S1、S2、S3、S16得电，S12～S15、S17失电，实现冲头回运动。

进油：油箱→过滤器V5→液压泵V6 →阀V10左位→单向阀V22→减压阀V23 →阀V24右位→单向阀V25→压射液压缸V 41左腔。

回油：压射液压缸V 41右腔→阀V24右位→油箱。

增压缸回油：增压缸V42右腔→单向阀V32→油箱。

控制油路：系统压力油→阀V24右位→使液控单向阀V32打开。

（9）调型（模）厚运动

选择手动操作，比例压力阀切换至相应压力值，S1、S2、S3、 S4得电。

进油：油箱→过滤器V5→液压泵V6→阀V10左位→阀V11左位→调型（模）液压马达V37上腔。

回油：调型（模）液压马达V37下腔→阀V11左位→冷却器V8→油箱。

19.3.4 故障分析与排除

【故障1】 泵不能启动

检查及分析：按液压泵启动按钮，观察液压泵继电器是否吸合。

① 若液压泵启动后继电器无吸合，则检查：液压泵热继电器是否动作或损坏；电源电路是否正常（用万用表检查）；启动和停止按钮触点是否正常，控制线路是否断路；继电器线圈是否损坏（用万用表检查）。

② 若液压泵启动后继电器有吸合，则检查：液压泵是否损坏；三相电源与液压泵连接线路是否正常；液压泵是否损坏或装配过紧。 要求：用手转动联轴器应轻松，左右移动联轴器应有3～5mm的间隙。

【故障2】 按液压泵启动按钮，热继电器跳闸

检查及分析：按压泵启动按钮，若热继电器跳闸，则与电流、负载及两相阻值是否对称、控制线路能否自锁有关。

① 液压泵热继电器损坏或整定电流过小。

② 电压过低致使电流增大或三相电压不平衡。

③ 液压泵三相绕组阻值不平衡。

④ 总压或双泵压力调节过高，致使机器超负荷运转而跳闸。

⑤ 液压泵损坏或装配过紧。

⑥ 控制回路不能自锁。

【故障3】　系统无压力

检查及分析：液压泵启动后，按起压按钮，首先观察压力指示电流表有无示值，以确定比例压力阀（比例溢流阀）电磁线圈有无电流，区分是电器还是液压故障。

若有电流输入时，则检查：液压泵是否转向错误（眼睛面对液压泵轴方向，顺时针转动为正转）；溢流阀，看是否调节不当或卡死；截止阀是否关闭；压射一速、二速插装阀是否丢失或松脱。

若无电流输出时，则检查：整流板是否正常，压力比例放大板是否调节不当或损坏；观察电脑是否正常，用手按起压按钮，看电脑上相应点有无输入，总压点有无输入，如果无输入，则检查起压按钮至电脑间线路是否正常，若有输入而总压点无输入则电脑故障；检查电比例板输出至油阀之间线路是否正常，电比例圈是否正常；检查压力拨码是否选择正常。

【故障4】　无自动动作

如果手动动作都正常，而无自动动作，则应检查安全门限开关是否正常，有关动作是否回到原点（依据机器使用说明书的要求）。例如在进行自动动作前应满足如下条件：安全门输入信号点亮；自动输入信号点亮；锁型（模）输入信号点亮；顶针回限输入信号点亮。如果手动动作不正常，应先检查并排除。

【故障5】　不能调型（模）

通过检查与分析排除这一故障。

① 调型（模）运动的条件是否达到。

② 调型（模）压力值是否设定得太低。

③ 手动调模时，注意操作方式是否正确。

④ 检查调型（模）液压马达是否卡住或调型（模）电机是否损坏。

⑤ 检查调型（模）液压阀阀芯是否卡住。

⑥ 调型（模）机构各传动副之间是否磨损或卡住。

【故障6】　全机无动作

检查及分析：启动液压泵后，全机手动，自动均无动作，手按起压按钮（拨码已设定参数）看是否有压力。

① 若无压力则应检查：整流板是否损坏或保险管烧坏；P01板输入输出是否正常；比例溢流阀是否调节适当或损坏、卡死；电脑工作是否正常；压力拨码是否损坏，线路是否正常。

② 若有压力则检查：十四路放大板是否正常；所有油阀线地线接驳是否正常。

【故障7】　不锁型（模）

先关好安全门，再进行检查及分析（应选择慢速，以免撞坏模具）），观察电箱面板上锁型（模）指示灯是否亮或主电脑有无锁型（模）信号输出。

① 若无信号输出则检查：是否有信号输入，无信号输入则检查外线路；顶针是否回位，顶针不回位不能锁型（模）；锁型（模）到位确认限位开关是否损坏；若锁型（模）条件均满足而无锁型（模）信号输出则是电脑损坏。

② 电脑有信号输出，但是仍然不锁型（模）则检查：锁型（模）压力是否正常［按锁型（模）按钮观察压力表上的压力值］；十四路放大板是否正常（工作时其输入、输出灯同时亮）；常慢速阀是否调节适当或损坏，开锁型（模）阀是否调节不当或损坏；检查电箱锁型（模）输入至油阀线路接驳是否正常，锁型（模）电磁阀线圈是否正常，锁型（模）液压缸损坏。

【故障8】　无低压锁型（模）

观察电箱板上低压锁型（模）指示灯是否亮：如灯不亮，则检查低压锁型（模）感应开关，看能否感应到或损坏；如灯亮，则检查低压拨码是否调节好或损坏。

【故障9】 无高压锁型（模）

如果锁型（模）运动到高压感应开关时无高压，应检查高压感应开关是否损坏或感应到，总压设定过低也没有高压锁型（模）。

【故障10】 无常速锁型（模）

观察电脑有无常速输入、输出。

① 若电脑无常速输入，则检查外部常速选择旋钮至电脑的线路是否正常。

② 若电脑有输入、无输出，则为电脑故障。

③ 若电脑有输入、输出则检查：十四路放大板工作是否正常；十四路放大板至油阀线路是否正常，油阀线圈是否损坏；常速液压阀阀芯被异物卡住。

【故障11】 不能开型（模）

首先应观察主电箱面板上开型（模）指示灯是否亮，主电脑是否有输入、输出。

无信号输出时检查：开型（模）到位感应开关是否正常；手动时，电脑上开型（模）信号灯应亮，否则应检查开型（模）按钮至电脑间的接线是否正常，如正常则电脑有故障；自动时，如果自动选择旋钮线路接触不良（打料时振动有可能造成自动信号断路），而不能完成一个动作循环。

② 若电脑工作正常（有输入、输出），则检查：十四路放大板是否工作正常；十四路放大板至油阀线路是否正常、油阀线圈是否损坏；开型（模）阀芯被异物卡住；开型（模）压力不正常（观察压力表）；活塞杆与十字头的固定螺母松；锁开型（模）液压缸是否有泄漏；锁紧型（模）后突然停电，时间长也有可能打不开型（模），此时应将总压码调至99，选择快速开型（模），按住起压按钮，再点动开型（模）按钮作开型（模）运动。

【故障12】 手动操作冲头不动作

手动操作机器，冲头不动作，先应观察电箱面板上指示灯是否亮或电脑是否有信号输入、输出。

无信号输入电脑，则检查、冲头前后旋钮至电脑间连线是否开路；回锤到位或射料终止感应开关损坏；冲头前进或后退速度过慢，至使冲头不动作；十四路放大板损坏，或放大板至液压阀线路开路；液压阀线圈损坏或阀芯卡死；系统压力不正常；压射液压缸损坏。

【故障13】 无压射动作（简称不打料）

手动操作冲头运动正常，但自动时没有压射动作，则检查：手动、自动选择旋钮是否正常；

锁型（模）终止感应开关与锁型（模）确认限位开关没有配合好，锁型（模）终止感应开关感应到，但锁型（模）终止确认限位开关没有压住，或限位开关损坏，总之，观察电脑A6点是否有射料信号输入；射料终止感应开关损坏；压射一速、回锤油阀是否有电信号、阀芯是否动作；射料时间过短；射料液压缸损坏；液压系统无压力。

【故障14】 无二速压射运动

手动操作冲头动作正常，自动操作时无二速压射运动时，首先应观察电脑有无二速压射信号输入，自动时有无二速信号输入。

无信号输入，检查：检查二速感应开关是否正常；射料时间拨码是否设定合适，拨码是否工作正常；一速速度是否正常。

② 电脑有信号输入、输出，检查：十四路放大板是否有输入及输出至油阀、油阀线圈是否正常；二速控制阀是否正常；二速插装阀是否正常；是否一速行程过长，二速已没有行程。

【故障15】 压射无力

先查看有无二速信号及压射是否有二速，无二速则见二速故障分析，有二速则检查：

一、二速调节是否合乎要求，二速流量调节是否能正常打开二速流量阀；快压射蓄能器氮气压力是否在要求范围内，一般氮气压力占打料蓄能器工作压力的 70% 左右；压射压力设定是否过小。

【故障 16】　无增压运动

机器有压射一速、二速运动，但无增压运动，先检查增压电子阀线圈是否得电。

① 如果没有得电，应检查：是否选择增压运动方式；增压信号线路是否有开路。

② 如果得电，应检查：液压蓄能的氮气压力是否符合要求；压射运动时间、压力设定是否合适；液控单向阀及压射液压缸是否有故障。

【故障 17】　压射掉压

如果冲头在压射时压力骤降，则检查：压射液压缸、减压阀、插装阀是否内泄；截止阀是否拧紧；是否氮气、氮气压力不足或氮气压力过高；蓄能器有故障。

【故障 18】　冲头不回锤或回锤不到位

拆下冲头（锤头）及冲头连接组件，射料活塞杆能回位，说明是冲头被卡住，如拆下冲头后射料活塞杆仍不能回位或回锤不到位，则检查：回锤到位感应开关是否损坏；液压阀 V24、V15、V32 是否损坏；射料液压缸是否损坏。

【故障 19】　卡冲头

冲头无动作，拆下冲头及冲头柄（锤柄）组件，射料活塞杆能回位，说明是冲头被卡住，应检查：检查冲头柄（锤柄）是否变形，要求装上冲头后，冲头应能在压射室（入料筒）中转动，否则为不正常；检查冲头与压射室同轴度是否符合要求，压射室内径与型（模）具浇口套内径配合是否符合要求。

【故障 20】　熔炉温度不能控制

熔炉加温一段时间后，其温度表指针不动，原因有：探热针线路接反、松动或探热针损坏；温度表损坏。

【故障 21】　报警

如果机器在手动或自动操作时出现报警情况，即电箱报警灯亮闪烁，同时在电箱上的扬声器发嗡鸣声，可能是如下原因引起。

① 开锁型（模）限位报警：开型（模）终止、锁型（模）终止感应开关或锁型（模）终止确认限位开关是否同时有异物阻挡。

② 锁型（模）保护异常报警：自动生产时，低压锁型（模）保护时间到，而锁型（模）动作未完成。

③ 电脑电池的电压太低：PLC CPU 程序电池电压过低，必须尽快更换电池，避免程序丢失。

④ 曲肘润滑报警：曲肘润滑油压达不到设定压力。

⑤ 顶针限位报警：顶针出限和顶针回报同时被异物感应到。

⑥ 抽芯限位报警：抽芯行程前后限位开关同时为"ON"；或未选择抽芯，抽芯入限为"ON"。

⑦ 电机过载报警：电机过载，同时电机停止转动。

⑧ 调型（模）限位报警：模薄、模厚限位开关同时为"OFF"。

【故障 22】　顶出液压缸不顶出

① 先观察电箱面板上顶针工作指示灯是否亮或电脑有无信号，若指示灯不亮或电脑无信号输出则检查：是否开型（模）到位；若装有抽芯，抽芯是否出限到位，顶针限位开关是否损坏。

② 若电脑有信号输出，则检查：顶针压力是否正常（观察压力表）；十四路放大板是否正常

（观察十四路放大板上顶针输出指示灯是否亮）；十四路放大板至液压阀的线路是否开路，油阀线圈是否正常；顶针油阀是否正常，顶针液压缸是否有内泄现象；型（模）具顶针被卡住，顶针顶不出。

【故障23】 电脑故障

观察压铸机的电脑 PLC 控制面板上各指示灯，进行如下分析。

① "POW"电源指示灯不亮，表示无电源供给；亮绿灯表示正常。

② "ALM"亮红灯，表示 CPU 工作不正常；灯不亮表示正常。

③ "BAT"亮红灯，电脑电池失效；亮黄灯，电脑电池电量不够；灯不亮表示正常。

④ "RUN"亮绿灯，表示 CPU 工作正常；灯不亮，表示 CPU 工作不正常。

【故障24】 液压系统油温过高

机器连续工作一段时间后，液压系统油温过高（正常油温 15 ~ 55℃），其可能原因有冷却水进水量不够，要求进水量符合机器使用说明书要求；冷却器内积垢太多未能按要求清理；油箱液压油储存量低于最低油位线；液压系统有内泄现象。

【故障25】 液压缸的泄漏

液压缸泄漏是液压缸产生各种故障的原因之一。 液压缸的泄漏包括外泄漏与内泄漏两种。外泄漏是指液压缸缸筒与缸盖、缸底、油口、排气阀、缓冲调节阀、缸盖与活塞杆等处泄漏，它可以从外部直接观察到。 内泄漏是指液压缸内部高压腔的压力油向低压腔渗漏，它发生在活塞与缸内壁、活塞内孔与活塞杆连接处。 内泄漏不能直接观察到，需要从单方面通入压力油，将活塞停在某一点或终端以后，观察另一油口是否漏油，以确定是否有内部泄漏。 不论是外泄漏还是内泄漏，其泄漏原因主要是密封不良、连接处结合不良。 有缸筒受压膨胀会产生内泄漏，有焊接结构的液压缸焊接不良易产生外泄漏。

【故障26】 双泵供油系统出现噪声

当系统执行机构快速运动，即双泵合流时，液压泵及输出管路产生异常噪声，其可能原因有：吸油管或过滤器堵塞；泵内吸进空气、困油和汽蚀现象；泵壳体固定不牢固；泵内运动部件卡死或不灵活；双泵输出油液合流位置距离泵的出口太近，一般双泵排油管合流处距泵出油口应大于 200mm。

19.4 XJ-800 型铜铝材挤压机液压系统及故障排除

19.4.1 简介

该机用于挤压铝及铝合金的型材、棒材和线坯等。 随着建筑门窗及家具等需要量的增多，这类挤压机市场拥有量为数不少。

其工作过程为：先由供锭机构将加热好的铸锭提升到挤压机的中心线上，用挤压缸的挤压轴将铸锭推入挤压筒，再将挤压垫（模）推入挤压筒然后进行挤压。 挤压完毕，挤压筒及挤压柱塞退回原位，剪切机构将留在模具上的压余料头和挤压垫齐模具表面切去。 然后，将挤压好的型材运走。

19.4.2 液压系统的组成和工作原理

（1）组成

该机液压系统由柱塞泵、换向阀、溢流阀、各工作液压缸等组成，如图 19-10 所示，图中件号对应的元件明细表见表 19-6。

（2）动作原理

表 19-7 为液压元件动作顺序表。

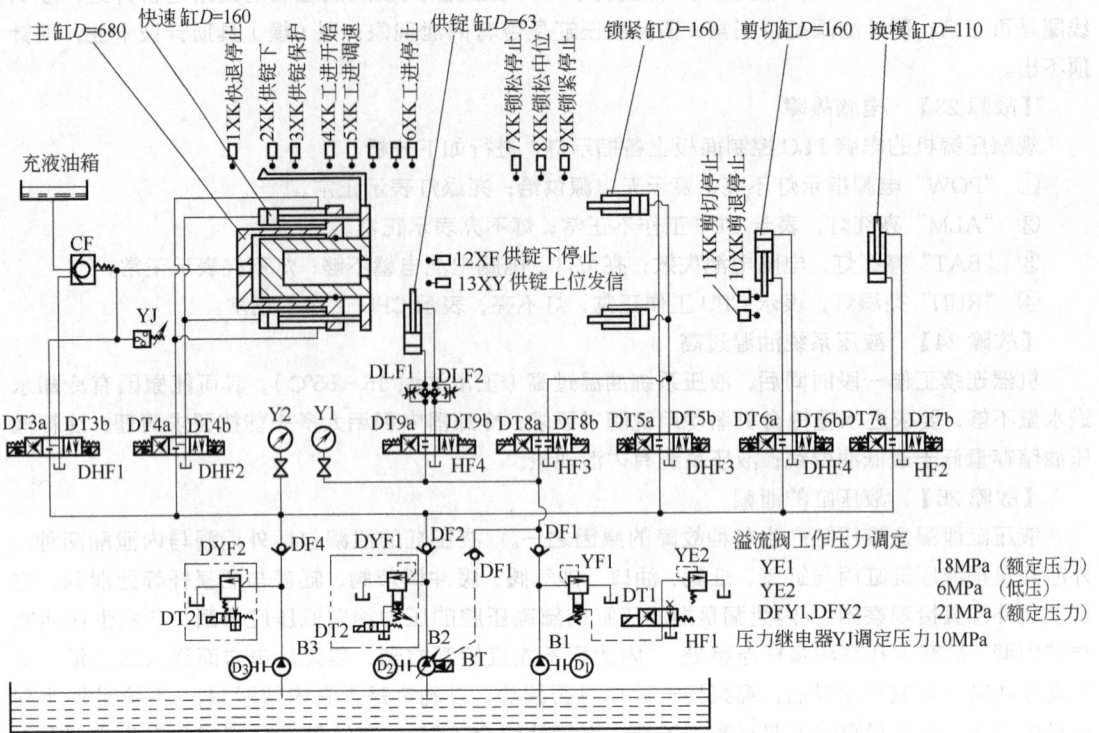

图 19-10　XJ-800 型铜铝材挤压机液压系统图

表 19-6　元件明细表

序号	代号	名称	规格	数量
1	B1	轴向柱塞泵	10MCY14-18	1
2	B2	电控比例变量柱塞泵	A$_7$V160BL2.0 RP	1
3	B3	柱塞泵	A$_2$F160	1
4	YF1	溢流阀	DB10-30/31.5	1
5	YF2	溢流阀	DBDH8G 10/N G10	1
6	DYF1、DYF2	电磁溢流阀	DBW 20B 30/31.5 G24	2
7	DF1	直角单向阀	DF-B20K	1
8	DF2、DF4	直角单向阀	DF-B32K	2
9	DF3	管式单向阀	DIF-10	1
10	DHF1、DHF2	电液换向阀	4WEF 25J 50/A G24	2
11	DHF3、DHF4	电液换向阀	4WBH25U 50/A G24	2
12	HF1	电磁换向阀	4WB6C 50/A G24	1
13	HF2、HF4	电磁换向阀	4WE10U 20/A G24	2
14	HF3	电磁换向阀	4WB10B 20/A G24	1
15	DLF1、DLF2	单向节流阀	LDF-10	2
16	CF	充液阀	SFA$_1$-150	1
17	Y1、Y2	压力表	Y-100 0-40MPa	2
18	YJ	压力继电器	HED$_1$A$_{10}$L$_{34}$	1

① 锁紧。　按下按钮开关发信，电机 D2 通电，泵 B2 工作，电磁铁 DT5a（以下电磁铁三字省去）、DT22 通电。

泵 B2 来的压力油（压力由阀 DTF1 调定）→阀 DF2→阀 DHF3 左位→锁紧缸右腔，锁紧缸左腔回油经阀 DHF3 左位流回油箱。　使锁紧缸进行锁紧动作。

表 19-7　液压元件动作程序表

液压元件电磁铁代号及功用

序号	操作步骤	动作步骤	限位/发信	泵B1低压	泵B1高压 DT'1	泵B2工作 DT2	泵B3工作 DT21	DT'1	DT21	DT22	充液伐开 DT3a	工进 DT3b	快进 DT4a	快退 DT4b	锁紧 DT5a	锁松 DT5b	剪切下 DT6a	剪切上 DT6b	排气 DT8b	增压锁紧 DT8a	供锭器上 DT9a	供锭器下 DT9b	模进 DT7a	模出 DT7b	泵B2调速 BT
1	锁紧	锁紧	9XK			+				+					+										+
2	供锭	供锭器上	13XK	+											+						+				
3	挤压	快进	2XK		+	+	⊕		⊕				⊕		+						+				+
		供锭器下 快进	12XK	+									+		+							+			+
		快进	4XK		+	+	⊕		⊕				⊕		+										+
		工进	YJ			+	+					+			+					+					+
		排气	延时																+						
		工进	5XK		+	+	+					+			+					+					+
		工进（调速）	6XK		+	+	⊕		⊕			+	⊕							+					+
4	锁松	锁松	8XK			+										+									+
5	快退	锁松	7XK			+	+									+									+
		快退	1XK			+	+				+			+											+
6	剪切	剪切下	11XK			+											+								+
		剪切上	10XK			+												+							+
		模出（调整）																						+	+
		模进（调整）																					+		+

注："+" 表示通电；"⊕" 表示选择性通电；空格表示断电。

② 供锭器上升-供锭。 当锁紧液压缸锁紧到位，压下行程开关 9XK 发信，DT5a、DT22 断电，电机 D1 与 DT9a 通电，泵 B1 工作，阀 HF4 左位工作。 此时，泵 B1 来的压力油→DF1→HF4 左位→DLF2→供锭缸（活塞杆固定）上腔；供锭缸下腔回油→DLF1 之节流阀→HF4 左位→油箱。 使供锭缸上升将料坯推至中心线，供锭缸上升速度由 DLF1 调节。

③ 快进。 当供锭缸上升到位，压下行程开关 13XK 发信，电机 D2、D3、电磁铁 DT21、DT22、DT4a、DT9a 通电，此时泵 B2 经 DF2 来油与泵 B3 经 DF4 来油汇成一起→DHF 2 左位→两快进缸左腔（无杆腔）；快进缸右腔（有杆腔）回油→DHF2 左位→油箱。 实现快进缸向右快进。

此时由于泵 B2、B3 同时供油，快进缸能以快的速度前进，其速度大小可由变址泵 B2 调节。快进缸前进时，主缸（柱塞缸）被带动也快进。 主缸腔内形成负压，充液油箱在 1atm[❶] 作用下压开充液阀 CF，将油液补入主缸腔内。

④ 供锭器下降。 当快进缸前进到一定位置，压下行程开关 2XK 发信，使电机 D1 与 DT96 通电，泵 B1 低压供油（也可使 DT1 通电高压供油），此时泵 B1 来油→DF1→DF4 右位→DLF1→供锭缸下腔；供锭缸上腔回油→DLF2→HF4 右位→油箱。 供锭缸下行，下降速度由 DLF2 调节，供锭器下降。

⑤ 快进。 当供锭缸下落到位，压下行程开关 12XK 发信，电机 D2、D3、电磁铁 DT21、DT22、DT4a 通电，油路走向同③，继续快进动作。

⑥ 工进（挤压工件）

由于工进需要比快进更快的速度，以免坯料冷却影响挤压效果，因而常由设备所有的泵（此处为 3 台泵）同时供油，因此当快进到位压下行程开关 4XK 发信，使电机 D1、D2、D3 均通电工作，电磁铁 DT1、DT21、DT22、DT3b、DT4a、DT8a 通电，泵 B1、B2、B3 同时向系统供油，此时的油路如下。

进油：
泵 B1 来油→DF1→HF3 左位→DHF3 右位
泵 B2 来油→DF2
泵 B3 来油→DF4
}→ {DHF2 左位→快速缸左腔
DHF1 右位→主缸；

回油：快速缸右腔→DHF2 左位→油箱。

⑦ 排气（主机缸压排气）。 当工进到接触工件后，主缸压力上升到压力继电器 YJ 调定的压力（如 10MPa）时，YJ 发信，使电磁铁 DT36、DT4a、DT8a 等断电，DT5a、DT8b 通电。 此时阀 DHF1、DHF2、HF3 均复中位，除锁紧继续锁紧外，主缸与快进缸均通过阀 DHF1、DHF2 的中位卸压。 这样做的目的是通过排气，将挤压模内的空气排掉，以免在后续的工进挤压动作中空气夹在工件内形成气泡，影响加工质量。

⑧ 工进与工进调速。 当排气完毕由延时继电器（调节排气时间）发信，又恢复上述动作⑥中各元件的工作状态。 工进速度由变量泵 B2 调节，使工进后期阶段速度能降下来一些，避免工进到位的冲击。

⑨ 锁松。 当工进到位压下行程开关 6XK 发信，使电机 D2 与电磁铁 DT56 通电，锁紧液压缸（活塞杆固定）松开（锁松），此时油路为泵 B2 来油→DF2→DHF3 右位→锁紧缸有杆腔；锁紧液压缸无杆腔回油→DHF3 右位→油箱。 锁紧液压缸左行松开。

⑩ 主缸快退，继续锁松。 当锁紧液压缸松开到压下行程开关 8XK 时发出电信号，使泵 B3 也加入工作，电磁铁 DT21、DT3a、DT4b 通电，阀 DHF1 左位工作使充液阀 CF 打开，阀 DHF2

---

❶ 1atm= 101325Pa

右位工作。此时锁紧缸保留动作（10）的工作状况外，主缸、快速缸的油路如下。快速缸：压力来油→DHF2右位→快速缸右腔；缸左腔回油→DHF2右位→油箱。

主缸：除少量油经DHF1左位流回油箱外，大部分油经充液阀CF流回油箱，从而能实现快退动作。

⑪ 剪切、下降（剪切）。当主缸快退到位压下行程开关7XK发出电信号，使DT22、DT6a通电，阀DHF4左位工作。此时，泵B2来的压力油→DHF4左位→剪切液压缸上腔；缸下腔回油→DHF4左位→油箱。从而剪切液压缸下行进行剪切工件料头动作。

⑫ 剪切缸上升。当剪料头工作完毕，压下行程开关11XK发出电信号，使DT6a断电，DT66通电，电磁阀HF2换为右位工作，此时泵B2来的压力油经HF2右位进入剪切液压缸下腔，缸上腔回油经HF2右位流回油箱，剪切缸上升。当碰上行程开关10XK发出电信号，又进行上述工作循环。

另外，还有调整或更换模具的动作，用按钮操作电磁铁DT7a或DT7b的通电。使挤压模随模座前后移动，阀HF2的换位对移模液压缸进行向前还是向后的运动控制。

图19-11为各液压元件安装位置排列图，在实施故障排除时可以参照。

19.4.3 故障分析与排除

图19-11为各液压元件安装位置排列图，在实施故障排除时可以参照。

【故障1】 锁紧缸不能锁紧或松开

① 泵B2未工作，可检查：电机D2是否通电旋转；电机与泵B2的联轴器是否能有效带动泵旋转等情况。

② 泵B2来的油液压力不够，可检查：电磁铁DT 22是否通电：DYF1溢流阀是否有故障，例如其主阀芯是否因污物卡死在开启位置。

③ 单向阀DF2阀芯是否卡死在关闭位置。

④ 锁紧时DT5a应通电，松开时DT5b应通电，如未能通电，则应查明不能通电的原因并予以排除，例如电路有否故障、电磁铁有否故障、接线端子是否松脱接触不良等。

⑤ 电液阀DHF3的主阀（液动阀）阀芯是否卡死不换向，在查此故障时人们往往只注意其先导电磁阀是否正常，其实由电液阀控制锁紧缸不能锁紧和松开的故障大多出在主阀上。此时可拆开主阀进行清洗，并检查阀两端的控制油能否可靠进入与流出。

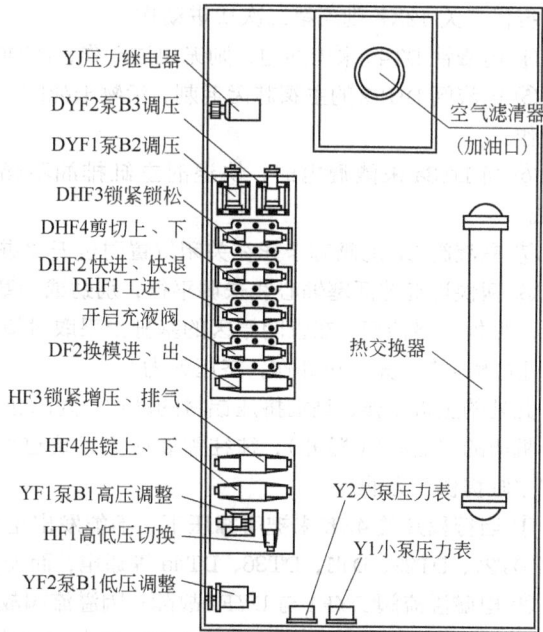

图19-11 各液压元件安装位置排列图

图中标注：YJ压力继电器；DYF2泵B3调压；DYF1泵B2调压；DHF3锁紧锁松；DHF4剪切上、下；DHF2快进、快退；DHF1工进、；开启充液阀；DF2换模进、出；HF3锁紧增压、排气；HF4供锭上、下；YF1泵B1高压调整；HF1高低压切换；YF2泵B1低压调整；空气滤清器（加油口）；热交换器；Y2大泵压力表；Y1小泵压力表

【故障2】 供锭器不能上升或下降

① 供锭器上升和下降是由泵B1供油，供锭器要能上升或下降，首先泵B1要能提供足够压力的油液，否则供锭器缸便不能动作。此时可检查：泵B1是否回转工作；在供大坯料时，电磁铁DT1是否通电提供由溢流阀YF1所调定的压力（如18MPa），如DT1断电，则供锭缸只能由溢流阀YF2所调定的压力（如6MPa）工作。

② 行程开关9XK未发信，电磁铁DT9a未通电。此时可检查锁紧缸锁紧后是否压上了

9XK，否则无供锭器上升动作；反之供锭器不下降时，要检查行程开关 2XK 是否压上，否则 DT9b 不能通电，而供锭器无下降动作。

③ 电磁阀 HF4 故障：例如因电路故障，电磁铁 DT9 或 IYT9b 不能通电，则会出现供锭器不能上升或不能下降的故障，查明原因并予以排除，

④ 单向节流阀故障（DLF1 与 DLF2）：各挤压机供锭回路采用的单向节流阀的结构基本相同（参阅 5.15 节中内容）。 如果 DLF1 的节流阀调节时关死，则无供锭器上升动作，如果 DLF2 的节流阀调节时关死，则无供锭器下降动作。

⑤ 供锭缸别劲。 可参阅 4.2 节中的相关内容进行故障排除。

【故障 3】 快进缸无快进或无快退动作，或者速度很慢

① 快进或快退时，应由泵 B2 与 B3 联合提供足额流量的压力油。 电磁溢流阀的 DYF1 与 DYF2 的电磁铁 DT2I 与 DT22 有一个未能通电时，则只能由一只泵提供压力油液，两个电磁铁均未通电时，则不能提供压力油液，因而无快进或快进不快。 当电磁溢流阀 DYF1 和 DYF2 任一阀的主阀芯卡死在开启位置时，则该阀所控制的泵的压力油经此阀流回油箱而不能进入系统，因而无快进动作，此时应拆修阀 DYF1 和 DYF2。

② 当单向阀 DF2 和 DF4 有一个（或两个）阀芯卡死在关闭位置时，便切断了一条（或两条）泵源，因而进入快进缸的流量不够而无快进动作或只有慢进动作。

③ 当供锭器上升到位后，未压下行程开关 13XK，则无第一次快进动作；当供锭器下降后未压下行程开关 12XK 则无第二次快进动作。

④ 电磁铁 DT4a 未能通电，则无快进动作；DT46 未能通电，则无快退动作。

⑤ 电液阀 DHF2 的主阀芯因毛刺、污物卡死时，根据卡死的位置不同，或无快进动作或无快退动作。

⑥ 当 DT3a 未能通电时，快退时主缸排油不畅，背压很大，也无快退动作或快退时速度很慢。

⑦ 充液阀 CF 的阀芯卡死在关闭位置时也无快进和快退动作。

⑧ 两快进缸的活塞轴心线未调平行，别劲或活塞密封破损，也使快进或快退速度慢。

可根据上述情况，在查明原因的基础上采取对策。

【故障 4】 无工进动作，挤压无力

此处的工进动作，是指挤压铝材的动作，为防止料坯冷却影响挤压质量，此处的"工进"有别于机床的"工进"（慢进），往往需要比上述快进更快的速度。 因此安排 3 台泵全流量向快速缸和主缸提供压力油。

① 当行程开关 4XK 未被可靠压下，不能发出电信号使泵 B1～B3 同时工作，同时不能使电磁铁 DT21、DT22、DT1、DT36、DT4a 等通电，而无工进动作。

② 电磁溢流阀 DYF1 与 DYF2 故障：因溢流阀故障，使进入系统的压力上不去，挤压无力。

③ 电液两 DHF1 的主阀卡死在 DT3a 通电时的位置，DHF1 的主阀卡死在 DT4b 通电时的位置，无高压油进入主缸腔，因而无工进或工进时挤压无力。

可根据上述情况采取对策。

【故障 5】 剪切缸不上升或不下降

① 泵 B2 未供油或供给的压力油压力不够。

处理方法同上述【故障 1】中的②～④。

② 行程开关 1XK 未发出电信号，剪切缸不下降。

③ 电磁铁 DT6a 未能通电，剪切缸不能上升；电磁铁 DT6b 未能通电，剪切缸不能下降作剪切料头的动作。 可查明原因，排除电路故障。

④ 电液阀 DHF4 的主阀芯卡死。 根据卡死的位置不同，出现剪切缸不上升、剪切缸不下降

以及剪切缸上升与下降速度很慢等故障，可拆开电液阀 DHF4 进行清洗并排除故障。

【故障6】 换模缸不动作，或移模速度太慢

① 换模缸也是由泵 B2 提供压力油，当与上述同样原因出现泵 B2 不能提供压力油时无模进模出动作。

② 电磁阀 HF2 故障。 当电磁铁 DT7a 不能通电时，无模进动作；当电磁铁 DT7b 不能通电时，无模出动作。

当换模缸活塞密封破损，内泄漏大时，"模进"与"模出"动作很慢。

19.5 10000kN 铜材挤压机及其故障排除

19.5.1 简介

该机本体由前梁、挤压筒、动梁、后梁、导柱和机架等组成。 前梁部分包括前横梁、剪切缸、挤压筒移动缸、模架移动缸及模架限位开关等，前梁与后梁由四根导柱牢固连接。 挤压筒上设有电阻加热装置，可使铸锭温度保持在 350～500℃之间，以满足挤压工艺要求。 挤压筒内局部装有热电偶，可对温度进行检测与控制。 动梁沿固定机架上的滑板前后滑动，动梁前端装有挤压轴，用来进行挤压。 后梁上固定有主缸（柱塞缸）和回程缸，主缸的柱塞与动梁连接。四根导柱将前梁与后梁连接成牢固的框架，并加公称压力 1.2 倍的力预紧，以防止挤压过程中的松动。 机架是用来承放挤压机本体的载体，机架固定于基础（地基）上，它由钢板焊接而成，挤压筒及动梁可在其上滑动。

该机除上述本体部分外，还包括液压控制部分。 液压控制部分由下述部分组成。

① 模架移动部分：由换模（移模）缸等组成。

② 供锭部分：由供锭缸及供料杠杆板等组成。

③ 剪切部分：由剪切缸及剪刀等组成。

④ 锁模部分：由锁紧缸（两只）等组成。

⑤ 挤压部分：由两快速移动缸和主缸等组成。

19.5.2 液压系统工作原理

该机液压系统图如图 19-12 所示，为便于维修设计成由四块阀块组成。 图 19-13 为其管路连接图。 表 19-8 为其动作顺序表。 其工作原理如下。

① 挤压模锁紧。 启动泵空载运转，然后按钮发信，电磁铁 7DT、8DT 与 16DT 通电，叶片泵 6 与 7 供给压力油。 电液阀 10.1 左位工作，泵 6 与泵 7 来的压力油→阀 10.1 右位→锁模缸（活塞杆固定）右腔，使其连同所装模具向右移动，将模具夹紧在床身墙板上；锁模缸左腔回油经阀 10.1 左位流回油箱.

② 供锭器上升（送料）。 锁模缸继续前进锁紧，压下行关 9XK 发信，电磁铁 7DT 与 16DT 继续通电，泵 6 提供压力油，电磁铁 14DT 也通电，阀 9.1 左位工作，泵 6 来的压力油经阀 9.1 左位→单向节流阀 7.2 的单向阀→进入供锭缸上腔，使供锭器上升，供锭下腔的回油→单向节流阀 7.1 的节流阀→阀 9.1 左位→油箱.

③ 挤压快进。 供锭器上升到位，压下行程开关 13XK 发信，电磁铁 1DT、2DT、3DT、7DT、9DT、13DT、16DT 通电，插装阀 15.2 与 15.4 关闭，插装阀 15.1 与 15.3 打开，阀 8.1 左位工作，泵 1、泵 2 与泵 3 来的压力油分别经单向阀 2.1、2.2 与 2.3 汇流一起，经插装阀 15.1→油口 B1→快速缸左腔，带动主缸一起向右快进。 快速缸右腔的回油→油口 A1→阀 15.3→阀 15.4→T（油箱）。

此时主缸（柱塞缸）在快进过程中缸内形成局部真空，因 13DT 通电所以阀 8.1 右位工作，因而充液阀（缸）打开，主缸从油箱内吸油，主缸随动快速缸前行时， 也将供锭器上的高温铜锭

以块状[注1]。开7.3上铜液压装置后动作，泵压力不通电电磁阀，DT得电接通油管的节流

④ 供锭器下降。 当快进压下行程开关 2XK 后发信，电磁铁 15DT 通电，阀 9.1 右位工作，泵 6 来的压力油→阀 9.1 右位→阀 7.1 的单向阀→供锭缸下腔，供锭器上升；供锭缸上腔的回油→阀 7.2 的节流阀→阀 9.1 右位→油箱（T）。 供锭器上升和下降速度由阀 7.2 与 7.1 调节。

⑤ 挤压快进。 供锭器下降到位，压下行程开关 12XK 发信，15DT 断电，阀 9.1 复中位，供锭器落位。 同时 9DT、13DT 通电，重复动作③，油路走向相同。

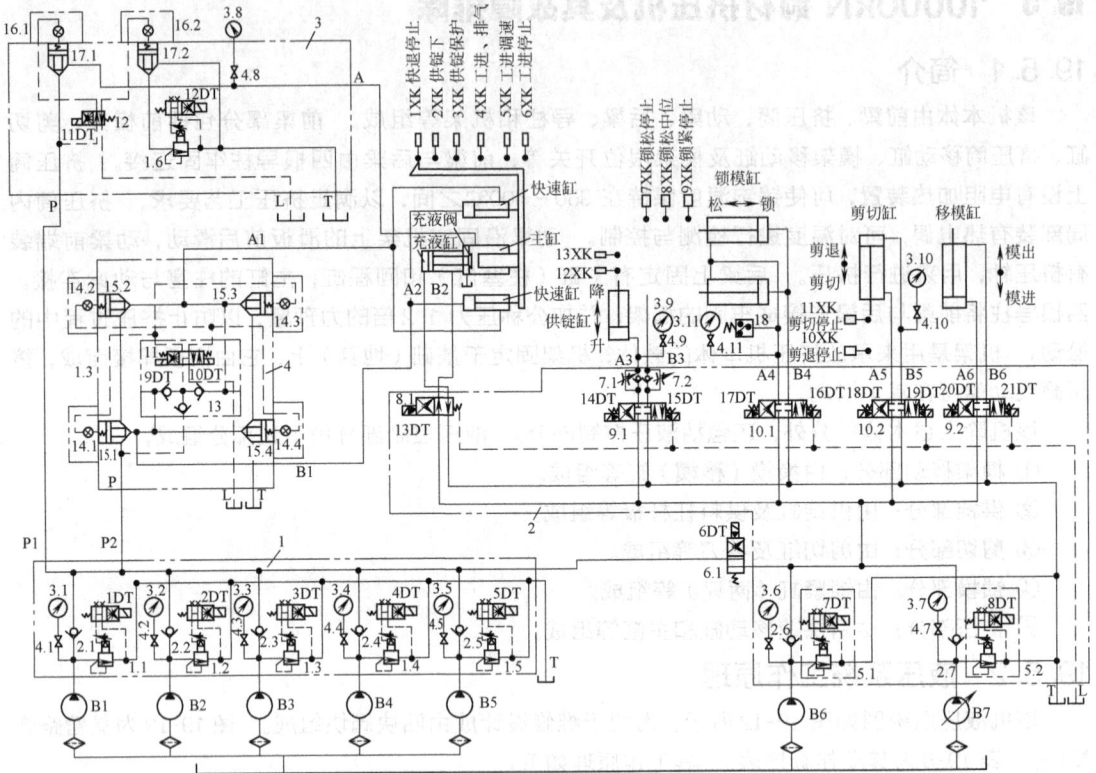

图 19-12　10000kN 铜材挤压机液压系统图

⑥ 挤压工进。 当挤压快进到位，压下行程开关 3XK 发信，电磁铁 1DT～5DT、7DT、9DT、11DT、12DT、16DT 通电，泵 1～泵 6 同时向系统供油；13DT 断电后，阀 8.1 右位工作，泵 6 来的压力油经阀 8.1 右位进入充液缸左腔，活塞左行关闭了主缸与油箱的通路；11DT 的通电使阀12 左位工作，因此插装阀 17.2 关闭（控制油通压力油），插装阀 17.1 打开；12DT 的通电使电磁溢流阀 1.6 处于高压状态；16DT 的通电使锁紧缸仍处于锁模状态；9DT 的通电使阀 11 处于左位工作，插装阀 15.2 与 15.4 均处于关闭状态，15.3 与 15.1 处于可打开状态，于是：泵 1～泵 5 汇流来油→管 P1→阀 17.1→主缸封闭油腔，推动主缸右行做挤压铜棒或铜板的工进动作；另一路泵来油→P2→阀 15.1→快速缸左腔，使快速缸也参与工进的助推动作，快进缸右腔回油→阀 15.3→阀 15.4 凹槽→T（油箱）。

同时由于此时快速缸左腔与主缸腔通过 P1 与 P2 等油进行连通的，不会出现快慢不一致而能相互协调前进的动作。

本动作中所列为泵 B1～B5 一起为挤压工进时供油，提供一定的工进速度。 若需减慢工进速度，可减少参与工作的泵的数量，例如让电磁铁 3DT 断电，则泵 B5 便不参与工作；反之若要增

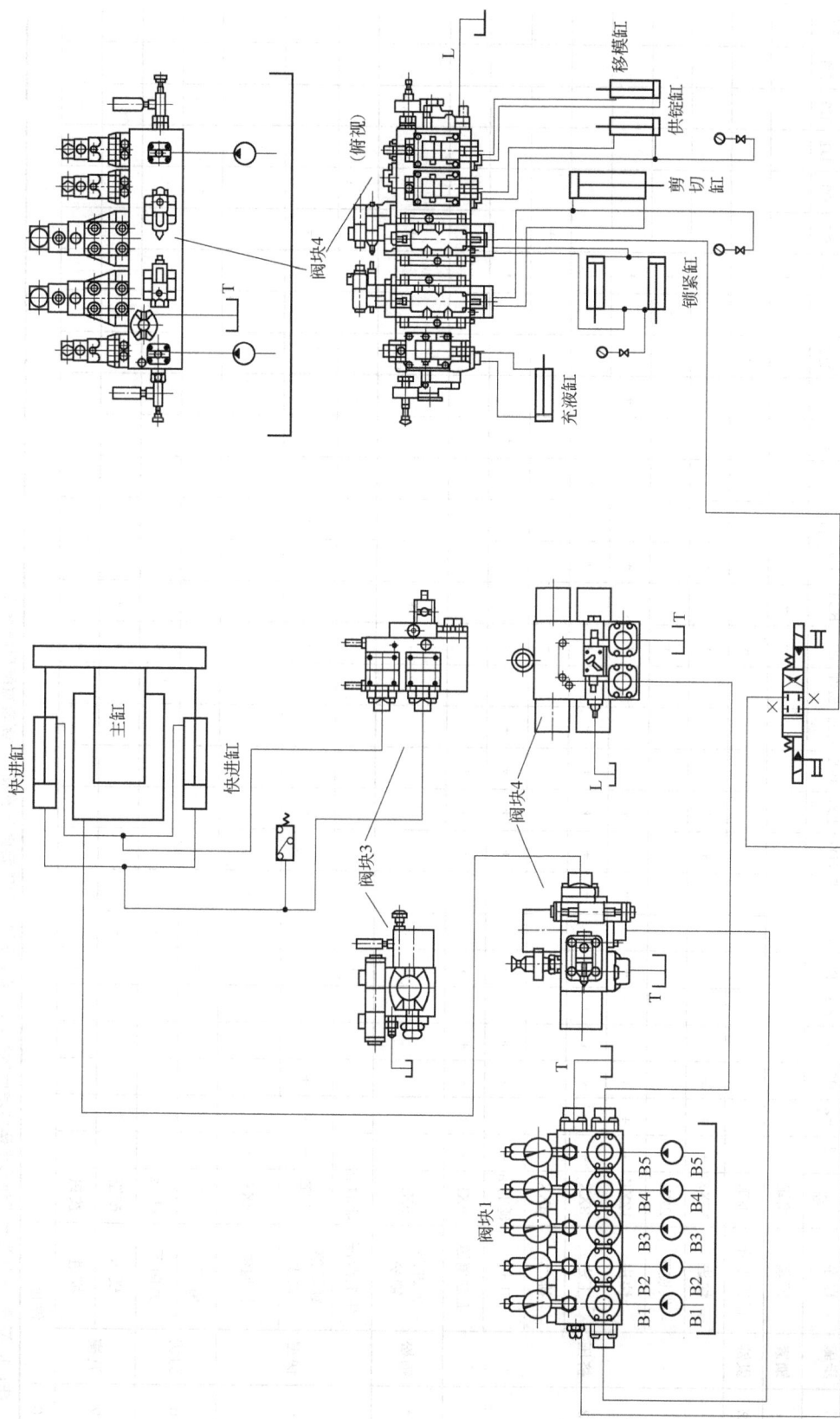

图 19-13 10000kN 铜材挤压机管路连接图

表 19-8　10000kN 铜材挤压机动作顺序表

序号	操作步骤	动作程序	发出电信号	抽泵加载电磁铁							电磁铁																					
				B1	B2	B3	B4	B5	B6	B7	1DT	2DT	3DT	4DT	5DT	6DT	7DT	8DT	9DT	10DT	11DT	12DT	13DT	14DT	15DT	16DT	17DT	18DT	19DT	20DT	21DT	YJ
1	锁紧	锁紧	按钮						+									+								+						
2	供锭	供锭上升	9XK		+				+									+							+		+						
3	挤压	快进	13XK	+		+			+	+		+	+						+				+			+						
		供锭下	2XK	+	+				+		+	+							+						+	+							
		快进	12XK	+	+	+		+	+			+	+						+				+			+							
		工进	3XK	+	+	+	+	+	+			+	+	+					+			+				+	+						
		排气	4XK	+	+	+	+	+					+	+	+						+	+											
		工进	延时a	+	+	+	+		+	+	+	+	+		+				+		+	+				+							
		工进调速	5XK	+	+	+			+			+	+						+				+			+	+						
4	锁松	工进停 锁松	6XK					+	+	+								+		+			+				+						
		主缸泄压	延时b										+																				
5	快退	锁松停 快退	7XK	+	+	+			+	+			+				+	+										+					
		快退停	8XK	+													+	+										+					
6	剪切	剪切上	1XK						+	+	+						+	+											+				
		剪切下	11XK						+	+							+	+												+			
7	调模	模出	按钮						+	+							+	+													+		
		模进	按钮						+	+							+	+														+	
8		停止																															

注：1. 符号"+"为泵工作与电磁铁通电状况；2. 可根据情况和需要更改该表（重新设置编程器参数）。

加工进速度，这只需改变程控器的编程便可很简便地实施。

⑦ 排气。 挤压头进入模具后，为了将模具内封闭的气体排出，以免挤压在工件内形成废品，在工进初始阶段安排了排气工序。

当工进到压下行程开关4XK，发出信号让电磁铁只保留电磁铁7DT通电，这样主缸瞬时卸压，锁紧缸也短暂（2~3s）松夹，模具内的空气可逸出，防止气体挤压在工件内形成气泡而成不良品。 排气时间由延时继电器a设定。

⑧ 挤压工进。 排气完毕，延时继电器a发信，电磁铁1DT~5DT、7DT、11DT、12DT和16DT又继续通电，再次转入挤压工进动作，油路工作原理同⑥。

⑨ 挤压工进调速。 当挤压工进接近行程末端，为防止挤压速度过快产生冲撞模具现象，需放慢工进速度。 所以当工进到接近终端，压下行程开关5XK发信，电磁铁5DT断电，此时泵5卸荷，停止向系统供油，使工进速度减慢。 其他同上。 若还要速度慢些，可让5DT与4DT断电，这样泵4与泵5停止向系统供油使工进速度更慢。

⑩ 工进停、锁松。 当工进到位，压下行程开关6XK发出电信号，电磁铁7DT、8DT、17DT通电，泵6和泵7来油→阀10.1右位→锁紧缸左腔，锁紧缸左行，锁紧松开，同时挤压工进停止。

⑪ 主缸卸压（泄压）。 延时继电器b发信，电磁铁7DT、13DT通电，阀8.1右位工作，充液缸左行打开主缸缸腔与油箱的通路，主缸被快速缸带动后退前先卸荷，以防止"炮鸣"。

⑫ 主缸继续快退，锁松停止。 当延时继电器延时结束发出电信号，电磁铁1DT、2DT和3DT通电，7DT、10DT和13DT也通电。 插装阀15.1与15.3关闭，插装阀15.2与15.4打开。这时，充液缸继续打开主缸与油箱的通路，而泵1、泵2和泵3来油→阀15.1槽→阀15.2→快速缸右腔，使快速缸左行退回，也带动主缸左行退回；快速缸左腔回油→阀15.4→油箱T。

⑬ 快退停止。 当锁松停止到位，压下行程开关8XK发信，10DI断电，阀11回到中位，插装阀15.1~15.4均处于关闭状态，快速缸停止进油，主缸和快速缸停止运动，快退停止。

⑭ 剪切下（进行剪切）。 快退到位停止，压下行程开关1XK发信，电磁铁7DT、8DT、18DT通电，泵B6与泵B7提供的压力油→阀10.2左位→剪切缸上腔，活塞杆（下端装有剪切刀具）下行进行剪切；剪切缸下腔回油→阀10.2左位→T。

⑮ 剪切上。 当下行剪切到位，压下行程开关11XK发信，电磁铁18DT断电，19DT通电，阀10.2右位工作，剪切缸下腔进压力油，剪切刀具上升。

⑯ 停止。 当剪切上升到位压下行程开关10XK，使各电磁铁均断电，泵空载运转，完成一个工作循环。

⑰ 调模。 调模不在循环动作之列。 根据需要按钮操作使电磁铁20DT或21DT通电，使阀9.2处于左或右工作位，压力油进入移模缸上腔或下腔，缸前进或后退，加上死挡铁定位，进行模进、模出动作。

19.5.3 故障分析与排除

【故障1】 液压系统的压力上不去

① 可参阅9.2节和8.1节中的内容进行故障分析与排除。

② 如通过编程器使泵B1、B2、B3和B4供油，对应的电磁溢流阀1.1~1.4的电磁铁通电，它们本身没有毛病，但也会出现调不上压力的故障。

【故障2】 锁紧缸无锁紧动作

① 液压系统压力上不去。

② 电磁铁7DT和8DT因电路故障未能通电时，泵的输出压力上不去； 16DT未能通电，则泵来的压力油进不了锁紧缸。 可查明电路故障并予以排除。

③ 电磁溢流阀 5.1 和 5.2 均有毛病，例如主阀阀芯卡死在开启位置，先导针阀锥面上有凹坑等。可参阅 5.10 节中相关内容进行故障分析与排除。

【故障3】 锁紧锁紧时，速度太慢

① 锁紧时由泵 B6 与泵 B7 供油。如果电磁铁 8DT 未通电，则泵 B6 的压力油不能进入锁紧缸，则一台泵供油，锁紧速度自然慢，可检查并排除。如果必要，可用程控器编程，增加一台泵供油。

② 单向阀 2.6 或 2.7 卡死在关闭位置，有一台泵的压力油进不了锁紧缸。

③ 锁紧缸密封破损，或因缸筒内严重拉伤，存在严重内泄漏。

④ 电液阀 10.1 严重内漏或换向未到位。

可针对上述情况，并参阅本手册其他内容逐一排除之。

【故障4】 锁紧缸无锁松动作，不后退

① 电磁铁 17DT，未能通电。

② 锁紧缸严重别劲。

③ 系统压力太低。

④ 电液阀 10.2 主阀阀芯卡死。

可根据上述不同情况作不同处理。

【故障5】 供锭器不上升

① 行程开关 9XK 未压上或者其动作失灵，均不能发出电信号，此时应检查行程开关安装的牢靠性和位置的正确性，并检查行程开关动作可靠性（如质量是否合格）。

② 单向节流阀 7.1 的节流开度调节过小甚至封闭住供锭缸下腔回油的通路。

③ 电磁铁 14DT 未能通电，此时可检查控制电路情况。

④ 电液阀 9.1 的阀芯因污物卡死，此时可拆开清洗。

【故障6】 供锭器上升（或下降）速度慢

① 单向节流阀 7.1（或 7.2）的节流阀阀芯的开度调节过小，应调大开度。

② 电液阀 9.1 的主阀阀芯换向未到位，可查明原因予以排除。

③ 供锭缸别劲，可重新装配使之运动自如。

【故障7】 供锭器不下降

① 行程开关 2XK 未压上或者因本身质量问题不能发出电信号，此时应检查行程开关可靠压上的情况，或者更换合格的行程开关。

② 单向节流阀 7.2 调节过度处于全封闭状态，此时可适当旋松节流阀的调节旋钮。

③ 电磁铁 15DT 未能通电，此时可检查控制电路的情况并排除不通电故障。

④ 电液阀 9.1 的主阀阀芯卡死，或因其他原因未换向到位，可据具体情况排除。

【故障8】 挤压时无快进动作

① 行程开关 12XK 未压下，或者虽压下但因 12 XK 存在质量问题不能发出电信号，使电磁铁 9DT 未能通电，插装阀 15.1 和 15.3 不能打开，油路不通，此时无压力油进入快速缸左腔。

② 行程开关 12 XX 虽发出电信号，但因电路原因，电磁铁 9DT 未能通电，此时应检查电路。

③ 电磁铁 9DT 虽通电，但由于污物等原因，插装阀的阀芯卡死，油路不通，主油路的压力油不能经插装阀进入快速缸左腔。此时应拆开插装阀进行清洗。

④ 先导电磁阀 11 的复位弹簧因折断或漏装，阀芯不能换向到正确位置，可拆开阀进行检查。

⑤ 快速缸因装配不好，严重别劲，压力油推不动快速缸运动。

⑥ 电磁铁 13DT 未断电，充液阀未打开，使主缸腔内油液封闭。

⑦ 第二次快进动作没有时，为行程开关 12XK 未被压下，情况与上述同。

【故障 9】 挤压快进时，动作不快

① 挤压块快进时安排了 B1、B2 和 B3 三台泵供油，但与此相对应，电磁铁 1DT、2DT 和 3DT 也均要通电，三台泵才有可能一起供油参与快进动作。但如果有一电磁铁不能通电，便少了一台泵供油，流量小了，自然速度就会慢下来。可检查电路故障。

② 三只单向阀 4.1、4.2 和 4.3 中有一只阀芯卡死在关闭位置，对应的这台泵便不能向系统供油，参与快进。

③ 三只电磁溢流阀 1.1、1.2 和 1.3 中有一只（如阀 1.1）有故障调不起压，则与之相匹配的泵出口流量便溢流入油箱，匹配的单向阀（如阀 2.1）处于关闭状态，这样也就少了一台泵向系统供油。

④ 快速缸因密封破损存在严重内泄漏。

可根据上述分析，确认原因后予以排除。

【故障 10】 快进转工进时，压力上升速度慢，或者压力根本上不去

① 电磁铁 13DT 断电后，电液阀 8.1 的先导电磁阀或主阀阀芯存在卡阻现象，阀芯移动速度慢，因此主缸内压力上升速度慢；如果阀 8.1 的阀芯在 13DT 断电后弹簧不能使阀芯复位，充液缸便仍然处于右边位置打开充液阀，主缸与油箱通，则主缸内压力根本上不去。可拆修电液阀 8.1。

② 充液阀阀芯上的密封锥面拉有凹坑或有污物，与缸体上的阀座不密合，应予以修理。

③ 电磁溢流阀 1.6 通电后，主溢流阀关闭时存在卡阻现象，或者阀内阻尼小孔被污物阻塞等现象。可参阅 5.9 节中的内容，排除阀 1.6 的故障。

【故障 11】 工进挤压铜材时，挤压力显得不够大

① 电磁溢流阀 1.1~1.6 等的压力调得太低，或者因有故障压力调不上去。

② 充液阀阀芯锥面磨损或有污物不密封，主缸会从不密封处往油箱漏油，泄掉了缸内一部分压力。

③ 插装阀 15.4、17.2 等因阀芯磨损不密合。

④ 泵的供油量不够。

找出故障原因并予以排除。

【故障 12】 挤压后主缸不后退

① 行程开关 8XK 与延时继电器 b 未发信，使得电磁铁 LODT 未能通电。

② 电磁铁 13DT 未能通电，充液阀处于关闭状态。

③ 电磁铁 1DT、2DT、3DT 未能通电，泵 B1、B2、B3 也就不能提供压力油给主缸和快速缸。

【故障 13】 挤压后退对，主缸振动大

① 电磁铁 13DT，未先于 10DT 通电短暂时刻。

② 延时继电器 b 调节的时间太短，主缸尚未先卸压便后退。

【故障 14】 剪切缸不能下行进行剪切

① 行程开关 1XK 未被压下，或者虽被压下但 1XK 有故障，不能发出电信号，使电磁铁 7DT、8DT 及 18DT 未能通电。

② 程开关 1XK 虽发出电信号，但电磁铁 7DT、8DT 与 DI 未能通电，此时可检查电磁铁的控制电路有否接触不良等现象。

③ 电液阀 10.2 的主阀阀芯卡死在未下行剪位置。

【故障 15】 剪切力感到不够

① 电磁铁 7DT 与 8DT 未能通电。

② 电磁溢流阀 5.2 与 5.1 的调节压力太低，或者有故障压力调不上去。

③ 剪切缸密封损坏。

【故障 16】 剪切后剪切缸不上升

① 行程开关 11XK 未压下，或者 11XK 有毛病。

② 电磁铁 19DT 因某些原因未能通电。

③ 电磁铁 19DT 虽通电，但电液阀 10.2 的主阀阀芯卡死。

【故障 17】 调模不动作，不能模进、模出

① 电磁铁 21DT 因断线等电路故障未能通电，或电磁铁 21DT 虽能通电，但阀 9.2 的主阀芯卡死时，无模进动作。

② 电磁铁 2ODT 未通电或阀 9.2 的主阀芯卡死在模进位置时，无模退动作。

可查明原因予以排除。

19.5.4 挤压机的 PLC 程序控制

该机采用日本三菱公司的 PLC-三菱 FX1-80 型可编程控制器进行程序控制。 表 19-9 为 PC-I/O 卡，图 19-14 为 PC 程序控制图。

表 19-9 PC-I/O 卡

PC 号	编号	端子号	功能	PC 号	编号	端子号	功能	PC 号	编号	端子号	功能
X0	1		主缸退	Y0	1DT	泵 1		X22	19		工进开始 排气
X1	2		主缸进	Y1	2DT	泵 2		X23	20		工进 调速
X2	3		供锭下	Y2	3DT	泵 3		X24	21		工进 停
X3	4		供锭上	Y3	4DT	泵 4		X25	22		锁退 停
X4	5		锁松	Y4	5DT	泵 5		X26	23		锁紧 中位
X5	6		锁紧	Y5	6DT	连通阀		X27	24		增压 发信
X6	7		模出	Y6	7DT	泵 6		X30	25		锁紧 限
X7	8		模进	Y7	8DT	泵 7		X31	26		剪刀 上限
X10	9		剪刀下	Y10	9DT	快进		X32	27		剪刀 下限
X11	10		剪刀上	Y11	10DT	快退		X33	28		供锭 下限
X12	11		排气	Y12	11DT	主缸 工进		X34	29		供锭 上限
X13	12		自动	Y13	12DT	主缸 工进			30		
X14	13		急停	Y14	13DT	充液			31		
	14			Y15	14DT	供锭 上			32		
	15			Y16	15DT	供锭 下			33		
									34		
									35		
X17	16		主缸退停	Y17	16DT	锁紧			35		
X20	17		供锭下	Y20	17DT	锁松		Y22	19DT		剪升
X21	18		供锭					Y23	20DT		入模
								Y24	21DT		出模

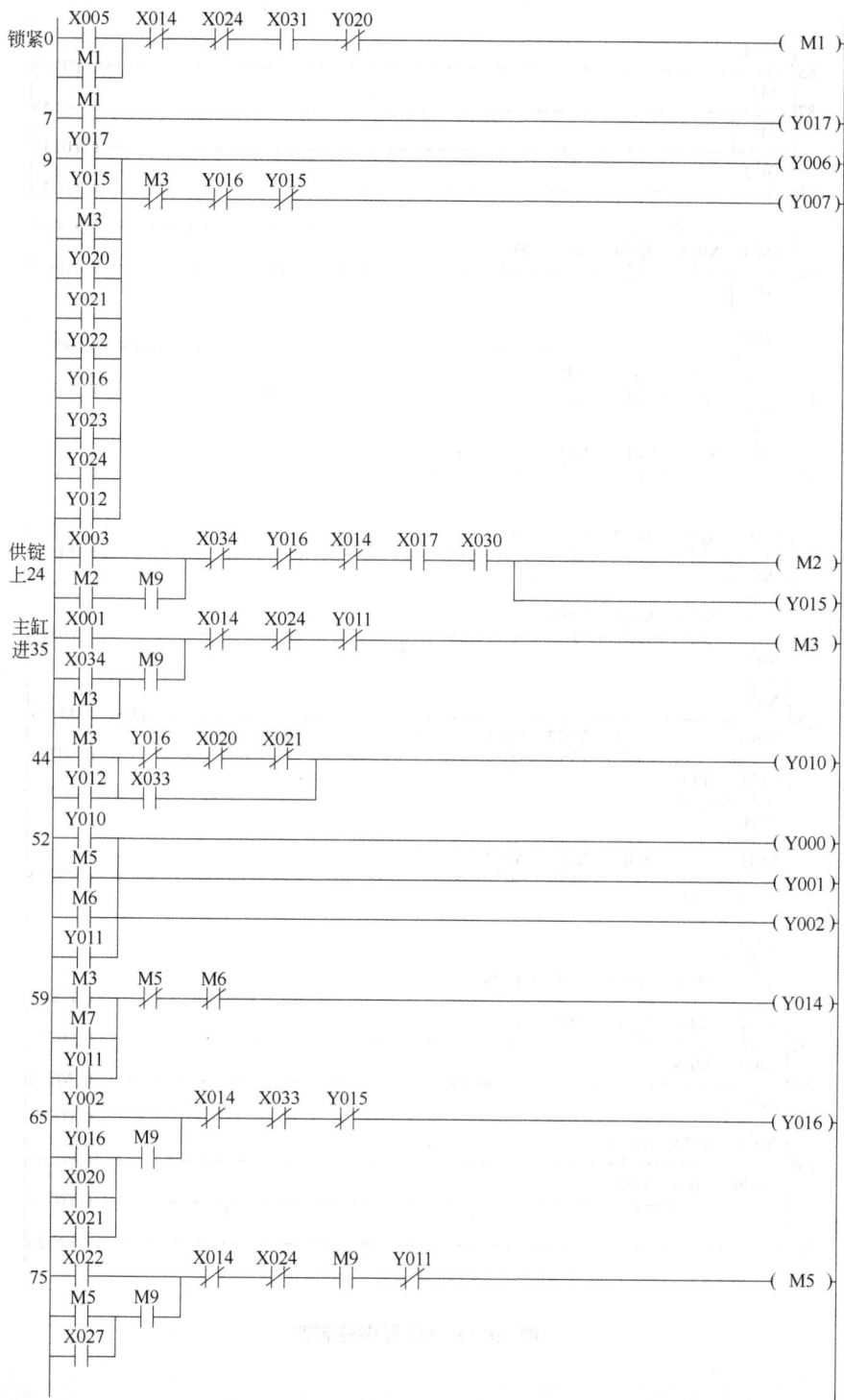

图 19-14

X014 —/|— (Y030)

85

M5 ——(Y012)

87

M6 ——(Y013)

Y012 ——(Y003)

91 ——(Y004)

X023 X014 X024 M9 Y011
94 —| |——/|——/|——| |——/|— (M6)
M6
—| |—

X024
101 —| |— [PLS M10]

M10 X014 X025 M9
104 —| |——/|——/|——| |— (M7)
M7
—| |—

M7 X025 Y017 X033
110 —| |——/|——/|——/|— (Y020)
X004
—| |—

X026 X014 X017 Y010 M9
116 —| |——/|——/|——/|——| |— (M8)
M8
—| |—

M8 X017 X014 Y010
123 —| |——/|——/|——/|— (Y011)
X000
—| |—

X025
129 —| |— [PLS M11]

X010 X030 Y022 X014 X032
132 —| |——/|——/|——/|——/|— (Y021)
Y021 M9
—| |——| |—
M11
—| |—

X011 X014 X031 Y021
142 —| |——/|——/|——/|— (Y022)
Y022 M9
—| |——| |—
X032
—| |—

X006 X014 X030 X025 Y023
151 —| |——/|——/|——/|——/|— (Y024)
X007 X014 X030 X025 Y024
157 —| |——/|——/|——/|——/|— (Y023)

X013 X014
163 —| |——/|— (M9)
M9
—| |— (Y025)

X035 X014 Y027
168 —| |——/|——/|— (Y026)
X036 X014 Y026
172 —| |——/|——/|— (Y027)

176 ——————————————————— [END]

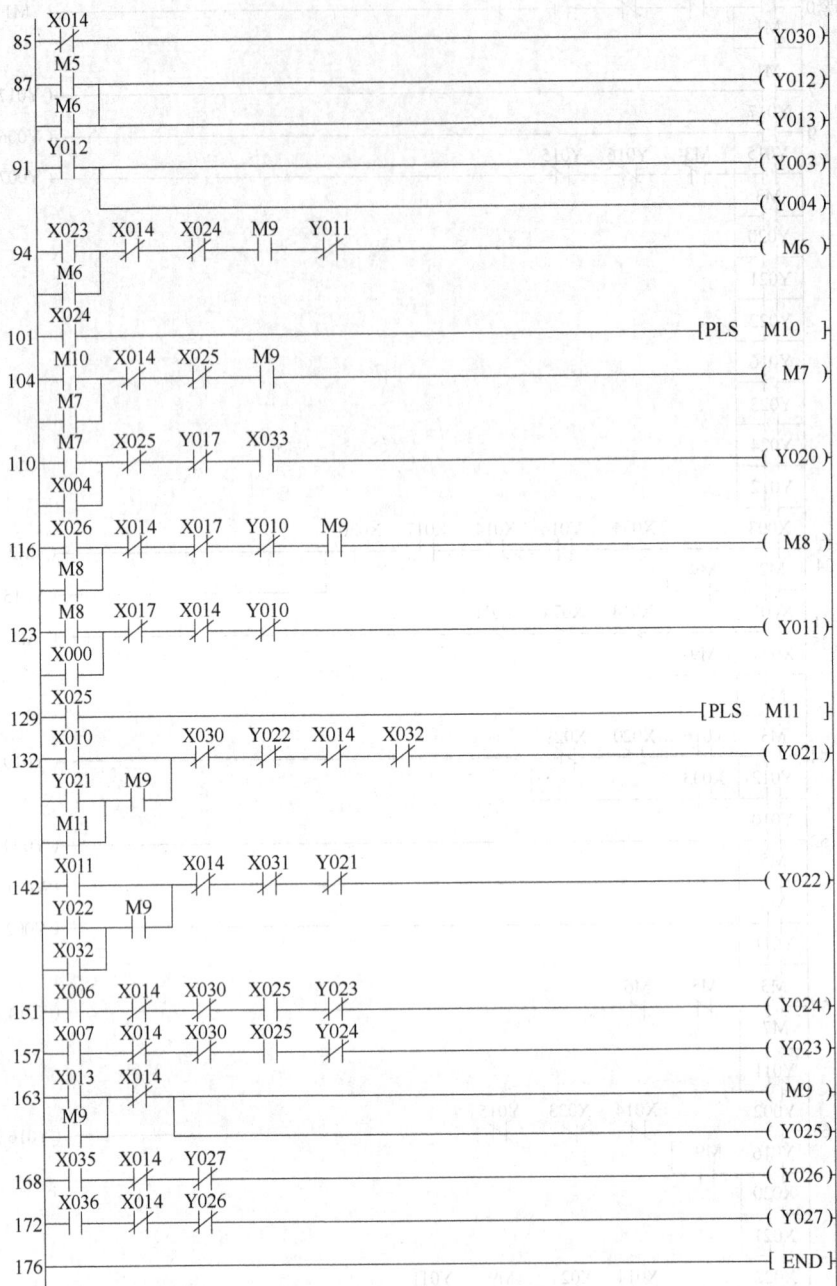

图 19-14 PC 程序控制图

第 **20** 章

钢铁设备液压系统及故障排除

20.1 液压在冶炼、钢铁设备上的应用

20.1.1 冶炼设备

冶炼是将经过精选和烧结的金属矿石放在冶金炉中熔炼，再把熔炼出来的液态金属浇铸成金属锭。 很多冶炼设备（如连铸机）上都采用了液压传动。 高炉的炉顶料钟启闭机构、炉门泥炮、热风炉门启闭等都采用液压传动（图 20-1）。 电弧炼钢炉的炉体倾动、炉盖提升与回转、电极夹持、电极升降等动作都可以用液压传动实现。 钢包精炼炉的电弧炉顶盖部分电极升降系统与电弧炼钢炉电极调节系统相似，也可采用液压传动，另外钢包小车的行走用大扭矩液压马达来实现。 矿热炉的自熔电极由两个大液压缸吊挂在炉架上，电极夹持也用到液压传动。 转炉的烟罩升降用四个同步液压缸驱动；脱模吊车使用液压脱模吊车。

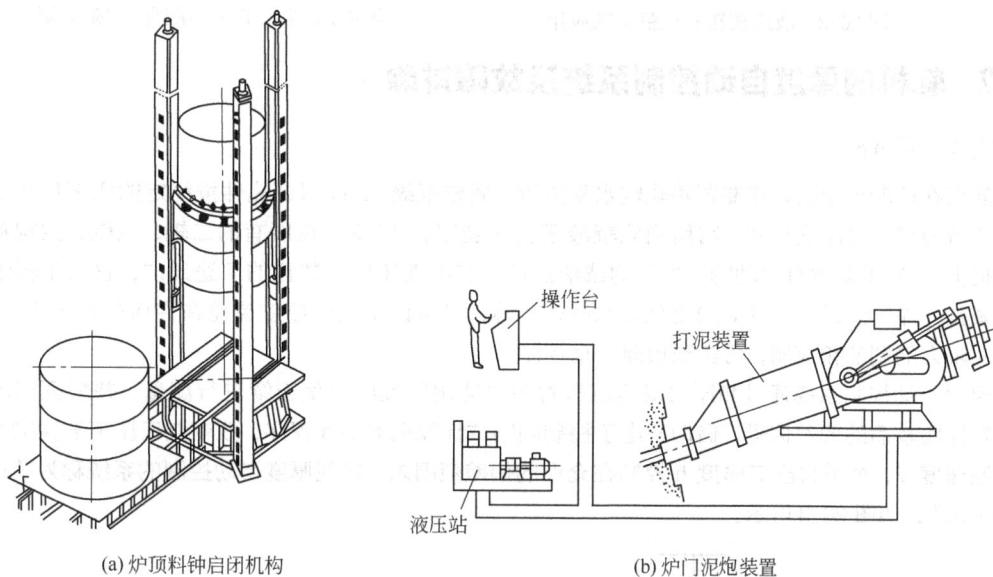

操作台

打泥装置

液压站

(a) 炉顶料钟启闭机构　　　　　　　　　　(b) 炉门泥炮装置

图 20-1　冶炼设备液压应用例

20.1.2 轧制设备

冶金工业生产的板材、带材、管材、线材、型材是将坯料经轧制或拉拔加工而成。 轧制设备因属重型设备，驱动功率大，自动化程度高，因而广泛采用液压技术（图 20-2）。 如热轧线上的钢锭翻料机、推钢机、液压剪，轧机的轧辊平衡机构、轧辊压下机构、换辊机构等都用液压传动。冷轧中的轧辊平衡、开卷机和卷取机的心轴松卷、带材边缘位置控制、钢卷带压紧、导板上下动作、立辊与压辊传动、钢卷托架移行与升降、校直机压下、滑板台上下移动、测厚仪移动、双筒卷取机联轴器离合动作、换辊小车移动、转台回转等均用液压传动。 一般冷轧机轧辊压下及辊形调整装置采用电液伺服系统，配合测厚仪和电子计算机，实现辊缝自动调节，从而实现对带材厚度的

(a) 轧机外观

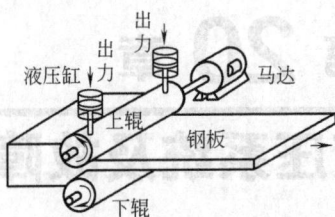

(b) 轧辊压下机构示意图

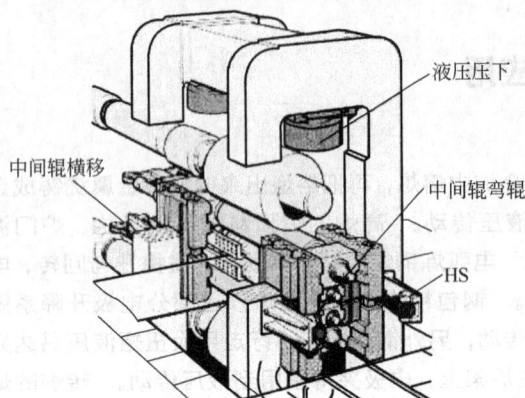

(c) 轧辊平衡(横移)机构、扎辊压下机构

图 20-2　液压在轧制设备上的应用

自动控制。 冷轧机除主轧机外，许多辅助机组上也采用液压传动，如带材跑偏控制、带材张力调节、闪光焊机进给系统、平整机辊形调整、拉伸校直机、飞剪控制等。 管轧机的芯棒送进及旋转用液压传动实现，挤压机的上料机构，型材与管材校直多用液压传动。

20.1.3　连续铸钢设备（钢铁连铸机）

连续铸钢设备是将钢水直接加工成钢坯的成套设备，连续铸钢坯作为一种先进的生产工艺已被一些钢铁企业集团所采用，它取代了以往的钢水模铸、脱锭、均热、开坯等工艺，在生产效率、能源消耗和产品质量方面具有显著的优势。 连续铸钢设备由于执行机构分散面广、传递功率大、工作环境恶劣，非采用液压系统莫属。

20.2　轧机的厚度自动控制系统及故障排除

20.2.1　简介

轧机在轧制钢板时，需要调整轧辊水平位置（调整辊缝），以保证轧件按给定的压下量轧出所要求的断面尺寸与厚度尺寸，常用到轧辊液压压下装置。 它安装在所有的二辊、三辊、四辊和多辊轧机上。 压下装置有手动的、电动的或液压的，其中液压压下装置的用途最广，它用于辊缝的精确调整，并可根据钢板厚度的变化动态调整辊缝，以保证钢板的厚度偏差在许可的范围内。 通过对轧辊力的调节和控制，可实现板厚自动控制。

厚度自动控制系统通过测厚仪或传感器对带材轧出的实际厚度连续进行测量，并根据实测值与给定值比较后的偏差信号，借助于电子控制回路或计算机的功能程序，改变液压压下装置的力 F 及轧制速度 V，把带材出口厚度 h 控制在允许的偏差范围内，实现厚度自动控制的系统称为"AGC 控制系统"，如图 20-3 所示。

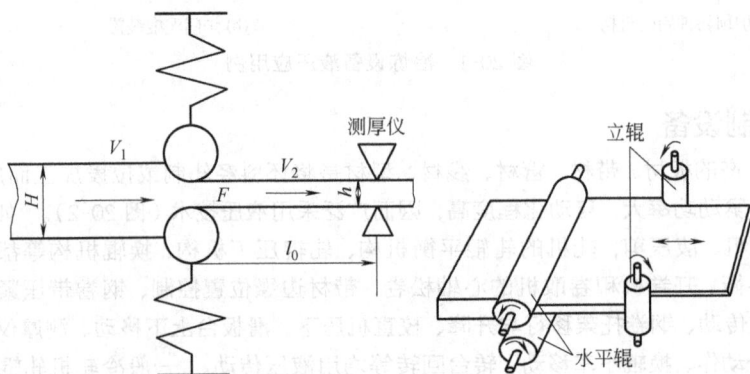

图 20-3　轧机基本模型

轧机的厚度自动控制系统是电子技术、传感技术和液压技术的完美结合。

20.2.2 板厚控制的工作原理

只以轧机出口测厚仪检测带钢出口厚度偏差所得信号 h 与设定值 h_0 作为主反馈量来控制液压压下装置的系统有时间滞后，因而控制精度低。

以辊缝位移传感器的位置信号和测压仪所测得的轧制力信号作为主反馈量来控制液压压下装置，并以出口测厚仪所测得的厚度偏差信号作监控反馈量，输入液压压下装置中，对辊缝进行必要的修正，这种方式控制精度较高。

目前在现代化高速轧机上的板厚控制的工作原理如图 20-4 所示，以辊缝位置和轧制力作为

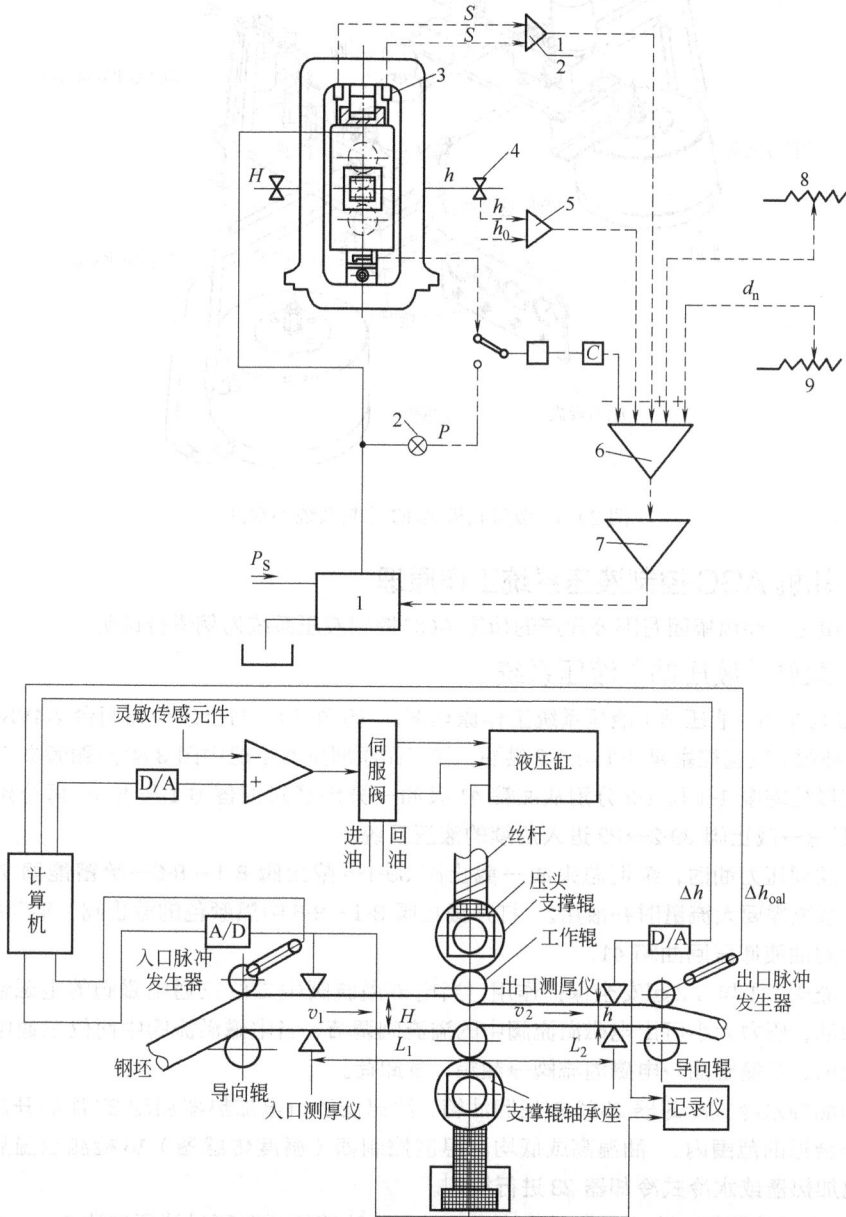

图 20-4　液压轧机 AGC 控制系统原理图

1—伺服阀；2—压力传感器；3—位移传感器；4—出口测厚仪；5—运算放大器；6—校正放大器；7—伺服放大器；
8—成品厚度设定输入值；9—辊缝设定输入值；S—位置反馈信号；h—压力反馈信号。

反馈信号，以入口测厚 H 值作为预控，以出口测厚 h 作为监控，所有信号经校正放大器放大再经伺服放大器放大后，输入伺服阀的力矩马达，操纵伺服阀动作。位置反馈信号 S 和压力反馈信号随时进行检测和反馈，与成品厚度设定输入值 h 进行比较，经校正放大器 6 校正，再经伺服放大器放大后输入伺服阀的力矩马达，控制伺服阀动作，对板厚进行修正，轧制出板厚精度很高的板材。

图 20-5 为液压轧机 AGC 控制系统外观图。

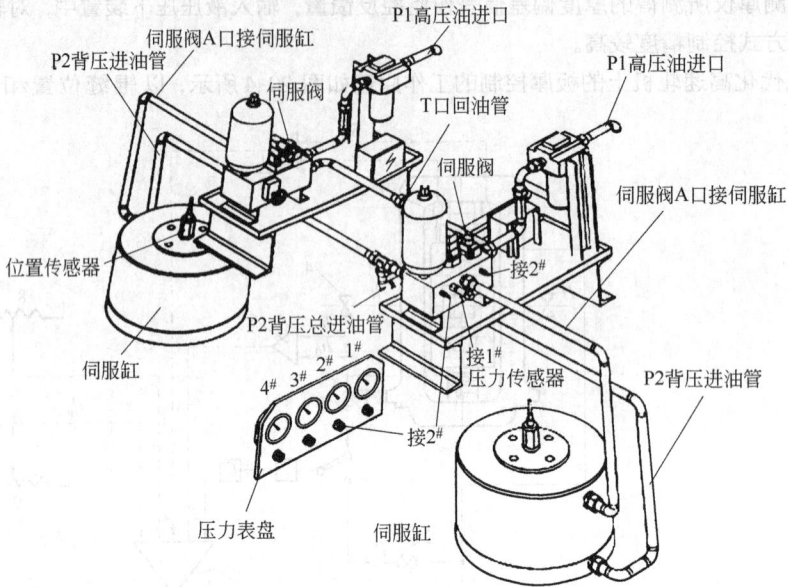

图 20-5　液压轧机 AGC 控制系统外观图

20.2.3　轧机 AGC 控制液压系统工作原理

以大连重工·起重集团有限公司产的精轧 AGC 控制液压系统为例进行说明：

（1）泵站（液压站）液压系统

图 20-6 为泵站（液压站）液压系统工作原理图。德国博世-力士乐公司两台 A4VSO180DR 型恒压（压力补偿）变量柱塞泵 1-1 与 1-2 供油，其工作原理见本手册中图 3-80 及图旁文字说明。

恒压变量柱塞泵 1-1 与 1-2 分别从油箱 41 吸油→分别经过滤器 6-1 与 6-2→再分别经单向阀 4-1 与 4-3 汇总→截止阀 39-2→P3 进入后续的液压系统。

系统不需要压力油时，泵汇总来油→截止阀 39-1→截止阀 8-1～8-6→给蓄能器 7-1～7-6 充液，供后续系统需要大流量时补液用。打开截止阀 8-1～8-6 中黑颜色的截止阀（平时关闭），可使蓄能器中的油液卸压回油箱 41。

电磁溢流阀 3-1 与 3-2 起安全保护作用，当电磁溢流阀中二位三通电磁阀的电磁铁通电时，泵输出压力油，压力大小可由电磁溢流阀中的溢流阀调节；当电磁溢流阀中两位三通电磁阀的电磁铁不通电时，泵输出油→电磁溢流阀→油箱，泵卸荷。

系统回油经水冷式冷却器 23 冷却后回油箱，油温低了由电加热器启动 37 加热升温，使油温控制在一个合适的范围内。油温高或低均由温度控制器（温度传感器）16 检测油温后，发出电信号，对电加热器或水冷式冷却器 23 进行控制。

件 33 为空气滤清器，防止外界粉尘进入油箱，往油箱加油时可过滤所加油液。

图 20-6 中对应件号的名称、型号及规格明细表见表 20-1。

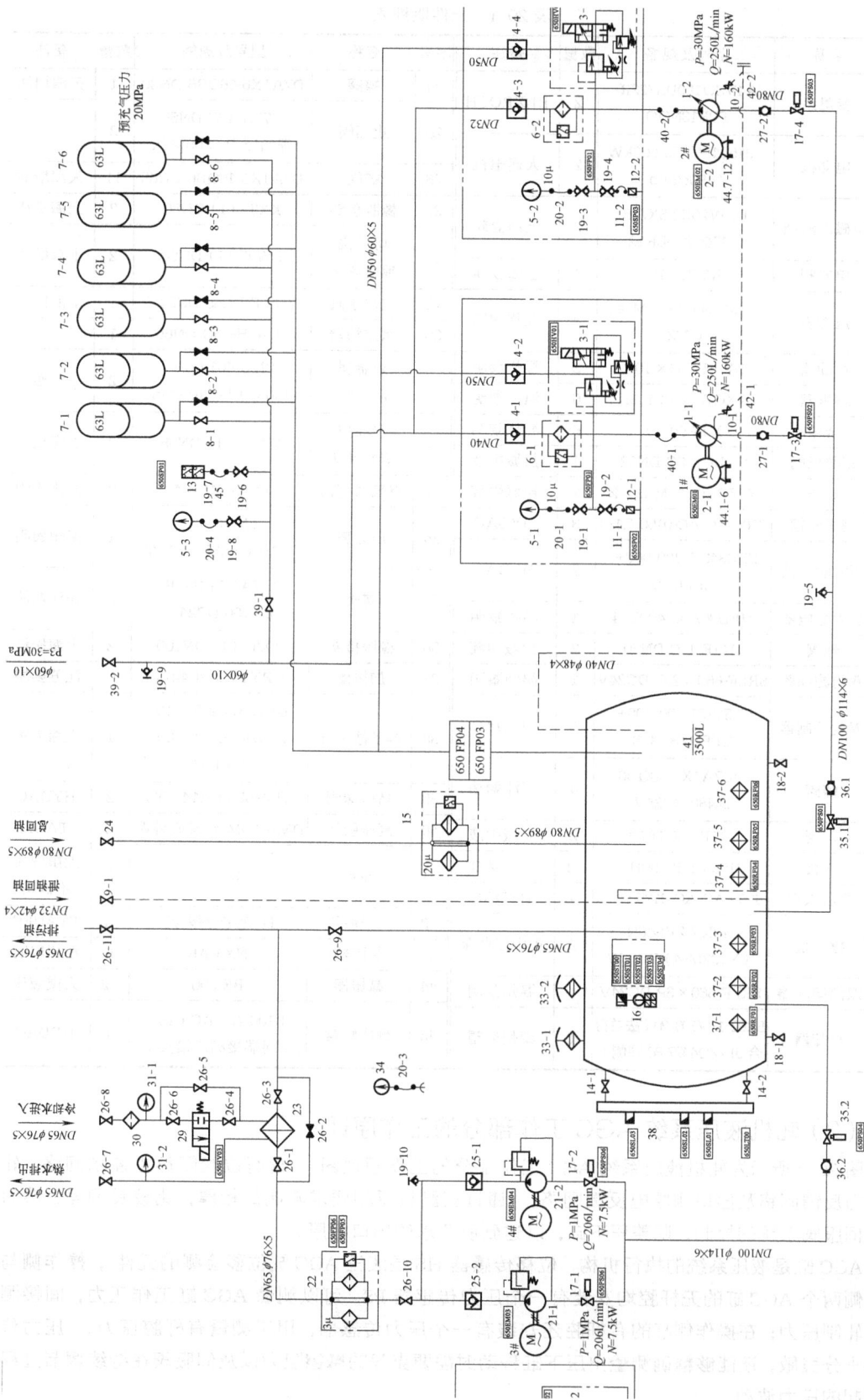

图 20-6　精轧机 AGC 控制液压系统图

表 20-1 元件明细表

序号	名称	型号及规格	数量	备注	序号	名称	型号及规格	数量	备注
1	变量泵	A4VSO180DR/22R-PPB13NOO	2	REXROTH	24	蝶阀	D7A1X5-16QB6 DN80	1	天津塘沽
2	电动机	Y315L1-4 B35 160kW 1490r/min	2	大连电机	25	止回阀	H72H-16C DN65 开启压力 0.05MPa	2	
3	电磁溢流阀	DBW20B2-5X/35 SG24NZ75LR12	2	上海立新	26	蝶阀	D7A1X5-16QB6 DN65	11	天津塘沽
4	单向阀	RVP30-10	4	上海立新	27	橡胶接头	KXT-（I）DN80	2	上海松江
5	压力表	YN-100-N（0~40MPa）G1/2	3	温州黎明	28	可曲挠橡胶弯头	KWT-（I）DN80	2	上海松江
6	滤油器	DFB-H500×10C	2	温州黎明	29	电磁水阀	ZCS-F DN65 DC24V	1	上海巨良
7	蓄能器	NXQB-L63/31.5L	6	温州黎明	30	水过滤器	GL41H-16C DN65	1	
8	安全球阀	XJF-50/10	6	温州黎明	31	双金属温度计	WSS-401（0~100℃）L= 100mm	2	大连
9	超薄球阀	Q11F-4.0C DN32	1	盐城中液					
10	球阀	YJZQ-J25N M33×2	2	盐城中液	32	可曲挠橡胶弯头	KWT-（I）DN65	2	上海松江
11	测压软管	S100-AC-AC-0150-G1/4	3	HYDAC	33	空气滤清器	QUQ3-10×4	2	温州黎明
12	压力触电器	EDS345-1-400-000+ ZBM300	2	HYDAC	34	压力表	YN-100-IV（0~1.6MPa）G1/2	1	温州黎明
13	压力继电器	HED30A30/400L24	1	温州黎明	35	蝶阀	DD7A1X5-16QB6 DN100 DC24V	2	天津塘沽
14	球阀	Q41F-16C DN20	2	盐城中液	36	橡胶接头	KXT-（I）DN100	2	上海松江
15	双筒滤油器	SRLF-660×20P DC24V	1	温州黎明	37	加热器	HRY1-380/4 4kW	6	江苏姜堰
16	温度控制器	ETS1701-100-000+ TFP100+ S.S	1	HYDAC	38	浮子液位计	UHZ-511-Z-X1/10-20/25/Y-II-10-100-500-1-J/3	1	上海天敏
17	蝶阀	DD7A1X5-16QB6 DN80 DC24V	4	天津塘沽	39	高压球阀	KHM-50-F6-1141-06X	2	HYDAC
18	球阀	Q11F-16P DN25	2	盐城中液	40	高压胶管	DN32 30MPa 按圈外购	2	STAUFF
19	测压接头	2103-01-18.00HD	11	HYDAC	41	油箱	3500L	1	大重液压（不锈钢）
20	测压软管	S100-AC-AC-0125-G1/2	4	HYDAC	42	高压胶管	DN25 按圈外购	2	STAUFF
21	螺杆泵	HSNF 210-46N（Y132M-4）7.5kW	2	黄山工业泵	43	紧固箍	NXJ-A5	6	温州黎明
22	双筒滤油器	SRLF-660×3P DC24V	1	温州黎明	44	减振器	BE-300	12	大重液压
23	冷却器	BR02-1.0/100-20（法兰符合 JB/ZQ4477-86 同侧）	1	泰州远望	45	测压软管	S100-AC-AC-0150（两端接测压接头）	1	HYDAC

（2）轧机液压系统 AGC 工作部分的工作原理

图 20-7 所示为轧机液压系统 AGC 工作部分的工作原理图。含有位置闭环主控制回路、轧制压力反馈回路及出口测厚电反馈回路。通过实测板厚和要求轧制的板厚，比较其偏差，然后通过伺服阀系统的控制，调整压下缸，以达到所要求的出口板厚。

AGC 缸是液压系统的执行机构，位移传感器 HS 是液压 AGC 缸位移检测的元件，操作侧与传动侧两个 AGC 缸的无杆腔均安装有一个压力传感器 PS，可以测量 AGC 缸工作压力，间接测量出轧制压力；在操作侧缸的有杆腔还安装有一个压力传感器，用于测量有杆腔压力。压力传感器十分灵敏，还能够精确测量出压下缸移动时需要克服的摩擦阻力以及伺服阀在持续调节过程中引起的压力波动。

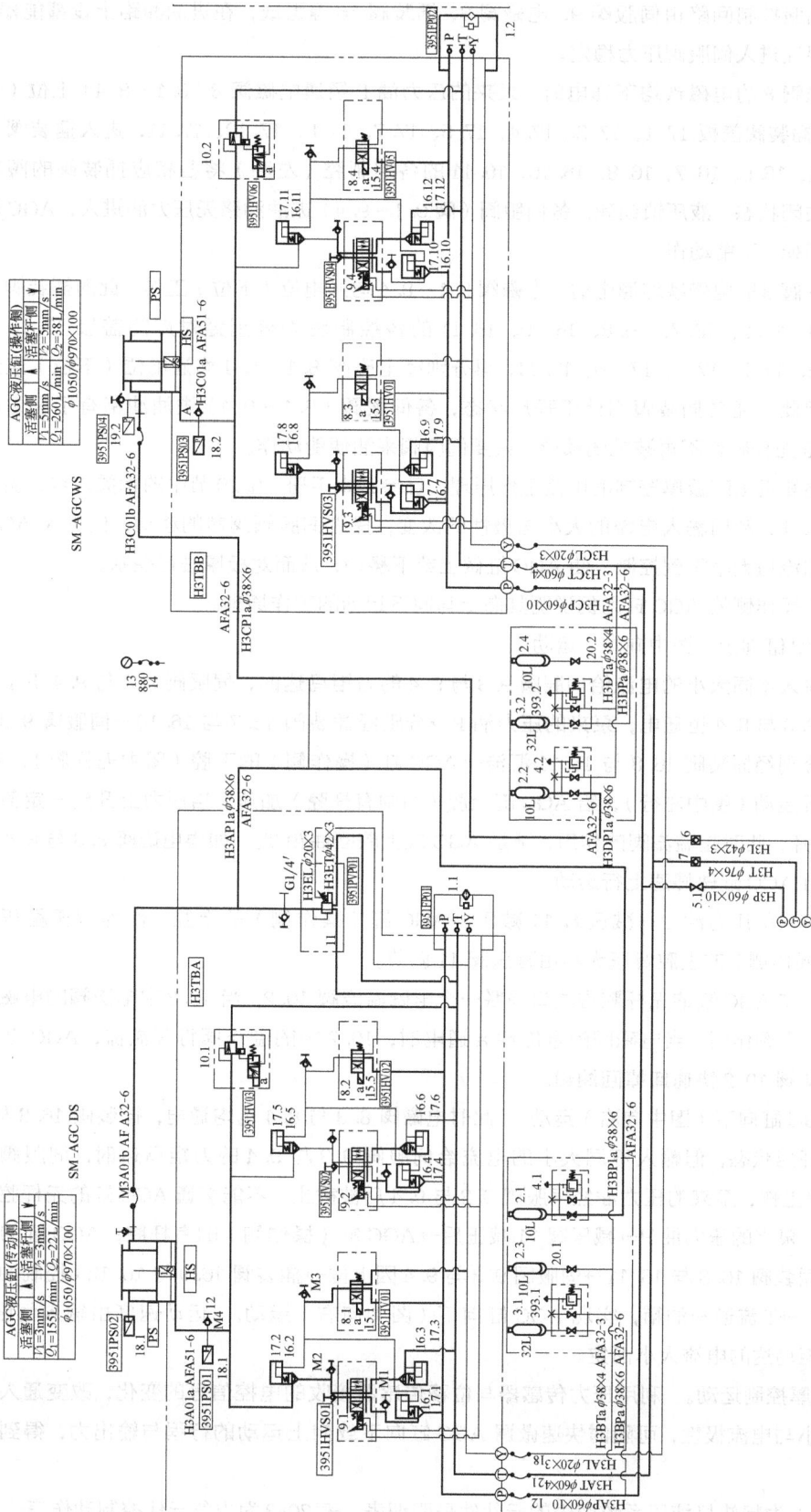

图 20-7　精轧机液压系统图

主缸伺服控制回路由伺服阀 9、电磁阀 8、插装阀 16 等组成,在进油油路上设蓄能器 2 与 3 的目的是保证进入伺服阀压力稳定。

当电磁阀 8 的电磁铁均不通电时,泵来的压力油 P 经通电磁阀 8(8.1~8.4)上位(不通电位),再经插装阀盖板 17.1、17.2、17.4、17.5、17.7、17.8、17.10、17.11,进入插装阀 16.1、16.2、16.4、16.5、16.7、16.8、16.10、16.11 的各控制腔(左腔)将各相应插装阀的阀芯压死而均处于关闭状态,液压锁锁死,各伺服阀(阀 9.1~9.4)进油油路无压力油进入,AGC 缸无杆腔被关闭锁死,不能动作。

当电磁阀 8 的电磁铁均通电时,电磁阀 8.1~8.4 均通电位(下位)工作,此时插装阀 16.1、16.2、16.4、16.5、16.7、16.8、16.10、16.11 的各控制腔均分别经对应的盖板 17.1、17.2、17.4、17.5、17.7、17.8、17.10、17.11,再分别经电磁阀 8.1~8.4 均通电位(下位)连通油箱而泄压,因此上述各插装阀均处于开启状态,各伺服阀(9.1~9.4)进油油路有了压力油的进入,AGC 缸无杆腔也不再被关闭锁死,只要伺服阀来油便能动作。

按上述轧机上的板厚控制的电控工作原理,且参阅本手册"5.20 节中的相关内容,便不难理解其工作原理:利用输入电流的大小与极性的改变,操纵伺服阀阀芯的移动,使进入 AGC 缸的液流方向和流量大小得到控制,使 AGC 缸做上或下移动,从而对板厚进行控制。

下面以操作侧的 AGC 缸为例说明其向上与向下运动的工作原理。

① AGC 缸向上(图中向左)运动

例如输入不同大小的电流给伺服阀 9.3 与 9.4 的力矩马达时,伺服阀 9.3 与 9.4 下位工作,若电磁阀 8.3 与 8.4 也通电,泵来的压力油 P→分别经插装阀 16.7 与 16.10→伺服阀 9.3 与 9.4 下位→再分别经插装阀 16.8 与 16.11 汇流→AGC 缸(操作侧)的下腔(图中无杆腔),AGC 缸做快速上行运动(图中左行),给 AGC 缸上腔(图中有杆腔)加压,当压力上升到一定值时,减压阀 11 打开,此时起溢流阀的作用,于是 AGC 缸上腔回油箱 T。 如果电磁阀 8.3 与 8.4 中只一个通电,则 AGC 缸做慢速上行运动。

平时泵来的压力油 P→减压阀 11 减压→AGC 缸(操作侧)的上腔,作为背压稳压之用,AGC 缸(操作侧)的上腔背压大小由减压阀 11 调节。

另外,在 AGC 缸的无杆腔进油口并联一个电磁溢流阀 10.2,当 10.2 中电磁阀的电磁铁 a 断电时,起安全阀作用;当电磁阀的电磁铁 a 通电时,10.2 中的溢流阀打开溢流,AGC 缸无杆腔的压力油从阀 10.2 快速卸掉回油箱。

② AGC 缸向下(图中向右)运动。 此时电磁阀 8.3 与 8.4 也均通电,插装阀 16.8 与 16.11 虽仍处于开启状态,但输入不同大小的电流给伺服阀 9.3 与 9.4 的力矩马达时,伺服阀 9.3 与 9.4 因上位工作,泵来的压力油经伺服阀 9.3 与 9.4 后被截止,不能接通 AGC 缸的无杆腔。

于是,泵来的压力油 P→减压阀 11 减压后→AGC 缸(操作侧)的有杆腔;AGC 缸的无杆腔的回油→插装阀 16.8 与 16.11→伺服阀 9.3 与 9.4 因上位→插装阀 16.9 与 16.12(控制油总连通 T 而开启)→T 流道→油箱,实现 AGC 缸向下(图中向右)运动。 运动速度由输入伺服阀 9.3 与 9.4 力矩马达的电流大小而定。

③ 板厚控制运动。 利用压力传感器与位移传感器接收的电控信号的变化,改变通入伺服阀电流的大小与电流极性,可随时快速微调 AGC 缸向下或向上运动的行程与输出力,得到精确的板厚控制。

表 20-2 为精轧机液压系统图中的元件件号明细表,表 20-3 为电气元件控制动作表。

表 20-2　精轧机液压系统图中的元件件号明细表

序号	名称	型号及规格	数量	附注
1	过滤器 DF 系列	DF BH/HC 110QE3D1.X/-L24	2	HYDAC
2	皮囊蓄能器	SB330-10A1/112A9-330A+ S309	4	HYDAC
3	皮囊蓄能器	SB330-32A1/112A9-330A+ S309	2	HYDAC
4	安全截止阀块	SAF32M12T330A	4	HYDAC
5	高压球阀	KHM-50-F6-11141-06-X	1	HYDAC
6	单向阀	0602392007+ AK42×4.0-1.4571	1	STAUFF
7	止回阀	65H77×5-16CB3	1	TECOFI
8	电磁阀	4WE6YB6X/EG24N9K4P12 带插头	4	REXROTH
9	伺服阀	D661-4651/G35 JOAA6VSX2HA 带插头	4	MOOG
9.1	比例伺服阀冲洗板	P-A	4	
9.2	比例伺服阀冲洗板	A-T	4	
9.3	比例伺服阀冲洗板	P-T	4	
10	电磁溢流阀	DBW30A-2-5X/3156EG24N9K4 带插头	2	REXROTH
11	减压阀	3DREME16P6X/200YG24K31+ 插头	1	REXROTH
12	测压接头	SMK20-G1/4-PC	20	STAUFF
13	耐震压力表	213.53.100/400BAR G1/2RUE+ F-RING	1	STAUFF
14	软管总成	SMS20/M1/2-2500B	1	STAUFF
15	阻尼器	152067(WE6.,B12D=1,2)	4	REXROTH
16	插装阀	LC25A40E7X/	12	REXROTH
17	盖板	LFA25D-7X/F	12	REXROTH
18	压力传感器		2	随 AGC 缸
19	压力传感器		2	随 AGC 缸
20	高压球阀	KHM-32-F3-11141-06-X	2	HYDAC

表 20-3　电气元件控制动作表

电磁铁编号	液压缸动作					电磁铁编号	液压缸动作				
	轧制	可控打开	不可控快开	动力源故障 AGC 缸互锁	停止		轧制	可控打开	不可控快开	动力源故障 AGC 缸互锁	停止
3951HVS01	输入信号	输入信号	零位	零位	零位	3951HVS03	输入信号	输入信号	零位	零位	零位
3951HVS02	输入信号	输入信号	零位	零位	零位	3951HVS04	输入信号	输入信号	零位	零位	零位
3951HV01	Q 得电	Q 得电	Q 失电	Q 失电	Q 失电	3951HV04	Q 得电	Q 得电	Q 失电	Q 失电	Q 失电
3951HV02	Q 得电	Q 得电	Q 失电	Q 失电	Q 失电	3951HV05	Q 得电	Q 得电	Q 失电	Q 失电	Q 失电
3951HV03	Q 失电	Q 失电	Q 得电	Q 失电	Q 失电	3951HV06	Q 失电	Q 失电	Q 得电	Q 失电	Q 失电
3951PVP01	0.5V	3V	4V	0.5V	0V	3951PVP01	0.5V	3V	4V	0.5V	0V
3951PS01	检测传动侧 AGC 缸活塞侧压力					3951PS03	检测操作侧 AGC 缸活塞侧压力				
3951PS02	检测传动侧 AGC 缸活塞杆侧压力					3951PS04	检测操作侧 AGC 缸活塞杆侧压力				
HS	检测传动侧 AGC 缸活塞位移					HS	检测操作侧 AGC 缸活塞位移				
3951FP01	检测传动侧 AGC 控制油过滤器堵塞发信					3951FP02	检测操作侧 AGC 控制油过滤器堵塞发信				

20.2.4 故障分析与排除

（1）AGC 主要故障

【故障 1】 传感器故障，造成 AGC 缸压下动作中断

① 液压压下实际值（任一侧）大于 24.5mm，或小于 -3mm 时，到达极限位，压下中断，轧机停止工作。应调节液压压下位置值。

② 同一缸两侧位置差大于 4mm，可能是位置传感器故障。

③ 两缸传感器偏差大于 2.3mm，出现压下中断现象（即有关参数超差时，压下功能中断，以保护设备），可能是位移传感器故障、伺服阀或液压缸泄漏、偏差或零调不准。

④ 轧制力应小于 40MN，否则过载，压下动作中断，轧制力不能超载。

⑤ 两侧压力传感器测量值超差：可能是压力传感器故障，应予以排除。

【故障 2】 恒压变量柱塞泵有故障不输出压力油或输出流量不够

可参阅本手册 3.4 节中的相关内容予以故障排除。

【故障 3】 恒压变量柱塞泵虽输出压力油，但输出的油液压力不够

可参阅本手册 3.4 节中的相关内容予以故障排除。

【故障 4】 AGC 液压缸不动作或动作不正常

① 同【故障 2】。

② 同【故障 3】。

③ 电磁溢流阀 3.1 与 3.2（图 20-6）有故障，系统压力上不去：可参阅本手册 5.9 节中的相关内容予以故障排除。

④ 电磁阀 8.1～8.4 的电磁铁因电气断线未能通电，或电磁阀阀芯卡死等故障，此时各插装阀 16 处于关闭状态，使泵来的压力油无法经后续伺服阀进入 AGC 缸。

⑤ 作安全阀用的电磁溢流阀 10.1 与 10.2 有故障，处于开启卸压状态。

⑥ AGC 缸本身有故障：如活塞密封严重破损、活塞杆别劲卡死等。

【故障 5】 AGC 缸轧制无力

① 同【故障 4】中③。

② 减压阀 11 出口压力调节得过高，背压太大。

③ 同【故障 4】中⑤。

【故障 6】 因伺服阀故障出现位置控制精度达不到要求

可从零偏电流的变化情况对伺服阀作出判别。

① 零偏电流不对：当零偏电流小于满量程 10%（约 3mA）时，伺服阀正常；当零偏电流大于满量程 30% 时，伺服阀应更换。

② 零偏电流逐步增大：伺服阀使用日久或压下缸寿命性故障，如磨损、泄漏、电气老化等，但控制性能基本达到要求，可能使控制位置略有漂移等现象。

③ 零偏电流突然增大：可能是伺服阀突发性故障或缸卡死。如反馈杆断裂、力矩马达卡滞、小球脱落、节流孔堵塞等，将使伺服系统失控。

可根据电流、液压缸压力、伺服阀油腔的压力、液压缸位置等参量进行故障判断，并检查伺服放大器电气断线。

（2）通过建立 AGC 液压控制系统故障树分析故障

AGC 系统故障树如图 20-8 所示，AGC 液压伺服子系统故障树如图 20-9 所示。通过建立 AGC 液压控制系统故障树，可帮助查找故障，供参考。

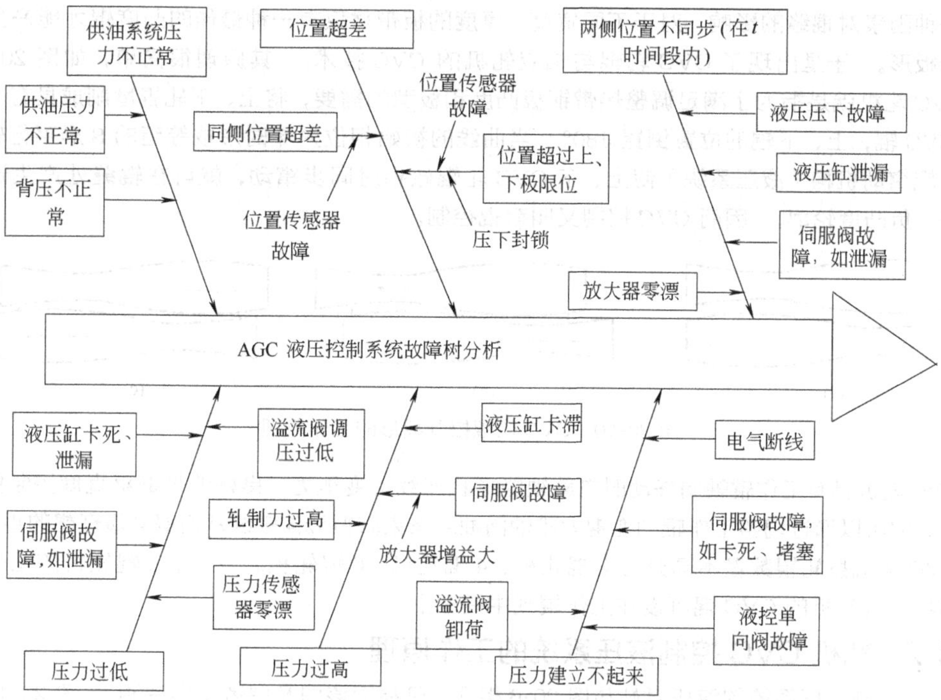
供油系统压力不正常
位置超差
两侧位置不同步(在t时间段内)
供油压力不正常
位置传感器故障
同侧位置超差
液压压下故障
位置超过上、下极限位
液压缸泄漏
背压不正常
位置传感器故障
压下封锁
伺服阀故障，如泄漏
放大器零漂
AGC 液压控制系统故障树分析
液压缸卡死、泄漏
溢流阀调压过低
液压缸卡滞
电气断线
伺服阀故障
轧制力过高
伺服阀故障，如卡死、堵塞
伺服阀故障，如泄漏
放大器增益大
压力传感器零漂
溢流阀卸荷
液控单向阀故障
压力过低
压力过高
压力建立不起来

图 20-8　AGC 液压系统故障树

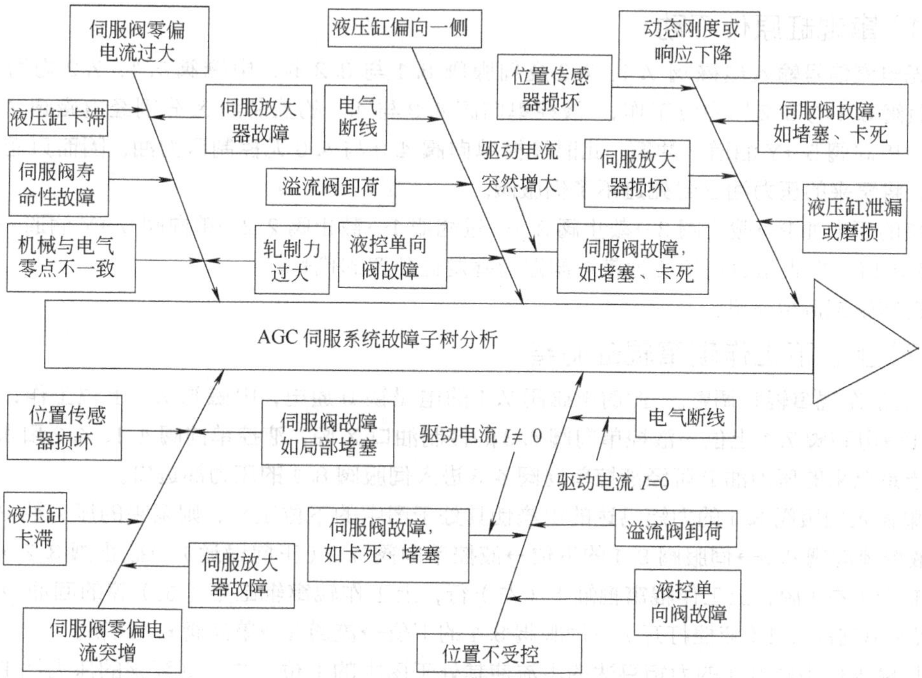
伺服阀零偏电流过大
液压缸偏向一侧
动态刚度或响应下降
位置传感器损坏
液压缸卡滞
伺服放大器故障
电气断线
伺服阀故障，如堵塞、卡死
驱动电流突然增大
伺服阀寿命性故障
伺服放大器损坏
溢流阀卸荷
液压缸泄漏或磨损
机械与电气零点不一致
轧制力过大
液控单向阀故障
伺服阀故障，如堵塞、卡死
AGC 伺服系统故障子树分析
位置传感器损坏
伺服阀故障如局部堵塞
电气断线
驱动电流 I≠0
驱动电流 I=0
液压缸卡滞
伺服阀故障，如卡死、堵塞
溢流阀卸荷
伺服放大器故障
液控单向阀故障
伺服阀零偏电流突增
位置不受控

图 20-9　AGC 液压伺服子系统故障树

20.3　轧机 CVC 控制液压系统及故障排除

20.3.1　简介

为了得到高质量的轧制带材，在冷轧过程中必须随时调整轧辊的辊缝去适合来料的板形，并补偿各种因素对辊缝的影响，对于不同宽度、厚度的板带材只有一种最佳的凸度辊才能产生理想的目标板形。于是出现了 CVC 轧辊与相应轧机的 CVC 技术。其原理很简单，如图 20-10 所示，CVC 轧机就是指为了满足调整热带钢板凸度和板型的需要，将上、下轧辊磨削成具有 S 形曲线的 CVC 辊，上、下辊的位置倒置 180°，当曲线的初始相位为零时形成等距的 S 形平行辊缝，通过轧辊窜动机构（液压系统）使上、下 CVC 轧辊做相对同步窜动，就可在辊缝处产生连续变化的正、负凸度轮廓。因而 CVC 控制又叫窜辊控制。

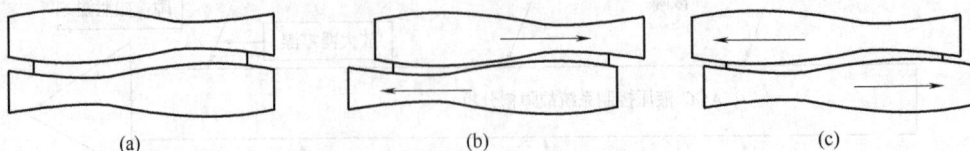

图 20-10　CVC 轧辊控制板形的工作原理

CVC 轧机具有工作辊轴向移动时空载辊缝形状连续可变能力，良好的带钢平直度控制能力和稳定性，它可以通过调整工作辊的弯辊力和轴向抽动量来获得最佳辊缝从而得到最理想的平直度。

CVC 轧机按轧辊数量不同分为 2 辊轧机、4 辊轧机、6 辊轧机。2 辊、4 辊轧机的工作辊为 CVC 辊，6 辊轧机的 CVC 辊可设在工作辊或中间辊上。

20.3.2　轧机 CVC 控制液压系统的工作原理

CVC 控制液压系统的液压泵站与图 20-6 相同，可参阅该图及图旁文字说明。图 20-11 所示为上、下辊的窜辊控制的液压系统图。上、下辊的窜辊控制由图中的上、下辊的窜辊缸执行。

（1）窜辊缸原位不动

当无电流信号输入电磁阀 7.1、7.2 及伺服阀 8.1 与 8.2 时，电磁阀 7.1、7.2 均为下位工作，伺服阀 8.1 与 8.2 均中位工作。液控单向阀 4.3 与 4.6 的控制油 X 分别经电磁阀 7.1、7.2 的下位→单向阀 5→Y 油道→油箱，此时液控单向阀 4.3 与 4.6 无控制压力油，因而只起单向阀的作用，将泵来的压力油 P 封死进不了伺服阀。

泵来的压力油 P→截止阀 3→截止阀 2.1→过滤器 1→截止阀 2.2→单向阀 5→Y 油道→油箱。图中"3935FP01"表示过滤器 1 为带过滤器堵塞发信装置的代号。

此时窜辊缸原位不动。

（2）上、下工作辊窜辊缸调整

① 上工作辊窜辊缸调整。此时电磁阀 7.1 的电磁铁 b 通电，电磁阀 7.1 上位工作，泵来的压力油 P→电磁阀 7.1 上位→液控单向阀 4.3 的控制油口 X 腔，液控单向阀 4.1、4.2 和 4.3 液控打开，于是泵来的压力油 P 可经液控单向阀 4.3 进入伺服阀 8.1 的压力油进口。

如果输入伺服阀 8.1 的力矩马达的电流使其处于图中的下位工作，则泵来的压力油 P→截止阀 3→液控单向阀 4.3→伺服阀 8.1 的下位→液控单向阀 4.2（正向导通）→截止阀 3.2→上工作辊窜辊缸上（右）腔，上工作辊窜辊缸下（左）行，上工作辊窜辊缸下（左）腔的回油→截止阀 3.1→液控单向阀 4.1（液控打开）→伺服阀 8.1 的下位→流道 T→单向阀 6→油箱。

如果输入伺服阀 8.1 的力矩马达的电流使其处于图中的上位工作，则泵来的压力油 P→截止阀 3→液控单向阀 4.3→伺服阀 8.1 的上位→液控单向阀 4.1→截止阀 3.1→上工作辊窜辊缸下（左）腔，上工作辊窜辊缸上（右）行，上工作辊窜辊缸上（右）腔的回油→截止阀 3.2→液控单向阀 4.2（液控打开）→伺服阀 8.1 的上位→流道 T→单向阀 6→油箱。

注意：上文中括号内的文字为实际轧机工作时阀的位置与窜辊缸的运动方向。

② 下工作辊窜辊缸调整。此时电磁阀 7.2 的电磁铁 b 通电，电磁阀 7.2 上位工作。下工作辊窜辊缸调整方法同上，略去说明。

图中溢流阀 9.1～9.4 作安全阀用。

表 20-4 为图 20-11 中的元件名称、型号规格明细表，表 20-5 为上工作辊调整电磁铁动作，表 20-6 为下工作辊调整电磁铁动作。

表 20-4　元件名称、型号规格明细表

序号	名称	型号及规格	数量	附注
1	过滤器	DF BH/HC110QE3D1. X/-L24	1	HYDAC
2	高压球阀	KHP-16-1214-04X	2	HYDAC
3	球阀	KHB-25-F6-11141-02-X	5	HYDAC
4	液控单向阀	SL30PA1-4X/	6	REXROTH
5	单向阀	0602462007+ AK20×4. 0-1. 4571	1	STAUFF
6	单向阀	0602392007+ AK42×4. 0-1. 4571	1	STAUFF
7	电磁换向阀	4WE6YB6X/EG24N9K4VP12 带插头	2	REXROTH
8	比例伺服阀	D661-4651/G35JOAA6VSX2HA（外控外泄）带插头	2	MOOG
9	直动式溢流阀	DBDS6P1X/315	4	REXROTH
10	耐震压力表	213. 53. 100/400BAR G1/2	1	STAUFF
11	测压接头	SMK20-G1/4-PC	12	STAUFF
12	软管总成	SMS20/G1/2-2000B	1	STAUFF

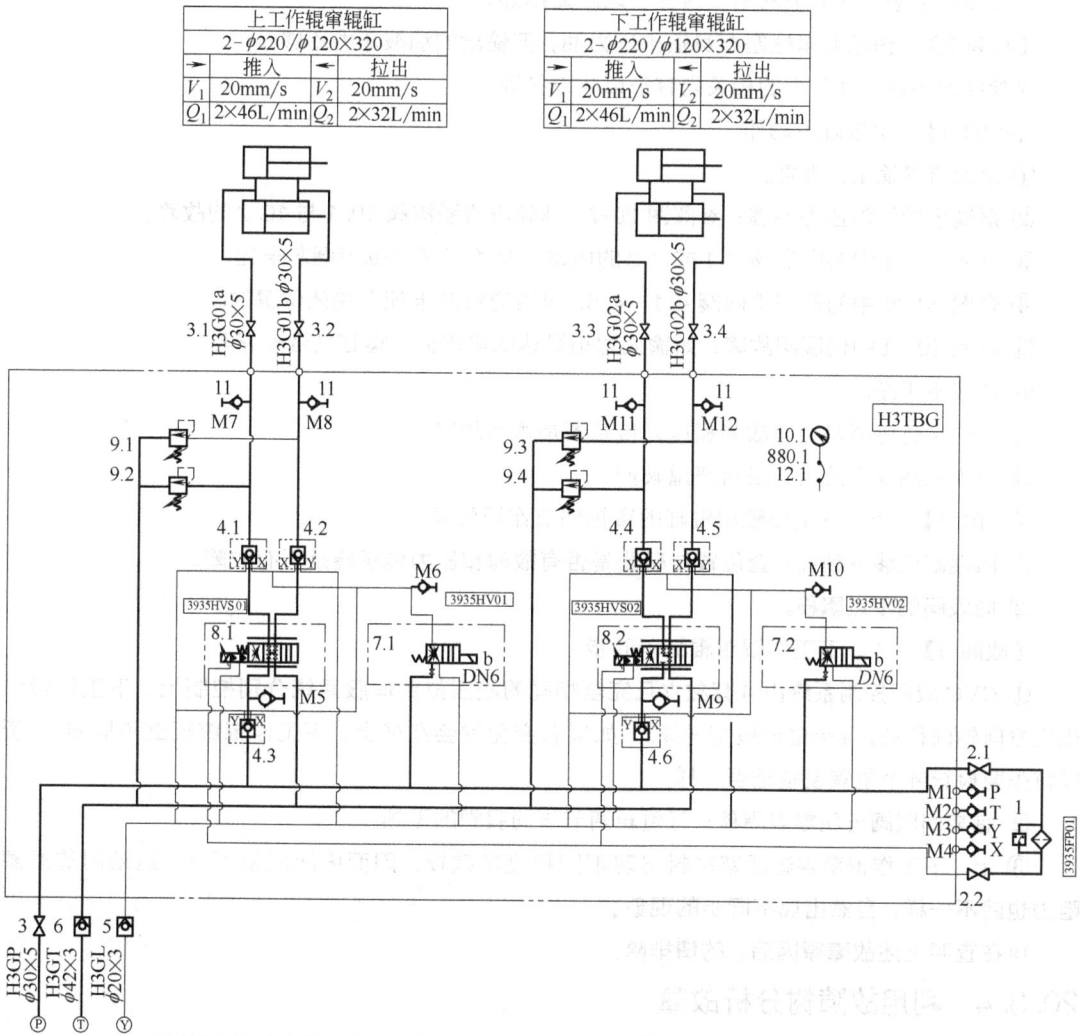

图 20-11　轧机 CVC 控制液压系统图

表 20-5 上工作辊调整电磁铁动作表

电磁铁编号	液压缸动作	
	上工作辊位置调整	停止
3935HVS01	输入信号	零位
3935HV01	b 得电	b 失电

表 20-6 下工作辊调整电磁铁动作表

电磁铁编号	液压缸动作	
	下工作辊位置调整	停止
3935HVS02	输入信号	零位
3935HV02	b 得电	b 失电

20.3.3 故障分析与排除

【故障 1】 恒压变量柱塞泵有故障不输出压力油或输出流量不够

可参阅本手册 3.4 节中的相关内容予以故障排除。

【故障 2】 恒压变量柱塞泵虽输出压力油，但输出的油液压力不够

可参阅本手册 3.4 节中的相关内容予以故障排除。

【故障 3】 窜辊缸不动作

① 泵无流量输出：查泵。

② 泵输出的油液压力不够：参阅图 20-7，排除电磁溢流阀 10.1 与 10.2 的故障。

③ 查图 20-11 中的电磁阀 7.1 或 7.2 的电磁铁是否通了电或者阀芯卡死。

④ 查图 20-11 中的液控单向阀 4.1~4.6，是否有阀芯卡死在关闭位置的。

⑤ 查图 20-11 中伺服阀故障：如输入力矩马达的电流值、阀芯是否卡死等

⑥ 油液不干净。

⑦ 查位置传感器是否有故障和压力传感器是否有故障。

⑧ 窜辊缸活塞上的密封是否严重破损。

【故障 4】 上、下工作辊窜辊缸的窜辊调节作用失灵

① 窜辊缸位移不到位：查位置传感器是否有故障和压力传感器是否有故障。

② 伺服阀的零点飘移。

【故障 5】 上、下工作辊窜辊缸不同步

① CVC 液压控制系统由 4 套独立且完全相同的液压位置伺服系统分别控制上、下工作辊沿相反方向轴向移动，4 个位置设定一样。 如果有变化就会造成上、下工作辊窜辊缸不同步。 所以首先要检查 4 个位置设定是否一样。

② 有某伺服阀出现零点漂移：可重新调节该伺服阀的零漂。

③ 上、下工作辊窜辊缸活塞密封出现不同程度的破损，因而内泄漏量不一，运动时的摩擦阻力也就不一样，自然出现不同步的现象。

可在查明上述故障原因后，酌情排除。

20.3.4 利用故障树分析故障

利用 CVC 液压系统故障树去分析故障，如图 20-12 所示，可更系统地分析故障。

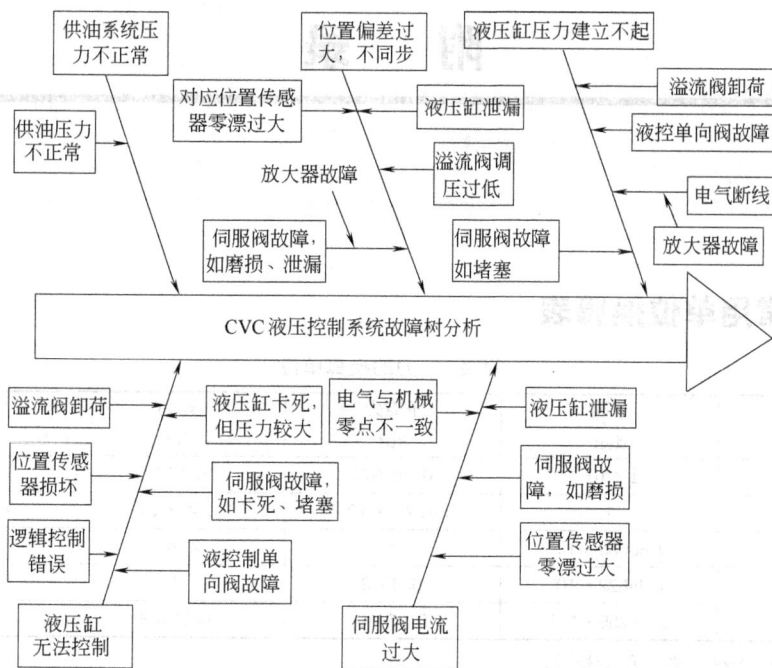

图 20-12　CVC 液压系统的故障树

附 录

附录一　常用单位换算表

附表 1　力的换算单位

牛顿 N	达因 dyn	千克力 kgf	磅力 lbf	磅达 pdl
1	1×10^5	0. 101972	0. 2248	7. 233
1×10^{-5}	1	$1. 01972 \times 10^{-6}$	$2. 248 \times 10^{-6}$	$7. 233 \times 10^{-5}$
9. 80665	$9. 80665 \times 10^5$	1	2. 205	70. 93
4. 44822	$4. 44822 \times 10^5$	0. 4536	1	32. 17
0. 138255	$1. 38255 \times 10^4$	0. 01410	0. 03108	1

注：1pdl= 1lb·ft/s²（磅·英尺/秒²）。

附表 2　压力换算表

帕斯卡 Pa	巴 bar	千克力/厘米² kgf/cm²	标准大气压 atm	米水柱 mH₂O	米汞柱 mHg	磅力/英寸² lbf/in²
$0. 980665 \times 10^5$	0. 980665	1	0. 9678	10. 0000	0. 7356	14. 22
1×10^5	1	1. 0197	0. 9869	10. 197	0. 7501	14. 50
1	1×10^{-5}	$1. 0197 \times 10^{-5}$	$0. 9869 \times 10^{-6}$	$1. 0197 \times 10^{-4}$	$7. 501 \times 10^{-6}$	$1. 450 \times 10^{-4}$
$1. 01325 \times 10^5$	1. 01325	1. 0332	1	10. 33	0. 760	14. 70
$9. 80665 \times 10^3$	0. 09806	0. 10000	0. 09678	1	0. 07355	1. 422
$1. 3332 \times 10^5$	1. 3332	1. 3595	1. 3158	13. 60	1	19. 34
$6. 895 \times 10^5$	0. 06895	0. 07031	0. 06805	0. 7031	0. 05171	1

注：1Pa= 1N/m²（牛顿/米²），1bar= 10⁵Pa，1lbf/in²= 1psi，1bar≈1kgf/cm²。

附表 3　流量换算表

升/秒 L/s	升/分 L/min	米³/秒 m³/s	米³/分 m³/min	米³/时 m³/h	英尺³/秒 ft³/s
1	60	1×10^{-5}	0. 06	3. 600	0. 03532
0. 01666	1	$1. 66666 \times 10^{-5}$	1×10^{-3}	6×10^{-2}	0. 00059
1×10^3	6×10^4	1	60	3600	35. 31
$1. 66666 \times 10$	1×10^3	$1. 66666 \times 10^{-2}$	1	60	0. 5885
$2. 77777 \times 10^{-1}$	$1. 66666 \times 10$	$2. 77777 \times 10^{-4}$	$1. 66666 \times 10^{-2}$	1	0. 00981
$2. 832 \times 10$	$1. 69833 \times 10^3$	$2. 83 \times 10^{-2}$	1. 69833	101. 9	1

附表 4　运动黏度换算表

米²/秒 m²/s	毫米²/秒（厘思） cSt	厘米²/秒（思） St	米²/时 m²/h
1	10^4	10^6	3600
10^{-4}	1	100	0. 36
10^{-6}	0. 01	1	$3. 6 \times 10^{-5}$
$277. 8 \times 10^{-6}$	2. 778	277. 8	1

附表 5　动力黏度换算表

牛顿·秒/米²（帕·秒） N·s/m²（Pa·s）	千克力·秒/米² kgf·s/m²	千克力·秒/厘米² kgf·s/cm²	达因·秒/厘米²（泊） P	厘泊 cP	千克力·时/米² kgf·h/m²	牛顿·时/米² N·h/m²
1	0.102	1.02×10^{-3}	10	1000	28.3×10^{-6}	278×10^{-6}
9.81	1	1×10^{-2}	98.1	9810	278×10^{-6}	2.73×10^{-3}
980.665	100	1	98.1×10^{2}	98.1×10^{4}	278×10^{-4}	0.273
0.1	10.2×10^{-3}	10.2×10^{-3}	1	100	2.83×10^{-6}	27.8×10^{-6}
0.001	10.2×10^{-5}	10.2×10^{-7}	0.01	1	2.83×10^{-8}	27.8×10^{-8}
35.3×10^{3}	3600	360	353×10^{3}	353×10^{5}	1	9.81
3600	367	3.67	36×10^{5}	36×10^{5}	0.102	1

附表 6　能和热量单位换算表

焦耳 J	尔格 crq	千克力·米 kgf·m	米制马力·时 Ps·h	千瓦·时 kW·h	千卡 kcal
1	10^{7}	0.102	377.7×10^{-9}	277.8×10^{-9}	239×10^{-6}
10^{-7}	1	0.102×10^{-7}	37.77×10^{-15}	27.78×10^{-15}	23.8×10^{-12}
9.80665	9.08665×10^{7}	1	3.704×10^{-6}	2.724×10^{-6}	2.342×10^{-3}
2.648×10^{6}	26.48×10^{12}	270×10^{3}	1	0.7355	632.5
3.6×10^{6}	36×10^{12}	367.1×10^{3}	1.36	1	859.845
4186.8	41.87×10^{9}	426.935	1.581×10^{-3}	1.163×10^{-3}	1

附录二　插装阀典型插件与结构

附表 7　插装阀典型插件机能与结构

序号	插装件类型	面积比 $A_A : A_C$	通径 /mm	阀芯类型	流向	机能符号	插件结构图	用途
01	A 型基本插件	1:1.2	16～160	锥阀	A→B			方向控制
02	A 型常开插件	1:1.2	16～63	锥阀				X 腔升压可使阀芯关闭。可用作充液阀，但需与专用盖板合用
03	B 型基本插件	1:1.5	16～160	锥阀	A→B B→A			方向控制
04	B 型插件阀芯带密封圈	1:1.5	16～160	锥阀	A→B B→A			方向控制、阀芯带密封件，适用于水-乙二醇、乳化液①

序号	插装件类型	面积比 $A_A:A_C$	通径 /mm	阀芯类型	流向	机能符号	插件结构图	用途
05	带缓冲头插件	1:1.5	16~160	锥阀	A→B B→A			要求换向冲击力小的方向控制，流通阻力较 B 型基本插件稍大
06	带缓冲头插件阀芯带密封圈	1:1.5	16~160	锥阀	A→B B→A			要求换向冲击力小的方向控制，流通阻力较 B 型基本插件稍大
07	节流插件	1:1.5	16~160	锥阀	A→B B→A			与节流控制盖板合用，可构成节流阀；与方向控制盖板合用，用于对换向瞬时有特殊要求的场合
08	节流插件阀芯带密封圈	1:1.5	16~160	锥阀	A→B B→A			
09	阀芯内钻孔使 BX 腔相通插件	1:2.0	16~160	锥阀	A→B			单向阀
10	BX 腔相通插件，阀芯带密封圈	1:2.0	16~160	锥阀	A→B			单向阀
11	C 型带阻尼孔插件	1:1.0	16~160	锥阀	A→B			用于 B 口有背压工况，防止 B 口压力反向打开主阀
12	D 型基本插件	1:1.07[①]	16~160	锥阀	A→B			仅用于方向和压力控制
13	D 型带阻尼孔插件	1:1.07	16~160	锥阀	A→B			压力控制
14	D 型带阻尼孔插件，阀芯带密封圈	1:1.07	16~160	锥阀	A→B			压力控制

序号	插装件类型	面积比 $A_A : A_C$	通径 /mm	阀芯 类型	流向	机能符号	插件结构图	用途
15	常开滑阀型 插件	1:1	16~63	滑阀	A→B			A、B 口常开，可用作减压阀，与节流插件串联构成二通调速阀
16	常开滑阀型 插件，A、X 腔 间有单向阀	1:1	16~40	滑阀	A→B			可用作（定压式）减压阀，A、X 腔间的单向阀用于吸收 A 口的瞬时高压
17	常闭滑阀型 插件	1:1	16~63	滑阀	A→B			AB 口常闭，与节流插件并联，可构成三通调速阀；与三通减压先导阀合用，可构成减压阀
18	常开滑阀型 插件，A、X 腔 间有阻尼孔	1:1	16~63	滑阀	A→B			AB 口常开，可用作减压阀或压力阀

① 工作介质为乳化液、水-乙二醇者应使用阀芯上带密封圈的插件。

注：榆次油研产品为 1：1.042。

附录三　各种板式阀的安装尺寸

下述各安装尺寸图中：①除图中标明外，A、B、C、T 为主油口，X、Y 为控制油的进、回油口，L 为泄油口，G 代表定位销孔，F 为阀安装螺钉孔；②板式阀底面上之各孔刚好与图中相反；③一些板式阀的安装尺寸图已出现在本手册的正文中，此处从略；④较早国产和进口的各种板式阀，存在一大批尚在使用着但不符合下述标准尺寸的，维修时注意区分；⑤下图中各尺寸值有许多带小数，如"12.7"等，这是因为采用英制生产的板式阀的公司力量强大，按他们生产的阀为标准，国际标准化后只不过将其生产的阀所用的英制尺寸改用公制尺寸而已，故出现带小数点的尺寸。

（1）方向阀（含电磁阀、液动换向阀、电液动换向阀及手动换向阀等）、叠加阀及比例方向阀

① 公称尺寸 6mm 底板安装面尺寸

a. 主油口最大直径为 6.3mm。

b. 安装面各种标准代号：ISO 4401-AB-03-4A、GB 2514-AB-03-4-A、DIN 24340-A6、CE-TOPR35H4.2-4-03、ANSI/B 93.7M（和 NFPA）规格 03 阀、Vickers 标准规格 03 安装面等。

c. 尺寸：见附图 1。

② 公称尺寸 10mm 安装尺寸

a. 主油口最大直径为 11.2mm。

b. 安装面各种标准代号：ISO 4401-AC-05-4-A、GB 2514-AC-05-4-A、DIN 24340-

A10、CETOPR35H4.2-05、ANSI/B93.7M（和 NFPA）规格 05 阀、Vickers 标准规格 05 安装面等。

　　b. 尺寸：见附图 2。

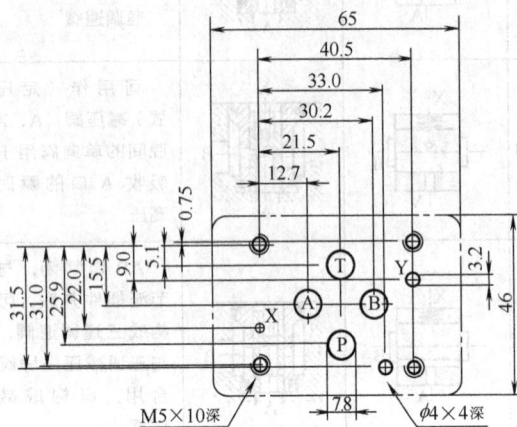

附图 1　公称尺寸 6mm 底板尺寸

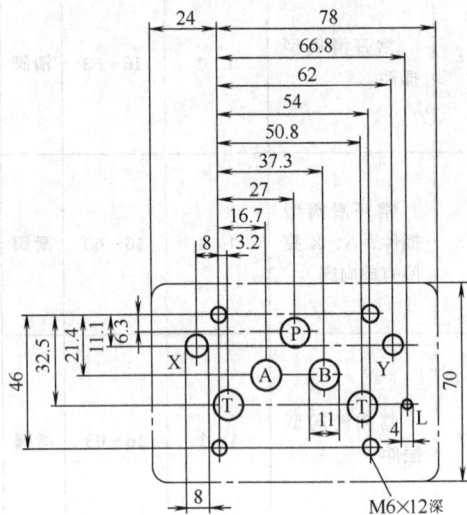

附图 2　公称尺寸 10mm 板尺寸

　　③ 公称尺寸 16mm 底板安装面尺寸

　　a. 主油口最大直径为 17.5mm。

　　b. 安装面各种标准代号：ISO 4401-AD-07-4-A、GB 2514-AD-07-4-A、DIN 24340-A16、CETOPR35H4.3-07、ANSI/B93.7M（和 NFPA）规格 07。

　　c. 尺寸：见附图 3。

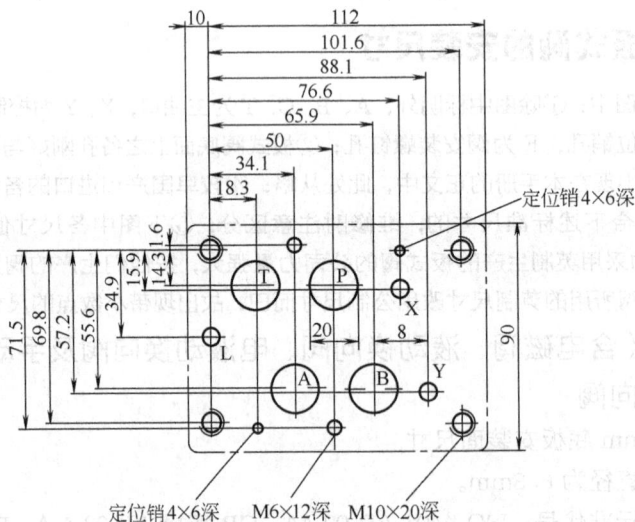

附图 3　公称尺寸 16mm 安装尺寸

　　④ 公称尺寸 25mm 底板安装尺寸

　　a. 主油口最大直径为：各标准中规定有所差异。

　　b. 安装面各种标准代号：ISO 4401-AE-08-4-A、GB 2514-AE-08-4-A、DIN 24340-A25、CETOPR35H4.3-08、ANSI/B93.7M（和 NFPA）规格 08 等。

c. 尺寸：见附图 4。

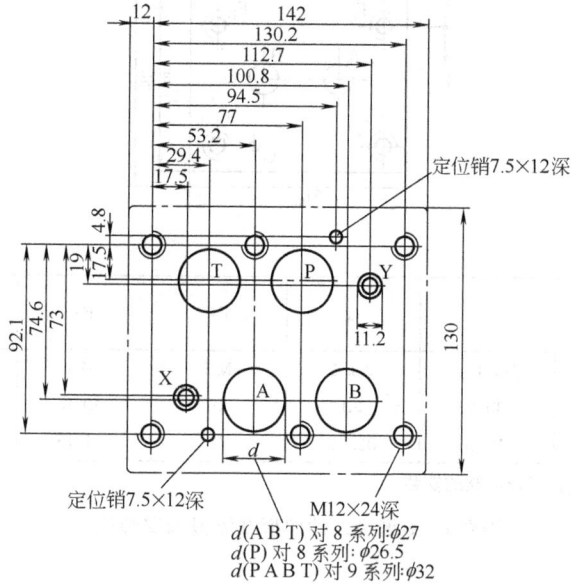

附图 4　公称尺寸 25mm 底板安装面尺寸

⑤ 公称尺寸 32mm 底板安装面尺寸

a. 主油口最大直径为 32mm 或更大到 50mm。

b. 安装面各种标准代号：ISO 4401-AF-10-4-A、GB 2514-AF-10-4-A、DIN 24340-A32 等。

c. 尺寸：见附图 5。

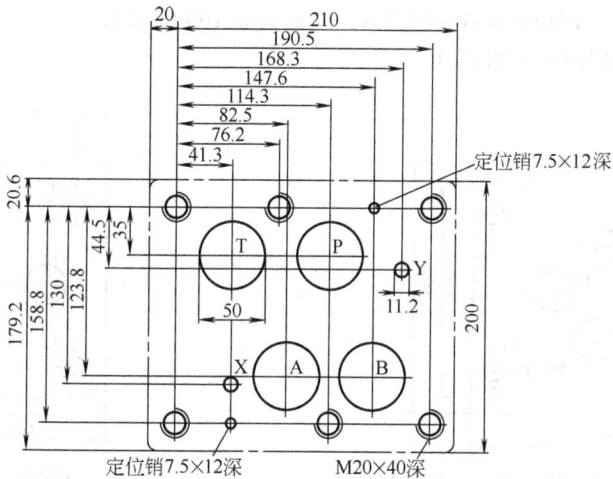

附图 5　公称尺寸 32mm 底板安装面尺寸

（2）板式流量阀安装连接尺寸

① 二油口 6 通径

a. 类型 1

· 主油口最大直径可为 6.3mm。

· 安装面标准代号：ISO 5781-AB-03-4-B、GB 8100-AB-03-4-B 等。

· 安装面尺寸见附图 6。

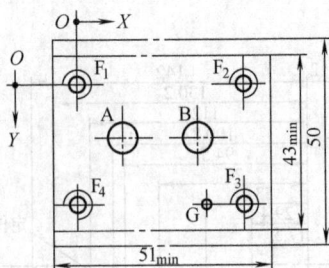

/mm

尺寸\符号	A	B	G	F_1	F_2	F_3	F_4
ϕ	$\phi 6.3_{max}$	$\phi 6.3_{max}$	$\phi 3.4$	M5	M5	M5	M5
X	12.7	30.2	33	0	40.5	40.5	0
Y	15.6	15.5	31.75	0	-0.75	31.75	31

注：带括号的尺寸不加工，不影响阀的安装

附图 6　6 通径二油口板式流量阀安装尺寸

b. 类型 2

· 主油口最大直径可为 6.3mm，油口尺寸代号：03。

· 安装面标准号：GB 8098-AB-03-4-A。

· 安装面尺寸见附图 7 和附表 8。

② 二油口 10 通径

a. 类型 1

· 主油口最大直径可为 14.7mm。

· 安装面标准号：ISO 5718-AG-06-2-A。　GB 8100-AG-06-2-A。

· 安装面尺寸见附图 8 与附表 9。

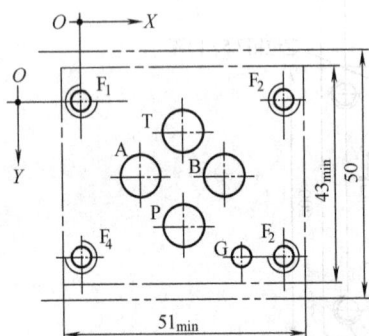

附图 7　主油口最大直径为 6.3mm 的二油口
流量控制阀的安装面

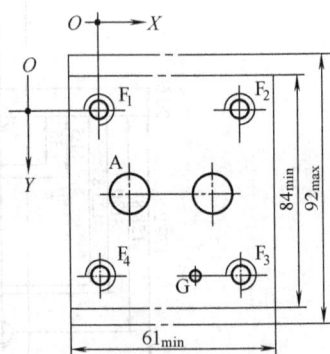

附图 8　10 通径二油口板式流量阀
安装尺寸

附表 8　主油口最大直径为 6.3mm 的二油口流量阀安装面（代号：03）尺寸　　/mm

尺寸\符号	P	A	T	B	G	F_1	F_2	F_3	F_4
ϕ	6.3_{max}	6.3_{max}	6.3_{max}	6.3_{max}	3.4	M5	M5	M5	M5
X	21.5	12.7	21.5	30.2	33	0	40.5	40.5	0
Y	25.9	15.5	5.1	15.5	31.75	0	-0.75	31.75	31

附表9　主油口最大直径为6.3mm的三油口流量阀安装面　　　　/mm

符号 尺寸	A	B	G	F_1	F_2	F_3	F_4
ϕ	Q14.7$_{max}$	Q14.7$_{max}$	ϕ7.6	M10	M10	M10	M10
X	7.1	35.7	31.8		12.9	42.0	0
Y	33.3	33.3	66.7		0	66.7	66.7

b. 类型2

· 主油口最大直径可为14.7mm，代号：06；

· 安装面标准号：GB 8098-AK-06-2-A；

· 安装面尺寸见附图9与附表10。

③ 三油口10通径

a. 主油口最大直径为14.7mm，油口代号：06。

b. 安装面标准号：GB 8098-AL-06-3-A。

c. 安装面连接尺寸见附图10与附表11。

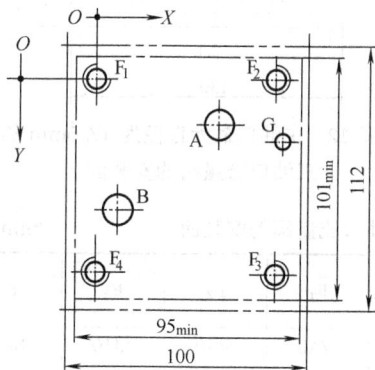

附图9　主油口最大直径为14.7mm的
二油口流量阀的安装面

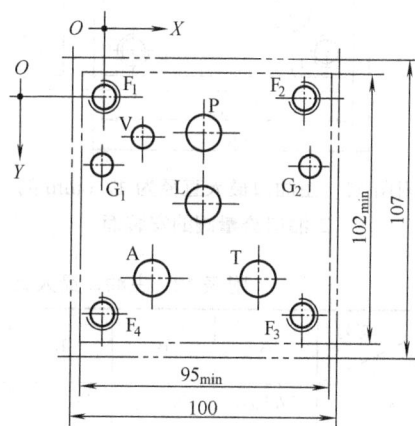

附图10　主油口最大直径为14.7mm的
三油口流量阀的安装面

附表10　主油口最大直径为14.7mm的二油口流量阀的安装面　　　　/mm

符号 尺寸	P	A	G	F_1	F_2	F_3	F_4
ϕ	14.7$_{max}$	14.7$_{max}$	7.5	M8	M8	M8	M8
X	54	9.5	79.4	0	76.2	76.2	0
Y	11.1	52.4	23.8	0	0	82.6	82.6

附表11　主油口最大直径为14.7mm的三油口流量阀的安装面　　　　/mm

符号 尺寸	P	A	T	L	V	G_1	G_2	F_1	F_2	F_3	F_4
ϕ	14.7$_{max}$	14.7$_{max}$	14.7$_{max}$	11.1$_{max}$	6.3$_{max}$	7.5	7.5	M8	M8	M8	M8
X	38	19	57	38	11.8	-3.2	79.4	0	76.2	76.2	0
Y	9.5	73.8	73.8	56.8	12	23.8	23.8	0	0	82.6	82.6

④ 二油口 16 通径

a. 主油口最大直径为 17.5mm，油口代号：07。

b. 安装面标准号：GB 8098-AM-07-3-A。

c. 安装面连接尺寸见附图 11 与附表 12。

⑤ 三油口 16 通径

a. 主油口最大直径为 17.5mm，代号：07。

b. 安装面标准号：GB 8098-AN-07-3-A。

c. 安装面连接尺寸见附图 12 与附表 13。

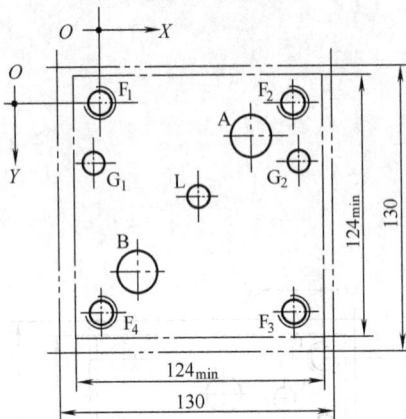

附图 11　主油口最大直径为 17.5mm 的
二油口流量阀的安装面

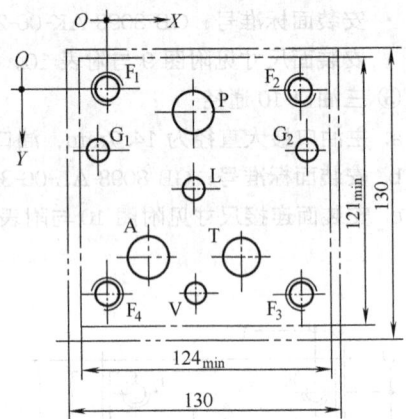

附图 12　主油口最大直径为 17.5mm 的
三油口流量阀的安装面

附表 12　主油口最大直径为 17.5mm 的二油口流量阀的安装面　　/mm

符号\尺寸	A	B	L	G_1	G_2	F_1	F_2	F_3	F_4
ϕ	17.5_{max}	17.5_{max}	11.1_{max}	10.4	10.4	M10	M10	M10	M10
X	75	20.6	50.8	−0.8	102.4	0	101.6	101.6	0
Y	11.1	86.5	58.7	28.6	28.6	0	0	101.6	101.6

附表 13　主油口最大直径为 17.5mm 的三油口流量阀的安装面　　/mm

符号\尺寸	P	A	T	L	V	G_1	G_2	F_1	F_2	F_3	F_4
ϕ	17.5_{max}	17.5_{max}	17.5_{max}	11.1_{max}	7.9_{max}	10.4	10.4	M10	M10	M10	M10
X	50.8	23.8	77.8	50.8	50.8	−0.8	102.4	0	101.6	101.6	0
Y	12.7	88.9	88.9	58.7	95.3	28.5	28.6	0	0	101.6	101.6

⑥ 三油口 20 通径

a. 主油口最大直径为 23.4mm，代号：08。

b. 安装面标准号：GB 8098-AP-08-2-A。

c. 安装面连接尺寸见附图 13 与附表 14。

⑦ 三油口 20 通径

a. 主油口最大直径为 23.4mm，代号：08。

b. 安装面标准号：GB 8098-AQ-08-3-A。

c. 安装面连接尺寸见附图 14 与附表 15。

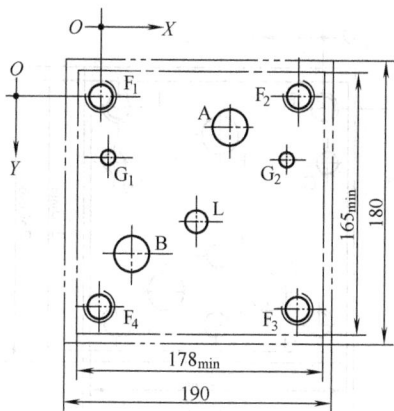

附图 13　主油口最大直径为 23.4mm 的
二油口流量阀的安装面

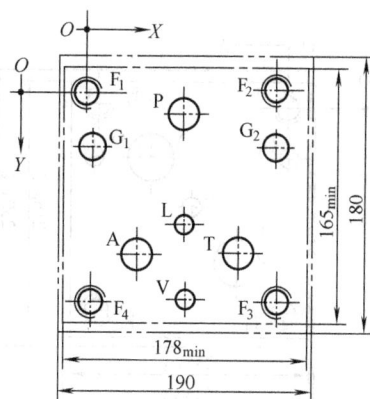

附图 14　主油口最大直径为 23.4mm 的
三油口流量阀的安装面

附表 14　主油口最大直径为 23.4mm 的二油口流量阀的安装面　　　　　　/mm

符号 尺寸	A	B	L	G_1	G_2	F_1	F_2	F_3	F_4
ϕ	23.4$_{max}$	23.4$_{max}$	11.1$_{max}$	16.5	16.5	M16	M16	M16	M16
X	104.8	22.2	73	1.6	144.5	0	146	146	0
Y	12.7	104.8	85.7	41.3	41.3	0	0	133.4	133.4

附表 15　主油口最大直径为 23.4mm 的三油口流量阀的安装面　　　　　　/mm

符号 尺寸	P	A	T	L	V	G_1	G_2	F_1	F_2	F_3	F_4
ϕ	23.4$_{max}$	23.4$_{max}$	23.4$_{max}$	11.1$_{max}$	7.9$_{max}$	16.5	16.5	M16	M16	M16	M16
X	73	30.2	115.9	73	73	1.6	144.5	0	146	146	0
Y	12.7	104.8	104.8	85.7	133.4	41.3	41.3	0	0	133.4	133.4

⑧ 三油口 25 通径

a. 主油口最大直径为 28.4mm，代号：09。

b. 安装面标准号：GB 8098-AR-09-2-A。

c. 安装面连接尺寸见附图 15 与附表 16。

⑨ 三油口 25 通径

a. 主油口最大直径为 28.4mm，代号：09。

b. 安装面标准号：GB 8098-AS-09-3-A。

c. 安装面连接尺寸见附图 16 与附表 17。

附表 16　主油口最大直径为 28.4mm 的二油口流量阀的安装面　　　　　　/mm

符号 尺寸	A	B	L	G_1	G_2	F_1	F_2	F_3	F_4
ϕ	28.4$_{max}$	28.4$_{max}$	11.1$_{max}$	19.8	19.8	M20	M20	M20	M20
X	144.5	34.9	98.4	-1.6	198.4	0	196.8	196.8	0
Y	17.5	144.5	119	55.5	55.5	0	0	177.8	177.8

附表 17　主油口最大直径为 28.4mm 的三油口流量阀的安装面　　　　　　/mm

符号 尺寸	P	A	T	L	V	G_1	G_2	F_1	F_2	F_3	F_4
ϕ	28.4$_{max}$	28.4$_{max}$	28.4$_{max}$	11.1$_{max}$	7.9$_{max}$	19.8	19.8	M20	M20	M20	M20
X	98.4	34.9	161.9	98.4	98.4	-1.6	198.4	0	196.8	196.8	0
Y	17.5	144.5	144.5	119	177.8	55.5	55.5	0	0	177.8	177.8

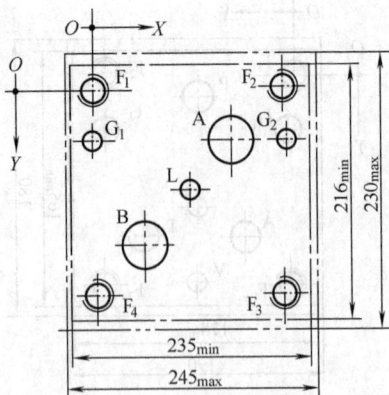

附图 15　主油口最大直径为 28.4mm 的
二油口流量阀的安装面

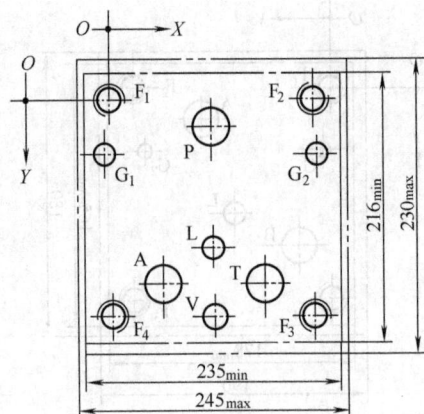

附图 16　主油口最大直径为 28.4mm 的
三油口流量阀的安装面

（3）四油口液压伺服阀安装面

① 四油口最大直径为 3.8mm 伺服阀的安装面

a. 四油口 A、B、P、T 最大直径为 3.8mm。

b. 安装面标准代号：GB 17487-01-01-0-98。

c. 安装面连接尺寸见附图 17 与附表 18。

② 四油口最大直径为 5mm 伺服阀的安装面

a. 四油口 A、B、P、T 最大直径为 5mm。

b. 安装面标准代号：GB 17487-02-02-0-98。

c. 安装面连接尺寸见附图 18 与附表 19。

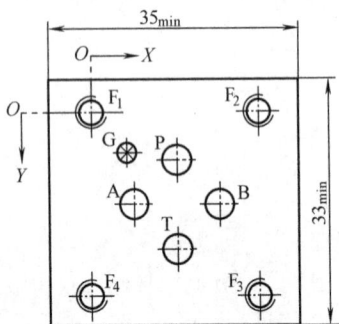

附图 17　油口直径为 3.8mm
伺服阀的安装尺寸

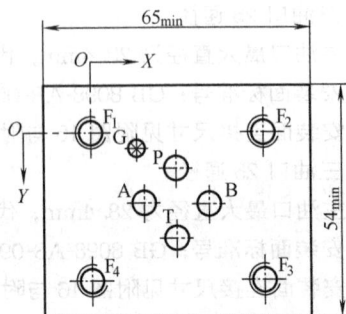

附图 18　油口直径为 5mm
伺服阀安装尺寸

附表 18　最大油口直径为 3.8mm 的四油口伺服阀的安装面尺寸　　　　/mm

尺寸 　符号	P	A	T	B	G	F_1	F_2	F_3	F_4
ϕ	$\phi 3.8_{max}$	$\phi 3.8_{max}$	$\phi 3.8_{max}$	$\phi 3.8_{max}$	$\phi 2.5$	M4	M4	M4	M4
X	11.9	5.8	11.9	18	4.8	0	23.8	23.8	0
Y	7	13.1	19.2	13.1	6	0	0	26.2	26.2

尺寸＼符号	P	A	T	B	G	F_1	F_2	F_3	F_4
ϕ	$\phi 5_{max}$	$\phi 5_{max}$	$\phi 5_{max}$	$\phi 5_{max}$	$\phi 3.5$	M5	M5	M5	M5
X	21.4	13.5	21.4	29.3	11.5	0	42.8	42.8	0
Y	9.2	17.1	25	17.1	4.4	0	0	34.2	34.2

③ 四油口最大直径为 6.6mm 伺服阀的安装面

a. 四油口 ABPT 最大直径为 6.6mm。

b. 安装面标准代号：GB 17487-03-03-0-98。

c. 安装面连接尺寸见附图 19 与附表 20。

④ 四油口最大直径为 8.2mm 伺服阀的安装面

a. 四油口 A、B、P、T 最大直径为 8.2mm。

b. 安装面标准代号：GB 17487-04-04-0-98。

c. 安装面连接尺寸见附图 20 与附表 21。

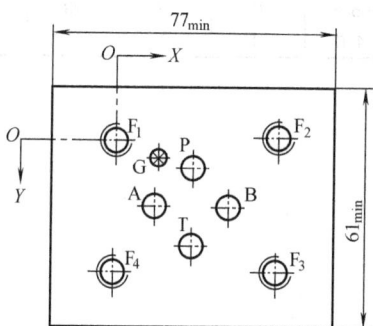

附图 19　油口直径为 6.6mm
伺服阀安装尺寸

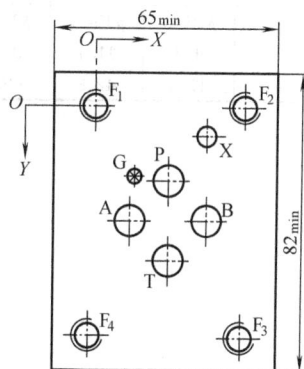

附图 20　油口直径为 8.2mm
伺服阀安装尺寸

附表 20　最大油口直径为 6.6mm 的四油口伺服阀的安装面尺寸　　　　/mm

尺寸＼符号	P	A	T	B	G	F_1	F_2	F_3	F_4
ϕ	$\phi 6.6_{max}$	$\phi 6.6_{max}$	$\phi 6.6_{max}$	$\phi 6.6_{max}$	$\phi 3.5$	M6	M6	M6	M6
X	21.4	11.5	21.4	31.1	11.5	0	42.8	42.8	0
Y	7.2	17.1	27	17.1	4.4	0	0	34.2	34.2

附表 21　最大油口直径为 8.2mm 的四油口伺服阀的安装面尺寸　　　　/mm

尺寸＼符号	P	A	T	B	G	X	F_1	F_2	F_3	F_4
ϕ	$\phi 8.2_{max}$	$\phi 8.2_{max}$	$\phi 8.2_{max}$	$\phi 8.2_{max}$	$\phi 3.5$	$\phi 5$	M8	M8	M8	M8
X	22.2	11.1	22.2	33.3	12.3	33.3	0	44.4	44.4	0
Y	21.4	32.5	43.6	32.5	19.8	8.7	0	0	65	65

⑤ 四油口最大直径为 16mm 伺服阀的安装面

a. 四油口 A、B、P、T 最大直径为 16mm。

b. 安装面标准代号：GB 17487-04-04-0-98。

c. 安装面连接尺寸见附图 21 与附表 22。

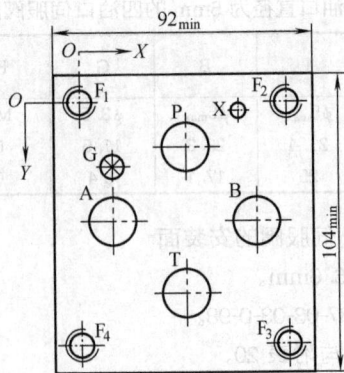

附图 21　油口直径为 16mm 伺服阀安装尺寸

附表 22　最大油口直径为 16mm 的四油口伺服阀的安装面尺寸　　　　　　　　　/mm

符号 尺寸	P	A	T	B	G	X	F_1	F_2	F_3	F_4
ϕ	$\phi 16_{max}$	$\phi 16_{max}$	$\phi 16_{max}$	$\phi 16_{max}$	$\phi 8$	$\phi 5_{max}$	M10	M10	M10	M10
X	36.5	11.1	36.5	61.9	11.1	55.6	0	73	73	0
Y	17.4	42.8	68.2	42.8	23.7	4.6	0	0	85.6	85.6

参 考 文 献

［1］　路甬祥．液压气动技术手册．北京：机械工业出版社，2002.

［2］　周士昌．液压系统设计图集．北京：机械工业出版社，2004.

［3］　黄宝承．汽车底盘构造与维修．北京：机械工业出版社，2005.

［4］　日本油空压学会．油压．油空压化設計．油压と空気压．機械設計．パワ-デサイト．

［5］　三浦宏文．油空压便览．日本：日本オ-ム社，1989.

［6］　陆望龙．实用塑料机械液压传动故障排除．长沙：湖南科学技术出版社，2002.

［7］　陆望龙．实用液压机械故障排除与修理大全．第2版．长沙：湖南科学技术出版社，2006.

［8］　陆望龙．液压维修工工作手册．北京：化学工业出版社，2012.

［9］　陆望龙．陆工谈液压维修．北京：化学工业出版社，2013.

［10］　陆望龙．教你成为一流液压维修工．北京：化学工业出版社，2013.

［11］　陆望龙．看图学液压维修技能．第2版．北京：化学工业出版社，2014.

［12］　陆望龙等．图解液压辅件维修．北京：化学工业出版社，2014.

参考文献

[1] 　　　　　　　　　　　　　　.北京:机械工业出版社,2002.
[2] 　　　　　　　　　　　　.北京:机械工业出版社,2004.
[3] 　　　　　　　　　　　　.北京:机械工业出版社,2006.
[4] 　　　　　　　　　　　　　　　　　　　　　　　　　　　.
[5] 　　　　　　　.日本:日本工业协会,1985.
[6] 　　　　　　　　　　　　　　.北京:　　　　　　　,2002
[7] 　　　　　　　　　　　　　　.第2版.北京:机械工业出版社,2008
[8] 　　　　　　　　.北京:　　　　　　　,2012
[9] 　　　　　　　　　　　　.北京:　　　　　　　,2012
[10] 　　　　　　　　　　　　.北京:化学工业出版社,2012
[11] 　　　　　　　　　　　　.北京:化学工业出版社,2014